Jetzt helfe ich mir selbst

Motorbuch Verlag

Einbandgestaltung: Anita Ament
Umschlagfoto: Hans-Peter Seufert

Fotos: Haeberle 157, Lautenschlager 9, Nauck 66, Volkswagen 6.
Zeichnungen: Archiv Verfasser 1, autopress 2, Bosch 4, Brunner 3, Haeberle 4, Lautenschlager 3, Nauck 2, Opel 1, Pierburg 2, Volkswagen 76.

Alle Angaben und Tipps in diesem Ratgeber wurden nach bestem Wissen und Gewissen erteilt. Eine Haftung der Autoren oder des Verlages und seiner Beauftragten für Personen-, Sach- und Vermögensschäden ist ausgeschlossen.

Der Inhalt dieses Buches entspricht dem Kenntnisstand zum Zeitpunkt der ersten Drucklegung. Abweichungen durch Weiterentwicklung der beschriebenen Fahrzeuge, geänderte Anweisungen des Fahrzeugherstellers bzw. neue gesetzliche Bestimmungen sind möglich.

ISBN 978-3-613-01032-1

12. Auflage 2011

Copyright © by Bucheli Verlags AG, Baarerstr. 43, CH-6304 Zug
Lizenznehmer des Motorbuch Verlags, Postfach 103743, D-70032 Stuttgart
Ein Unternehmen der Paul Pietsch Verlage GmbH & Co.

Sie finden uns im Internet unter www.motorbuch.de

Nachdruck, auch einzelner Teile, ist verboten. Das Urheberrecht und sämtliche weiteren Rechte sind dem Verlag vorbehalten. Übersetzung, Speicherung, Vervielfältigung und Verbreitung einschließlich Übernahme auf elektronische Datenträger wie DVD, CD-ROM, Bildplatte usw. sowie Einspeicherung in elektronische Medien wie Bildschirmtext, Internet usw. sind ohne vorherige schriftliche Genehmigung des Verlages unzulässig und strafbar.

Bildgrafik: Thomas Nauck
Druck und Bindung: KN Digital Printforce GmbH, Schockenriedstr. 37, 70565 Stuttgart
Printed in Germany

Dieter Korp
Thomas Haeberle
Thomas Nauck

VW Golf II
August '83 bis Juli '92

VW Jetta II
Februar '84 bis Dezember '91

1,6-/1,8-Liter
ohne syncro
und Diesel

Motorbuch Verlag
Stuttgart

Inhaltsverzeichnis

Seite

7 Vorwort

8 Typ-Entwicklung
Modellpflege, Änderungen an VW Golf und Jetta

11 Motorraumbilder
1,6 l/51 kW, 1,6 l/55 kW, 1,8 l/66 kW mit KE-Jetronic, 1,8 l/66 kW mit Monojetronic

15 Regelmäßige Wartung
Wartungssystem, Wartungsplan für den Selbsthelfer, Einschränkungen innerhalb der Garantiezeit

16 Der sichere Arbeitsplatz
Aufbockmöglichkeiten, Wagenheber

17 Schmieren aller Teile
Motorölstand, Ölverbrauch, Ölsorten, Ölwechsel, Getriebeöl, Getriebeautomatik, Servolenkung, Sonstige Schmierstellen

25 Die Motoren und ihr Innenleben
Einzelteile, Schmiersystem, Einfahren, Lebensdauer, Kompressionsdruck, Ventilspiel, Zahnriemen, Motorschaden, Arbeiten am Zylinderkopf, Lagerschäden, Aus- und Einbau des Motors

44 Die Auspuffanlage
Einzelteile, Aus- und Einbau

47 Die Abgas-Entgiftung
Verbrennungsprodukte, Katalysator und Lambda-Sonde, Vorsichtsmaßnahmen

49 Das Kühlsystem
Funktion, Kühlflüssigkeit, Frostschutz, Kühler, Kühlsystem-Verschlußdeckel, Thermostat, Wasserpumpe, Keilriemen, Kühlerventilator, Störungsbeistand

58 Der Kraftstoff
Normal- und Superbenzin, Kraftstoffsorten, Welchen Kraftstoff tanken, Klingeln und Klopfen

60 Vom Tank zur Kraftstoffpumpe
Tank, Tankgeber, Tank-Be- und Entlüftung, Kraftstoff-Verdunstungsanlage, Kraftstoffleitungen, Kraftstoffpumpe, Elektrische Benzinpumpen, Kraftstoffilter

67 Luftfilter und Ansaugkanäle
Wartung des Filters, Ansaugluft-Vorwärmung, Ansaugrohr-Beheizung

70 Der Vergaser
Einzelteile, Funktion Vergaser 2 E 2, Startautomatik, Störungsbeistand 2 E 2, Bauteile und Funktion Vergaser 2 E E, Störungen und Eigendiagnose, Leerlaufdrehzahl und CO-Gehalt, Abgas-Untersuchung, Leerlauf-Schwankungen, Gaszug

	Seite
Die Monojetronic-Einspritzung	89

Einzelteile, Funktion, Selbsthilfe, Störungen und Eigendiagnose, Abgas-Untersuchung, Leerlauf und CO-Gehalt

Die KA- und KE-Jetronic-Einspritzung	98

Einzelteile, Funktion, Selbsthilfe, Einspritzventile, Leerlauf und CO-Gehalt, Störungsbeistand

Die Kupplung	109

Funktion, Lebensdauer, Kupplung prüfen, Kupplungs-Nachstellung, Kupplungs-Pedalspiel, Kupplungszug, Fahren mit defektem Kupplungszug, Aus- und Einbau der Kupplung, Ausrücklager, Störungsbeistand

Getriebe und Achsantrieb	114

Funktion des Schaltgetriebes, Schaltungsprobleme, Getriebegeräusche, Aus- und Einbau des Getriebes, Automatisches Getriebe, Schaltpunkte, Störungsbeistand, Aus- und Einbau des automatischen Getriebes, Achsantrieb, Antriebswellen

Radaufhängung und Lenkung	121

Vorderradaufhängung, Lenkung, Hinterachse, Stoßdämpfer, Wartungsarbeiten, Vorderradaufhängung zerlegen, Arbeiten an der Lenkung, Radeinstellung, Hinterachse zerlegen

Die Bremsen	134

Funktion, Bremsflüssigkeit, Scheibenbremsen, Trommelbremsen, Scheibenbremsen hinten, Handbremse, Bremskraftverstärker, Bremskraftregler, Arbeiten an der Bremshydraulik, Störungsbeistand

Das Antiblockiersystem	151

Einzelteile und Funktion, Störungsbeistand

Räder und Reifen	153

Die richtigen Reifen, Felgen, Luftdruck, Reifenlaufbild, Radwechsel, Notrad, Rad-Unwuchten, Reifen-Neukauf, Winterreifen

Einführung in die Elektrik	158

Elektrik – ganz einfach, Fahrzeugmasse, Normung, Elektrische Messungen

Elektrische Leitungen und Sicherungen	161

Leitungen, Zentralelektrik, Sicherungen, Sicherungstabellen

Die Stromlaufpläne	165

Aufbau, Stromlaufpläne VW Golf bis 7/89/VW Jetta bis 12/88, VW Golf ab 8/89/VW Jetta ab 1/89, Zusatzstromlaufpläne

Die Batterie	178

Batterie-Daten, Batteriesäurestand, Ladezustand, Batterie laden, Starten mit leerer Batterie

Seite

181 Die Lichtmaschine
Generator, Ladekontrolle, Spannungsregler, Keilriemen, Störungsbeistand, Fahren mit defekter Lichtmaschine

186 Der Anlasser
Bauart, Aus- und Einbau, Magnetschalter, Störungsbeistand

188 Die Zündanlage
Funktion, Zündzeitpunkt, Spulen- und Transistorzündung, Zündverstellung, Vorsichtsmaßnahmen bei Transistorzündung, Störungssuche, Zündspule, Zündverteiler, Unterbrecher, TSZ-Schaltgerät, Zündzeitpunkt-Verstellung, Zündkabel, Zündfolge, Zündkerzen, Zündeinstellung

204 Die Beleuchtung
Glühlampen, Scheinwerfer, Nebelscheinwerfer, Scheinwerfereinstellung, Lampenwechsel, Leuchten im Innenraum, Türkontaktschalter, Sonstige Leuchten

213 Die Signaleinrichtungen
Blink- und Warnblinkanlage, Bremsleuchten, Hupe, Lichthupe

216 Instrumente und Geräte
Kontrollinstrumente und -leuchten, Schalter, Relais und Steuergeräte, Heizbare Heckscheibe, Scheibenwischer, Heckscheibenwischer, Scheibenwascher, Scheinwerfer-Waschanlage, Elektrische Spiegel, Zentralverriegelung, Elektrische Fensterheber, Radio

243 Heizung und Lüftung
Gebläse, Heizungs-/Lüftungsgehäuse, Störungsbeistand, Klimaanlage

247 Die Karosserie
Motorhaube, Wagenfront, Stoßfänger, Kotflügel, Schutzleisten, Türen, Außenspiegel, Heckklappe, Schiebedach, Scheiben, Unterbodenschutz

260 Der Innenraum
Sitze, Armaturenbrett, Mittelkonsole, Verkleidungen, Dachhimmel, Sicherheitsgurte

263 Defektsuche mit System
Reihenfolge der Fehlersuche, Sichtprüfung, Fehlerquellen, Verzeichnis der Störungsbeistände

265 Technische Daten
Motor, Kühlsystem, Kraftstoffanlage, Kraftübertragung, Fahrwerk, Bremsanlage, Elektrische Anlage, Füllmengen, Gewichte

269 Stichwortverzeichnis

Wartungsplan
hinten auf der inneren Umschlagseite

Vorwort

Beihilfe zum Geldsparen

Wenn Ihnen bei der Abholung Ihres Wagens in der Werkstatt eine umfangreiche, hohe Rechnung an der Kasse überreicht wurde, haben Sie wieder einmal schmerzlich am eigenen Geldbeutel gespürt, was Autofahren kostet. Da stehen dann manche Fragen im Raum: Waren wirklich alle aufgeführten Arbeiten notwendig? Hätte man nicht einige oder vielleicht sogar alle Arbeiten selbst durchführen und so Geld sparen können? Wurde wirklich alles einwandfrei repariert?
Mit diesem Handbuch wollen wir Ihnen bei solchen Fragen zur Seite stehen. Zum einen finden Sie viel Information über die verschiedenen Bauteile und deren Funktion in Ihrem Auto. Dann wissen Sie, wovon der Mann in der Werkstatt spricht. Unterwegs fällt die Fehlersuche leichter, wenn man weiß, wie ein Teil funktioniert. Und nicht zuletzt ist es gut zu wissen, was man da alles mit seinem VW eingekauft hat. Da dient als erste Informationsquelle die Betriebsanleitung (wenn sie beim Gebrauchtwagen nicht schon abhanden gekommen ist). Aber alle technischen Bauteile und deren Feinheiten finden Sie dort nicht beschrieben. Hier ist unser Handbuch das richtige. Es informiert umfangreich und nennt Ihnen – für den Fall des Falles – auch die Möglichkeiten zur Störungssuche.
Auch bei einer Reparatur lassen wir Sie nicht alleine. Einfache Arbeiten sind so beschrieben, daß sie ein Laie problemlos durchführen kann. Im Lauf der Zeit werden Sie sich in Ihrem Wissen und Können steigern. Unter Berücksichtigung der Verkehrssicherheit können Sie dann auch weiterreichende Arbeiten ausführen. Bei diesen Reparaturen gehen wir schon von einem gewissen Grundwissen aus. Dementsprechend ist dort jede Verschraubung mit dem notwendigen Drehmoment angegeben, jedoch nicht mehr jede elektrische Leitung usw. einzeln aufgezählt.

Um Ihnen die Übersicht in diesem Band zu vereinfachen, haben wir bereits im Inhaltsverzeichnis auf den vorangegangenen Seiten eine kleine Auswahl der Stichworte herausgegriffen, die in den entsprechenden Kapiteln behandelt sind. Zu weiterer Übersicht verhelfen der Wartungsplan hinten auf der inneren Umschlagseite, das Verzeichnis der Störungsbeistände auf Seite 264 sowie das Stichwortverzeichnis auf den Seiten 269 und 270.
Aber auch die Aufmachung des Textes im Buch soll Ihnen zu schneller Orientierung verhelfen: Bauteil- und Funktionsbeschreibungen sind grundsätzlich einspaltig, während sämtliche Arbeiten zweispaltig erscheinen. Sie können diesen Band also ganz nach Wunsch als Lese- oder als Arbeitsbuch (oder beides) verwenden.

Ehe Sie diesen Band fertig in den Händen halten können, war viel Vorarbeit notwendig. Wir möchten uns an dieser Stelle ganz herzlich bedanken bei all den hilfsbereiten und geduldigen Menschen bei der Volkswagen AG, in den Werkstätten sowie in anderen Firmen. Sie alle haben uns mit Rat und Tat bei der Arbeit geholfen.

Die Verfasser

Typ-Entwicklung

Lebenslauf

Der VW Golf und Jetta der zweiten Generation sind schon eine geraume Zeit auf dem Markt. Im Rahmen der Modellpflege wurden an den Fahrzeugen immer wieder Verbesserungen vorgenommen. Darüber informiert Sie das folgende Kapitel.

1983

August: Vorstellung des völlig überarbeiteten Golf als zwei- oder viertürige Heckklappen-Limousine in C-, CL-, GL- und GLX-Ausstattung. Die Benzinmotorversionen in der Bundesrepublik: 1,3 l/40 kW (im Band 139 beschrieben), 1,6 l/55 kW, 1,8 l/66 kW (nur für den GLX) und 1,8 l/82 kW (nur für den GTI, Beschreibung im Band 129). Längerer Radstand, breitere Spur, mehr Innen- und Kofferraum. Kunststofftank mit größerem Fassungsvermögen. Fahrwerk mit mehr Federweg und »spurkorrigierenden« Hinterachslagern. Wesentlich verbesserte Geräuschisolation. Trotz größerer Außenmaße bessere Fahrleistungen und niedriger Kraftstoffverbrauch durch verringerten Luftwiderstand.

Oktober: Die am aufwendigsten ausgestattete Golf-Version wird jetzt unter der Bezeichnung »Carat« verkauft. Ausschließlich für dieses Modell ist der 1,8-Liter-Vergasermotor mit 66 kW lieferbar. Zur Serienausstattung gehören Servolenkung, elektrisch verstellbare und beheizbare Außenspiegel, elektrische Fensterheber und Zentralverriegelung.
Für alle Modelle ist eine elektrische Fahrer- und Beifahrersitzbeheizung als Mehrausstattung erhältlich.
Dezember: Der Golf GTI kommt mit dem 82-kW-Einspritzmotor zur Auslieferung.

1984

Januar: Vorstellung des Stufenheckmodells Jetta auf der Basis des Golf. Die Zwei- oder Viertürer-Limousine gibt es als C, CL, GL und Carat. Lieferbare Motoren: 1,3 l/40 kW, 1,6 l/55 kW und 1,8 l/66 kW.
Für Golf und Jetta wird eine schadstoffarme Version mit 1,8-Liter-Motor, Benzineinspritzung, Lambda-Sonde und Katalysator angeboten. Dieser Motor besitzt erstmals Hydrostößel, wodurch das Einstellen des Ventilspiels entfällt.

Februar: Hinterer Befestigungspunkt des Aggregateträgers entfallen.
Juli: Einteilige zusammenschiebbare Lenksäule anstelle der bisherigen zweiteiligen, ausklinkbaren Ausführung.
Verbesserte Zündkabel-Steckverbindungen.
August: Die KE-Jetronic erhält eine Kraftstoffpumpe mit 52 statt 60 mm Durchmesser.
Spannvorrichtung für die Lichtmaschine bei Fahrzeugen mit Klimaanlage mit verzahntem Spannbügel und Zahnmutter.
Oktober: Das Jetta-Angebot wird durch eine 82-kW-Einspritzversion mit der Bezeichnung »GT« ergänzt, die sich durch Kotflügelverbreiterungen und einen Heckspoiler auszeichnet (im Band 129 beschrieben).
Dezember: Halteschrauben mit Sicherungsblechen am Zwischenflansch des 2 E 2-Vergasers.

1985

Januar: Vorderes Motorlager hydraulisch gedämpft, dadurch geringere Schwingungsübertragung. 1,6-Liter-Motor serienmäßig mit elektronischer Transistor-Zündanlage.
April: Spannvorrichtung der Lichtmaschine bei allen Modellen mit verzahntem Bügel und Zahnmutter.
August: Einführung verlängerter Wartungsintervalle. Die Motoren erhalten Hydrostößel, wie bislang der 1,8-Liter-Kat-Motor. Longlife-Zündkerzen mit 30000 km Lebensdauer, Kupplungszug mit Nachstellautomatik (nur in manchen Bauserien). Neue glattflächige Felgen, bei »besserer« Ausstattung mit Kunststoff-Radkappen und -Zierringen.

1986

Januar: Der Golf-Heckwascher erhält seine Wasserversorgung aus dem vorderen Behälter. Die Waschpumpe kann durch Ändern der Drehrichtung das Wasser nach vorn oder nach hinten pumpen.
Februar: Die Viertürermodelle erhalten serienmäßig eine Höhenverstellung für die vorderen Gurtbeschläge, beim Zweitürer ist sie gegen Mehrpreis lieferbar.
April: Zusätzliche Motorversion: 1,6-Liter mit ungeregeltem Katalysator und einer Leistung von 53 kW.
August: Grundausstattung von Golf und Jetta ohne Zusatzbezeichnung »C«. Die CL-Ausstattung aufgewertet durch bessere Sitzbezugs- und Teppichqualität, Fahrer-Außenspiegel von innen verstellbar, Mittelkonsole, Lenkrad sowie Schalthebelknopf umschäumt, Kofferraum-Ladekantenabdeckung, breitere Stoßschutzleisten seitlich beim Golf. GL-Modelle erhalten zusätzlich Veloursitzbezüge, höhenverstellbaren Fahrersitz, Vierspeichenlenkrad, elektrisch einstellbare und beheizte Außenspiegel, Zentralverriegelung, breite Stoßschutzleisten seitlich, Colorverglasung; der Jetta außerdem die Durchladeeinrichtung an der Rücksitzbank.
Der Lichtschalter trägt das Symbol »Glühlampe«.

September: 1,8-Liter-Vergaser-Motor mit ungeregeltem Katalysator und 62 kW Leistung lieferbar.

1987

Februar: Parallel zur Bosch-KE-Jetronic wird der 66-kW-Motor auch mit der Bosch KA-Jetronic ausgerüstet.
August: Neugestalteter Kühlergrill mit größerem VW-WEmblem, ebenso geänderte Heckschriftzüge und großes VW-Zeichen in der Mitte des Heckbleches. Der Fenstersteg in den Vordertüren entfällt und die Außenspiegel rücken weiter nach vorn. Grundmodelle mit breiteren Seitenschutzleisten und mittleren Luftausströmern im Armaturenbrett. Ab CL-Modell werden größere Türablagekästen eingebaut. Neu gestaltete Lenkräder und Hebelschalter für alle Modelle, Scheibenwaschdüsen jetzt zweistrahlig. Die Frontblenden der VW-Radios sind neu gestaltet, die Ausstattung der Radios wurde verbessert.

Teile der vorderen Radaufhängung geändert, so Radlager, Radlagergehäuse, Federbeinbefestigung, Radnabe, Achsgelenk und Antriebswellen.
September: Öleinfüllbohrung des 5-Ganggetriebes 7 mm höher gelegt für vereinfachte Ölbefüllung.
Oktober: Der 51-kW-Motor mit geregeltem Katalysator erhält eine Kraftstoff-Verdunstungsanlage. Das Ecotronic-Steuergerät wird mit einem Fehlerspeicher ausgerüstet.

1988

Januar: Handbremsübersetzung geändert, dadurch ändert sich auch die Einstellung der Handbremse.
Märu: Beim 1,8-Liter-Motor mit 66 kW ersetzt eine Zentraleinspritzung namens »Monojetronic« die seitherige Einspritzanlage mit vier Einspritzventilen.
April: Zahnriemenschutz aus Kunststoff anstelle Blech.
August: Das Golf-Grundmodell erhält Türablagekästen. Der Jetta ist als Grundmodell nicht mehr lieferbar. Die CL-Version ist aufgewertet z.B. durch bessere Stoffqualitäten, Heckblende und Radzierringe. Ab GL-Ausstattung ist der Jetta nur noch als Viertürer lieferbar. Der GL erhält serienmäßig die Servolenkung. Dafür entfällt die elektrische Spiegelbetätigung und die Durchladeeinrichtung.
Auf Wunsch können die Waschwasserdüsen vorn mit Beheizung geliefert werden.
Neue Kühlwasserstutzen am Zylinderkopf mit gesteckten statt eingeschraubten Temperaturfühlern und -gebern.
Lenkräder mit feinerer Verzahnung, wodurch die Lenkradstellung genauer korrigiert werden kann.
September: Heizungs/Lüftungsregulierung mit zwei Drehpunkten.

1989

Januar: Der Jetta erhält eine geänderte Zentralelektrik mit neuer Aufteilung der Stromkreise. In die Hebelschalter-Kombination am Lenkrad wird zusätzlich der Warnblinkschalter eingebaut.
April: Die Servolenkung wird mit Hydrauliköl anstatt ATF befüllt.
August: Neuer Ausstattungsumfang der Golf- und Jetta-Modelle. Alle Versionen besitzen nun einen Außenspiegel rechts und Leuchtweitenregelung. Das Golf-Grundmodell entfällt, zum gleichen Preis gibt es den CL (ohne Mittelkonsole und ohne blanke Zierstreifen auf den Stoßfängern). Der Golf GL wird billiger, dafür entfallen die elektrischen Außenspiegel und die geteilte Rücksitzbank. Der Golf GL und Jetta erhält neue, teilweise in Wagenfarbe lackierte Stoßfänger mit integrierter Schürze, der Jetta auch neue Kotflügel- und Schwellerverbreiterungen sowie eine Blende auf der Kofferraumhaube. Die Griffleiste in der Golf-Heckklappe ist beim GL in Wagenfarbe lackiert. Im neuen Stoßfänger vorn können auf Wunsch integrierte DE-Nebelscheinwerfer eingebaut werden. Der GT erhält einen höhenverstellbaren Fahrersitz und 14"-Stahlräder mit 185er-Bereifung. Mit diesen Rädern in neuem Design sind auch Jetta CL und GL ausgerüstet.
An den Vordersitzen des Zweitürers wird ein Zurückfallen der vorgeklappten Lehnen verhindert, außerdem ist der Bereich der Sitzlängsverstellung um 36 mm länger.
Auch beim Golf setzt nun die neue Zentralelektrik ein zusammen mit den geänderten Hebelschaltern. Am Kombiinstrument ersetzt ein 28fach-Stecker die bisherigen beiden Mehrfach-Steckverbindungen.
November: Die beim Golf gegen Mehrpreis lieferbaren 14"-Stahlfelgen werden wieder in der bis 7/89 verwendeten Form geliefert, nur der Jetta behält die neue Stahl-Lochfelge.

1990

August: Kontrolleuchte für Bremsflüssigkeitsstand bei allen Modellen serienmäßig.
Der Jetta CL erhält neue Polsterstoffe.

1991

August: Alle Golf und Jetta erhalten serienmäßig Seitenblinker, einen höhenverstellbaren Fahrersitz sowie eine Gepäckraumbeleuchtung. Darüber hinaus gehören beim Golf zum Lieferumfang das Sportlenkrad und beim Zweitürer die Gurthöhenverstellung dazu.
September: Die dritte Golf-Generation wird vorgestellt. Seine Produktion beginnt im November. Parallel wird der Jetta II bis Ende 1991 und der Golf II bis Mitte 1992 weitergebaut.

Motorraumbild 51 kW

Treibende Kraft

Blick in den Motorraum eines **Jetta mit 51-kW-Vergasermotor mit geregeltem Katalysator**: 1 – obere Federbeinbefestigung rechts; 2 – Öleinfülldeckel; 3 – Luftfilterdeckel; 4 – Vergaser mit Luftfiltergehäuse; 5 – Gaszug; 6 – Bremskraftverstärker; 7 – Zündspule; 8 – Vorratsbehälter für Bremsflüssigkeit; 9 – Ausgleichbehälter für Kühlflüssigkeit; 10 – Scheibenwaschwasserbehälter; 11 – Batterie; 12 – Kupplungszug; 13 – Tachowelle; 14 – Zündverteiler; 15 – Ölfilter; 16 – Benzinpumpe; 17 – Ölpeilstab; 18 – Lichtmaschine; 19 – Wasserpumpe; 20 – Mischgehäuse der Ansaugluft-Vorwärmung.

Motorraumbild 55 kW

Ohne Filter

So sieht es im Motorraum eines **Jetta mit 55-kW-Vergasermotor ohne Katalysator** aus: 1 – obere Federbeinbefestigung rechts; 2 – Kraftstofffilter; 3 – grüner Unterdruckbehälter für den Starterklappen-Pulldown; 4 – Vergaser Pierburg 2 E 2; 5 – Gaszug; 6 – Bremskraftverstärker; 7 – Zündspule; 8 – Vorratsbehälter für Bremsflüssigkeit; 9 – Ausgleichbehälter für Kühlflüssigkeit; 10 – Scheibenwaschwasserbehälter; 11 – Batterie; 12 – Kühler; 13 – Kupplungszug; 14 – Zündverteiler; 15 – Ölfilter; 16 – Benzinpumpe; 17 – Ölpeilstab; 18 – Lichtmaschine; 19 – Wasserpumpe; 20 – Öleinfülldeckel.

Motorraumbild 66 kW KE-Jetronic

Multipoint

Der Motorraum eines **66-kW-Jetta mit KE-Jetronic und geregeltem Katalysator** zeigt folgende Bauteile: 1 – Potentiometer; 2 – Gemischregler; 3 – Drucksteller; 4 – Druckregler; 5 – Schlauch der Kurbelgehäuse-Entlüftung; 6 – Zündkerze des 1. Zylinders; 7 – Lichtmaschine; 8 – Ölpeilstab; 9 – Zündverteiler; 10 – Kupplungszug; 11 – Abdeckung für die Batterie; 12 – Scheibenwaschpumpe; 13 – obere Federbeinbefestigung links; 14 – CO-Entnahmerohr für die Abgasmessung; 15 – Kaltstartventil; 16 – Gaszug; 17 – Ansaugstutzen; 18 – Kraftstoffleitungen zu den Einspritzventilen; 19 – Abdeckung über der Stauscheibe; 20 – Leerlaufdrehzahl-Anhebungsventil.

Motorraumbild 66 kW Monojetronic

Einer für alle

Bei diesem **Golf GT mit 66-kW-Monojetronic-Einspritzmotor mit geregeltem Katalysator** sehen Sie: 1 – obere Federbeinbefestigung rechts; 2 – Drehzahlfühler des Antiblockiersystems; 3 – Abschaltventil der Kraftstoff-Verdunstungsanlage; 4 – Öleinfülldeckel; 5 – Einspritzeinheit; 6 – Gaszug; 7 – Vorratsbehälter für Bremsflüssigkeit (ABS); 8 – Zündspule; 9 – Tachowelle; 10 – Ausgleichbehälter für Kühlflüssigkeit; 11 – Scheibenwaschwasserbehälter; 12 – Batterie; 13 – Vorratsbehälter der Servolenkung; 14 – Kupplungszug; 15 – Zündverteiler; 16 – Ölpeilstab; 17 – Lichtmaschine; 18 – Luftfiltergehäuse.

Regelmäßige Wartung

Alles nach Plan

Wo und wann nach dem Rechten gesehen werden soll, hat das Volkswagenwerk in ausführlichen Wartungsanweisungen zusammengestellt.

Zwei Wartungssysteme

Bis einschließlich Modelljahr 1985 sieht es so aus:
- Regel-Service alle 15000 km oder spätestens nach einem Jahr;
- Regel-Service mit Zusatzarbeiten alle 30000 km.

Im August 1985 wurden die wartungsarmen Modelle eingeführt. Bei diesen Fahrzeugen werden Verschleißteile nur noch alle 30000 km ersetzt. Durch Hydrostößel entfällt das Ventilspieleinstellen, und alle Motoren sind seit diesem Datum mit einer wartungsfreien Transistor-Zündanlage ausgerüstet.

Seit August 1985 gilt:
- Inspektions-Service einmal im Jahr;
- Inspektions-Service mit Zusatzarbeiten alle 30000 km;
- Ölwechsel-Service, wenn im Jahr mehr als 15000 km zurückgelegt werden.

Für **alle Baujahre** sind folgende Arbeiten vorgeschrieben:
- **Abgas-Untersuchung** bei Fahrzeugen ohne Katalysator bzw. mit ungeregeltem Kat einmal im Jahr, bei Fahrzeugen mit geregeltem Katalysator alle zwei Jahre
- **Alle zwei Jahre** wird der VW-Fahrer zum **Bremsflüssigkeitswechsel** gebeten.

Für Vielfahrer (über 15000 km im Jahr), welche die Wartung in der Werkstatt durchführen lassen, ergeben sich möglicherweise ungünstige Überschneidungen. Bei 20000 Jahreskilometern muß zwischendurch der Ölwechsel durchgeführt werden, was Sie aber meist kurzfristig mit der Tankstelle oder Werkstatt vereinbaren können. Länger als 15000 km sollte das Öl nicht im Motor verbleiben. Wer 25000 km fährt, sollte nach Jahresfrist dagegen die 30000er-Inspektion vorziehen. Anderes gilt für den Selbsthelfer, der flexibel entscheiden kann, was er wann ausführen will.

Wartungsplan für den Selbsthelfer

Auf den Empfehlungen von VW basiert auch der Wartungsplan dieses Buches, wobei wir die Reihenfolge speziell für den Heimwerker zusammengestellt haben.

Damit Sie zu unserem **Wartungsplan** während der Arbeit nicht ständig blättern müssen, haben wir ihn **hinten auf der inneren Umschlagseite** abgedruckt. So haben Sie ihn ständig vor Augen und können die Arbeiten Punkt für Punkt erledigen. Ganz zu Anfang finden Sie eine Anzahl von Arbeiten unter der Überschrift »Ständige Kontrollen«. Diese Wartungspunkte lassen sich in kein Kilometerintervall pressen.

Wer soll was machen?

Fast alle Wartungsarbeiten am VW können Sie selbst ausführen. Das entsprechende Wissen hierzu liefert unser Handbuch. Wenn dennoch Werkstatt oder Tankstelle den einen oder anderen Wartungspunkt rationeller erledigen können, so haben wir das im Wartungsplan vermerkt. Die »Selbsthelfer-Ampel« weist Ihnen dabei den richtigen Weg:

Grün: Freie Fahrt für den Selbsthelfer. Diese Arbeit können Sie mit den Kenntnissen aus diesem Buch fachgerecht durchführen und Geld sparen.

Gelb: Die Arbeit ist zwar nicht schwierig, doch es fehlen meist die nötigen Einrichtungen. In diesem Fall sind Sie an der Tankstelle am besten aufgehoben.

Rot: Halt, hier lassen Sie am besten die Werkstatt ran. Spezielle Werkzeuge oder Meßgeräte sind erforderlich. Der Aufwand an Eigenarbeit lohnt sich nicht, weil die Werkstatt wesentlich schneller arbeitet oder weitergehende Kenntnisse erforderlich sind.

Solange Ihr Wagen jünger als ein Jahr ist oder wenn ein Austauschmotor eingebaut wurde, verlangt das Werk, daß die Wartungsarbeiten termingerecht in einer V.A.G.-Werkstatt erledigt werden. Andernfalls können auch berechtigte Garantieansprüche abgelehnt werden.
Und wer die »Mobilitätsgarantie« für einen seit 8/85 gebauten VW beanspruchen will, muß mindestens einmal im Jahr zum Service in die Werkstatt.

Garantiebedingungen beachten

Der sichere Arbeitsplatz

Safety first

Wenn Autopflege Hobby bleiben soll, müssen die äußeren Voraussetzungen stimmen.

Wagen immer abstützen!

Womit abstützen?

Wagenheber sind – wie ihr Name schon sagt – nur dazu da, das Fahrzeug anzuheben. Sie sind keine ausreichende Abstützung für Arbeiten an der Wagenunterseite. Lassen Sie es auch in der größten Eile nie an der fachgerechten Abstützung des aufgebockten Fahrzeugs fehlen. Sonst kann die eigenhändige Reparatur das Leben kosten. Zum richtigen Abstützen gehört natürlich auch das Unterlegen der Räder mit Steinen oder Holzkeilen, damit der Wagen beim Anheben nicht wegrollen kann.

Hohlblocksteine haben sich als preisgünstige Abstützmöglichkeit erwiesen. Sie dürfen allerdings nicht feucht oder rissig sein, sonst könnten sie unter Belastung in sich zusammenbrechen. Zwischen Stein und Karosserie muß ein Brett gelegt werden, damit sich die Last gleichmäßig über den ganzen Stein verteilen kann. Der Hohlblockstein selbst muß mit den Öffnungen senkrecht auf ebenem und tragfähigem Grund (Beton oder Asphalt) stehen.

Unterstellböcke stellen eine ideale Ergänzung zum Rangierwagenheber dar. Bei allen anderen Hebern – aber auch bei seitlich angesetztem Rangierheber – besteht allerdings die Gefahr, daß der auf der gegenüberliegenden Seite angesetzte Dreibeinbock einfach zur Seite weggedrückt wird. Am günstigsten steht der Bock, wenn eines seiner Beine nach außen und zwei zur Wagenmitte hin zeigen. Die Böcke sollten keine zu kleine Standfläche haben.

Auffahrrampen sind die schnellste Aufbockmöglichkeit, da kein Wagenheber gebraucht wird. Auch steht der Wagen dann absolut sicher.

Wagenheber

Wagenheber gibt es für jeden Geldbeutel und Einsatzzweck. Hier die verschiedenen Typen:

Bordwagenheber: Sie sollten immer ein kleines Brett unterlegen, damit sich der Wagenheberfuß nicht in den Untergrund drücken kann.

Scherenwagenheber: Hiervon ist nur eine stabile Ausführung ratsam. Solch ein Wagenheber bewährt sich bei einem Fahrzeug, dessen Karosserie an den Anhebepunkten schon etwas morsch ist. Man kann den Heber dann etwas weiter zur Karosseriemitte hin ansetzen.

Hydraulischer Stempelwagenheber: Vor dem Kauf sollten Sie die Hubhöhe kontrollieren. Bei einer zu kurzen Ausführung werden die Räder nicht weit genug vom Boden abgehoben. Ein zu hoher Heber läßt sich erst gar nicht am Wagenboden ansetzen.

Rangierwagenheber: Für den Heimwerker gut geeignet ist ein kurzer, kleiner Rangierheber, der sich leicht verstauen läßt.

 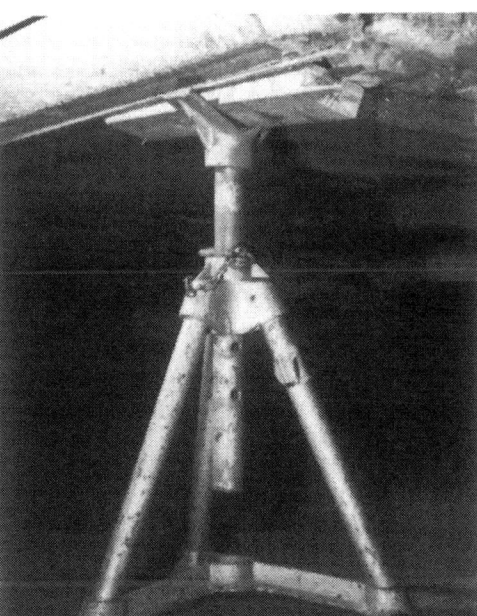

Links: Beim Ansetzen des Bordwagenhebers müssen Sie darauf achten, daß der Wagenheberfuß eben auf festem Boden aufliegt. Die Stellen, wo der Heber angesetzt werden darf, markieren Einkerbungen (Pfeil) im Schwellerblech.
Rechts: Der Unterstellbock wurde hier mit einem lastverteilenden Kantholz angesetzt, damit keine Dellen ins Blech gedrückt werden.

Schmieren aller Teile

Auf Schmierstellensuche

Hauptaufgabe des Öls ist natürlich die Schmierung der Gleitflächen und Lager, aber das Schmiermittel dient auch zur Feinabdichtung der Kolbenringe. Des weiteren muß es Reibungs- sowie Verbrennungswärme abführen. Und nicht zuletzt müssen Abrieb und Schmutz gebunden werden, damit sie sich nicht im Motorinnern ablagern.

Motorölstand prüfen

Ständige Kontrolle

Wenn Sie Ihren VW erst übernommen haben (neu oder gebraucht), sollten Sie sicherheitshalber bei jedem Tanken zum Ölpeilstab greifen. Wenn Sie erkennen, daß der Motor nur sehr wenig Öl verbraucht, können Sie das Kontrollintervall auf jede zweite bis vierte Tankung verlängern. Der Peilstab sitzt in Fahrtrichtung gesehen vorn rechts neben der Lichtmaschine, siehe Bilder unten.
- Wagen auf waagrechtem Untergrund abstellen.
- Nach dem Abstellen des vorher warmgefahrenen Motors mindestens fünf Minuten warten, damit alles Öl in die Ölwanne abtropfen kann. Besser ist die Kontrolle vor dem ersten Start bei noch kaltem Motor.
- Vorsicht bei heißgefahrenem Motor, daß Sie sich nirgends die Hand an umliegenden Teilen verbrennen.
- Peilstab ziehen, mit sauberem, fusselfreiem Lappen oder Papiertuch abwischen, bis zum Anschlag wieder hineinschieben, kurz warten und erneut herausziehen.
- An der Peilstabspitze können Sie nun den Ölstand ablesen.
- Reicht die Schmiermittelmenge nur noch bis zur unteren Markierung, muß Motoröl nachgefüllt werden.

Fingerzeige: Wenn Sie über den Ölverbrauch Ihres VW ganz genau Buch führen wollen, sollten Sie immer an derselben Stelle messen; am besten vor dem ersten Start. Sie brauchen dann nicht einmal den Peilstab abzuwischen, da über Nacht aller Schmiersaft in die Ölwanne zurückgetropft ist. Schwarzgefärbtes Motoröl ist für sich allein kein Zeichen, daß das Motoröl gewechselt werden müßte. Auch kurz nach dem Ölwechsel ist der Schmiersaft bald wieder dunkel. Anfallender Schmutz und Abrieb werden in der Schwebe gehalten, damit sie sich nicht im Motorinnern ablagern.

Öl nachfüllen

Damit der Motor mit der richtigen Ölmenge befüllt wird, müssen Sie sich den Ölpeilstab genau ansehen:
○ Beim **Peilstab bis 8/88** beträgt die Differenzmenge zwischen oberer und unterer Marke **1 Liter**. **Erkennungsmerkmal: Der Peilstab ist rund.**
○ Am **Peilstab seit 9/88** beträgt die Ölmenge zwischen oberer und unterer Peilstabmarke **0,75 Liter**. **Erkennungsmerkmal: Der Peilstab ist flach.**
Unter die untere Marke sollte der Ölstand nicht fallen. Ein Viertelliter zu wenig ist für den Motor noch nicht gefährlich. Fehlt mehr Öl und wird der VW scharf gefahren, kann der Öldruck gefährlich abfallen, was der Warnsummer der Öldruckkontrolle (siehe Seite 225) auch sofort anzeigt.

Die Pfeile zeigen auf die obere und untere Markierung des Ölpeilstabs. Im Bild links ist der runde Peilstab bis ca. 8/88 gezeigt – Nachfüllmenge maximal 1 Liter.
Rechts der flache Peilstab seit 9/88. Hier darf höchstens ¾ Liter Öl nachgefüllt werden.

Unsinnig ist aber auch zu viel Schmiermittel im Motor. Es kann bei hohen Drehzahlen über die Kurbelgehäuse-Entlüftung in die Brennräume gelangen. Bei einem Fahrzeug mit Katalysator ist das gefährlich, denn das Öl kann im Kat verbrennen und diesen schädigen.

Bei welchem Ölstand Sie nachfüllen sollten, hängt von Ihrer Fahrweise ab:
○ Bei gemäßigtem Fahrstil genügt Nachfüllen, wenn das Niveau an der unteren Peilstabmarke angelangt ist.
○ Für scharfe Fahrweise empfiehlt sich Auffüllen, wenn der Ölstand im unteren Drittel oder Viertel zwischen den beiden Peilstabmarken steht. Die etwas größere Ölmenge kann die Kühlungsaufgaben besser erfüllen.

Fingerzeig: Öl in kleinen Mengen ist teurer als im 3- oder 5-Liter-Kanister. Zum Nachfüllen unterwegs ist ein solches Gebinde aber meist zu unhandlich. Außerdem nimmt es im Kofferraum Platz weg. Günstig ist eine mineralölbeständige 1-Liter-Dose mit Drehverschluß.

Darf man Öle mischen?

Die Ölsorten aller Hersteller lassen sich ohne Gefahr untereinander mischen, auch Einbereichs- mit Mehrbereichsölen. Diese Mischbarkeit ohne schädliche Folgen ist eine Grundforderung der internationalen Öl-Normen. Zwar werden spezifische Eigenschaften eines bestimmten Öls durch die Vermischung mit anderem Motoröl möglicherweise leicht beeinträchtigt, da jede Ölmarke ihre eigene Additivkombination besitzt. Die Schmierwirkung ist jedoch nie gefährdet. Wer sich an die von VW freigegebenen Ölnormen hält, läuft keine Gefahr, daß eine untaugliche Mischung einen Motorschaden verursacht.

Ölverbrauch

Ein Teil des Motoröls verbrennt bei seiner Schmiertätigkeit. Ölverbrauch ist also völlig natürlich. Gut eingefahrene Motoren kommen mit **0,2 Liter Öl auf 1000 km** aus, Volkswagen nennt als **höchstzulässigen Wert** einen Verbrauch von **1,0 Liter je 1000 km** (in früheren Jahren wurden 1,5 Liter Ölverbrauch toleriert). Wieviel Öl Ihr VW braucht, hängt von folgenden Umständen ab:
○ Ölüberfüllung bewirkt höheren Verbrauch, denn die Kurbelgehäuse-Entlüftung bläst das Zuviel wieder zum Motor hinaus.
○ Dünnflüssiges Öl verbrennt schneller als dickflüssiges. Einbereichsöl wird in heißem Zustand dünn wie Wasser, und entsprechend höher ist der Verbrauch. Mehrbereichsöl bleibt dickflüssiger; vor allem bei Langstreckenfahrern macht sich das durch geringeren Ölverbrauch bemerkbar.
○ Mehrbereichsöl, das zu lange im Motor bleibt, wird etwas dünnflüssiger, die oberste Zähflüssigkeitsklasse »geht verloren«, entsprechend steigt der Nachfüllbedarf.
○ Scharfe Fahrweise treibt außer dem Kraftstoffkonsum auch den Ölverbrauch in die Höhe. Besonders stark wirkt sich aus, wenn der neue Motor sofort voll belastet wurde.
○ In der Einlaufzeit braucht der Motor etwas mehr Schmiermittel.
○ Motorundichtigkeiten. Kontrollieren Sie, wie auf Seite 29 beschrieben.
○ Defekt im Motor; z. B. Ventilschaftabdichtungen defekt, Spiel zwischen Ventilführung und Ventilschaft zu groß, Kolbenringe schadhaft oder falsch eingebaut, beschädigte Zylinderwand durch Kolbenfresser.

Kein Ölverbrauch ist verdächtig

Im winterlichen Kurzstreckenbetrieb kann es vorkommen, daß der Ölstand zwischen den Messungen überhaupt nicht abnimmt oder gar ansteigt. Das ist kein Grund zur Freude, denn dann ist das Motoröl durch Kraftstoff und Kondenswasser verdünnt. Diese in ihrer Schmiereigenschaft wesentlich beeinträchtigte Ölfüllung sollte durch eine regelmäßige, längere Fahrt »aufgekocht« werden, damit die Kondensate verdunsten. Sofort anschließend den Ölstand kontrollieren, da der Pegel durch die verdunsteten Benzin/Wasser-Anteile erheblich absinkt! Bei extremem Stadtbetrieb sollten Sie das Öl vor den üblichen Intervallen wechseln.
Im Winter rechnet man mit einem Kraftstoffanteil im Öl von 2–5%, wobei ein Einspritzmotor durch die besser dosierte Kaltstartanreicherung weniger Benzin im Motoröl hat als ein Vergasermotor.

Die richtige Ölspezifikation

Da bei den relativ langen 15000-km-Ölwechselintervallen die Gefahr von Ölschlammbildung besteht, gibt es von Volkswagen strenge Ölvorschriften.
○ Herkömmliches Motoröl auf Mineralölbasis muß der **VW-Norm 50101** entsprechen. Dann besitzt es die notwendigen Reinigungseigenschaften zur Verhinderung von Ölschlamm.
○ Leichtlauföle verringern die innere Reibung im Motor. Sie müssen der VW-eigenen Norm **VW 50000** entsprechen.
○ Nur wenn kein Öl der genannten Spezifikationen verfügbar ist, darf Mehrbereichs- oder Einbereichsöl der Kategorie API SF oder API SG zum Nachfüllen verwendet werden.

Fingerzeig: Faktoren wie Ölpreis oder Herkunft sagen nichts über die Ölqualität aus!

Die Tabelle zeigt die Ölviskositäts-Empfehlungen von VW:
A – Mehrbereichsöle nach VW-Norm 501 01;
B – Leichtlauföle nach VW-Norm 500 00;
C – Einbereichsöle, Spezifikation API SF oder SG.
Die genannten Werte verstehen sich als Dauertemperaturen. Kurzzeitige Schwankungen spielen keine Rolle.

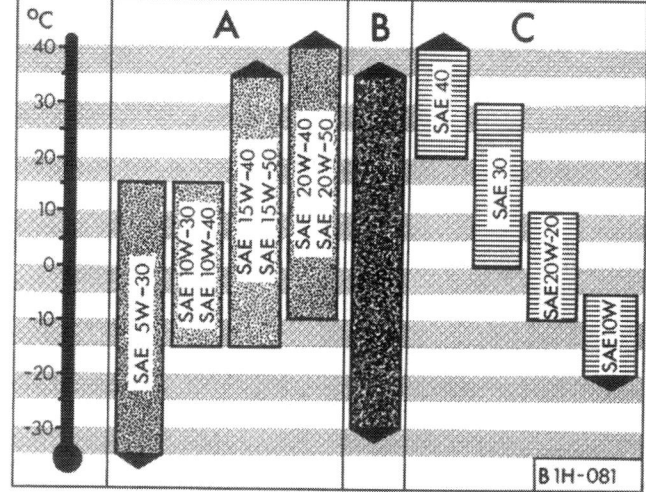

Zähflüssigkeit des Öls

Die amerikanische **S**ociety of **A**utomotive **E**ngineers hat die Öle entsprechend ihrer Zähflüssigkeit in Klassen eingeteilt. Die reichen vom dünnflüssigen **W**interöl SAE 5 W, 10 W, 15 W über die Zwischenstufe SAE 20 W/20 zu den dickflüssigen Sommerölen SAE 30, 40 und 50.

○ Am billigsten ist **Einbereichsöl**. Für einwandfreie Motorschmierung muß es entsprechend der Jahreszeit dick- oder dünnflüssiger sein. Das bedeutet, daß im Herbst Winteröl und im Frühjahr Sommeröl in den Motor gefüllt werden muß. VW gibt es mittlerweile nur noch zum Nachfüllen frei.

○ Wesentlich aufwendiger in der Herstellung und deshalb auch viel teurer ist **Mehrbereichsöl**. Es besitzt Viskositätsindex-(VI-)Verbesserer – lange Molekülketten, die beim Erhitzen quellen und beim Abkühlen wieder schrumpfen. Das Öl kann sich damit den Temperaturen elastisch anpassen und mehrere Viskositätsklassen überspannen. Ein Öl SAE 15 W-50 entspricht bei einer Temperatur von –15°C der Zähflüssigkeitsklasse 15 W und bei 100°C der Klasse 50.

Problematisch ist bei manchen Mehrbereichsölen, daß die Molekülketten ihrer Viskositäts-Verbesserer mit der Zeit regelrecht kleingehackt (abgeschert) werden können. Dann ist die obere Zähflüssigkeitsklasse nicht mehr voll erhalten, das Öl also nicht mehr so temperaturbeständig. Aus diesem Grund sind Mehrbereichsöle der Klassen SAE 10 W-30 und 10 W-40 in der warmen Jahreszeit für die VW-Motoren nicht freigegeben.

Welches Öl kaufen?

Bei welchen Temperaturen unsere Motoren welche Öl-Zähflüssigkeit verlangen, zeigt die Tabelle oben. Der Blick in die Tabelle zeigt, daß VW das Einbereichsöl nur noch zum Nachfüllen freigegeben hat. Einbereichsöle sind zwar nicht schlechter als Mehrbereichsöle, aber sie können nur geringere Temperaturspannen überbrücken.

Deshalb ist ein Mehrbereichsöl günstiger. Es gewährleistet einerseits bei Frost sichere Ölversorgung gleich beim Start und andererseits volle Schmierwirkung bei Vollgas-Autobahnfahrt.

Hochleistungsöle

Unter diesem Begriff haben wir Leichtlauf- oder Kraftstoffsparöle (auf teilsynthetischer Basis) und auch vollsynthetische Öle zusammengefaßt, denn die Übergänge sind fließend. Sie sind durchweg teurer als herkömmliche Mehrbereichsöle. Da sie jedoch die Bildung von Ölschlamm besonders gut verhindern, werden diese Öle von VW sehr empfohlen.

○ Die in kaltem Zustand sehr dünnflüssigen **Leichtlauf-Schmierstoffe** verringern vor allem in der Warmlaufphase und im Kurzstreckenverkehr die innere Reibung im Motor, setzen ihm also weniger Widerstand entgegen. Man kann realistisch mit einer Benzinverbrauchs-Einsparung von rund 3% rechnen. Diese Ersparnis macht sich bei einem »ölfressenden« Motor natürlich nicht mehr bezahlt.

○ **Teil- und vollsynthetische Öle** zählen zu den teuersten überhaupt. Sie bestehen (z.T.) aus künstlichen chemischen Verbindungen von Kohlenstoff, Wasserstoff und Sauerstoff. Dabei wurden nur solche Moleküle ausgewählt, welche die geforderten Schmieraufgaben optimal erfüllen können. In der Praxis bedeutet das, daß diese Öle im Gegensatz zu Mineralölen bedeutend langsamer altern. Sie verdampfen auch weniger schnell und besitzen eine hohe, gleichbleibende Scherstabilität, d.h. sie behalten ihre ursprüngliche oberste Viskositätsklasse auf Dauer bei. Solche Öle verbinden optimale Schmiereigenschaften mit besonders guter Sauberhaltung des Motorinnern.

Wie oft Öl wechseln?

Alle 15 000 km oder einmal jährlich schreibt Volkswagen den Ölwechsel vor. Wie genau soll man sich an diese Anweisung halten?

Wir meinen, daß auch ein Langstreckenfahrer die 15 000 km als Obergrenze ansehen sollte. Wer andererseits

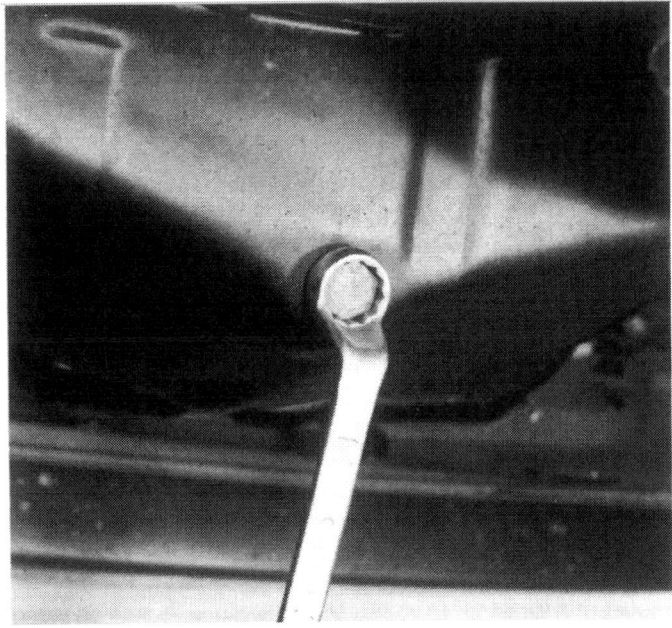

Die Ölablaßschraube sitzt in Fahrtrichtung hinten an der Ölwanne. Zum Lösen ist ein Ringschlüssel das am besten geeignete Werkzeug.

den VW hauptsächlich im Kurzstreckenverkehr fährt, sollte schon wesentlich früher den Ölwanneninhalt wechseln. In der kalten Jahreszeit spätestens nach sechs Monaten, unabhängig von der vielleicht noch geringen Kilometerleistung. Bei ausschließlichem Stadtverkehr sind bereits vier Monate genug für das Öl. Wer ein Einbereichsöl verwendet, muß ohnehin an den jahreszeitlichen Wechsel denken – im Frühjahr und Herbst –, damit das Öl den Start- bzw. Außentemperaturen angepaßt ist.

Ölwechsel, wo und wie?

○ Das Motoröl soll bei betriebswarmem Motor gewechselt werden, damit es allen Schmutz beim Auslaufen herausschwemmt.

○ Die ordnungsgemäße Beseitigung des beim Ölwechsel abgelassenen Altöls ist dank der Abfall-Gesetzgebung ganz einfach: Man kann es kostenlos dort abgeben, wo man Motoröl gekauft hat. Der Handel ist zur Rücknahme verpflichtet, als Kaufbeweis müssen Sie nur die entsprechende Quittung vorlegen. Noch einfacher haben Sie es, wenn Sie die Ölabsaugstation an der Tankstelle benutzen, dann brauchen Sie mit dem Altöl gar nicht herumzuhantieren, es gelangt sicher in den Altöltank.

○ In Werkstätten kostet der Ölwechsel nach unseren Erfahrungen das meiste Geld, weil nur sehr teure Ölsorten vorrätig sind. Außerdem ist der Motor oft schon wieder kalt, bis das alte Öl abgelassen wird. Und Werkstätten berechnen zumindest die Arbeit für den Ölfilterwechsel zusätzlich.

○ An Tankstellen kommt der Wagen meist sofort dran. Sie können auch ein billigeres Öl aus dem Tankstellen-Verkaufsprogramm auswählen, und im Ölpreis ist die Arbeit des Tankwarts inbegriffen.

○ Gegen den SB-Ölwechsel mit einem Absauggerät an der Tankstelle bestehen keine Bedenken, vorausgesetzt der Ölfilter wird bei jedem 15000-km-Intervall ebenfalls ausgetauscht. Das ist von oben her möglich.

○ Ölwechsel zu Hause lohnt sich nur, wenn Sie das Öl preiswert im Zubehörhandel, Großmarkt, Warenhaus oder durch gute Beziehungen billiger kaufen können. An der Tankstelle müssen Sie nach den etwas günstigeren SB- oder Mitnahmeölen fragen.

Motoröl und Ölfilter wechseln

Wartung Nr. 18

Für einen Ölwechsel brauchen Sie **Motoröl** in folgender Menge:

Motor	Ölfüllmenge in Liter	
	mit Filterwechsel	ohne Filterwechsel
Tassenstößel-Motoren (bis 7/85)	3,5	3,0
Hydrostößel-Motoren (1,8 Liter Kat ab 1/84, übrige seit 8/85)	4,0	3,5

○ Einen **Ölfilter** für den alle 15 000 km fälligen Filtertausch: V.A.G.-Nr. 056 115 561 G oder unter anderen Herstellerbezeichnungen im Zubehörhandel
○ Einen neuen **Dichtring** für die Ölablaßschraube
● Fahrzeug warmfahren.
● VW waagrecht und rüttelsicher aufbocken.
● Kleine Wanne oder einen genügend großen, aufgeschnittenen Plastik-Ölkanister unterstellen.
● Ablaßschraube mit Ringschlüssel SW 19 öffnen; sie sitzt hinten – in Fahrtrichtung gesehen. Öl auslaufen lassen. Vorsicht, es ist heiß!

● Ölfilter mit dem Bandschlüssel lösen, wie im Bild rechts unten gezeigt.
● Bei sehr festsitzendem Filter einen scharfen Schraubenzieher durch das Blechgehäuse des Filters treiben (Vorsicht, auslaufendes heißes Öl auffangen) und Filter mit dem Schraubenzieher losdrehen.
● Alten Ölfilter über der Ölwanne entleeren.

Bei abgenommenem linken Vorderrad ist die Kontrollschraube (Pfeil) für das Getriebeöl gut zugänglich. Was Sie bei der Kontrolle am Fünfganggetriebe bis 8/87 beachten müssen, steht im Text auf der folgenden Seite.

- Gebrauchten Ölfilter nicht in die Hausmülltonne werfen, sondern – wie auch ölgetränkte Lappen – zum Sondermüll geben (Adresse von der Gemeindeverwaltung erfragen).
- Dichtring am neuen Ölfilter mit etwas Fett einreiben. Kein Öl nehmen, das bei der Sichtkontrolle zum Schluß oft fälschlicherweise für austretendes Öl gehalten wird.
- Filter ohne irgendwelches Werkzeug von Hand festdrehen.
- Ölablaßschraube sauberreiben und mit neuem Dichtring eindrehen; nicht anknallen, sonst wird das Gewinde in der Ölwanne beschädigt.
- Nach dem Öleinfüllen Motor starten. Bis die Ölpumpe den Filter gefüllt hat, blinkt die Öldruckkontrolle weiterhin, und bei einem älteren Motor kann kurzzeitig Lagerklappern hörbar werden.
- Öldichtheit kontrollieren.

Getriebe auf Dichtheit prüfen

Wartung Nr. 26

Im Getriebe wird das Schmiermittel nicht wie im Motor verbraucht, sondern kann allenfalls durch undichte Stellen ins Freie gelangen.
- Wagen aufbocken.
- Ist das Getriebegehäuse an der Unterseite außen trocken, ist diese Wartung schon erledigt.
- Bei ölverschmiertem Gehäuse machen Sie die Fingerprobe: Motoröl ist dünnflüssig und praktisch geruchslos, Getriebeöl ist dickflüssiger. Mineralisches Getriebeöl hat zusätzlich einen eher aufdringlichen Geruch.
- Fühlt sich der Schmierstoff wie Getriebeöl an, muß der Ölstand geprüft werden.

- **Vierganggetriebe, Fünfganggetriebe ab 9/87:** In Fahrtrichtung vor der linken Antriebswelle die Innensechskantschraube SW 17 lösen, siehe Abbildung oben.
- Läuft nun bereits etwas Getriebeöl heraus, stimmt der Ölstand.
- Andernfalls Finger in das Schraubengewinde stecken und fühlen, ob die Schmierflüssigkeit bis kurz unterhalb an die Öffnung heranreicht.
- Bei größerem Ölmangel an der Tankstelle oder in

Der Spannbandschlüssel muß zum Filterlösen in Pfeilrichtung gedreht werden.

der Werkstatt die vorgeschriebene Getriebeölsorte einfüllen lassen.
- Beim **Fünfganggetriebe bis 8/87** läuft (bedingt durch die Einbauneigung) nach Öffnen der Kontrollschraube das Öl in dickem Strahl aus der Bohrung des Getriebes.
- Deshalb **Schraube** zur Ölstandsprüfung **nicht öffnen**!
- In Zweifelsfällen oder nach Getriebereparaturen: Kontrollschraube öffnen und alles Öl abtropfen lassen. Schraube eindrehen.
- Tachowelle am Getriebe abbauen und durch die Wellenbohrung genau 0,5 Liter Getriebeöl einfüllen. So stimmt der Ölstand!

Die richtige Getriebeölsorte

An einen Getriebeölwechsel brauchen Sie nicht zu denken. Das Getriebe ist mit einer Dauerfüllung versehen, aus der eventueller Abrieb durch Magnete herausgefischt wird.
Allerdings muß das Getriebeöl bestimmten Anforderungen entsprechen. Volkswagen schreibt folgende Ölspezifikationen und Zähflüssigkeitsklassen vor:
○ API GL 4, SAE 80
○ MIL-L-2105 (A), SAE 80
○ Synthetiköl VW G 50, SAE 75 W-90 (Teile-Nr. G 005 000).

ATF-Stand im automatischen Getriebe kontrollieren

Ständige Kontrolle

Die Getriebeautomatik ist mit einer synthetischen Flüssigkeit namens **A**utomatic **T**ransmission **F**luid befüllt. Sie dient als Schmiermittel und zur Steuerung des hydraulischen Drucks im Getriebe. Damit sie den Anforderungen gerecht wird, muß die ATF geprüft sein und die Bezeichnung Dexron® (mit einer nachfolgenden Kontrollzahl) tragen. Falsche Flüssigkeit kann einen Getriebetotalschaden verursachen!

- Die ATF soll zur Prüfung handwarm sein, das entspricht einer Fahrt von fünf bis zehn Minuten. Die Flüssigkeitsmenge verändert sich temperaturabhängig. Im kalten Zustand wird zu wenig angezeigt und nach längerer Fahrt ein zu hoher Stand.
- Handbremse anziehen, Wählhebel in Stellung »P« legen, Motor im Leerlauf drehen lassen.
- ATF-Peilstab – in Fahrtrichtung links über dem Getriebe – herausziehen. Er darf nur mit einem völlig sauberen und fusselfreien Tuch abgewischt werden.
- Peilstab einschieben und nochmals herausziehen. Die Flüssigkeitsmenge zwischen oberer und unterer Marke beträgt **beim Peilstab mit Kunststofffahne 0,33 Liter**, beim neueren **Peilstab ohne Fahne** dagegen nur **0,23 l**.
- Zwischen beiden Markierungen muß ATF sichtbar sein. Die unterste Marke beim neueren Peilstab gilt nur für das Einfüllen beim ATF-Wechsel.
- Die Flüssigkeit ist rot oder rot/braun. Die seit Mitte 1985 verwendete rot/braune ATF verfärbt sich nach kurzer Zeit schwarz/braun. Das ist normal und bedeutet keinen Schaden.
- Riecht die ATF verbrannt, liegt ein größerer Getriebeschaden vor.
- Bei zu niedrigem Flüssigkeitsstand sollte nicht einfach ATF nachgefüllt werden, sondern das Getriebe auf Undichtigkeiten hin kontrolliert werden. Notwendige Abdichtarbeiten sollten Sie der Werkstatt überlassen.
- Zu hoher Flüssigkeitsstand kann daher rühren, daß die Abdichtung zwischen dem Planetengetriebe und dem Achsantrieb schadhaft ist.
- Ölstand im Achsantrieb kontrollieren, siehe nächsten Abschnitt.
- Ist dort zu wenig Schmiermittel vorhanden, muß die Werkstatt die Teile neu abdichten und die ATF wechseln.
- Stimmt der Schmiermittelstand im Achsantrieb, wird das Zuviel an ATF in der Getriebeautomatik lediglich abgesaugt. Zu hoher ATF-Stand kann ebenfalls einen Getriebeschaden verursachen.

Achsantrieb des automatischen Getriebes

Für den Achsantrieb der Getriebeautomatik wird ein anderes Öl als für das Schaltgetriebe gebraucht. Es muß die Viskosität SAE 90 und eine der beiden folgenden Spezifikationen aufweisen:
○ API GL 5 bzw.
○ MIL-L-2105 B
Weder eine Ölstandskontrolle noch ein Ölwechsel sind vorgesehen. Eine Überprüfung kann aber notwendig werden
○ wenn das Achsantriebsgehäuse außen ölverschmiert ist oder
○ der ATF-Stand in der Getriebeautomatik angestiegen bzw. abgefallen ist ohne Anzeichen äußerer Undichtigkeiten. Dann hat möglicherweise ein Schmiermittelaustausch zwischen Planetengetriebe und Achsantrieb stattgefunden, wie im vorangegangenen Abschnitt beschrieben. Die Ölstandskontrolle geschieht, wie unter »Getriebe auf Dichtheit prüfen« beschrieben.

ATF wechseln

Wartung Nr. 39

Beim Wartungsplan bis Modelljahr 1985 ist der ATF-Wechsel unter normalen Fahrbedingungen alle 45 000 km vorgesehen. Wird der VW hauptsächlich im Kurzstreckenbetrieb oder viel mit Anhänger bzw. im Gebirge gefahren, soll schon nach 30 000 km der Flüssigkeitswechsel stattfinden. Dieses Intervall gilt seit Modelljahr 1986 grundsätzlich. Dazu wird die alte ATF abgesaugt, und gleichzeitig müssen Ölwanne und -sieb gereinigt werden – Arbeiten für die V.A.G.-Werkstatt.

Flüssigkeitsstand der Servolenkung kontrollieren

Ständige Kontrolle

Der Vorratsbehälter für die Flüssigkeit der Servolenkung sitzt etwas tiefer rechts neben der Batterie. Zu Ihrer eigenen Sicherheit sollten Sie regelmäßig bei jeder Kontrolle des Motorölstands den Flüssigkeitsstand in diesem Behälter prüfen. Zur Steuerung des Hydraulikdrucks im Lenkgetriebe und zugleich als Schmiermittel ist bis 3/89 ATF eingefüllt (wie bei der Getriebeautomatik). Seit 4/89 wird Hydrauliköl verwendet, das ein besseres Flüssigkeitsverhalten aufweist. Im V.A.G.-Programm wird es unter der Teile-Nr. G 002 000 geführt. Beide Flüssigkeiten sind problemlos mischbar!

- Der Motor muß im Leerlauf drehen, die Vorderräder dürfen nicht eingeschlagen sein.
- Der Flüssigkeitsstand sollte zwischen den Markierungen »MIN« und »MAX« am Behälter stehen, siehe Bild unten rechts.
- Zum Nachfüllen den Behälterdeckel losschrauben, Dichtung zwischen Deckel und Behälter nicht verlieren.
- Flüssigkeitsverlust ist das Zeichen, daß eine Störung vorliegt, es muß also auch nach der Ursache für den Flüssigkeitsverlust geforscht werden.
- Beachten Sie außerdem, daß bei geöffnetem Vorratsbehälter kein Schmutz hineinfällt. Das könnte Funktionsstörungen zur Folge haben.

Schmierstellen versorgen

Wartung Nr. 17

Der Serviceplan von Volkswagen sieht nur wenige Schmierstellen an unserem VW vor. Aus unserer langjährigen Praxis wissen wir aber, daß eine zusätzliche Schmierration manches auf Dauer leichtgängig hält, was sonst quietscht, klemmt, reißt oder rostet. Dabei gilt folgende Faustregel: An Scharnieren und Gelenken mit engen Durchgängen, in die kein Fett eindringen kann, ist Öl oder Schmierspray günstiger. Gegeneinander reibende Flächen werden besser gefettet oder mit einer Schmierpaste behandelt, da diese Gleitstoffe besser haften.

Zündverteiler

Die Verteilerwelle erhält etwas Öl, das soll die Funktion der automatischen Zündverstellung sicherstellen. Bei herkömmlicher Zündanlage fällt das Schmieren mit dem Austausch der Unterbrecherkontakte zusammen; siehe Seite 196. Sämtliche Schmierstellen zeigt das Bild unten links. Vorsicht – wer im Verteiler der herkömmlichen Zündung zu ausgiebig mit Öl oder Fett hantiert, kann Zündprobleme verursachen, wenn das Schmiermittel zwischen die Unterbrecherkontakte gelangt.

- Verteiler öffnen, siehe Seite 194.
- Zwei Tropfen Haushalts- oder Motoröl in den Schmierfilz der hohlgebohrten Verteilerwelle träufeln.
- Fahrzeuge mit herkömmlicher Zündanlage erhalten einen Tropfen Öl in die Lagerwelle des Unterbrecherhammers.
- Damit das Gleitstück des Unterbrecherhammers nicht vorzeitig auf der Zündverteilerwelle abgeschlif-

Links die Schmierstellen im Zündverteiler der herkömmlichen Zündanlage:
1 – Gleitstück am Unterbrecherhebel;
2 – Schmierfilz in der Verteilerwelle (bei Transistorzündung die einzige Schmierstelle);
3 – Nockenbahn der Verteilerwelle;
4 – Lager des Unterbrecherhebels.
Rechts: Die ATF der Servolenkung soll bei im Leerlauf drehendem Motor bis an die »MAX«-Markierung (oberer Pfeil) im Behälter reichen. Spätestens dann, wenn das Niveau bis auf »MIN« (unterer Pfeil) abgefallen ist, muß nachgefüllt werden.

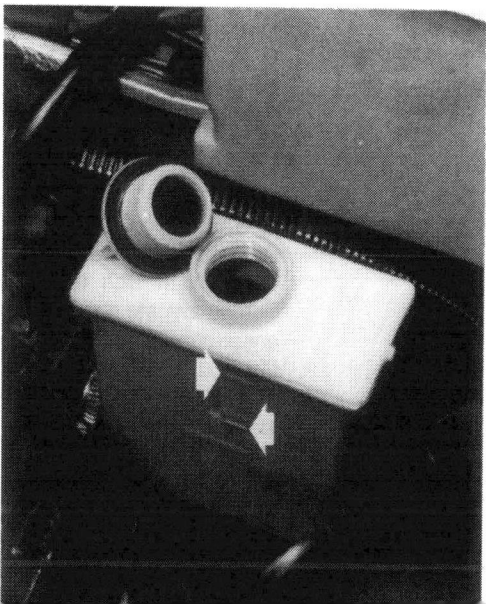

Links: Zum Schmieren der beweglichen Teile des Türschlosses eignet sich am besten eine nicht schmutzende Silikonpaste. Im Bild rechts wird am Motorhaubenverschluß der Schließzapfen und seine Feder mit Mehrzweckfett eingestrichen.

fen wird, erhält die vierkantige Nockenbahn der Welle eine dünne Schicht des Bosch-Fettes Ft 1 v 4.
● Am Gleitstück wird eine stecknadelkopfgroße Menge desselben Fettes an jener Seite aufgetragen, die zur Lagerwelle des Unterbrecherhammers hin zeigt.

Türen und Klappe hinten

● Die Türscharniere sind eigentlich wartungsfrei. Dennoch kann es nicht schaden, hin und wieder etwas Öl anzusprühen; abtropfendes Schmiermittel abwischen.
● Für die Schloßfalle (siehe Bild oben links) der Türen und der hinteren Klappe verwenden Sie am besten Silikonpaste oder ein Schmierspray.
● Die Türfeststeller oder Türhaltebänder, die zu weites Aufschlagen der Türen verhindern, werden mit etwas Mehrzweckfett oder ebenfalls mit Silikonpaste bestrichen.
● Die Heckklappenscharniere an der Dachhinterkante des Golf können Sie mit etwas Öl besprühen. Vorsicht, daß der Dachhimmel nichts abbekommt.

Schließzylinder

Besonders gefährdet in der Winterzeit ist der Schließzylinder der Heckklappe. Er kann durch Schmutz und Salzkristalle blockiert werden. Dann muß meist ein neuer Schließzylinder her. Besser ist vorbeugende Pflege.
● Sprühen Sie spätestens zu Beginn der kalten Jahreszeit etwas Rostlöser-Isolierspray in den Schlüsselschlitz. Es schmiert, verdrängt Feuchtigkeit und schützt vor Rost sowie Einfrieren im Winter.
● Am Heckklappen-Schließzylinder winters gelegentlich nachsprühen.
● Zur Schmierung der Schließzylinder eignet sich auch Waffenöl. Mit einer alten Injektionsspritze jeweils 0,5 cm^3 einspritzen.

Motorhaube

● Entriegelungszug der Motorhaube von einem Helfer im Wageninnern ziehen lassen. An der Stelle, wo der Seilzug aus der Umhüllung kommt, etwas Fett anstreichen und durch mehrmalige Hebelbewegung in die Zugumhüllung ziehen.
● Der Schließzapfen der Motorhaube und das eigentliche Motorhaubenschloß mit etwas Fett bestreichen oder Schmierspray auftragen.
● Die Achsen der Motorhaubenscharniere erhalten etwas Öl oder Schmierspray.

Kupplungszug

● Im Motorraum am Getriebe den Kupplungshebel etwas hochziehen, so daß das Endstück locker an der Hebelnase hängt.
● In den Zwischenraum etwas Fett oder Schmierpaste streichen.
● Am Ende der Seilzugumhüllung etwas Fett um den Seilzug auftragen und durch mehrmaliges Kupplungspedaltreten in die Zugumhüllung ziehen.

Gasbetätigung

● Von einem Helfer bei ausgeschaltetem Motor das Gaspedal durchtreten lassen.
● An allen sich hierbei bewegenden Stellen die Schmutzkruste abreiben und anschließend etwas Öl ansprühen, während ein Helfer ein paar Mal das Gaspedal bewegt.
● Nicht geschmiert werden dürfen dagegen die Wellen und Lagerungen am Vergaser; das Schmiermittel verbunden mit Staub läßt sie sonst vorzeitig ausschlagen.

Schiebedach

● Gleitschienen sauberreiben.
● Schienen mit Silikonpaste oder -spray fetten.
● Mit gewöhnlichem Fett besteht die Gefahr, daß der Dachhimmel verschmutzt wird.

Die Motoren und ihr Innenleben

Leistungsgesellschaft

In unseren VW-Modellen können Motoren mit einer Leistung von 51 kW bis 66 kW eingebaut sein. Sie basieren alle auf einer Grundkonstruktion. Als Unterscheidungsmerkmal haben wir hier im Motorkapitel die Art der Ventilbetätigung (siehe folgende Seite) gewählt:
- **Tassenstößelmotor** heißen die 1,6/1,8-Liter bis Baujahr 7/85.
- **Hydrostößelmotor** haben wir die 1,6/1,8-Liter ab 8/85 genannt. Dazu zählt auch der seit 1/84 gebaute 1,8-Liter-Katalysatormotor mit Benzineinspritzung.

Blick unter die Motorhaube

Blättern Sie zurück zu den Motorraum-Abbildungen auf Seite 11 bis 14. Dann sehen Sie auf Anhieb die typischen Merkmale der verschiedenen Motoren. Einheitlich für alle ist die Quer-Einbaulage mit einer Neigung um rund 20° nach hinten.
Zur Unterscheidung tragen die Motoren vorn am Motorblock unter dem Zündkerzen-Einschraubgewinde des 3. Zylinders vor ihrer Seriennummer Kennbuchstaben.
Die folgenden Motoren sind in diesem Band beschrieben:

Kurzbezeichnung	1,6 US-Kat	1,6 Euro-Kat	1,6	1,8 Euro-Kat
Hubraum cm³	1595	1595	1595	1781
Leistung kW/PS	51/70	53/72	55/75	62/84
Kennbuchstaben	PN	RF	EZ	RH
Gemischaufbereitung	Vergaser 2 E E	Vergaser 2 E 2	Vergaser 2 E 2	Vergaser 2 E 2
Bauzeit	ab 8/86	ab 4/86	ab 8/83	ab 9/86

Kurzbezeichnung	1,8	1,8 US-Kat	1,8 US-Kat	1,8 US-Kat
Hubraum cm³	1781	1781	1781	1781
Leistung kW/PS	66/90	66/90	66/90	66/90
Kennbuchstaben	GU	GX	GX	RP
Gemischaufbereitung	Vergaser 2 E 2	KE-Jetronic	KA-Jetronic	Monojetronic
Bauzeit	ab 8/83	1/84–3/88	2/87–3/88	ab 3/88

Die Einzelteile des Motors

Kolben und Zylinder

Die aus Leichtmetall gegossenen Kolben besitzen eine Stahleinlage, welche die Wärmedehnung verringert. Im oberen Drittel jedes Kolbens sind drei Kolbenringe elastisch in entsprechende Nuten im Kolben eingebettet. Sie drücken federnd gegen die Zylinderwand. Die beiden oberen Kolbenringe verwehren dem Gasgemisch den Weg aus dem Verbrennungsraum nach unten ins Kurbelgehäuse, während der untere Ölabstreifring verhindert, daß allzuviel Schmiersaft vom Kurbelgehäuse in den Brennraum gelangt.
Der Kolbenboden ist bei den verschiedenen Motorversionen unterschiedlich ausgeformt – flach oder mit einer mehr oder minder tiefen Mulde.
Die Zylinder, in denen die Kolben auf und ab laufen, sind in das Graugußmaterial des Motorblocks eingearbeitet. Die Zylinderbohrungen sind im sogenannten Kreuzschliff gehont (geschliffen). Die Wandungen dürfen nicht völlig glatt sein, weil sonst das zur Schmierung notwendige Öl nicht daran haften kann. Die Bohrungen der Zylinder sind um 0,03 mm weiter als die zugehörigen Kolben. Bis zu drei Mal können die Zylinderlaufbahnen bei Motorüberholungen ausgeschliffen werden.

Die Kurbelwelle

Aufgabe der Kurbelwelle ist es, die geradlinige Bewegung der in den Zylindern auf und ab laufenden Kolben in eine Drehbewegung umzusetzen. Die zu den Kolben führenden Verbindungsstangen – die Pleuel – wirken deshalb, wie bei einer Andrehkurbel, versetzt zur Mittelachse der Kurbelwelle. Die einzelnen Kurbeln sind um 180° zueinander versetzt, stehen sich also entgegengesetzt gegenüber. Für vibrationsarmen Lauf sitzen an der gegenüberliegenden Seite der Kurbelzapfen acht Gegengewichte.
Um ein Durchbiegen der Kurbelwelle im Betrieb zu vermeiden, ist sie an fünf Stellen im Motorblock gelagert. Jede »Kurbel«, auf der eine Pleuelstange sitzt, ist also rechts und links durch ein Motorlager gestützt.
In Fahrtrichtung links sitzt auf der Kurbelwelle eine Scheibe mit dem Zahnkranz für das Ritzel des Anlassers. Das ist in Verbindung mit Schaltgetriebe die Schwungscheibe, auf welche die Kupplung und damit die Verbindung zum Getriebe montiert wird. Am anderen Ende der Kurbelwelle sind das Antriebsrad für den Zahnriemen und die Keilriemenscheibe angeschraubt.

Die Pleuel

Die vier Pleuel sind mit auswechselbaren Lagerschalen auf den Kurbelwellenzapfen montiert. In ihrem anderen Ende tragen sie Bronzebuchsen für die Kolbenbolzen, die »schwimmend« gelagert sind. Darunter ist zu verstehen, daß sich Kolben und Kolbenbolzen auf dem Pleuel etwas zur Seite bewegen können.

Zylinderkopf und Nockenwelle

Aus Gewichtsgründen und wegen der besseren Wärmeleitfähigkeit ist der **Zylinderkopf** aus Leichtmetall gegossen. Die Ventilsitze werden bei erhitztem Zylinderkopf eingesetzt, dadurch sind sie nach dem Abkühlen fest »eingeschrumpft«. Die Zündkerzen sind jeweils direkt in eingeschnittene Gewinde im Zylinderkopf eingeschraubt.
Die **Ein- und Auslaßventile** sitzen spiegelbildlich zueinander, wobei die heißer werdenden Auslaßventile zu den Stirnseiten des Motors hin angeordnet sind, siehe Bild Seite 33 oben.
Ganz oben im Zylinderkopf sitzt die **Nockenwelle**. Mit ihren eiförmigen Nocken veranlaßt sie die Ventile zum Öffnen und Schließen bei bestimmten Kolbenstellungen. Sie bestimmt damit die sogenannten Ventilsteuerzeiten. Die Nockenwelle läuft beim Tassenstößelmotor in fünf und beim Hydrostößelmotor in vier Lagern. Den Nockenwellenantrieb besorgt die Kurbelwelle über einen Zahnriemen.

Die Ventilsteuerung

Die Ventile werden von der Nockenwelle auf kürzestem Übertragungsweg gesteuert, bei unseren Motoren allerdings auf unterschiedliche Weise.

Tassenstößel bis 7/85

Der Tassenstößel ist – wie eine auf den Kopf gestellte Tasse – über den Ventilschaft und die beiden Ventilfedern gestülpt. Zum Einstellen des Ventilspiels werden entsprechend dünnere oder dickere Einstellplättchen in die Tassenstößel eingelegt. Die Nocken berühren die Tassenstößel übrigens nicht genau in der Mitte, sondern leicht versetzt. Dadurch wird erreicht, daß sich die Ventile bei jedem Niederdrücken ein klein wenig um ihre Achse drehen. Das verhindert, daß sie sich ungleichmäßig einschlagen und mit der Zeit undicht werden. Das ist auch der Grund dafür, daß das Ventilspiel nur alle 30000 km geprüft werden muß.

Hydrostößel

Die **seit 8/85** gebauten Motoren sowie die seit 1/84 gebaute 66-kW-Katalysatorversion besitzen Tassenstößel mit hydraulischem Spielausgleich, siehe Zeichnung auf der rechten Seite. Durch diesen Spielausgleich sorgen sie dafür, daß kein Ventilspiel mehr eingestellt werden muß. Der spielfreie Ventiltrieb verringert auch die Geräuschentwicklung.
Hydraulisch bedeutet hier, daß die Tassenstößel mit unter Druck gesetztem Motoröl arbeiten. Zum hydraulischen Tassenstößel gehören in der Hauptsache zwei bewegliche Teile – der Kolben und der Zylinder. Eine Feder drückt beide Teile so weit auseinander, daß zwischen dem betreffenden Nocken der Nockenwelle und dem Ventilschaft unter dem Hydrostößel kein Spiel mehr herrscht. Bei geschlossenem Ventil fließt Öl aus dem Schmierkreislauf des Motors durch eine seitlich umlaufende Ölnut in den Ölvorratsraum des Hydrostößels. Vom Vorratsraum kann das Öl weiter durch ein offenes Rückschlagventil in den Hochdruckraum im Stößel gelangen.
Wenn nun bei laufendem Motor der Nocken der Nockenwelle auf den Tassenstößel zu drücken beginnt, schließt das Rückschlagventil. Aus dem Hochdruckraum kann kein Öl mehr entweichen, Druck baut sich auf. Das eingeschlossene Öl läßt sich nicht zusammenpressen, es stellt jetzt eine starre Verbindung zwischen Nocken und Ventilschaft her, das Ventil wird geöffnet.
Durch ein konstruktionsseitig genau bemessenes Einbauspiel zwischen Kolben und Zylinder des Hydrostößels

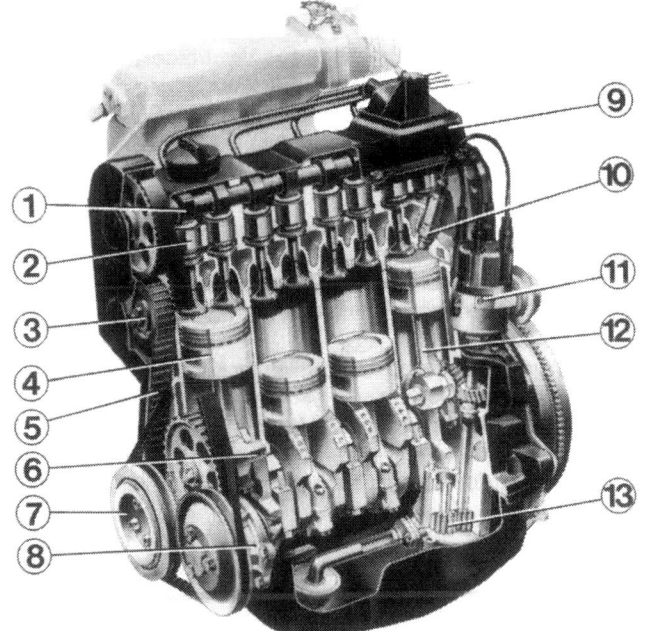

Der 1,6-/1,8-Liter-Motor im Schnitt:
1 – Nockenwelle;
2 – Hydrostößel;
3 – Spannvorrichtung für den Zahnriemen;
4 – Kolben;
5 – Zahnriemen;
6 – Zwischenwelle;
7 – Keilriemenscheibe auf der Kurbelwelle;
8 – Wasserpumpe;
9 – Zylinderkopfdeckel;
10 – Zündkerze des 4. Zylinders;
11 – Zündverteiler;
12 – Pleuel;
13 – Ölpumpe.

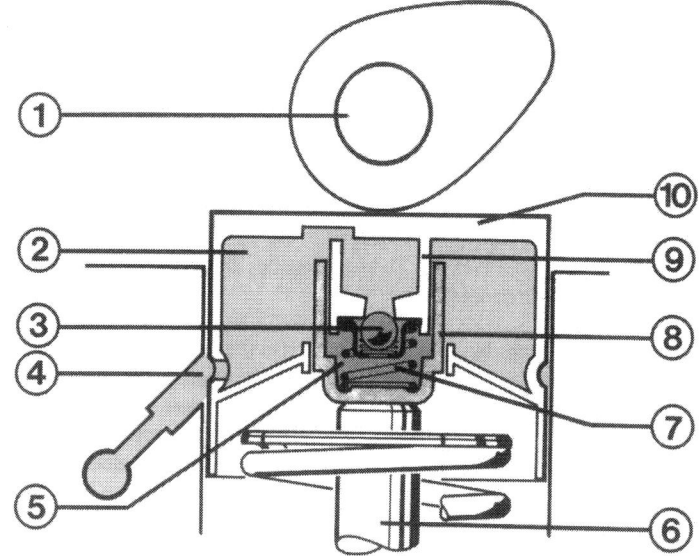

Die Ventilbetätigung mit Hydrostößel: Das unter Hochdruck gesetzte Öl ist rot dargestellt. Hellrot abgesetzt ist die zur Ventilbetätigung nicht benötigte Ölmenge.
Die Zahlen bezeichnen folgende Teile:
1 – Nocken der Nockenwelle;
2 – Ölvorratsraum;
3 – Rückschlagventil;
4 – Ölzulauf;
5 – Hochdruckraum;
6 – Ventilschaft;
7 – Druckfeder;
8 – Zylinder;
9 – Kolben;
10 – Hydrostößel.

sowie durch den ansteigenden Druck auf den Stößel entweicht eine bestimmte Menge »Lecköl« aus dem Hochdruckraum.
Nachdem das Ventil wieder geschlossen hat, entsteht durch den Leckölverlust ein geringfügiges Ventilspiel, da der Druck im Hochdruckraum vollständig abgebaut ist. Durch das entlastete Rückschlagventil kann aus dem Vorratsraum sofort wieder Öl in den Hochdruckraum einströmen, während die Feder zwischen Kolben und Zylinder das Spiel im System beseitigt, bevor die nächste Ventilbetätigung erfolgt.

Fingerzeig: Damit beim Anlassen des Motors sofort Öl an den Hydrostößeln zur Verfügung steht, befindet sich im Zylinderkopf eine Ölrücklaufsperre. Damit erreicht man, daß der Ölkanal zu den hydraulischen Stößeln und den Nockenwellenlagern gefüllt bleibt. Dennoch ist es normal, wenn der Ventiltrieb nach dem Anlassen Geräusche entwickelt. Ursache hierfür ist, daß bei stehendem Motor Öl aus dem Stößel herausgedrückt wird. Wenn der Motor läuft, wird der Hochdruckraum wieder mit Öl befüllt, und das Geräusch verschwindet. Nach langen Standzeiten kann es aber so lange dauern, bis der Motor warmgefahren ist.

Die Steuerzeiten

Bekanntlich haben wir im VW einen Viertaktmotor, der das Gemisch aus Kraftstoff und Luft **1. ansaugt, 2. verdichtet, 3. zündet** und die verbrannten Gase **4. wieder ausstößt**. Fürs Ansaugen der Frischgase und das Ausschieben der Altgase bleibt dem ventilgesteuerten Verbrennungsmotor nur wenig Zeit. Weder kann die Nockenwelle die Ventile schlagartig öffnen noch vermögen sie die Ventilfedern derartig schnell zu schließen. Deshalb sind die Nocken so geformt, daß das Einlaßventil am Ende des Auslaßtakts öffnet, aber erst dann schließt, wenn der Kolben nach Beendigung des Ansaughubs wieder verdichtend aufwärtsstrebt. Das Auslaßventil öffnet schon vor Abschluß des Arbeitstakts und schließt bei manchen Motorvarianten erst, wenn der Kolben bereits wieder nach unten geht. Die Ventilsteuerzeiten so gelegt, daß das Auslaßventil ziemlich genau in dem Moment schließt, wenn das Einlaßventil zu öffnen beginnt.

Der Zahnriemen

Als geräuscharmes Antriebselement für die obenliegende Nockenwelle dient der von der Kurbelwelle in Bewegung gesetzte Zahnriemen. Der gezähnte Gummiriemen mit Stahldrahteinlage arbeitet verschleißfrei, zumal die Gummimischung des Zahnriemens überdies für eine Trockenschmierung der Riemenscheiben sorgt. Der Zahnriemen wird durch eine spezielle Spannrolle gespannt und treibt zusätzlich eine Zwischenwelle an, die ihrerseits die Ölpumpe und den Zündverteiler in Bewegung versetzt.

Die Zylinderkopfdichtung

Die Dichtung zwischen Motorblock und Zylinderkopf hat einen schweren Stand: Sie hat dafür zu sorgen, daß die Verbrennungsräume und die Kanäle für Kühlmittel und Öl voneinander getrennt bleiben. Dabei muß sie enormen Temperatur- und Druckschwankungen widerstehen.

Das Schmiersystem

Im Motor verlangen eine ganze Reihe von Lagerstellen und Reibpartnern nach Schmierung. Das Motoröl muß dorthin unter Druck gepumpt werden – von der Ölpumpe. Sie saugt den Schmiersaft durch einen siebbewehrten Schnorchel an und drückt ihn in den Hauptstromfilter. Ist das Filterpapier von Schmutz zugesetzt, weil der Filter nicht rechtzeitig gewechselt wurde, tritt ein Sicherheitsventil in Aktion. Es öffnet, der Filter wird umgangen, die Ölversorgung ist sichergestellt. Allerdings bewirkt ungefiltertes Motoröl höheren Verschleiß an den Lagerstellen. Vom Filter aus gelangt das schmierfähige Naß über Bohrungen im Zylinderblock zu den

Schmierstellen der Kurbelwelle, der Zwischenwelle und des Zylinderkopfes mit der Nockenwelle.
Das Öl fließt durch Bohrungen zurück in die Ölwanne und kann für einen erneuten Durchlauf von der Ölpumpe angesaugt werden.

Die Ölpumpe

Rund 30 Liter Öl werden bei Vollgas in der Minute durch den Motor gepumpt. Der Antrieb der Ölpumpe erfolgt durch die bereits erwähnte Zwischenwelle. Zwei ineinandergreifende Zahnräder schaufeln das Öl einfach von der Saug- zur Druckseite.

Öltemperaturen

Für das Wohlbefinden des Motors ist die Öltemperatur ausschlaggebend. Nur die mit Multifunktionsanzeige ausgerüsteten Modelle besitzen eine Öltemperaturanzeige, an der Sie ablesen können, wie es um den Wärmehaushalt des Motors bestellt ist. Gemessen wird am Ölfilterflansch; dort ist der Schmiersaft am kühlsten. Dagegen können an den Kolbenringen Temperaturen bis 300°C auftreten. Volkswagen nennt 145°C in der Ölwanne als höchstzulässige Temperatur. Voraussetzung ist dabei allerdings ein wirklich hochwertiges Motoröl.

Gefährlicher als hohe Temperaturen sind zu niedrige Werte. Bei weniger als 60°C sind die Öl-Additive nicht voll wirkungsfähig, was erheblich höheren Verschleiß zur Folge hat. Deshalb sollten Sie nach Möglichkeit den Motor nach dem Kaltstart nicht über 3500/min drehen lassen, bis das Öl etwa 60°C erreicht hat.

Ohne Öltemperaturanzeige gilt als Anhaltspunkt, daß das Motoröl im Winter nach frühestens 10 Minuten 60°C erreicht hat; in der wärmeren Jahreszeit dagegen schon nach etwa 6 Minuten.

Der Öldruck

Bei einer Öltemperatur von 80°C soll der Öldruck bei **2000/min** des Motors **mindestens 2 bar** erreichen.

Das können Sie in dieser Form nur ablesen, wenn Sie nachträglich einen Öldruckmesser eingebaut haben. Als serienmäßige Kontrollmöglichkeit gibt es einen Öldruckschalter, der ab einem Druck von 0,15–0,45 bar die Warnleuchte im Armaturenbrett verlöschen läßt und einen zweiten Schalter, der bei höheren Motordrehzahlen vor zu niedrigem Druck warnt. Sackt der Öldruck bei mehr als 2150/min unter 1,8 bar, blinkt die Kontrolleuchte, und ein Warnsummer ertönt. Näheres zur Öldruckkontrolle finden Sie auf Seite 225.

Aber zu hoch darf der Öldruck auch nicht sein. Ein Überdruckventil in der Ölpumpe öffnet den Weg zur Saugseite hin, wenn der Druck durch kaltes und sehr zähflüssiges Öl zu hoch ansteigt.

Wollen Sie den Öldruck Ihres Motors messen, muß der 0,3-bar-Öldruckschalter am Zylinderkopf (mit brauner Isolierung) herausgeschraubt und stattdessen ein Manometer angeschlossen werden.

Die Kurbelgehäuse-Entlüftung

Auch ein gesunder Motor bläst in der Minute 50 bis 70 Liter Verbrennungsgase an den Kolbenringen vorbei ins Kurbelgehäuse. Dieser Druck muß aus dem Motor entweichen können, damit die Dichtungen nicht zu stark beansprucht werden. Das geschieht über die Kurbelgehäuse-Entlüftung. Die giftigen Gase aus dem Motorinnern werden zum Schutz der Umwelt in den Luftansaugstutzen zurückgeleitet. Von dort werden die Gase zur vollständigen Verbrennung nochmals vom Motor angesaugt. Der Entlüfterschlauch ist links oben am Zylinderkopfdeckel angeschlossen.

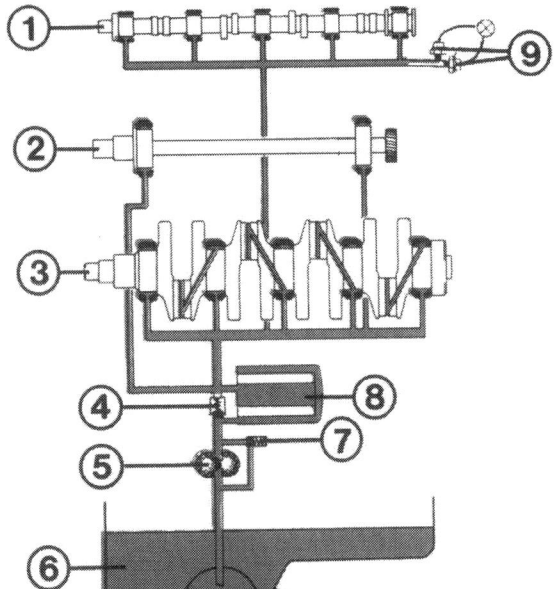

Die Ölversorgung des Tassenstößelmotors schematisch dargestellt:
1 – Nockenwelle;
2 – Zwischenwelle;
3 – Kurbelwelle;
4 – Kurzschlußventil zum Umgehen eines verstopften Ölfilters;
5 – Ölpumpe;
6 – Ölwanne;
7 – Überdruckventil, das bei zu hoch ansteigendem Öldruck einen Teil des Motoröls in die Wanne zurückleitet;
8 – Ölfilter;
9 – Öldruckschalter.

Sichtprüfung des Motors

- Betrachten Sie den Motor von oben und unten.
- Geringfügig ölfeuchte Stellen sind nicht bedenklich, alle Motoren »schwitzen« gelegentlich etwas Schmiermittel aus.
- Ölflecken unter dem geparkten Wagen und deutlichen Ölnässen sollten Sie aber auf den Grund gehen.
- Motor mit einem Dampfstrahlgerät oder Motorreiniger säubern.
- Nach einer Probefahrt von wenigen Kilometern wird kontrolliert.

Wartung Nr. 8

Auf die nachstehend genannten Stellen am Motor sollten Sie Ihr Augenmerk richten:
- Abdichtung von Kurbelwelle, Nockenwelle und Zwischenwelle (vom Zahnriemenschutz verdeckt)
- Halbrunddichtung in Fahrtrichtung links im Zylinderkopf
- Dichtung für Zündverteilerfuß
- Öldruckschalter
- Ölfilterhalter und Filtergehäuse
- Ölwanne
- Zylinderkopfdeckeldichtung
- Zylinderkopfdichtung

Mögliche Leckstellen

Fingerzeig: Tritt Öl an Verschraubungen aus, können Sie kontrollieren, ob Schrauben locker sind. Aber nicht mit Kraft »anknallen«. Folgende Drehmomente gelten: Kraftstoffpumpe 20 Nm, Ölwanne 20 Nm, Zylinderkopfdeckel 10 Nm.

Einfahren des neuen Motors

Die Zylinderwände sowie die Kolben mit den dazugehörigen Kolbenringen weisen im Neuzustand an den Oberflächen eine mikroskopische Rauhigkeit auf. Erst der Einlaufvorgang kann diese kleinen Unebenheiten beseitigen, so daß die Teile gut gegeneinander abdichten. Zu flottes Hochdrehen des neuen oder überholten Motors kann zu winzigen Freßstellen führen, die unter Umständen einen fatalen Kolbenfresser nach sich ziehen. Sie tun also im Hinblick auf die Motorlebensdauer gut daran, die Einfahr-Empfehlungen von Volkswagen zu beachten. Während der ersten 1000 km gelten als höchste Drehzahl etwa 4200/min. Wer einen VW ohne Drehzahlmesser hat, hält sich an folgende Geschwindigkeiten (in km/h):

Schaltgetriebe	52–55 kW 4-Gang	51–66 kW 5-Gang	Getriebeautomatik	51–66 kW
1. Gang	25	30	Fahrstufe 1	45
2. Gang	50	50	Fahrstufe 2	85
3. Gang	85	85	Fahrstufe 3	120
4. Gang	130	115		
5. Gang	–	140		

Auf Landstraßen fühlt sich der Motor während der Einfahrzeit am wohlsten. Da muß fleißig geschaltet werden, man fährt mit wechselnden Geschwindigkeiten und wird selbst bei Beachtung der anfänglichen Höchstdrehzahlen bzw. Geschwindigkeiten nicht zum Verkehrshindernis. Im Lauf der folgenden 500 km können Sie die Drehzahlen langsam steigern. Ab 1500 km darf der Motor ruhig auch einmal hochgedreht werden. Routinierte Einfahrer benutzen dazu vor allem Autobahngefälle: Bergab mit relativ hohen Motordrehzahlen, ohne den Motor gleichzeitig stark zu belasten. Die Maschine muß dazu allerdings restlos durchgewärmt sein, also mindestens 25 km Fahrstrecke nach dem Kaltstart hinter sich haben.
Etwa 3000 km muß der Motor schon auf dem Buckel haben, ehe er richtig eingefahren ist. Bei überwiegendem Stadtverkehr dauert es sogar noch viel länger.

Fingerzeig: Was hier für den neuen Motor gesagt wurde, gilt erst recht für ein überholtes Triebwerk, das erfahrungsgemäß empfindlicher auf falsche Einfahrweise reagiert.

Die Motor-Lebensdauer

Die Angabe von Kilometerleistungen ist schwierig. Wer grundsätzlich gleich nach dem Kaltstart mit hohen Drehzahlen davonbraust, darf sich nicht wundern, wenn der Motor vielleicht schon nach 80000 km das Zeitliche segnet. Dagegen kommen andere Fahrer trotz forscher Fahrweise mit dem ersten Triebwerk auf Kilometerleistungen von 200000. Von entscheidender Bedeutung ist hierbei die Öltemperatur.
Nach wochenlangem Kurzstreckenverkehr ist es ebenfalls nicht ratsam, gleich voll aufs Gaspedal zu treten. Bei den langen Leerlaufminuten in der Stadt bilden sich in den Brennräumen und an den Ventilen Ablagerungen, die bei voller Betriebstemperatur und zügiger, aber nicht scharfer Fahrt langsam abgebrannt werden sollen. Das entspricht 4000–5000/min. Ideal ist auch hier wieder die Fahrt auf der Landstraße.

Nenn- und Höchstdrehzahl

Ein Verbrennungsmotor gibt seine höchste Leistung bei einer bestimmten Drehzahl ab – der sogenannten Nenndrehzahl. Höher als diese hinauszudrehen bringt keine Mehrleistung. Allerdings kann unter günstigen Umständen (Gefällstrecke) durch die höhere Motordrehzahl und vermehrte Radumdrehungen eine höhere Geschwindigkeit erreicht werden.

Unsere Motoren sind durchaus drehzahlfest. Die Ventile werden über die Tassen- bzw. Hydrostößel direkt von der obenliegenden Nockenwelle betätigt. Dabei werden nur geringe Massen in Bewegung gesetzt, was hohe Drehzahlen ohne Gefahr für den Ventiltrieb gestattet.

Als höchstzulässige Drehzahl gelten 6300/min. Hierbei handelt es sich um die »Betriebsdrehzahl«, die selbst über längere Zeit für den Motor ungefährlich ist. Wer noch weiter hochdreht, kommt in den Bereich der Überdrehzahlen, sofern nicht bereits vorher die Drehzahl abgeregelt wird. Der Motor brummt dann unüberhörbar, verursacht durch Schwingungen der Kurbelwelle in ihren Lagern.

Damit Sie über die Motordrehzahlen informiert sind, besitzen bestimmte Modellversionen einen Drehzahlmesser. Ein solches Instrument hat allerdings eine gewisse Voreilung – im oberen Skalenbereich bis zu 5%. 6000 Umdrehungen auf dem Tourenzähler sind demzufolge oft lediglich echte 5700/min.

Drehzahlbegrenzung

Bei zu hohen Drehzahlen geraten die Ventilfedern so stark ins Schwingen, daß ein einwandfreies Öffnen und Schließen der Ventile nicht mehr gewährleistet ist. Die Ventilfedern können brechen, was zur Folge hat, daß das betreffende Ventil auf dem Kolben aufschlägt und gewaltige Zerstörungen anrichtet. Damit es gar nicht so weit kommen kann, besitzt der 66-kW-Motor mit Monojetronic eine Drehzahlbegrenzung. Das geschieht durch das Steuergerät der Einspritzung bei 6300/min.

Kompressionsdruck messen

Die Messung des Kompressionsdrucks in den Motorzylindern gibt Aufschluß darüber, ob Ventile und Kolbenringe noch gut abdichten. Leistung, Kaltstartverhalten sowie Öl- und Kraftstoffverbrauch unseres Motors hängen davon ab.

- Motor warmfahren. Die Kolbenringe dichten bei warmem Öl besser ab.
- Beim Einspritzer Sicherung für die elektrische Benzinpumpe herausnehmen (Tabellen ab Seite 162). Andernfalls wird der Motor bei der Druckprüfung mit Kraftstoff überflutet.
- Zündanlage »lahmlegen«, siehe Seite 191.
- Alle Zündkerzen herausschrauben.
- Gummikonus des Druckprüfers auf das Kerzenloch des 1. Zylinders (in Fahrtrichtung der ganz rechte) pressen oder Anschlußleitung ins Zündkerzengewinde schrauben.
- Handbremse anziehen, Schalthebel in Leerlauf drücken bzw. bei Getriebeautomatik Wählhebel in Stellung »P« schieben.
- Von Helfer Gaspedal voll durchtreten lassen. So erhalten die Zylinder ihre größte Füllung.
- Mit dem Anlasser den Motor so lange durchdrehen lassen, bis der Druckwert nicht mehr ansteigt (mindestens 5 Sekunden).
- Meßwert ablesen und notieren. Bei einem Druckschreiber mit Meßkärtchen weiterschalten für den nächsten Zylinder.
- Zum Wiedereinschrauben der Zündkerzen Hinweise auf Seite 201 beachten.

Beim Messen des Kompressionsdrucks muß das Prüfgerät absolut dicht mit dem Zündkerzenloch abschließen.

Folgendes sagen die Kompressionsdruckwerte aus (in bar Überdruck): **Druckwerte**

Motor	Kennbuchstaben	Guter Motorzustand	Motor überholungsbedürftig	Maximaler Druckunterschied zwischen den Zylindern
1,6/51–55 kW, 1,8/66 kW	PN, RF, EZ, GX, RP	9–12	7	3
1,8/62 und 66 kW	RH, GU	10–13	7,5	3

Gleichmäßig niedriger Kompressionsdruck ist nicht unbedingt ein Alarmzeichen; Ursache können Meßtoleranzen zwischen verschiedenen Prüfgeräten sein. Bedenklich ist es dagegen, wenn zwischen den vier Meßwerten für die Zylinder Unterschiede von mehr als 3 bar bestehen. Das kann bedeuten: **Zu niedrige Druckwerte**
○ Kolben- und Kolbenringverschleiß
○ Festsitzende Kolbenringe durch Rückstandsbildung
○ Unrunde Zylinder als Folgeerscheinung von Kolbenklemmern
○ Ablagerungen an den Ventilschäften oder -sitzen durch Verbrennungs- bzw. Schmierölrückstände
○ Eingeschlagene oder verbrannte Ventile

Fingerzeig: In den meisten Fällen sind undichte Ventile die Ursache für mangelhaften Kompressionsdruck und damit geringere Motorleistung. Abhilfe bringt entweder Einschleifen der Ventile oder die Überholung des Zylinderkopfes.

Um bei zu niedrigem Kompressionsdruck den Fehler lokalisieren zu können, wendet man folgenden Trick an: Ins Zündkerzenloch mit einer Spritzkanne etwas zähflüssiges Öl träufeln und Kompressionsdruck nochmals messen. **Fehlersuche**
○ Bleiben die Werte weiterhin schlecht, sind die Ventile schuld.
○ Erhalten Sie höhere Druckwerte, liegt es an den Kolbenringen und vielleicht auch an den Zylindern. Ein typisches Zeichen für diesen Fehler ist langsames Ansteigen des Druckwertes beim Durchdrehen des Motors. Das eingefüllte Öl hat kurzfristig zwischen Kolben und Zylinderwänden besser abgedichtet, so daß das komprimierte Gas kaum noch entweichen konnte.

Genauere Erkenntnisse liefert der Druckverlusttest, den manche Werkstätten durchführen können. Das Testgerät besteht aus zwei Kammern, wobei in einer ein gleichbleibender Druck herrscht. Die zweite Kammer ist über einen Schlauch zur Zündkerzenbohrung mit dem Verbrennungsraum, durch eine Düse mit der ersten Kammer und außerdem mit einer Anzeigeskala verbunden. **Der Druckverlusttest**
Verliert der geprüfte Brennraum Druck, wird dies auf der Skala angezeigt. Eine größere Leckstelle läßt sich durch Abhorchen erkennen:
○ Blasgeräusche am Auspuff lassen auf ein undichtes Auslaßventil schließen.
○ Strömt Druckluft aus Vergaser, Einspritzeinheit bzw. Drosselklappenteil der Einspritzanlage, ist ein Einlaßventil defekt.
○ Bei einer defekten Zylinderkopfdichtung oder einem Riß im Zylinderkopf gelangt Druckluft durch das benachbarte Zündkerzenloch oder aus dem geöffneten Kühlmittel-Ausgleichbehälter ins Freie.
○ Verschlissene Zylinderwände, Kolbenlaufbahnen oder Kolbenringe lassen Druck ins Kurbelgehäuse strömen und am geöffneten Öleinfüllstutzen oder am Rohr für den Ölpeilstab austreten.

Motor durchdrehen

Zu manchen Arbeiten muß man den Motor entweder in eine bestimmte Stellung bringen oder durchdrehen. Hierzu gibt es drei Möglichkeiten:
● Den VW wie zu einem Radwechsel einseitig vorn aufbocken, höchsten Gang einlegen und das freihängende Vorderrad durchdrehen, wodurch der Motor bewegt wird.
● Oder, falls genügend ebene Fläche zur Verfügung steht, bei eingelegtem höchsten Gang den Wagen jeweils weiter vorschieben.
● Oder Zündkerzen herausschrauben (der Motor läßt sich dann leichter durchdrehen) und mit einem an der Kurbelwellen-Keilriemenscheibe angesetzten 19er-Ringschlüssel drehen.
● Keinesfalls darf an der Befestigungsschraube für das Nockenwellen-Zahnriemenrad gedreht werden, sonst könnte der Zahnriemen überspringen.

Beim Viertaktmotor kommt der Kolben während der vier Arbeitstakte zweimal in den Oberen Totpunkt (OT): Einmal beim Zünden des angesaugten Gemisches und zum zweiten Mal nach dem Ausstoßen der Altgase mit anschließend beginnendem Wiederansaugen von Kraftstoff/Luft-Gemisch. Üblicherweise wird bei verschiedenen Einstellarbeiten die Stellung gebraucht, bei der normalerweise der Zündfunke überspringt. **Zylinder 1 auf Zündzeitpunkt stellen**

- Verteilerdeckel abnehmen.
- Motor so weit drehen, bis der Verteilerfinger auf die Kerbe im Verteilergehäuserand zeigt (siehe Bild Seite 200).
- Motor ggf. noch ein wenig drehen, bis im Schauloch der Getriebeglocke die Markierung »O« auf der Schwungscheibe der Gußnase am Gehäuse gegenübersteht (Bild unten links).

Ventilspiel – was ist das?

Mit dem Ventilspiel brauchen wir uns nur bei den **bis 7/85** gebauten Tassenstößel-Motoren befassen. Die einzelnen Teile des Ventiltriebs, vor allem aber die Ventilschäfte, dehnen und längen sich bei Erwärmung des Motors. Deshalb muß etwas »Luft« oder »Spiel« zwischen Nockenwelle und Tassenstößel vorhanden sein, damit auch bei warmem Motor die Ventile trotz ihrer länger gewordenen Schäfte richtig abdichten können. Damit Sie dieser Wartung die richtige Bedeutung beimessen, hier die Folgen von falscher Einstellung:

○ Bei **zu kleinem Ventilspiel** liegen die Ventilteller nicht satt auf ihren Sitzflächen auf. Die sehr heiß werdenden Auslaßventile können dadurch ihre Wärme nicht mehr an die Sitze abgeben. Die Ränder der Ventilteller verformen sich und reißen ein. Der Kompressionsdruck entweicht, der Motor verliert Leistung, springt schlechter an und verbraucht mehr Kraftstoff.

○ Ist das **Ventilspiel zu groß**, öffnen die Ventile später als normal, die Zylinder werden schlechter gefüllt, und der Motor kommt nicht auf volle Leistung. Der Verschleiß an der Nockenwelle und an den oben in die Tassenstößel eingelegten Einstellplättchen wird größer. Das wird durch ein lauteres Ventiltriebsgeräusch hörbar.

Fingerzeig: Üblicherweise wird das Ventilspiel kleiner, weil sich die Ventile auf ihren Sitzen einschlagen. Diese Erscheinung tritt allerdings nur in sehr geringem Maß auf, weil die Ventile bei jeder Betätigung ein klein wenig gedreht werden, wie bereits beschrieben.

Ventilspiel prüfen

Wartung Nr. 36

Lediglich alle 30000 km ist die Kontrolle des Ventilspiels vorgesehen. Das ist insofern günstig, als das Ventilspiel sehr zum Leidwesen des Heimwerkers durch Einlegen von Distanzplättchen in die Tassenstößel eingestellt wird. Dazu hat die Werkstatt einen Niederhalter für die Tassenstößel, eine Spezialzange zum Herausheben der Plättchen sowie Distanzplättchen von 3,00–4,25 mm Stärke mit je 0,05 mm Dickenunterschied.

Wenn Sie das Ventilspiel selbst einstellen wollen, müssen Sie zuerst messen, bei Bedarf das entsprechende Einstellplättchen herausnehmen, das Maß für das neue Plättchen errechnen, dieses besorgen und dann einbauen. Der Wechsel ist ohne den genannten Niederhalter kaum möglich. Die Werkstatt berechnet fürs Einstellen der Ventile 60 Zeiteinheiten – etwas mehr als ½ Stunde.

Besorgen Sie auf jeden Fall einen Dichtungssatz für den Zylinderkopfdeckel. Außerdem muß der Zylinderkopf zur Messung mindestens handwarm (35°C) sein, was einer Fahrt von fünf Minuten entspricht.

Spiel messen

Da die Auslaßventile heißer werden und sich ihre Schäfte stärker dehnen, brauchen sie das größere Spiel. Die Werte für das Ventilspiel lauten:
Auslaßventile 0,40–0,50 mm, Einlaßventile 0,20–0,30 mm.

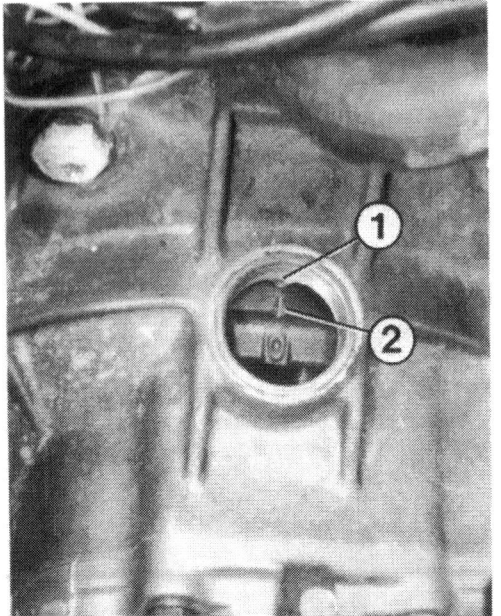
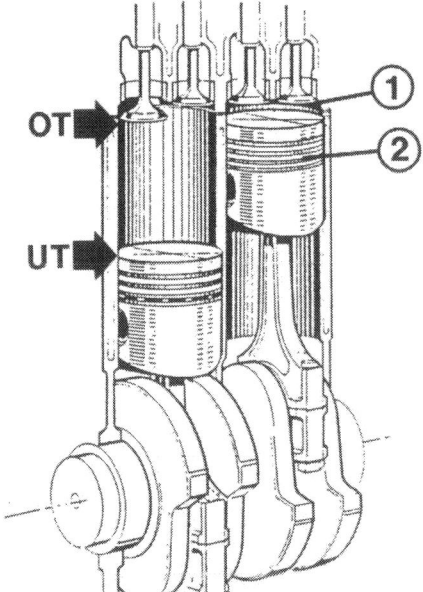

Links: Die Schwungscheibe (2) steht mit ihrer Markierung »O« für den oberen Totpunkt der Pfeilmarkierung (1) im Schauloch der Getriebeglocke gegenüber. Rechts: Die Zeichnung verdeutlicht die Begriffe »Oberer« und »Unterer Totpunkt«. Der Raum dazwischen ist der »Hubraum«. Dagegen befindet sich der Verbrennungsraum zwischen höchster Kolbenstellung (2) und Zylinderkopfunterkante (1).

Die Reihenfolge der Ventile:
A – Auslaßventil;
E – Einlaßventil.

- Zylinderkopfdeckel abnehmen.
- Zylinder 1 auf Zündzeitpunkt stellen. Damit sind beide Ventile geschlossen, und ihr Spiel kann geprüft werden.
- Zuerst das Lehrenblatt mit dem höchsten Toleranzwert zwischen Nockenwelle und Tassenstößel durchzuziehen versuchen, dann jeweils 0,05 mm dünnere Blätter nehmen.
- Das Lehrenblatt muß sich innerhalb der Toleranzwerte mit leichtem Widerstand durchziehen lassen. In diesem Fall ist keine Veränderung notwendig.
- Meßwert notieren.

- Entsprechend der Zündfolge 1–3–4–2 kommt als nächster Zylinder 3 dran. Dazu den Motor ½ Umdrehung weiterdrehen. Bei geöffnetem Zündverteiler bewegt sich der Verteilerfinger in diesem Fall um 90° (= rechter Winkel).
- Eindeutiges Erkennungsmerkmal für die richtige Stellung des Motors: An der Nockenwelle müssen die beiden Nocken für den betreffenden Zylinder spiegelbildlich nach außen weisen.
- Restliche Zylinder prüfen, dazu den Motor entsprechend weiterdrehen.

Einstellplättchen wechseln

Zum Wechseln der Einstellplättchen müssen die Tassenstößel gegen den Druck der Ventilfedern nach unten gedrückt werden. Vielleicht können Sie sich mit anderen VW-fahrenden Selbsthelfern zusammentun und den notwendigen Niederhalter sowie die Zange zum Herausheben gemeinsam anschaffen. Beides gibt es im Zubehör- und Werkzeughandel, z.B. von Hazet den Niederhalter unter der Bestell-Nr. 2574-1 und die Zange unter Nr. 2599.

- Motor so drehen, daß am betreffenden Zylinder beide Nocken der Nockenwelle gleichmäßig nach oben zeigen.
- Kurbelwelle jetzt etwa ¼ Umdrehung weiterdrehen. Der Kolben steht dann nicht mehr im Oberen Totpunkt; die Ventile können also nicht mehr mit ihm zusammenstoßen, wenn die Tassenstößel mit dem Niederhalter nach unten gedrückt werden.
- Tassenstößel so drehen, daß die Kerben von beiden Seiten zugänglich sind.
- Niederhalter zwischen den Nocken des betreffenden Zylinders ansetzen.
- Beide Tassenstößel werden gleichzeitig heruntergedrückt.

Zum Messen des Ventilspiels mit der Fühlerblattlehre müssen die Nocken der Nockenwelle am jeweiligen Zylinder spiegelbildlich nach oben zeigen (Pfeile).

● Ohne die erwähnte Zange muß ein Helfer mit einem feinen Schraubenzieher das Einstellplättchen anheben und mit einem zweiten Schraubenzieher herausschieben.
● Bei korrekter Montage liegt das Plättchen mit der Beschriftung seiner Dicke nach unten im Tassenstößel.
● War es falsch herum eingelegt, werden die Ziffern kaum mehr erkennbar sein. Dann hilft nur ein Mikrometer, das z.B. die Werkstatt hat, weiter. Eine Schieblehre ist nicht ausreichend genau.
● Stärke des erforderlichen Plättchens errechnen, siehe nächsten Abschnitt.
● Neues Einstellplättchen mit den Zahlen nach unten zeigend in den Tassenstößel einlegen.

Welches Einstellplättchen wird gebraucht?

Wenn das Ventilspiel korrigiert werden muß: Das Plättchen für das Auslaßventil wird wegen der auftretenden höheren Temperaturen so gewählt, daß anschließend der obere Toleranzwert von 0,50 mm erreicht wird. Bei einem Einlaßventil stellen wir auf den mittleren Toleranzwert von 0,25 mm ein. Ist das Spiel zu gering, brauchen Sie ein dünneres Einstellplättchen; bei zu großem Spiel muß das Plättchen dicker sein. Hierzu zwei Beispiele:

Maße in mm	Meßwert	angestrebter Toleranzwert	Differenz	Stärke des alten Einstellplättchens	Neues Einstellplättchen
Auslaßventil	0,35	0,50	−0,15	3,85	3,70
Einlaßventil	0,35	0,25	+0,10	3,15	3,25

Die Stärke ist auf den Einstellplättchen abzulesen.

Arbeiten am Zahnriemen

Die Ventilsteuerung erfolgt, wie bereits angesprochen, über einen Zahnriemen. Dieser versetzt die Nockenwelle in die halbe Umdrehungszahl der Kurbelwelle.

Zahnriemenabdeckung abnehmen

● Keilriemen abnehmen, siehe Seite 184.
● Bei **Blechabdeckung** die beiden rechts außen sitzenden Muttern der Zylinderkopfhaube lösen sowie die Innensechskant-Bundmutter an der Stirnseite der oberen Abdeckung.
● Bei **Kunststoffabdeckung** zwei Federklammern ausrasten.
● **Alle:** Obere Zahnriemenabdeckung abnehmen.
● Die Keilriemenscheiben an der Kurbelwelle und an der Wasserpumpe abschrauben.
● Halteschraube(n) und Mutter(n) der unteren Zahnriemenabdeckung lösen und diese abziehen.
● Beim Zusammenbau den Dichtstreifen an der unteren Abdeckung wieder sauber einlegen. ggf. ersetzen. Die obere Blechabdeckung besitzt übrigens drei Dichtstreifen.
● Die Schrauben der Keilriemenscheiben werden mit 20 Nm, die Muttern und Schrauben der Zahnriemenabdeckung mit 10 Nm angezogen.

Zahnriemenzustand prüfen

● Zahnriemenabdeckung abnehmen.
● Der gezähnte Riemen darf nicht verölt oder rissig sein.
● Die Flanken der Verzahnung müssen intakt sein und dürfen keine Abnutzungserscheinungen zeigen.
● Damit Sie den Riemen auf seiner gesamten Länge begutachten können, den Motor durchdrehen, siehe Seite 31.
● Einen beschädigten Zahnriemen unbedingt ersetzen.

Zur Kontrolle der Zahnriemenspannung den Riemen mit zwei Fingern fassen und versuchen, ihn um 90° zu verdrehen (¼-Umdrehung).

Die Zahnriemenabdeckung besteht aus:
1 – obere Abdeckung;
2 – hinteres Abdeckblech;
3 – Zahnriemenschutz oben;
4 – Dichtstreifen;
5 – Zahnriemenschutz unten.

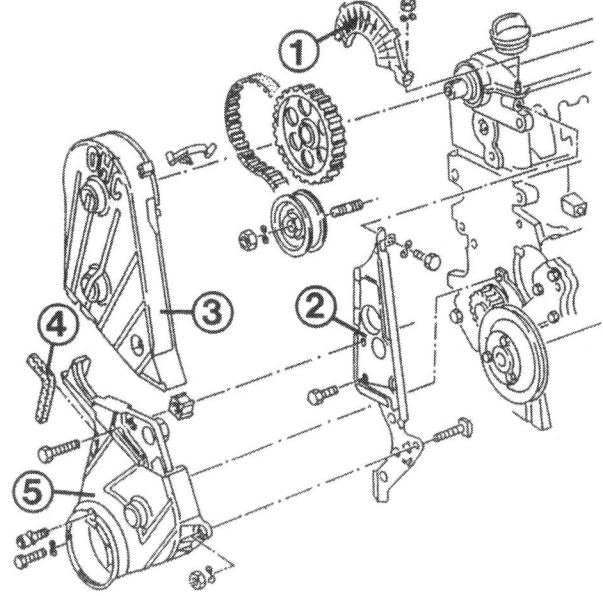

- Zahnriemenabdeckung abnehmen.
- Die Spannung wird an der längsten freilaufenden Stelle des Riemens geprüft – zwischen Nockenwellen- und Zwischenwellenrad.

- **Einstellexzenter mit Sechskant:** SW-27-Schlüssel ansetzen.
- Klemmutter vorn auf der Spannrolle lösen.
- Drehen der Spannrolle im Uhrzeigersinn spannt den Zahnriemen.
- Klemmutter mit 45 Nm festdrehen.
- **Einstellexzenter mit Bohrungen:** Die Werkstatt verwendet den Mutterndreher Matra V 159. Nachfolgend beschreiben wir, wie sich die Einstellung ohne Mutterndreher vornehmen läßt.
- Zahnriemenspannung messen.
- Klemmutter an der Spannrolle ein klein wenig lösen. Die Rolle darf sich noch nicht von Hand auf dem Exzenter hin- und herbewegen lassen.

- Kolben im Zylinder 1 auf Zündzeitpunkt stellen.
- Zahnriemenabdeckung ausbauen.
- Riemen entspannen. Dazu nach Lösen der Klemmutter die Spannrolle im Gegenuhrzeigersinn drehen.
- Zahnriemen abnehmen. Für den evtl. Wiedereinbau dessen Laufrichtung markieren.

- Der kalte Zahnriemen muß sich bei richtiger Spannung nur mit Daumen und Zeigefinger um 90° (= rechter Winkel) in sich verdrehen lassen.

- Einen Schraubenzieher in eines der Löcher im Nockenwellen-Zahnriemenrad stecken.
- Auf diese Weise das Nockenwellenrad geringfügig nach links drehen, damit der Zahnriemen auf der Spannrollenseite entlastet ist.
- Jetzt mit einem kleinen Hammer vorsichtig von links auf die Spannrolle schlagen, damit diese auf ihrem Exzenter etwas nach rechts rutscht und so den Riemen spannt. Das Nockenwellen-Zahnriemenrad muß natürlich währenddessen weiter festgehalten werden.
- Klemmutter an der Spannrolle wieder festziehen.
- Riemenspannung nachmessen.

- Zahnriemen auflegen. Wurde die Stellung von Kurbelwellen- und Nockenwellenrad nicht verändert, stimmen die Ventilsteuerzeiten noch. Sicherheitshalber sollte man dies jedoch vor dem endgültigen Zusammenbau kontrollieren.
- War der Zylinderkopf abgenommen, müssen die Steuerzeiten in jedem Fall eingestellt werden.

Zahnriemenspannung kontrollieren

Zahnriemen spannen

Zahnriemen ausbauen

Fingerzeig: Kurbel- und Nockenwelle müssen so zueinander eingestellt sein, daß die nach oben gehenden Kolben nicht etwa gegen noch oder schon wieder geöffnete Ventile stoßen können. Wichtig: Wenn bei der Einstellung die Nockenwelle gedreht wird, darf kein Kolben im OT stehen, sonst können Ventile und Kolben zusammenstoßen und beschädigt werden.

- Zahnriemenrad der Nockenwelle so drehen, daß die Körnermarkierung an der Rückseite des Rades in Höhe der vorderen Zylinderkopfhaubenkante steht (Bild nächste Seite unten links).
- Zahnriemen auf Kurbel- und Zwischenwellenrad auflegen.
- Kurbelwellen-Keilriemenscheibe mit allen vier Schrauben befestigen, dabei richtige Stellung beachten.
- Kurbelwelle so drehen, daß die Kerbe in der Keilriemenscheibe mit der Körnermarkierung auf dem Zwischenwellenrad in einer Flucht steht (Bild nächste Seite unten rechts).
- Zahnriemen auflegen, dabei darauf achten, daß sich die Stellung der verschiedenen Räder nicht verändert.
- Zahnriemen spannen, dazu die Spannrolle im Uhrzeigersinn drehen.
- Motor zweimal voll durchdrehen und die Einstellung nochmals überprüfen.

Steuerzeiten einstellen

Nach Lösen der Klemmutter (2) kann die Spannrolle (3) verdreht werden. Die Werkstatt hat für den neueren Einstellexzenter den Mutterndreher V 159 von Matra, der in die beiden Löcher (1) der Spannrolle eingesetzt wird.

- Vor dem Einbau der unteren Zahnriemenabdeckung die Kurbelwellen-Keilriemenscheibe nochmals abnehmen.
- Zündeinstellung kontrollieren (Seite 202).
- Wurde der Zahnriemen nur vom Nockenwellenrad abgenommen, wird nach dem Zusammenbau folgendes kontrolliert:
- Verteilerdeckel abnehmen und prüfen, ob der Verteilerfinger auf die Kerbe im Verteilergehäuserand zeigt (Bild Seite 200 unten rechts).
- Wenn nicht, Verteilerhalteschraube lösen.
- Verteiler so drehen, bis Verteilerfinger und Kerbe übereinstimmen, evtl. Zündverteiler herausnehmen und neu einsetzen, siehe Seite 195.
- Halteschraube wieder festziehen.
- Motor zweimal durchdrehen und Einstellung nochmals überprüfen.
- Zuletzt Zündzeitpunkt prüfen.

Motorschaden

Ein Schaden am Motor muß die Haushaltskasse nicht gleich ins Defizit stürzen. Unsere Liste soll Ihnen helfen, die wirtschaftlichste Methode herauszufinden, wie Sie Ihrem VW wieder auf die Sprünge helfen können.

○ Der Motor wird selbst repariert. Das lohnt sich z.B. bei einem Schaden an der Zylinderkopfdichtung. Die Reparaturen, die Sie mit etwas Geschick und Geduld selbst ausführen können, sind hier im Buch beschrieben. Nicht sinnvoll ist der Einbau neuer Lager an einer Kurbelwelle mit Riefen oder der Wechsel von Kolben bzw. Kolbenringen bei Zylindern mit Laufspuren. Hier werden weitergehende Arbeiten erforderlich, es muß ein Motorinstandsetzer bemüht werden.

○ Der Motor wird selbst teilweise zerlegt und dann zu einem Motor-Reparateur gebracht, der den eigentlichen Schaden behebt. Beispiel: Man baut den Zylinderkopf vom demontierten Motor ab und gibt den Motorblock zur Neulagerung der Kurbelwelle in die Werkstatt. Vorher sollten Sie jedoch einen genauen Kostenvergleich vornehmen.

○ Komplett- oder Teilüberholung des Motors durch eine Motorinstandsetzungsfirma. Viele Werkstätten dieser

Links: Beim Auflegen des Zahnriemens muß die Markierung (2) an der Rückseite des Nockenwellen-Zahnriemenrades mit der Bezugskante (1) in gleicher Höhe stehen.
Rechts: Gleichzeitig müssen die Kurbelwellen-Keilriemenscheibe und die Zwischenwelle so gedreht werden, daß die Kerbe auf der Riemenscheibe mit der Körnermarkierung auf dem Zwischenwellenrad fluchtet.

Branche haben sich zu einer Gütegemeinschaft zusammengeschlossen: Verband der Motorinstandsetzungsbetriebe e.V., Kölner Straße 89, 50859 Köln.

○ Kauf eines »Teilmotors« im Tausch bei einer V.A.G.-Werkstatt oder Instandsetzungsfirma. Der Teilmotor besteht aus Motorblock mit Kurbeltrieb, Kolben und Ölwanne, jedoch ohne Zylinderkopf und ohne alle Nebenaggregate. Die letztgenannten Teile baut man selbst um. Der alte Motorblock geht zurück zur Wiederaufbereitung.

○ Erwerb eines »Teilkomplettmotors« im Tausch von V.A.G. oder einem Motorinstandsetzer. Das ist ein Teilmotor mit Zylinderkopf, aber ohne Nebenaggregate.

○ Kauf eines kompletten Austauschmotors bei der V.A.G.-Werkstatt. In diesem Fall wird der Motor mit allen Zusatzaggregaten ausgetauscht. Das lohnt sich bei einem älteren oder schlecht erhaltenen Fahrzeug nicht mehr.

○ Ein gebrauchter Motor von der Autoverwertung. Achten Sie in diesem Fall unbedingt auf die Motorkennbuchstaben, damit Sie kein falsches Triebwerk einbauen. Angegebene Kilometerlaufleistungen sind mit einer gewissen Skepsis zu betrachten. Günstig ist es, wenn Sie den Motor noch im eingebauten Zustand laufen hören können. Seriöse Firmen geben eine Garantie auf den Motor oder legen ein (hoffentlich echtes) Kompressionsdiagramm vor.

Fingerzeig: Austauschmotoren gibt es immer nur in gleicher Ausführung und Leistung wie das angelieferte alte Aggregat. Man kann also nicht einfach auf eine leistungsstärkere Variante »umsteigen«.

Störungsbeistand

Ein Schaden an der Zylinderkopfdichtung tritt meist als Folge von Überhitzung auf.

Zylinderkopfdichtung

Erkennungsmerkmal	Ursache/Besonderheiten
A Kühlflüssigkeitsstand nimmt laufend ab	Kühlmittel gelangt in sehr geringer Menge in die Brennräume. Diese Erscheinung kann sich ohne weitere Erkennungsmerkmale über längere Zeit hinziehen
B Beträchtlicher Kühlmittelverlust. Der Wagen zieht bei warmgefahrenem Motor einen weißen Abgasschleier hinter sich her	Kühlmittel dringt in erheblicher Menge in einen Verbrennungsraum, verdampft dort und entweicht als weiße Schwaden zum Auspuff hinaus
C Aus dem geöffneten Ausgleichbehälter steigen Luftblasen auf oder beim Öffnen des Verschlußdeckels sprudelt eine größere Menge Kühlmittel heraus	Verbrennungsgase werden ins Kühlsystem gedrückt. Aus der Öffnung des Ausgleichbehälters riecht es nach Abgasen
D In Regenbogenfarben schillernde oder schwarze Verfärbung an der Oberfläche des Kühlmittels	Öl aus dem Schmierkreislauf gelangt ins Kühlsystem
E Grau oder braun aussehende Emulsion am herausgezogenen Ölpeilstab oder Öl von Wasserbläschen durchsetzt	Kühlflüssigkeit ist in den Schmierkreislauf geraten. Achtung: Wasser im Motoröl kann einen Lagerschaden verursachen. Zylinderkopfdichtung sofort wechseln (lassen). Motor nicht mehr starten! Wagen zur Reparatur abschleppen

Zum Zylinderkopfdeckel gehören weiterhin:
1 – Deckel;
2 – Korkdichtung;
3 – Halbrunddichtung;
4 – Ölabweiser;
5 – Dichtung an der rechten Motorstirnseite;
6 – Unterlegblech.

Arbeiten am Zylinderkopf

Zu den nachfolgenden Montagearbeiten ist ein Drehmomentschlüssel unerläßlich. Für den Abbau des Zylinderkopfes benötigen Sie einen langen Innenvielzahnschlüssel M 11.

Zylinderkopfdeckel abnehmen

● Schlauch der Kurbelgehäuse-Entlüftung abnehmen.
● Benzinschlauch zwischen Vorratsbehälter und Vergaser abnehmen.
● Gaszug an Vergaser, Einspritzeinheit bzw. Drosselklappenteil und Widerlager aushängen und zur Seite legen. Stecksicherung als Einbauhilfe an der bisherigen Kerbe wieder einstecken.
● Federklammern der Kunststoff-Zahnriemenabdeckung ausrasten.
● Befestigungsmuttern des Deckels losdrehen.
● Unterlegscheiben sowie -bleche abnehmen, außerdem die Rückseite der Kunststoff-Zahnriemenabdeckung.
● Teile nicht neben dem offenen Zylinderkopf ablegen.
● Bei Blech-Zahnriemenabdeckung diese etwas anheben. Dazu die Innensechskantmutter an der Motorstirnseite rechts lösen.
● Zylinderkopfdeckel vorsichtig abheben. Wenn er festsitzt, zum Lösen mit einem Hammerstiel dagegenklopfen.
● Ggf. Ölabweiser herausnehmen.
● Beim Zusammenbau außer der neuen Zylinderkopfdeckeldichtung auch die Dichtungen an den Stirnseiten sorgfältig einbauen.

Nockenwelle ausbauen

Die Nockenwelle der Hydrostößelmotoren besitzt nur eine vierfache Lagerung, die Arbeitsschritte am Lagerdeckel Nr. 4 im folgenden Text entfallen.

● Beim Vergasermotor Luftfiltergehäuse, beim Einspritzer Luftfilterdeckel komplett mit Ansaugschlauch und -stutzen ausbauen.
● Zylinder 1 auf Zündzeitpunkt stellen.
● Obere Zahnriemenabdeckung abnehmen.
● Zylinderkopfdeckel abnehmen, ggf. Ölabweiser herausnehmen.
● Zahnriemen lösen, wie unter »Zahnriemenspannung einstellen« beschrieben.
● Falls die Nockenwelle ausgetauscht wird: Riemenrad der Nockenwelle abschrauben.
● Die zur Sicherung des Rades auf der Welle eingelegte halbrunde »Scheibenfeder« mit einer Reißnadel aus der Welle herausheben.
● Lagerdeckel 1 (in Fahrtrichtung rechts), 3 und 4 ausbauen.
● Muttern an den Lagerdeckeln 2 und 5 abwechselnd über Kreuz lösen.

● Nockenwelle mit ihrem vorderen Dichtring abnehmen.
● Beim Einbau der Nockenwelle müssen die Nocken für Zylinder 1 nach oben zeigen.
● Die Lagerdeckel lassen sich nur in einer Stellung korrekt auflegen. Vorsichtig aufsetzen und richtigen Sitz kontrollieren.
● Erst Lagerdeckel 2 und 5 abwechselnd über Kreuz mit 20 Nm festdrehen, dann Lagerdeckel 1, 3 und 4 einbauen.
● Nockenwellenrad mit 80 Nm festziehen.
● Steuerzeiten einstellen.

Fingerzeig: Wurde beim Tassenstößelmotor eine neue Nockenwelle eingebaut, muß vor dem weiteren Zusammenbau das Ventilspiel geprüft und eingestellt werden.

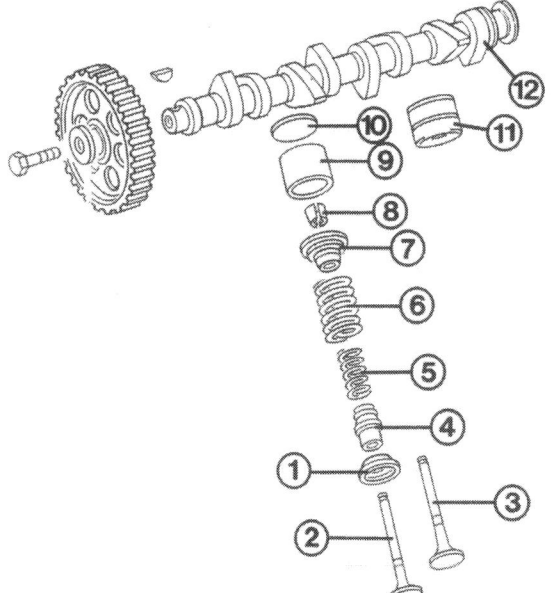

Die Teile des Ventiltriebs:
1 – unterer Ventilfederteller;
2 – Auslaßventil;
3 – Einlaßventil;
4 – Ventilschaftabdichtung;
5 – innere Ventilfeder;
6 – äußere Ventilfeder;
7 – oberer Ventilfederteller;
8 – Ventilhaltekeile;
9 – einstellbarer Tassenstößel;
10 – Einstellplättchen;
11 – Hydrostößel;
12 – Nockenwelle.

● Nockenwelle ausbauen.
● Tassenstößel der Reihe nach numerieren, damit sie beim Wiedereinbau wieder an derselben Stelle montiert werden.

● Stößel herausziehen.

Tassenstößel ausbauen

Bleibt der Ventiltrieb auch bei betriebswarmem Motor geräuschvoll, müssen die hydraulischen Stößel überprüft werden. Sie sind nicht einstellbar; defekte oder laute Stößel müssen ausgewechselt werden.
● Zur Prüfung muß der Motor warmgefahren sein. Lassen Sie ihn dann im Stand so lange drehen, bis der Kühlerventilator einmal angelaufen ist.
● Dann den Motor etwa zwei Minuten lang mit etwas erhöhter Drehzahl (2500/min) laufen lassen.
● Bleibt der Ventiltrieb immer noch laut:
● Motor abschalten.
● Zylinderkopfdeckel abnehmen.
● Motor drehen, bis am zu prüfenden Zylinder die Nocken der Nockenwelle nach oben zeigen.

● Stößel mit einem Holz- oder Kunststoffstück (kein Metallwerkzeug nehmen) nach unten drücken.
● Spüren Sie hierbei »Luft« bis zum Öffnungspunkt des Ventils, muß der Hydrostößel ersetzt werden.

Hydrostößel prüfen

Fingerzeig: Klappergeräusche der Hydrostößel können auch an einer schadhaften Zylinderkopfdichtung liegen – dann gelangen Verbrennungsgase in den Ölkanal.

● Nockenwelle ausbauen.
● Hydrostößel der Reihe nach numerieren und herausziehen.
● Die Stößel müssen mit der zur Nockenwelle hin zeigenden »Lauffläche« nach unten auf eine saubere Unterlage gestellt werden.
● Beim Einbau Lauffläche von Hydrostößeln und Nockenwelle einölen.

● Nach Einbau eines neuen oder gebrauchten Hydrostößels darf der Motor erst nach einer Wartezeit von etwa 30 Minuten gestartet werden.
● Wird das nicht beachtet, kann das betreffende Ventil bei den ersten Motorumdrehungen auf dem Kolben aufschlagen – Motorschaden.

Hydrostößel ausbauen

Bei dieser Arbeit muß das vordere Auspuffrohr vom Auspuffkrümmer getrennt werden. Das bereitet Probleme: Krümmer und Rohr sind durch Klemmfedern miteinander verbunden, zu deren Aus- und Einbau die Werkstatt ein Spezialwerkzeug verwendet, siehe Seite 45. Wer sich dieses Werkzeug nicht besorgen kann, muß sich durch Abbau des Auspuffkrümmers behelfen. Das ist allerdings auch nicht ganz unproblematisch, denn die Stehbolzen können abreißen.

Zylinderkopf ausbauen

● Minuskabel der Batterie abnehmen.
● Luftfilter ausbauen bzw. Ansaugschlauch am Luftfilter abnehmen, Ansaugstutzen losschrauben und mit dem Schlauch abnehmen.
● Öffnung des Vergasers mit fusselfreiem Lappen abdecken, damit nichts hineinfällt.
● Kühlflüssigkeit ablassen und auffangen (Seite 51).

● Kühlwasserschläuche am Zylinderkopf lösen.
● Zündkerzenstecker abziehen, Verteilerdeckel abbauen (Seite 194) und zusammen mit den Kabeln abnehmen.
● Gaszug an Vergaser, Einspritzeinheit bzw. Drosselklappenstutzen und am sogenannten Widerlager aushängen (Seite 88), Stecksicherung an der bisheri-

Zur Kontrolle der Hydrostößel drückt man mit einem Holz- oder Kunststoffkeil (1) auf den entlasteten Hydrostößel (2). Kein Metallwerkzeug nehmen – es zerkratzt die Oberfläche des Hydrostößels.

gen Kerbe wieder aufstecken (erspart das Einstellen des Gaszugs).
- Sämtliche elektrischen Steckverbindungen an Zylinderkopf, Vergaser bzw. Einspritzeinheit und Ansaugrohr kennzeichnen und abziehen.
- Benzinleitungen vom Vergaser abnehmen.
- Kraftstoff-Zu- und Rücklaufleitung an der Einspritzeinheit lösen.
- Bei KA- und KE-Jetronic Einspritzventile mit Zange herausziehen, Kraftstoffleitungen hierzu nicht abnehmen.
- Stecker vom Kaltstartventil abziehen, Ventil abschrauben und mit angeschlossener Benzinleitung ablegen.
- Verbindungsschlauch zwischen Luftfilter bzw. Luftmengenmesser und Drosselklappenstutzen abnehmen.
- Unterdruckschläuche an Vergaser, Einspritzeinheit bzw. Drosselklappenstutzen kennzeichnen und abnehmen.
- Schlauch der Ansaugluft-Vorwärmung vom Auspuffkrümmer abnehmen.
- Auspuffrohr vom Auspuffkrümmer trennen.
- Zahnriemenabdeckung abnehmen.
- Zahnriemen entspannen und vom Nockenwellenrad abstreifen.
- Zylinderkopfdeckel abnehmen.
- Zylinderkopfschrauben in umgekehrter Reihenfolge wie in der Zeichnung unten gezeigt lösen. Dazu muß der Motor abgekühlt sein, denn ein warmer Zylinderkopf kann sich nach dem Abbau verziehen.
- Zylinderkopf mit Ansaug- und Auspuffkrümmer abheben. Löst er sich nicht gleich, helfen leichte Schläge mit einem Kunststoffhammer.
- Alte Kopfdichtung abnehmen.

Zylinderkopf prüfen

- Die Dichtflächen am Motorblock und Zylinderkopf müssen absolut sauber und frei von Dichtungsresten sein.
- Nicht mit hartem Werkzeug auf der weichen Zylinderkopf-Dichtfläche kratzen. Riefen können den nächsten Kopfdichtungsschaden verursachen.
- Kontrollieren Sie, ob der Zylinderkopf Risse zwischen den Ventilsitzen bzw. zwischen einem Ventilsitzring und dem Zündkerzengewinde aufweist.
- Ohne Einfluß auf die Lebensdauer sind leichte, höchstens 0,5 mm breite Anrisse oder wenn lediglich die ersten Zündkerzengewindegänge gerissen sind.
- Zylinderkopf auf Verzug prüfen, besonders dann, wenn der Kopfdichtungsschaden durch Überhitzung entstanden ist.
- Langes Metall-Lineal oder garantiert geraden Metallwinkel längs über die gereinigte Dichtfläche des Zylinderkopfes legen.
- Mit einer Fühlerlehre prüfen, ob der Durchhang an irgendeiner Stelle größer als 0,1 mm ist. Dann muß der Zylinderkopf vor der Montage plangeschliffen werden.

Zylinderkopf montieren

- Die Gewinde an den Zylinderkopfschrauben und in den Schraubenlöchern des Motorblocks müssen sauber und ohne Beschädigung sein, sonst stimmt das Drehmoment beim Anziehen der Schrauben nicht.
- In den Schraubenlöchern des Motorblocks darf kein Öl oder Wasser stehen, sonst kann das Gußmaterial im Bereich der Gewindelöcher reißen.
- Kurbelwelle so drehen, daß kein Kolben im OT steht, sonst könnte ein geöffnetes Ventil beim Aufsetzen des Zylinderkopfes mit einem Kolben zusammenstoßen.
- Zylinderkopfdichtung so auf den Motorblock auflegen, daß die Kennzeichnung »oben« zum Zylinderkopf hin zeigt.
- Zylinderkopf aufsetzen. Dazu dreht die Werkstatt zwei Führungsbolzen in die Schraubenbohrungen Nr. 8 und 10 ein.
- Bisweilen besitzt der Motorblock bereits Zentrierstifte für die Kopfdichtung.
- Behelfsmäßig geht es auch mit zwei Metallstäben in der Stärke der Zylinderkopfschrauben. Ohne Hilfsmittel verrutschen Dichtung und Kopf beim Aufsetzen ständig.
- Zylinderkopfschrauben eindrehen und in der unten gezeigten Reihenfolge festziehen:
- 1. Durchgang mit **40 Nm**.
- 2. Durchgang mit **60 Nm**.
- Jetzt die Schrauben mit einem starren Schlüssel in derselben Reihenfolge um eine **halbe Umdrehung** (= 180°) **weiterdrehen** ohne abzusetzen. Es dürfen auch zwei Vierteldrehungen sein.
- Damit sind die Schrauben endgültig festgezogen, sie sollen keinesfalls nochmals nachgezogen werden.
- Steuerzeiten und Zündung einstellen.

Fingerzeig: Wenn der Zylinderkopf wegen eines Dichtungsschadens abgebaut wurde, soll die Kühlflüssigkeit komplett erneuert werden. Gleiches gilt beim Einbau eines Austausch-Zylinderkopfes.

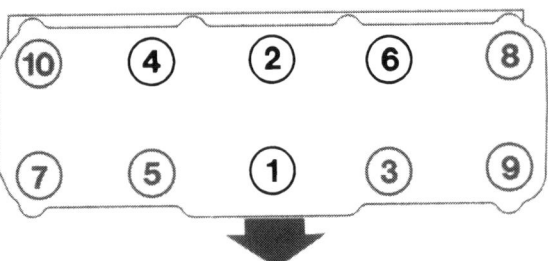

Die Zylinderkopfschrauben müssen in der Reihenfolge der Zahlen angezogen werden. Der Pfeil zeigt in Fahrtrichtung.

Lagerschäden

Klopfgeräusche aus dem Motorraum, die mit wärmer werdendem Öl lauter werden, sind Anzeichen für einen Lagerschaden.

Ursachen

- Wasser im Motoröl als Folge einer defekten Zylinderkopfdichtung
- Mangelnde Schmierung durch zu niedrigen Ölstand
- Zu hohe Drehzahlen bei kaltem Motor und daher zähflüssigem Öl
- Abgerissener Schmierfilm bei hohen Öltemperaturen, evtl. durch falsche Ölviskosität

Maßnahmen bei einem Lagerschaden

Um es vorweg zu nehmen – fast immer sind die Gleitlager der Pleuel defekt. Ganz selten liegt der Schaden an den Hauptlagern der Kurbelwelle. Normalerweise bedeutet ein Lagerschaden eine umfangreiche Motorreparatur. Wenn Sie ein defektes Pleuellager aber bereits im Frühstadium erkennen, kann der Austausch der Lagerschalen genügen. Deshalb:

- Bei Klopfgeräuschen aus dem Motorraum – evtl. verbunden mit Ansprechen der Öldruckkontrolle, siehe Seite 225 – Motor sofort abstellen.
- Motor nicht mehr starten, Wagen jetzt abschleppen lassen.
- Ist der Motor noch jünger als 100 000 km, kann sich eine Teilreparatur lohnen:
- Ölwanne ausbauen und Lagerdeckel aller Pleuellager abschrauben lassen.
- Sind nur einige Lagerschalen beschädigt, die Zapfen der Kurbelwelle aber noch glatt, reicht das Austauschen der Lagerschalen.
- Eventuell muß anhaftendes Lagermaterial vom Kurbelwellenzapfen entfernt werden.
- In jedem Fall die Pleuelbohrung am defekten Lager vermessen lassen. Meist muß die Pleuelbohrung nachgebohrt werden. Das ist ein Fall für den Motorinstandsetzer.

Motor aus- und einbauen

Zum Motorausbau muß das vordere Auspuffrohr vom Auspuffkrümmer getrennt werden. Das bereitet dem Heimwerker durch die Klammerbefestigung erhebliche Probleme. Lesen Sie dazu den Text auf Seite 45. Der Motor wird mit dem Getriebe nach oben herausgehoben. Dazu brauchen Sie einen Flaschenzug, den Sie in ausreichender Höhe stabil aufhängen können. Günstig ist auch ein »vorbelasteter« Helfer. Schauen Sie sich vor der Arbeit die Motorraum-Schaubilder auf den Seiten 11 bis 14 an, damit Sie wissen, wo die hier angesprochenen Teile im Motorraum sitzen.
Da im VW eine Vielzahl von elektrischen Leitungen und Unterdruckschläuchen eingebaut ist, sollten Sie als erstes alle diese Steckverbindungen und Schläuche so kennzeichnen, daß sie anschließend wieder an der richtigen Stelle angeschlossen werden.

Ausbau

- Batterie ausbauen.
- Wagen vorn aufbocken.
- Auspuffrohr vom Auspuffkrümmer trennen, siehe Seite 45.
- Wagen ablassen.
- Motorhaube abbauen.
- Schlauch der Kurbelgehäuse-Entlüftung vom Luftfiltergehäuse abziehen.
- Beim Vergasermotor Luftfilter komplett ausbauen, Vergaseröffnung mit einem Lappen zustopfen, damit nichts hineinfallen kann.
- Bei Monojetronic Luftfiltergehäuse komplett mit Ansaugschläuchen sowie Ansaugstutzen ausbauen.
- Bei KA-/KE-Jetronic Verbindungsschläuche an Luftfilter, Drosselklappenstutzen und Luftmengenmesser abnehmen. Luftansaugrohr vorn aus seiner Halterung nehmen.
- Halteringe des Luftfiltergehäuses aushängen. Luftfilter/Gemischregler-Einheit aus den Haltenasen am rechten Längsträger ziehen und mit angeschlossenen Kraftstoffleitungen seitlich im Motorraum ablegen.
- Einspritzventile mit Zange herausziehen, Kraftstoffschläuche angeschlossen lassen.
- Auf die Einspritzventile passende Kappen aufstecken, damit kein Schmutz hineingelangen kann.
- Kaltstartventil mit den Benzinschläuchen abschrauben.
- Kühlmittel ablassen und auffangen.
- Kühlergrill und ggf. unteres Luftführungsgitter abbauen (Seite 248).
- An den Scheinwerfern die Leitungsstecker für Haupt- und Standlicht abziehen.
- Sämtliche Steckverbindungen im Bereich des Frontbleches trennen.
- Halteschrauben des Kühlers herausdrehen.
- Haubenschloßzug aushängen und aus dem Frontblech herausziehen.
- Halteschrauben des Frontbleches herausdrehen, siehe Seite 248.
- Frontblech komplett mit den Scheinwerfern abnehmen.
- Sämtliche Wasserschläuche zwischen Kühler, Motor und Ausgleichbehälter abziehen.
- Kühler komplett mit Kühlerventilator, Tragring und Luftführungen ausbauen.
- Oben und unten am Kühlmittelrohr sowie am Zylinderkopf die Wasserschläuche abnehmen.

- Kupplungsseil am Ausrückhebel und am Widerlager aushängen.
- Tachowelle am Getriebe abschrauben, Öffnung verstopfen, damit kein Getriebeöl herauslaufen kann.
- Bei Servolenkung beide Schrauben an der Spannvorrichtung der Servopumpe abschrauben, siehe Seite 129.
- Drei Halteschrauben des Schwenkbügels lösen, Keilriemen abnehmen.
- Servopumpe mit Draht am Querträger festbinden.
- Gaszug an Vergaser, Einspritzeinheit bzw. Drosselklappenstutzen und am Widerlager aushängen, Stecksicherung wieder in die Kerbe stecken (erspart das Einstellen des Gaszugs beim Zusammenbau).
- Kabelstecker abziehen bzw. Steckverbinder trennen bei: Lichtmaschine, Öldruckschalter, Rückfahrlichtschalter, Temperaturfühler, Thermoschalter für Ansaugrohr-Beheizung und Startautomatik, Unterdruckschalter für Schalt- und Verbrauchsanzeige, Zündverteiler Klemme 1 bzw. Mehrfachstecker für TSZ.
- Am Vergaser die elektrischen Anschlüsse abziehen an Starterdeckel, Abschaltventil, Umschaltventil, Drosselklappen-Potentiometer, Luftklappenansteller, Drosselklappensteller, Lambdasonde.
- An den Einspritzmotoren außerdem bei folgenden Bauteilen die Steckverbindungen trennen: Einspritzeinheit, Drosselklappensteller, Drosselklappen-Potentiometer, Drucksteller, Geber für Kühlmitteltemperatur, Kaltstartventil, Lambdasonde, Leerlaufdrehzahl-Anhebungsventil, Zusatzluftschieber.
- Wo vorhanden, Massebänder an Zylinderkopf und Getriebe abschrauben.
- Elektrische Leitungen vom Anlasser abschrauben bzw. abziehen.
- Hauptzündkabel aus dem Verteilerdeckel ziehen.
- Unterdruckschlauch zum Bremskraftverstärker abnehmen.
- Unterdruckschlauch vom Ansaugrohr abziehen, bei 2 E 2-Vergaser grünen Unterdruckbehälter rechts hinten im Motorraum abschrauben.
- Am Schaltgestänge Sicherungsfeder der Verbindungsstange abziehen, Stange aushängen. An der langen Wählstange in Fahrtrichtung links den Klemmbügel am Kunststoffkopf mit einem Schraubenzieher zurückdrücken, Stange vom Kopf abdrücken, siehe hierzu Zeichnung Seite 114.
- Bei Getriebeautomatik Wählhebel in Stellung »P« schieben, Seilzug zum Wählhebel am Getriebe aushängen.
- Gaspedalzug am Getriebe aushängen.
- Vergasermotor: Schlauch zur Kraftstoffpumpe (mit einer passenden Schraube verschließen, daß kein Benzin ausläuft) und Rücklaufleitung vom Vergaser bzw. vom Vorratsbehälter zum Tank.
- Monojetronic-Einspritzung: Kraftstoff-Zu- und Rücklaufleitung an der Einspritzeinheit lösen.
- Unterdruckschläuche an Vergaser, Einspritzeinheit bzw. Drosselklappenstutzen kennzeichnen und abnehmen.
- Schlauch der Ansaugluft-Vorwärmung vom Auspuffkrümmer abnehmen.
- Drei Schrauben zwischen rechter Motorkonsole und Gummi/Metall-Lager herausdrehen, siehe Zeichnung rechts.
- Getriebekonsole vom Gummi/Metall-Lager lösen (eine Schraube). Bei Servolenkung die Schlauchleitungen vorsichtig zur Seite drücken.
- Schraube zwischen Gummi/Metall-Lager und Konsole am vorderen Querträger herausdrehen.
- Zwei Ketten oder ausreichend starke Seile durch die Ösen rechts und links am Motor ziehen und in den Flaschenzug einhängen.
- Motor/Getriebe-Einheit leicht anheben.
- Anlasser ausbauen (Seite 186).
- Bei Servolenkung deren Schläuche über das Gummi/Metall-Lager am vorderen Querträger drücken und festbinden.
- Gelenkwellen am Getriebe losschrauben (Seite 119) und mit Draht an der Karosserie aufhängen.
- Stütze und Konsole vom Getriebe abschrauben.
- Unter leichtem Drehen den Triebwerksblock vorsichtig herausheben.
- Beim Hochhieven den Motor von Hand sorgfältig führen, daß keine Teile am Motor oder der Karosserie beschädigt werden.
- Verschraubungen zwischen Motor und Getriebe lösen.
- Abdeckblech am Flansch der rechten Gelenkwelle abschrauben.
- Motor vom Getriebe trennen, z. B. mit einem Montierhebel abdrücken.

Fingerzeig: Falls Sie beim Herausheben des Motors irgendwo einen Widerstand bemerken, kontrollieren Sie sofort, ob nicht versehentlich noch eine Unterdruckleitung oder ein elektrisches Kabel aufgesteckt ist.

Einbau

- Sinngemäß wird in umgekehrter Reihenfolge des Ausbaus vorgegangen.
- Sämtliche selbstsichernden Muttern ersetzen.
- Ausrücklager der Kupplung und Verzahnung der Antriebswelle mit MoS_2-Fett schmieren.
- Kontrollieren, ob im Motorblock Paßhülsen eingesteckt sind – sie dienen zum Zentrieren von Motor und Getriebe.
- Zwischenplatte auf die Paßhülsen aufsetzen und an einigen Punkten mit etwas Fett am Motorblock anheften.
- Motor und Getriebe zusammenschrauben.
- Motor/Getriebe-Einheit ins Fahrzeug absenken.
- Erst Schrauben an der Motorkonsole rechts, dann an der Getriebekonsole links anziehen.
- Am vorderen Querträger die untere Schraube der

Die Aufhängung des Triebwerkblocks besteht aus folgenden Teilen:
1 – Konsole vorn bis 12/84;
2 – Konsole vorn ab 1/85;
3 – Konsole hinten rechts;
4 – Gummi/Metall-Lager;
5 – Aufnahme hinten rechts;
6 – Gummi/Metall-Lager;
7 – Aggregateträger;
8 – Motorträger;
9 – Hydrolager;
10 – Querträger vorn;
11 – Aufnahme vorn.

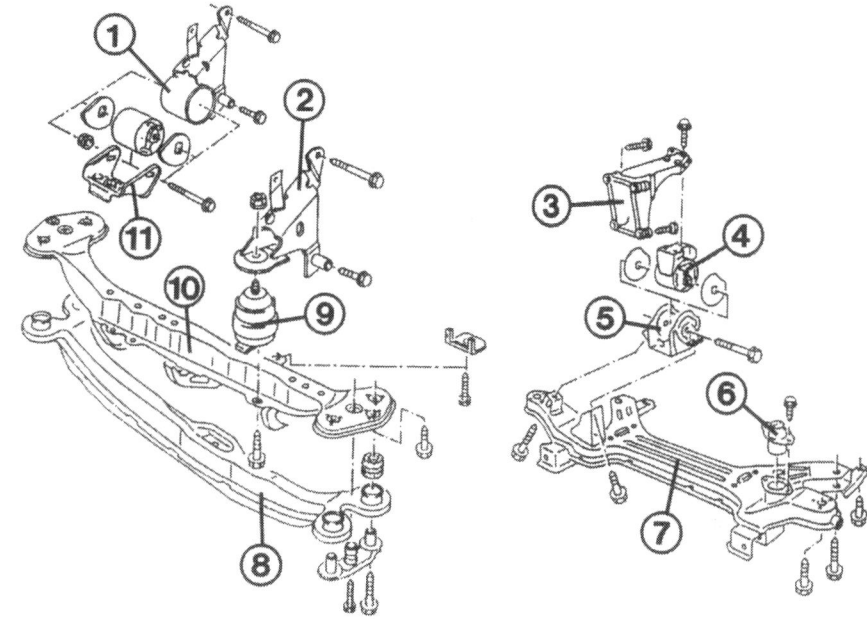

Aufnahme lösen, Aufnahme so ausrichten, daß er spannungsfrei zum Gummi/Metall-Lager sitzt.
● Erst Aufnahme am Querträger festziehen, dann die querliegende Halteschraube des Gummi/Metall-Lagers.

● Eingestellt werden müssen: Gaszug, Kupplungsspiel, Leerlaufdrehzahl und CO-Gehalt, Zündzeitpunkt und nach Einbau des Frontbleches die Scheinwerfer.

Anzugsdrehmomente

Bauteile	Nm
Motor an Getriebe	55 (M 12)
	45 (M 10)
Aufnahme an Querträger vorn	70
Zusatzhalterung (bis Fahrgestell-Nr. 19 E 304055) an Querträger vorn	35
Gummi/Metall-Lager an Aufnahme/Konsole vorn	50
Konsole vorn an Motor	45
Hydrolager (seit 1/85) an Querträger vorn	30
Hydrolager (seit 1/85) an Konsole vorn	60
Konsole links und Getriebestütze an Gummi/Metall-Lager	60
Getriebestütze an Getriebe	25
Konsole hinten rechts an Gummi/Metall-Lager	25
Konsole hinten rechts an Motor	25
Gummi/Metall-Lager hinten rechts an Aggregateträger	80

Motor und Getriebe »einrichten«

Falls außer der Motor/Getriebeeinheit auch die Gummi/Metall-Lager an Motor- und Aggegateträger gelöst wurden, muß der Antriebsblock »eingerichtet« werden. Andernfalls können durch Verspannungen Dröhngeräusche auftreten.

● Am Gummi/Metall-Lager hinten rechts die Schraube zwischen Lager und Aufnahme lockern.
● Beim Gummi/Metall-Lager links die Halteschraube für Konsole und Getriebestütze losdrehen, ebenso die beiden Schrauben des Gummi/Metall-Lagers.
● Das vordere Gummi/Metall-Lager muß sowohl von der Motorkonsole als auch vom Motorträger gelöst werden.

● Motor/Getriebeeinheit durch Schüttelbewegungen »einrichten«.
● In der gleichen Reihenfolge die Schrauben mit den oben genannten Drehmomenten wieder festziehen.

Die Auspuffanlage

Abgasschlange

Der Motor atmet nach der Verbrennung in den Zylindern rauh und hart aus. Zum Dämpfen dieser Geräusche dient die Rohrleitung unter dem Wagenbauch.

Die Teile der Auspuffanlage

○ Am Zylinderkopf ist der Auspuffkrümmer angeschraubt. Daran schließt das Abgasrohr vorn an. Besitzt es zwei Abgaskanäle, die weiter hinten in einem Rohr zusammengeführt werden, nennt man das auch »Hosenrohr«. Je nach Motor folgen unterschiedliche Teile. Hier eine Aufstellung:

Motor	Abgasrohr vorn Einkanal	Abgasrohr vorn Zweikanal	Katalysator	Zwischenrohr	Vorschalldämpfer	Mittelschalldämpfer	Nachschalldämpfer
1,6/51 kW Kat PN	+	–	+	+	–	+	+
1,6/53 kW Kat RF	+	–	+	+	–	+	+
1,6/55 kW o. Kat EZ	–	+	–	–	+	–	+
1,6/55 kW m. Kat EZ bis 7/87	+	–	+	+	–	+	+
1,6/55 kW m. Kat EZ ab 8/87	+	–	+	–	+	–	+
1,8/62 kW Kat RH	+	–	+	+	–	+	+
1,8/66 kW o. Kat GU	–	+	–	–	+	+	+
1,8/66 kW Kat GX	+	–	+	+	–	+	+
1,8/66 kW Kat RP	+	–	+	+	–	+	+

Aufhängung und Zustand der Auspuffanlage kontrollieren

Wartung Nr. 22

Die Auspuffanlage ist nur mit dem Auspuffkrümmer starr verbunden. Am Fahrzeugboden hängt sie frei schwingend in Gummischlaufen.
● Haltegummis auf Brüchigkeit, Einrisse oder sonstige Schäden überprüfen, ggf. ersetzen.
● Mit einem Lappen in der Hand bei laufendem Motor das Auspuffendrohr zuhalten. Der Motor muß nach kurzer Zeit stehenbleiben.
● Hören Sie zischende Geräusche und läuft der Motor ungestört weiter, ist die Anlage an der Geräuschstelle undicht.
● Ein dumpferer Auspuffton als gewöhnlich und Knallen im Schiebebetrieb weist auf einen durchgerosteten Auspuff hin.

Auspuffanlage erneuern

Reparaturen an einer durchgerosteten Auspuffanlage sind meist nur kurzer Erfolg beschieden. Auf rostgeschwächtem Blech kann nicht mehr geschweißt werden. Auspuffkitt und Bandagen sind zwar recht dauerhaft, aber das Blech bricht bald neben der Reparaturstelle aus.
Ganz selten sind alle zwei bzw. drei Schalldämpfer gleichzeitig austauschreif. Hat man einen Schalldämpfer ersetzt, gibt boshafterweise wenige Monate später ein anderer den Geist auf. Werkstätten wechseln deshalb die Auspuffanlage gleich komplett aus. Das empfehlen wir nicht so unbesehen:
● Klopfen Sie den ausgebauten, noch intakten Schalldämpfer mit einem Hammer rundum gründlich ab, auch an den Stirnseiten. Dabei nicht zu zaghaft hämmern.
● Klingt es bei jedem Schlag hell, ist das Blech noch gesund.
● Wird das Klopfgeräusch an manchen Stellen dumpfer, ist die Außenhaut bereits geschwächt und wird bald durchbrechen; besonders wenn die salzhaltige kalte Jahreszeit herrscht.
● Für den Ersatzteilkauf gilt, daß Dichtung(en) und selbstsichernde Muttern durch neue ersetzt werden müssen.

Auspuffanlage ausbauen

Glücklicherweise ist das direkt am Auspuffkrümmer befestigte vordere Abgasrohr nur selten schadhaft, sonst gibt es Probleme, siehe nächsten Abschnitt.

- Zu allen Arbeiten muß der Wagen absolut rüttelsicher aufgebockt sein, daß er nicht kippen kann – auch bei heftigem Drehen oder Zerren an den Rohren.
- Wenn sich beim Demontieren eine Verschraubung nicht lösen läßt, sollten Sie sie durch Überdrehen abreißen. Beim Einbau werden grundsätzlich neue Schrauben und Muttern verwendet.
- Halteschlaufen sicherheitshalber ebenfalls gleich ersetzen.
- Die Steckverbindungen der Rohrstutzen lassen sich am besten im erhitzten Zustand trennen. Die Werkstatt verwendet hierzu einen Schweißbrenner. Auch ein Heißluftfön kann genügen.
- Kalt geht es allenfalls unter Zuhilfenahme von Rostlösemittel.
- Die Rohre werden durch kräftige Drehbewegungen oder Hammerschläge getrennt.
- Hilft das nicht, wird die Rohrverbindung des defekten Schalldämpfers knapp 10 cm hinter der Verbindungsstelle abgesägt.
- Den verbleibenden Rohrrest mit der Metallsäge in Längsrichtung aufsägen und mit einem kräftigen Schraubenzieher aufhebeln.
- Die Verschraubungen der Auspuffanlage lassen sich beim nächsten Mal leichter lösen, wenn die Gewinde beim Einbau mit Kupferfett bestrichen wurden.
- Auch zwischen die Rohrverbindungen können Sie solches hitzebeständiges Fett streichen, damit sie sich später wieder leichter trennen lassen.
- Beim Einbau ist auf spannungsfreie Ausrichtung der Anlage zu achten.
- Teile provisorisch zusammenstecken, Halteschellen aber gleich über die Rohre streifen und ausrichten.
- An den Auspuffteilen aus dem V.A.G.-Ersatzteillager sind Markierungen angebracht: »A« steht für Automatik-, »S« für Schaltgetriebe. Die Verbindungsschelle soll 5 mm von der für Ihr Fahrzeug richtigen Markierung entfernt montiert werden, siehe Bild auf der folgenden Seite oben links.
- Auspuffanlage mit ihren Halteschlaufen am Wagenboden aufhängen.
- Die Halteösen am Auspuff sollen um etwa 5 mm (in Fahrtrichtung) nach vorn versetzt sein zu den entsprechenden Gegenösen am Wagenboden. Es ist also richtig, wenn die Gummihalteringe bei kaltem Auspuff etwas versetzt eingehängt sind.
- Die Auspuffanlage muß auch genügend Abstand zur Karosserie haben. Zwischen dem Anschlagpuffer des hinteren Schalldämpfers und dem Kofferraumboden soll ein Abstand von 12 mm bleiben.
- Verschraubungen festziehen.

Abgasrohr vorn ausbauen

Bevor Sie zum Werkzeug greifen, muß erst einmal gesagt werden, daß die VW-Techniker dem Heimwerker eine gewaltige Hürde aufgebaut haben. Anstelle einer Schraubverbindung zwischen Auspuffkrümmer und vorderem Auspuffrohr werden unter hoher Spannung stehende Federklammern verwendet. Die lassen sich nicht einfach abhebeln und erst recht nicht mehr montieren. Von VW gibt es hierfür das Spezialwerkzeug 3049 A, das Ihnen vielleicht eine entgegenkommende Werkstatt leiht. Die Anwendung haben wir im Bild auf der folgenden Seite oben rechts gezeigt.

- Wagen vorn aufbocken. Auspuffanlage abkühlen lassen.
- Spannwerkzeug auf den Bohrungsabstand der Federn einstellen.
- Werkzeug ansetzen und Rändelschrauben so weit drehen, daß es fest sitzt.
- Verlängerung ansetzen und Spannwerkzeug bis zum Anschlag drehen.

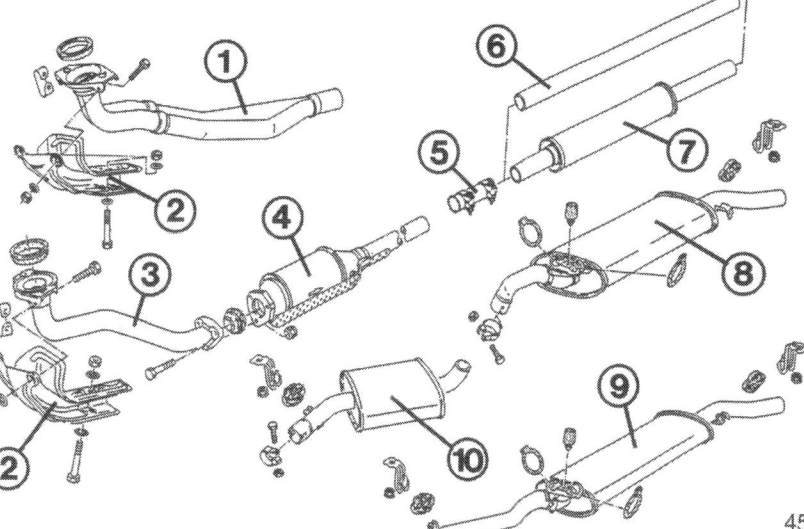

Hier haben wir die wichtigsten Teile der Auspuffanlage herausgegriffen:
1 – Abgasrohr vorn Zweikanal;
2 – Abschirmblech;
3 – Abgasrohr vorn Einkanal;
4 – Katalysator;
5 – Doppelschelle;
6 – Zwischenrohr;
7 – Vorschalldämpfer;
8 – Nachschalldämpfer für Fahrzeuge mit Mittelschalldämpfer (10);
9 – Nachschalldämpfer für Fahrzeuge ohne Mittelschalldämpfer.

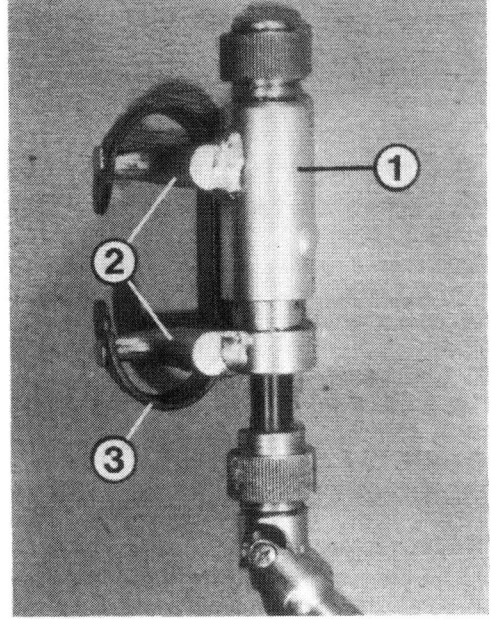

Die linke Abbildung zeigt den Sollabstand von 5 mm zwischen der Markierung »S« (bei Schaltgetriebe) am Auspuffrohr und der Halteschelle.
Im Bild rechts sind die Spreizbakken (2) des Sonderwerkzeugs 3049 A (1) so eingestellt, daß die Backen an den Bohrungen der Federklammer (3) anliegen. Durch Drehen am links angesetzten Hebel kann die Feder jetzt auseinandergedrückt werden, damit sie sich in die Halteösen am Auspuffkrümmer und am vorderen Auspuffrohr einhängen läßt.

- Klemmfeder aus den Halteöffnungen im Auspuffkrümmer und Hosenrohr herausheben, dazu das Auspuffrohr in Richtung der auszubauenden Feder drücken.
- Beim Zusammenbau wird die Feder zuerst in die Halteöffnung am Krümmer eingehängt.

Auspuffkrümmer ausbauen

- Vorderes Auspuffrohr vom Krümmer trennen.
- Krümmerschrauben losdrehen und Krümmer abnehmen.

CO-Entnahmerohr ausbauen

- Schraube seitlich an der Haltelasche losdrehen.
- Überwurfmutter lösen, CO-Entnahmerohr abziehen.
- Falls erforderlich, kann auch der Stutzen für das Entnahmerohr aus dem Auspuffkrümmer herausgedreht werden.

- Hintere Schraub- oder Klemmschellenverbindung lösen.
- Auspuff zurückdrücken, Auspuffrohr »ausfädeln«.
- Der sogenannte Gleitring zwischen Auspuffkrümmer und Auspuffrohr muß nur dann erneuert werden, wenn er beschädigt oder undicht ist.
- Anhaftende Dichtungsreste am Zylinderkopf und Auspuffkrümmer entfernen.
- Zum Einbau wird eine neue Dichtung montiert.
- Beim Einbau eines neuen CO-Rohres den Schneidring zwischen Stutzen und Rohr ebenfalls erneuern.

Anzugsdrehmomente

Bauteile	Nm
Auspuffkrümmer an Zylinderkopf	25
Hitzeschutzblech an Abgasrohr vorn	10
Katalysator an Abgasrohr vorn	20
Klemmschellen M 8	25
CO-Entnahmestutzen an Auspuffkrümmer	35
CO-Entnahmerohr an Stutzen	20

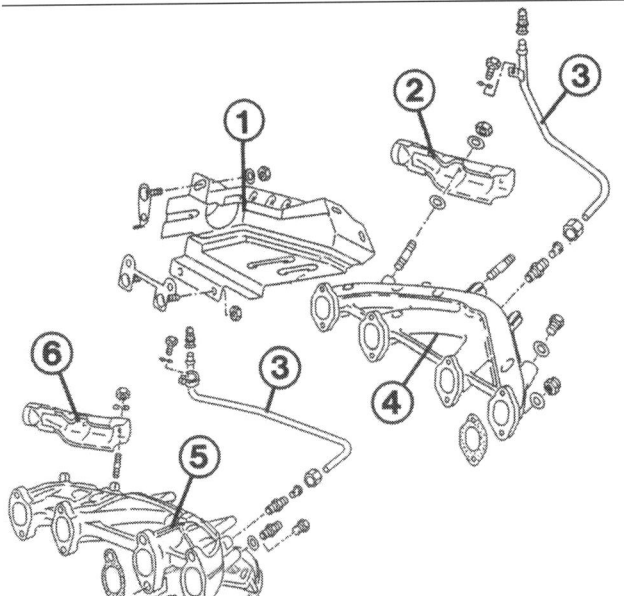

Zwei verschiedene Auspuffkrümmer – links beim Monojetronic-Motor, rechts beim Vergaser-Motor:
1 – Warmluftfangblech neuere Ausführung;
2 – Warmluftfangblech ältere Version;
3 – CO-Entnahmerohr (bei Kat-Fahrzeugen);
4 – Auspuffkrümmer des 53-kW-Motors;
5 – Krümmer des 66-kW-Motors;
6 – Warmluftfangblech.

Die Abgas-Entgiftung

Saubere Sache

Benzin besteht im wesentlichen aus den Elementen Kohlenstoff und Wasserstoff. Wenn das Benzin im Motor verbrannt wird, verbindet sich der Kohlenstoff mit dem Luftsauerstoff zu **Kohlendioxid** (chemische Kurzformel CO_2), und der Wasserstoff vereinigt sich mit Sauerstoff zu **Wasser** (H_2O). Aus einem Liter Benzin entstehen rund 0,9 Liter Wasser, das Sie aber gewöhnlich nicht sehen, da es durch die Verbrennungswärme unsichtbar-dampfförmig dem Auspuff entweicht. Nur in der kalten Jahreszeit sehen Sie weiße Auspuffwolken vom kondensierenden Wasser.

Diese Verbrennungsprodukte bilden sich, wenn Luft und Kraftstoff im optimalen Verhältnis (14,7 : 1) gemischt sind. Das ist leider fast nie der Fall. Deshalb entstehen auch Schadstoffe.

Was stößt der Motor aus?

○ **Kohlenmonoxid** (CO) ist wohl die bekannteste Verbindung, denn der CO-Gehalt wird bei der Leerlaufeinstellung gemessen. Es entsteht um so mehr, je fetter, also kraftstoffreicher das Benzin/Luft-Gemisch ist. Mageres Gemisch, genaue Zündeinstellung und gleichmäßige Gemischverteilung im Verbrennungsraum ermöglichen einen niedrigen CO-Anteil.

○ Unverbrannte **Kohlenwasserstoffe** (HC) entstehen, wenn die von der Zündkerze entzündete Flammenfront an kalten Wandungen und engen Winkeln im Brennraum erlöscht. Zu fettes oder zu mageres Gemisch erhöht den Ausstoß der Kohlenwasserstoffe. Der HC-Anteil ist z. T. bereits durch die Motorkonstruktion bestimmt, er kann später nur gering beeinflußt werden.

○ **Stickoxide** (NO_x) bilden sich vor allem durch den zu über ¾ in der Verbrennungsluft enthaltenen Stickstoff. Ihr Anteil ist besonders hoch bei einer Auslegung des Motors für geringen Kraftstoffverbrauch und geringen CO- sowie HC-Ausstoß: Hohe Verbrennungstemperaturen und mageres Kraftstoff/Luft-Gemisch.

○ **Bleiverbindungen** werden dem verbleiten Kraftstoff als Antiklopfmittel zugesetzt, siehe Seite 58. Rund 75% davon werden zum Auspuff hinausgeblasen.

○ **Schwefeldioxid** (SO_2) bildet sich lediglich bei den Dieselmotoren.

Was ist wie gefährlich?

○ Kohlenmonoxid ist giftig und kann beim Einatmen in geschlossenen Räumen zum Tod führen. In der Luft verbindet sich das Kohlenmonoxid relativ schnell mit Sauerstoff zu dem ungefährlichen Kohlendioxid (CO_2).

○ Die Kohlenwasserstoff-Verbindungen sind der Übersichtlichkeit wegen zusammengefaßt, wobei die Bandbreite von harmlos bis möglicherweise krebserregend reicht. In der Luft sind die Kohlenwasserstoffe mit den Stickoxiden für Bildung von Smog (schwer auflösbare Abgasnebelwolken) verantwortlich.

○ Stickoxide können bei entsprechender Konzentration zu Reizungen der Atmungsorgane führen.

○ Die Bleiverbindungen lagern sich in der Umgebung ab und werden u.a. mit der Nahrung im Körper aufgenommen, aber nicht mehr ausgeschieden. Das ist bei höheren Konzentrationen gesundheitsgefährlich, weshalb der Verkauf von unverbleitem Benzin gefördert wird.

»Saurer Regen«

Der Anteil der in der Atmosphäre vorhandenen Schadstoffe, die auch für die Bildung von saurem Niederschlag verantwortlich sind, ist wie folgt (auf ganze Zahlen gerundet):

○ Schwefelverbindungen (SO_2): 35% natürlicher Ursprung, 65% menschliche Aktivitäten – davon 97% Kraftwerke, Industrie und Heizung, 3% Verkehr (Dieselfahrzeuge).

○ Stickoxide (NO_x): 95% natürlicher Ursprung, 5% menschliche Aktivität – davon knapp die Hälfte Verkehr.

Katalysator und Lambda-Sonde

Wer das Wissen aus dem Chemieunterricht nicht mehr parat hat: »Katalysator« ist ein Stoff oder in unserem Fall Bauteil, das eine chemische Reaktion bei einer niedrigeren Temperatur als im Normalfall nötig einleitet oder beschleunigt. Dabei bleibt der Katalysator chemisch unverändert.

In unserem VW sieht der Katalysator ähnlich aus wie ein Auspufftopf. Darin sitzt ein Keramikkörper, der aus vielen kleinen Zellen besteht. Die so vergrößerte Oberfläche dieser Zellen ist mit einer dünnen Edelmetallschicht belegt, bestehend aus jeweils rund 2 Gramm Palladium, Platin und Rhodium.

Ungeregelter und geregelter Katalysator

Mit dem Dreiwege-Katalysator rückt man den drei Schadstoffen Kohlenmonoxid, Kohlenwasserstoffe und Stickoxide zu Leibe. Wird der Katalysator einfach ins Auspuffsystem eingesetzt, verringert sich der Schadstoffausstoß um etwa 65%.

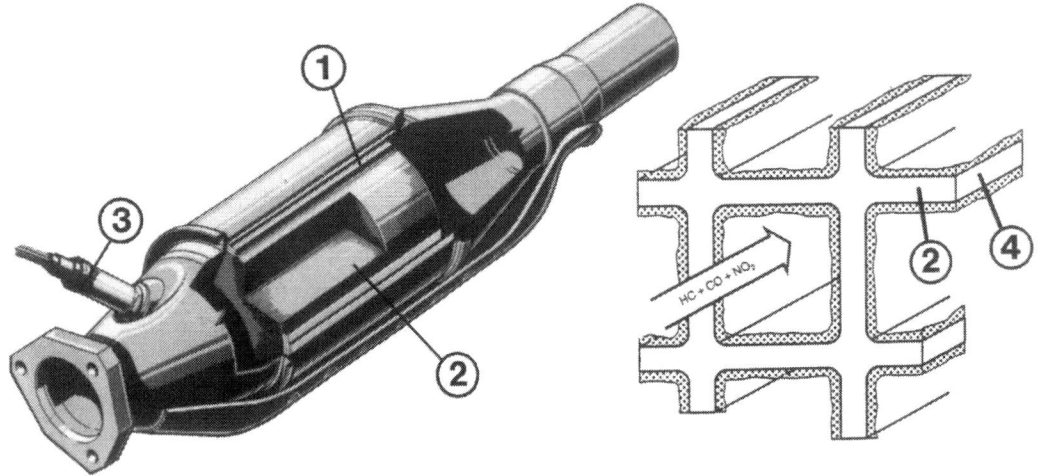

Links ist der Katalysator im Schnitt dargestellt. Es bedeuten:
1 – elastisches Metallgewebe;
2 – Keramikkörper mit Edelmetallschicht (4);
3 – Lambdasonde.
Rechts die chemische Reaktion im Katalysator:
$2\,CO + O_2 = 2\,CO_2$;
$2\,C_2H_6 + 7\,O_2 = 4\,CO_2 + 6\,H_2O$;
$2\,NO + 2\,CO = N_2 + 2\,CO_2$.

Wirksamer ist die Umsetzung der Schadstoffe, wenn die Zusammensetzung des Kraftstoff/Luft-Gemisches beeinflußt werden kann. Das geschieht mit Hilfe der Lambda-Sonde; sie mißt den Sauerstoffanteil im Abgas. Lambda (λ = griechischer Buchstabe) ist die »Luftzahl« – das Verhältnis der Luftmenge zur Kraftstoffmenge im angesaugten Gemisch. Der Katalysator kann nur dann richtig arbeiten, wenn die Luftzahl λ dem Wert 1 möglichst nahekommt. Der λ-Wert wird anhand des Sauerstoffrestes im Abgasstrom gemessen – eine Vergleichsgröße für die Zusammensetzung des Kraftstoff/Luft-Gemisches. Weicht die Messung vom Idealwert ab, gibt das elektronische Steuergerät des Vergasers bzw. der Benzineinspritzung den Befehl zur unverzüglichen Korrektur: Anreichern bei zu magerem Gemisch; Abmagern des Kraftstoff/Luft-Gemisches, wenn dieses zu fett wird.

Die Regelung arbeitet im Bereich von $\lambda = 0{,}8$ bis $\lambda = 1{,}2$ in rasch wechselnder Folge: Luftüberschuß zur Verbrennung der Kohlenwasserstoffe, Luftmangel zur Verringerung der Stickoxide. Die aus dieser Mischung entstehenden Abgase gelangen in den Katalysator, wo eine nahezu vollständige Umwandlung in ungefährliche Stoffe, wie Kohlendioxid, Wasserdampf und Stickstoff, erfolgt.

Da die Lambda-Sonde erst bei Temperaturen über 350°C ein verwertbares Signal abgibt, bleibt die Anlage gleich nach dem Start ungeregelt und richtet sich nach einem vorgegebenen mittleren λ-Wert. Der gleiche gilt, wenn die Vollast-Anreicherung aktiviert ist.

Fingerzeig: Im einzelnen beträgt die Verringerung der Schadstoffe beim geregelten Katalysator: Kohlenmonoxid 85%, Kohlenwasserstoffe 80%, Stickoxide 70%. Dabei ist berücksichtigt, daß der Katalysator mit zunehmender Laufleistung einen Teil seiner Wirkung einbüßt.

Arbeits-Temperaturen

Ehe der Katalysator – ob geregelt oder ungeregelt – arbeiten kann, muß er eine »Anspringtemperatur« von etwa 300°C haben. Das ist nach 25–270 Sekunden der Fall. Etwa gleichlang dauert es, bis die Lambda-Sonde ihre »Einschalttemperatur« erreicht hat.

Katalysator und Lambda-Sonde sind allerdings überhitzungsempfindlich. Steigen die Temperaturen im Katalysator über 900°C, setzt eine verstärkte Alterung ein, ab 1200°C wird seine Wirksamkeit auf Dauer zerstört. Ähnliches gilt für die Lambda-Sonde. Temperaturspitzen können z.B. bei Zündaussetzern auftreten. Unverbranntes Gemisch wird dann im Katalysator gezündet, was die Temperaturen in gefährliche Höhen treibt.

Lebensdauer

Der Katalysator kann nur mit bleifreiem Benzin seine Wirkung entfalten. Die Bleianteile im verbleiten Benzin bedecken die Edelmetallschicht und gehen mit ihr chemische Verbindungen ein. Der Katalysator wird »vergiftet« und muß nach mehrmaliger Blei-Benzinbetankung ersetzt werden.

Mit zunehmender Laufleistung verliert der Katalysator etwas an Wirksamkeit. Dennoch hält er so lange wie der Motor.

Vorsichtsmaßnahmen bei Katalysator-Fahrzeugen

In der Betriebsanleitung sind zahlreiche Hinweise für Katalysator-Fahrzeuge aufgeführt. Besonders gefährlich ist unverbranntes Gemisch, das sich im heißen Katalysator entzündet und so die Temperaturen in gefährliche Höhen ansteigen läßt. Wir greifen nur die wichtigsten Punkte heraus:

○ Das Anrollenlassen, Anschieben oder Anschleppen ist problemlos, wenn der Anlasser wegen einer leeren Batterie den Motor nicht zum Laufen bringt.

○ Lassen Zündaussetzer oder Fehlzündungen auf einen Defekt an der Zündanlage schließen, diese sofort überprüfen (lassen).

○ Im Hochsommer nach wochenlanger Trockenheit beim Parken den Wagen nicht über trockenem Laub, Heu o.ä. abstellen. Unter besonders ungünstigen Umständen könnte es zu einer Entzündung kommen.

○ Beim Auftragen von Unterbodenschutz darf nichts davon an den Katalysator geraten.

○ Kontrollieren Sie gelegentlich bei aufgebocktem Fahrzeug, ob die Hitzeschutzbleche nicht beschädigt oder verloren gegangen sind.

Das Kühlsystem

Erfrischung für Otto

Der Viertaktmotor – nach seinem Erfinder Nikolaus August Otto auch sehr persönlich Otto-Motor genannt – gibt außer der Kraft für die Fortbewegung auch Wärme ab, und das nicht wenig: ¼ Kraft, ¾ Wärme. Diese Wärme gilt es abzuführen.

So wird gekühlt

○ Durch den Motor wird ständig Wasser gepumpt, und zwar von der Wasserpumpe. Vom Keilriemen angetrieben beschleunigt sie den Wasserstrom durch ein kleines Schaufelrad.
○ Das Kühlmittel fließt einerseits durch den Motor und andererseits durch den Kühler. Dort wirkt Luft als abkühlendes Element – als Fahrtwind oder unter Zuhilfenahme des Kühlerventilators.
○ Da zuviel Kühlung aber auch schädlich wäre, regelt ein Thermostat den Kühlwasserstrom. Er sorgt dafür, daß der Motor schnell auf Betriebstemperatur kommt, aber unter Last nicht überhitzt; Näheres hierzu steht auf Seite 53.
○ Ein Wasserweg führt zum Heizungskühler, wobei das aufgeheizte Kühlmittel während der kalten Jahreszeit für angenehme Temperaturen im Innenraum sorgt.
○ Zusätzlich mit Warmwasser versorgt werden die Startautomatik (nur Vergaser-Motoren) und das Ansaugrohr (Motoren mit Vergaser und Monojetronic).

Überdruck-Kühlsystem

Die Kühlanlage faßt je nach Kühlergröße 6,0 bis 6,5 Liter. Diese doch recht geringe Wassermenge würde bei einer scharfen Autobahnfahrt oder einem Paßaufstieg im Hochgebirge nicht ausreichen, wäre das Kühlsystem nicht unter Druck gesetzt.
In der Kühlanlage herrscht bei Betriebstemperatur ein Überdruck von 1,2–1,35 bar. Das erhöht den Wasser-Siedepunkt von 100°C auf rund 120°C. So kann die für den Motor betriebsgünstige Kühlmitteltemperatur von über 100°C ohne »Kochgefahr« eingehalten werden, und das unter Druck gesetzte Wasser nimmt auch mehr Wärme auf.
Verantwortlich für ein gutes »Arbeitsklima« des Motors sind:
○ Verschlußdeckel auf dem Ausgleichbehälter, der den Druck reguliert
○ Thermostat, der nach dem Kaltstart die Kühlflüssigkeit nicht gleich durch den Kühler strömen läßt, sondern erst mit steigender Temperatur.

Stand der Kühlflüssigkeit prüfen

Ständige Kontrolle

Im durchscheinenden Behälter erkennen Sie den Flüssigkeitsstand von außen, es sei denn, der Kunststoff ist im Alter trübe geworden oder alte, rostbraune Kühlflüssigkeit hat die Behälterinnenseiten verfärbt. Dann muß der Verschlußdeckel abgenommen werden. Das sollte nach Möglichkeit nur bei kaltem Motor geschehen. Bei warmgefahrenem Triebwerk Vorsicht; siehe unter »Kühlmittel auffüllen«.

● Bei kaltem Motor muß der Kühlmittelstand zwischen dem Markierungsstrich und der umlaufenden Gehäusenaht am Ausgleichbehälter zu erkennen sein (Bild folgende Seite unten links).

● Ist der Motor warmgefahren, darf die Kühlflüssigkeit etwas über die »MAX«-Markierung hinausreichen.

Fingerzeig: Auch wenn der VW mit einer »Kühlmittel-Mangelanzeige« ausgestattet ist, sollten Sie sich nicht auf die Warnleuchte voll verlassen. Ein Kontrollblick ist sicherer.

Kühlmittel auffüllen

Verlust von Kühlflüssigkeit ist das Zeichen für eine Störung oder einen Defekt. Das Kühlmittel wird nicht verbraucht und kann im geschlossenen Kühlsystem auch nicht verdampfen oder verdunsten. Was Sie bei Kühlflüssigkeitsverlust tun sollten, steht auf Seite 51.

● Bei warmgefahrenem Motor ist jetzt Vorsicht angebracht. Das Kühlsystem steht unter Überdruck.
● Lappen über den Deckel legen und diesen ganz langsam eine Umdrehung öffnen. So kann der Druck langsam entweichen, ohne daß gleich Wasser herausprudelt. Erst das vom Überdruck befreite Kühlmittel beginnt zu kochen.

● Wird nur Wasser nachgefüllt, verdünnen Sie den Frostschutz allmählich. Deshalb evtl. gleich etwas Gefrierschutzmittel zusätzlich eingießen.
● Nicht über die obere Markierung nachfüllen. Das Kühlmittel dehnt sich bei Erwärmung aus, und die Mehrmenge entweicht aus dem System.
● Kleinere Flüssigkeitsmengen können Sie so-

49

wohl bei warmem wie bei kaltem Motor eingießen.
- Bei erheblichem Wasserverlust und heißer Maschine kein kaltes Wasser nachfüllen.
- Durch den »Kälteschock« kann sich der Zylinderkopf verziehen oder der Motorblock reißen.

Das Gefrierschutzmittel

Im Kühlsystem sorgt nicht allein klares Wasser für die notwendige Abkühlung des Motors, sondern eine Mischung von Frost- und Korrosionsschutz sowie Wasser. Man spricht daher genauer von Kühlflüssigkeit oder Kühlmittel. Das Mischungsverhältnis beträgt für mitteleuropäische Verhältnisse 2:3, in nordischen Ländern dagegen 1:1.

Da sich die exakte Kühlmittelmenge nicht sicher feststellen läßt, behelfen Sie sich beim Neubefüllen folgendermaßen:
○ Für Gefrierschutz **bis −25°C 2,2 l Frostschutz**.
○ Für eine Frostfestigkeit **bis −35°C 3,25 l Gefrierschutzmittel**.
○ Mit klarem Wasser bis zur »MAX«-Marke auffüllen.

Mehr als 60% Frostschutz darf nicht ins Kühlsystem gefüllt werden. Bei höherer Dosierung verringert sich die Schutzwirkung wieder, und außerdem wird die Kühlwirkung verschlechtert.

Als Frostschutz dienen gewöhnlich giftige Alkohole namens Äthylenglykol, Diäthylenglykol oder Propylenglykol. Diese Flüssigkeiten verdampfen bzw. verdunsten nicht. Ebenso wichtig wie der Gefrierschutz ist auch der Korrosionsschutz. Er verhindert, daß sich im Kühlsystem Kesselstein, Rost und andere Korrosionsprodukte bilden. Das werksseitig eingefüllte Kühlmittel mit Korrosionsschutz darf deshalb auch nicht im Frühjahr abgelassen werden, sondern verbleibt ganzjährig in der Kühlanlage.

In den V.A.G.-Werkstätten wird das eigene Frostschutzmittel »G 11 V8 B« verwendet. Wenn ein anderes Produkt verwendet wird, sollte es nach den Werksempfehlungen die Spezifikation **TL VW 774 B** aufweisen. Dann läßt es sich auch gefahrlos mit Produkten anderer Hersteller, aber gleicher Spezifikation mischen. Ungeeignetes Frostschutzmittel kann Leichtmetallteile von Motor und Kühler angreifen.

Frostschutz prüfen

Wartung Nr. 9

Zum Nachprüfen der Kühlmittel-Frostfestigkeit brauchen Sie einen Hebe-Messer (Spindel, Aräometer). Damit wird das spezifische Gewicht der Flüssigkeit gemessen. Durch unterschiedliche Zugabe von Korrosionsschutzmitteln sind die spezifischen Gewichte der einzelnen Frostschutzprodukte nicht gleich. Für eine absolut genaue Messung brauchen Sie eine auf das eingefüllte Gefrierschutzmittel abgestimmte Spindel. Im Zweifelsfall ziehen Sie vom ermittelten Wert eine Meßtoleranz von 2–3°C ab.

- Kühlmittel aus dem Ausgleichbehälter ansaugen. Die Spindel muß frei schwimmen können.
- Je nach spezifischem Gewicht der Flüssigkeit taucht die Spindel mehr oder minder tief ein.
- An der Skala ablesen, bis zu welcher Temperatur der Frostschutz reicht.
- Manche Gefrierschutzprüfer haben Zeiger, an denen die Frostfestigkeit abgelesen werden kann.

Frostschutzkonzentration einstellen

Meist stellt sich heraus, daß die Konzentration des Gefrierschutzmittels nicht mehr völlig ausreicht. Dann muß etwas Frostschutz nachgefüllt werden. Über den Daumen gepeilt etwa 1 Liter für einen um 10°C erweiterten Gefrierschutz.

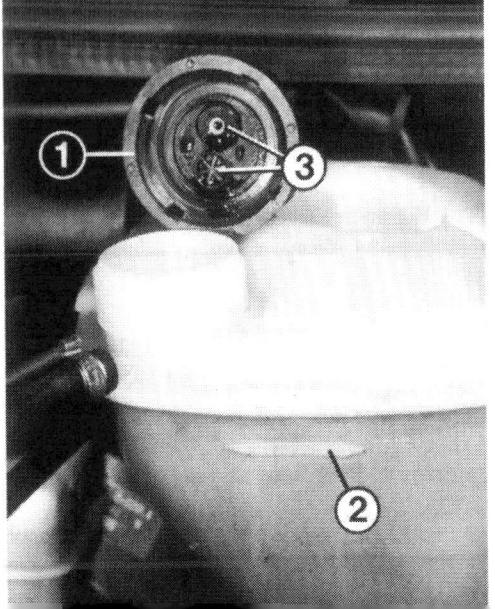

Im Ausgleichbehälter soll der Kühlmittelstand nicht unter die Markierung (2) fallen. Der Verschlußdeckel (1) braucht zur Kontrolle nicht abgenommen zu werden. Im Verschlußdeckel sehen Sie hier das Unter- und Überdruckventil (3).
Rechts: Bei diesem Frostschutzprüfer wird die Gefrierschutzmittel-Konzentration nicht durch eine in die Flüssigkeit eintauchende Spindel angezeigt, sondern durch zwei bewegliche Zeiger.

- Wanne unter den Kühler stellen.
- Deckel vom Ausgleichbehälter abnehmen.
- Wasserschlauch unten am Kühler abnehmen, 1 bis 2 Liter Kühlmittel ablassen.
- Schlauch wieder montieren.
- Entsprechende Menge unverdünnten Frostschutz eingießen.
- Zuletzt mit der aufgefangenen Kühlflüssigkeit vollfüllen.

<u>Fingerzeig:</u> Angebrochenes Gefrierschutzmittel altert, wenn es offen herumsteht. Deshalb in ein verschließbares Gefäß umfüllen, dieses beschriften und vor Kinderhänden gesichert aufbewahren, denn der Frostschutz ist giftig.

Kühlflüssigkeit wechseln

Der Wartungsplan sieht keinen regelmäßigen Tausch des Kühlmittels vor. Aber bei bestimmten Reparaturen muß die Flüssigkeit im Kühlsystem erneuert werden – bei Motortausch, Zylinderkopfwechsel, Ersatz der Zylinderkopfdichtung, Kühler- oder Wärmetauscherwechsel. Der Grund ist einfach: Der Kühlmittelzusatz bewahrt die Leichtmetallteile vor Korrosion. Die Schutzschicht bildet sich in der Einlaufphase des neuen Motors, wobei ein Teil der Korrosionsschutzanteile verbraucht wird. Kommt nun ein neues, großflächiges Leichtmetallteil in den Kühlkreislauf, reicht die Korrosionsschutzwirkung der bisherigen Flüssigkeit nicht mehr aus. Und im Fall eines Schadens an der Zylinderkopfdichtung kann das Korrosionschutzmittel durch eingedrungene Verbrennungsgase geschädigt sein. Deshalb nicht an der falschen Stelle sparen – erneuern Sie das Kühlmittel.

Kühlflüssigkeit ablassen

- Verschlußdeckel des Ausgleichbehälters abschrauben.
- Wanne unterstellen.
- Unteren Schlauch am Kühler abnehmen.

<u>Fingerzeig:</u> Kühlerfrostschutzmittel ist giftig, es darf deshalb nicht einfach in die Kanalisation geschüttet werden. Stattdessen in ein gesondertes Gefäß füllen und zum Sondermüll geben (Annahmestelle von der Gemeindeverwaltung erfragen).

Kühlsystem neu befüllen

- Gefrierschutzmittel, dann Wasser einfüllen.
- Ist das Wasser in Ihrer Gegend besonders »hart« (kalkhaltig), sollte es zuvor abgekocht werden, dann bildet sich der Kesselstein im Kochtopf statt im Kühlsystem.
- Der Flüssigkeitsspiegel soll bis zur oberen Markierung stehen.
- Verschlußdeckel aufsetzen und festdrehen.
- Motor warmfahren, bis der Thermostat geöffnet hat. Dieser ist ganz sicher offen, wenn bei Motorleerlauf der elektrische Kühlerventilator anläuft.
- Motor abkühlen lassen, Kühlmittelstand kontrollieren, ggf. etwas Wasser nachgießen.

Kühlsystem auf Dichtheit prüfen

- Kontrollieren Sie die Schläuche am Kühler und Motor, auch die dünneren zur Heizanlage bzw. – wo vorhanden – zum Ansaugrohr und zur Startautomatik.
- Schläuche rissig? Durch Kneten feststellen, ob die Wasserschläuche hart und spröde sind – dann umgehend austauschen.
- Sitzen die Schlauchenden nicht zu knapp auf ihren Stutzen?
- Wenn nachträglich Schraubschellen montiert wurden: Sind deren Spannschrauben festgezogen?
- Sind die Schellen verrostet? Dann können sie unvermutet während der Fahrt und bei vollem Betriebsdruck im Kühlsystem nachgeben. Auswechseln!
- Die Werkstatt kontrolliert die Dichtheit der Kühlanlage mit einer speziellen Handluftpumpe mit Druckmesser.
- Dieses Gerät wird auf die Ausgleichbehälteröffnung gesetzt und ein Druck von 1 bar aufgepumpt.
- Fällt der Skalenzeiger nicht innerhalb von ein bis zwei Minuten, ist das Kühlsystem dicht.

Der Kühler

Er besitzt ein Kunststoffgehäuse, innen dagegen Röhren und Rippen aus Leichtmetall. Als Verbindung zwischen den Wasserkästen des Kühlers dient eine Vielzahl von dünnwandigen Röhrchen. Zur Vergrößerung der Kühlfläche sitzen zwischen den Röhrchen noch waagrechte Rippen.
Bei Verdacht auf einen undichten Kühler sollten Sie in der Werkstatt die oben beschriebene Druckprüfung durchführen lassen. Bei einem offenkundigen Defekt können Sie den Kühler auch gleich selbst ausbauen und zur Reparatur bringen. Es gibt spezielle Kühlerwerkstätten (Branchentelefonbuch!), oder vielleicht befindet sich in Ihrer Nähe eine Kühlerfabrik, die ebenfalls Reparaturen durchführt.

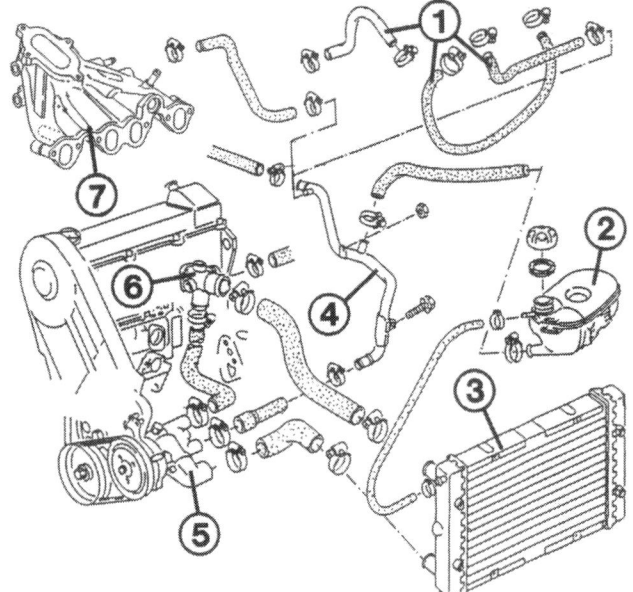

In der Zeichnung sind die verschiedenen Kühlwasserschläuche eines Motors mit 2 E 2-Vergaser gezeigt. Sie führen zu folgenden Bauteilen:
1 – Vergaser;
2 – Ausgleichbehälter;
3 – Kühler;
4 – Kühlwasserrohr;
5 – Wasserpumpe mit Thermostatgehäuse;
6 – Stutzen am Zylinderkopf;
7 – Ansaugrohr.

Kühlmittelschläuche ausbauen

Besorgen Sie als Ersatz Originalschläuche in der richtigen Bogenform und grundsätzlich neue Schlauchschellen.
● Kühlmittel ablassen und auffangen.
● Schlauchschellen lösen, Schläuche abziehen.
● Festsitzende Schlauchenden mit einem Schraubenzieher lockern, den man zwischen Schlauch und Stutzen schiebt und dann vorsichtig hebelt.
● Neue Schläuche weit genug auf die Stutzen schieben, damit sie nicht wieder abrutschen können.
● Schraubschellen nicht mit Gewalt anziehen, sonst wird das Gewinde überdreht.

Kühler reinigen

Vor und nach dem Sommerhalbjahr sollten die Kühlerlamellen von den dort festgesetzten Insektenleichen gesäubert werden, sonst wird die Kühlwirkung verschlechtert.
● Kühlergrill ausbauen (Seite 248).
● Elektroventilator mit Tragring abnehmen.
● Angetrocknete Insektenreste mit einem eiweißlösenden Mittel einsprühen.
● Nach einer gewissen Einwirkzeit von der Kühlerrückseite her abspülen. Durch die Kühlerlamellen mit nicht zu starkem Strahl spritzen. Hartes Bürsten oder scharfes Werkzeug kann die Kühlerlamellen beschädigen.
● Spezielle Reinigungsmittel für das Kühlerinnere sind bei ausschließlicher Verwendung von Frostschutz mit Korrosionsschutzmittel nicht erforderlich.

Kühlflüssigkeit ablassen

● Verschlußdeckel des Ausgleichbehälters abschrauben.
● Wanne unterstellen.
● Vorn an der Wasserpumpe den dicken Schlauch zum Kühler und den dünneren zum Heizungs-Wärmetauscher abziehen.
● Oder unten den Deckel des Thermostatgehäuses abschrauben.

Kühler ausbauen

● Kühlmittel ablassen.
● Wasserschläuche am Kühler abnehmen.
● Elektroventilator mit Tragring ausbauen, siehe Seite 56.
● Beide Schrauben der Kühlerhalter oben herausdrehen.
● Kühler herausheben, er steckt unten in Halteösen mit Gummizwischenlage.
● Luftführungspappen abschrauben und Thermoschalter herausdrehen, falls notwendig.
● Thermoschalter grundsätzlich mit neuem Dichtring einschrauben, Anzugsdrehmoment 35 Nm.

Der Kühlsystem-Verschlußdeckel

Im Überdruck-Kreislauf spielt der Kühlsystem-Verschlußdeckel eine wichtige Rolle:
○ Bei aufgeschraubtem Deckel drückt die Dichtfläche fest auf den Rand der Ausgleichbehälteröffnung. Es kann kein Druck entweichen.
○ Wenn bei steigender Erwärmung der Druck im Kühlsystem **1,2–1,35 bar** übersteigt, öffnet das Überdruckventil im Deckel. Jetzt kann zum Druckausgleich etwas Wasserdampf entweichen.
○ Beim Abkühlen zieht sich die Kühlflüssigkeit wieder zusammen, und es entsteht ein Unterdruck in der Kühlanlage. Für diesen Unterdruckausgleich sitzt im Deckel ein zweites Ventil. Es öffnet bei einem Unterdruck von **0,06–0,1 bar**, so daß Außenluft in den Ausgleichbehälter strömen kann.

Überdruckventil prüfen

Das Überdruckventil des Verschlußdeckels wird mit dem bereits beschriebenen Druckprüfgerät und einem Verbindungsstück auf richtige Funktion kontrolliert:
● Druck aufpumpen.
● Bei **1,2–1,35 bar** muß das Ventil öffnen.

In dieser Zeichnung sind der Kühler und Teile der Luftführung gezeigt:
1 – Halteblech rechts;
2 – Halteblech links;
3 – Luftführung rechts;
4 – Tragring für den Ventilator am 1,6-Liter-Motor;
5 – Ventilator-Tragring 1,8-Liter-Motor;
6 – Luftführung links;
7 – Kühler.

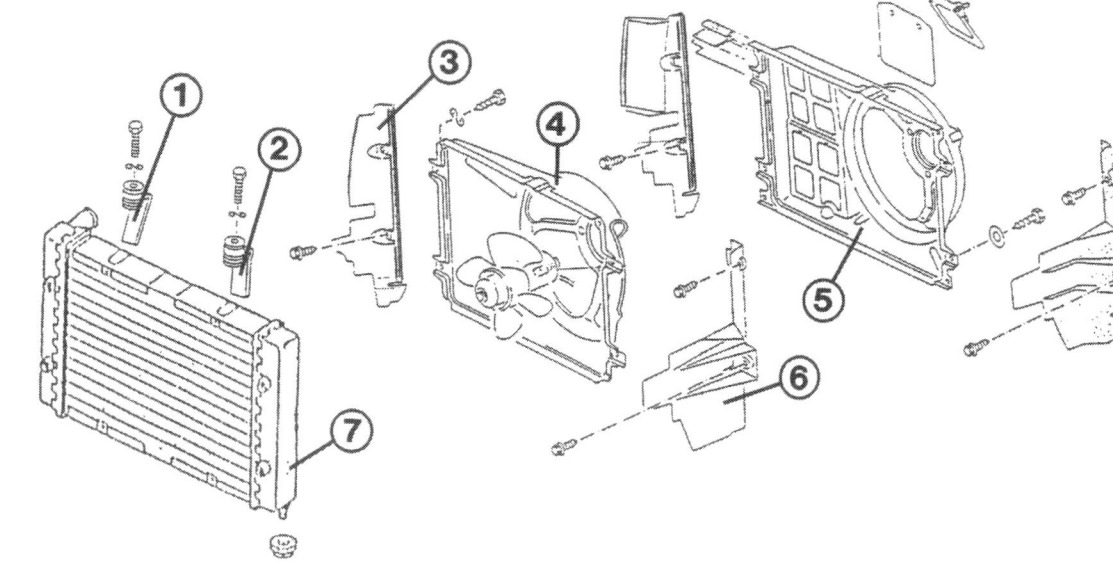

- Bei abgenommenem Verschlußdeckel einen dicken Wasserschlauch fest zusammendrücken.
- Deckel aufsetzen und festdrehen, Schlauch loslassen.
- Rundet sich der zusammengepreßte Schlauch wieder, dürfte das Ventil intakt sein.

- Sind die Kühlwasserschläuche morgens vor dem ersten Start plattgedrückt, streikt sicher das Unterdruckventil.

Unterdruckventil behelfsmäßig prüfen

Der Thermostat

Damit der Motor schnell auf seine Betriebstemperatur kommen kann, wurde das Kühlsystem in einen kleinen und einen großen Kreislauf aufgeteilt:
○ Nach dem Kaltstart zirkuliert das Kühlmittel im »kleinen« Kreislauf von der Wasserpumpe zum Motorblock sowie in den Zylinderkopf und wieder zurück zur Wasserpumpe. Vom kleinen Kreislauf mitversorgt werden der Heizungs-Wärmetauscher, die Startautomatik (Vergasermotoren) sowie die Ansaugrohrbeheizung (Motoren mit Vergaser bzw. Monojetronic).
○ Erst wenn die Kühlflüssigkeit eine bestimmte Temperatur erreicht hat, wird der Kühler zum Abkühlen des Heißwassers gebraucht.
○ Das Zuschalten des Kühlers besorgt der Thermostat oder Kühlwasserregler. Er öffnet aber nicht einfach einen Verbindungsschlauch zwischen Motor und Kühler, sondern kaltes Wasser aus dem Kühler wird vorgemischt mit bereits erwärmtem aus dem kleinen Kreislauf. Durch diese allmähliche Kaltwasserbeimischung wird der sogenannte Kälteschock für den Motor vermieden.
○ Das unten aus dem Kühler abfließende Wasser zieht heißes Kühlmittel oben in den Kühler nach. Dort wird es beim Zug durch die Kühlerlamellen abgekühlt. Gleichzeitig mit dem Hinzuschalten des Kühlers wird der »Kurzschluß-Kreislauf« geschlossen.

Kleiner und großer Kreislauf

○ Das »Umschalten« des Thermostats bewirkt eine mit Spezialwachs gefüllte Büchse und der daran befestigte Ventilteller. Bei Erwärmung des Kühlmittels verflüssigt sich das Wachs und dehnt sich aus. Zwangsläufig öffnet es durch sein größeres Volumen jetzt den Ventilteller.
○ Solange die Wassertemperatur steigt, wird vom Thermostat der Kaltwasserzufluß aus dem Kühler zunehmend geöffnet und gleichzeitig der Kurzschluß-Kreislauf geschlossen.
○ Sinkt während der Fahrt die Wassertemperatur wieder unter die gewünschte Betriebstemperatur, drückt eine Feder am Thermostat den Ventilteller wieder in Richtung »Zu« und sperrt den Kühlerdurchfluß so lange, bis das Kühlmittel wieder genügend warm ist.
Der Thermostat sitzt in Fahrtrichtung gesehen vorn rechts unten im Gehäuse der Wasserpumpe.

Funktion des Thermostats

Gewöhnlich halten Thermostate ein ganzes Autoleben klaglos durch. Wenn nicht, hier die Ursachen:
○ Ablagerungen aus dem Kühlsystem setzen sich zwischen dem Ventilteller und seinem Sitz fest. Der Thermostat kann dann bei niedrigen Wassertemperaturen nicht mehr völlig schließen; aufgeheiztes Kühlmittel strömt sofort durch den Kühler.
○ Erkennungsmerkmale: Die Temperaturanzeige klettert langsamer in die Höhe, und die Heizwirkung setzt später als üblich ein.
○ Folgen: Meßbarer Schaden entsteht zunächst nicht, wenn Sie so weiterfahren. Aber der Motor läuft unnötig lange im unterkühlten Bereich.

Störungen am Thermostat

○ Gefährlich für den Motor ist, wenn Wachs aus der Thermostatbüchse austritt und der verbliebene Rest die Büchse nicht mehr aufdrücken kann. Dann bleibt das Ventil geschlossen.
○ Erkennungsmerkmal: Die Nadel der Temperaturanzeige steht ganz rechts, und das Kühlmittelwarnlicht blinkt.
○ Folgen: Wer so weiterfährt, erhält die Quittung in Form einer durchgebrannten Zylinderkopfdichtung und eines verzogenen Zylinderkopfes.
○ Hier hilft nur der Ausbau des Thermostats oder Abschleppen.

Thermostat ausbauen

Einen klemmenden Thermostat unterwegs auszubauen ist nicht unproblematisch. Er sitzt ziemlich weit unten, so daß beinahe die gesamte Kühlmittelmenge abgelassen werden muß. Zudem dauert es bei heißem Motor recht lange, ehe Sie mit der Arbeit beginnen können, ohne Gefahr zu laufen, daß Sie sich die Hände verbrühen. Beim Einbau eines neuen Thermostats zugleich den Dichtring am Thermostat- bzw. Wasserpumpengehäuse erneuern.

● Kühlmittel vollständig ablassen.
● Wagen vorn aufbocken.
● Schlauchflansch unten am Wasserpumpen- bzw. am Thermostatgehäuse abschrauben und zur Seite drücken.
● Beim Thermostateinbau muß dessen kleinere Abdichtplatte zum Motor hin zeigen.
● Schrauben am Thermostat- bzw. Wasserpumpengehäuse mit 10 Nm anziehen.

Thermostat prüfen

Mit einem Einmachthermometer können Sie selbst kontrollieren, ob der Kühlwasserregler bei der vorgeschriebenen Temperatur öffnet.
● Thermostat ausbauen.
● Kühlwasserregler in einen Topf mit Wasser hängen und Wasser erhitzen.
● Kontrollieren, ob das Ventil von seinem Sitz abhebt.
● Die Sollwerte lauten: **Öffnungsbeginn 85°C, Öffnungsende 105°C**.
● Wenn möglich, noch den Öffnungshub messen, er soll 7 mm betragen.

Die Wasserpumpe

Die Kühlflüssigkeit wird von der Wasserpumpe im Kreislauf gehalten. Sie sitzt in Fahrtrichtung rechts vorn am Motor und wird vom Keilriemen in Schwung versetzt.

Fingerzeig: Die Wasserpumpe kann durch Undichtigkeit ausfallen. Anfangs tropft es nur gelegentlich aus dem Gehäuse, aber innerhalb kürzester Zeit geht das Kühlmittel in erheblichen Mengen verloren. Deshalb sollten Sie sofort nach Erkennen einer undichten Wasserpumpe für den Austausch sorgen.

Wasserpumpe ausbauen

● Kühlmittel ablassen.
● Keilriemen abnehmen, siehe Seite 184.
● Zahnriemenschutz ausbauen (Seite 34).
● Wagen aufbocken.
● Schläuche am Pumpengehäuse abnehmen.
● Zum leichteren Arbeiten die vier Schrauben des kompletten Wasserpumpengehäuses (Zeichnung rechts) losdrehen.
● Ingesamt acht Verschraubungen zwischen dem vorderen Lagergehäuse und dem Wasserpumpengehäuse lösen. Das Pumpenrad sitzt im Lagergehäuse.
● Dichtung zwischen Lagergehäuse und Wasserpumpengehäuse erneuern.
● Falls das komplette Wasserpumpengehäuse ausgebaut wird, muß beim Einbau die Dichtung zwischen dem Gehäuse und dem Motorblock ebenfalls ersetzt werden.
● Wasserpumpe mit 10 Nm festschrauben, Lagergehäuse sowie Halteschrauben der Keilriemenscheibe mit 20 Nm anziehen.

Keilriemenspannung prüfen

Wartung Nr. 12

Wie bereits erwähnt, wird die Wasserpumpe von einem Keilriemen angetrieben. Zur Wartung der Kühlanlage gehört daher unbedingt die Kontrolle der Keilriemenspannung. Ein durchrutschender Keilriemen – erkennbar an Quietschgeräuschen, wenn man aus dem Leerlauf kurz Gas gibt – kann die Kühlung erheblich beeinträchtigen.

● Keilriemen kräftig mit dem Finger eindrücken, und zwar:
● Bei einem Fahrzeug **ohne Servolenkung** zwischen Wasserpumpe und Lichtmaschine.
● Beim VW **mit Servolenkung** zwischen Wasserpumpe und Servopumpe.
● Bei einem Wagen **mit Klimaanlage ohne Servolenkung** zwischen Wasserpumpe und Kompressor der Klimaanlage.
● Das richtige Eindrückmaß lautet: **5 mm**.
● Zum Keilriemenspannen siehe Seite 184.

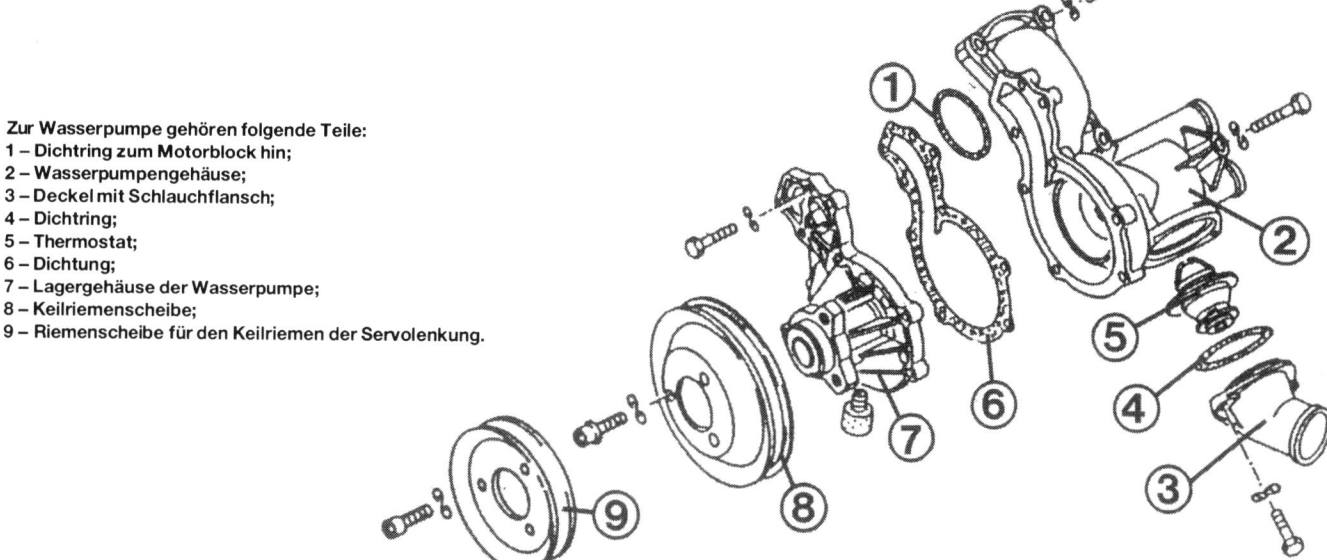

Zur Wasserpumpe gehören folgende Teile:
1 – Dichtring zum Motorblock hin;
2 – Wasserpumpengehäuse;
3 – Deckel mit Schlauchflansch;
4 – Dichtring;
5 – Thermostat;
6 – Dichtung;
7 – Lagergehäuse der Wasserpumpe;
8 – Keilriemenscheibe;
9 – Riemenscheibe für den Keilriemen der Servolenkung.

Gerissener Keilriemen

Wenn Sie ohne Antrieb der Wasserpumpen-Keilriemens weiterfahren, riskieren Sie einen Schaden am Motor! Das Auflegen eines neuen Keilriemens finden Sie auf Seite 184 beschrieben.

Der Kühlerventilator

An der in Fahrtrichtung linken Seite des Kühlers ist ein temperaturempfindlicher Schalter eingeschraubt. Wenn er »spürt«, daß die an ihm vorbeirauschende Flüssigkeit nach Durchfluß des Kühlers noch zu heiß ist, schaltet er den Kühlerventilator ein. Ebenso schaltet er den Ventilator wieder aus, wenn die Temperatur unten im Kühler auf einen bestimmten Wert abgesunken ist.
In Verbindung mit speziellen Ausstattungen (z.B. Kühllüfter-Nachlauf, Anhängekupplung, Klimaanlage) ist der Kühlerventilator zweistufig geschaltet. Er erhält zuerst über einen Vorwiderstand reduzierte Spannung für die halbe Drehgeschwindigkeit. Bei höherer Kühlmitteltemperatur wird der Widerstand überbrückt, und der Propeller dreht mit vollem Tempo.
Bei der entsprechenden Einschalttemperatur schließt der Kontakt im Schalter den Stromkreis des Kühlerventilators, und dieser läuft an. Der Thermoschalter hängt an Dauerstrom, so daß der Elektrolüfter auch nach Abschalten der Zündung noch weiterlaufen kann.

<u>Fingerzeig:</u> **Vorsicht beim Hantieren im Motorraum: Bei heißgefahrenem Triebwerk kann der Ventilator nochmals unvermittelt loslaufen!**

Lüfter-Nachlaufschaltung

Der Zweistufen-Kühlerventilator hat bei bestimmten Modellen noch eine weitere Aufgabe: Er soll verhindern, daß sich Dampfblasen im Kraftstoffsystem bilden. Damit der Wiederstart des warmgefahrenen Motors sichergestellt ist, läuft er ggf. nach dem Abstellen des Motors nochmals bis zu 12 Minuten in der langsamen Geschwindigkeit an, um die angestaute Wärme zum Motorraum hinauszublasen. Gesteuert wird dies über einen zusätzlichen Thermoschalter und ein Steuergerät bei abgeschalteter Zündung.

Die Thermoschalter

Thermoschalter	schaltet	Schalttemperaturen ein	aus	Einbauort
Einfachschalter	Kühlerventilator	92–97°C	91–84°C	Kühler
Doppelschalter	Kühlerventilator Stufe I	92–97°C	91–84°C	Kühler
	Kühlerventilator Stufe II	99–105°C	98–91°C	
Einfachschalter	Lüfternachlauf Vergasermotor	ca. 75°C	ca. 70°C	Halter am Ansaugrohr
Einfachschalter	Lüfternachlauf Einspritzmotor	ca. 115°C	ca. 110°C	Halter am Zylinderkopf

Störungen am Kühlerventilator

Ein ausgefallener Lüftermotor kann zu hohe Kühlmitteltemperatur verursachen, allerdings nur bei längerem Motorleerlauf oder einer scharfen Bergauffahrt. Der Ausfall des Ventilators muß aber nicht das Ende der Fahrt bedeuten:
○ Nachdem der Motor einigermaßen abgekühlt ist, kann man mit mittleren Drehzahlen und einigermaßen zügigem Tempo die nächste Werkstatt anlaufen. Dabei die Temperaturanzeige und Warnleuchte im Auge behalten.
○ Leerlauf und Schleichfahrt dagegen sind für den Motor gefährlich. Da strömt kaum ein kühlender Lufthauch durch die Kühlerlamellen.

Störungssuche

- Ziehen Sie den Stecker vom Thermoschalter ab.
- **Einfach-Thermoschalter:** Überbrücken Sie im Stecker die Kontakte mit isoliertem Draht.
- Wenn nun der Ventilator losbraust, ist der Thermoschalter defekt, der jetzt aus dem Stromkreislauf herausgenommen ist.
- **Doppel-Thermoschalter:** Überbrücken Sie zwei Kontakte mit isoliertem Draht.
- Wird das rote mit dem rot/weißen Kabel verbunden, muß der Ventilator in der langsamen Geschwindigkeitsstufe anlaufen.
- Die Verbindung von rotem und rot/schwarzem Kabel bewirkt, daß der Lüftermotor mit schnellem Tempo dreht.
- Falls in beiden Fällen der Ventilator losbraust, ist der Thermoschalter defekt.
- Dreht sich der Propeller in der langsamen Stufe nicht, aber in der schnellen, ist der Vorwiderstand im Ventilatormotor defekt.
- Regt sich nichts, ist der Motor selbst defekt.
- In beiden Fällen muß der Ventilatormotor ersetzt werden, der Vorwiderstand kann nicht alleine getauscht werden.
- **Alle:** Half die Überbrückung des Thermoschalters nicht weiter, kontrollieren Sie, ob die Sicherung (Tabellen ab Seite 162) defekt ist.
- Bei intakter Sicherung wird der Lüftermotor überprüft:
- Kabelstecker abziehen und stattdessen am Kontakt der rot/schwarzen bzw. rot/weißen Leitung ein entsprechend langes Kabelstück zum Batterie-Pluspol legen. Die Steckverbindung für das braune Kabel wird direkt mit Masse verbunden.
- Dreht sich der Propeller immer noch nicht, ist der Ventilatormotor defekt – austauschen.
- Läuft der Ventilator jedoch, müssen die Kabelstecker sowie sämtliche Kabelverbindungen von Thermoschalter und Elektrolüfter überprüft werden.
- Zur Weiterfahrt die Kabelbrücke im Stecker gut festklemmen. So läuft der Kühlerventilator dauernd.
- Damit locker hängende Kabel keinen Unfug stiften können, umklebt man es kurzschlußsicher mit Klebeband oder Heftpflaster.
- Auch mit direkt von der Batterie gespeistem Kühlerventilator können Sie unbesorgt weiterfahren.
- Am Ende der Fahrt muß eine der Kabelverbindungen getrennt werden, sonst läuft der Lüftermotor so lange, bis die Batterie leer ist.

Störungssuche bei Lüfternachlauf

Ein Ausfall des Thermoschalters für den Lüfternachlauf bleibt so lange unbemerkt, bis Sie erstmals Startschwierigkeiten bei heißgefahrenem Motor haben. Falls Sie den Verdacht haben, daß die Nachlaufschaltung nicht funktioniert:

- Ziehen Sie das Kabel bei ausgeschalteter Zündung am betreffenden Thermoschalter ab und halten es direkt an Masse.
- Der Ventilatormotor muß in der langsamen Stufe anlaufen. Falls nicht, kann es am Schalter oder am Steuergerät liegen.
- Dieses sitzt im Relaisplatz 14 der Zentralelektrik.
- Von einem Helfer das Kabel des Thermoschalters an Masse tippen lassen, während Sie am Steuergerät horchen oder fühlen, ob es schaltet.
- Rührt sich nichts, Leitungsverlauf kontrollieren, ggf. Steuergerät ersetzen.
- Falls das Steuergerät arbeitet, ist der Thermoschalter der Übeltäter.

Ventilatormotor ausbauen

- Kabelstecker zum Ventilator abziehen.
- Vier Schrauben des Tragrings losdrehen und diesen samt Lüftermotor abnehmen.
- Drei Muttern am Tragring lösen, Ventilatormotor abnehmen.
- Der Propeller des Ventilators ist je nach Herstellerfirma auf unterschiedliche Weise mit der Motorwelle verbunden:
- Am Bosch-Lüfter Spannstift herausklopfen und Sicherungsscheibe abnehmen.
- Beim AEG-Ventilator Klemm- und Zahnscheibe abnehmen.

Bei defektem Thermoschalter (1) werden die Anschlüsse im Stecker (2) direkt miteinander verbunden (Pfeil), wodurch der Kühlerventilator ununterbrochen läuft.

Der Kühlerventilator mit seinen Teilen:
1 – Thermoschalter;
2 – Dreiflügelventilator für Motor Ausführung AEG (6);
3 – Sechsflügelventilator für Fahrzeuge mit erhöhtem Kühlbedarf;
4 – Vierflügelventilator für Motor Ausführung Bosch (5).

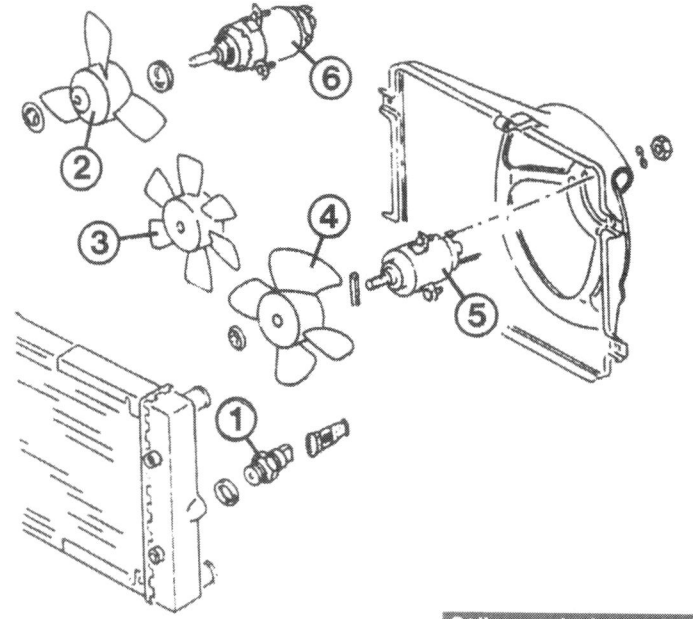

Störungsbeistand

Kühlsystem

Die Störung	– ihre Ursache	– ihre Abhilfe
A Temperatur-Anzeigenadel steht ganz rechts, rote Warnleuchte blinkt	1 Wasserpumpen-Keilriemen zu schwach gespannt oder gerissen	Keilriemenspannung kontrollieren oder Riemen ersetzen
	2 Zu wenig Flüssigkeit im Kühlsystem	Auffüllen, notfalls aus der Scheibenwaschanlage
	3 Kabel zur Temperaturanzeige hat Massekontakt	Kabel am Temperaturfühler abziehen, Zeiger muß zurückgehen und rote Lampe muß verlöschen, sonst Masseschluß; Kabelverlauf kontrollieren
	4 Thermostat öffnet den Kaltwasserzufluß aus dem Kühler nicht (Kühler kalt)	Thermostat ausbauen und ohne ihn weiterfahren oder Wagen abschleppen lassen
	5 Kühlerventilator schaltet nicht ein	Siehe gegenüberliegende Seite
	6 Überdruckventil im Verschlußdeckel defekt	Deckel prüfen (lassen), ggf. austauschen
	7 Spannungs-Konstanter defekt (nur wenn die Tankanzeige ebenfalls falsche Werte anzeigt)	Austauschen
	8 Anzeigeinstrument defekt	Überprüfen, siehe Seite 222
	9 Temperaturfühler hat Kurzschluß	Austauschen
B Temperaturanzeige spricht sehr langsam an, schwache Heizleistung	Thermostat schließt nicht völlig, aufgeheiztes Kühlwasser strömt zu früh durch den Kühler	Thermostat säubern, ggf. ersetzen

Die Klemm-Schlauchschellen lassen sich ohne Schwierigkeiten mit einer Zange lösen.

Der Kraftstoff

Energie-Quelle

Über Kraftstoff wird viel gesprochen, oft ohne das richtige Grundwissen. Deshalb finden Sie hier einige wichtige Informationen.

Normal- oder Superbenzin?

Die Bezeichnungen »Normal« und »Super« stimmen eigentlich nicht, denn die Kraftstoffarten sind z.B. im Reinheitsgrad und im Verdampfungsverhalten gleich. Das wesentliche Unterscheidungsmerkmal ist die Klopffestigkeit. Sie wird durch die Oktanzahl gekennzeichnet und liegt bei Super höher als bei Normalbenzin. Superkraftstoff kann höhere Kompressionsdrücke aushalten, ohne sich selbst zu entzünden, was sonst zu Motorklopfen führt. Beim Verdichten erwärmt sich jedes Gas, auch das Kraftstoff/Luft-Gemisch. Sie kennen das vielleicht von der Fahrrad-Luftpumpe beim Aufpumpen eines Reifens. Mit höherem Kompressionsverhältnis kann es also um so leichter zu Selbstzündungen im Verbrennungsraum kommen, wenn der Kraftstoff nicht klopffest genug ist. Je nach Verdichtungsverhältnis müssen unsere Motoren demzufolge mit Normal- oder Superbenzin betrieben werden.

Die Klopffestigkeit

Zur Kennzeichnung der Klopffestigkeit dient die Oktanzahl. Das ist eine Vergleichsgröße, die in einem speziellen Prüfmotor mit bestimmten Meßkraftstoffen ermittelt wird. Häufig genannt ist die »Research-Oktanzahl«, kurz ROZ. Seltener findet man dagegen die aussagekräftigere »Motor-Oktanzahl« oder MOZ. Die hierzulande geforderten Mindest-Oktanwerte für Kraftstoff sind vom Deutschen Institut für Normung in der DIN-Norm 51600 bzw. 51607 festgehalten:

Verbleiter Kraftstoff (DIN 51600) Super		Unverbleiter Kraftstoff (DIN 51607)					
		Normal		Euro Super		Super Plus	
ROZ	MOZ	ROZ	MOZ	ROZ	MOZ	ROZ	MOZ
98	88	91	82,5	95	85	98	88

An allen Markentankstellen finden Sie in der Bundesrepublik den Hinweis auf die erfüllte DIN-Norm.

Bleifreies Benzin

Der Kraftstoff wird nicht nur anhand seiner Klopffestigkeit unterschieden, sondern auch nach den sogenannten Antiklopfbeimischungen. Beim verbleiten Benzin ist dies das Blei-Tetraäthyl. Bleifreier Kraftstoff kommt ohne diesen hochgiftigen Zusatz aus.

Fingerzeig: Bleifreies Benzin ist für einen VW mit Katalysator unerläßlich, da sonst der Katalysator »vergiftet« wird, siehe Seite 48.

Bleifreies Benzin im Ausland

Auch in europäischen Ländern mit einem geringen Anteil an Katalysatorfahrzeugen ist unverbleiter Kraftstoff an den wichtigen Durchgangsstraßen erhältlich. Schwierigkeiten gibt es nach wie vor im Landesinnern und in touristisch weniger erschlossenen Gegenden. Im Zweifelsfall bei einem Autoclub oder Fremdenverkehrsbüro eine Bleifrei-Landkarte besorgen. Und zur Sicherheit zwei 10-Liter-Kanister mit unverbleitem Kraftstoff mitnehmen.

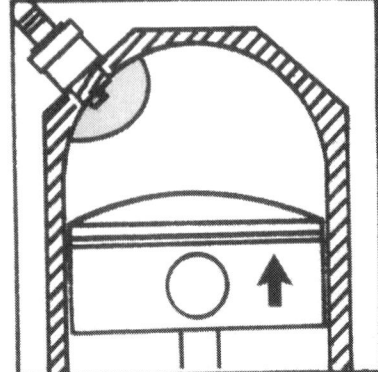
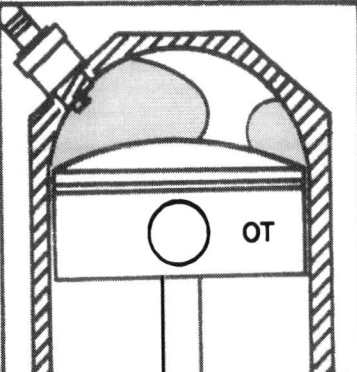
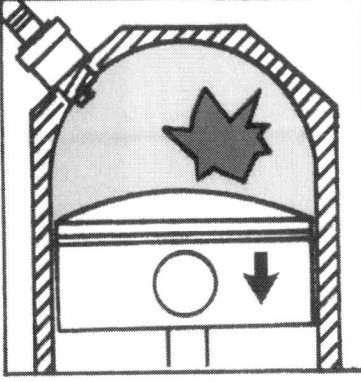

Der Motor klopft: Zusätzlich zu dem von der Zündkerze entflammten Gemisch entzündet sich in einer Ecke ein Gemischrest. Das ergibt eine unkontrollierte Detonation.

Welchen Kraftstoff tanken?

Für unsere VW-Modelle sind die folgenden Kraftstoffarten verwendbar:

Motor	Kenn-buchstaben	Verdich-tung	unverbleit Normal 91 ROZ	verbleit Normal 91 ROZ[1]	unverbleit Super 95 ROZ	unverbleit Super 98 ROZ	verbleit Super 98 ROZ
1,6/51 kW mit Kat	PN	9,0:1	+	–	+[2]	+[2]	–
1,6/53 kW mit Kat	RF	9,0:1	+	–	+[2]	+[2]	–
1,6/55 kW o. Kat	EZ	9,0:1	+	+	+[2]	+[2]	+[2]
1,6/55 kW mit Kat	EZ	9,0:1	+	–	+[2]	+[2]	–
1,8/62 kW mit Kat	RH	10,0:1	–	–	+	+[2]	–
1,8/66 kW o. Kat	GU	10,0:1	–	–	+[3]	+	+
1,8/66 kW mit Kat	GU	10,0:1	–	–	+[3]	+[2]	–
1,8/66 kW mit Kat	GX	9,0:1	+	–	+[2]	+[2]	–
1,8/66 kW mit Kat	RP	9,0:1	+	–	+[2]	+[2]	–

[1] Falls noch verfügbar
[2] Auf Grund der Motorauslegung nicht erforderlich
[3] Nur in Verbindung mit entprechender Zündeinstellung, siehe Seite 203

Klingeln und Klopfen

Normalerweise entflammt das Kraftstoff/Luft-Gemisch im Zylinder auf »Befehl« des Zündkerzenfunkens wellenförmig – wie wenn man einen Stein in ruhiges Wasser wirft: Die Wellen breiten sich kreisförmig aus. Durch die zunehmende Entzündung des Gemisches dehnen sich die Gase im Zylinder aus. Ist diese Ausdehnung zu stark, kann ein noch unverbrannter Gasrest an die Wand gedrückt werden. Diese Drucksteigerung bewirkt eine Wärmezunahme des Gasrestes, so daß er sich von selbst entzünden kann. Dabei knallt er der von der Zündkerze auf ihn zueilenden Flammenfront entgegen. Das gibt einen gewaltigen Druckanstieg im Zylinder. Der Kolben erhält einen Schlag auf den Boden und leitet ihn über sein Pleuel an die Lager der Kurbelwelle weiter.

Tritt dieser Effekt bei hohen Motordrehzahlen auf, werden die harten Verbrennungsgeräusche von den Fahrgeräuschen übertönt. Das ist für den Motor ausgesprochen gefährlich. Dieses Hochdrehzahlklopfen bewirkt eine erhebliche Motorüberhitzung. Bis aber die Kühlmittelanzeige anspricht, ist es meist zu spät, und ein oder mehrere Kolbenböden sind bereits geschmolzen.

Bekannter, weil besser zu hören, ist das Beschleunigungsklingeln. Es macht sich bemerkbar, wenn Sie mit nicht genügend klopffestem Kraftstoff aus niedrigen Drehzahlen heraus voll beschleunigen. Diese Klingelerscheinungen schaden dem Motor kaum.

Vom Tank zur Kraftstoffpumpe

Aus dem Speicher

Der Benzinspeicher im Auto muß hohen Sicherheitsanforderungen genügen, denn er darf bei einem Unfall weder reißen noch platzen, und sein Inhalt darf nicht davonfließen.

Der Tank

An der sichersten Stelle – zwischen den Hinterrädern – sitzt der Tank. Er ist aus hochmolekularem Polyäthylen großer Dichte (HDPE) gefertigt. Somit gibt es keine Korrosionsgefahr innen oder außen, und er ist leicht.

Fingerzeig: Bevor Sie irgendwelche Arbeiten an der Kraftstoffanlage in Angriff nehmen, sollten Sie unbedingt das Batterie-Massekabel abnehmen. Unbeabsichtigte elektrische Verbindungen können zu gefährlicher Funkenbildung führen und Benzindämpfe explodierend entzünden.

Kraftstoff ablassen

Der Tank besitzt keine Ablaßschraube. Da Kraftstoff-Zu- sowie -Rücklauf an der Tankoberseite sitzen, kann man nicht einfach eine Leitung abziehen und das Benzin auslaufen lassen.
- **Vergasermotor:** Ist der Tank noch einigermaßen voll, durch den Einfüllstutzen einen Schlauch möglichst tief in den Tank schieben.
- Obere Schlauchöffnung mit dem Finger dicht verschließen. Schlauch wieder ein Stück herausziehen und so tief wie möglich in ein Gefäß halten.
- Wenn der Schlauch weit genug ins Benzin reichte, fließt das Benzin jetzt durch das Gefälle heraus.
- Ansaugen des Benzins mit dem Mund ist gesundheitsgefährdend!
- **Einspritzmotor:** Kofferraummatte nach vorn schlagen.
- Blechdeckel am Wagenboden abschrauben.
- Blaue Rücklaufleitung am Tankgeber abnehmen, nach unten herausführen und in einen genügend großen Behälter halten.
- Kraftstoffpumpenrelais abziehen (im Steckfeld »2« bzw. »12« der Zentralelektrik, siehe Seite 230) und stattdessen die Kontakte von Klemme 30 und Klemme 87 (bei angeklemmter Batterie) überbrücken.
- Die Pumpe saugt jetzt den Tank leer.

Tank ausbauen

- Sicherheitshalber die Wagenunterseite vorher gründlich sauberspritzen, damit bei der Montage kein Schmutz in die Kraftstoffanlage gelangen kann.
- Kraftstoff ablassen.
- Abdeckblech des Tankgebers im Kofferraum abschrauben.
- Leitungen und Stecker vom Tankgeber abziehen.
- Spannring der Gummimanschette am Tankeinfüllstutzen abnehmen.
- Wagen hinten aufbocken.
- Schwerkraftventil ausbauen.
- Gummimanschette abnehmen.
- Ggf. Masseband am Einfüllstutzen abschrauben.
- Schrauben der Befestigungen der drei Tankhaltebänder lösen, dabei Tank unten abstützen.
- Kraftstoffbehälter abnehmen.
- Beim Einbau die Schläuche am Tankgeber richtig anschließen, siehe Bild rechts unten.

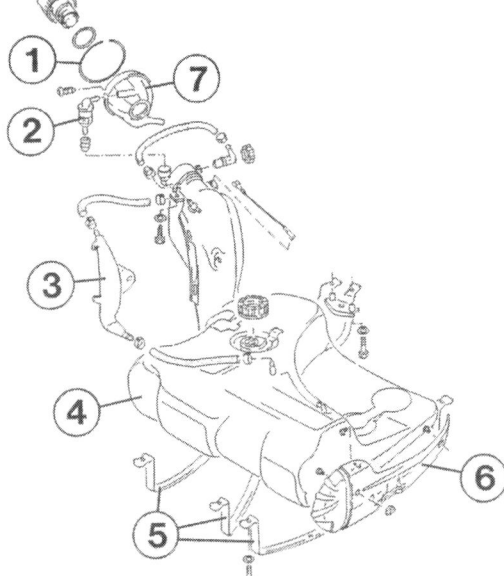

Zum Kunststofftank unserer VW-Modelle gehören folgende Teile:
1 – Spannring des Gummitopfes (7);
2 – Schwerkraftventil;
3 – Ausdehnungsbehälter;
4 – Tank;
5 – Haltebänder;
6 – Schutzblech (nur beim Einspritzmotor).

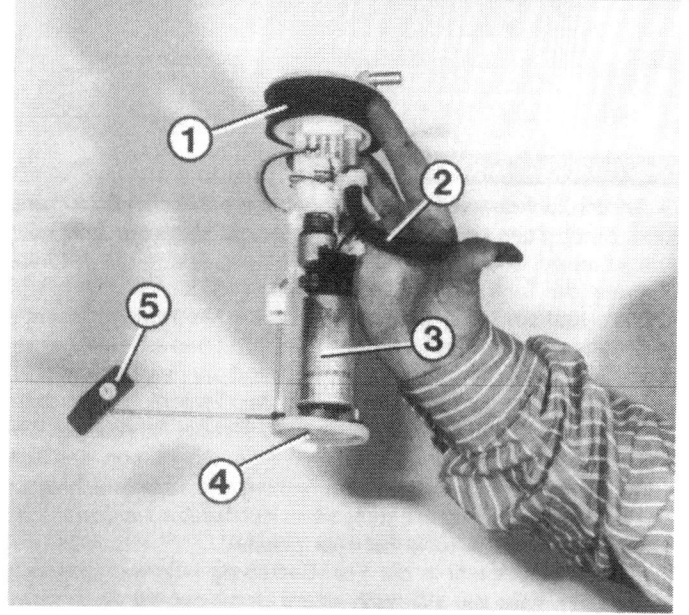

Am ausgebauten Tankgeber erkennen Sie:
1 – Gummidichtung;
2 – Rücklaufschlauch;
3 – Vorförderpumpe (nur Einspritzmotoren);
4 – Sieb am Saugkorb;
5 – Schwimmer.

Geber für die Tankanzeige

Der Tankgeber meldet die Flüssigkeitsmenge im Vorratsbehälter auf elektrischem Weg an das Anzeigeinstrument. Der Tankgeber ist kombiniert mit dem Kraftstoffansaugflansch oben im Tank. Bei den Einspritzmotoren sitzt unten an dieser Baueinheit noch die Kraftstoff-Vorförderpumpe.

● Kofferraummatte nach vorn schlagen.
● Schwarzen Blechdeckel abschrauben.
● Klemmschellen der angeschlossenen Schläuche öffnen.
● Schläuche und Mehrfachstecker vom Anschlußflansch abziehen.
● Kunststoff-Überwurfmutter losdrehen. Sitzt die Mutter sehr fest, einen möglichst stumpfen Schraubenzieher an einer Rippe ansetzen und mit leichten Hammerschlägen die Mutter lockern.
● **Vergasermotor:** Flansch mit daran befestigtem Geber herausziehen, Dichtring abnehmen.
● **Einspritzmotor:** Flansch mit Dichtring, Tankgeber und darunter sitzender Vorförderpumpe herausziehen.
● Darauf achten, daß das Sieb unten an der Pumpe nicht abgestreift wird und in den Tank fällt.
● **Alle Motoren:** Vor dem Wiedereinbau das Sieb unten am Saugkorb (Nr. 4 in der Abbildung oben) ggf. säubern.

● Gummidichtung des Ansaugflansches etwas einölen, sauber am Tank aufziehen, dann Flansch montieren.
● Läßt sich der Geber nicht vollständig in den Tank einsetzen, zieht man ihn nochmals heraus.
● Der Saugkorb auf dem Ansaugrohr muß sich verschieben lassen.
● Tankgeber so einsetzen, daß der Pfeil an seinem Oberteil genau nach vorn zeigt.

Tankgeber ausbauen

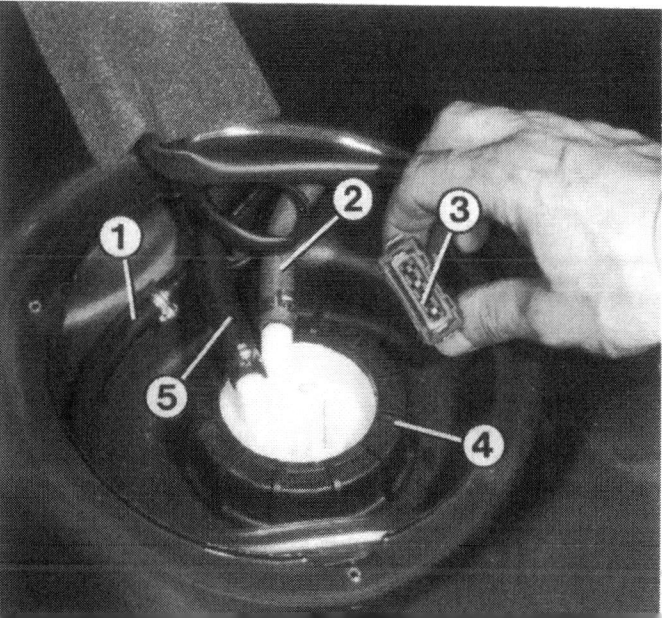

Hier haben wir bereits den Blechdeckel oberhalb des Tankgebers abgeschraubt. Am Geber sehen Sie:
1 – Entlüftungsschlauch;
2 – Rücklaufschlauch;
3 – Mehrfachstecker;
4 – Kunststoff-Überwurfmutter;
5 – Ansaugleitung.

Die Tank-Be- und -Entlüftung

○ An der Tankoberseite ist die sogenannte **Schnell-Entlüftung** angeschlossen, die zum Tankeinfüllstutzen führt. Durch diese Leitung entweicht die Luft, wenn der Tank mit Benzin gefüllt wird. Dazwischen sitzt noch ein Ausdehnungsbehälter, der für einwandfreien Abzug der verdrängten Luft erforderlich ist.

○ Wenn der Tank randvoll befüllt wurde und der VW anschließend in der prallen Hitze abgestellt wird, dehnt sich der Kraftstoff aus. Die so entstehende Mehrmenge nimmt der speziell geformte Einfüllstutzen auf.

○ Die **Fein-Entlüftung** findet sich ebenfalls oben am Einfüllstutzen. Sie soll die ständig und unvermeidlich sich bildenden Benzindämpfe ableiten. Während der Fahrt strömt durch diese Leitung entsprechend der verbrauchten Kraftstoffmenge von außen Luft in den Tank hinein, so daß sich kein Unterdruck bilden kann.

○ Am Ende der Fein-Entlüftungsleitung sitzt bei Fahrzeugen ohne Kraftstoff-Verdunstungsanlage ein mechanisches Entlüftungsventil. Es schließt beim Abnehmen des Tankdeckels, so daß beim Benzineinfüllen kein Kraftstoff austreten kann. Beim Aufsetzen des Tankverschlusses öffnet das Ventil wieder.

○ Bei einem Fahrzeug mit geregeltem Katalysator werden die Dämpfe aus der Tank-Entlüftung nicht ins Freie, sondern in den Aktivkohle-Behälter geleitet.

○ Ein weiteres Ventil in der Fein-Entlüftung (»Schwerkraftventil«) schließt ab einer festgelegten Fahrzeug-Schräglage. Falls der VW nach einem Unfall auf der Seite oder dem Dach liegt, kann trotzdem kein Benzin austreten.

Schwerkraftventil prüfen

In einem separaten Stutzen in Fahrtrichtung vorn am Tankeinfüllrohr sitzt das Schwerkraftventil.
- Zum Prüfen Tankdeckel abnehmen.
- Halterung der Gummimanschette aushängen.
- Manschette am Einfüllstutzen abziehen.
- Schwerkraftventil aus der Halterung herausziehen.
- Ein passendes Schlauchstück auf einen Anschluß des Ventils stecken.
- Schwerkraftventil senkrecht halten und durchblasen, das muß ohne Widerstand möglich sein.
- Ventil jetzt schräg halten (45°). Das Ventil muß schließen, Durchblasen darf nicht mehr möglich sein.
- Beim Wiedereinbau auf richtigen Sitz der Dichtung am Ventil achten und Schlauch zur Manschette des Einfüllstutzens wieder anschließen.

Entlüftungsventil prüfen

Am Tankeinfüllrohr sitzt in Fahrtrichtung hinten das Entlüftungsventil. Zur Überprüfung:
- Oben im hinteren rechten Radkasten am Entlüftungsventil die Schlauchklemme abnehmen und Entlüftungsschlauch abziehen.
- Ist der Hebel am Ventil beweglich?
- Schlauch am Ventilstutzen aufstecken und hineinblasen.
- Bei abgenommenem Tankdeckel muß das Ventil geschlossen haben.
- Wenn Sie den Hebel leicht zur Seite drücken, muß das Ventil öffnen – Sie können ohne Widerstand durchblasen.

Kraftstoff-Verdunstungsanlage

Bei den neueren Motoren mit geregeltem Katalysator werden die entstehenden Benzindämpfe aus dem Tank nicht einfach ins Freie geleitet. Die Tankentlüftung mündet in den mit Aktivkohle befüllten Behälter der Kraftstoff-Verdunstungsanlage im vorderen rechten Längsträger. Bei stehendem oder im Leerlauf drehendem Motor werden die Benzindämpfe im Behälter gespeichert, um dann bei erhöhter Drehzahl dem Motor zur Verbrennung zugeführt zu werden.

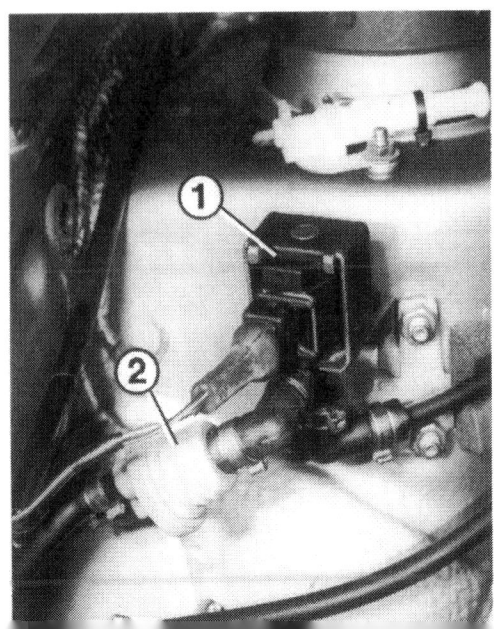
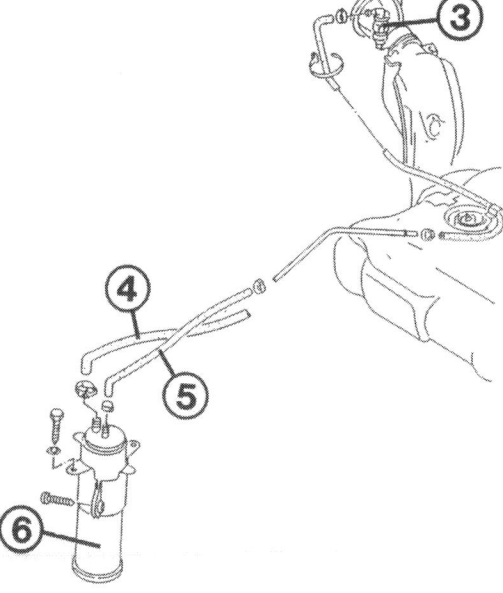

Im Bild links sehen Sie:
1 – Taktventil der Kraftstoff-Verdunstungsanlage;
2 – Abschaltventil.
Rechts: Zur Kraftstoff-Verdunstungsanlage gehören:
3 – Schwerkraftventil;
4 – Entlüftungsleitung;
5 – Leitung zum Saugrohr;
6 – Aktivkohlebehälter.

Zum Abnehmen eines Kraftstoffschlauches fährt man mit einem Schraubenzieher in die Öse der Schlauchschelle (1) und hebelt sie auf. Zum Festklemmen eignet sich eine Zange, wie im rechten Bild gezeigt. Dort sehen Sie die Öse (2) wieder zusammengepreßt.

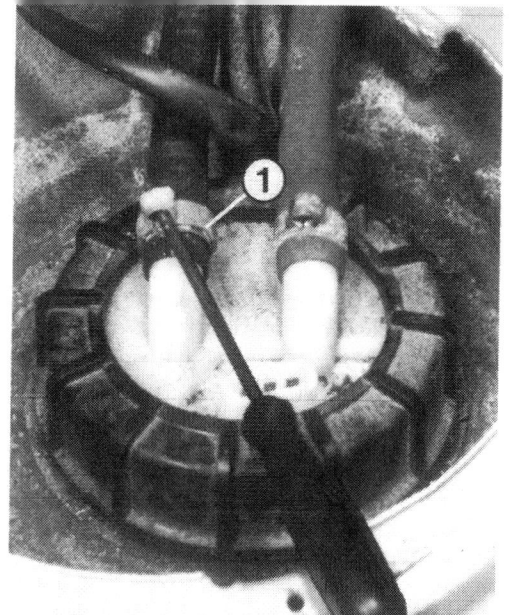
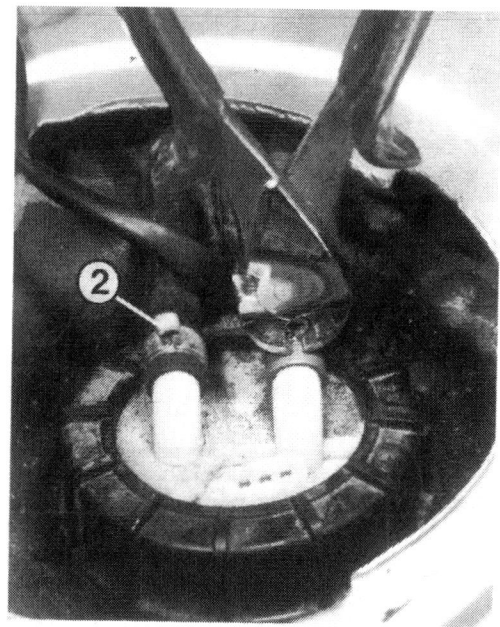

Die Beimischung der Kraftstoffdämpfe zum Kraftstoff/Luft-Gemisch besorgt ein Abschaltventil und bei 2 E E-Vergaser sowie Monojetronic-Einspritzung ein Taktventil. Beide sitzen rechts beim vorderen Federbein.

Funktion prüfen

- **2 E E-Vergaser:** Das graue Taktventil schließt beim Einschalten der Zündung. Nach dem Abschalten des Motors öffnet es erst mit einer Verzögerung von ca. 20 Sekunden.
- Schlauchverbindung zwischen Aktivkohlebehälter und Taktventil trennen.
- Kalten Motor starten und im Leerlauf drehen lassen.
- Das Ventil muß geschlossen sein, am Schlauch ist kein oder nur geringer Unterdruck spürbar.
- Das darf sich auch nicht verändern, wenn Sie die elektrische Leitung zur Lambdasonde trennen.
- Motor warmfahren.
- Leitung zur Lambdasonde trennen, nach etwa 5 Sekunden darf kein oder nur noch geringer Unterdruck am Schlauch fühlbar sein.
- Kabel zur Lambdasonde wieder verbinden – nach spätestens 30 Sekunden muß deutlich fühlbarer Unterdruck vorhanden sein.
- **Monojetronic:** Das graue Taktventil muß bei ausgeschalteter Zündung geöffnet sein, das schwarze Abschaltventil öffnet beim Einschalten der Zündung.
- Das kontrollieren Sie, indem Sie am Ventil durchzublasen versuchen.
- Bei noch nicht warmgefahrenem Motor (Kühlmitteltemperatur unter 60°C) vom grauen Ventil den Schlauch zum Aktivkohlebehälter abziehen.
- Motor starten und im Leerlauf drehen lassen.
- Das Ventil darf nicht arbeiten, am Anschluß des Ventils ist kein oder nur geringer Unterdruck fühlbar.
- Motor so lange laufen lassen, bis das Kühlmittel über 60°C warm ist.
- Jetzt muß das Ventil im Abstand von eineinhalb Minuten für je zwei Minuten lang arbeiten (starker Unterdruck am Anschluß).
- Wenn nicht, Leitungen anhand des Stromlaufplans überprüfen.
- Ist dort kein Fehler erkennbar, liegt es am Steuergerät der Einspritzanlage.

Die Kraftstoffleitungen

○ Beim Vergasermotor wird der Kraftstoff in einfachen Schläuchen und Leitungen vom Tank nach vorn gepumpt. Damit der Druck auf das Schwimmernadelventil im Vergaser nicht zu groß werden kann, gelangt zuviel geförderter Kraftstoff durch eine Rücklaufleitung in den Tank zurück.
○ Bei den Einspritzmotoren müssen die Schläuche und Leitungen einem Druck zwischen 1,2 und 5,5 bar widerstehen. Die Schläuche bestehen daher aus besonders druckfestem Werkstoff und sind an den Verbindungsstellen fest verschraubt. Nur wenige Leitungen werden von Schlauchschellen gehalten.

Kraftstoffleitungen und -schläuche ausbauen

Wenn Sie eine Kraftstoffleitung bei einem Fahrzeug mit Einspritzmotor lösen, dürfen Sie nie vergessen, daß das Kraftstoffsystem auch längere Zeit nach dem Abschalten des Motors noch unter Druck steht. Nur die Leitungen am Tankgeber sind drucklos.

- Mit einem schmalen Schraubenzieher in die Schlaufe der Schlauchschelle fahren und diese durch seitliches Hebeln lockern.
- Schlauch unter Drehbewegungen abziehen.
- Ist dies nicht möglich, kleinen Gabelschlüssel am Schlauchende ansetzen und damit abdrücken.
- Beim Einbau sollten Sie statt der Klemmschellen solche zum Schrauben verwenden.
- Beim **Einspritzmotor** zum Lösen einer Benzinleitung einen Lappen bereithalten, damit kein Kraftstoff in die Augen spritzen kann.

Kraftstoffanlage auf Dichtheit prüfen	Riecht es am Abstellplatz des Wagens nach Benzin, tritt dies irgendwo aus einer Leitung oder an einem Bauteil der Kraftstoffanlage aus. Zur Suche einer Undichtigkeit sollte der Wagen über Nacht an einem trockenen, sauberen Platz gestanden haben. ● Flecken unter den Wagenboden? ● Wenn nicht, Motor starten und einige Minuten laufen lassen. ● Nach dem Abstellen erneute Kontrolle auf dem Boden. ● Falls immer noch nichts sichtbar ist, sämtliche Leitungen und Teile der Kraftstoffanlage verfolgen und auf den charakteristischen Benzingeruch achten.

Die Kraftstoffpumpe

Vergasermotor	Die Benzinpumpe sitzt vorn in Höhe des 3. Zylinders. Den Antrieb liefert die Zwischenwelle über einen Exzenter. Im Oberteil der Pumpe ist das Saug- und Druckventil eingebaut. Im Unterteil sitzt der Steuermechanismus und dazwischen eine Membrane. Eine Feder am Pumpenstößel zieht diesen samt der daran befestigten Membrane nach unten, das Saugventil öffnet: Benzin wird aus dem Tank angesaugt. Der Pumpenantrieb drückt nun den Pumpenstößel mit der Membrane zurück, und das Druckventil öffnet: Kraftstoff wird in den Vergaser gefördert.
Störungen an der Benzinpumpe	○ Die Pumpenventile können Probleme bereiten. Sie sind lediglich eingepreßt. Wenn sich eines löst, stockt der Benzinstrom. Falls ein Ventil hängt, hilft bisweilen kräftiges Klopfen auf das Pumpengehäuse. ○ Das Oberteil der Pumpe ist nicht zugänglich. Erweist sich die Pumpe als defekt, muß sie komplett ersetzt werden.
Kraftstoffpumpe prüfen	● Benzinschlauch zum Vergaser abnehmen und in ein Gefäß halten. ● Motor von Helfer starten lassen. Kommt Benzin? ● Sie können den Benzinpumpendruck auch mit einem entsprechenden Manometer messen. Dazu muß der Motor mit 4000/min drehen und die Rücklaufleitung zum Tank mit einer Klemme verschlossen werden. ● Der richtige Wert lautet **0,35–0,40 bar**.
Benzinpumpe ausbauen	● Schläuche an der Pumpe abnehmen. ● Vom Tank kommenden Schlauch durch Hineindrehen einer Schraube verschließen. ● Halteschrauben losdrehen. ● Beim Einbau die Dichtringe unter der Pumpe und dem Dichtflansch erneuern. Der Flansch wird wiederverwendet. ● Halteschrauben mit 20 Nm anziehen.

Fingerzeig: Die Benzinpumpe des VW besitzt keinen abnehmbaren Deckel. In der Praxis hat es sich gezeigt, daß sich im darunter sitzenden Filtersieb kaum Verschmutzungen ansammeln, zumal im Ansaugkorb am Tankgeber ein Filtersieb eingesetzt ist.

Die elektrischen Benzinpumpen

Einspritzmotor	○ Bei KA-/KE-Jetronic und Monojetronic dienen zum Herbeischaffen des nötigen Kraftstoffes zwei elektrische Pumpen. Die eigentliche Kraftstoffpumpe (in einem rechteckigen Behälter) ist rechts unten am Wagenboden angeschraubt. Neben der Pumpe sitzt der Benzinfilter. Vorn am Halteblech der Benzinpumpe ist noch ein Kraftstoffspeicher befestigt. Damit der Pumpe am Wagenboden das Ansaugen leichter gemacht ist, sitzt innen im Tank am Tankgeber noch eine »Vorförderpumpe«. Sie ist ständig von kühlendem Benzin umgeben; so können sich auch bei hohen Betriebstemperaturen keine Dampfblasen bilden, die Aussetzer verursachen würden. ○ Eine Sicherheitsschaltung verhindert, daß die Pumpe bei stehendem Motor, aber eingeschalteter Zündung läuft. Andererseits wird dafür gesorgt, daß ganz kurz beim Einschalten der Zündung oder mit den ersten Impulsen der Zündspule beim Anlassen Kraftstoff gefördert wird. Dafür ist das Kraftstoffpumpenrelais verantwortlich.
Störungssuche an den elektrischen Kraftstoffpumpen	● Zuerst kontrollieren, ob die zuständige Sicherung (Tabellen ab Seite 162) intakt ist. ● Zündanlage lahmlegen (Seite 191). ● Zündung einschalten. Je nach Einspritzanlage laufen die Benzinpumpen sofort kurzfristig an, oder der Zündschlüssel muß in Anlaßstellung gedreht werden. ● Die Pumpen müssen kurzzeitig anlaufen. ● Falls nichts läuft, Kraftstoffpumpenrelais aus dem Steckfeld »2« bzw. »12« der Zentralelektrik herausziehen. ● Mit einem genügend langen Kabelstück den Kontakt 4 im Relaissteckfeld kurz mit dem Batterie-Pluspol verbinden. ● Wenn hierbei beide Kraftstoffpumpen anlaufen, das Benzinpumpenrelais prüfen.

- Bleibt es ruhig, Relais wieder einstecken und die Spannungsversorgung der Pumpen prüfen. Die Vorarbeiten für die Vorförderpumpe sind unter »Tankgeber ausbauen« beschrieben.
- Kabelstecker am Anschlußflansch im Tank abziehen.
- Prüflampe zwischen den Anschluß des rot/gelben und des braunen Kabels anklemmen.

- Beim Einschalten der Zündung bzw. beim Dreh in Anlaßstellung muß die Prüflampe leuchten.
- Gleiche Prüfung an der Pumpe am Wagenboden.
- Leuchtet die Prüflampe nicht, Leitungen zur Pumpe überprüfen.
- Lag Spannung an, ist die Kraftstoffpumpe defekt.

Fingerzeige: Ein leichtes Brummgeräusch während der Fahrt ist normal. Heul- oder Brummgeräusche aus Richtung Tank werden von Kraftstoffleitungen verursacht, die an der Karosserie anliegen. Oder der Tankgeber ist verspannt eingebaut.
Wenn die Benzinpumpe auffallend laut läuft, ist wahrscheinlich die Vorförderpumpe ausgefallen. Die Elektropumpe am Wagenboden zieht dadurch Luft an.

Kraftstoffpumpenrelais prüfen

Hier greifen wir der sinnvollen Reihenfolge wegen auf den elektrischen Teil vor, der eigentlich erst weiter hinten im Buch zur Sprache kommt. Für die nachfolgenden Prüfungen ist eine herkömmliche Elektrik-Prüflampe nicht geeignet, sie könnte dem elektronischen Steuergerät Schaden zufügen. Hier wird ein Spannungsprüfer mit Leuchtdioden gebraucht.

- Zentralelektrik freilegen, Kraftstoffpumpenrelais abziehen (Seite 230/231).
- **KA-/KE-Jetronic:** Dreifachstecker am Zündverteiler abziehen.
- Bei eingeschalteter Zündung am Relais-Steckfeld den Spannungsprüfer folgendermaßen anschließen: Zwischen Kontakt 2 und Masse, zwischen Kontakt 2 und 1 sowie zwischen Kontakt 4 und 1.
- Jedesmal muß Spannung angezeigt werden. Wenn nicht, ist eine Leitung unterbrochen. Zündung abschalten.
- Für die weitere Prüfung brauchen Sie ein Voltmeter, das zwischen Kontakt 5 und 1 geschaltet wird.
- Bei eingeschalteter Zündung müssen etwa 12 Volt angezeigt werden.
- In den mittleren Anschluß des Kabelsteckers zum Zündverteiler einen Metallstift (Nagel) stecken.
- Mit diesem Stift kurz an Masse tippen – die angezeigte Spannung muß für kurze Zeit abfallen.

- Wenn ja, muß das Relais ersetzt werden, vorausgesetzt, der Hallgeber ist in Ordnung (Seite 199).
- Sinkt die angezeigte Spannung nicht ab, liegt der Fehler im Schaltgerät der TSZ.
- **Monojetronic:** Zündung einschalten und Diodenprüfer einmal zwischen Kontakt 2 im Relais-Stecksockel und Masse anschließen, dann zwischen Kontakt 4 und Masse.
- In beiden Fällen muß die Leuchtdiode aufleuchten. Andernfalls Leitungsunterbrechung suchen.
- Zündung ausschalten.
- Diodenprüfer zwischen Kontakt 6 und 4 anschließen.
- Zündung einschalten. Für die Dauer von etwa einer Sekunde muß die Leuchtdiode leuchten.
- Blieb sie dunkel, ist entweder eine Leitung zum Steuergerät der Einspritzung unterbrochen oder das Steuergerät selbst schadhaft.

Fördermenge prüfen

Wenn mangelhafte Motorleistung bei hohen Drehzahlen oder »Verschlucker« beim Fahren Zweifel an der ausreichenden Kraftstoffversorgung aufkommen lassen, kann die Fördermenge der Benzinpumpen gemessen werden.

Beim Einspritzmotor ist die elektrische Kraftstoffpumpe mit ihren Zusatzaggregaten am Wagenboden angeschraubt. Sie sehen hier in der Zeichnung:
1 – **Kraftstoffspeicher;**
2 – **Behälter für Benzinpumpe (3);**
4 – **Kraftstoffilter;**
5 – **Vorförderpumpe;**
6 – **Druckdämpfer;**
7 – **Trägerblech.**

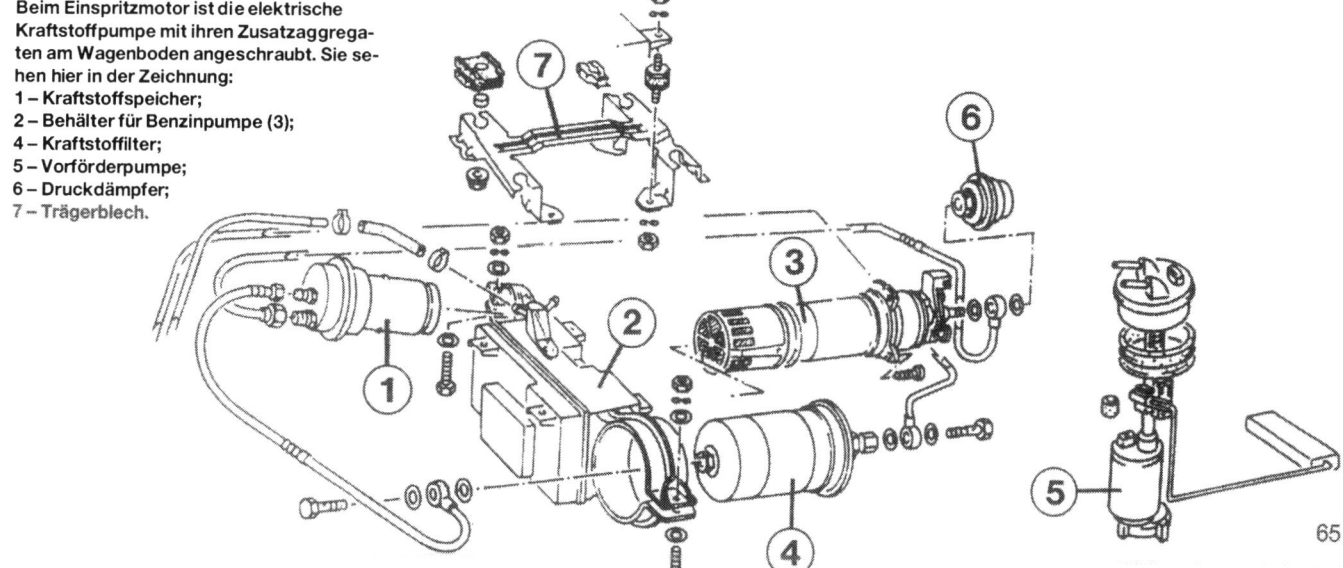

● Zündung lahmlegen, siehe Seite 191.
● **Vorförderpumpe:** Schwarze Schlauchleitung nach vorn abnehmen und eine saubere Schraube als Verschluß eindrehen.
● Schlauch von höchstens 35 cm Länge am freigewordenen Stutzen des Tankgebers aufstecken.
● Schlauch in ein benzinfestes Meßgefäß halten, Motor von Helfer 10 Sekunden lang mit dem Anlasser durchdrehen lassen.
● Mindestfördermenge 300 cm³.
● **Kraftstoffpumpe:** An den Kontakten der Pumpe am Wagenboden ein Voltmeter anschließen.
● Kraftstoffpumpenrelais aus der Zentralelektrik herausziehen.

Benzinpumpe ausbauen

● **Vorförderpumpe:** Schellen am Verbindungsschlauch zwischen oberem Flansch und Pumpe lösen.
● Vorförderpumpe abziehen. Das Sieb unten an der Pumpe ist lediglich eingeklemmt.
● **Pumpe am Wagenboden:** Batterie abklemmen, Wagen aufbocken.
● Arbeitsbereich am Wagenboden säubern.
● Kraftstoffleitung an der Pumpe abschrauben, dabei Lappen gegen herausspritzendes Benzin bereithalten.

● Schraubverbindung der Kraftstoff-Rücklaufleitung lösen, Schlauch in ein Meßgefäß halten.
● Wie unter »Störungssuche« beschrieben, von einem Helfer genau 30 Sekunden lang Kontakt 4 direkt mit Batterie-Plus verbinden lassen.
● Währenddessen Spannung am Voltmeter ablesen.
● Die Fördermenge muß bei 9 V Spannung ca. 245 cm³ betragen (KE-Jetronic bis 7/84: 330 cm³); bei 12 V müssen es etwa 675 cm³ Benzin sein (KE-Jetronic bis 7/84: 760 cm³).
● Zu geringe Fördermenge könnte auch durch einen verstopften Kraftstoffilter verursacht sein.

● Adapter mit dem Steckanschluß abschrauben, der Kabelstecker kann aufgesteckt bleiben.
● Wanne für auslaufendes Benzin unterstellen.
● Haltering der Pumpe losschrauben, Pumpe aus dem Gehäuse herausziehen.
● Im Gehäuse sitzt noch ein Sieb, das ebenfalls herausgezogen und gleich auf Verschmutzung kontrolliert wird.
● Beachten Sie beim Einbau, daß der Dichtring zwischen Sieb und Haltering richtig sitzt. Bei der Montage mit Kraftstoff anfeuchten.

Kraftstoffilter ersetzen

Wartung Nr. 37

Der Kunststofftank kann keinen Rost ansetzen. Verunreinigungen können nur aus dem Tank einer Zapfstation stammen. Etwa dann, wenn Sie irgendwo getankt haben, als die Erdtanks eben frisch befüllt wurden. Dadurch können Schmutzpartikel aufgewirbelt werden und über den Zapfhahn in Ihren Tank gelangen.
Damit kein Schmutz ins Gemischaufbereitungssystem gelangt, ist ein Kraftstoffilter eingesetzt. Beim Vergaser-VW soll er regelmäßig ausgewechselt werden.

● **Vergaser-Motor:** Der Filter sitzt »fliegend« in der Leitung vom Tank zur Kraftstoffpumpe.
● Klemmschellen aufdrücken, Schläuche abziehen.
● Neuen Filter mit neuen Schellen befestigen.
● Achten Sie beim Einbau auf die richtige Durchflußrichtung des Filters. Darauf weist ein Pfeil am Filtergehäuse.
● Bei den **Einspritzmotoren** ist kein Wechselintervall vorgesehen. Hier sitzt der Filter am Wagenboden neben dem Kraftstoffpumpengehäuse.
● Zum Ausbau Verschraubung an der Filterhalterung lösen.
● Kraftstoffleitungen abschrauben. Lappen für herausspritzendes Benzin bereithalten.
● Beachten Sie die Durchflußrichtung beim Einbau: Der Pfeil muß in Fahrtrichtung zeigen.

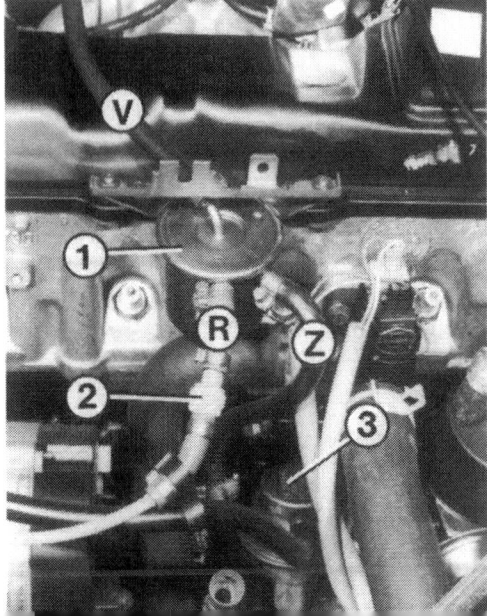

**Links: Der Vorratsbehälter (1) vorn am Zylinderkopf soll Heißstartprobleme durch Dampfblasenbildung vorbeugen. Folgende Teile sind bezeichnet:
2 – Rückschlagventil (nur 51-kW-Motor);
3 – Benzinpumpe;
R – Rücklaufleitung;
V – Versorgungsschlauch zum Vergaser;
Z – Zulaufschlauch von der Benzinpumpe.
Rechts: In die Ansaugleitung (4) vom Tank ist ein Kraftstoffilter (5) eingesetzt.**

Luftfilter und Ansaugkanäle

Luftschleuse

Die Verbrennungsluft saugt der VW auf der rechten Seite an. Ein Kanal verbindet den Lufteintritt mit dem Luftfilter. Dort werden die Staub- und Schmutzteilchen aus der angesaugten Luft herausgefiltert. Sonst könnten sie in die Teile der Gemischaufbereitung oder die Verbrennungsräume gelangen und dort Schaden stiften. Außerdem wirkt der Filter als Dämpfer für die Ansauggeräusche.

Luftfiltereinsatz ausblasen

Wartung Nr. 10

Das Papierfilterelement soll mindestens einmal im Jahr ausgeblasen werden. Falls Sie viel auf unbefestigten Straßen fahren (etwa im Urlaub), sollten Sie die Reinigungskur schon nach 5000 km durchführen.

- Luftfiltereinsatz ausbauen, wie unten beschrieben.
- Papierfilter auf harter Unterlage ausklopfen.
- Den feinen Staub müssen Sie mit Druckluft ausblasen.
- Luftstrahl seitlich an den Filterlamellen vorbeistreichen lassen. Nicht von außen nach innen blasen, sonst wird der Staub noch fester in die Filterporen gedrückt.
- Niemals den Papierfilter in Flüssigkeiten zu reinigen versuchen. Das verstopft die Filterporen.
- Ölspuren im Filtergehäuse aus der Kurbelgehäuse-Entlüftung mit einem benzingetränkten Lappen auswischen.

Luftfiltereinsatz wechseln

Wartung Nr. 35

Durch einen verschmutzten Filtereinsatz erhält der Motor nicht mehr die volle Ansaugluftmenge. Das Gemisch wird fetter, der Verbrauch steigt, und die Leistung sinkt. Der rechtzeitige Filtertausch ist daher durchaus ratsam. Die Teilenummer des V.A.G.-Filtereinsatzes lautet:
○ Vergasermotor 055 129 620 A
○ Einspritzmotor mit Monojetronic 859 129 620
○ Einspritzmotor mit KA-/KE-Jetronic 113 129 620

Im Zubehörhandel gibt es entsprechende Einsätze unter anderen Herstellerbezeichnungen.

Luftfiltereinsatz ausbauen

- **Vergasermotor:** In Fahrtrichtung vorn am Halteblech am Zylinderkopfdeckel die Mutter herausdrehen.
- Oft wird dabei der Gewindebolzen mit dem Gummilager mit herausgedreht. Das ist nicht schlimm, zum Abnehmen des Deckels dann das Halteblech etwas nach vorn biegen.
- Spannklammern oben und seitlich am Luftfiltergehäuse abhebeln, Deckel nach vorn wegziehen, die Luftzufuhrschläuche bleiben angeschlossen.
- **Einspritzmotor:** Spannklammern rund um den Luftfilterdeckel lösen.
- Deckel (bei KA-/KE-Jetronic mit Gemischregler) abheben.
- **Alle Motoren:** Papiereinsatz herausnehmen.
- Beim Einsetzen des Papierfilters müssen die Filterlamellen nach vorn (Vergasermotor) bzw. unten (Einspritzmotor) zeigen.

Links: Der Luftfiltereinsatz (1) ist beim K-Jetronic-Einspritzmotor etwas versteckt. Der Luftfilterdeckel (2) mit dem daran angeschraubten Gemischregler muß nach Abdrücken der Halteklammern (3) abgenommen werden. Rechts: Das Luftfiltergehäuse (5) des Vergasermotors hält eine Drahtklammer auf dem Vergaser. Der Deckel (2) ist am Halteblech vorn mit dem Gummilager (4) befestigt. Die Verbindung zum Gehäuse stellen Spannklammern (3) her.

Luftfiltergehäuse ausbauen

- **Vergasermotor:** Luftansaugschläuche und Schlauch vom Temperaturregler zum Vergaser abziehen.
- Schlauch der Kurbelgehäuse-Entlüftung abnehmen und die unten am Gehäuse eingeklemmten Schläuche herausnehmen.
- Haltespange oben am Vergaser zur Seite drücken.
- Oben am Filtergehäuse und vorn am Halteblech je eine Haltemutter herausdrehen, Gehäuse komplett abnehmen.
- Beim Einbau auf den richtigen Sitz des Dichtrings achten.

- **Einspritzmotor:** Frischluft-Ansaugschlauch vorn abziehen.
- Ggf. Schraubschelle am Schlauch zum Warmluftfangblech der Ansaugluft-Vorwärmung lösen und Schlauch abziehen.
- Dünnen Schlauch der Steuerung für die Ansaugluft-Vorwärmung abziehen, falls notwendig.
- Halteringe rechts und links am Filtergehäuse aushängen, Gehäuse aus den Gummihaltern ziehen und abnehmen.

Die Ansaugluft-Vorwärmung

Die angesaugte Verbrennungsluft sollte eine bestimmte Temperatur haben:
○ Bei kühlem Wetter vergast das Gemisch besser, wenn die Verbrennungsluft angewärmt ist.
○ Bei höheren Außentemperaturen ist kältere Ansaugluft besser. Luft dehnt sich bei Erwärmung aus. Da der Motor nur eine bestimmte Menge Luft ansaugen kann, erhält er weniger, wenn diese angewärmt wurde. Das führt zu fetterem Gemisch und höherem Verbrauch.
○ Vorgewärmte Luft beugt der Vereisung im Gemischbildungssystem vor, die zwischen +3° und +8°C und hoher Luftfeuchtigkeit auftreten kann. Bei laufendem Motor verdunstet ein Teil des Kraftstoffes; die entstehende Verdunstungskälte kann zur Bildung einer Eisschicht führen und die einwandfreie Gemischbildung verhindern.

Die Teile der Ansaugluft-Vorwärmung

○ Kernstück der Ansaugluft-Vorwärmung ist das Mischgehäuse mit der darin sitzenden Regelklappe. In das Gehäuse kann durch einen Stutzen Kaltluft und durch einen zweiten vom Auspuffkrümmer angewärmte Luft einströmen.
○ Eine Unterdruckdose am Mischgehäuse ist über einen zwischengeschalteten Temperaturregler durch einen Schlauch mit dem Vergaser bzw. der Einspritzeinheit verbunden. Geöffnet wird die Warmluftklappe durch den Unterdruck, der auf die Druckdose einwirkt.
○ Der Temperaturregler am Luftansaugstutzen bzw. im Filtergehäuse unterbricht den freien Durchgang im Schlauch, sobald die Ansaugluft eine bestimmte Temperatur erreicht hat.

Störungen der Ansaugluft-Vorwärmung

Funktioniert die Vorwärmung der Ansaugluft nicht richtig, können sich folgende Störungen bemerkbar machen. **Winters:**
○ Schlechter Leerlauf nach dem Kaltstart in der Warmlaufphase
○ Schlechter Übergang, Motor neigt zum Stottern

In der warmen Jahreszeit:
○ Geringere Leistung, übliche Höchstgeschwindigkeit wird nicht erreicht
○ Höherer Kraftstoffverbrauch

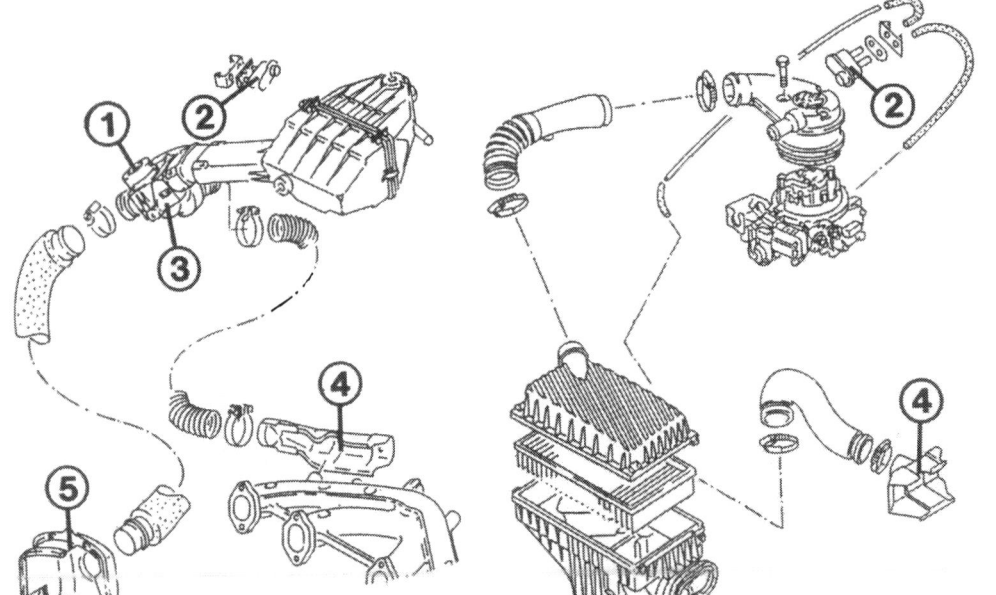

Die Ansaugluft-Vorwärmung – links am Vergasermotor gezeigt, rechts beim Einspritzer mit Monojetronic. Die Zahlen bezeichnen:
1 – Unterdruckdose;
2 – Temperaturrregler;
3 – Mischgehäuse;
4 – Warmluft-Sammelblech am Auspuffkrümmer;
5 – Anschlußstück für die Frischluftzufuhr.

Ansaugluft-Vorwärmung kontrollieren

- Am Temperaturregler im Luftfiltergehäuse den Unterdruckschlauch von dem Stutzen aus Messing bzw. mit Kerbe abziehen.
- Saugen Sie an diesem Schlauch Luft an – die Warmluftklappe muß hörbar schließen bzw. ohne Unterdruck wieder öffnen.
- Falls nicht, Unterdruckschläuche auf Undichtigkeiten kontrollieren und prüfen, ob die von der Unterdruckdose gesteuerte Klappe leicht beweglich ist.
- Zum Prüfen des Temperaturreglers beim **Vergasermotor** das Luftfiltergehäuse komplett ausbauen und neben dem Wagen ablegen, entsprechend langen Schlauch zwischen Temperaturregler und Vergaser anschließen.
- Die Lufttemperatur sollte nicht höher als 20°C liegen. Kalten Motor starten und im Leerlauf drehen lassen.
- Die Warmluftklappe muß aufgezogen werden.
- Unterdruckschlauch vom Vergaser zum Temperaturregler am Vergaserstutzen abziehen.
- Die Klappe muß nach spätestens 20 s in Ruhelage zurückgegangen sein.

- **Monojetronic:** Geprüft wird bei kaltem Motor (Ansauglufttemperatur unter 35°C).
- Luftfilterdeckel abnehmen und den Filtereinsatz herausnehmen.
- Kontrollieren Sie, ob die Klappe den Warmluftanschluß geschlossen hält. Ist die Warmluftklappe leichtgängig.
- Motor starten und im Leerlauf drehen lassen.
- Jetzt muß die Klappe die Kaltluftzufuhr schließen.
- Wenn nicht, am Stutzen über der Einspritzeinheit beide Schläuche vom Temperaturregler abziehen und miteinander verbinden.
- Bleibt der Warmlufteinlaß verschlossen, ist die Unterdruckdose im Luftfiltergehäuse defekt.
- Wird der Einlaß für Kaltluft geöffnet, ist der Temperaturregler defekt.
- Bei laufendem Motor hängt die Stellung der Klappe von der Temperatur am Temperaturregler ab: Unter 35°C muß der Kaltlufteinlaß verschlossen sein, über 45°C ist die Warmluftzufuhr gesperrt.

Ansaugrohr-Beheizung

Das Kraftstoff/Luft-Gemisch kondensiert an den Wandungen des Vierkanal-Ansaugrohrs beim Vergaser- und Monojetronic-Motor, vor allem, wenn dieser noch kalt ist. Dem wird vorgebeugt durch eine Beheizung des Ansaugrohrs. Das geschieht zunächst durch ein elektrisches Heizelement. Wegen seiner Vielzahl nach oben ragender wärmeabstrahlender Stifte heißt dieses Heizelement im VW-Sprachgebrauch auch »Igel«. Gleichzeitig wird das Ansaugrohr von aufgeheiztem Kühlmittel durchflossen. Doch erst ab einer bestimmten Temperatur kann auf die Elektroheizung verzichtet werden. Das besorgt ein Thermoschalter.

Ansaugrohr-Beheizung prüfen

Mangelhafter Leerlauf oder schlechter Übergang können durch eine defekte Ansaugrohr-Beheizung verursacht werden.

- **Elektrisches Heizelement:** Bei kaltem Motor unten am Ansaugrohr die Steckverbindung zum »Igel« trennen.
- Voltmeter an der stromzuführenden Leitung anschließen.
- Zündung einschalten. Die Spannung muß mindestens 11,5 V betragen.
- Liegt keine Spannung an, ist möglicherweise das Relais der Ansaugrohr-Beheizung defekt. Prüfung siehe Seite 231. Oder der Thermoschalter streikt.
- Ohmmeter zwischen das Anschlußkabel des elektrischen Heizelements und Fahrzeugmasse anschließen.
- Der gemessene Widerstand muß 0,25–0,50 Ω betragen, sonst Heizelement ersetzen.
- **Thermoschalter:** In einem gemeinsamen Schlauchstutzen in Fahrtrichtung vorn am Zylinderkopf sitzen zwei temperaturempfindliche Schalter.
- Die Schalter unterscheiden sich durch die Einfärbung ihres Isoliermaterials an den Steckzungen.

- Für die Saugrohr-Beheizung dient der geschraubte Schalter (bis 7/88) mit weißer Isolierung bzw. der durch eine Klammer gehaltene Schalter (ab 8/88) mit rot eingefärbtem Isoliermaterial.
- Falls Sie aufgrund von Motorlaufstörungen vermuten, daß der Thermoschalter nicht richtig arbeitet, läßt sich dies mit einem Thermometer und einem Ohmmeter prüfen.
- Thermoschalter ausbauen.
- Ohmmeter an den Steckkontakten des Schalters anschließen.
- Thermoschalter in einen Topf mit kaltem Wasser legen, Widerstand messen.
- Wasser langsam erhitzen und prüfen, ob der Thermoschalter bei folgenden Temperaturen schaltet:
- Unter 55°C Widerstand 0 Ω (Schaltkontakte geschlossen), über 65°C Widerstand ∞ Ω (kein Durchgang, Kontakte offen).

Der Vergaser

Gemischte Kost

Flüssiges Benzin brennt recht kraftlos vor sich hin. Die Energie läßt sich erst dann nutzbar entfesseln, wenn das Benzin in die Verbrennungsluft dampf- oder gasförmig eingemischt ist.

Zwei Vergaserversionen

Die im VW verwendeten Vergaser stammen vom Hersteller Pierburg. In Verbindung mit ungeregeltem Katalysator und bei den Fahrzeugen ohne Kat kommt der Vergaser **2 E 2** zum Einbau. Der 1,6-Liter-Motor mit 51 kW mit geregeltem Katalysator (Kennbuchstaben PN) besitzt dagegen den Vergaser 2 E E, wobei das zweite »E« für **e**lektronische Steuerung steht.

Die wichtigsten Teile des Vergasers

Austrittsrohr (auch Vorzerstäuber genannt): Der von den nachfolgend aufgezählten Düsen mit Luft vorgemischte Kraftstoff wird aus diesem Rohr abgesaugt. Seine Austrittsöffnung sitzt in der engsten Stelle des Lufttrichters.

Beschleunigungspumpe: Beim Durchtreten des Gaspedals spritzt sie zusätzlich Benzin in den Saugkanal ein, damit bei plötzlichem Gasgeben das Kraftstoff/Luft-Gemisch durch das schlagartige Öffnen der Drosselklappe nicht zu kraftstoffarm wird.

Drosselklappe: Sie sitzt ganz unten im Vergaser und regelt die Menge des Kraftstoff/Luft-Gemisches, die der Motor ansaugen soll. Wie weit sie geöffnet wird, bestimmt der Fahrer beim Treten des Gaspedals. Pedal und Drosselklappe sind über den Gaszug direkt miteinander verbunden.

Hauptdüse: Sie ist in die Schwimmerkammer eingeschraubt. Mit ihrer genau bemessenen Bohrung sorgt sie für den Abfluß der richtigen Kraftstoffmenge aus der Schwimmerkammer.

Leerlaufdüse: Sie liefert dem Leerlaufsystem eine stets gleichbleibende Kraftstoffmenge zur Aufbereitung des Leerlaufgemisches.

Luftkorrekturdüse: Sie mischt den von der Hauptdüse kommenden Kraftstoff mit Luft vor.

Lufttrichter: Er sitzt im Saugkanal (Vergasereinlaß). Eine Einschnürung in seinem Innendurchmesser beschleunigt die durchströmende Luft. Das verstärkt den Unterdruck, und aus dem Austrittsrohr kann mehr Kraftstoff abgesaugt werden.

Mischrohr: Ihm werden Kraftstoff von der Hauptdüse und Luft durch Bohrungen von der Luftkorrekturdüse zugeführt. Beides wird vermischt in den Austrittsarm im Saugkanal weitergeleitet. Bei höheren Drehzahlen werden Bohrungen frei, die zusätzliche Luft einströmen lassen, um das andernfalls durch höheren Kraftstoffdurchsatz fetter werdende Mischungsverhältnis konstant zu halten.

Schwimmerkammer: Hier wird die Speicherung des Kraftstoffes durch Schwimmer und Schwimmernadelventil geregelt. Sobald der Kraftstoffstand in der Kammer eine bestimmte Höhe erreicht hat, drückt der Schwimmer durch seinen Auftrieb über einen Hebel gegen das Kugelventil. Dessen Kugel sperrt dann den weiteren Zufluß ab.

Starterklappe: Sie sitzt ganz oben im Vergaser. Bei kaltem Motor muß sie geschlossen werden. So baut sich beim Anlaufen der Maschine im Vergasereinlaß stärkerer Unterdruck auf, der mehr Benzin am Austrittsrohr absaugen kann. Das Gemisch wird kraftstoffreicher (fetter). Mit zunehmender Motorerwärmung muß die Starterklappe wieder geöffnet werden.

Vergaser-Beschreibung

Der 2 E 2 und 2 E E von Pierburg sind sogenannte Fallstrom-Vergaser. Die angesaugte Luft strömt darin senkrecht (»fällt«) nach unten und saugt dabei aus den verschiedenen Düsen den Kraftstoff. Wir haben einen Register- oder Stufen-Vergaser mit zwei Mischkammern vor uns. Er ermöglicht gute Gemischzuteilung für die einzelnen Zylinder. Charakteristisch ist die Betätigung der Drosselklappe für die II. Vergaserstufe: Erst wenn die Drosselklappe der I. Stufe den Vergaserdurchlaß mehr als zur Hälfte freigibt, öffnet bei entsprechenden Drehzahlen eine Unterdruckdose am Vergaser die Drosselklappe der II. Stufe.

Gemischkanal-Beheizung Bei ungünstigen Witterungsbedingungen (Temperaturen wenig über dem Gefrierpunkt und hohe Luftfeuchtigkeit) können Gemischkanäle im Vergaser durch Vereisung verstopfen. Das verhindert ein elektrisches Heizelement. Es sitzt in Fahrtrichtung gesehen neben der Beschleunigungspumpe vorn am Vergaserunterteil.

Die wichtigsten Bauteile des Pierburg 2 E 2

Drei-/Vierpunktdose: Sie kann die Drosselklappe in bestimmte Stellungen bringen – für Kaltstart, Leerlauf und Schiebebetrieb bzw. Motorabschaltung. In Verbindung mit Getriebeautomatik gibt es eine vierte Stellung für etwas angehobene Leerlaufdrehzahl bei eingelegtem Fahrbereich. Diese Membrandose ersetzt den sonst üblichen festen Drosselklappenanschlag. Die Drei-/Vierpunktdose besitzt eine Unterdruckleitung zum Elektro-Umschaltventil. Die zweite Unterdruckleitung führt zum Thermozeitventil und über ein T-Stück außerdem zum Saugkanal im Vergaser. Der Stößel der Drei-/Vierpunktdose als Drosselklappenanschlag wird je nach Unterdruckeinwirkung in eine der vorgegebenen Stellungen (Punkte) bewegt.

Elektro-Umschaltventil: Es erhält seine elektrischen Befehle vom Schaltgerät. Entsprechend öffnet oder schließt das Ventil eine Unterdruckleitung zur Drei-/Vierpunktdose, die nun ihrerseits den Drosselklappenanschlag-Stößel bewegt.

Steuergerät: Es sitzt in der Zentralelektrik. Übermittelt werden ihm die Motordrehzahl und die Kühlmitteltemperatur. Entsprechend wird die Schubabschaltung reguliert.

Funktion des 2 E 2-Vergasers

Start

Der **Kaltstart** ist beim 2 E 2-Vergaser **vollautomatisiert.** Vor dem Zündschlüsseldreh muß also nicht einmal das Gaspedal durchgetreten werden.

○ **Ausgangsposition:** Die **Starterklappe** wird von der Bimetallfeder im Starterdeckel je nach Umgebungstemperatur in eine bestimmte Schließstellung gebracht. Ein sogenanntes **Thermozeitventil** läßt Unterdruck auf die **Drei-/Vierpunktdose** einwirken, wodurch deren Stößel auf Kaltstartstellung herausfährt, so daß die **Drosselklappe von Stufe I** mit festgelegtem Spalt geöffnet ist.

○ **Startbeginn:** Mit den ersten Anlasserdrehungen kann der Unterdruck – von den im Motor auf und ab laufenden Kolben erzeugt – nun die fette Startmischung ansaugen. Die Starterklappe bleibt jedoch nicht fest in Geschlossen-Stellung: Sie kann durch ihre außermittige Aufhängung von der angesaugten Verbrennungsluft zum Flattern gebracht werden. Das verhindert zu starke Gemischanreicherung.

○ **Durchlauf:** Sofort nach dem Anspringen läuft der Motor hoch auf die sogenannte Kaltleerlaufdrehzahl. Gleichzeitig zieht der **Starterklappen-Pulldown** die Klappe in eine festgelegte Öffnungsstellung für erhöhte Luftzufuhr. Etwas später kommt die **zweite Pulldownstufe zum Einsatz.** Ein grüner Unterdruckbehälter im Motorraum läßt den Saugrohr-Unterdruck durch »Umleitung« mit leichter Verzögerung auf die Pulldownmembrane einwirken, was die Starterklappe zu einer weiteren Öffnung veranlaßt. Das Gemisch wird auf diese Weise wieder abgemagert. Das elektrisch beheizte **Thermozeitventil** ist kurz nach dem Start so weit aufgeheizt, daß es schließt. Dadurch zieht sich der Stößel der Drei-/Vierpunktdose in Leerlaufstellung zurück. Die weiterhin erforderliche größere Drosselklappenöffnung übernimmt jetzt ein kühlwasserbeheiztes **Dehnstoffelement**, das über einen Schieber und Hebel die Drosselklappe betätigt.

Warmlauf

Diese Phase dauert von den ersten Motorumdrehungen bis zum Erreichen der Betriebstemperatur. Die **Bimetallfeder im Starterdeckel** wird durch die elektrische und später kühlwassergesteuerte Beheizung veranlaßt, die Starterklappe allmählich in Offen-Stellung zu drehen. Zusätzlich wandert der Schieber am **Dehnstoffelement** zurück, so daß die Drosselklappe in Leerlaufstellung zurückgehen kann, die Einstellschraube für den Kaltleerlauf liegt jetzt wieder am Stößel der **Drei-/Vierpunktdose** an.

Zum Starterklappen-Pulldown gehören:
1 – grüner Unterdruckbehälter;
2 – Unterdruckschlauch;
3 – Unterdruck-Verbindungsschlauch zum Ansaugrohr;
4 – Pulldowndose;
5 – Starterklappe.

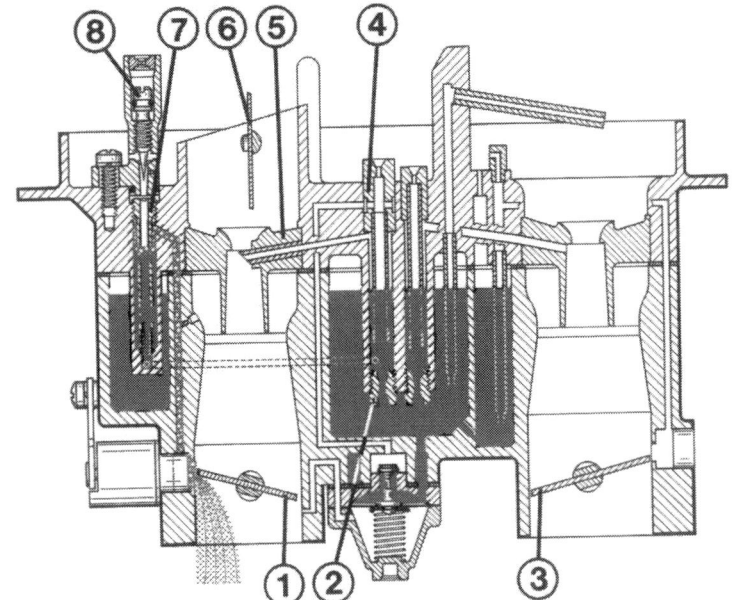

Die Wege des Kraftstoffes im Leerlauf beim 2 E 2-Vergaser:
1 – Drosselklappe der I. Stufe;
2 – Hauptdüse der I. Stufe;
3 – Drosselklappe der II. Stufe;
4 – Luftkorrekturdüse mit Mischrohr;
5 – Vorzerstäuber;
6 – Starterklappe;
7 – Leerlaufkraftstoffdüse mit Mischrohr;
8 – Leerlaufluft-Einstellschraube.

Leerlauf Nur in der I. Stufe wird das Leerlaufgemisch gebildet. Von der **Hauptdüse** kommend wird der Kraftstoff von der **Leerlauf-Kraftstoffdüse** und der **Luftkorrekturdüse** mit Luft vorgemischt. Das Mischungsverhältnis und damit der CO-Gehalt im Abgas ist durch die Luftdosierung einstellbar. In den Saugkanal der I. Stufe gelangt das Gemisch aus dem unteren Teil eines **T-förmigen Schlitzes**. Zum Einstellen der Leerlaufdrehzahl wird die Stellung der Drosselklappe verändert.

Übergang Damit beim Tritt auf das Gaspedal aus dem Leerlauf heraus kein »Loch« entsteht, gibt die Drosselklappe den querliegenden Austritt im **T-Schlitz** für den Durchfluß von weiterem Kraftstoff/Luft-Gemisch frei.

Normalbetrieb In der I. Vergaserstufe setzt das **Hauptdüsensystem** mit dem Öffnen der Drosselklappe ein. Das Kraftstoff/Luft-Gemisch bilden die **Hauptdüse** und die **Luftkorrekturdüse**. Das Gemisch gelangt über das **Austrittsrohr** ins Ansaugrohr. Dazu gelangt noch Gemisch aus dem Leerlaufsystem über die Leerlauf-Austrittsbohrung und den T-Schlitz.
Wird die Drosselklappe weiter geöffnet, gelangt über ein unterdruckgesteuertes **Anreicherungsventil** zusätzlicher Kraftstoff ins Hauptdüsensystem. Gleichzeitig nimmt die Gemischlieferung aus dem Leerlaufsystem ab bzw. hört ganz auf.

Beschleunigen Bei plötzlichem Gasgeben öffnet die Drosselklappe schlagartig. Es wird also mehr Luft angesaugt, und das Hauptdüsensystem kann nicht so schnell die nötige Kraftstoffmenge liefern, wie für das richtige Gemisch erforderlich wäre. Deshalb wird zusätzlich Benzin in den Saugkanal eingespritzt. Das geschieht über einen mit der Drosselklappe verbundenen Hebel und eine kleine, separate **Membranpumpe**.

Übergang zur II. Stufe Sobald die Drosselklappe der I. Stufe mehr als zur Hälfte geöffnet ist, wird die bis dahin wirksame **Verriegelung der Drosselklappe** von Stufe II aufgehoben. Über die schon angesprochene **Unterdruckdose** kann sich die Drosselklappe jetzt entsprechend des anliegenden Unterdrucks öffnen.
Damit die II. Stufe nicht ruckartig oder mit »Verschluckern« einsetzt, ist die II. Stufe mit einem **Übergangssystem** versehen, das ähnlich wirkt wie der T-förmige Schlitz von Stufe I.
Der Übergang auf die II. Stufe erfolgt beim seit 8/84 gebauten 1,6-Liter mit Schaltgetriebe und 1,8-Liter mit Getriebeautomatik bei kaltem Kühlmittel (unter 18°C) etwas verzögert. Dazu dient ein sogenanntes thermopneumatisches Ventil, das am Starterdeckel sitzt.

Vollast Bei voll geöffneten Drosselklappen und hohen Drehzahlen gelangt zusätzlicher Kraftstoff in den Saugkanal, damit der Motor auf seine volle Leistung kommt:
○ Das vom Unterdruck im Ansaugrohr gesteuerte und bereits bei Teillast wirksame **Anreicherungsventil** gibt den entsprechenden Kraftstoffkanal noch weiter frei.
○ Das **Hauptdüsensystem** der Stufe II läßt Gemisch am Vorzerstäuber der II. Stufe austreten.
○ Die **Vollastanreicherung** der Stufe II liefert durch die Sogwirkung zusätzlich Kraftstoff.
○ Auch das **Übergangssystem** der II. Stufe steuert noch eine geringe Gemischmenge bei.

Schiebebetrieb Wenn der Fuß vom Gaspedal genommen wird, geht die Drosselklappe der I. Stufe zunächst in Leerlaufstellung. Das **Steuergerät** veranlaßt aufgrund der höher als Leerlauf liegenden Motordrehzahl über das **Elektro-Umschaltventil**, daß die **Drei-/Vierpunktdose** ihren Stößel ganz einfährt. Hierdurch wird die **Drosselklappe** völlig geschlossen, wobei sie den Austritt für das Leerlaufgemisch verschließt. Der Kraftstoffzufluß ist damit

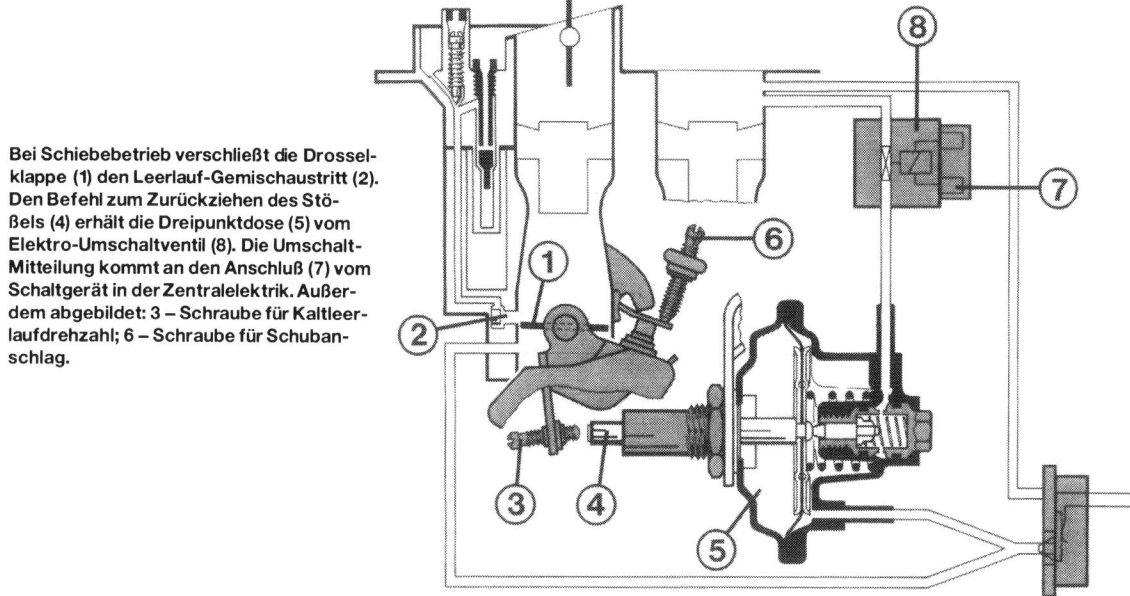

Bei Schiebebetrieb verschließt die Drosselklappe (1) den Leerlauf-Gemischaustritt (2). Den Befehl zum Zurückziehen des Stößels (4) erhält die Dreipunktdose (5) vom Elektro-Umschaltventil (8). Die Umschalt-Mitteilung kommt an den Anschluß (7) vom Schaltgerät in der Zentralelektrik. Außerdem abgebildet: 3 – Schraube für Kaltleerlaufdrehzahl; 6 – Schraube für Schubanschlag.

unterbrochen. Knapp oberhalb der Leerlaufdrehzahl wird die Drosselklappe vom wieder heraustretenden Stößel in Leerlaufstellung zurückbewegt und die Gemischzufuhr wieder geöffnet, damit der Motor nicht abstirbt. Diese Schubabschaltung ist beim 1,6-Liter-Motor seit 12/85 entfallen.

Motorstop

Um ein Nachlaufen beim Abschalten des warmen Motors (sogenanntes Nachdieseln) zu verhindern, geht die Drosselklappe beim Ausschalten der Zündung ebenfalls in Stellung »Schubabschaltung«. Jetzt kann kein Kraftstoff/Luft-Gemisch mehr in den Motor gelangen. Die Drei-/Vierpunktdose drückt die Drosselklappe übrigens nur einige Sekunden zu, bis der Motor bestimmt nicht mehr dreht. Dann fährt der Stößel zurück in »Start«-Stellung für den nächsten Motorstart.

Die Startautomatik

Der Starterdeckel wird beheizt, so daß die Bimetallfeder die Starterklappe öffnen kann. Das geschieht auf zweierlei Weise:
○ Damit die Beheizung schnell wirkt, wird der Starterdeckel zunächst elektrisch beheizt. Das ermöglicht schnelles Öffnen der Starterklappe.
○ Sobald die Kühlflüssigkeit eine festgelegte Temperatur erreicht hat, kann sie die Beheizung des Starterdeckels übernehmen, und die Elektrobeheizung wird abgeschaltet. Bei vorübergehendem Abstellen des Motors hält die Warmwasserbeheizung die Starterklappe offen. Das verhindert Überfettung beim Wiederstart.
Die Steuerung der Starterdeckelbeheizung übernimmt ein temperaturempfindlicher Schalter im »kleinen« Kühlmittelkreislauf. Dieser sitzt in Fahrtrichtung vorn in einem Schlauchstutzen mit einem weiteren Thermoschalter am Zylinderkopf. Zur Unterscheidung ist das Isoliermaterial um die Steckzungen beim Schalter für die Startautomatik rot (geschraubte Ausführung bis 7/88) bzw. grau eingefärbt (gesteckte Version seit 8/88).

Starterdeckel prüfen

Läuft der Motor nach dem Kaltstart in der Warmlaufphase unwillig und verlassen schwärzliche Abgase den Auspuff? Wenn dieser Effekt mit zunehmender Betriebstemperatur verschwindet, kann es an der Elektroheizung des Starterdeckels liegen.
● Für die Prüfung muß der Motor kalt sein, Kühlmitteltemperatur unter 30°C.
● Steckverbindung zum Starterdeckel trennen.
● Diodenprüfer zwischen Steckkontakt im Deckel und Pluspol der Batterie anschließen.
● Der Diodenprüfer muß aufleuchten, sonst Deckel ersetzen.

Thermoschalter prüfen

Falls Sie aufgrund von Motorlaufstörungen vermuten, daß der Thermoschalter nicht richtig arbeitet, prüfen Sie mit einem Thermometer und einem Ohmmeter.
● Ausgebauten Thermoschalter ins Gefrierfach legen.
● Ohmmeter an den Steckkontakten des Schalters anschließen und Widerstand messen. Der Schalter muß geschlossen sein, Sollwert 0 Ω.
● Thermoschalter in Wasser langsam erhitzen und prüfen, ob der Schalter ab ca. 35°C seine Kontakte öffnet. Meßwert ∞ Ω.

Starterklappe prüfen

Die Starterklappe wird je nach Umgebungstemperatur ohne vorherigen Tritt aufs Gaspedal mehr oder weniger geschlossen.

Für die korrekte Einstellung der Startautomatik dient eine Kerbe am Vergasergehäuse (1). Am Starterdeckel befindet sich ebenfalls eine Kerbe (3) und, wie hier gezeigt, zusätzlich eine Körnermarkierung (2). Die Kerben sollen sich gegenüberstehen. Wird der Deckel in Höhe der Körnermarkierung gedreht, steht die Bimetallfeder unter geringerer Vorspannung.

- Luftfilter abbauen.
- Kontrollieren Sie, ob die Starterklappe teilweise oder ganz geschlossen ist.
- Das exakte Starterklappen-Spaltmaß läßt sich nur prüfen, wenn Unterdruck am Pulldownsystem anliegt. Da außerdem das Maß für beide Öffnungsstufen kontrolliert wird, muß der Vergaser-Spezialist ran.
- Sie können auch folgendes prüfen: Drosselklappe an ihrem Betätigungshebel ein wenig öffnen und kontrollieren, ob die Starterklappe gut beweglich ist.
- Außerdem kontrollieren, ob die Kerbe am Starterdeckel in Mittelstellung zu den Kerben am Vergasergehäuse gegenübersteht (Grundeinstellung).

Fingerzeig: Beim 53-kW-Motor kann die Starterklappe auch bei betriebswarmem Motor leicht geneigt stehen. Ausschlaggebend hierfür ist der im Werk eingestellte Starterklappenanschlag. Die Einstellung darf nicht verändert werden.

Pulldownsystem prüfen

- Motor bei abgenommenem Luftfilter starten und im Leerlauf drehen lassen.
- Luftklappe in Richtung »Geschlossen« drücken. Das muß bis auf einen Spalt von 5 mm leicht möglich sein, dann wird ein größerer Widerstand spürbar.
- Läßt sich die Starterklappe ohne Widerstand ganz schließen, ist entweder die Membran der Pulldowndose am Vergaser gerissen oder das Unterdrucksystem undicht.
- Zur Überprüfung der Pulldowndose verwendet die Werkstatt ein spezielles Meßgerät und eine Unterdruckpumpe.

Thermopneumatisches Ventil prüfen

Das in der Zeichnung auf Seite 87 gezeigte Ventil läßt bei bestimmten Motoren mit 2 E 2-Vergaser die II. Stufe etwas verzögert einsetzen. Dafür entfällt der grüne Unterdruckbehälter und die Leitung mit Rückschlagventil zur Schlauchverbindung zum Bremskraftverstärker. Am Ventil sitzen zwei Anschlüsse: Der senkrechte ist der Ansaugstutzen, der etwas schräg geneigte ist mit der Unterdruckdose am Vergaser verbunden. Bei schlechtem Übergang bei höheren Drehzahlen prüfen Sie das Ventil.

Das Teillast-Anreicherungsventil (4) kann Störungen im Leerlauf verursachen. Dann hilft nur der Austausch. Beachten Sie beim Einbau, daß die mit schwarzen Pfeilen bezeichneten Öffnungen am Ventil den Bohrungen im Vergasergehäuse (weiße Pfeile) gegenüberstehen. Andernfalls gibt es Funktionsstörungen.
Die übrigen Ziffern bezeichnen:
1 – Halteschraube;
2 – Deckel;
3 – Druckfeder.

Links wird das Heizelement der Gemischkanal-Beheizung am 2 E 2-Vergaser geprüft. Der Steckanschluß (2) am Heizelement ist aus seinem Gegenstecker (3) gezogen. Die an Batterie-Plus angeschlossene Prüflampe (1) steckt in der Metallzunge des Steckers.

Rechts: In einem Stutzen vorn am Zylinderkopf sitzen zwei Thermoschalter (hier die ältere, geschraubte Ausführung). Oben der Schalter (4) mit transparenter Isolierung und Kabelsteckern für die Ansaugrohr-Beheizung, unten mit roter Isolierung und roten Steckern der Thermoschalter (5) für die Starterdeckelbeheizung.

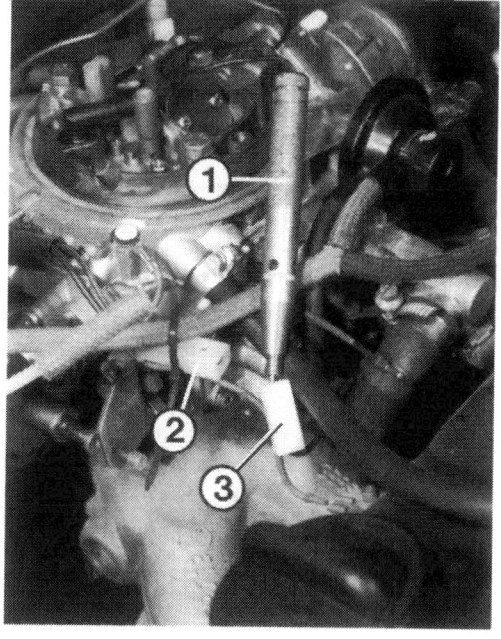
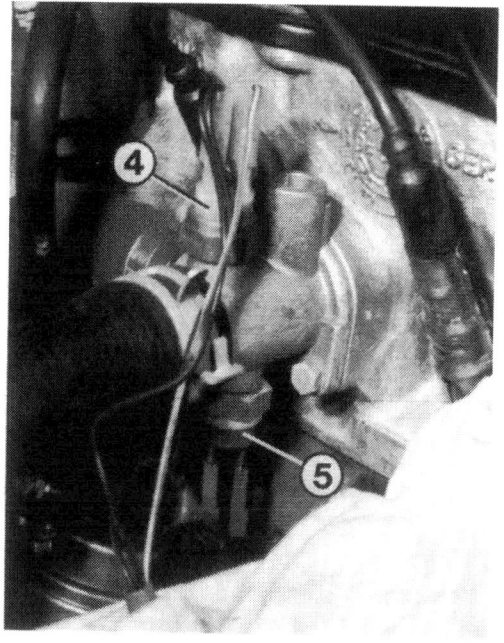

- Kontrollieren Sie, ob der etwa 40 mm lange Ansaugschlauch am Ventil aufgesteckt ist. Er soll das Eindringen von Schmutz verhindern. Die Schlauchöffnung darf nicht verschlossen sein.
- Zum Prüfen des Ventils an einem der Schläuche mit dem Mund durchblasen.
- Bei kaltem Kühlwasser (unter 18°C) muß dies möglich sein, über 18°C muß der Durchgang verschlossen sein.

Gemischkanalbeheizung prüfen

Leerlaufprobleme oder mangelhafter Übergang beim Gasgeben können durch ein defektes Heizelement verursacht werden.

- Kontrollieren, ob das Heizelement am Vergaser fest angeschraubt ist.
- Evtl. Anlageflächen säubern, damit eine gute Masseverbindung sichergestellt ist.
- Stecker beim Heizelement trennen.
- Am Pluspol der Batterie eine Prüflampe anschließen und mit der zum Heizelement führenden Leitung verbinden.
- Brennt die Prüflampe, ist das Heizelement in Ordnung, andernfalls austauschen.

Störungsbeistand

2 E 2-Vergaser

Die Störung	– ihre Ursache	– ihre Abhilfe
A Kalter Motor springt nicht oder schlecht an	1 Kraftstoffweg im Vergaser nicht in Ordnung	Prüfung: Zuleitung am Vergaser abziehen, in ein Gefäß halten und Motor starten. Kommt kein Benzin, siehe unter Kraftstoffpumpe
	a) Schwimmernadelventil klemmt oder Schwimmer defekt	Gegen Schwimmerkammerdeckel klopfen, evtl. Vergaserdeckel abnehmen, Schwimmer und Nadelventil überprüfen
	b) Bohrungen, Düsen und Kanäle im Vergaser verstopft	Vergaser reinigen
	2 Starterklappe schwergängig oder klemmt	Gängig machen
	3 Bimetallfeder der Startautomatik ausgehängt	Feder einhängen oder Starterdeckel ersetzen
	4 »Falsche Luft« tritt an Deckeldichtung oder Ansaugflansch ein bzw. an einem der Unterdruckschläuche	Kontrollieren, schadhafte Dichtungen bzw. Schläuche ersetzen
B Kalter Motor geht nach dem Start wieder aus	1 Siehe A 2 und 4	
	2 Starterklappenspalt falsch eingestellt	Einstellen lassen
	3 Starterdeckel falsch eingestellt	Einstellmarken gegenüberstellen
	4 Pulldowneinrichtung gestört	Prüfen lassen
	5 Dehnstoffelement schadhaft	Funktion prüfen, ggf. ersetzen
C Kalter Motor hat zu hohe oder zu niedrige Leerlaufdrehzahl	1 Siehe A 4	
	2 Ansaugrohrbeheizung gestört	Prüfen
	3 Starterdeckelbeheizung gestört	Prüfen
	4 Gemischkanalbeheizung defekt	Leitung überprüfen, schadhaftes Heizelement austauschen

Die Störung	– ihre Ursache	– ihre Abhilfe
C Kalter Motor hat zu hohe oder niedrige Leerlaufdrehzahl	5 Leerlauf falsch eingestellt 6 Siehe B 5 7 Drei-/Vierpunktdose defekt	Einstellen lassen (CO-Test) Prüfen lassen
D Kalter Motor nimmt schlecht Gas an und ruckelt	1 Ansaugluft-Vorwärmung gestört 2 Siehe A 2 und 4 3 Siehe B 2 und 4 4 Siehe C 2–5 5 Beschleunigungssystem arbeitet nicht a) Kanäle verstopft b) Membrane defekt 6 Beschleunigungs-Einspritzmenge falsch	Prüfen Prüfung: Luftfilter abnehmen. Wird Benzin eingespritzt, wenn Sie den Drosselklappenhebel bewegen? Vergaser reinigen Auswechseln Einstellen lassen
E Warmer Motor springt schlecht oder nicht an	1 Dampfblasen im Kraftstoffsystem 2 Schwimmernadelventil undicht 3 Schwimmer defekt 4 Schwimmerstand falsch	Mit durchgetretenem Gaspedal starten Ersetzen Prüfen, ggf. austauschen Dünnere oder dickere Dichtung unter Schwimmernadelventil einbauen
F Leerlauf ungleichmäßig bzw. zu hoch oder zu niedrig	1 Siehe A 4 2 Siehe C 5 und 7 3 Leerlauf-Kraftstoffdüse verschmutzt oder lose 4 CO-Einstellschraube beschädigt 5 Teillast-Anreicherungsventil defekt	 Vergaser reinigen bzw. Düse festziehen Ersetzen Ersetzen
G Leerlaufdrehzahl oder CO-Gehalt nicht einstellbar	1 Siehe A 2–4 2 Spitze der CO-Einstellschraube verschmutzt 3 Siehe F 5	 Säubern
H Schlechte Übergänge bei höheren Drehzahlen	Unterdruckdose der 2. Stufe undicht	Austauschen
I Auspuffknallen im Schiebebetrieb	1 Siehe A 4 2 Siehe C 5 3 Siehe G 2	
J Kraftstoffverbrauch zu hoch	1 Siehe A 2 2 Siehe C 2, 3, 5 und 7 3 Siehe D 1 4 Siehe E 2–4 5 Siehe F 5	

Pierburg 2 E E

Dieser Vergaser ist im Grundaufbau mit dem 2 E 2 vergleichbar, aber er ermöglicht in Verbindung mit einem elektronischen Steuergerät die Lambdaregelung für den Katalysator (siehe Seite 47). Der 2 E E kommt ohne Startautomatik und Beschleunigungspumpe aus. Zum Kaltstart, Beschleunigen, Anreichern und für die Lambdaregelung des Katalysators wird die Starterklappe (hier Vordrossel genannt) geschlossen – zum Anfetten – oder geöffnet – zum Abmagern des Kraftstoff/Luft-Gemisches. Der »Steller« für die Drosselklappe regelt die Leerlaufdrehzahl und die Schubabschaltung ähnlich der Drei-/Vierpunktdose beim 2 E 2.

Die wichtigsten Bauteile des Pierburg 2 E E

Ecotronic-Steuergerät
Es sitzt im Wasserfangkasten links an der Trennwand zum Innenraum. Ihm werden die Motordrehzahl, die Drosselklappenstellung, die Öffnungsgeschwindigkeit der Drosselklappe (spontanes Gasgeben), der Restsauerstoffgehalt im Abgas, die Kühlmitteltemperatur und die Temperatur der Saugrohrwandung übermittelt. Aus diesen Angaben kann das Steuergerät die Stellung der Luftklappe beim Start und in allen Fahrbedingungen beeinflussen. Der Öffnungswinkel der Drosselklappe wird dagegen nur im Leerlauf, Schiebebetrieb und beim Abschalten des Motors – also nur bei losgelassenem Gaspedal – gesteuert.

Er funktioniert ähnlich wie die Drei-/Vierpunktdose. Der Unterdruck im Raum hinter der Membrane wird mit Hilfe eines Be- und Entlüftungsventils verändert. Es gibt aber keine fest vorgegebene Stellung im Leerlauf, sondern der Stößel für den Drosselklappenanschlag kann ein wenig hin- und herwandern, um Leerlaufschwankungen auszugleichen.

Drosselklappen-steller

Es meldet die Bewegung der Drosselklappe und deren Stellung dem Steuergerät. So wird beispielsweise plötzliches Öffnen der Drosselklappe als Beschleunigungsvorgang erkannt.

Drosselklappen-Potentiometer

Die Luftklappe wird von einem sogenannten Drehmomentmotor bewegt. Er kann die Öffnungs- und Schließbefehle vom elektronischen Steuergerät fast ohne Verzögerung in die entsprechende Luftklappenbewegung umsetzen.

Luftklappenansteller

Da im Bereich der Leerlaufdrehzahl eine geringfügige Lageänderung der Luftklappe die Gemischzusammensetzung nicht beeinflußt, betätigt ein Hebel an der Luftklappenwelle gleichzeitig eine Nadel an der Leerlaufluftdüse. Weniger Luftdurchsatz bewirkt eine Gemischanfettung.

Variable Leerlaufluftdüse

Ihre Funktionsweise in Zusammenarbeit mit dem Katalysator haben wir im Kapitel »Abgas-Entgiftung« beschrieben.

Lambda-Sonde

Die Temperatur der Ansaugluft ermittelt ein im Ansaugrohr eingeschraubter Geber. Ein weiterer Geber sitzt im Kühlmittelkreislauf im Stutzen vorn am Zylinderkopf. Beide Temperaturwerte werden zur Aufbereitung eines optimalen Gemisches vom Steuergerät ausgewertet.

Temperaturfühler

Seit 10/87 wird der 51-kW-Motor mit einer Kraftstoffverdunstungs-Anlage ausgerüstet. Die Dämpfe aus der Vergaser-Schwimmerkammer werden ebenfalls in den Aktivkohlebehälter geleitet. Damit dies zum richtigen Zeitpunkt geschieht, ist ein elektrisches Umschaltventil vorhanden.

Schwimmerkammerbelüftung

Funktion des 2 E E-Vergasers

○ **Ausgangsposition:** Bei abgeschalteter Zündung ist die **Luftklappe** fast geöffnet (weil stromlos). Die Drosselklappe der I. Vergaserstufe wurde vom **Drosselklappen-Ansteller** bereits in Startstellung gedrückt, das heißt, sie ist einen kleinen Spalt geöffnet.
○ **Startbeginn:** Sofort nach Einschalten der Zündung und Betätigen des Anlassers verarbeitet das Steuergerät die ankommenden Informationen über Motortemperatur, Klappenstellung und Drehzahl. Die Luftklappe wird bei kaltem Motor ganz geschlossen, bei höheren Temperaturen nur noch teilweise. Durch die geschlossene Klappe wird im Verhältnis zur Luft mehr Kraftstoff angesaugt, das Gemisch fettet dadurch an, was für den Kaltstart unerläßlich ist.
○ **Durchlauf:** Das Anspringen des Motors erkennt das Steuergerät an der Motordrehzahl (unter ca. 300/min: Anlasserdrehzahl). Die Luftklappe wird jetzt leicht geöffnet, damit das Gemisch wieder abmagert. (Beim 2 E 2 übernimmt diese Funktion die Pulldown-Einrichtung.) Gleichzeitig tritt die Leerlauf-Regelung in Aktion: Der Drosselklappen-Ansteller öffnet die Drosselklappe nur noch so weit, wie es zum Erreichen der gewünschten Leerlaufdrehzahl nötig ist.

Start

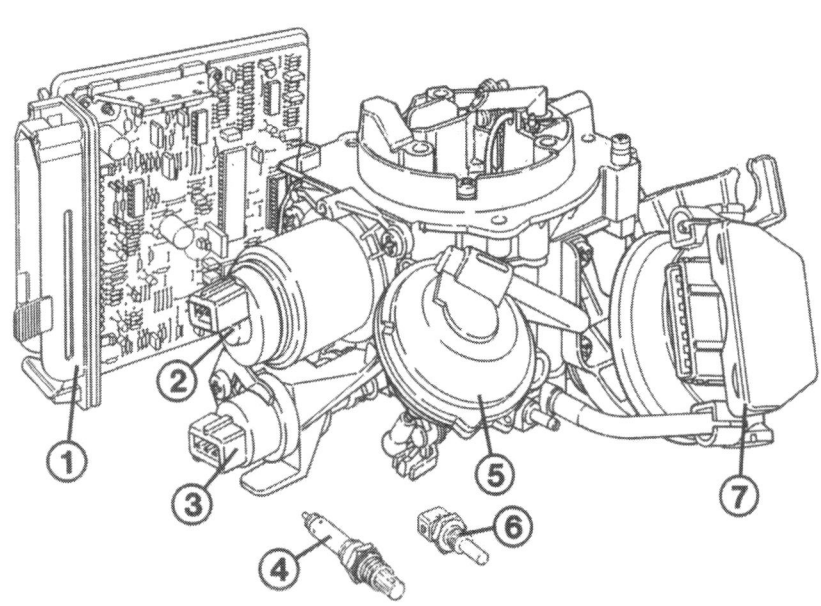

Zum Vergaser 2 E E gehören:
1 – Steuergerät;
2 – Luftklappenansteller;
3 – Drosselklappen-Potentiometer;
4 – Lambdasonde;
5 – Unterdruckdose zur Betätigung der 2. Vergaserstufe;
6 – Temperaturfühler;
7 – Drosselklappensteller.

Warmlauf	Mit steigender Motortemperatur wird die Luftklappe immer weiter geöffnet – das Gemisch magert ab. Maßgeblich an der Gemischzusammensetzung beteiligt ist auch die erwähnte variable Leerlaufluftdüse. Sie ist direkt von der Vordrosselstellung abhängig und beeinflußt das Gemisch im Leerlauf und leerlaufnahen Bereich bei mittleren Motortemperaturen.
Leerlauf	Hierfür besitzt das Steuergerät sogenannte Kennfeld-Sollwerte abhängig von der Temperatur des Kühlmittels und der Saugrohrwand. Das Einregulieren des Kraftstoff/Luft-Gemisches übernimmt der Luftklappensteller zusammen mit der Leerlaufluftdüse. Für die Drehzahl ist der Drosselklappensteller zuständig.
Beschleunigen	Zügiges Durchtreten des Gaspedals erkennt das Drosselklappenpotentiometer und meldet die Bewegung ans Steuergerät weiter. Das veranlaßt umgehend eine Schließung der Luftklappe zur Gemischanreicherung. Dabei wird auch die Temperatur an der Saugrohrwand berücksichtigt.
Übergang auf die II. Stufe	Zusätzlich zum Anreicherungssystem der II. Stufe wird die Luftklappe für etwas fetteres Gemisch kurzfristig ein wenig geschlossen.
Weitere Funktionen	**Übergang**, **Normalbetrieb** und **Teillast** des elektronisch gesteuerten Vergasers unterscheiden sich nicht vom Pierburg 2 E 2. Bei **Vollast** kann durch das Vollaströhrchen zusätzlicher Kraftstoff austreten. **Schiebebetrieb und Motorstop:** Hier geschieht das gleiche wie beim 2 E 2-Vergaser. Das Steuergerät veranlaßt, daß die Drosselklappe von ihrem Steller geschlossen wird. **Fingerzeig:** <u>Öffnet die Drosselklappe nach Schiebebetrieb wieder, erhält der Motor erneut zündfähiges Gemisch. Dabei kann ein leichtes Einsatz-Rucken entstehen, das sich jedoch nicht vermeiden läßt. Die</u> Drosselklappenbewegung spüren Sie übrigens auch im Gaspedal: Es kommt in Stellung Schubabschaltung hoch und senkt sich beim Wiedereinsetzen der Gemischlieferung wieder nach unten.

Selbsthilfe am 2 E E-Vergaser

Viele Prüfungen am elektronisch gesteuerten Vergaser sind dem Selbsthelfer mangels der nötigen Prüfgeräte leider nicht möglich. Dennoch bleibt ein breites Betätigungsfeld.

Vorgehensweise	Das Steuergerät selbst kann mit Heimwerkermitteln nicht kontrolliert werden. In der Praxis ist hier auch nur sehr selten mit Fehlern zu rechnen. Geber und Kabelverbindungen geben ungleich häufiger Anlaß zu Beanstandungen. Daher ist bei einem Defekt folgende Vorgehensweise ratsam: ○ Sicherstellen, daß die Zündung in Ordnung ist. ○ Kraftstoffversorgung prüfen (Seite 64). ○ Sichtprüfung an den Teilen des Vergasers durchführen. ○ Wurde so kein Fehler gefunden, beim 2 E E-Vergaser ab 10/87 Fehlerspeicher abrufen, mögliche Fehlerquelle ermitteln, verdächtiges Bauteil nach Prüfanleitung kontrollieren.
Sichtprüfung	● Undichtigkeiten suchen, wie unter »Leerlaufschwankungen« beschrieben. ● Sind an den Kraftstoffleitungen Undichtigkeiten zu erkennen? ● Wurden die Kabelstecker mehrfach auseinandergezogen und wieder verbunden? Das kann mangelnden Kontakt zur Folge haben. ● Sehen Sie sich die Stecker an den einzelnen Bauteilen des Vergasers genau an. Mit einem schmalen Schraubenzieher lassen sich die Zungen ein wenig nachbiegen.

Störungen und Eigendiagnose

Das Ecotronic-Steuergerät des 2 E E-Vergasers kann seit 10/87 einen Teil der Fehler, die während des Motorbetriebs auftreten, erkennen und speichern. Dieser Fehlerspeicher läßt sich mit einem Leuchtdioden-Spannungsprüfer abrufen.
○ Die Leuchtdiode blinkt dann in einem festgelegten Rhythmus je nach Art des Fehlers unterschiedlich (siehe Tabelle rechts).
○ Der Fehler bleibt nur für die Zeit nach dem Anlassen des Motors gespeichert. 15 Sekunden nach dem Abschalten der Zündung wird der Fehlerspeicher gelöscht.
○ Das Steuergerät speichert sämtliche aufgetretenen Fehler, die Sie nacheinander abfragen können.

Die Zeichnung zeigt schematisch, wie die Fehlerspeicherabfrage aktiviert wird. An den Prüfstecker (1) beim Verteiler bzw. der Zündspule schließen Sie ein Kabel (2) an, das an seinem anderen Ende zwei Steckanschlüsse besitzen muß. Mit dem einen Steckanschluß wird mit dem Leuchtdioden-Spannungsprüfer (4) eine Verbindung zum Batterie-Pluspol hergestellt. Zum eigentlichen Aktivieren brauchen Sie ein zweites Kabel (3), das zum einen am Batterie-Minuspol angeklemmt wird, und mit dem andererseits der Zweifach-Steckanschluß für mindestens vier Sekunden berührt werden muß.

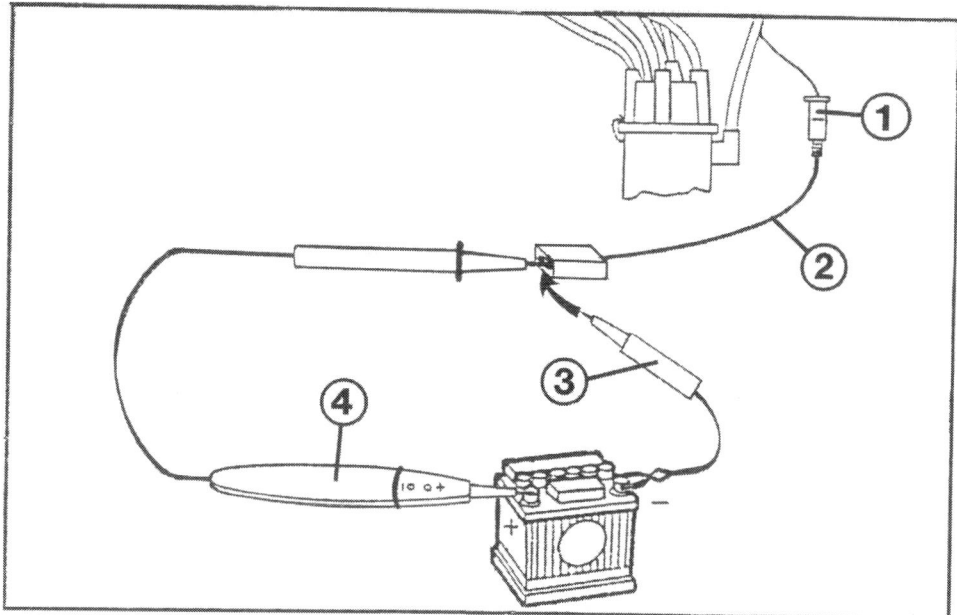

- Motor warmfahren. Die Probefahrt muß mindestens sechs Minuten lang dauern.
- Dabei den Motor auf mehr als 2000/min hochdrehen (Halbgas für mindestens 10 Sekunden).
- Gaspedal auch einmal kurz völlig durchtreten.
- Motor im Leerlauf weiterdrehen lassen – nicht abschalten!
- Läuft der Motor wegen eines Defekts gar nicht an, lassen Sie ihn vom Anlasser ca. sechs Sekunden lang durchdrehen. Zündung danach nicht ausschalten.
- An einer Leitung beim Zündverteiler oder der Zündspule hängt ein Stecker mit blauer Leitung.
- Der Stecker wird mit Hilfe passender Kabel und dem zwischengeschalteten Spannungsprüfer mit dem Batterie-Pluspol verbunden. Die Leuchtdiode muß jetzt glimmen.
- Zum Aktivieren des Fehlerspeichers schließen Sie am Minuspol der Batterie ein weiteres Kabel an.
- Mit diesem Kabel berühren Sie für mindestens vier Sekunden eine Kontaktstelle zwischen Prüfstecker und Spannungsprüfer (Zeichnung oben).

- Entweder Kontaktstelle erneut berühren. So stellen Sie ja fest, ob noch ein weiterer Fehler gespeichert ist.

- Die Leuchtdiode brennt zunächst einmal lang, um den Beginn der Anzeige zu signalisieren. Danach folgen nach einer Pause vier Blinksignale, die im Abstand von etwa 2½ Sekunden wiederholt werden.
- Diese Blinksignale – jeweils bestehend aus bis zu vier kurzen Blinkimpulsen – sind unser Fehlercode. Also notieren.
- Kommt die Blinkfolge 4–4–4–4, hat das Steuergerät keinen Fehler gespeichert.
- Was die übrigen Fehlercodes bedeuten, zeigt die Tabelle.
- Fehlerabfrage bei immer noch laufendem Motor wiederholen; vielleicht befindet sich ein weiterer Fehler im System.
- War kein weiterer Fehler vorhanden, wird dies durch das Blinkzeichen 0–0–0–0 angezeigt (Blinken in 2,5-Sekunden-Intervallen).
- Um sicherzugehen, daß wirklich kein Fehler mehr vorhanden ist, sollte nun eine Probefahrt von zehn Minuten anschließen.
- Danach fragen Sie den Fehlerspeicher nochmals ab.

- Oder Zündung ausschalten.
- Oder Motor auf über 2000/min hochdrehen.

Fehlerspeicher abrufen

Fehlerspeicher löschen

Fehlertabelle

2 E E-Vergaser

Blinkcode	Die Störung	– ihre Ursache	– ihre Abhilfe
2–2–1–4	Höchstdrehzahl überschritten	Höchstdrehzahl (7000 ± 50/min) während der Fahrt überschritten	Motor nicht so hoch ausdrehen
2–1–2–4	Drosselklappensteller oder Drosselklappen-Potentiometer gibt keine Signale	Leitungsunterbrechung oder Kurzschluß zwischen Steuergerät und Drosselklappensteller	Leitungen prüfen
		Drosselklappensteller defekt	Prüfen
2–2–1–2	Drosselklappen-Potentiometer gibt keine Informationen	Leitungsunterbrechung bzw. Kurzschluß zwischen Steuergerät und Drosselklappen-Potentiometer	Leitungen prüfen
		Drosselklappen-Potentiometer defekt	Prüfen

Blinkcode	Die Störung	– ihre Ursache	– ihre Abhilfe
2-3-1-2	Kein Meldung vom Kühlmittel-Temperaturgeber	Leitungsunterbrechung bzw. Kurzschluß zwischen Steuergerät und Temperaturgeber	Leitungen prüfen
		Temperaturgeber defekt	Prüfen
2-3-4-1	Lambda-Regelung am Regelanschlag »Anfetten«	CO-Gehalt zu mager eingestellt	Prüfen bzw. einstellen
		Luftklappe schwergängig	Prüfen
		Vergaser defekt	Prüfen lassen
		Steuergerät defekt	Lambda-Regelung prüfen
		Ansaugsystem undicht	Dichtheitsprüfung an Unterdruckanschlüssen, Ansaugrohr, Flansch des Vergasers
		Masseschluß im Lambda-Sondenkabel zwischen Sonde und Steuergerät	Leitung prüfen
		Masseschluß der Lambda-Sonde	Sonde prüfen
		Lambda-Sonde durch Fehlfunktion verrußt	Sonde durch zügige Überlandfahrt (mindestens 20 Minuten) versuchsweise freifahren
2-3-4-2	Lambda-Sonde gibt kein Signal zum Steuergerät	Leitungsunterbrechung zwischen Lambda-Sonde und Steuergerät	Leitungen prüfen
		Lambda-Sonde defekt	Lambda-Regelung prüfen
2-4-1-2	Keine Meldung vom Ansaugluft-Temperaturgeber	Leitungsunterbrechung bzw. Kurzschluß zwischen Steuergerät und Temperaturgeber	Leitungen prüfen
		Temperaturgeber defekt	Prüfen
4-4-3-2	Keine Informationen vom Luftklappensteller oder Steuergerät	Masseschluß in der Leitung zwischen Luftklappensteller und Steuergerät	Leitung prüfen
		Masseschluß im Luftklappensteller	Prüfen
		Steuergerät defekt	Ersetzen
2-1-2-2	Kein Drehzahlsignal vom TSZ-Schaltgerät	Leitungsunterbrechung zwischen Steuergerät und TSZ-Schaltgerät	Leitung prüfen
		TSZ-Schaltgerät bzw. Hallgeber defekt	Schaltgerät bzw. Hallgeber prüfen, ggf. ersetzen
		Falsches TSZ-Schaltgerät eingebaut	Teile-Nr. des Schaltgeräts überprüfen
4-4-4-4	Kein Fehler erkannt		
0-0-0-0	Ende der Fehlerausgabe durch Blinken in 2,5-Sekunden-Intervallen		

Eigendiagnose

Das Steuergerät des 2 E E-Vergasers kann die Funktion einzelner Bauteile prüfen. Die Vorgehensweise ist ähnlich wie zur Abfrage des Fehlerspeichers. Und wie beim Fehlerspeicher zeigt ein Blinkcode an, welches Bauteil gerade geprüft wird. Folgendermaßen läuft der Prüfvorgang (der Blinkcode steht in Klammern):
○ Luftklappensteller (4–4–3–2)
○ Abschaltventil der Kraftstoff-Verdunstungsanlage (4–3–4–3)
○ Relais für Ansaugrohr-Beheizung (4–3–4–2)
○ Belüftungsventil im Drosselklappensteller (4–3–2–3)
○ Entlüftungsventil im Drosselklappensteller (4–3–2–4)
○ Ende der Eigendiagnose (0–0–0–0)

- Voraussetzung ist ein Spannungsprüfer mit Leuchtdioden.
- Luftfilter abbauen.
- Die Zündung muß für mindestens 20 Sekunden abgeschaltet sein.
- Frei hängenden Kabelstecker mit blauer Leitung am Zündverteiler bzw. an der Zündspule mit Hilfe passender Kabel und dem zwischengeschalteten Spannungsprüfer mit dem Batterie-Pluspol verbunden. Die Leuchtdiode muß jetzt glimmen.
- Zum Einleiten der Diagnose schließen Sie ein weiteres Kabel am Minuspol der Batterie an.
- Mit diesem Kabel berühren Sie eine Kontaktstelle zwischen Prüfstecker und Spannungsprüfer (siehe Zeichnung Seite 79). Die Leuchtdiode brennt jetzt hell.
- Zündung einschalten und nach frühestens vier Sekunden die Verbindung zum Batterie-Minuspol wieder trennen.
- Jetzt folgen vier Blinksignale, die im Abstand von etwa 2½ Sekunden wiederholt werden.
- Diese Blinksignale mit der Aufstellung unten vergleichen und entsprechendes Bauteil kontrollieren.
- Für das nächste Bauteil die Diagnose erneut einleiten, wie eben beschrieben.
- Kommt das Blinkzeichen 0–0–0–0 (Blinken in 2,5-Sekunden-Intervallen), ist die Diagnose beendet.
- Zündung abschalten.

Diagnose durchführen

- 4–4–3–2: Luftklappensteller beobachten, er muß ein Schnarrgeräusch von sich geben, die Klappe flattert.
- 4–3–4–3: Das Abschaltventil der Kraftstoff-Verdunstungsanlage muß schalten (Klick-Geräusch).
- 4–3–4–2: Das Relais für Saugrohrbeheizung muß ebenfalls klicken.
- 4–3–2–3: Das Belüftungsventil im Drosselklappensteller klickt.
- 4–3–2–4: Das Entlüftungsventil im Drosselklappensteller muß ebenfalls ein Klick-Geräusch erzeugen.
- Tut sich am geprüften Bauteil nichts, betreffenden Stecker abziehen und einen weiteren Leuchtdioden-Spannungsprüfer an den Kontakten im Stecker anklemmen.
- Blinkt die Leuchtdiode, ist das Bauteil defekt. Bleibt es dunkel, elektrische Prüfung durchführen oder Leitungen prüfen.
- Für das Belüftungsventil am Drosselklappensteller werden die Kontakte »6« und »7« im Stecker geprüft, für das Entlüftungsventil die Kontakte »1« und »2«.

Bauteile prüfen

Prüfen von Funktion und Bauteilen

In den folgenden Abschnitten finden Sie jene Arbeiten herausgegriffen, die der Heimwerker ohne spezielle Ausrüstung ausführen kann.

- Motor warmfahren, abstellen.
- Luftfilter ausbauen, am Vergaser den Unterdruckanschluß für den Temperaturregler mit einer passenden Kappe verschließen.
- Motor starten und im Leerlauf drehen lassen.
- Steckverbindung zur Lambda-Sonde trennen. Dadurch schaltet das Steuergerät auf Notlauf um.
- Die Luftklappe muß jetzt in etwa 60°-Schrägstellung stehen.
- Wenn nicht, Luftklappe auf Leichtgängigkeit sowie den Luftklappenansteller prüfen.
- Falls dort kein Fehler zu finden war, ist die Ansteuerung des Anstellers nicht in Ordnung (Kabelunterbrechung, Steuergerät defekt).
- Im Stecker der Lambda-Sonde die grüne Leitung etwa 20 s an Masse halten.
- Die Luftklappe muß langsam schließen, andernfalls ist ein Kabel unterbrochen oder das Steuergerät gestört.
- Motor eine Minute lang mit mehr als 2000/min drehen lassen, damit die Lambda-Sonde ihre Betriebstemperatur erreicht.
- Stecker zur Sonde anschließen und Verschlußkappe vom Unterdruckanschluß am Vergaser abziehen.
- Die Luftklappe muß langsam ein wenig schließen.
- Falls nicht, ist die Lambda-Sonde defekt oder verrußt.
- Versuchshalber den Motor mindestens 20 Minuten zügig warmfahren, um den Rußansatz zu beseitigen, Prüfung wiederholen.

Schnelle Funktionsprüfung

Der Drosselklappensteller besteht aus zahlreichen Einzelteilen, von denen jedes geprüft werden kann. Alle Prüfungen sind einfach zu bewerkstelligen.

- Anschlußstecker und Unterdruckschläuche vom Drosselklappensteller abziehen.
- **Entlüftungsventil prüfen:** Voltmeter zwischen Steckkontakt »1« (+-Strom) und Kontakt »2« (Masse) anschließen.
- Zündung einschalten – Sollwert ca. 12 Volt.
- Wenn nicht, die Kontrolle, ob Masse fehlt: Messen Sie zwischen Kontakt »1« und halten Sie den zweiten Anschluß des Voltmeters direkt an den Motorblock.
- Zündung ausschalten, ggf. Kabelunterbrechung nach Stromlaufplan suchen.

Drosselklappensteller prüfen

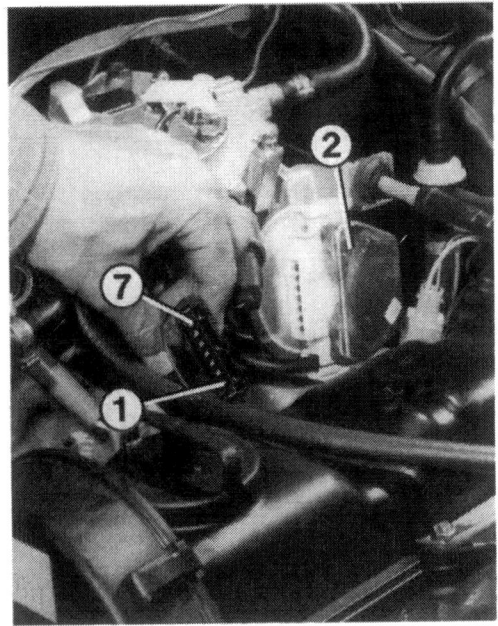
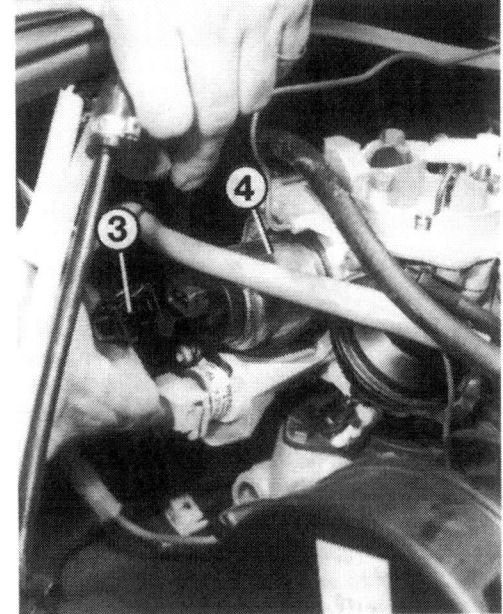

Links haben wir den Kabelstecker vom Drosselklappensteller (2) abgezogen. Für die elektrischen Prüfungen müssen Sie auf die Zählweise der Kontakte im Stecker und am Steller achten. Die Kontakte werden von unten nach oben gezählt (Ziffer 1 bis 7). Rechts: Zum Prüfen des Widerstands an den Kontakten des Luftklappensteller (4) muß dessen Kabelstecker (3) abgezogen werden.

- Ohmmeter an den Kontakten »3« und »5« am Steller anschließen.
- Am unteren Anschluß des Steller ein passendes Schlauchstück aufstecken, durch das ein Helfer Luft ansaugen muß.
- Zündung einschalten. Luft ansaugen lassen und gleichzeitig den Widerstandswert ablesen.
- Es müssen 500–700 Ω abzulesen sein. Der Stößel des Drosselklappenstellers darf sich nicht ganz zurückziehen.
- Wenn der Stößel ganz eingezogen werden soll, muß ein Unterdruck von mindestens 250 mbar vorhanden sein.
- Zündung ausschalten, Prüfschlauch am Drosselklappensteller abziehen.
- Beobachten Sie hierbei den angezeigten Widerstandswert. Er darf innerhalb einer Minute um höchstens 200 Ω ansteigen.
- Steigt der Widerstand schneller an, muß der Drosselklappensteller ersetzt werden, denn sein Entlüftungsventil ist undicht.
- **Rückschlagventil:** Zündung einschalten und wieder das Ohmmeter beobachten: Der Widerstand darf in 5 Sekunden um nicht mehr als 650 Ω ansteigen.
- Falls der Widerstand schneller ansteigt, liegt der Fehler am Rückschlagventil. Prüfen und ggf. ersetzen.
- **Belüftungsventil:** Mit passenden Steckern und Leitungen Kontakt »1« im Vielfachstecker mit Gegenkontakt »6« im Drosselklappensteller verbinden.
- Ebenso Kontakt »2« an »7« anschließen.
- Zündung einschalten und Stößel beobachten: Er muß innerhalb einer Sekunde ganz ausgefahren sein.

Luftklappensteiler prüfen

- **Funktion:** Motor warmfahren.
- Luftfilterdeckel abnehmen.
- Bei ausgeschalteter Zündung Luftklappe hin- und herbewegen: Sie muß leichtgängig sein und von selbst schnell zurückfedern. Die Luftdüsennadel, die vom Hebel seitlich an der Luftklappe betätigt wird, muß ebenfalls leichtgängig sein.
- Motor starten und im Leerlauf drehen lassen.

- Bewegt sich der Stößel zu langsam oder gar nicht, oben am Drosselklappensteller den Unterdruckanschluß und Filter für das Belüftungsventil auf Durchgang kontrollieren.
- Zum Ausbau des Deckels eine M-4-Schraube eindrehen, Deckel abziehen.
- Filter herausnehmen und ggf. säubern.
- Beim Einbau zeigt die abgesetzte Seite des Filters nach oben. Dichtring auf Beschädigung kontrollieren.
- **Widerstände prüfen:** Geprüft wird mit einem Ohmmeter für die Unterdruckventile an den Kontakten »1« und »2« sowie »6« und »7« am Steller.
- Der Meßwert muß zwischen 20 und 70 Ω liegen.
- Den Widerstand für das Drosselklappenpotentiometer ermitteln Sie zwischen Kontakt »3« und »4« – Sollwert 1,4–2,6 kΩ.
- Zwischen Kontakt »3« und »5« wird der Widerstand im Stellbereich gemessen. Dazu müssen wieder die Kontakte »1« und »2« am Stecker und am Steller miteinander verbunden sein. Außerdem muß wieder ein Helfer am unteren Anschluß Luft ansaugen.
- Ohne Unterdruckpumpe sind die Meßwerte nur Anhaltspunkte: Geringster Wert knapp 400 Ω, Höchstwert 1,4–2,4 kΩ.
- Je mehr Luft angesaugt wird (erhöhter Unterdruck), desto mehr muß der Widerstand abnehmen.
- **Regelbereich prüfen:** Dieses Maß ist im Werk eingestellt und soll nicht verändert werden.
- Falls die richtige Leerlaufdrehzahl nicht erreicht wird, obwohl sämtliche Bauteile in Ordnung sind, kann die Werkstatt den Regelbereich bei einem festgelegten Unterdruckwert einstellen.

- Drosselklappe zu etwa ⅓ schnell öffnen und wieder schließen.
- Die Luftklappe muß gleichzeitig schnell in Richtung »Schließen« schwenken und anschließend in ihre Ausgangslage zurückgehen.
- Beachten Sie, daß die Luftklappe beim schnellen Schließen der Drosselklappe kurz voll öffnen kann, um dann wieder in Ausgangsstellung zu gehen.

Wenn Sie den Stecker (1) vom Drosselklappen-Potentiometer (2) abziehen, werden dessen drei Steckkontakte sichtbar, an denen die im Text beschriebenen Widerstandsmessungen durchgeführt werden.

- Falls die Luftklappe ihre Stellung nicht verändert, muß der Leitungsverlauf im Bereich Steuergerät, Luftklappensteller und Drosselklappen-Potentiometer geprüft werden.
- Durch diese Prüfung ist auch sichergestellt, daß die Beschleunigungsanreicherung funktioniert.
- **Widerstand prüfen:** Stecker am Luftklappensteller abziehen.

- Losschrauben und Leichtgängigkeit kontrollieren.
- Dazu die Welle entgegen der Federkraft verdrehen. Das muß mit gleichbleibender Kraft möglich sein.
- Die Welle muß von selbst in ihre Ursprungslage zurückgehen, auch bei ganz geringem Verdrehwinkel.
- **Gesamtwiderstand:** Stecker abziehen und Ohmmeter an den Kontakten »1« und »3« anklemmen.
- Der Meßwert muß zwischen 1,4 und 2,6 kΩ liegen.
- **Widerstand im Stellbereich:** Ohmmeter an Kontakt »1« und »2« anklemmen.

- **Temperaturgeber Ansaugluft:** Stecker oben am Ansaugrohr abziehen.

- Ohmmeter zwischen beiden Kontakten anklemmen – Sollwert 0,9–1,7 Ω.
- Als nächstes prüfen Sie jeweils zwischen einem Kontakt und dem Gehäuse des Luftklappenstellers.
- Am Meßgerät müssen ∞ Ω abzulesen sein, sonst liegt ein Masseschluß vor.

- Motor starten und im Leerlauf drehen lassen.
- Am Luftfiltergehäuse den Belüftungsschlauch zum Drosselklappensteller abziehen und Schlauchöffnung zustopfen.
- Motor abstellen.
- Der Drosselklappensteller muß jetzt in Schubstellung zurückgezogen und in dieser Stellung gehalten werden.
- Widerstand ablesen, Sollwert 1,4–2,4 kΩ.
- Drosselklappe langsam in Vollgasstellung drehen, Meßwert ablesen – er muß stetig abfallen bis auf weniger als 270 Ω.

- An den beiden Steckkontakten ein Ohmmeter anschließen.

Drosselklappen-Potentiometer prüfen

Temperaturgeber prüfen

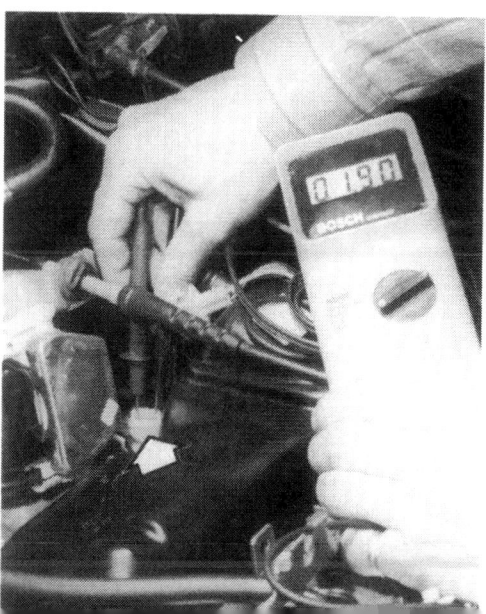

Links: Im Kühlwasserstutzen vorn am Zylinderkopf sitzt der Temperaturfühler (1) für das Ecotronic-Steuergerät mit blauer Isolierung und der Fühler (2) für die Ansaugrohrbeheizung (rote Isolierung).
Rechts: Der Temperaturfühler (Pfeil) für die Ansaugluft sitzt oben am Saugrohr. Hier ist der Stecker bereits abgezogen, um an den Kontakten des Fühlers den Widerstand zu messen.

- **Temperaturgeber Kühlmittel**: Blauen Stecker am Geber am Kühlwasserstutzen (Bild unten links auf der Vorseite) abziehen.
- An den beiden Steckkontakten des Gebers ein Ohmmeter anschließen.

Abstell- und Startfunktion prüfen

- **Abstellen**: Motor starten und im Leerlauf drehen lassen.
- Zündung abschalten, Stößel des Drosselklappenstellers beobachten.
- Er muß in Schiebebetrieb-/Abstellstellung zurückgezogen werden – zwischen Anschlagschraube und Stößel ist ein geringer Spalt vorhanden.
- Falls der Stößel nicht zurückgezogen wird, liegt der Fehler an einem der folgenden Teile: Unterdruckschlauch zwischen Vergaser und Steller, Drosselklappensteller, Steuergerät oder Leitung zwischen Belüftungsventil des Stellers und Steuergerät.

Schwimmerkammerbelüftung prüfen

- Von einem Helfer die Zündung ein- und ausschalten lassen – das Ventil muß deutlich hörbar »Klick« machen.
- Wenn nicht, Kabelstecker am Ventil abziehen.
- An den Kontakten im Stecker einen Spannungsprüfer anschließen.
- Zündung einschalten, es muß Spannung anliegen, sonst Kabelunterbrechung suchen.

- **Beide Geber**: Widerstandswert ablesen.
- Im Diagramm auf Seite 96 prüfen, ob die Werte für den Geber-Widerstand und die momentane Luft- bzw. Kühlmitteltemperatur ihren Schnittpunkt auf der Kurve haben.

- **Start**: Nach 10 bis 20 Sekunden öffnet das Belüftungsventil, und der Stößel fährt in Startstellung heraus.
- Wenn Sie die Zündung sofort nach dem Abschalten des Motors wieder einschalten, muß der Stößel des Drosselklappenstellers ohne Verzögerung in Startposition gehen.
- Bleibt der Stößel eingefahren, folgende Teile überprüfen: Unterdruckschlauch zwischen Drosselklappensteller und Luftfilter, Filtereinsatz im Luftfilter, Drosselklappensteller, Steuergerät oder Leitung zwischen Belüftungsventil des Stellers und Steuergerät.

- Zur Funktionsprüfung des Ventils den Schlauch zum Umschaltventil am Aktivkohlebehälter abnehmen.
- Zündung einschalten und versuchen, in den Schlauch hineinzublasen.
- Wenn dies nicht möglich ist, funktioniert das Umschaltventil einwandfrei.

Leerlaufdrehzahl und CO-Gehalt einstellen

Wartung Nr. 33

Schwankungen der Leerlaufdrehzahl liegen selten am Vergaser. Zündkerzenverschleiß kann die Ursache sein, bei einem Motor mit Spulenzündung veränderter Zündzeitpunkt und beim Tassenstößelmotor falsches Ventilspiel.

Für den Selbsthelfer ist eine genaue Leerlaufeinstellung leider nur schwer zu bewerkstelligen. Außer einem exakten Drehzahlmesser wird ein Abgasmeßgerät benötigt, das in vernünftiger Ausführung praktisch unerschwinglich ist. Die einfachen Abgastester, wie sie für Heimwerker angeboten werden, arbeiten nicht ausreichend genau. Beim 2 E E-Vergaser ist die Leerlaufdrehzahl ohnehin nicht mehr einstellbar, sie wird ausschließlich vom Ecotronic-Steuergerät geregelt.

Vorbereitungen

○ Zur Einstellung muß der Motor betriebswarm sein. Das entspricht einer Öltemperatur von mindestens 60°C.
○ Elektrische Prüfgeräte anschließen. Das darf bei der Transistorzündung nur bei abgeschalteter Zündung geschehen.

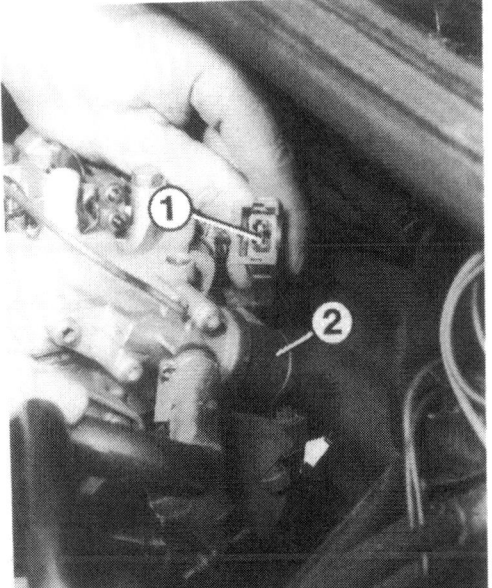

Zur Schwimmerkammerbelüftung gehören zwei Ventile. Links: Das Umschaltventil (2) sitzt in Fahrtrichtung links am Vergaser. Hier im Bild ist der Stecker (1) vom Anschluß (Pfeil) abgezogen.
Rechts: Neuere Fahrzeuge haben zusätzlich ein Abschaltventil (4) für die dynamische Schwimmerkammerbelüftung – es soll Anfahrprobleme bei heißgefahrenem Motor verhindern. Zur Prüfung der Spannungsversorgung haben wir hier den Stecker (3) abgezogen.

○ Die Starterklappe muß voll geöffnet sein, beim 53-kW-Motor darf sie auch in leichter Schrägstellung stehen.
○ Schlauch der Kurbelgehäuse-Entlüftung am Luftfilter abziehen und Schlauch so legen, daß nur frische Luft angesaugt werden kann.
○ Alle elektrischen Verbraucher müssen abgeschaltet sein. Wenn der Kühlerventilator anläuft, muß der Einstellvorgang unterbrochen werden.
○ Falls die Einstellung länger als etwa zwei Minuten dauert, staut sich CO-Gas im Auspuff und verfälscht den Abgas-Meßwert. In diesem Fall den Motor rund 20 Sekunden mit halber Gasstellung drehen lassen.

Die Einstellwerte

Motor	Kennbuchstaben	Leerlaufdrehzahl 1/min	CO-Gehalt Vol.%	gemessen am
1,6/51 kW	PN	900 ± 75	0,6 ± 0,4	CO-Entnahmerohr
1,6/53 kW	RF	750 ± 50	1,0 – 0,5	CO-Entnahmerohr
1,6/55 kW mit Gummi/Metall-Motorlager	EZ	950 ± 50	1,0 ± 0,5[1]	Auspuff-Endrohr
1,6/55 kW mit Hydro-Motorlager	EZ	750 ± 50	1,0 ± 0,5[1]	Auspuff-Endrohr
1,8/62 kW	RH	750 ± 50	1,5 ± 0,5	CO-Entnahmerohr
1,8/66 kW mit Gummi/Metall-Motorlager	GU	950 ± 50	1,0 ± 0,5[2]	Auspuff-Endrohr
1,8/66 kW mit Hydro-Motorlager	GU	750 ± 50	1,0 ± 0,5[2]	CO-Entnahmerohr

[1] CO-Wert mit nachgerüstetem Katalysator: 1,0 – 0,5 Vol.% [2] CO-Wert mit nachgerüstetem Katalysator: 0 – 1,5 Vol.%

2 E 2-Vergaser einstellen

Im Bild unten sehen Sie die Einstellschrauben. Die Leerlaufdrehzahl wird an der **Einstellschraube des Stößels der Drei-/Vierpunktdose** eingestellt, zur Korrektur des CO-Gehalts dient die **CO-Einstellschraube**. Sie sitzt unter einem Deckel oben am Luftfiltergehäuse.

● **Einstellung mit CO-Meßgerät:** Die Einstellung erfolgt durch wechselweises Verdrehen der Einstellschraube für Drehzahl bzw. CO-Wert.
● Bei noch laufendem Motor den Schlauch der Kurbelgehäuse-Entlüftung wieder aufstecken und Abgaswert beobachten.
● Steigt der CO-Gehalt, liegt das nicht an falscher Einstellung, sondern an Überfettung aus dem Kurbelgehäuse. Das Schmieröl enthält Kraftstoffkondensate durch überwiegenden Kurzstreckenverkehr.
● Hier hilft eine zügige Überlandfahrt über rund 100 km. Die Kraftstoffkondensate verdunsten.

● Anschließend sofort den Ölstand kontrollieren, der erheblich absinken kann!
● Oder, wie auf Seite 18 empfohlen, den Ölwechsel vorverlegen.
● **Behelfmäßige Einstellung:** Zuerst Motordrehzahl etwas erhöhen.
● Sechskant an der Drei-/Vierpunktdose hineindrehen.
● Jetzt wird die CO-Einstellschraube etwas hineingedreht, bis die Drehzahl abfällt.
● CO-Einstellschraube wieder so weit herausdrehen, daß der Motor gleichmäßig dreht.

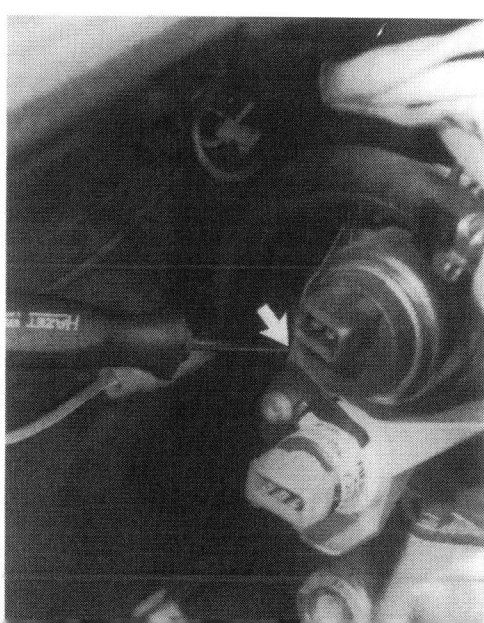

Links: Zur Leerlaufeinstellung am 2 E 2-Vergaser haben wir hier einen 13er-Ringschlüssel (1) am Sechskant der Dreipunktdose (2) angesetzt. Damit erfolgt die Drehzahlkorrektur. Die CO-Einstellschraube ist durch eine Öffnung im Luftfiltergehäuse erreichbar, Sie sehen im Bild den Schraubenzieher (3) dort angesetzt.
Rechts: Beim 2 E E-Vergaser kann lediglich der CO-Gehalt eingestellt werden. Die Einstellschraube sitzt versteckt in einem Stutzen in Fahrtrichtung rechts hinten am Vergaser (Pfeil).

● Zum Absenken der Motordrehzahl auf den vorgeschriebenen Wert den Sechskant der Drei-/Vierpunktdose herausdrehen.
● Evtl. die CO-Schraube nochmals verdrehen, wenn der Motor nicht sauber rund läuft.
● Diese Einstellung sollte alsbald mit einem CO-Tester überprüft werden.

2 E E-Vergaser einstellen

Die Leerlaufdrehzahl kann lediglich geprüft, aber nicht eingestellt werden. Den CO-Gehalt kontrolliert man ohne Meßgerät mit einem Spannungsprüfer mit Leuchtdioden; keine herkömmliche Prüflampe verwenden, sie kann elektronische Bauteile zerstören.

● Spannungsprüfer zwischen Batterie-Pluspol und den Prüfstecker im Leitungsstrang bei Verteiler bzw. Zündspule (blaues Kabel) anschließen.
● Motor starten und im Leerlauf drehen lassen.
● Motor eine Minute mit über 2000/min drehen lassen, damit die Lambda-Sonde »anspringt«.
● Bei richtiger CO-Einstellung blinkt die Leuchtdiode 1½ Mal pro Sekunde.
● Leuchtet sie dauernd, ist das Gemisch zu fett.
● Bleibt die Leuchtdiode dunkel, ist der CO-Gehalt zu niedrig.
● Falls die Leuchtdiode flackert (25 Impulse pro Sekunde), ist die Lambda-Sonde noch nicht betriebswarm.

● Eingestellt wird der CO-Gehalt mit der Einstellschraube in Fahrtrichtung vorn unten am Vergaser.
● Dazu die Steckverbindung zur Lambda-Sonde trennen, Leuchtdiode beobachten.
● Ohne Lambdaregelung schaltet das Steuergerät auf Notlauf, die Leuchtdiode flackert.
● CO-Gehalt ablesen: Der Sollwert lautet 0,6 ± 0,4 Vol.%. Ggf. mit der Einstellschraube korrigieren.

Abgas-Untersuchung (AU)

○ Für die **Motoren ohne bzw. mit ungeregeltem Katalysator** ist in der Bundesrepublik eine **jährliche** Abgaskontrolle vorgeschrieben.
○ Für Fahrzeuge mit **geregeltem Katalysator** ist erstmals drei Jahre nach Erstzulassungsdatum und darauf **alle zwei Jahre** eine Abgas-Untersuchung fällig.

Wenn für den VW eine »Fahrzeug-Hauptuntersuchung« beim DEKRA oder TÜV ansteht, muß ein gültiger Abgas-Prüfbericht vorliegen. Üblicherweise wird man zuerst die Abgas-Untersuchung durchführen lassen, wozu neben der Marken-Werkstatt auch freie Werkstätten, Bosch-Dienste, DEKRA und TÜV berechtigt sind. Nach unseren Erfahrungen geht es aber am schnellsten in der Marken-Werkstatt, die auch immer die allerneuesten Einstelldaten besitzt, während sie anderswo vielleicht erst mit einer gewissen Verzögerung vorliegen.

Alle Fahrzeuge: Bei der Abgas-Untersuchung wird auch die Zündeinstellung geprüft. Zur AU muß die Auspuffanlage intakt sein, und am Ansaugrohr darf keine »Nebenluft« eintreten können. Stellen Sie im übrigen sicher, daß der Luftfilter sauber ist und der Zündkerzen-Elektrodenabstand stimmt. Außerdem sollten Sie mit betriebswarmem Motor zur Messung vorfahren und ggf. einen Motorölwechsel spendieren, falls der Wagen lange Zeit im winterlichen Kurzstreckenbetrieb gefahren wurde. Das so ins Motoröl gelangte Kraftstoff-Kondensat verschlechtert die Abgaswerte.

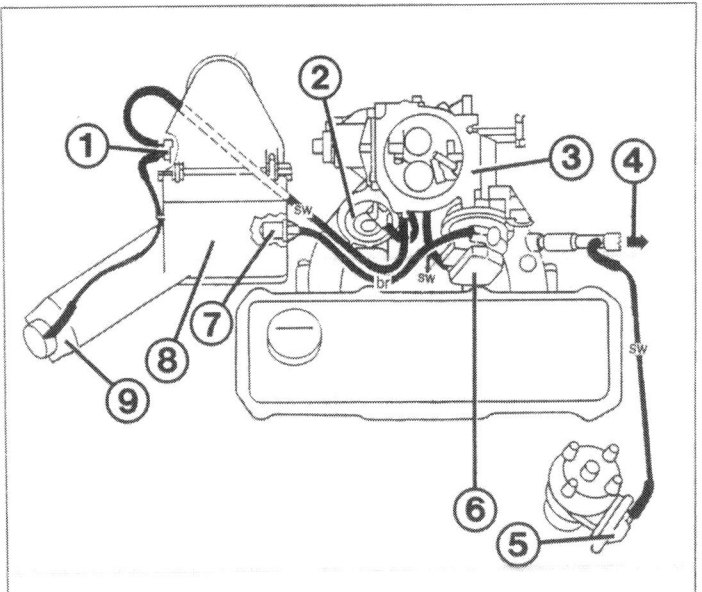

Für einwandfreie Funktion des 2 E E-Vergasers müssen dessen Unterdruckleitungen richtig angeschlossen sein. Hier in der Zeichnung sind folgende Bauteile bezeichnet:
1 – Temperaturregler;
2 – Unterdruckdose der II. Stufe;
3 – Vergaser;
4 – zum Bremskraftverstärker;
5 – Unterdruckdose der Zündungs-Frühverstellung;
6 – Drosselklappensteller;
7 – Belüftungsfilter;
8 – Luftfilter;
9 – Mischgehäuse der Ansaugluft-Vorwärmung.
Die Farben der Leitungen sind abgekürzt angegeben: br – braun; sw – schwarz.

Fahrzeuge mit Katalysator (geregelt oder ungeregelt): Zusätzlich wird hier die Wirksamkeit des Katalysators geprüft. Bei geregeltem Kat kommt noch die Überprüfung der Lambda-Sonde und des entsprechenden Steuergeräts hinzu. Das erfordert einen aufwendigen Werkstatttester. Anhand eines genauen Prüfprogramms wird Schritt für Schritt gemessen. Nach bestandener AU faßt ein Drucker die erzielten Meßwerte zu einer Prüfbestätigung zusammen. Werden einzelne Vorgaben nicht erreicht, gibt's auch keine Prüfbestätigung.

Fingerzeige: Wenn Sie die Wartung des VW immer in der Werkstatt durchführen lassen, gehört die Abgas-Untersuchung grundsätzlich zum Umfang des regelmäßigen Service dazu.
Falls Ihr VW bei der AU »durchgefallen« ist und teure Reparaturen angekündigt werden, kann sich ein erneuter Versuch bei einer anderen Werkstatt lohnen. Manchmal genügt auch schon eine zügige Probefahrt, damit Motor und Katalysator volle Betriebstemperatur haben.

Leerlauf-Schwankungen

Eine Undichtigkeit im Bereich des Ansaugsystems läßt sogenannte Nebenluft eintreten. Das vom Vergaser aufbereitete Gemisch wird nachträglich abgemagert. Am deutlichsten erkennt man die Störung im Leerlauf an schwankender Drehzahl. Es kann aber auch zu Klingelerscheinungen bei voll belastetem Motor kommen. Nebenluft und die verursachende undichte Stelle läßt sich recht einfach erkennen.
● Motor warmfahren und anschließend im Leerlauf drehen lassen, Haube öffnen.
● Mit einer Startkraftstoff-Spraydose (z.B. »Startpilot«) Vergaserfuß, Saugrohr und Leitungen zu den unterdruckgesteuerten Aggregaten (z. B. Bremskraftverstärker, Zündverteiler) ansprühen.
● Dreht der Motor beim Besprühen einer bestimmten Stelle höher, liegt dort die Undichtigkeit vor. Recht häufig sind Undichtigkeiten am Zwischenflansch des Vergasers.

Vergaser ausbauen

● Luftfilter komplett abnehmen.
● Benzin- und Unterdruckschläuche sowie elektrische Leitungen kennzeichnen und abziehen.
● Wasserschläuche am Starterdeckel abziehen. Vorsicht, Verbrühungsgefahr bei warmem Motor! Erst den Verschlußdeckel des Ausgleichbehälters abnehmen, damit der Überdruck aus dem Kühlsystem entweichen kann.
● Gaszug am Vergaser aushängen.
● Oben am Vergaser die M-6-Schrauben herausdrehen, Vergaser hochziehen.
● Falls der Zwischenflansch abgenommen werden soll: Sicherungsbleche (seit 12/84) zurückbiegen, vier Halteschrauben lösen.
● Beim Einbau Schrauben mit Sicherungsblechen montieren (13 Nm), Bleche zur Schraubensicherung hochbiegen.

Die wichtigsten Teile des 2 E 2-Vergasers sind hier abgebildet: 1 – Austrittsrohr; 2 – Leerlaufdüse; 3 – CO-Einstellschraube; 4 – thermopneumatisches Ventil; 5 – Thermozeitventil; 6 – Elektro-Umschaltventil; 7 – Einspritzrohr; 8 – Unterdruckdose der II. Stufe; 9 – Drosselklappenhebel; 10 – Dehnstoffelement; 11 – Beschleunigungspumpe; 12 – Heizelement; 13 – Teillast-Anreicherungsventil; 14 – Drei-/Vierpunktdose; 15 – Starterdeckel; 16 – Starterklappen-Pulldown; 17 – Hauptdüsen; 18 – Schwimmer.

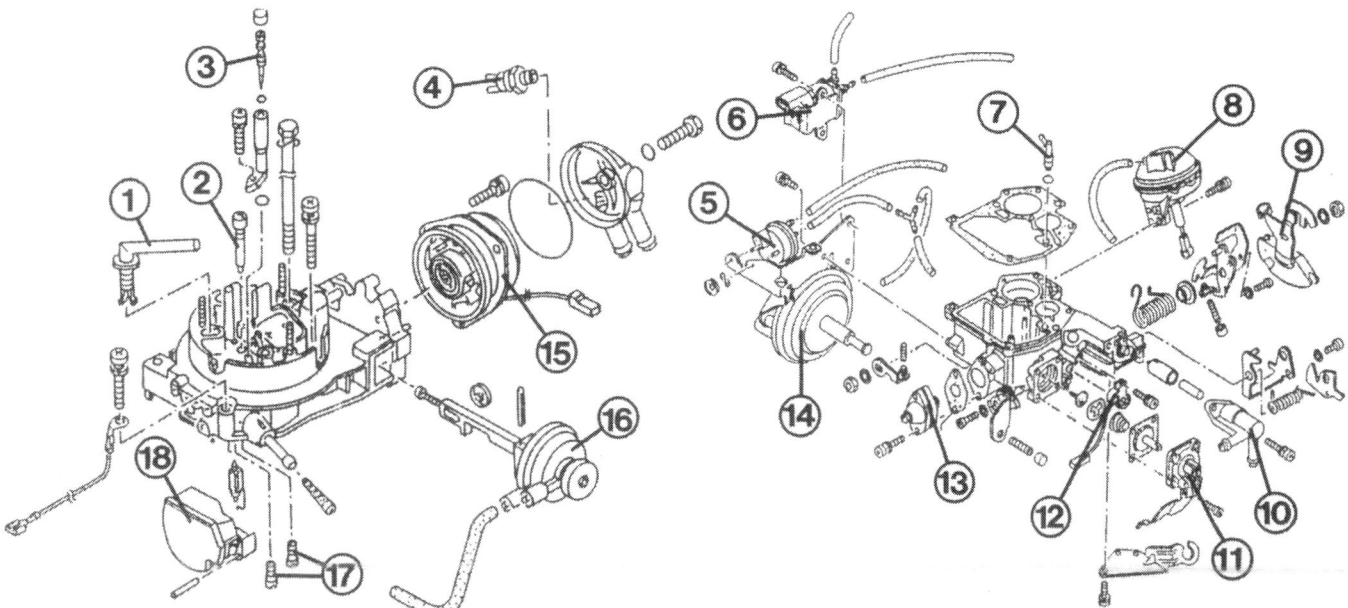

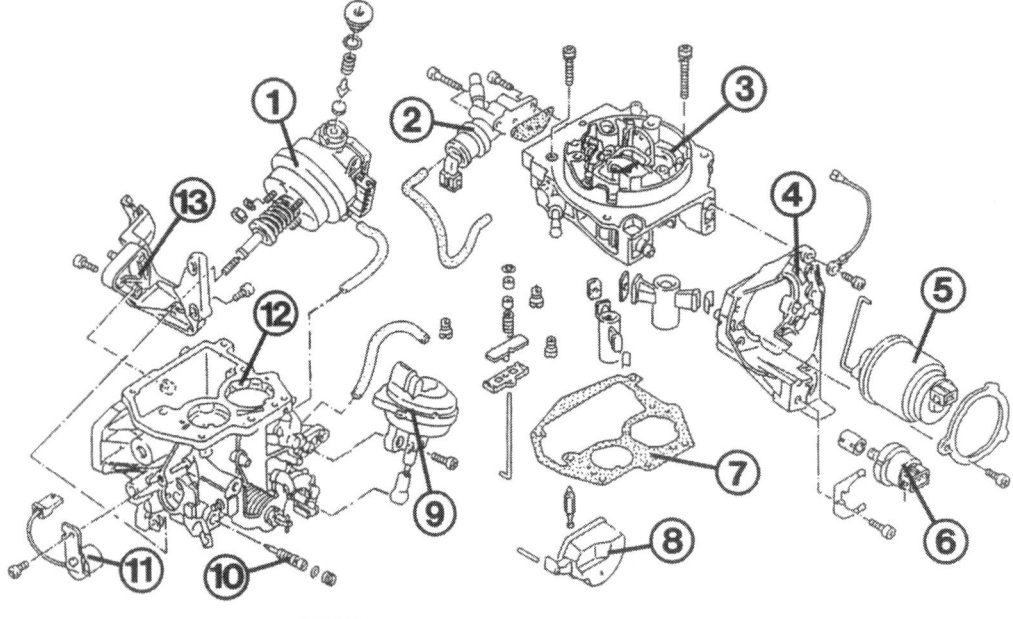

Der 2 E E-Vergaser mit seinen wichtigsten Teilen:
1 – Drosselklappensteller;
2 – Umschaltventil für Schwimmerkammerbelüftung;
3 – Vergaser-Oberteile;
4 – Halter;
5 – Luftklappensteller;
6 – Drosselklappen-Potentiometer;
7 – Vergaserdichtung;
8 – Schwimmer;
9 – Unterdruckdose zur Betätigung der II. Stufe;
10 – CO-Einstellschraube;
11 – Heizelement der Gemischkanalbeheizung;
12 – Drosselklappenteil;
13 – Halter.

Der Gaszug

Der Verbindungszug zwischen Gaspedal und Vergaser ist sehr knickempfindlich. Wurde er bei Arbeiten im Motorraum gelöst und in einen ungünstigen Winkel gelegt, kann er schon Schaden genommen haben.

Gaszug ersetzen

● **Schaltgetriebe:** Am Vergaser und am Lagerpunkt der Seilzughülle die Halteklammer(n) sowie die Stecksicherung abnehmen.
● Linkes Ablagefach abschrauben (Seite 260).
● Im Innenraum den Bügel des Gaszugs aus der Gummiöse oben am Gaspedal herausziehen.
● Gummitülle aus der Trennwand vom Motorraum zum Innenraum durchdrücken.
● Gaszug herausziehen.
● Neuen Gaszug beim Einbau keinesfalls knicken.
● **Getriebeautomatik:** Der zweigeteilte Zug zwischen Gaspedal und dem Winkelhebel am Getriebe (Pedalzug) bzw. zwischen Hebel und Vergaser (Vergaserzug) wird in ähnlicher Weise ausgebaut.
● **Pedalzug:** Kontermutter des Zugs am Lagerpunkt unten am Getriebegehäuse lockern, Rändelmutter losdrehen.
● Ösen am Betätigungshebel am Getriebe und am Gaspedal aushängen.
● **Pedalzug:** Halteklammern am Vergaser und am Getriebe abnehmen.
● Konter- und Einstellmutter am Widerlager oben am Motor losdrehen.
● Zug abnehmen.

Gaszug einstellen

● Gaspedal voll durchtreten lassen.
● Drosselklappenhebel in Vollgasstellung drücken.
● Stecksicherung in die entsprechende Kerbe der Gaszughülle am Lagerpunkt einstecken.
● Am Drosselklappenhebel darf das Spiel bei voll getretenem Gaspedal höchstens 1 mm betragen.
● **Getriebeautomatik:** Diese Methode genügt bis zum fachgerechten Einstellen in der Werkstatt.

● **Pedalzug:** Rändelschraube am Lagerpunkt am Getriebe so einstellen, daß der Zug auch in Kickdownstellung nicht unter Spannung steht.
● **Vergaserzug:** Mit der Mutter am Widerlager oben am Motor die Zuglänge so einstellen, daß die Drosselklappe bei voll durchgetretenem Gaspedal gerade voll geöffnet hat.

 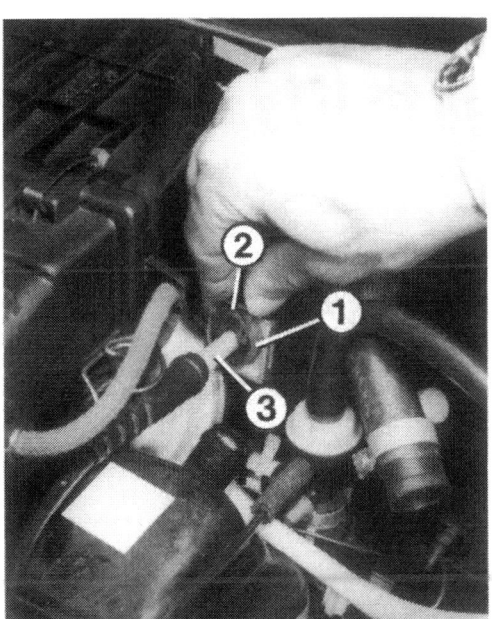

Links der Gaszug (3) beim 2 E 2-Vergaser, rechts beim elektronisch gesteuerten Vergaser 2 E E. Am Widerlager (1) sitzt eine Stecksicherung (2). Zum Einstellen der Zuglänge wird sie auf den Kerben der Gaszughülle umgesteckt.

Die Monojetronic-Einspritzung

Einzelspritzer

Der 66-kW-Motor besitzt seit 3/88 eine Zentraleinspritzung names »Monojetronic«. Sie besteht im wesentlichen aus einem Gehäuse, das dem eines Vergasers ähnelt, versehen mit einem einzigen Einspritzventil. Den Kraftstoffaustritt am Ventil bestimmt ein elektronisches Steuergerät.

Die Monojetronic ist damit eines der kompaktesten Einspritzsysteme, das im Preis fast mit einem vergleichbaren Vergaser konkurrieren kann, andererseits aber viele gute Eigenschaften einer Mehrventil-Einspritzung besitzt.

Die wichtigsten Teile

Steuergerät
Es sitzt im sogenannten Wasserfangkasten beim Schaltgerät für die Transistorzündung. Über einen Vielfachstecker erhält das Steuergerät Informationen von folgenden Bauteilen:
- **Hallgeber** im Zündverteiler für die Motordrehzahl
- **Lambda-Sonde** im Abgasrohr vorn für den Sauerstoff-Restgehalt im Abgas
- **Potentiometer** für die Stellung der Drosselklappe und damit die Menge der angesaugten Luft
- **Temperaturfühler** im Einlaß der Einspritzeinheit für die Ansaugluft-Temperatur
- **Temperaturfühler** (mit blauer Isolierung) am Kühlwasserstutzen vorn am Zylinderkopf für die Kühlwassertemperatur

Aus den eingehenden Signalen errechnet das Steuergerät die Öffnungsdauer des elektromagnetisch betätigten Einspritzventils und damit die einzuspritzende Kraftstoffmenge. Dabei greift das Steuergerät auf ein Motorkennfeld zurück – eine Datei, in der alle nur denkbaren Motorsituationen gespeichert sind. Ebenfalls in diesem Kennfeld festgehalten sind die zugehörigen Kraftstoffmengen – selbstverständlich in Form von elektrischen Signalen.

Zentrale Einspritzeinheit
Die Mehrzahl der Teile der Zentral-Einspritzung ist in diesem Gehäuse zusammengefaßt. Es sieht nicht nur aus wie ein Vergaser, sondern hat auch wie jener eine Drosselklappe – bewegt durch des Gaspedal. Durch das Gehäuse strömt die Ansaugluft, und hier wird – vom Einspritzventil – auch der Kraftstoff zugesetzt, genau wie im Vergaser.

Einspritzventil
Es wird durch einen Elektromagnet geöffnet. So kann Kraftstoff fließen oder auch nicht – je nach Befehl des Steuergeräts. Damit der Kraftstoff optimal zerstäubt wird, besitzt das Ventil schräge Austrittsbohrungen, aus denen das Benzin gegen die konische Wandung der Austrittsbohrung prallt und dort verwirbelt wird.

Lufttemperaturfühler
Er sitzt seitlich am Gehäuse des Einspritzventils und kann so die Temperatur der Ansaugluft, wie sie an der Einspritzeinheit ankommt, genau erfassen.

Der Druckregler
Er sorgt dafür, daß der Kraftstoffdruck am Einspritzventil stets bei 1 bar liegt. Dazu läßt er mehr oder weniger Benzin durch die Rücklaufleitung zum Tank zurückfließen. Die Kraftstoffzufuhr bleibt nämlich weitgehend konstant.

Drosselklappensteller
Ein kleiner Elektromotor mit Winkelgetriebe fährt den Betätigungsstößel mehr oder weniger weit gegen den Leerlauf-Anschlag der Drosselklappe. So kann die Drosselklappe je nach Bedarf ein kleines oder etwas größeres Stück geöffnet werden. So läßt sich die Leerlaufdrehzahl bei unterschiedlichen Belastungen konstant halten. Vorn im Betätigungsstößel des Drosselklappenstellers sitzt noch ein Drosselklappenschalter, der dem Steuergerät mitteilt, wenn Sie das Gaspedal loslassen.

Drosselklappen-Potentiometer
Es meldet die Bewegungen der Drosselklappe und deren Stellung dem Steuergerät. So wird zum Beispiel plötzliches Gasgeben als Beschleunigen erkannt. Die Meldung erfolgt auf elektrischem Weg – ein Potentiometer ist nichts anderes als ein veränderbarer Widerstand.

So arbeitet die Monojetronic

Grundfunktion
Die Kraftstoffpumpe schafft Benzin unter Druck zum Druckregler. Dieser sorgt dafür, daß am Einspritzventil stets derselbe Kraftstoffdruck (1 bar) »anliegt«.
Das Steuergerät erhält Informationen über den Motorlauf durch die Drehzahlimpulse von der Zündung und die

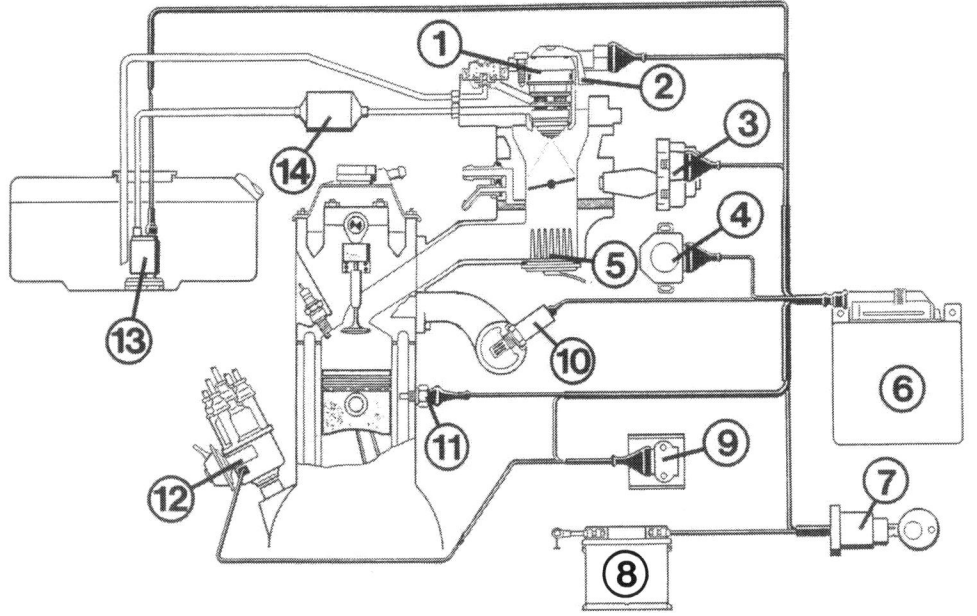

In dieser Zeichnung ist die Monojetronic mit ihren Teilen schematisch dargestellt:
1 – Einspritzeinheit;
2 – Lufttemperaturfühler;
3 – Drosselklappensteller;
4 – Drosselklappen-Potentiometer;
5 – Heizelement der Ansaugrohr-Beheizung;
6 – Steuergerät;
7 – Zünd-/Anlaßschalter;
8 – Batterie;
9 – TSZ-Schaltgerät;
10 – Lambdasonde;
11 – Kühlmittel-Temperaturgeber;
12 – Zündverteiler;
13 – elektrische Kraftstoffpumpe;
14 – Kraftstoffilter.

Widerstandswerte vom Drosselklappen-Potentiometer (Drosselklappenstellung). Daraus zieht das Steuergerät Rückschlüsse auf den Lastzustand des Motors und teilt (über das Einspritzventil) die zur angesaugten Luft nötige Menge Kraftstoff zu. Berücksichtigt ist bei dieser Zumessung das Kraftstoff/Luft-Verhältnis von $\lambda = 1$ für optimales Arbeiten des Katalysators. Dieses Verhältnis muß je nach Signal der Lambda-Sonde korrigiert werden (siehe dazu Seite 47).

Korrekturgrößen Das Einspritzventil kann nur öffnen und schließen, nicht aber die Menge dosieren. Deshalb wird die Kraftstoffmenge über die Einspritzzeit variiert. Und das geht so: Bei jedem Zündimpuls der Zündanlage spritzt das Ventil einmal ab. Wird wenig Kraftstoff gebraucht, öffnet das Ventil bei diesem Impuls nur ganz kurz – oft weniger als eine tausendstel Sekunde.

Benötigt der Motor dagegen mehr Kraftstoff (in kaltem Zustand oder bei Vollast), wird länger abgespritzt. Das gilt natürlich für jeden Zündimpuls.

Kalter Motor: Über die Motortemperatur ist das Steuergerät durch den Kühlmittel-Temperaturgeber informiert. Je kälter der Motor, desto länger die Einspritzzeiten für ein kraftstoffreicheres Gemisch. Bei diesem Betriebszustand muß das Lambda-Signal ohne Beachtung bleiben, d. h. es kann kein für den Katalysator optimales Gemisch erzeugt werden.

Leerlauf: Der Drosselklappenschalter am Drosselklappensteller informiert das Steuergerät über diesen Betriebszustand. Nun reguliert der Drosselklappensteller die Leerlaufdrehzahl.

Parallel dazu löst der Leerlaufschalter das Umschalten des Zweiwegeventils aus. So gelangt kein Unterdruck mehr an die Zündverstellung am Verteiler. Durch das Ausschalten der Unterdruck-Zündverstellung wird der Zündzeitpunkt etwas in Richtung »Spät« verlegt, was das Abgas verbessert.

Beschleunigen: Spontanes Gasgeben erkennt das Steuergerät durch die Signale vom Potentiometer als Beschleunigungsvorgang, weshalb das Gemisch sofort »angefettet« wird.

Vollast: Bei Vollgas oder genauer gesagt ab ca. 72,5° Drosselklappenstellung veranlaßt das Steuergerät die Vollastanreicherung. Es wird also im Verhältnis mehr Kraftstoff beigemischt. Über die Drosselklappenstellung informiert das Potentiometer. Die Vollastanreicherung ignoriert natürlich das Lambda-Signal.

Schubbetrieb: Bergab mit losgelassenem Gaspedal spart die Monojetronic Sprit und schaltet die Kraftstoffzufuhr ab. Das Steuergerät erkennt diesen Betriebszustand am losgelassenen Gaspedal (Drosselklappenschalter) und der hohen Motordrehzahl.

Drehzahlbegrenzung: Oberhalb der Maximal-Drehzahl schaltet das Steuergerät zum Schutz des Motors die Kraftstoffzufuhr ab. Die Drehzahlbegrenzung kann bei Wagen mit Katalysator nicht durch Abschalten der Zündung erfolgen, denn sonst käme unverbrannter Kraftstoff in den Kat. Das könnte zu gefährlichen Temperaturspitzen und damit dauerhaften Schäden am Kat führen.

Selbsthilfe

Viele Prüfungen an der Einspritzung sind dem Selbsthelfer mangels der nötigen Prüfgeräte leider nicht möglich. Dennoch bleibt ein ausreichendes Betätigungsfeld.

Vorgehensweise Das Steuergerät selbst kann mit Heimwerkermitteln nicht kontrolliert werden. In der Praxis ist hier auch nur sehr selten mit Fehlern zu rechnen. Geber, Schalter und Kabelverbindungen geben ungleich häufiger Anlaß zu Beanstandungen.

Daher ist bei einem Defekt die rechts beschriebene Vorgehensweise ratsam.

Links: An einem Kabelstrang beim Zündverteiler bzw. der Zündspule hängt der gelbe Prüfstecker (Pfeil) für die Fehlerspeicherabfrage. Im Bild wird gerade das Verbindungskabel zum Pluspol der Batterie angeschlossen. Rechts: Das Einspritzventil (2) ist hier mit angeschlossenem Stecker (1) aus der Aufnahme (3) der Einspritzeinheit ausgebaut. Seitlich am Ventil sehen Sie das Kraftstoffsieb.

○ Sicherstellen, daß die Zündung in Ordnung ist.
○ Kraftstoffversorgung prüfen (Seite 64).
○ Sichtprüfung an den Teilen der Einspritzanlage durchführen (siehe folgenden Abschnitt).
○ Wurde so kein Fehler gefunden, Fehlerspeicher abrufen, mögliche Fehlerquelle ermitteln, verdächtiges Bauteil nach Prüfanleitung kontrollieren.

Fingerzeig: Bei Totalausfall der Einspritzung zuerst die Sicherung Nr. 17 prüfen (ältere Zentralelektrik, siehe Seite 161) bzw. Sicherung Nr. 18.

Sichtprüfung

● Unterdruckschläuche auf Dichtheit prüfen. Alle Schläuche, die an der Einspritzeinheit oder am Ansaugkrümmer angeschlossen sind, müssen geprüft werden – vom dicken Schlauch des Bremskraftverstärkers bis zu den kleinen Unterdruckschläuchen zum Verteiler.
● Ist die Dichtung unter der Einspritzeinheit in Ordnung; ebenso die Flanschdichtungen der Ansaugkanäle?
● Undichtigkeiten lassen »Nebenluft« ins Ansaugsystem eindringen, Luft also, die in der Berechnung des Steuergeräts nicht enthalten ist und die deshalb die Gemischaufbereitung empfindlich stört. Das Gemisch magert unkontrolliert ab. Motorlaufstörungen – hauptsächlich im Leerlauf – sind die Folge.
● Sind an den Kraftstoffleitungen Undichtigkeiten zu erkennen?
● Wurden die Kabelstecker mehrfach auseinandergezogen und wieder verbunden? Korrosion oder ungeschicktes Reißen kann mangelnden Kontakt zur Folge haben.
● Sehen Sie sich die Stecker an den einzelnen Bauteilen der Einspritzung genau an. Mit einem schmalen Schraubenzieher lassen sich die Zungen ein wenig nachbiegen.

Störungen und Eigendiagnose

Das Steuergerät der Monojetronic kann einen Teil der Fehler, die während des Motorbetriebs auftreten, erkennen und speichern. Dieser Fehlerspeicher läßt sich abrufen.
○ Bei einem Fahrzeug mit Fehlerlampe im Kombiinstrument blinkt diese in einem festgelegten Rhythmus je nach Art des Fehlers unterschiedlich (siehe Tabelle auf den folgenden Seiten).
○ Hat der VW keine Fehlerlampe, wird der Blinkcode der Fehleranzeige mit einem Leuchtdioden-Spannungsprüfer sichtbar gemacht.
○ Der Fehler bleibt über 8 Motorstarts hinweg gespeichert. Trat er in dieser Zeit nicht mehr auf – das kann beispielsweise bei einem Wackelkontakt der Fall sein –, wird er gelöscht.
○ Das Steuergerät speichert sämtliche aufgetretenen Fehler, die Sie nacheinander abfragen können.

Fehlerspeicher abrufen

● Motor starten und im Leerlauf drehen lassen. Bei einem Fahrzeug mit Fehlerlampe im Kombiinstrument leuchtet diese.
● Läuft der Motor wegen eines Defekts gar nicht an, Anlasser ca. sechs Sekunden lang betätigen. Zündung danach nicht ausschalten.
● In der Nähe der Zündspule hängt ein gelber Kabelstecker mit weiß/roter Leitung.
● Genügend langes Kabel am Stecker anklemmen.
● Mit Fehlerlampe im Kombiinstrument: Zum Abfragen des Fehlerspeichers das Kabel mindestens fünf Sekunden lang mit »Masse« verbinden.

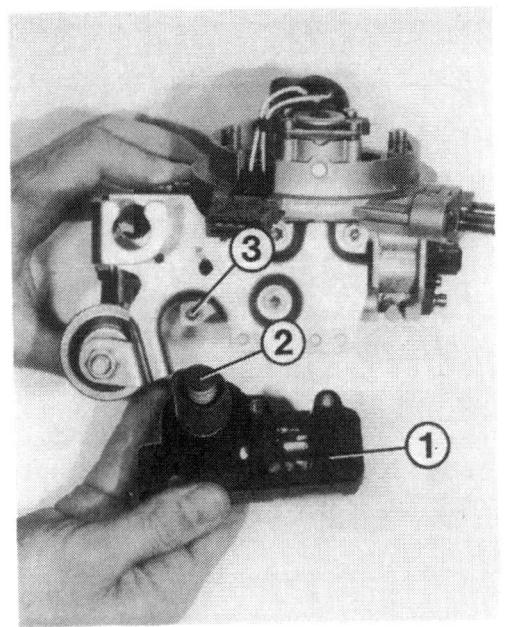

Links: Der Drosselklappensteller (1) kann einzeln ausgebaut werden. Das ist auch erforderlich, wenn der Leerlaufschalter (2) einen Defekt an seinem Betätigungsstößel aufweist. Position »3« bezeichnet die Anschlagschraube der Drosselklappe.

Rechts: Der Drosselklappen-Potentiometer wird im Werk eingestellt und darf nicht zerlegt werden. Wir haben ihn hier lediglich ausgebaut, um die Schleifkontakte (4) und die Widerstands-Leiterbahnen (5) zeigen zu können. Bei einem Defekt die Einspritzeinheit ersetzen.

- Ohne Fehlerlampe: Leuchtdioden-Spannungsprüfer am Batterie-Pluspol anschließen.
- Mit dem anderen Kontakt des Spannungsprüfers stellen Sie eine Verbindung zum gelben Kabelstecker her (siehe Zeichnung rechts).
- Jetzt stellen Sie für mindestens fünf Sekunden mit dem vom Prüfstecker kommenden Kabelstück Kontakt zur Masse her.
- Die Leuchtdiode brennt zunächst einmal lang, um den Beginn der Anzeige zu signalisieren. Danach folgen nach einer Pause vier Blinksignale, die im Abstand von etwa 2½ Sekunden wiederholt werden.
- Diese Blinksignale – jeweils bestehend aus bis zu vier kurzen Blinkimpulsen – sind unser Fehlercode.
- Blinkfolge notieren.
- Ist gar kein Fehler im System, kommt das Blinkzeichen 4–4–4–4 für »Kein Fehler gespeichert«.
- Fehlerabfrage bei weiterhin laufendem Motor so lange wiederholen, bis das Blinkzeichen 0–0–0–0 kommt (Blinken in 2,5-Sekunden-Intervallen). Es besagt »Ende der Fehlerausgabe«.
- Um sicherzugehen, daß wirklich kein Fehler mehr vorhanden ist, sollte nun eine Probefahrt von zehn Minuten anschließen.
- Danach Fehlerspeicher nochmals abfragen.
- Zündung ausschalten und alle Fehler beheben.

Fehlerspeicher löschen

- Zündung ausschalten.
- Gelben Stecker mit dem Leitungszwischenstück nochmals mit Masse verbinden.
- Zündung einschalten.
- Nach frühestens fünf Sekunden die Leitung abziehen.
- Der Fehlerspeicher im Steuergerät der Monojetronic ist damit gelöscht.

Fehlertabelle

Monojetronic

Blinkcode	Die Störung	– ihre Ursache	– ihre Abhilfe
1-1-1-1	Steuergerät defekt	Bauteil im Steuergerät schadhaft	Steuergerät ersetzen
2-1-2-1	Drosselklappenschalter gibt keine Signale	Leitungsunterbrechung oder Kurzschluß zur Masse	Prüfen
		Drosselklappenschalter oder Steuerventil für Zündzeitpunkt defekt	Drosselklappenschalter bzw. Steuerventil prüfen
	Drosselklappen-Potentiometer gibt keine Signale	Störung im Bauteil oder Kurzschluß zur Spannungsversorgung (bis 2/89)	Prüfen
2-1-2-2	Kein Drehzahlsignal vom TSZ-Schaltgerät	Leitungsunterbrechung bzw. Kurzschluß zur Masse	Leitung 1 prüfen
		TSZ-Schaltgerät bzw. Hallgeber defekt	Schaltgerät bzw. Hallgeber ersetzen
2-2-1-2	Drosselklappen-Potentiometer gibt keine Informationen	Leitungsunterbrechung bzw. Kurzschluß zur Masse	Leitungen prüfen
		Kurzschluß zur Spannungsversorgung (ab 2/89)	Prüfen
		Störung im Bauteil	Prüfen

Die Fehlerspeicherabfrage wird folgendermaßen aktiviert. An den gelben Prüfstecker (1) beim Verteiler bzw. der Zündspule ein Kabel (2) anschließen, das an seinem anderen Ende zwei Steckanschlüsse besitzen muß. Mit dem einen Steckanschluß wird über den Leuchtdioden-Spannungsprüfer (4) eine Verbindung zum Batterie-Pluspol hergestellt. Zum eigentlichen Aktivieren brauchen Sie ein zweites Kabel (3). Es wird am Batterie-Minuspol angeklemmt; dann muß der Zweifach-Steckanschluß für mindestens vier Sekunden berührt werden.

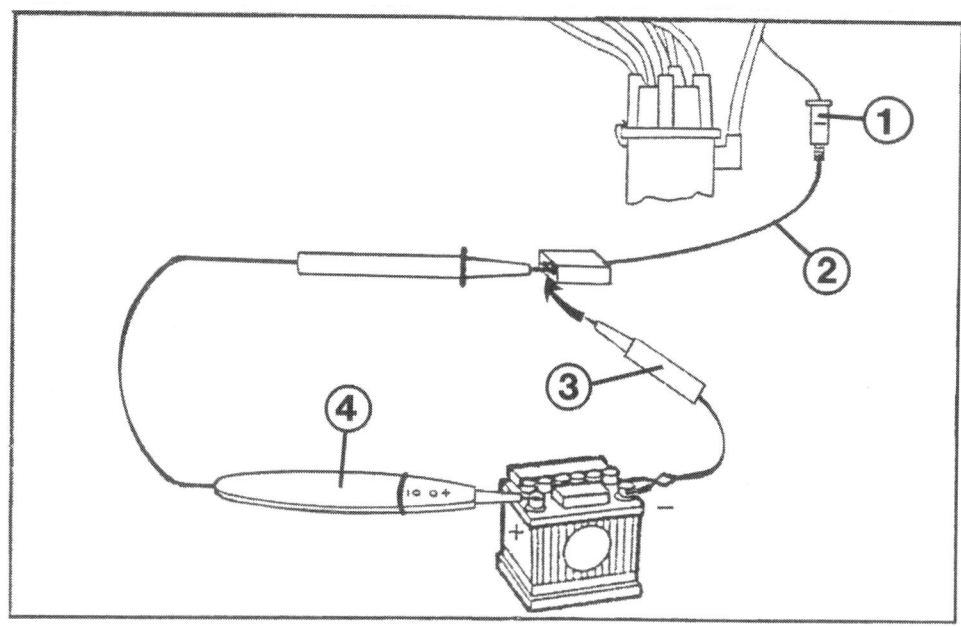

Blinkcode	Die Störung	– ihre Ursache	– ihre Abhilfe
2–3–1–2	Kein Signal vom Temperaturgeber der Einspritzanlage	Leitungsunterbrechung bzw. Kurzschluß zur Masse	Leitungen prüfen
		Temperaturgeber defekt	Temperaturgeber ersetzen
2–3–2–2	Keine Meldung vom Ansaugluft-Temperaturgeber[1]	Leitungsunterbrechung bzw. Kurzschluß zur Masse	Leitungen prüfen
		Temperaturgeber defekt	Halter für Einspritzventil mit Temperaturgeber ersetzen
2–3–4–1	Lambda-Regelung am Regelanschlag (außer Funktion) Wichtig: Dieser Fehler ist nur dann vorhanden, wenn vor Erscheinen des Blinkcodes 2–3–4–1 die Fehlerlampe geleuchtet hat. Andernfalls Fehlerspeicher löschen	Motor zieht Nebenluft an	Dichtheitsprüfung an Unterdruckanschlüssen, Ansaugrohr, Flansch der Einspritzeinheit
		Zündanlage schadhaft	Zündzeitpunkt, Zündkerzen, Verteilerkappe usw. prüfen
		Kraftstoffversorgung nicht in Ordnung	Druckregler prüfen
		Einspritzventil defekt	Abspritzstrahl des Einspritzventils prüfen
		Schlechter Motorzustand	Kompression prüfen
		Leitung für Lambda-Sonde hat Kurzschluß zur Masse oder Batterie-+	Leitung prüfen
		Lambda-Sonde gealtert oder beschädigt	Wenn kein Fehler gefunden wurde, Lambda-Sonde ersetzen
2–3–4–2	Lambda-Sonde gibt kein Signal zum Steuergerät	Leitungsunterbrechung zwischen Lambda-Sonde und Steuergerät	Leitungen prüfen
		Lambda-Sonde defekt	Lambda-Sonde ersetzen
2–3–4–3	Lambda-Regelung[1] unter- bzw. überschritten (Regelanschlag fast erreicht)	Fehlerursache ist wie bei Fehlercode 2–3–4–1. Lambda-Regelung noch in Funktion	Fehlerbeseitigung wie bei Fehlercode 2–3–4–1, Lambda-Sonde jedoch in Ordnung
4–4–3–1	Drosselklappensteller gibt kein Signal zum Steuergerät	Leitungsunterbrechung zwischen Drosselklappensteller und Steuergerät	Leitungen prüfen
		Drosselklappensteller defekt	Drosselklappensteller ersetzen
4–4–4–4	Kein Fehler erkannt		
0–0–0–0	Ende der Fehlerausgabe durch Blinken in 2,5-Sekunden-Intervallen		

[1] Dieser Fehler wird nicht durch Dauerleuchten der Fehlerlampe im Kombiinstrument angezeigt

Prüfen der Bauteile

Die folgenden Abschnitte beschreiben Heimwerker-Prüfungen an den Komponenten der Einspritzanlage.

Stecker der Einspritzanlage abziehen

- Abdeckung über dem Wasserfangkasten im Motorraum abziehen.
- Sicherungsbügel niederdrücken.
- Stecker abziehen.
- Beim Aufstecken den Bügel nicht berühren.
- Stecker aufdrücken, bis der Sicherungsbügel einrastet.

Masseverbindung prüfen

Bevor Sie sich an die Fehlersuche an der Monojetronic-Einspritzung machen, sollten Sie zuerst prüfen, ob die Masseversorgung des Steuergeräts in Ordnung ist.
- Stecker am Steuergerät abziehen.
- Mit einem Diodenprüfer (keine herkömmliche Prüflampe verwenden) zwischen Batterie-Plus und Kontakt 5 im Stecker (siehe Bild unten rechts) kontrollieren, ob Verbindung zu Masse besteht.
- Gleiche Prüfung an Kontakt 25 des Steckers.
- Fehlt es an Masse, nach Schaltplan die Leitungen und den Massepunkt am Motorblock überprüfen.

Drosselklappenschalter und Steuerventil prüfen

- **Elektrische Prüfung:** Zündung einschalten.
- Drosselklappe am Betätigungshebel von Hand öffnen und wieder schließen:
- Dabei muß das Steuerventil zweimal klicken.
- Trifft das zu, ist der Drosselklappenschalter in Ordnung. Außerdem schaltet das Steuerventil.
- **Dichtheitsprüfung des Steuerventils:** Motor starten und im Leerlauf drehen lassen.
- Stecker am Steuerventil abziehen: Die Drehzahl muß ansteigen, weil sich der Zündzeitpunkt nach »Früh« verschiebt.
- Stecker wieder anschließen: Die Drehzahl muß nun abfallen.
- Wenn ja, ist das Steuerventil in Ordnung.
- Andernfalls Steuerventil ersetzen.
- **Drosselklappenschalter einzeln prüfen:** Die eingangs beschriebene Prüfung läßt – sofern ein Defekt vorliegt – offen, ob der Drosselklappenschalter oder die Elektrik des Ventils schadhaft ist.
- Deshalb Stecker am Steuerventil abziehen und Leuchtdioden-Spannungsprüfer an der Steckerkontakten anschließen.
- Zündung einschalten: Die Leuchtdiode muß brennen.
- Drosselklappe von Hand am Betätigungshebel öffnen: Die Leuchtdiode muß verlöschen.
- Ist beides der Fall, ist der Drosselklappenschalter in Ordnung.

Drosselklappenschalter einstellen

- Wurde der Drosselklappensteller samt Drosselklappenschalter ausgewechselt, muß die Anschlagschraube für den Schalter eingestellt werden.
- Vor dem Einstellen muß der Stößel des Drosselklappenstellers ganz zurückgefahren sein.
- Dazu an den oberen beiden Anschlußkontakten des Anstellers maximal 6 Volt Spannung anlegen.
- Das geht z. B. mit einer 4,5-Volt-Batterie oder dem 6-Volt-Ladebereich eines Ladegerätes.
- Kabel anschließen; +-Pol nach oben.
- Warten, bis der Stößel ganz zurückgefahren ist.
- Ohmmeter an den unteren beiden Anschlüssen des Drosselklappenstellers anschließen.
- Fühlerlehrenblatt mit 0,5 mm zwischen Stößel und Anschlagschraube einschieben, dabei Ohmmeter beobachten.
- Bei eingeschobener Fühlerlehre muß der Schalter geschlossen sein. Anzeige: 0 Ω.
- Fühlerlehre wieder herausziehen. Der Schalter muß jetzt offen sein. Anzeige: ∞ Ω.
- Ggf. die Schraube mit einem Innensechskantschlüssel drehen und mit Lacktupfer sichern.

 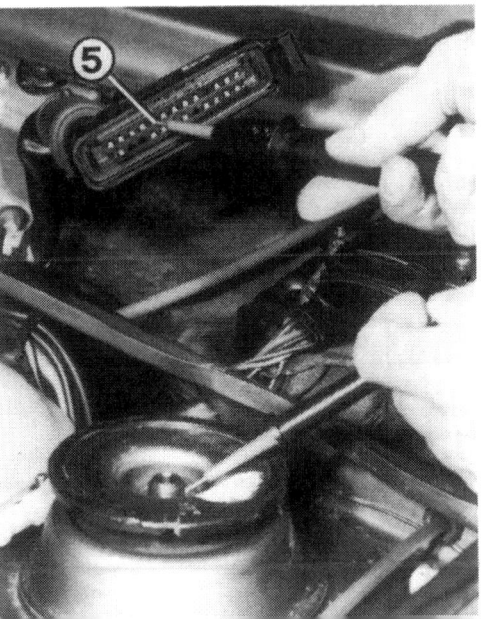

Im Bild links sind die Kontakte am Drosselklappenschalter beziffert.
Rechts: Hier prüfen wir, ob das Steuergerät mit Masse versorgt wird. Dazu muß der Kontakt Nr. 5 im Stecker mit einem Leuchtdioden-Spannungsprüfer mit Batterie-Plus verbunden werden.

- Stecker am Drosselklappensteller abziehen.
- Batterie-Ladegerät auf **6 Volt** umstellen und an den oberen beiden Anschlußkontakten des Anstellers anschließen; +-Pol nach oben.
- Der Stößel muß ganz zurückfahren.
- Anschlußkabel umpolen (–-Pol an den oberen Kontaktstift):
- Der Stößel muß ganz ausfahren.
- Ist das der Fall, ist der Drosselklappensteller in Ordnung. Wenn nicht, ersetzen.

- Stecker am Drosselklappen-Potentiometer abziehen.
- Ohmmeter laut Tabelle an je zwei der vier Steckkontakte anschließen (siehe dazu Abbildung unten links).

- Zusätzlich können Sie eine Widerstandsmessung durchführen.
- Wicklungswiderstand des Stellmotors zwischen den beiden oberen Anschlüssen 3–200 Ω.
- An den beiden unteren Kontakten bei geschlossener Drosselklappe 0,5 Ω.
- Bei geöffneter Drosselklappe strebt der Widerstand gegen ∞ Ω.

- Werden die genannten Werte nicht erreicht, ist das Drosselklappen-Potentiometer defekt. Leider kann es nicht einzeln ersetzt werden. Es muß das komplette Unterteil der Einspritzeinheit ausgewechselt werden.

Drosselklappensteller prüfen

Drosselklappen-Potentiometer prüfen

Klemmen	Prüfbedingungen	Widerstand
1+5	–	520–1300 Ω
1+2	von Drosselklappe zu bis ca. ¼ offen: Widerstand ändert sich, danach konstant	600–3500 Ω
1+4	von Drosselklappe zu bis ca. ¼ offen: Widerstand konstant, danach sich ändernder Widerstand	600–6600 Ω

- **Prüfung bei laufendem Motor:** Er muß mindestens 60°C Öltemperatur haben, also warmgefahren sein.
- Luftansaugstutzen abbauen (Seite 68).
- Motor starten und im Leerlauf laufen lassen.
- Spritzstrahl des Einspritzventils beobachten. Er muß ein gleichmäßiges Spritzbild haben und auf die Drosselklappe gerichtet sein.
- Motor abstellen, um die Dichtheit des Ventils zu prüfen.
- Es dürfen bei stehendem Motor nicht mehr als zwei Tropfen pro Minute austreten.
- Die weiteren Prüfungen führen Sie durch, **wenn der Motor nicht anspringt.**
- Zuständige Sicherung kontrollieren.
- Luftansaugstutzen abbauen.
- Motor mit dem Anlasser durchdrehen lassen.

- Das Einspritzventil muß sichtbar Kraftstoff abspritzen.
- Wenn nicht, braunen Stecker oben an der Einspritzeinheit abziehen.
- Ohmmeter an den beiden mittleren Anschlußkontakten (an der Einspritzeinheit) anschließen:
- Bei einer Umgebungstemperatur zwischen +15 und +30°C müssen 1,2–1,6 Ω abzulesen sein, andernfalls ist das Einspritzventil defekt. Befestigungsschraube (TORX-Schraube) lösen und Ventil wechseln.
- **Stromversorgung der Einspritzventils prüfen**, wenn das Ventil trotz richtiger Werte nicht abspritzt.
- Leuchtdioden-Spannungsprüfer – nichts anderes verwenden – an die beiden mittleren Kontakte im abgezogenen Anschlußstecker anschließen.
- Anlasser betätigen lassen: Die Leuchtdioden

Einspritzventil prüfen

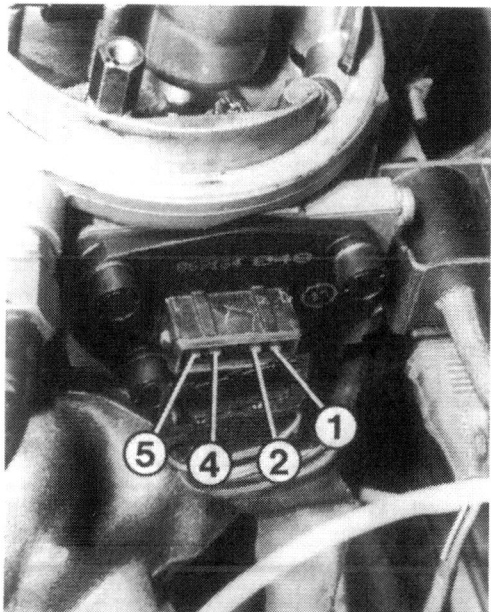

Im Bild links sind die Kontakte des Drosselklappen-Potentiometers bezeichnet. Bei welcher Messung das Ohmmeter an welchen Kontakten angeschlossen wird, steht in der Tabelle oben. Rechts: An den mit Pfeilen bezeichneten Anschlüssen des Einspritzventils und seines Steckers wird das Ohmmeter zur Widerstandsmessung angeschlossen.

Unter der Abdeckung im Wasserfangkasten sitzt das Schaltgerät (1) der Transistorzündung, daneben der Vorwiderstand (2) des Einspritzventils und darunter das Steuergerät (3) der Monojetronic.

müssen flackern, sonst Leitungsunterbrechung oder Steuergerät defekt.
- **Vorwiderstand des Einspritzventils prüfen:** Vorn rechts am Stehblech den Kabelstecker des Vorwiderstands trennen.
- An den Kontakten des Steckers zum Widerstand ein Ohmmeter anschließen.
- Der Meßwert soll 3–4 Ω betragen.

Schubabschaltung prüfen
- Luftansaugstutzen abbauen.
- Motor starten, kurz auf über 3000/min hochdrehen und schlagartig Drosselklappe schließen.
- Der gut sichtbare Sprühstrahl des Einspritzventils muß in diesem Augenblick kurz unterbrochen werden. Dann ist die Schubabschaltung in Ordnung.
- Wenn nicht, Drosselklappenschalter und Steuergerät kontrollieren (lassen).

Temperaturgeber prüfen
- **Temperaturgeber Ansaugluft:** Braunen Stecker oben an der Einspritz-Einheit abziehen.
- An den beiden äußeren Steckkontakten ein Ohmmeter anschließen.
- **Temperaturgeber Kühlmittel:** Stecker am Geber unten am Kühlwasserstutzen (Bild unten links) abziehen.
- An den beiden Steckkontakten des Gebers ein Ohmmeter anschließen.
- **Beide Geber:** Widerstandswert ablesen.
- Im Diagramm unten rechts prüfen, ob die Werte für den Geber-Widerstand und die momentane Luft- bzw. Kühlmitteltemperatur ihren Schnittpunkt auf der Kurve haben.
- Wenn ja, ist der Geber in Ordnung.

Kraftstoffdruck prüfen
- Der Kraftstoffdruck kann nur mit einer Meßvorrichtung (Werkstatt) genau kontrolliert werden.
- Bei Verdacht auf falschen Kraftstoffdruck den Druckregler zerlegen (siehe Bild rechts oben).
- Dazu vier TORX-Schrauben lösen.
- Prüfen, ob die Membran beschädigt ist oder ob sich Schmutz abgelagert hat.

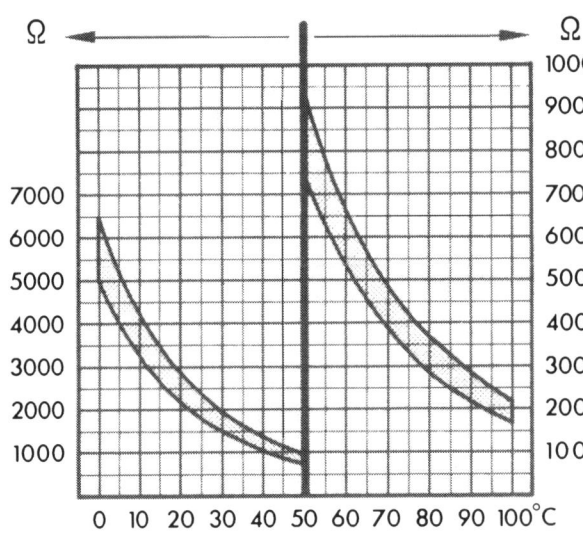

Im Bild links sehen Sie folgende Temperaturfühler:
1 – Ansaugrohr-Beheizung (rote Isolierung);
2 – Einspritzanlage (blau);
3 – Kühlmittel-Temperaturanzeige (schwarz).
Rechts: Das Diagramm verdeutlicht die Abhängigkeit von Ansauglufttemperatur (linke Hälfte) bzw. Kühlmitteltemperatur (rechte Hälfte) und Geber-Widerstand.

Im linken Bild ist der Druckregler zerlegt:
1 – Deckel;
2 – Feder;
3 – Membran;
4 – Anlagefläche.
Rechts: Die Einstellung des Schließdämpfers (8):
5 – Fühlerblattlehre;
6 – Hebel an der Drosselklappenwelle;
7 – Stößel;
9 – Kontermutter der Einstellschraube.

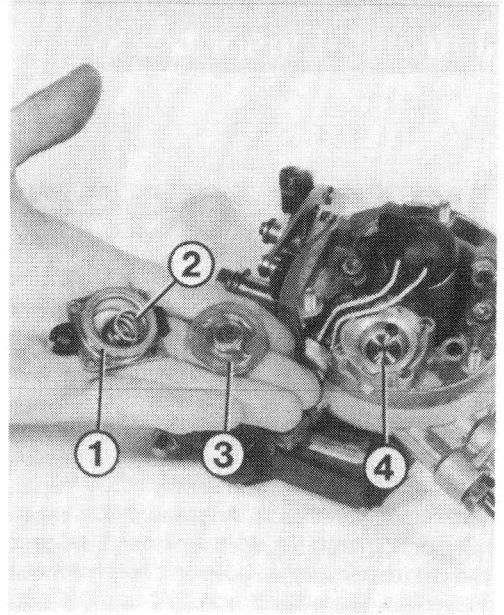

Schließdämpfer prüfen

Der Schließdämpfer soll verhindern, daß die Drosselklappe beim Loslassen des Gaspedals schlagartig in Geschlossen-Stellung geht.

● Bei richtiger Einstellung muß der Hebel an der Drosselklappenwelle den Stößel des Schließdämpfers um 4–4,5 mm hineindrücken (Bild oben rechts).
● Wenn nicht, Haltemutter des Schließdämpfers lockern.

● Schließdämpfer so weit zurückdrehen, daß der Stößel den Hebel der Drosselklappenwelle gerade berührt.
● Aus dieser Stellung den Dämpfer 4½ Umdrehungen hineindrehen und Mutter wieder festziehen.

Lambda-Sonde prüfen

Fehler an der Lambda-Sonde werden über den Fehlerspeicher angezeigt, eine Beschreibung der Prüfung erübrigt sich an dieser Stelle.

Abgas-Untersuchung

Was zur Abgas-Untersuchung zu sagen ist, haben wir bereits im Vergaser-Kapitel behandelt. Dort können Sie auch nachlesen, was es mit der AU für Kat-Fahrzeuge auf sich hat.

Leerlauf einstellen und Abgastest

Wartung Nr. 33

Diese Einstellarbeiten erübrigen sich bei der Monojetronic, denn bei dieser Einspritzung gibt es nichts mehr einzustellen. Das Steuergerät übernimmt diese Aufgabe.
Nur in Zweifelsfällen werden Leerlaufdrehzahl bzw. CO-Gehalt nachgeprüft. Voraussetzungen sind: Motor betriebswarm, alle elektrischen Verbraucher abgeschaltet und Zündzeitpunkt richtig eingestellt. Die Sollwerte lauten:
○ Leerlaufdrehzahl **750–950/min**
○ Abgaswert **0,2–1,2 Vol.%** (gemessen am CO-Entnahmerohr)
Bei Nichterreichen der Werte Unterdruckschläuche und Magnetventil der Kraftstoff-Verdunstungsanlage (Seite 62) prüfen, Fehlerspeicher abfragen.

Der Gaszug

Der Ausbau und die Einstellung des Gaszugs erfolgt gleich wie bei den Vergaser-Motoren. Lesen Sie bitte auf Seite 88 im Vergaserkapitel nach.

Die KA- und KE-Jetronic-Einspritzung

Unter Druck gesetzt

Mit je einem Einspritzventil pro Zylinder läßt sich das Kraftstoff/Luft-Gemisch für den Motor am genauesten zuteilen. Als Folge erhält man eine besonders ausgewogene Gemischaufbereitung sowie weniger Giftanteil im Abgas.

K-Jetronic in zwei Versionen

Die K-Jetronic-Einspritzanlagen stammen von Bosch. Angesaugt wird reine Luft – dazu dosiert die Einspritzung in einem ständigen feinen Strahl Kraftstoff für jeden Zylinder. Dies geschieht **k**ontinuierlich, deshalb die Bezeichnung **K**-Jetronic. Während die ursprüngliche K-Jetronic rein mechanisch arbeitet, haben die Katalysator-Modelle eine elektronische Steuerung. Die lediglich von 2/87 bis 3/88 eingebaute KA-Jetronic ist näher mit der »alten« mechanischen K-Jetronic verwandt. Das »A« in ihrer Bezeichnung steht für **A**nsteuerung durch ein Taktventil über ein elektronisches Steuergerät – doch davon später. Dagegen ist die **KE**-Jetronic wesentlich »elektronischer«, wie auch schon das »E« in der Bezeichnung verrät.

Die wichtigsten Teile der K-Jetronic

Zum besseren Verständnis der Gesamtfunktion unserer Einspritzanlage sollen zuerst einmal die wichtigsten Bauteile und Begriffe erklärt werden.

Drosselklappen
In einem Stutzen im Ansaugrohr sitzen zwei Drosselklappen. Die kleinere dieser Klappen ist über den Gaszug mit dem Pedal im Fahrerfußraum verbunden. Sie regelt den Ansaugluftstrom in den Motor bis etwa in Halbgasstellung. Mit zunehmendem Tritt aufs Gaspedal öffnet ein Gestänge die zweite, größere Klappe. Bei Vollgas sind beide Drosselklappen vollständig geöffnet.

Gemischregler
Er ist das Hauptbestandteil der Einspritzung und besteht aus dem Luftmengenmesser und dem Kraftstoffmengenteiler. Das funktioniert so:
○ Die leichtgewichtige Blechscheibe des **Luftmengenmessers** sitzt mitten im Luftstrom, der vom Motor angesaugt wird. Diese **Stauscheibe** wird durch den Sog der Kolben beim Ansaugtakt angehoben, und zwar um so mehr, je mehr Luft von der Drosselklappe freigegeben wird. Über ein Hebelsystem wird die Auslenkung der Scheibe zum Kraftstoffmengenteiler übertragen.
○ Der **Kraftstoffmengenteiler** besteht im wesentlichen aus dem **Steuerkolben** und dem **Schlitzträger**. Für jeden Zylinder des Motors ist im Schlitzträger ein Schlitz vorhanden, durch den der Kraftstoff an das jeweilige Einspritzventil gelangt. Der Steuerkolben verschließt oder öffnet diese Schlitze mehr oder weniger und läßt so – je nach Stellung der Stauscheibe – eine entsprechende Kraftstoffmenge strömen.

Systemdruck: Von den Kraftstoffpumpen wird Kraftstoff unter Druck nach vorn zur Einspritzung gepumpt. Dort sitzt als erste Station der Systemdruckregler – bei der KA-Jetronic in den Gemischregler eingebaut, bei KE-Jetronic in einem separaten Gehäuse. Er mindert den Überdruck und läßt für das Kraftstoffsystem je nach Version nur noch 4,7 bis 6,6 bar übrig. Dieser Druck – der Systemdruck – wirkt damit im Mengenteiler, den Kraftstoffleitungen und in den Einspritzventilen.

Steuerdruck: Er wird vom Systemdruck abgezweigt und dient zur Reduzierung oder Steigerung der Kraftstoff-Einspritzmengen. Das funktioniert folgendermaßen: Der Steuerdruck wirkt von oben auf den Steuerkolben. Dort drückt er gegen die Kraft des Luftmengenmessers, der bestrebt ist, den Steuerkolben zu heben und damit (bei laufendem Motor) die Einspritzmenge möglichst groß zu halten.
Mit größerem Steuerdruck wird also die Einspritzmenge kleiner, bei kleinerem Steuerdruck (man könnte auch sagen: Gegendruck) erhöht sich die Einspritzmenge.

Warmlaufregler
nur KA-Jetronic
Er verändert den Steuerdruck bis zum Erreichen der Betriebstemperatur. Der Druck wird direkt nach dem Kaltstart abgesenkt, wodurch mehr Kraftstoff aus den Steuerschlitzen austreten kann. Nach spätestens zwei Minuten steigt der Druck wieder auf seinen Normalwert an für entsprechend geringere Kraftstoffzuteilung. Zur direkten Temperaturübermittlung ist der Warmlaufregler an den Motor angeschraubt, zusätzlich wird er elektrisch beheizt.

Zusatzluft-schieber
In der Warmlaufphase gibt er einen Ansaugluft-Nebenkanal frei, der die Drosselklappen umgeht. Der Luftmengenmesser »glaubt« durch die Mehrmenge an Luft, man habe die Drosselklappe geöffnet und sorgt deshalb für

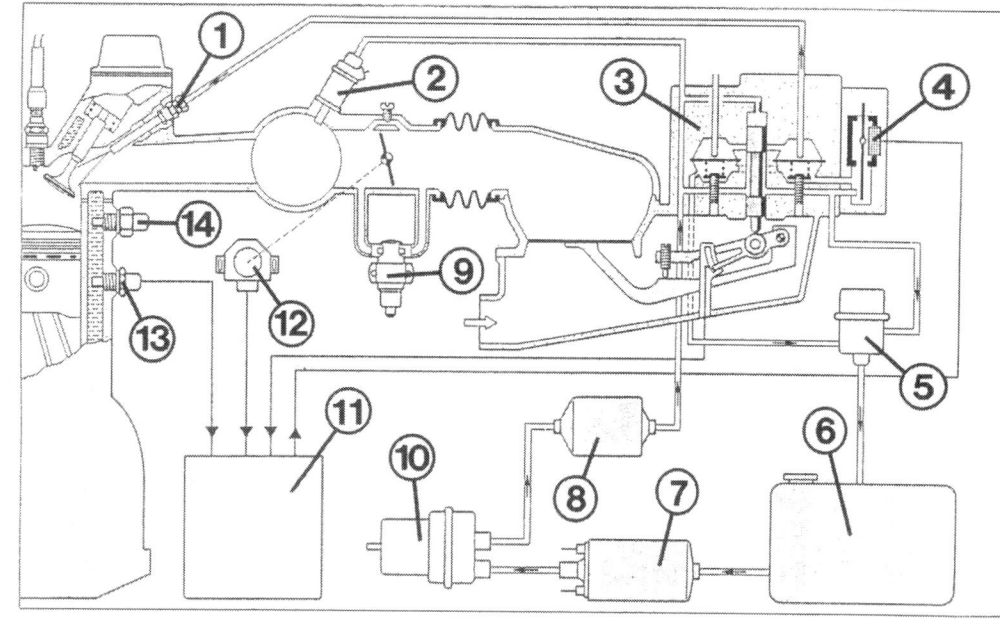

Hier ist die KE-Jetronic schematisch dargestellt:
1 – Einspritzventil;
2 – Kaltstartventil;
3 – Gemischregler;
4 – Drucksteller;
5 – Membrandruckregler;
6 – Tank;
7 – elektrische Benzinpumpe;
8 – Filter;
9 – Leerlaufsteller;
10 – Kraftstoffspeicher;
11 – Steuergerät;
12 – Drosselklappenschalter;
13 – Kühlmittel-Temperaturgeber;
14 – Thermozeitschalter.

die zugehörige Mehrmenge an Kraftstoff – die Drehzahl erhöht sich. So wird die höhere Reibung im Motor im kalten Zustand ausgeglichen.

Kaltstartventil

Das ist ein elektromagnetisch betätigtes Einspritzventil, das je nach Motortemperatur beim Anlassen für kurze Zeit zusätzlichen Kraftstoff fein zerstäubt ins Ansaugrohr spritzt. Die Einspritzdauer bestimmt der Thermozeitschalter. Bei der seit 4/87 eingebauten KA-Jetronic tritt das Ventil bei kaltem Motor nochmals kurzzeitig in Aktion, wenn Sie das Gaspedal kräftig durchtreten.

Thermozeitschalter

Er begrenzt die Einschaltzeit des Kaltstartventils, damit auch bei einem länger andauernden Anlaßvorgang nicht zu viel Kraftstoff in die Brennräume gelangt. Das geschieht abhängig von der Motortemperatur: Bei –20°C wird höchstens 11 Sekunden lang eingespritzt, bei +40°C überhaupt nicht. Bei der KA-Jetronic seit 4/87 veranlaßt er außerdem, daß das Kaltstartventil bei Kühlwassertemperaturen unter 35°C beim Beschleunigen für etwa 0,4 Sekunden etwas Kraftstoff einspritzt.

Taktventil
nur KA-Jetronic

Mit Hilfe des Taktventils kann das Verhältnis von Kraftstoff und Luft des angesaugten Gemisches verändert werden. Das geschieht an den Differenzdruckventilen, die normalerweise anderen Aufgaben nachkommen. Zur Funktion: Der Kraftstoffzufluß zu den Unterkammern (von denen aus die Gemischmenge beeinflußt werden kann) geschieht konstant. Druck kann sich in den Unterkammern aufbauen, wenn die Rücklaufleitung verschlossen ist. Hier sitzt das Taktventil, das stoßweise Kraftstoff zurückfließen läßt. Bei kurzer Öffnungszeit gelangt weniger Kraftstoff aus den Unterkammern, der Unterkammerdruck steigt an. Folge: Die Membranen der Differenzdruckventile wölben sich in Richtung der Ventilbohrungen – es kann weniger Kraftstoff zu den Einspritzventilen fließen. Damit wird das Gemisch magerer. Bei längerer Öffnungszeit des Ventils kommt es zu einer Druckabsenkung in der Unterkammer, die Membranen geben einen größeren Zufluß zu den Einspritzventilen frei.
Die Öffnungszeiten für das Taktventil ermittelt das Steuergerät abhängig von der Lambda-Regelung.

Drucksteller
nur KE-Jetronic

Der Drucksteller arbeitet wie das Taktventil der KA-Jetronic mit dem **Unterkammerdruck** zur Einflußnahme auf die Gemischzusammensetzung. Wieder sind die Differenzdruckventile beteiligt. Vom Drucksteller wird in diesem Fall der Kraftstoffzufluß zu den Unterkammern gesteuert. Läßt er viel Kraftstoff in die Unterkammern fließen, steigt der Unterkammerdruck. Die Bewegungen der Membranen der Differenzdruckventile bewirken dasselbe wie beim Taktventil.
Seine Anweisungen bekommt der Drucksteller vom Steuergerät. Das geschieht abhängig von der Lambda-Regelung, der Motortemperatur und der Motorbelastung.
Der Drucksteller sitzt seitlich am Gemischregler. Seine Funktion ist ergänzend zur Grundfunktion des Gemischreglers zu sehen, die auch bei einem Ausfall der Elektronik erhalten bleibt.

Einspritzventile

Sie spritzen Benzin in den Saugkanal vor das Einlaßventil ihres betreffenden Zylinders, sobald der Kraftstoffdruck mindestens 3,3 bar erreicht hat. Dabei öffnen sie bis zu 2000 Mal in der Sekunde (sie »schnarren«), wodurch das Benzin besonders fein zerstäubt wird.

Steuergerät

Das Steuergerät regelt über das Taktventil (KA-Jetronic) oder den Drucksteller (KE-Jetronic) die Gemischzusammensetzung für den Motor. Damit diese Regelung fundiert ist, erhält das Steuergerät Informationen über Motortemperatur, Drehzahl, Startvorgang, Stauscheibenstellung und Leerlauf und Vollast. Dazu kommen

Daten von der Lambda-Sonde (Seite 47) und von der Zündung. Untergebracht ist das Steuergerät im Wasserfangkasten zwischen Motorraum und Fahrzeug-Innenraum.

Drosselklappenschalter
nur KA-Jetronic

Er ist seit 4/87 eingebaut und hält seine Kontakte bis zu einem bestimmten Schaltpunkt geschlossen, wenn Sie auf das Gaspedal treten. Dann kann beim Gasgeben bei kaltem Motor in Zusammenarbeit mit dem Drucksprungschalter und dem Thermozeitschalter das Kaltstartventil kurzzeitig Kraftstoff abspritzen.

Drucksprungschalter
nur KA-Jetronic

Seit 4/87 sitzt er in Fahrtrichtung vorn links am Kraftstoffmengenteiler. Er ist durch eine Unterdruckleitung mit dem Ansaugsystem verbunden und schaltet, wenn bei schnellem Gasgeben der Unterdruck in den Ansaugkanälen schlagartig zunimmt. Bewirkt wird dadurch ein 0,4 Sekunden dauerndes Abspritzen des Kaltstartventils. Damit soll vermieden werden, daß der Motor bei plötzlichem Gasgeben durch Gemischabmagerung stottert. Gebraucht wird diese zusätzliche Benzinmenge nur bei kaltem Motor. Deshalb ist die Leitung zum Kaltstartventil vom Thermozeitschalter unterbrochen, der den Stromweg nur bei niedrigen Kühlwassertemperaturen freigibt.

Potentiometer
nur KE-Jetronic

Es ermittelt die Stellung der Stauscheibe im Luftmengenmesser und gibt diese Information als Spannungssignal ans Steuergerät weiter. Die Gemischanreicherung beim Beschleunigen des kalten Motors geschieht ebenfalls anhand der Meldungen vom Potentiometer. Das Steuergerät gibt dem Drucksteller dann den entsprechenden Anreicherungsbefehl.

Ventil für Leerlaufanhebung

Wenn die Leerlaufdrehzahl unter 700/min abzusinken droht, öffnet das Ventil einen Luftnebenkanal. Damit umgeht man die Drosselklappen, was bewirkt, daß die Stauscheibe weiter als normal angehoben wird. Die höhere Stauscheibenstellung bewirkt gleichzeitig eine vermehrte Kraftstoffzuteilung. Fahrzeuge mit Klimaanlage haben grundsätzlich ein zweites Anhebungsventil, das zeitgleich mit Einschalten der Klimaanlage den Luftkanal öffnet. Beide Ventile können die durchströmende Luftmenge nicht regeln, sondern nur öffnen und schließen.
Zur Steuerung sitzt ein separates Steuergerät in einem Zusatzadapter an der Zentralelektrik.

Die Funktion

Zusammenspiel der Bauteile

Start: Der Unterdruck der ansaugenden Motorkolben hebt die Stauscheibe an. Dadurch gibt der Steuerkolben den Kraftstoffzufluß zu den Einspritzventilen frei. Während der Anlasser betätigt wird, spritzt gleichzeitig das Kaltstartventil zusätzlichen Kraftstoff ins Ansaugsystem – vorausgesetzt der Motor ist noch kalt. Nur dann läßt der Thermozeitschalter das Einspritzen zu. Auch richtet sich die maximale Einspritzzeit nach der Temperatur.
Warmlauf: Damit der Motor in den ersten Minuten nach dem Start rund läuft, öffnet der Zusatzluftschieber einen Kanal, der unter Umgehung der Drosselklappe eine zusätzliche Menge an Ansaugluft einströmen läßt. Bei der KA-Jetronic senkt der Warmlaufregler für eine bestimmte Zeit den Steuerdruck, damit mehr Kraftstoff eingespritzt wird. Bei KE-Jetronic läßt der Drucksteller mehr Kraftstoff durch die Ventile fließen. Mehr Luft und Kraftstoff ermöglichen eine erhöhte Warmlaufdrehzahl mit fetterem Gemisch.
Mit zunehmender Erwärmung schließt der Zusatzluftschieber die Luftzufuhr mehr und mehr. Parallel dazu gleicht sich die Kraftstoffzufuhr allmählich den Normalmengen an. Der Steuerdruck steigt dazu wieder auf den Normalwert an (KA-Jetronic), bzw. der Drucksteller reduziert die Einspritzmenge.

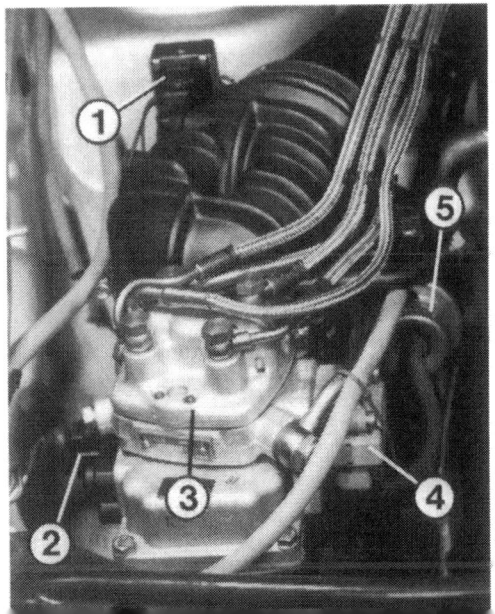
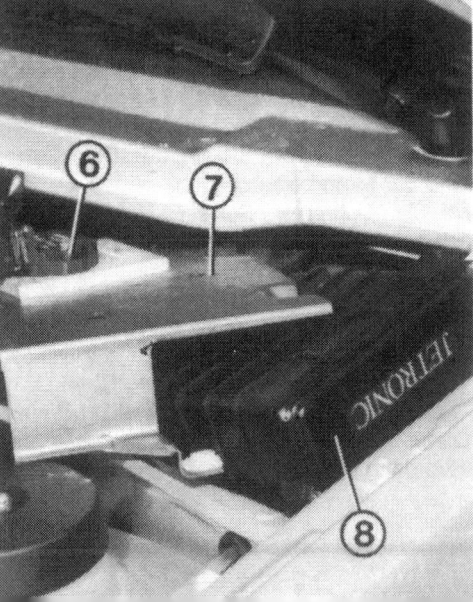

Links der Blick auf den Gemischregler (3) der KE-Jetronic:
1 – Leerlaufdrehzahl-Anhebungsventil;
2 – Potentiometer;
4 – Drucksteller;
5 – Membrandruckregler.
Rechts haben wir das Halteblech (7) für das Steuergerät der Transistorzündung (6) abgeschraubt. Darunter sitzt das Steuergerät der KE-Jetronic (8).

Ist das Kühlmittel noch kalt, wird beim Motor mit KA-Jetronic seit 4/87 bei spontanem Gasgeben kurzfristig eine zusätzliche Kraftstoffmenge eingespritzt, damit der Motor nicht »stottert«. Das steuern der sogenannte Drucksprungschalter, der Drosselklappenschalter und der Thermozeitschalter.

Leerlauf: Für gleichmäßige Leerlaufdrehzahl und weiche Gasannahme in niedrigen Drehzahlen gelangt um jedes Einspritzventil Luft in den Brennraum. Das bewirkt eine feinere Zerstäubung des Kraftstoffes. Die Luft strömt über einen Anschlußstutzen im Zylinderkopf und einen speziellen Luftkanal zu den Einspritzventilen. Das Ventil für Leerlaufanhebung läßt unter Umgehung der Drosselklappe mehr Ansaugluft einströmen, wenn die Drehzahl unter den Sollwert von 700/min fällt.

Normalbetrieb, Beschleunigen und Vollast erfordern keinerlei besondere Einrichtungen. Die Stauscheibe im Luftmengenmesser wird je nach angesaugter Luftmenge angehoben oder abgesenkt. Entsprechend ist der Kraftstoffzulauf zu den Einspritzventilen: Viel Luft – viel Kraftstoff, wenig Luft – wenig Kraftstoff. Das richtige, verbrennungsgünstigste Verhältnis stellt sich ganz automatisch ein.

Lambda-Regelung: Die von der Lambda-Sonde eingehenden Signale werden vom Steuergerät in den Befehl zum Anreichern oder Abmagern an das Taktventil (KA-Jetronic) oder Drucksteller (KE-Jetronic). Näheres hierzu im Kapitel »Abgasentgiftung«.

Selbsthilfe

Viele Prüfungen an der Einspritzung sind dem Selbsthelfer in Ermangelung der nötigen Prüfgeräte leider unmöglich gemacht. Es besteht auch die Gefahr, daß man mit Heimwerker-Meßgeräten andere als die Sollwerte erreicht, obwohl das betreffende Teil intakt ist. Dann wird unnötigerweise ein Bauteil ersetzt. Für die tiefergreifenden Messungen sollten Sie die entsprechend gerüstete V.A.G.-Werkstatt aufsuchen. Dennoch bleibt ein beachtliches Betätigungsfeld.

Vorgehensweise

Das Steuergerät kann mit Heimwerkermitteln nicht kontrolliert werden. In der Praxis ist hier auch nur sehr selten mit Fehlern zu rechnen. Geber, Schalter und Kabelverbindungen geben ungleich häufiger Anlaß zu Beanstandungen. Damit bietet sich bei einem Defekt folgende Vorgehensweise an:

- Sicherstellen, daß die Zündung in Ordnung ist.
- Kraftstoffversorgung prüfen (Seite 64).
- Sichtprüfung an den Teilen der Einspritzanlage durchführen (siehe folgenden Abschnitt).
- Wurde durch genannte Prüfungen kein Fehler gefunden, Störungsbeistand auf Seite 108 studieren.

Sichtprüfung

- Zuerst Luftschläuche auf Dichtheit prüfen! Alle Schläuche – vom dicken Ansaugluftschlauch bis zu den kleinen Unterdruckschläuchen zum Verteiler – müssen geprüft werden.
- Sind die Dichtungen unter dem Kaltstartventil und an den Einspritzventilen in Ordnung; ebenso die Flanschdichtungen der Ansaugkanäle?
- Undichtigkeiten lassen »Nebenluft« ins Ansaugsystem eindringen – Luft also, die der Luftmengenmesser nicht erfassen kann und die deshalb die Gemischaufbereitung empfindlich stört. Das Gemisch magert unkontrolliert ab, Motorlaufstörungen und ungleichmäßiger oder »holpriger« Leerlauf sind die Folgen.
- Sind an den Kraftstoffleitungen Undichtigkeiten zu erkennen?
- Wurden Kabelstecker am Motor mehrfach auseinandergezogen und wieder verbunden? Korrosion oder ungeschicktes Reißen kann mangelnden Kontakt zur Folge haben.
- Sehen Sie sich die Stecker an den einzelnen Bauteilen der Einspritzung genau an. Mit einem schmalen Schraubenzieher lassen sich die Zungen ein wenig nachbiegen.

Fingerzeig: Bei allen Arbeiten sollten Sie daran denken, daß das Kraftstoffsystem auch lange Zeit nach dem Abschalten des Motors noch unter hohem Druck steht. Deshalb immer einen Lappen bereithalten, wenn Leitungen gelöst werden, damit kein Benzin in die Augen spritzen kann.

Störungssuche an den Bauteilen

In den folgenden Abschnitten sind wir auf jene Möglichkeiten der Fehlersuche eingegangen, zu denen der Heimwerker keine besonderen Werkzeuge oder Meßgeräte benötigt. Haben Sie nach unserem Störungsbeistand ein bestimmtes Bauteil im Verdacht, können Sie hier die Prüfanleitung nachlesen.

Einspritzventile prüfen

- Zündung lahmlegen, wie auf Seite 191 beschrieben.
- Zur Überprüfung, ob ein Einspritzventil überhaupt Benzin erhält, am Kaltstartventil die Halteschraube der Kraftstoffleitung lösen.
- Lappen bereithalten, denn meist spritzt Kraftstoff

heraus. Wenn nicht, von Helfer den Anlasser betätigen lassen.
- Tritt Kraftstoff aus, Einspritzventil ausbauen.
- Gefäß oder Lappen für den austretenden Kraftstoff bereithalten.
- Großen Luftschlauch zwischen Gemischregler und Drosselklappenstutzen abbauen, damit die Stauscheibe zugänglich ist.
- In der Zentralelektrik das Kraftstoffpumpenrelais (siehe Seite 230/231) abziehen und auf dem Steckfeld die Steckkontakte 30 und 87 mit einem Drahtstück überbrücken. Die Kraftstoffpumpen laufen jetzt.
- Stauscheibe im Mengenteiler von Hand ein wenig anheben. Das Ventil muß jetzt kegelförmig abspritzen.
- Falls nicht, Stauscheibe versuchsweise einmal bis zum Anschlag hochheben. Prüfung wiederholen.
- Auf die gleiche Weise läßt sich die Einspritzmengentoleranz zwischen den einzelnen Zylindern messen. Allerdings nur behelfsmäßig.
- Alle Einspritzventile in insgesamt vier Meßgläschen halten, dabei die Einspritzleitungen nicht beschädigen.

- Stauscheibe ein wenig (ca. 20 mm) anheben.
- Die erwähnte Drahtbrücke von einem Helfer so lange einstecken lassen, bis im ersten Gläschen 20 cm^3 (ml) Kraftstoff schwappen.
- Einspritzmengen vergleichen: Die Abweichungen untereinander sollen nicht mehr als 3 cm^3 betragen.
- Bei größeren Abweichungen die Ventile mit dem höchsten und dem niedrigsten Wert gegeneinander austauschen. Messung wiederholen.
- Sind die Abweichungen mit den Ventilen »gewandert«, ist das Einspritzventil mit der entsprechenden Abweichung austauschreif.
- Haben Sie an den betreffenden Zylindern die gleichen Meßergebnisse wie zuvor, ist die Leitung zum Ventil möglicherweise verengt oder der Mengenteiler defekt.
- Dichtheitsprüfung an den Ventilen: Wird die Kraftstoffpumpe nach zweiminütiger Laufzeit mit angehobener Stauscheibe abgeschaltet (Drahtbrücke herausnehmen), dürfen die Ventile nicht nachtropfen.
- Zum Wiedereinbau der Einspritzventile siehe Seite 105.

Kaltstartventil prüfen

- Zündung lahmlegen, siehe Seite 191.
- Kaltstartventil abschrauben, Kabelstecker abziehen, die Kraftstoffleitung bleibt angeschlossen.
- Anlasser kurz betätigen, damit die Kraftstoffpumpen Druck aufbauen.
- Ventil in ein Gefäß halten, zwei genügend lange Kabelstücke an den Anschlußkontakten des Ventils anschließen.
- Freie Enden der Kabel mit den Polen der Batterie verbinden – eines mit »+«, eines mit dem Minuspol.
- Das Ventil muß jetzt kegelförmig Benzin abspritzen.
- Dichtheitsprüfung: Kabel abnehmen.
- Nochmals den Anlasser kurz betätigen, damit die Kraftstoffpumpen Druck aufbauen.
- Ventil sauber abtrocknen. Innerhalb von einer Minute darf kein Benzin nachtropfen.

Thermozeitschalter

- Geprüft wird bei kaltem Motor.
- **Kaltstartanreicherung:** Zündung lahmlegen (Seite 191).
- Stecker am Kaltstartventil abziehen, Voltmeter oder Prüflampe an beiden Steckkontakten anschließen.
- Motor mit dem Anlasser durchdrehen lassen.
- An den Kontakten muß temperaturabhängig Spannung anliegen:
- Bei 0°C zwischen 3 und 8 Sekunden, bei 10°C zwischen 2 und knapp 6 Sekunden, bei 20°C zwischen 1 und 4 Sekunden.

- Werden die genannten Temperaturen nicht erreicht, Thermozeitschalter ausbauen und in ein entsprechend temperiertes Wasserbad halten. Zur anschließenden Prüfung Stecker wieder aufstecken und Thermozeitschalter an Masse halten.
- Zündkabel wieder anschließen.
- **Kalt-Beschleunigungsanreicherung der KA-Jetronic:** Motor starten und im Leerlauf drehen lassen, die Prüflampe darf nicht aufleuchten.
- Einen Helfer kurz und kräftig auf das Gaspedal treten lassen. Die Prüflampe muß kurzzeitig aufleuchten (ca. 0,4 s).

Zusatzluftschieber

- Geprüft wird bei kaltem Motor, die Kühlmitteltemperatur muß unter 30°C liegen. Die Zündung darf vorher nicht eingeschaltet worden sein.
- Zündung lahmlegen, siehe Seite 191.
- Stecker am Zusatzluftschieber abziehen.
- Prüflampe an den Kontakten des Kabelsteckers anschließen.
- Anlasser von Helfer betätigen lassen. Die Prüflampe muß aufleuchten, andernfalls liegt eine Unterbrechung in den Leitungen vor.
- Stecker am Luftschieber abgezogen lassen.
- Zündkabel wieder aufstecken.

- Exakten Drehzahlmesser anschließen, Motor starten.
- Leerlaufdrehzahl ablesen.
- Mit Flachzange den Schlauch vom Zusatzluftschieber zum Ansaugrohr zusammenklemmen. Die Drehzahl muß ein wenig abfallen.
- Gleiche Prüfung bei warmgefahrenem Motor und aufgesteckter Kabelverbindung am Zusatzluftschieber.
- Die Drehzahl sollte sich beim Zusammenklemmen des Schlauches nicht mehr verändern, sonst ist vermutlich der Zusatzluftschieber defekt.

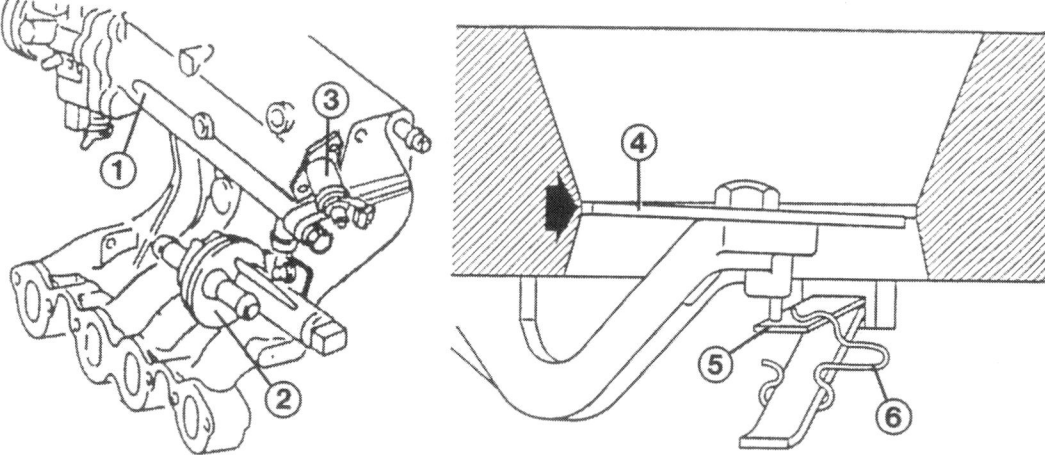

Links: Der Zusatzluftschieber (2) sitzt sehr schlecht zugänglich am Ansaugrohr (1) zum Motor hin. Darüber sehen Sie das Kaltstartventil (3).

Rechts: Bei stehendem Motor muß die Oberkante der Stauscheibe (4) in einer festgelegten Stellung mit der Einschnürung im Lufttrichter stehen (Pfeil). Andernfalls wird der Haltedrahtbügel (6) etwas gebogen – nicht die Blattfeder (5).

- Motor kurz (ca. 10 Sekunden) laufen lassen oder Anlasser betätigen, damit der volle Kraftstoffdruck aufgebaut wird.
- Spannbänder am dicken Luftschlauch zwischen Gemischregler und Drosselklappenstutzen lösen, Schlauch abziehen.
- Deckel des Luftfilters mit dem daran festgeschraubten Gemischregler abnehmen.
- Die jetzt sichtbare Stauscheibe ganz nach oben ziehen. Das muß über den gesamten Weg mit gleichem Widerstand möglich sein.
- Bei schnellem Abwärtsdrücken der Stauscheibe darf kein Widerstand spürbar sein. Falls doch, muß der Luftmengenmesser ersetzt werden.
- Läßt sich die Stauscheibe nur schwer nach oben, aber leicht nach unten bewegen, hängt der Steuerkolben im Mengenteiler. Kraftstoffmengenteiler ersetzen.

Kraftstoff-Mengenteiler prüfen

- Motor warmfahren bzw. warmen Motor vor der Prüfung ca. 10 Sekunden laufen lassen.
- Luftansaugschlauch zwischen Gemischregler und Drosselklappenstutzen nach Lösen der Spannbänder abnehmen.
- Stauscheibe kontrollieren. Sie muß an der den Einspritzleitungen zugewandten Seite in einer genau festgelegten Stellung stehen.
- Bei der KA-Jetronic exakt an der Oberkante des schmalen zylindrischen Teils im Lufttrichter, höchstens 0,5 mm tiefer (Zeichnung oben rechts).
- Bei der KE-Jetronic soll die Stauscheibe tiefer stehen, nämlich 1,9 mm unter der Oberkante, allenfalls jedoch 2,1 mm tiefer.
- Steht die Scheibe falsch, kann sie hochgezogen und durch Verbiegen des Haltedrahtbügels unten im Schacht des Luftmengenmessers in der Stellung korrigiert werden. Nicht die Blattfeder biegen!
- Prüfen Sie nun, ob die Stauscheibe an der Wandung streift.
- Wenn ja, die zentrale Befestigungsschraube lösen und die Scheibe neu zentrieren.
- Nach dieser Einstellung müssen Leerlaufdrehzahl und CO-Gehalt überprüft werden.

Luftmengenmesser prüfen

- Zündung lahmlegen (Seite 191).
- Stecker am Warmlaufregler abziehen.
- Voltmeter oder Prüflampe an den Kontakten des Kabelsteckers zum Warmlaufregler anschließen.
- Anlasser betätigen lassen. An den Kontakten muß Batteriespannung anliegen (Prüflampe brennt). Sonst Stromzufuhr kontrollieren.
- Ohmmeter an den Steckkontakten des Warmlaufreglers anschließen.
- Die Heizwicklung muß einen Widerstand von 20–26 Ω haben.
- Ist die Wicklung unterbrochen, Warmlaufregler ersetzen.

Warmlaufregler prüfen
nur KA-Jetronic

 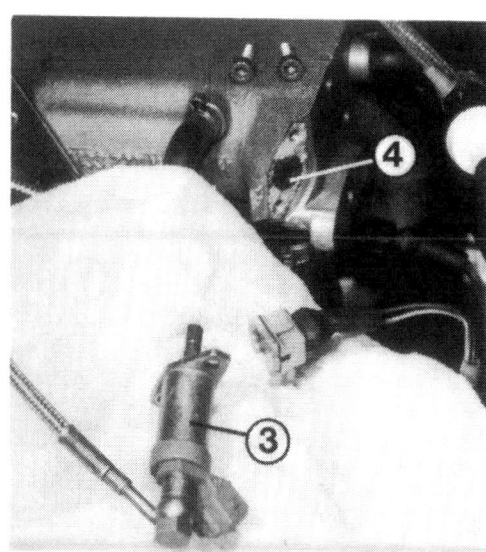

Links: Der Thermozeitschalter (1) und der Temperaturfühler (2) sitzen in Fahrtrichtung vorn am Zylinderkopf im Kühlwasser-Schlauchstutzen.

Rechts: Hier haben wir das Kaltstartventil (3) vom Stutzen am Saugrohr (4) abgeschraubt.

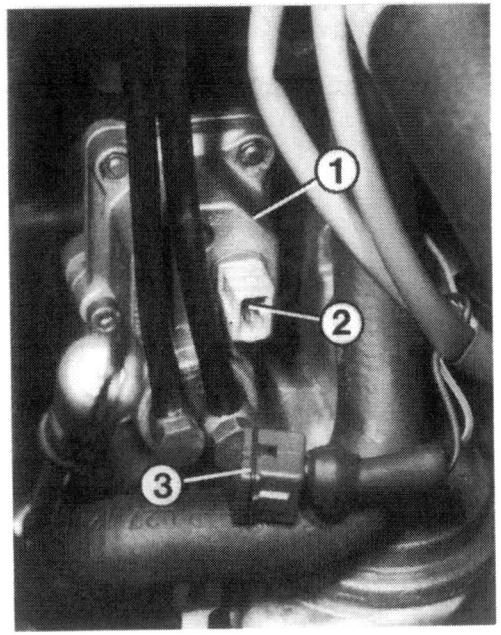

Links: Der Warmlaufregler (1) ist vorn an den Motorblock geschraubt. Zur Überprüfung seines Heizwiderstandes wird an den Steckkontakten (2) das Ohmmeter angeschlossen. Die Spannungsversorgung überprüfen Sie an den Kontakten im Stecker (3).
Rechts: Oben im Ansaugrohr ist der Fühler (4) für die Messung der Ansauglufttemperatur eingeschraubt.

Taktventil
nur KA-Jetronic

- Bei laufendem Motor muß das Taktventil hör- und fühlbar ticken.
- Tut sich nichts, Motor abstellen, Stecker am Ventil abziehen.
- Prüflampe an den Steckerkontakten anschließen, Motor von einem Helfer starten lassen.
- Die Prüflampe muß aufleuchten, sonst ist eine Leitung unterbrochen oder das Steuergerät defekt.
- An den Kontakten des Taktventils ein Ohmmeter anschließen. Der Sollwert liegt bei 2–3 Ω. Andernfalls Taktventil erneuern.

Drucksteller
nur KE-Jetronic

Druckmessungen erfordern ein entsprechendes Manometer, wir würden das einem Fachmann überlassen. Sie können aber eine elektrische Überprüfung vornehmen.
- Kabelstecker vom Drucksteller abziehen.
- Ohmmeter an den Kontakten des Druckstellers anschließen. Der Meßwert soll zwischen 17,5 und 21,5 Ω liegen.

Potentiometer
nur KE-Jetronic

- Zuerst die Ruhelage der Stauscheibe überprüfen, wie unter »Luftmengenmesser« beschrieben.
- Stecker am Potentiometer abziehen. Zur Überprüfung brauchen Sie ein Ohmmeter.
- Widerstand zwischen dem oberen und mittleren Steckkontakt messen, es müssen mehr als 4 kΩ sein.
- Gleiche Messung am mittleren und unteren Steckanschluß: Der Meßwert muß unter 1 kΩ liegen.
- Ohmmeter am mittleren und unteren Kontakt angeschlossen lassen. Stauscheibe gleichmäßig anheben. Der Widerstand muß gleichmäßig auf über 4 kΩ ansteigen.
- Der Austausch und das Einstellen des Potentiometers sollte einem Spezialisten für die KE-Jetronic überlassen bleiben.

Leerlaufdrehzahl-Anhebungsventil

- Drehzahlmesser anschließen. Warmgefahrenen Motor im Leerlauf drehen lassen.
- Alle elektrischen Verbraucher einschalten (nicht die Klimaanlage).
- Leerlaufdrehzahl-Einstellschraube hineindrehen. Bei etwa 700/min muß das Ventil öffnen und die Drehzahl dadurch ansteigen.
- Luftschlauch vom Ventil zum Ansaugrohr (Bild

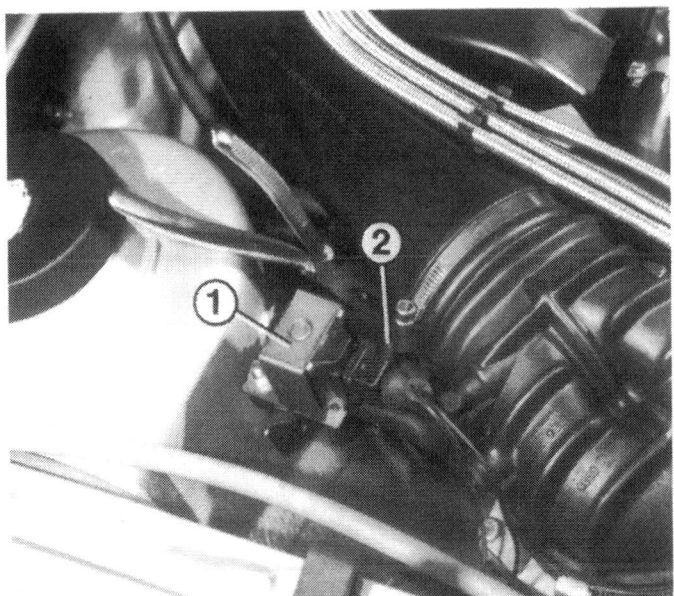

Wenn die Funktion des Leerlaufdrehzahl-Anhebungsventils (1) geprüft werden soll, muß die Leerlaufdrehzahl abgesenkt und der Luftschlauch (2) zusammengedrückt werden.

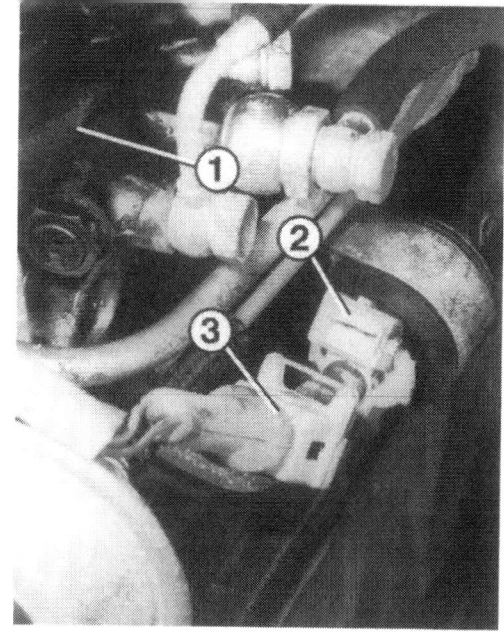

Links: In Fahrtrichtung links neben dem Gemischregler (1) sitzt das Taktventil der KA-Jetronic. Bei der Störungssuche wird an den Steckkontakten (2) der Widerstand und am Stecker (3) die Spannungsversorgung gemessen.

Rechts: Der Drucksprungschalter (4) für die Beschleunigungs-Anreicherung der KA-Jetronic hat seinen Platz ebenfalls vorn links am Gemischregler.

links unten) mit einer Zange zusammendrücken, die Drehzahl muß wieder abfallen.
● Sämtliche elektrischen Vebraucher abschalten.
● Leerlauf bei zusammengeklemmtem Schlauch auf 900 ± 100/min einstellen.
● Schlauchdurchgang freigeben. Die Drehzahl steigt kurzfristig an. Bei 1050/min muß das Ventil schließen und die Drehzahl auf den eben eingestellten Wert abfallen.
● **Klimaanlage:** Motor bei abgeschalteter Klimaanlage starten und im Leerlauf drehen lassen.

● Oben am Drosselklappenstutzen die Kabelsteckverbindung zum Schalter trennen.
● Am Stecker, der nach unten zum Schalter führt, ein Ohmmeter anschließen. Der Widerstand muß ∞ Ω betragen.
● Von Helfer das Gaspedal langsam durchtreten lassen, bis der Drosselklappenschalter klickt, dann muß der Widerstand auf 0 Ω abfallen.

● Kabelstecker am Drucksprungschalter abziehen.
● Ohmmeter an den Kontakten des Drucksprungschalters anschließen, Motor starten.
● Der Meßwert muß bei ∞ Ω liegen.

● Am Temperaturschalter der Beschleunigungs-Anreicherung im Kühlwasserstutzen vorn am Zylinderkopf Stecker abziehen.
● Ohmmeter anschließen und Schaltfunktion prüfen:

● Kraftstoffleitungen abschrauben und vorsichtig zur Seite drücken.
● Einspritzventil samt Einsatz mit einer Zange herausziehen.
● Achten Sie peinlich genau darauf, daß kein Schmutz ins Ventil gelangen kann.
● Zum Einbau müssen die Gummidichtungen am Ventil sowie am Einsatz mit Benzin bestrichen werden, um eine exakte Abdichtung zu erzielen.

● Schlauch zwischen Ventil und Saugrohr zusammenklemmen. Die Drehzahl darf sich nicht verändern.
● Klimaanlage einschalten und Prüfung wiederholen.
● Bei zusammengeklemmtem Schlauch muß die Leerlaufdrehzahl abfallen.

● Genau in dieser Schaltstellung soll der Spalt zwischen Drosselklappenhebel und Leerlaufanschlag 0,2–0,6 mm betragen.
● Ggf. Drosselklappenschalter losschrauben und auf 0,4 mm Abstand einstellen.

Drosselklappenschalter
nur KA-Jetronic ab 4/87

● Von einem Helfer kurz kräftig Gas geben lassen, der Widerstand muß kurzfristig abfallen und wieder auf ∞ Ω ansteigen.

Drucksprungschalter
nur KA-Jetronic ab 4/87

● Unter 15°C Kühlmitteltemperatur ist der Schalter geschlossen, Widerstand 0 Ω.
● Über 47°C Wassertemperatur öffnet der Schalter, der Widerstandswert strebt gegen ∞.

Temperaturschalter

Einspritzventile aus- und einbauen

● Wird das Ventil »trocken« eingesetzt, besteht die Gefahr, daß die Gummiringe gequetscht werden und nicht einwandfrei abdichten. Das gibt dann Störungen im Fahrverhalten, z.B. unrunden Leerlauf.
● Beschädigte oder spröde Dichtringe unbedingt ersetzen.

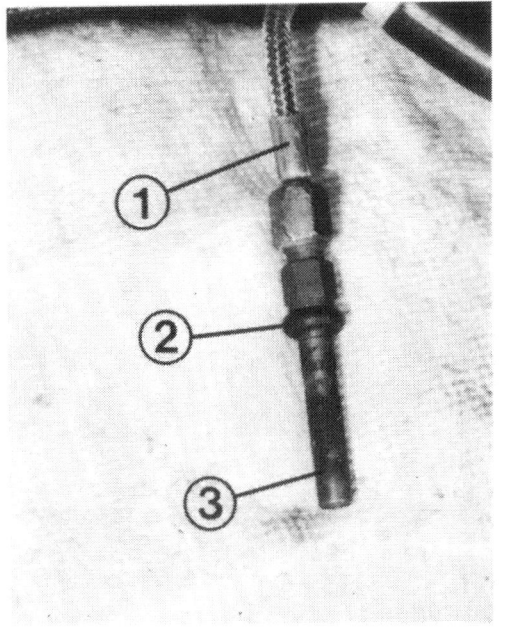
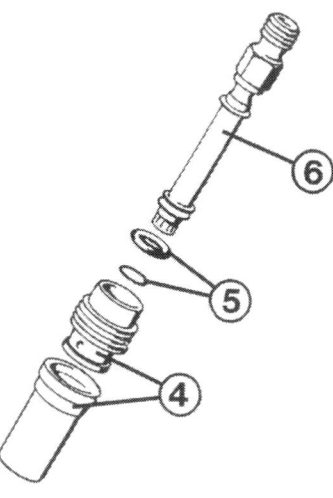

Links: Bei Arbeiten am Motor sollten Sie nach Möglichkeit die Leitung (1) nicht vom Einspritzventil (3) lösen. Beim Einbau darf der Gummiring (2) nicht beschädigt werden.
Rechts: Hier sind die Teile der besseren Darstellung wegen getrennt gezeigt:
4 – Einsatz für das Einspritzventil (6);
5 – Gummiringe (je zwei pro Ventil).

Leerlaufdrehzahl und CO-Gehalt einstellen

Wartung Nr. 33

Voraussetzung für einen korrekten Leerlauf ist selbstverständlich die richtige Zündzeitpunkteinstellung, die sich allerdings bei unseren Motoren mit Transistorzündung normalerweise nicht verändert.
Was zur Abgas-Untersuchung zu sagen ist, finden Sie auf Seite 88 im Vergaser-Kapitel beschrieben.

Einstellwerte

Wenn der Motor den in der Tabelle genannten Toleranzwert erreicht, braucht nichts verändert zu werden. Liegt der gemessene Wert außerhalb dieser Grenzen, regulieren Sie auf den Einstellwert ein.

Einspritzung	Leerlaufdrehzahl		Leerlauf-CO-Gehalt		
	Toleranzwert	Einstellwert		Toleranzwert	Einstellwert
KA-Jetronic	800–1000/min	900 ± 30/min	0,3–1,2 Vol.%	20–70% schwankend	50 ± 8% schwankend
KE-Jetronic	800–1000/min	900 ± 30/min	0,3–1,2 Vol.%	4–16 mA schwankend	10 mA schwankend

Vorbereitungen

○ Die Einstellung der Leerlaufdrehzahl erfolgt an der Schraube in Fahrtrichtung vorn am Drosselklappenstutzen.
○ Zur CO-Korrektur dient die Innensechskantschraube am Luftmengenmesser.
○ Zum Einstellen des CO-Gehalts benutzt man bei der **KA-Jetronic** das sogenannte Tast-Verhältnis des Taktventils. Zur Messung benötigen Sie einen exakten Schließwinkeltester, wie er für die Unterbrecher-Zündanlage gebraucht wurde.
○ Bei der **KE-Jetronic** wird zum Einstellen der Steuerstrom des Druckstellers verwendet. In diesem Fall brauchen Sie ein Amperemeter mit mA-Bereich.
○ In beiden Fällen benötigen Sie ein sogenanntes Adapterkabel, um die Leitungen zwischen Steuergerät und Bauteil »anzapfen« zu können. Solch einen Abzweig können Sie mit passenden Steckkontakten und entsprechend langen Kabeln selbst herstellen. Wie die entsprechenden V.A.G.-Adapterkabel aussehen, zeigt das Bild rechts oben.

● Der Motor muß auf mindestens 80°C Öltemperatur warmgefahren sein.
● Dicken Schlauch der Kurbelgehäuse-Entlüftung vom Saugrohr und Luftfilter abziehen und so verlegen, daß ausschließlich Frischluft angesaugt wird.
● Bei einem VW mit Aktivkohlebehälter muß die Zufuhr von Kraftstoffdämpfen unterbunden werden.
● Dazu den gewinkelten Anschluß aus der Ansaughutze herausziehen und um 90° verdreht wieder einstecken.
● Schlauch vom Leerlaufdrehzahl-Anhebungsventil zum Ansaugrohr mit einer Zange zusammenklemmen, siehe Bild rechts unten.

● Meßgeräte bei ausgeschalteter Zündung anschließen.
● Bei KA-Jetronic den Stecker vom Taktventil abziehen und stattdessen das Adapterkabel anklemmen.
● An der KE-Jetronic wird der Leitungsstecker am Drucksteller abgezogen und dort der Kabelabzweig angeschlossen.
● Abgastester am CO-Entnahmerohr anschließen – es darf keine Nebenluft eintreten.
● Elektrische Verbraucher und ggf. die Klimaanlage dürfen nicht eingeschaltet sein, und der Kühlerventilator darf nicht laufen.

Fingerzeige: Den Stopfen über der CO-Einstellschraube entfernt man so: Loch mit 2,5 mm Durchmesser in den Stopfen bohren. 3-mm-Blechschraube hineindrehen und Stopfen mit der Zange herausziehen.

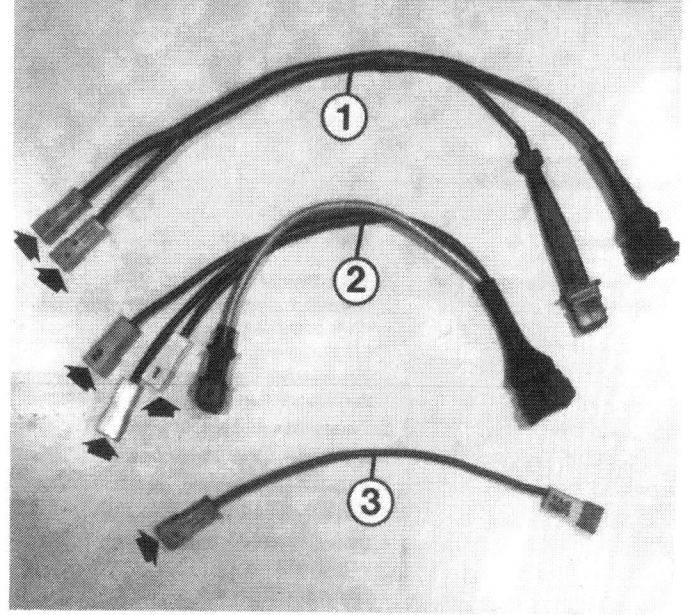

Verschiedene Adapterkabel zur Leerlaufeinstellung:
1 – Kabel zur Milliampere-Messung. Eines der beiden Verbindungskabel zwischen den Steckern ist aufgetrennt, die Enden sind an die Meßstecker (Pfeile) geführt.
2 – Kabel zur Schließwinkel-(%)-Messung. Alle drei Kabel laufen von Stecker zu Stecker, doch jedes einzelne ist mit einer Meßleitung angezapft (Pfeile).
3 – Kabel für andere Einspritzanlagen.

Beim Drehen der CO-Einstellschraube müssen Sie vorsichtig zu Werke gehen. Die Schraube darf mit dem Einstellschlüssel weder hinuntergedrückt noch angehoben werden. Solange der Schlüssel eingesteckt ist, darf kein Gas gegeben werden, sonst kann der Schlüssel verbogen werden.

Einstellung

- Motor starten.
- Drehzahl und CO-Wert ablesen.
- CO-Gehalt und Drehzahl werden durch wechselweises Verdrehen der Einstellschrauben korrigiert.
- Liegt der CO-Wert trotz richtiger Einstellung von Tastverhältnis oder Steuerstrom zu hoch, kommen als Ursache die Zündanlage, ein undichter Auspuff, undichte Einsätze der Einspritzventile oder ein defekter Kraftstoffmengenteiler in Betracht.
- Nach dem Einstellen noch bei laufendem Motor die Kurbelgehäuse-Entlüftung wieder anschließen, dabei den CO-Gehalt beobachten.
- Steigt er an, ist das Motoröl durch Kraftstoffkondensat verdünnt. Abhilfe siehe Seite 18.

Leerlaufschwankungen

Gelegentlich leidet der Einspritzmotor an ungleichmäßigem Leerlauf. Dazu muß gleich gesagt werden, daß dieser Mangel sich unter Umständen durch Zusammenkommen verschiedener Toleranzen ergibt und eine Abhilfe nicht vollkommen möglich ist.

- Sämtliche Luftschläuche kontrollieren.
- Zusatzluftschieber überprüfen.
- Als nächste Möglichkeit kommt bei der KA-Jetronic der Warmlaufregler in Betracht, sofern die Drehzahlschwankungen nur bei kaltem Motor auftreten.
- Hierzu muß die Werkstatt eine Druckprüfung bei kaltem Motor vornehmen.
- Half das alles nicht, muß der Gemischregler überprüft werden. Für weitergehende Kontrollen sind hier wieder Meßgeräte der Werkstatt erforderlich.

Der Gaszug

Was es über den Betätigungszug für die Drosselklappen zu sagen gibt, können Sie im Vergaserkapitel auf Seite 88 nachlesen.

Vorn am Drosselklappenstutzen haben wir den Schraubenzieher (4) an der Einstellschraube für die Leerlaufdrehzahl angesetzt. Bei einem Fahrzeug mit Leerlaufdrehzahl-Anhebung muß beim Einstellen der Schlauch (1) vom Anhebungsventil (3) zum Drosselklappenstutzen mit einer Zange (2) luftdicht zusammengeklemmt werden.

Störungsbeistand

KA-/KE-Jetronic

Die Störung	– ihre Ursache	– ihre Abhilfe
A Kalter Motor springt nicht an	1 a) KA-Jetronic: Warmlaufregler regelt den Steuerdruck nicht oder falsch	Steuerdruck messen lassen
	b) KE-Jetronic: Drucksteller regelt den Druck zu den Steuerschlitzen nicht oder falsch	Drucksteller und Steuergerät prüfen lassen
	2 Zusatzluftschieber öffnet nicht	Prüfen
	3 Kaltstartventil spritzt nicht ein	Kaltstartventil und Thermozeitschalter prüfen
	4 Kaltstartventil undicht, Dichtung defekt	Dichtheit prüfen
	5 Stauscheibe falsch eingestellt	Stellung prüfen
	6 Stauscheibe oder Steuerkolben schwergängig	Prüfen
	7 Motor erhält Nebenluft	Sämtliche Schlauchleitungen überprüfen
B Warmer Motor springt nicht an	1 Siehe A 1, 5 und 6	
	2 Einspritzventil(e) undicht, zu niedriger Öffnungsdruck	Prüfen (lassen)
	3 Haltedruck zu niedrig	Messen lassen
	4 Leerlauf zu fett eingestellt	CO-Gehalt einstellen lassen
	5 Leerlauf zu mager eingestellt	CO-Gehalt einstellen lassen
	6 Nur KE-Jetronic: Rücklaufsperre in der Leitung von der Vorförderpumpe defekt	Ersetzen
C Kalter Motor schüttelt im Leerlauf	1 Siehe A 1, 2, 4, 5 und 7	
	2 Zusatzluftschieber schließt nicht	Prüfen
	3 Siehe B 2	
D Kalter Motor stottert beim Beschleunigen	1 Siehe A 3	
	2 Drucksprungschalter defekt bzw. Unterdruckschlauch undicht	Prüfen
	3 Drosselklappenschalter defekt	Prüfen
E Warmer Motor schüttelt im Leerlauf	1 Siehe A 1, 2, 6 und 7	
	2 Siehe B 4 und 5	
F Motor patscht ins Saugrohr	1 Siehe A 1	
	2 Siehe B 5	
G Motor patscht in den Auspuff	1 Siehe A 1 und 4	
	2 Siehe B 4	
	4 Kraftstoffpumpe fällt aus	Siehe Seite 64
H Motor stottert, setzt aus	1 Kraftstoffpumpen fördern ungleichmäßig	Fördermenge messen lassen
	2 Kraftstoffsystemdruck falsch	Messen, einstellen lassen
J Motorleistung ungenügend	1 Siehe A 1, 4, 6 und 7	
	2 Siehe B 4 und 5	
	3 Kraftstoffpumpen fördern zu wenig	Fördermenge messen lassen
	4 Drosselklappen gehen nicht in Vollgasstellung	Gaszug einstellen bzw. Drosselklappenverbindung kontrollieren
K Motor läuft nach	1 Siehe A 4–6	
	2 Siehe B 2	
L Kraftstoffverbrauch zu hoch	1 Siehe A 1 und 4	
	2 Siehe B 4	
M Warmer Motor dreht im Leerlauf zu hoch	Siehe C 2	

Die Kupplung

Reibereien

Die Zahnradpaare der einzelnen Gangstufen lassen sich nicht schalten, solange sie vom Motor angetrieben werden. Man muß die Verbindung zwischen Triebwerk und Schaltgetriebe kurz unterbrechen. Dann läßt sich eine andere Gangstufe einlegen. Anschließend werden Motor und Getriebe wieder verbunden. Trennend und verbindend wirkt im Auto die Kupplung.

So funktioniert die Kupplung

Die Kraftübertragung der Kupplung zwischen Motor und Getriebe erfolgt durch Reibung. Zwei Körper werden gegeneinander gepreßt, wodurch der eine den anderen mitnimmt. Die Beteiligten sind:
○ **Schwungscheibe** am Motor als die eine Anlagefläche.
○ **Kupplungsdruckplatte** als die zweite Anlagefläche, die gegen die Schwungscheibe drückt.
○ Dazwischen befindet sich als Reibpartner die **Mitnehmerscheibe** auf der Eingangswelle des Getriebes.
○ Weiterhin gehört noch das **Ausrücklager** dazu.

Durch den Tritt auf das Kupplungspedal wird über den Kupplungszug der Ausrückhebel auf der Ausrückwelle angehoben. Diese Bewegung drückt über das im Getriebe sitzende Ausrücklager die Kupplungs-Druckstange in Richtung Kupplung. Diese Stange läuft durch die hohl gebohrte Eingangswelle des Getriebes und drückt über eine Ausrückplatte auf die Feder der Druckplatte.

Das Ausrücklager kann nun die Federkraft übernehmen, die Druckplatte wird entlastet und bei völlig durchgetretenem Pedal zurückgezogen. Die Mitnehmerscheibe kann nun im Raum dazwischen frei umlaufen – es ist ausgekuppelt.

Beim Einkuppeln drückt die Tellerfeder der Druckplatte die Mitnehmerscheibe wieder gegen das Motorschwungrad.

Die Kupplungs-Lebensdauer

Jedes Einkuppeln bewirkt, daß die Beläge der Mitnehmerscheibe an ihren Gegenreibflächen schleifen und dabei heiß werden. Besonders verschleißfördernd ist hierbei das Anfahren mit hoher Motordrehzahl (Kavalierstart), Anfahren im 2. Gang, »Herummogeln« an Kreuzungen im 2. oder 3. Gang mit teilweise getretenem Kupplungspedal oder das »In-der-Waage-halten« an einer Steigung mit Kupplungs- und Gaspedal.

Recht verbreitet ist die Angewohnheit, mit eingelegtem 1. Gang und durchgetretenem Kupplungspedal bei rotem Ampellicht zu warten. Mancher fürchtet, bei »Grün« den Gang nicht gleich einlegen zu können. Wenn auch kein direkter oder sofort meßbarer Schaden entsteht, so beansprucht das Auskuppeln doch das Ausrücklager und bewirkt Verschleiß. Je öfter und länger das vor den vielen Ampeln geschieht, desto früher ist dieses Lager abgenutzt.

Auskuppeln beim Halt an der Kreuzung?

Kupplung prüfen

Der Verschleiß der Mitnehmerscheibe läßt sich im eingebauten Zustand nicht erkennen. Das erste Anzeichen für Verschleiß ist, wenn die Kupplung durchrutscht. Eine schleifende Kupplung bemerken Sie beim Fahren zuerst im höchsten Gang unter Last. Der Motor dreht hoch, ohne daß die Fahrgeschwindigkeit in gleichem Maß zunimmt. Einen gewissen Aufschluß kann folgende Methode geben, die Sie aber nur gelegentlich anwenden sollten.

Die Kupplung in Teilen:
1 – Kupplungsdruckstange;
2 – Ausrücklager,
3 – Führungshülse;
4 – Kupplungshebel;
5 – Ausrückhebel;
6 – Mitnehmerscheibe;
7 – Haltering;
8 – Druckteller;
9 – Zwischenblech;
10 – Druckplatte.

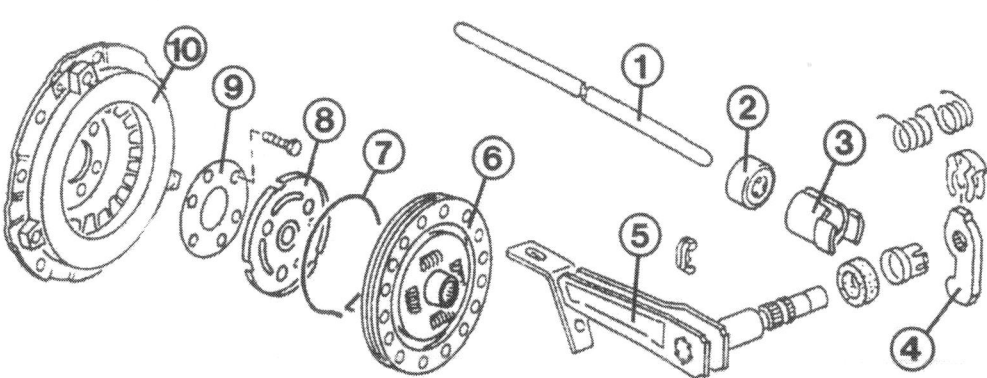

Schleift die Kupplung?

- Handbremse anziehen, Motor starten.
- 3. Gang einlegen, langsam einkuppeln und Gas geben.
- Bei einwandfreier Handbremse müßte der Motor abgewürgt werden.
- Dreht er durch, muß bei manueller Nachstellung das Kupplungspedalspiel kontrolliert werden.
- Prüfung wiederholen. Dreht der Motor weiterhin durch, wird ein Kupplungstausch fällig.

Trennt die Kupplung richtig?

Wird der Schaltvorgang von kratzenden oder krachenden Geräuschen »untermalt«, dann trennt die Kupplung nicht mehr richtig. Um sicherzugehen, daß es nicht am Getriebe liegt, macht man die Probe mit dem nicht synchronisierten Rückwärtsgang:

- Motor im Leerlauf drehen lassen.
- Kupplungspedal voll durchtreten, etwa drei Sekunden warten, dann den Rückwärtsgang einlegen.
- Kratzt es hierbei, trennt die Kupplung nicht mehr sauber – die Mitnehmerscheibe läuft also nicht ganz frei.
- Kupplungspedalspiel bzw. Nachstellautomatik des Kupplungszugs kontrollieren, evtl. Spiel einstellen.
- Prüfung nochmals durchführen. Kratzt es immer noch, sollten Sie unseren Störungsbeistand zu Hilfe nehmen.

Die Kupplungsnachstellung

Zwischen den Teilen der Kupplungsübertragung muß ein gewisser Abstand (»Spiel«) verbleiben, solange das Pedal nicht niedergedrückt wird. Das Kupplungs-Pedalspiel muß je nach Ausführung des Kupplungszugs eingestellt werden oder stellt sich selbst nach.

○ Dieses Spiel muß so groß sein, daß das Ausrücklager nicht unter verschleißförderndem Druck steht. Je stärker das Ausrücklager durch die Kraft der Tellerfeder belastet wird, um so geringer wird die Reibungskraft der Mitnehmerscheibe. Es besteht also die Gefahr, daß die Kupplung durchrutscht.

○ Wenn das Spiel zu groß ist, geht etwas vom normalen Kupplungsweg verloren. Dann wird die Kupplung beim Niederdrücken des Pedals nicht ganz getrennt.

Die Kupplung ist so konstruiert, daß mit fortschreitender Abnutzung der Kupplungsbeläge das Spiel kleiner wird. Durch die verschleißende und dünner werdende Mitnehmerscheibe wandert die federbelastete Druckplatte näher zur gegenüberliegenden Reibfläche der Schwungscheibe. Die Ausrückplatte nähert sich dabei dem Ausrücklager. Liegt das Lager ohne Spiel am Ausrückhebel an, stützt sich die Tellerfeder der Druckplatte über die Ausrückplatte gegen das Ausrücklager ab. Statt die Mitnehmerscheibe gegen die Anlageflächen zu pressen, wird die Feder entlastet und die Reibungskraft geringer, die Kupplung rutscht durch.

Automatische Kupplungsnachstellung

Ab Modelljahr 1986 wurde parallel zum herkömmlichen Kupplungsseil eines mit Selbstnachstellung eingebaut. Die Grundfunktion ist, daß bei zunehmendem Kupplungsbelagverschleiß der Seilzug länger werden muß. Das erzielt man durch automatische Verkürzung der Seilzughülle. Dazu ist die Kupplungszughülle bei entlastetem Kupplungspedal in der Länge veränderlich, beim Tritt aufs Pedal wird dagegen eine starre Verbindung hergestellt.

Die Kupplungszughülle endet in einem Kugelkäfig im Gehäuse der Nachstellautomatik (am unteren Widerlager des Zuges am Getriebe). Beim Treten des Pedals verriegeln die Kugeln den Konus am Ende der Zughülle. Mit entlastetem Pedal ist diese Verbindung wieder gelöst, und mit abnehmender Kupplungsbelagdicke zieht ein Klemmstück am Seilzug den Kugelkäfig tiefer ins Gehäuse.

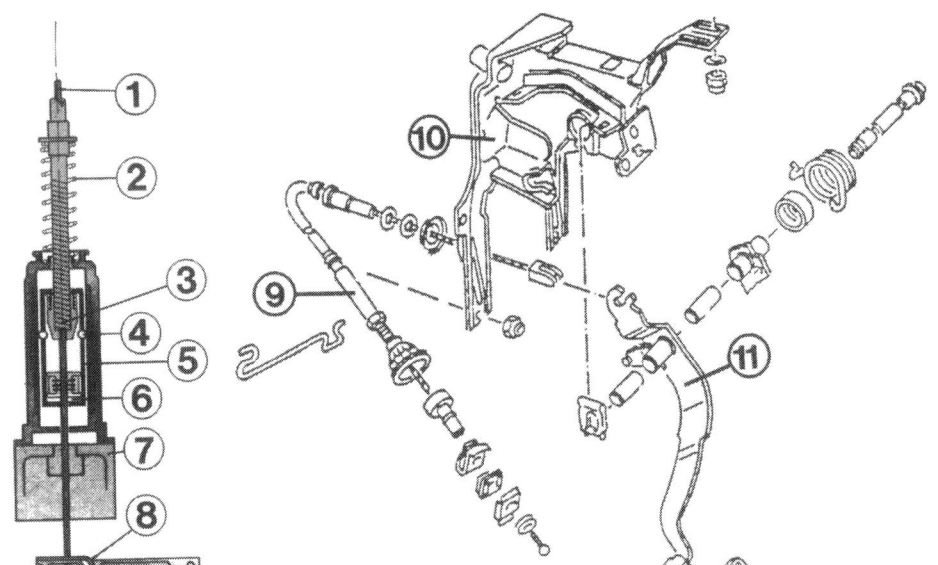

Links die Teile der automatischen Kupplungsnachstellung:
1 – Kupplungsseilzug;
2 – Bowdenzugfeder;
3 – Verriegelungskonus;
4 – Kugeln;
5 – Kugelkäfig;
6 – Klemmstück;
7 – Widerlager am Getriebe;
8 – Ausrückhebel.
Rechts die Kupplungsbetätigung:
9 – einstellbarer Kupplungszug;
10 – Pedalbock;
11 – Kupplungspedal.

Ob Ihr VW mit dem selbstnachstellenden Zug ausgestattet ist, erkennen Sie an dem Gehäuse der Nachstellautomatik unten am Kupplungszug. Da sich das Pedalspiel bei einem entsprechend ausgestatteten Wagen nicht mehr verändert, entfallen die nachfolgenden Arbeiten »Pedalspiel messen« und »Pedalspiel einstellen«.

Kupplungspedalspiel messen

- Neben das Kupplungspedal ein Lineal o. ä. halten.
- Trittplatte von Hand niederdrücken, bis stärkerer Widerstand spürbar wird. Aus der Ruhestellung soll dies nach **15–25 mm** der Fall sein.

- Stimmt das Pedalspiel nicht, muß die Länge des Kupplungszugs nachgestellt werden.

Wartung Nr. 5

- Mutter oben am Schaftstück (Bild unten) lösen.
- Einstellmutter des Kupplungszugs drehen, dabei das Schaftstück festhalten: Im Gegenuhrzeigersinn – Spiel wird größer; im Uhrzeigersinn – Spiel wird kleiner.
- Pedalspiel messen, Arretiermutter festziehen.

Pedalspiel einstellen

Kupplungszug ersetzen

- Ablagefach links abschrauben (Seite 260).
- Im Motorraum den Kupplungszug lösen.
- Von einem Helfer den Ausrückhebel nach oben ziehen lassen.
- Am dicken Seilzugende die Halteklammer in Fahrtrichtung nach links abziehen.
- Halteplatte und Verdrehsicherung abnehmen.

- Kupplungszug aus der Gummiführung im Widerlager des Getriebes herausziehen.
- Seilzugöse am Pedal aushaken.
- Gummitülle in der Karosserietrennwand herausdrücken, Zug zum Motorraum herausziehen.
- Beim Einbau das Seil zuerst am Pedal einhängen.
- Zuletzt Pedalspiel einstellen.

- **Ausbau:** Kupplungspedal mehrere Male bis zum Anschlag durchdrücken (bei noch intaktem Zug).
- Bis 6/88 Feder unter dem Faltenbalg des Kupplungsseils zusammendrücken.
- Ab 7/88 muß der zusammengedrückte Nachstellmechanismus mit einem Halteband zusammengehalten werden. Mit diesem Band wird die Nachstellung am neuen Kupplungszug zusammengehalten.
- Die Öse oben am Halteband so aufschneiden, daß die Öse noch stabil bleibt.
- Öse oberhalb der Schutzhülle am Nachstellmechanismus einhängen.
- Nachsteller im Bereich der Schutzhülle zusammendrücken, rechts und links die Laschen des Haltebandes an den Stiften einhängen.
- Alle: Befestigungsteile des Zuges am Ausrückhebel abnehmen.

- Öse am Pedal aushängen.
- **Einbau:** Seilzug zuerst am Kupplungspedal einhängen.
- Bis 6/88: Kupplungspedal von einem Helfer mit der Hand niederdrücken lassen. Gleichzeitig vorn am Seil ziehen, die Feder unter dem Faltenbalg zusammendrücken und die Befestigungsteile am Ausrückhebel einhängen.
- Ab 7/88: Gespanntes Seil am Ausrückhebel befestigen.
- Halteband so abnehmen, daß es wieder verwendet werden kann.
- Ein nicht gespannter Kupplungszug muß wie bei der Ausführung bis 6/88 durch mehrmaliges Hin- und Herbewegen zusammengedrückt werden, dann das Halteband anbringen.
- Alle: Kupplungspedal mehrmals durchtreten.

Zug mit automatischer Nachstellung ersetzen
Zusätzliche Arbeitsschritte

Hier ist das Einstellen des Kupplungs-Pedalspiels gezeigt:
1 – **Schaftstück**;
2 – **Arretiermutter**;
3 – **Einstellmutter**.

 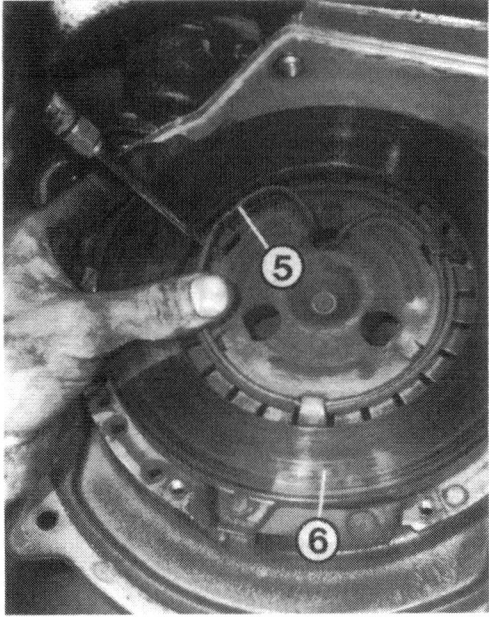

Der Kupplungsausbau. Links: Zum Lösen der Schrauben (3) der Schwungscheibe (4) haben wir einen Schraubenzieher (2) durch eine der Bohrungen gesteckt und halten mit einem in die Verzahnung gesteckten Schraubenzieher (1) gegen.
Rechts: Der Haltering (5) der Druckplatte (6) wird nur herausgehebelt.

Fahren mit gerissenem Kupplungszug

Sollte der Kupplungszug unterwegs reißen, muß das noch nicht das Ende der Fahrt bedeuten. Zumindest ein nahes Ziel oder die nächste Werkstatt kann man auch ohne Kupplungsbetätigung erreichen. Bei feinfühligem Umgang mit Gaspedal und Schalthebel können Sie sogar hoch- bzw. herunterschalten.
Gang herausnehmen: Gas wegnehmen und Schalthebel in Richtung Leerlauf drücken. Bei schiebendem Wagen evtl. ein klein wenig Gas geben, falls der Gang »klemmt«.
Anfahren: Motor ausschalten, 1. Gang einlegen und Anlasser betätigen. Der VW ruckelt los und setzt sich mit anspringendem Motor in Bewegung. Wer während der Fahrt nicht schalten will, fährt auf diese Weise in der Ebene im 2. Gang an.
Hochschalten: Im 1. Gang mit dem Anlasser anfahren. 1. Gang nur knapp über Leerlaufdrehzahl hinausdrehen (ca. 1000/min). Gas etwas zurücknehmen, Schalthebel in Leerlaufstellung ziehen. Gaspedal loslassen und den Schalthebel mit leichter Hand in Richtung des 2. Gangs drücken. Bei richtiger Motor- und Getriebedrehzahl rutscht der Gang fast von selbst hinein. Wenn Sie zu lange gewartet haben, müssen Sie ein klein wenig Gas geben, damit sich die Fahrstufe ohne Zähneknirschen einlegen läßt. Hat es nicht geklappt, halten Sie nochmals an und versuchen das Ganze von neuem. In die weiteren Gänge wird auf die gleiche Weise hochgeschaltet. Am leichtesten geht es in sehr niedrigen Geschwindigkeiten: In den 2. Gang bei höchstens 20 km/h, in den 3. bei 25 km/h, in den 4. bei 35 km/h und in den 5. bei 45 km/h.
Herunterschalten: Hierbei muß die Motordrehzahl angehoben werden, damit sich der nächstniedrige Gang einlegen läßt. Fuß leicht vom Gas, Gang herausnehmen, behutsam Gas zugeben und gleichzeitig den Schalthebel in Richtung des neuen Gangs drücken. Bei richtiger Motordrehzahl rutscht der Gang fast ohne Nachdruck hinein. Auch das Herunterschalten geschieht wieder am besten bei niedrigen Drehzahlen und Geschwindigkeiten.

Kupplung aus- und einbauen

- Getriebe ausbauen (Seite 115).
- Schwungscheibe über Kreuz losschrauben, dazu einen Schraubenzieher als Arretierung in die Verzahnung der Schwungscheibe stecken (Bild oben links).
- Schwungscheibe und Mitnehmerscheibe abnehmen.
- Soll auch die Kupplungsdruckplatte ausgebaut werden, hebeln Sie mit einem Schraubenzieher den Haltering der Ausrückplatte heraus.
- Sechs Schrauben in der Druckplatte losdrehen.
- Druckplatte mit Zwischenblech abnehmen.
- Schwungscheibe mit Druckluft sauberblasen oder mit einem benzingetränkten Lappen abwischen. Kontrollieren Sie bei dieser Gelegenheit gleich, ob die Zentrierstifte in der Schwungscheibe fest sitzen.
- Die alte Druckplatte nur dann wieder einbauen, wenn ihre Nietverbindungen noch fest sind.
- Die Anlagefläche zur Mitnehmerscheibe darf keine Risse oder Brandstellen zeigen und nicht mehr als 0,3 mm nach innen durchgebogen sein. Zum Messen ein Metallineal quer über die Druckplatte legen und mit der Fühlerblattlehre am Innenrand messen.
- Zwischenblech in die Druckplatte einlegen.
- Neue Halteschrauben verwenden – sie sind bereits mit Schraubensicherungsmittel beschichtet. Das Anzugsdrehmoment lautet 30 Nm + ¼ Umdrehung (= 90°).
- An der Ausrückplatte die Auflagefläche und die Aufnahme für die Kupplungsdruckstange mit etwas Mehrzweckfett bestreichen.
- Ausrückplatte so einsetzen, daß ihre Aussparung für die Kupplungsdruckstange in Richtung Getriebe zeigt.
- Drahtring in die Halter der Ausrückplatte einhängen. Bei der Kupplung mit 190-mm-Mitnehmerscheibe müssen die Drahtenden in Richtung Getriebe

zeigen, bei den größeren Scheiben mit 200 und 210 mm Durchmesser dagegen in Richtung Motor.
- Innenverzahnung der Mitnehmerscheibe mit etwas MoS$_2$-Puder schmieren.
- Mitnehmerscheibe einsetzen, ihre verlängerte Innenverzahnung zeigt in Richtung Getriebe.
- Schwungscheibe so ansetzen, daß ihre Zentrierstifte in die entsprechenden Bohrungen bzw. Schlitze in der Druckplatte greifen. Andernfalls stimmt die OT-Markierung auf der Schwungscheibe nicht mehr.
- Beim Anschrauben der Schwungscheibe muß die Mitnehmerscheibe zentriert werden. Dazu hat die V.A.G.-Werkstatt das Spezialwerkzeug 547, eine Scheibe aus Kunststoff.
- Behelfsmäßig können Sie die Schwungscheibe leicht festschrauben und den Abstand zwischen Mitnehmerscheiben-Außenkante und Schwungscheiben-Innendurchmesser mit einer Schieblehre kontrollieren. Der Abstand muß rundum gleich groß sein, andernfalls die Mitnehmerscheibe so lange versetzen, bis sie genau in der Mitte sitzt.
- Schrauben der Schwungscheibe über Kreuz mit 20 Nm anziehen.

Ausrücklager ersetzen

Außer dem neuen Ausrücklager brauchen Sie für das Vierganggetriebe eine neue Getriebedeckeldichtung, bei der Fünfgangschaltbox dagegen einen neuen Kunststoffdeckel.
- Kupplungszug am Ausrückhebel aushängen.
- Wagen vorn aufbocken, linkes Vorderrad abnehmen.
- Radhausschale abschrauben.
- Beim Vierganggetriebe Deckel abschrauben, beim Fünfganggetriebe diesen mit einem scharfen Schraubenzieher durchstoßen und abhebeln.
- Beim Fünfganggetriebe den Anschlagpuffer vom Ausrückhebel abdrücken.
- Ausrückhebel nach unten drücken.
- Ausrücklager aus seiner Führung ziehen, neues Lager einsetzen.
- Der Kunststoffdeckel des Fünfganggetriebes muß eingeklopft werden. Dazu sollten Sie einen Kunststoffhammer verwenden oder ein Holzstück beim Hämmern zwischenlegen.

Störungsbeistand

Kupplung

Die Störung	– ihre Ursache	– ihre Abhilfe
A Kupplung rutscht	1 Kupplungsspiel zu klein oder Nachstellmechanik defekt	Nachstellen bzw. Nachstellmechanik kontrollieren
	2 Kupplungsbeläge abgenutzt	Mitnehmerscheibe ersetzen
	3 Anpreßdruck der Kupplung zu gering	Kupplungsdruckplatte ersetzen
	4 Belag verölt	Mitnehmerscheibe und defekte Getriebe- oder Kurbelwellendichtung ersetzen
	5 Kupplung wurde überhitzt	Defekte Teile ersetzen
B Kupplung trennt nicht	1 Zu großes Kupplungsspiel	Nachstellen
	2 Mitnehmerscheibe klemmt auf Getriebewelle	Kerbverzahnung mit Drahtbürste gründlich reinigen. Anschließend mit Moly-Paste oder -Spray schmieren
	3 Mitnehmerscheibe hat Schlag	Mitnehmerscheibe ersetzen
	4 Mitnehmerscheibe verzogen oder Belag gebrochen	Mitnehmerscheibe ersetzen
	5 Belag nach sehr langer Standzeit an Schwungscheibe festgerostet	Mit eingelegtem 1. Gang starten. Kupplung dauernd durchtreten. Gaspedal ruckartig durchtreten und loslassen, um die Kupplung loszubrechen. Andernfalls ausbauen
C Kupplung trennt nicht und rutscht gleichzeitig durch	Kupplungsdruckplatte defekt	Druckplatte auswechseln
D Kupplung rupft	1 Motor oder Getriebeaufhängung defekt	Motor- oder Getriebeaufhängung ersetzen
	2 Unebenheiten auf der Anlagefläche von Schwungscheibe oder Druckplatte	Defektes Teil ersetzen
	3 Falsche Beläge	Mitnehmerscheibe ersetzen
E Kupplungsgeräusche	1 Unwucht der Kupplungsdruckplatte bzw. Mitnehmerscheibe	Kupplungsdruckplatte bzw. Mitnehmerscheibe ersetzen
	2 Torsions-Dämpferfeder defekt	Mitnehmerscheibe ersetzen
	3 Ausrücklager defekt	Ausrücklager ersetzen
	4 Nietverbindungen in der Kupplung locker	Kupplungsdruckplatte ersetzen

Getriebe und Achsantrieb

Wechselhaft

Zwischen der Kurbelwelle der Motors und den Antriebsrädern ist eine »Untersetzung« angeordnet, um die Kraft des Motors übertragen zu können. Zum einen gehört dazu das entsprechend den Fahr-Erfordernissen veränderliche Schalt- oder Automatikgetriebe und zum anderen der unveränderliche Achsantrieb.

Das Schaltgetriebe

Die Motorleistung wird über die Kupplung auf die Eingangswelle des Schaltgetriebes geleitet. Auf dieser Eingangs- oder Antriebswelle sitzen fünf bzw. sechs Zahnräder (einschließlich Rückwärtsgang), die mit fünf oder sechs dazu passenden Zahnrädern auf der sogenannten Abtriebswelle ständig im Eingriff stehen. Diese Zahnräder können frei umlaufen, bis eines von ihnen beim Schalten eines bestimmten Gangs mit seinem entsprechenden Gegenrad auf der Antriebswelle gekuppelt wird. Das Verhältnis der Zähnezahlen des jeweiligen Zahnradpaars ergibt die betreffende Untersetzungsstufe.

Der VW hat »vollsynchronisierte« Vorwärtsgänge. Die Zahnräder auf der Antriebs- und Abtriebswelle sind auf stiftartigen Rollen (»Nadeln«) gelagert. Es besteht also keine starre Verbindung zwischen Wellen und Rädern. Die Zahnräder bleiben immer im Eingriff. Beim Gangwechsel wird eine Verbindung zwischen Zahnrad und Welle hergestellt, nicht zwischen den Zahnrädern. Um die Drehzahlen von Welle und Zahnrad einander anzugleichen, läßt man ein Teil einer Welle gegen ein Teil der anderen Welle über Reibelemente schleifen. Durch die Reibung wird die schnellere Welle abgebremst, bis bei gleichem (synchronem) Lauf eine kraftübertragende Verbindung hergestellt werden kann.

Schaltungsprobleme

Wenn die Schaltung Schwierigkeiten macht, sollte sie in der Werkstatt mit einem V.A.G.-Spezialwerkzeug eingestellt werden. Vorher muß kontrolliert werden, ob die Teile der Schaltbetätigung nicht verbogen und alle Lagerbuchsen o.ä. in Ordnung sind.

Behelfsmäßige Einstellung

- Schalthebel in Leerlaufstellung drücken.
- Klemmschelle zwischen der Schaltstange und dem Wählhebel lösen (Zeichnung unten).
- Schaltstange ein wenig verschieben. Klemmschelle wieder festziehen.
- Alle Gänge durchschalten. Funktioniert die Rückwärtsgangsperre noch?
- Kommen Sie so zu keinem befriedigenden Ergebnis, muß die Werkstatt die Schaltung einstellen. Dazu hat sie das V.A.G.-Werkzeug 3104.

Getriebegeräusche

Im Lauf der Zeit kann das Getriebe durch Geräuschentwicklung auf sich aufmerksam machen. Dann sollten Sie zuerst nach dem Ölstand im Getriebe sehen.

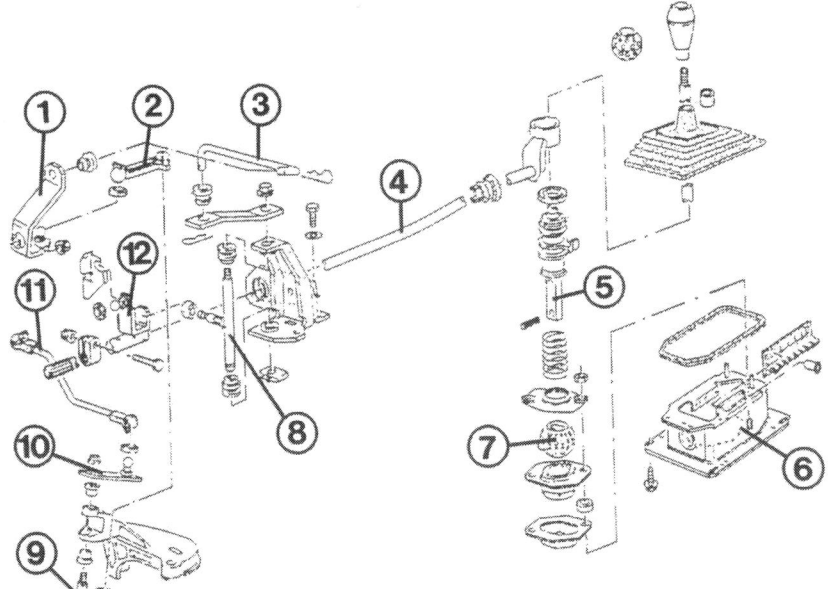

Die wichtigsten Teile der Schaltbetätigung:
1 – Hebel für Schaltwelle (4);
2 – kurze Wählstange;
3 – Verbindungsstange;
5 – Schalthebel;
6 – Gehäuse für Schaltbetätigung;
7 – Kugel;
8 – Umlenkwelle;
9 – Umlenkwinkel;
10 – Umlenkhebel;
11 – lange Wählstange;
12 – Wählhebel.

○ Tritt ein **heulendes Geräusch in einem Gang** auf und verändert sich der Ton beim Gasgeben und Gas wegnehmen, dürfte die Verzahnung des betreffenden Gangradpaares verschlissen sein.
○ Treten die **Geräusche in allen Gängen** auf, liegt es am Achsantrieb oder an den Getriebe-Wellenlagern.
○ **Rauhe, mahlende Geräusche**, die erst bei warmem Getriebe hörbar werden, weisen auf schlagende Synchronringe hin. Bei dünnflüssiger werdendem Öl wird dieses immer an derselben Stelle vom Synchronring weggedrückt.

<u>Fingerzeige:</u> Werkstätten wagen sich nur selten an die Reparatur oder Überholung eines Getriebes, sondern raten lieber zu einem Austauschaggregat. Preiswerter ist in den meisten Fällen der Einbau einer gebrauchten Schaltbox von der Autoverwertung. Achten Sie dabei auf die richtigen Getriebe-Kennbuchstaben (siehe unter »Technische Daten«).
Am Getriebegehäuse sind die Kennbuchstaben eingeschlagen, außerdem das Herstellungsdatum mit Tag und Monat, während von der Jahreszahl nur die letzte Ziffer angegeben ist. Sie finden die Kennzeichnung für das Getriebe unten in der Mitte am Anlageflansch zum Motor.

Getriebe aus- und einbauen

Der Wagen muß so aufgebockt werden, daß Sie sowohl im Motorraum als auch an der Wagenunterseite arbeiten können. Das Getriebe wird nach unten abgenommen.
● Masseband der Batterie abnehmen.
● Ein Kantholz quer über den Motorraum auf die Befestigungskanten der Kotflügel legen – nicht direkt auf die Kotflügel. An diesem Holz muß der Motor aufgehängt werden, solange die Triebwerkslagerungen abgeschraubt sind.
● Kette oder Seil durch beide Ösen am Zylinderkopf ziehen und am Kantholz »auf Spannung«, also straff befestigen.
● Kupplungsseil am Kupplungshebel aushängen (Seite 111).
● Tachowelle am Getriebe abschrauben (Seite 220) und die Öffnung verstopfen, daß beim Abnehmen des Getriebes kein Öl ausläuft.
● Am Getriebe sämtliche elektrischen Anschlüsse abklemmen und für den Wiedereinbau kennzeichnen.
● Anlasser ausbauen (Seite 186).
● Linke Radhausschale abschrauben.
● Gelenkwellen vom Getriebe abschrauben.
● Beide Wellen hochbinden bzw. rechte Welle mit Holzkeil abstützen. Mehr Platz schafft der Ausbau der linken Welle.
● Verbindungsschrauben oben zwischen Motor und Getriebe herausdrehen.
● Drei Schrauben an der rechten Motorkonsole herausdrehen.
● Schaltgestänge abnehmen, dazu Sicherungsfeder der Verbindungsstange abziehen, Verbindungsstange und kurze Wählstange am Schaltwellenhebel abziehen.
● Lange Wählstange am Umlenkhebel aushaken.
● Vor dem Abdrücken der Gelenkköpfe von ihren Kugelköpfen jeweils den kleinen Klemmbügel am Kunststoffkopf abhebeln.
● Verschraubungen zwischen Getriebestütze und Getriebe lösen.
● Schraube der Verbindung Stütze–Konsole– –Gummi/Metall-Lager links herausdrehen.
● Die beiden oberen Schrauben zwischen Konsole und Getriebe losdrehen.
● Abdeckblech für die Kupplung und das kleine Abdeckblech am Flansch der rechten Gelenkwelle losschrauben.
● Motorhalterung vorn am Motor sowie unten am Lagerbock abschrauben und abnehmen.

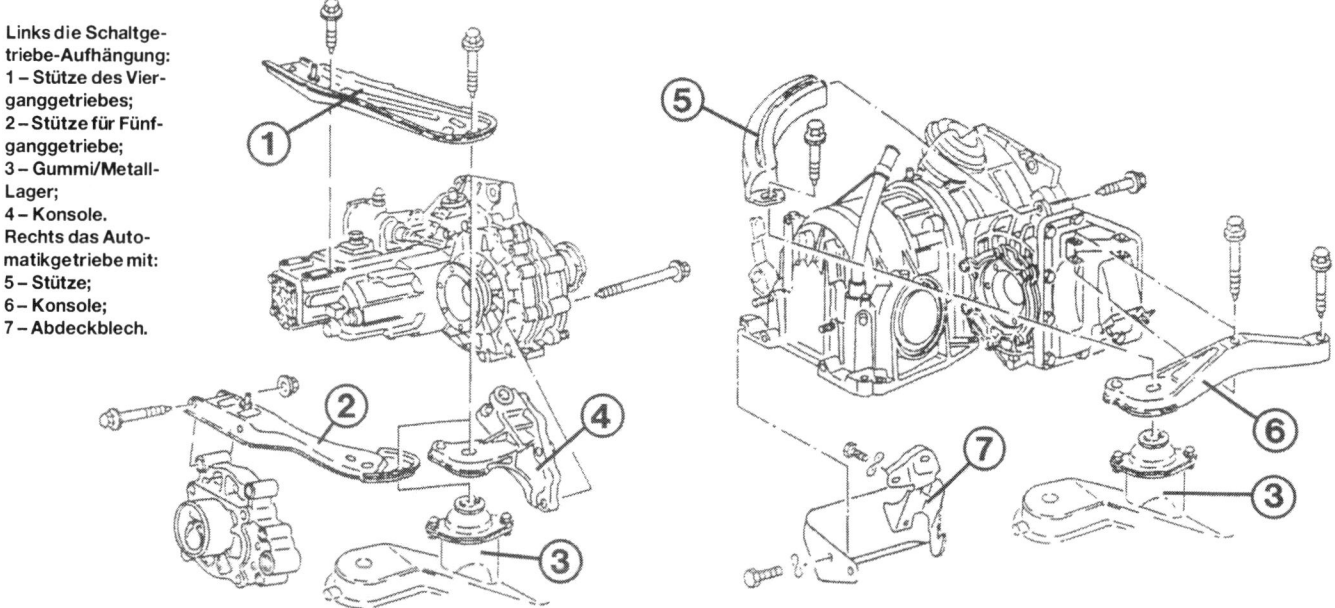

Links die Schaltgetriebe-Aufhängung:
1 – Stütze des Vierganggetriebes;
2 – Stütze für Fünfganggetriebe;
3 – Gummi/Metall-Lager;
4 – Konsole.
Rechts das Automatikgetriebe mit:
5 – Stütze;
6 – Konsole;
7 – Abdeckblech.

- An der Getriebekonsole die dritte Schraube herausdrehen.
- Getriebe absenken und die Schrauben für die Getriebeaufhängung herausziehen.
- Motor und Getriebe so weit wie möglich nach rechts drücken (etwa 40 mm).
- Rangierheber mit zwischengelegtem Holzstück unter dem Getriebe ansetzen oder Getriebe von einem Helfer halten lassen.
- Untere Verschraubung zwischen Motor und Getriebe lösen.
- Mit einem Montierhebel das Getriebe vom Motor abdrücken.
- Wenn nötig, rechten Gelenkwellenflansch ausbauen.
- Getriebe ablassen bzw. mit einem Helfer abnehmen.
- Zum **Einbau** die Getriebe-Antriebswelle mit etwas Moly-Gleitpaste bestreichen.
- Beim Ansetzen des Getriebes darauf achten, daß das Zwischenblech zum Motor hin richtig sitzt.
- Motor/Getriebe-Aufhängungen spannungsfrei montieren.
- Einbauhinweise für den Kupplungszug auf Seite 111 beachten.
- Schaltung ggf. neu einstellen.

Anzugs-Drehmomente

Bauteile	Nm
Getriebe an Motor	75 (M 12)
	45 (M 10)
Gelenkwellen an Getriebe	45
Getriebestütze/Konsole an Gummi/Metall-Lager links	60
Getriebestütze an Getriebe	25
Getriebekonsole an Getriebe	35
Motorhalterung vorn an Motor	45
Lagerbock an Querträger vorn	70
Zusatzhalterung an Querträger vorn (bis Fahrgestell-Nr. 19 E 304 055)	35
Gummi/Metall-Lager an Lagerbock vorn	50
Motorkonsole an Motor	25

Die Getriebeautomatik

Kernstück des Automatikgetriebes sind die sogenannten Planetensätze. Die bestehen aus einem Zahnrad, um das drei weitere Zahnräder umlaufen. Über diese Anordnung ist ein Ringrad mit Innenverzahnung gestülpt. Jeweils zwei dieser Baugruppen sind zu einem Radsatz zusammengefaßt und bilden ein eigenes kleines Zweiganggetriebe. Das Geniale an diesen Getrieben ist die Art, sie zu schalten. Dazu werden nämlich keine Zahnräder getrennt und zugeschaltet, sondern die Übersetzungsänderung erfolgt lediglich durch Festhalten oder Loslassen von Teilen des Planetensatzes. Das Schalten geschieht also ohne Unterbrechen des Kraftflusses. Das Halten und Lösen besorgen hydraulisch gesteuerte Bremsbänder bzw. Kupplungen.

Wann das Schalten zu erfolgen hat, bestimmt die hydraulische Getriebesteuerung entprechend der Fahrgeschwindigkeit, Motorbelastung, Kickdown und Wählhebelstellung.

Um ein mehrstufiges Getriebe zu erhalten, wurden zwei Planetensätze hintereinandergeschaltet. So entsteht ein Dreiganggetriebe mit Rückwärtsgang. Die Koordination der Radsätze erledigt die Getriebesteuerung.

Der Drehmomentwandler

Zwischen Motor und Automatikgetriebe sitzt ein hydraulischer Drehmomentwandler, in dem das Drehmoment des Motors auf Schaufelräder übertragen wird. Bei laufendem Motor versetzt das mit ihm gekuppelte Pumpenrad die Wandlerflüssigkeit (ATF) in eine Drehbewegung und schleudert sie nach außen gegen das Wandlergehäuse. Dabei trifft die Flüssigkeit auf das sogenannte Leitrad, das den ATF-Strom in die vorgesehene Richtung lenkt. Dabei wird auch das mit dem Getriebe verbundene Turbinenrad in Drehung versetzt. Weil die Zahnräder des Planetengetriebes dauernd im Eingriff stehen und die Wandlerflüssigkeit bei laufendem Motor immer versucht – durch den Motor in Drehung versetzt – das Getriebe und damit auch die Antriebsräder zu bewegen, »kriecht« der VW im Leerlauf. Man muß das Fahrzeug also mit der Fuß- oder Handbremse halten.

Automatikgetriebe prüfen

Für den Selbsthelfer bietet das Automatikgetriebe kaum Möglichkeiten zur Eigeninitiative. Gezielte Prüfungen helfen jedoch, den Fehler einzukreisen, was nicht zuletzt beim Gebrauchtwagenkauf interessant ist:
○ Der ATF-Stand im Getriebe ist bei Störungen als erstes zu prüfen.
○ Riecht die ATF am Peilstab verbrannt, liegt ein schwerer Getriebeschaden vor. Die Bremsbänder bzw. Kupplungslamellen sind dann defekt.
○ Auf einer Probefahrt können die Schaltpunkte überprüft werden.
○ Die Art, wie die Schaltvorgänge erfolgen, gibt Aufschluß über den Zustand der Automatik.
○ Die Einstellung des Bowdenzugs zwischen Getriebe und Vergaser bzw. Einspritzung ist eine wichtige Voraussetzung für fehlerfreie Arbeitsweise.
○ Gleiches gilt für die Einstellung des Wählhebels.

Bei einer Probefahrt sollten Sie Ihre Aufmerksamkeit ganz bewußt auf die Schaltvorgänge richten.
○ **Hochschalten:** Bei teilweise durchgetretenem Gaspedal ist der Gangwechsel kaum wahrnehmbar; bei Vollgas oder Kickdown werden die Übergänge zwar etwas deutlicher, doch stets muß der höhere Gang geschmeidig fassen. Kurzes Hochdrehen beim Gangwechsel deutet auf Fehler hin, die genauer untersucht werden müssen.
○ **Herunterschalten:** Ohne Gas (beim Ausrollenlassen) kaum spürbar bei sehr niederen Geschwindigkeiten. Ein Stoß ist beim Rückschalten mit Teil- oder Vollgas normal. Das Zurückschalten ohne Gas mit dem Schalthebel dauert eine bis zwei Sekunden. Wird beim zwangsweisen Zurückschalten mit dem Schalthebel Gas gegeben, erfolgt der Gangwechsel ohne Verzögerung.

Beurteilen der Schaltvorgänge

Der VW mit automatischem Getriebe besitzt einen Anlaßsperrschalter, der ein Anlassen des Motors nur in Wählstellung »P« und »N« zuläßt. Es ist ein einfacher mechanischer Schalter unten am Wählhebel. Er schließt den Stromweg zwischen Zünd-/Anlaßschalter und Anlasser-Magnetschalter in Park- und Neutralstellung.

Der Anlaßsperrschalter

Fingerzeig: Fahrzeuge mit Automatikgetriebe dürfen nicht weiter als 40 bis 50 km geschleppt werden, sonst reicht die Getriebeschmierung nicht aus. Aus dem gleichen Grund gilt eine Höchstgeschwindigkeit von 50 km/h. Im Zweifelsfall den bequemeren Weg wählen und den Wagen verladen lassen.

Schaltpunkte prüfen

Ob die Getriebeautomatik richtig hoch- bzw. herunterschaltet, können Sie anhand der Tabelle prüfen. Allerdings sollten Sie von den Geschwindigkeitsangaben des Tachometers rund 5% Voreilung abziehen.

Motor	Gaspedalstellung	Schaltpunkte in km/h			
		beim Hochschalten		beim Zurückschalten	
		1. – 2. Gang	2. – 3. Gang	3. – 2. Gang	2. – 1. Gang
1,6 l/51–55 kW	Vollgas	34–54	80–100	79–58	29–24
	Kickdown	59–63	105–107	101–98	46–42
1,8 l/64 und 66 kW	Vollgas	37–59	87–110	86–63	32–26
	Kickdown	71–75	122–124	118–115	58–55

Störungsbeistand

Hier finden Sie nur Störungen beschrieben, die sich durch die Ölstandskontrolle oder einfachere Einstellarbeiten beheben lassen. Kann der Fehler anhand der genannten Punkte nicht abgestellt werden, liegt die Ursache im Innern der Getriebeautomatik.

Getriebeautomatik

Die Beanstandung	– ihre Ursache
A Ruckartige Schaltübergänge beim Einlegen der Fahrstufen »D« oder »R« aus der Leerlaufstellung »N« heraus	1 ATF-Stand zu niedrig 2 Leerlaufdrehzahl zu hoch
B Starkes Kriechen im Leerlauf bei eingelegtem Fahrbereich	Siehe A 2
C Fahrzeug setzt sich bei eingelegtem Fahrbereich nicht in Bewegung, kein Antrieb in allen Fahrstufen	Siehe A 1
D Langgezogene, schleifende Schaltübergänge	Siehe A 1
E Verzögerter Antrieb nach längerer Standzeit	Siehe A 1
F Unregelmäßiger Antrieb in allen Fahrstufen	Siehe A 1
G Kickdown arbeitet nicht	Gasbetätigung und Gaspedalzug falsch eingestellt
H Getriebe schaltet bei mittleren Geschwindigkeiten zu spät hoch	Siehe G
J Schlechte Beschleunigung, Höchstgeschwindigkeit wird nicht erreicht	1 Siehe A 1 2 Schlechte Motorleistung durch falsche Einstellung oder Verschleiß

Hier gilt gleiches wie für den Ausbau des Schaltgetriebes, Sie müssen im Motorraum und an der Wagenunterseite arbeiten. Der Motor muß, wie dort beschrieben, aufgehängt werden, damit er bei ausgebauten Aufhängungen nicht durchhängt. Zum Abnehmen des Getriebes ist ein Rangierwagenheber notwendig.

Automatikgetriebe ausbauen

- Masseband der Batterie abklemmen.
- Tachowelle am Getriebe losschrauben.
- Obere Verbindungsschrauben zwischen Motor und Getriebe herausdrehen.
- Obere Anlasserhalteschraube lösen.
- Drei Schrauben an der Motorkonsole rechts herausdrehen.
- Getriebekonsole und -stütze sowie das Gummi/Metall-Lager abschrauben.
- Motorhalterung vorn am Motor und am Querträger abschrauben; zum Herausnehmen den Motor nach hinten drücken.
- Linke Gelenkwelle abschrauben.
- Am Anlasser die beiden unteren Schrauben herausdrehen, Anlasser abnehmen.
- Ölwannenschutzblech abschrauben.
- In Stellung »P« den Seilzug zum Wählhebel abklemmen.
- Am Getriebe die Widerlager für die Seilzüge abschrauben.
- Pedalzug und Vergaserzug aushängen, dabei die Einstellung nicht verändern.
- Durch den Flansch für den Anlasser die drei Halteschrauben des Drehmomentwandlers losdrehen, dazu den Motor jeweils ⅓ Umdrehung weiterdrehen.
- Rechte Gelenkwelle abschrauben.
- Achsgelenk vom linken Radlagergehäuse abschrauben, siehe Seite 126. Dreieckslenker mit einem zwischengelegten Kantholz gegen die Felgenschüssel abstützen, dabei darf das Achsgelenk die Gelenkwellenmanschette nicht beschädigen.
- Motor und Getriebe nach rechts bis zum Anschlag drücken.
- Linke Gelenkwelle mit Draht hochbinden.
- Getriebe mit einem Rangierwagenheber unten abstützen, dabei ein Holzstück zwischenlegen.
- Untere Verbindungsschrauben zwischen Motor und Getriebe herausdrehen.
- Mit einem Montierhebel das Getriebe vom Motor abdrücken.
- Getriebe auf dem Wagenheber am Anlageflansch zum Motor in Fahrtrichtung nach vorn ziehen und gleichzeitig vorsichtig ablassen.
- Drehmomentwandler ggf. mit Draht oder Schnur so festbinden, daß er nicht aus dem Getriebe herausfallen kann.
- Beim Einbau gelten die gleichen Drehmomente wie beim Schaltgetriebe. Der Drehmomentwandler wird mit 35 Nm am Mitnehmerblech angeschraubt.
- Nach dem Zusammenbau sollte die Werkstatt die Einstellung des zweigeteilten Gaszugs sowie des Wählhebelseilzugs kontrollieren.

Der Achsantrieb

Das Getriebe und der Achsantrieb mit dem Ausgleichgetriebe sitzen in einem gemeinsamen Gehäuse. Wenn Sie die Zeichnung rechts betrachten, erkennen Sie, daß die vom Motor ans Getriebe geleitete Kraft über ein kleines und ein großes Zahnrad an den Achsantrieb gelangt. Am großen Zahnrad ist das Gehäuse des Ausgleichgetriebes angeschraubt. In diesem Gehäuse sitzen vier ineinandergreifende Kegelräder, von denen zwei mit den Antriebswellen verbunden sind.

Solange wir geradeaus fahren, rollen beide Vorderräder mit der Drehzahl des großen Achsantriebsrades. Die Kegelräder des ebenfalls im gleichen Tempo drehenden Ausgleichgetriebe-Gehäuses stehen dagegen still. Beim Durchfahren einer Kurve muß das kurvenäußere Rad einen längeren Weg zurücklegen als das innere. Jetzt treten die Kegelräder in Aktion: Die schnellere Drehung des äußeren Rades und seines Kegelrades wirkt über die beiden Übertragungskegelräder auf jenes Kegelrad auf der Kurveninnenseite ein, das nun entsprechend langsamer dreht.

Dieser Ausgleich ist notwendig, sonst würde der Wagen ruckartig mit durchdrehenden Vorderrädern durch die Kurven fahren. Nachteilig wirkt sich das Ausgleichgetriebe jedoch aus, wenn ein Antriebsrad auf glattem Untergrund durchdreht. Dann wird auf das andere Vorderrad praktisch keine Kraft mehr übertragen, der Wagen rührt sich nicht von der Stelle.

Die Antriebswellen

Damit Sie beim Fahren und Lenken kein Zerren in der Lenkung verspüren, müssen die Gelenke der Antriebswellen die Kräfte in allen Feder- und Lenkstellungen vollkommen gleichmäßig übertragen. Am Ausgleichgetriebe sitzt ein sogenanntes Verschiebegelenk. Es ermöglicht den zum Ein- und Ausfedern notwendigen Längenausgleich, muß aber nur geringe Beugewinkel ertragen. Am Rad sitzt ein Festgelenk. Hier ist kein Längenausgleich notwendig, dafür ein großer Beugewinkel für den Lenkeinschlag.

Manschetten der Antriebswellen prüfen

Wartung Nr. 25

Die Gelenke der Antriebswellen sind durch Gummimanschetten vor Feuchtigkeit und Schmutz geschützt und mit je 90 g MoS$_2$-Schmierfett gefüllt.
- Wagen vorn mit freihängenden Rädern aufbocken.
- Am Rad drehen und beide Manschetten der Welle auf feine Risse und spröde Stellen kontrollieren.
- Sitzen die Schlauchbinder fest?
- Fettspuren an der Manschette sind ein Alarm-

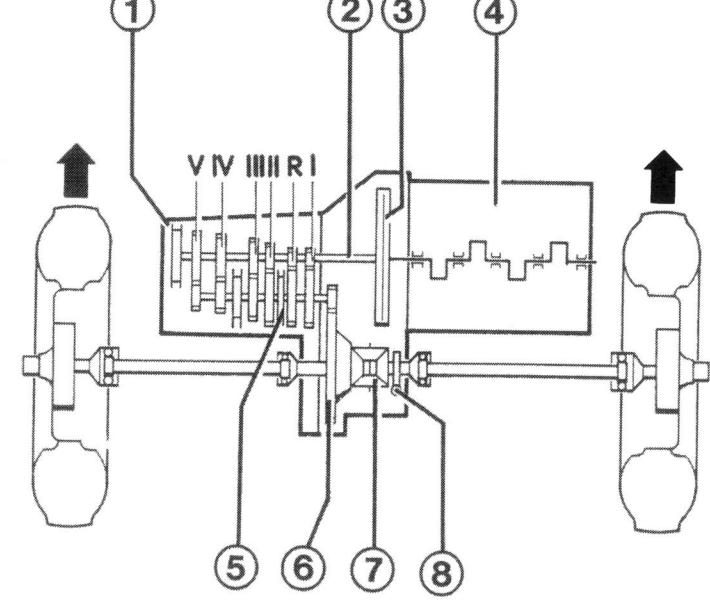

Die Kraftübertragung vom Motor auf die Antriebsräder ist hier schematisch dargestellt. Die Zahlen bedeuten:
1 – Getriebe;
2 – Getriebe-Antriebswelle;
3 – Kupplung;
4 – Motor;
5 – Getriebe-Abtriebswelle;
6 – Achsantrieb;
7 – Ausgleichgetriebe;
8 – Tachoantrieb.
Die Zahnräder der einzelnen Gänge sind mit I, II, III, IV, V und R markiert.

signal, denn fehlendes Schmiermittel oder eindringender Schmutz bzw. Feuchtigkeit zerstören die Gelenkoberflächen sehr schnell.

● Beschädigte Manschetten sofort ersetzen. Dazu muß die Antriebswelle ausgebaut und zerlegt werden.

Störungssuche an den Antriebswellen

Gewöhnlich gibt es mit den Antriebswellen keine Probleme. Ihre Lebensdauer hängt natürlich von der Fahrweise ab. Vollgasstarts mit eingeschlagenen Vorderrädern und Anfahren mit durchdrehenden Antriebsrädern führen zu vorzeitigem Defekt.
Die Gelenke der Antriebswellen zeigen meist schlagartig Ausfallserscheinungen, die aber zwischendurch wieder völlig verschwinden können. Die »ruhige Phase« kann sich über mehrere Tage und Kilometer erstrecken.
○ Charakteristisch sind **rhythmische Schlag- oder Knack-knack-knack-Geräusche** beim Gasgeben und im Schiebebetrieb. Verändern sich diese Töne noch abhängig vom Lenkeinschlag, dürfte das radseitige Gelenk defekt sein.
○ **Vibrationen und Zitterbewegungen im Lenkrad** bei eingeschlagenen Rädern weisen ebenfalls auf ein schadhaftes äußeres Gelenk.
○ Ein Knackgeräusch beim Anfahren mit eingeschlagenen Rädern liegt nicht unbedingt an den Antriebswellen, sondern evtl. am Radlager, siehe Seite 128.

Antriebswelle ausbauen

Die Haltemutter an der Achsnabe ist selbstsichernd und muß jedesmal erneuert werden. Außerdem ist es wichtig zu wissen, daß der VW mit ausgebauter Gelenkwelle nicht geschoben werden darf. Hierbei würde das Radlager ungleichmäßig belastet, und die Lagerrollen werden beschädigt.
● Naben- bzw. Radzierkappe abnehmen.
● Sechskantmutter SW 30 in der Radnabe lösen.
● Dazu muß der VW absolut fest auf dem Boden stehen. Mutter herausdrehen.

Die wichtigsten Teile der Antriebswelle (3) sind hier gezeigt:
1 – inneres Antriebsgelenk;
2 – Ausgleichgewicht;
3 – Manschette außen;
4 – Manschette außen;
5 – äußeres Gelenk;
6 – Schlauchbinder;
7 – Abschirmblech;
8 – Manschette innen.

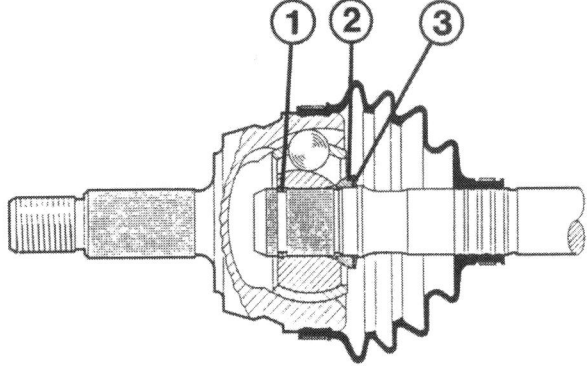

Beim Zusammenbau des äußeren Antriebswellengelenks müssen die Teile wie abgebildet montiert sein. Es bedeuten:
1 – Sicherungsring;
2 – Abstandsring;
3 – Tellerfeder.

- Wagen vorn aufbocken.
- Innenvielzahnschrauben der Welle am Getriebe herausdrehen.
- Zum Abnehmen der Welle Achsgelenk vom Radlagergehäuse abschrauben, siehe Seite 126. Dreieckslenker mit zwischengelegtem Kantholz gegen die Felgenschüssel abstützen – das Achsgelenk darf die Gelenkwellenmanschette nicht beschädigen.
- Gelenkwelle vom Getriebeflansch abdrücken und herausziehen.
- Gelenkwelle aus dem Radlagergehäuse ziehen.
- Wird die rechte Gelenkwelle ausgetauscht und war an der alten Welle ein Ausgleichgewicht angebracht, muß es an gleicher Stelle an der neuen Antriebswelle wieder montiert werden.
- Dazu eine der beiden Spannhülsen im Ausgleichgewicht mit einem dünnen Dorn herausklopfen, Ausgleichgewicht auseinanderklappen und abnehmen.
- Beim Eintreiben der Spannhülse an der neuen Gelenkwelle darauf achten, daß die Schutzlackierung der Welle nicht beschädigt wird.
- Beim Einbau die Unterlegplättchen der Innenvielzahnschrauben nicht vergessen. Anzugsdrehmoment 45 Nm.
- Wagen ablassen, Räder blockieren. Neue Achsnabenmutter mit 230 Nm anziehen.

Gelenkwellen-Ausführungen

Je nach Getriebe sind unterschiedlich lange Gelenkwellen eingebaut. Darauf müssen Sie achten, wenn Sie eine gebrauchte Antriebswelle kaufen.

Getriebe	Länge der Welle ohne Gelenke links	rechts	Besonderheiten
Schaltgetriebe	443 mm	677,2 mm	links Vollwelle, rechts Ausgleichgewicht
Getriebeautomatik	443 mm	677,2 mm	links Vollwelle, rechts Rohrwelle

Fingerzeig: Das äußere Gelenk der Antriebswelle hat seit 8/87 einen größeren Anlagebund ans Radlager. Eine Antriebswelle bis Baujahr 7/87 darf nicht in einem neueren Wagen eingebaut werden.

Antriebswelle zerlegen

Zum Manschetten- oder Gelenkwechsel muß die ausgebaute Antriebswelle zerlegt werden. Problematisch ist hierbei, daß das getriebeseitige Verschiebegelenk aufgepreßt ist. Wenn Sie es nach unserer behelfsmäßigen Ausbaumethode nicht abnehmen können, muß es abgepreßt und das neue Gelenk aufgepreßt werden.

- **Äußeres Gelenk:** An einer intakten Manschette den großen Schlauchbinder aufbiegen, Schutzhülle zurückstreifen.
- Bei beschädigter Manschette diese komplett abnehmen.
- Gelenk mit einem Kunststoffhammer von der Gelenkwelle mit einem kräftigen Schlag losklopfen.
- Beim Einbau Sitz der Tellerfeder und des Abstandsrings beachten (Zeichnung oben).
- Manschette aufziehen.
- Neuen Sicherungsring in die Nut der Gelenkwelle einsetzen, dann Gelenk mit dem Kunststoffhammer aufklopfen, bis der Sicherungsring einrastet.
- Gelenk fetten: Ein neues erhält 90 g MoS_2-Fett eingedrückt, ein gebrauchtes wird nachgefettet.
- Klemmschellen der Manschette fest zusammenpressen.
- **Inneres Gelenk:** Blech-Schutzkappe mit der daran befestigten Manschette mit Hammer und Durchschlag vorsichtig vom Gelenk herunterklopfen. Dabei den Durchschlag an mehreren Stellen rund um das Gelenk ansetzen.
- Am Wellenstumpf den Sicherungsring des Gelenks mit zwei schmalen Schraubenziehern und Geduld aus seiner Nut herausheben.
- Antriebsgelenk mit Hammerschlägen von der Welle losklopfen.
- Tellerfeder von der Antriebswelle abdrücken.
- Klemmschelle der Manschette aufbiegen oder mit Seitenschneider durchschneiden, Manschette abziehen.
- Neue Manschette montieren. Klemmschelle fest zusammenpressen.
- Tellerfeder so einbauen, daß ihr größerer Durchmesser zum Gelenk hin zeigt.
- Gelenk in seinen Sitz klopfen, Sicherungsring montieren.
- Auf jeder Seite des neuen Gelenks 45 g MoS_2-Schmierfett eindrücken. Ein gebrauchtes Gelenk lediglich nachfetten.
- Blech-Schutzkappe der Manschette aufdrücken, notfalls leicht aufklopfen.

Radaufhängung und Lenkung

Vierfüßler

Die Radaufhängung stellt die Verbindung zwischen Karosserie und Rad und damit zur Fahrbahn her. Sie muß angemessenen Fahrkomfort und sichere Straßenlage vermitteln. Dazu gehört auch die Lenkung.

Die Vorderradaufhängung

Im Mittelpunkt steht ein massiver **Aggregateträger**. Gelenkig mit ihm verbunden sind rechts und links unten je ein Achslenker in Form eines Dreiecks. Sie dienen zur Führung der Räder. An jedem dieser **Dreieckslenker** ist außen über ein Gelenk das **Radlagergehäuse** befestigt, das seinerseits mit dem sogenannten **Federbein** als Federungs-/Stoßdämpfungseinheit verschraubt ist.
Außerdem ist beim Golf mit 66 kW und allen Jetta-Versionen an den beiden Dreieckslenkern der vorderen Radaufhängung ein Stab aus Rundstahl angeschraubt. Er bewirkt folgendes: Federn beide Räder gleichzeitig ein, macht dieser **Stabilisator** die Bewegung mit, ohne sich dagegen zu sperren. Beim Durchfahren einer Kurve federt jedoch das kurveninnere Rad aus, und die Feder des kurvenäußeren Rades wird stärker zusammengepreßt. Dadurch wird der Stabilisator in sich verdreht. Er verstärkt so die Federung im kurvenäußeren Rad und bewirkt, daß sich die Karosserie weniger stark zur Kurvenaußenseite neigt.

Die Lenkung

Die Drehungen am Lenkrad wandelt ein Lenkgetriebe – es sitzt hinter dem Motor vor der Trennwand zum Innenraum – in eine hin- und hergehende Bewegung um, damit die Vorderräder zur Seite schwenken können. Der VW hat eine **Zahnstangenlenkung**. Ein Zahnrad (Ritzel) am Ende der Lenksäule greift in eine gezähnte Stange ein und verschiebt diese entsprechend der Lenkraddrehung nach rechts oder links. Diese Bewegungen übertragen die beiden an der Zahnstange angeschraubten **Spurstangen** auf die schwenkbaren **Radzapfen** (Achsschenkel) und damit auf die Räder.
Durch eine bestimmte Schrägstellung der Federbeine wurde noch ein Effekt erzielt, der ebenfalls auf die Lenkung Einfluß hat: Das ist der **spurstabilisierende Lenkrollradius**. Das kann man sich so vorstellen: Wir verbinden den oberen und den unteren Lagerpunkt des Federbeins mit einer gedachten Linie und schauen, wo diese (verlängert nach unten) auf den Boden auftrifft. Beim VW ist der Auftreffpunkt außerhalb der Reifenmitte. Damit wird eine Umkehr der Kräfte erzielt, die auf das Rad wirken. Ist beispielsweise die Bremse am linken Vorderrad defekt, würde der Wagen beim Bremsen nach rechts ziehen. Nicht so beim VW. Die am Rad ansetzende Kraft wirkt gewissermaßen entgegengesetzt auf das Fahrwerk, und die Tendenz zum Ausbrechen des Wagens wird ausgeglichen.

Die Servolenkung

Bei der auf Wunsch eingebauten Servolenkung dient die Zahnstange im Lenkgetriebe gleichzeitig als Kolben. Dieser wird vom hineingepumpten Hydrauliköl nach rechts oder links verschoben. In welche Richtung

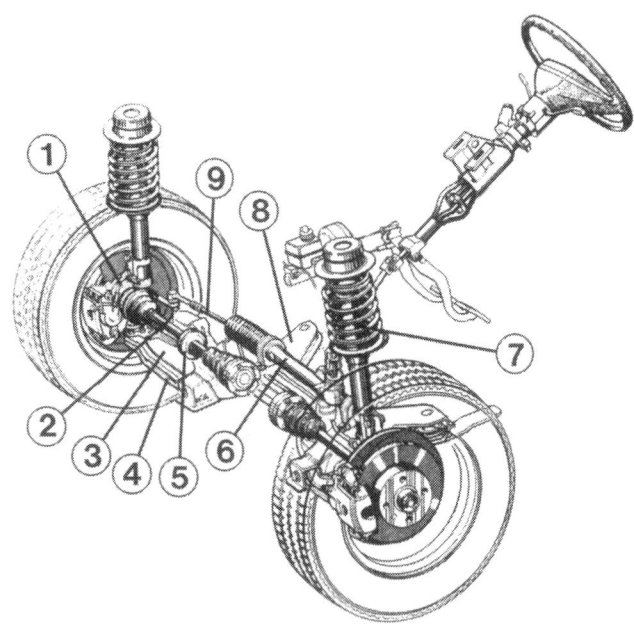

Die Vorderachse auf einen Blick:
1 – **Radlagergehäuse**;
2 – **Antriebswelle**;
3 – **Dreieckslenker**;
4 – **Stabilisator**;
5 – **Ausgleichgewicht**;
6 – **Lenkgetriebe**;
7 – **Federbein**;
8 – **Aggregateträger**;
9 – **Spurstange**.

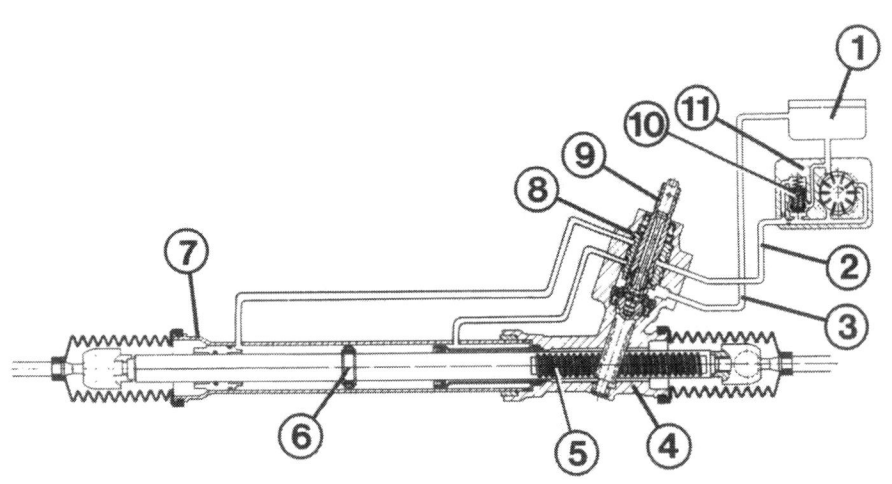

Die Servolenkung ist hier im Schema dargestellt:
1 – ATF-Vorratsbehälter;
2 – Druckleitung;
3 – Rücklaufleitung;
4 – Ritzelgehäuse;
5 – Zahnstange;
6 – Kolben;
7 – Gehäuse;
8 – Ventilkörper;
9 – Lenkritzel;
10 – Druck- und Strombegrenzungsventil;
11 – Flügelpumpe.

gepumpt wird, bestimmen Sie beim Drehen des Lenkrads. Diese Drehung wird auf ein Ventilsystem übertragen, das Richtung und Menge des Flüssigkeitsstromes regelt.
Den Druck im hydraulischen System erzeugt eine Flügelpumpe, die der Motor über einen Keilriemen antreibt.

Die Hinterachse

Hier haben wir eine richtige Achse aus einem Stück vor uns. Sie ist aber nicht starr, sondern in sich verdrehbar; dabei wirkt sie wie ein Stabilisator. Das Kernstück bildet ein **V-förmiger Querträger** aus 5 mm bzw. 6 mm (1,8-Liter-Golf und alle Jetta) starkem Federstahl. Daran sind rechts und links rohrförmige **Längslenker** angeschweißt. Sie tragen in Fahrtrichtung hinten die Haltekonsole für das **Federbein**, an ihrer Seite ist der **Radzapfen** angeschraubt.
Die Verbindung zwischen Hinterachse und Karosserie stellen sogenannte spurkorrigierende Gummi/Metall-Lager her. Sie verhindern durch ihre spezielle Form, daß seitlich einwirkende Kräfte z. B. beim Kurvenfahren die Hinterachse aus ihrer Lage drücken. Das würde sonst einen »Mitlenk«-Effekt der Hinterachse verursachen und auf unebener Fahrbahn, in Wechselkurven oder bei hoher Zuladung zu kritischen Fahrsituationen führen.

Die Federbeine

Unter dem Begriff Federbein verstehen wir die Zusammenfassung von **Feder** und **Stoßdämpfer** in einer Einheit. Der Dämpfer ist in die Schraubenfeder hineingesteckt. Feder und Stoßdämpfer arbeiten genau in derselben Bewegungsrichtung. Das ergibt gleichmäßige, für die Fahrzeuginsassen angenehme Federbewegungen. Solche Federbeine hat der VW an der Vorder- und Hinterachse.
Für die Vorderradfederung wurde ein Patent des Amerikaners Earl S. McPherson verwendet. Das nach ihm benannte Federbein stellt ein komplettes Radaufhängungssystem dar. Oben an der Verbindung zur Karosserie ist es drehbar gelagert, so daß Lenkbewegungen überhaupt möglich sind. Am unteren Teil sitzt der Achsschenkel, durch den der Radzapfen gesteckt ist. Auf diesem Zapfen läuft das Vorderrad.

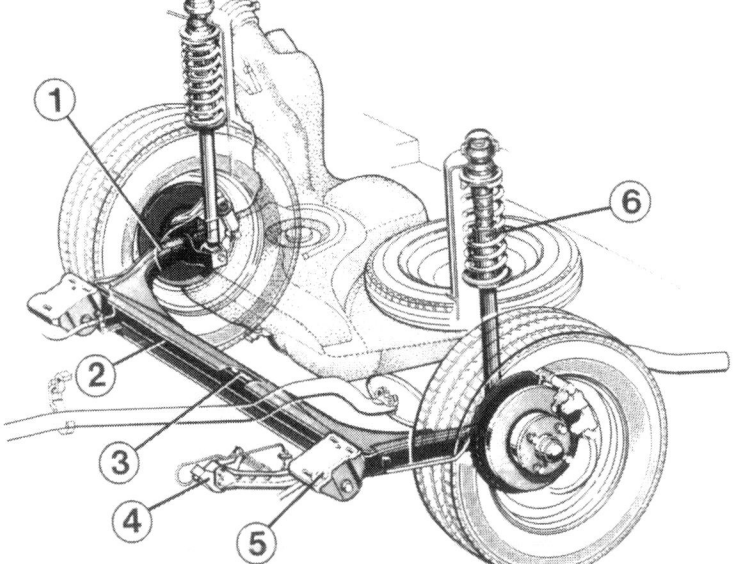

Die Hinterachse des VW Golf und Jetta:
1 – Längslenker;
2 – Hinterachskörper;
3 – Stabilisator (nur ab 79 kW);
4 – Bremskraftregler;
5 – Lagerbock mit Gummi/Metall-Lager;
6 – Federbein.

Die Stoßdämpfer

Die Stöße der Fahrbahn schlucken Reifen und Federn. Die Stoßdämpfer indessen sollen die Schwingungen der Radmassen unterdrücken bzw. zum Abklingen bringen. Richtiger wäre daher die Bezeichnung »Schwingungsdämpfer«.

Serienmäßig sind sogenannte Zweirohrdämpfer eingebaut. Sie bestehen aus einem Arbeitszylinder, in dem ein mit einer Kolbenstange verbundener Arbeitskolben auf und ab gleiten kann. Der Arbeitszylinder ist von einem zweiten Zylinder umgeben, der als Vorratsbehälter für das Stoßdämpfer-Hydrauliköl dient. Bei Federbewegungen eines Rades verschiebt sich der Kolben im Zylinder. Das in Bewegung versetzte Spezialöl wird durch Ventile hindurchgepreßt, was die Kolbenbewegung verlangsamt und damit die Schwingungen des jeweiligen Rades dämpft.

Lenkgetriebe-Manschetten kontrollieren

Wartung Nr. 20

Die aus dem Lenkgetriebegehäuse austretende Zahnstange ist rechts und links durch eine Gummimanschette geschützt. Durch einen schadhaften Faltenbalg gelangt Schmutz und Feuchtigkeit ins Lenkgetriebe. Das ergibt zusammen mit dem Lenkgetriebefett eine Art Schleifpaste und nagt am Lenkritzel. Ist die Lenkung in der Geradeausstellung schon etwas »teigig«, hilft Nachstellen nicht mehr, sonst klemmt sie beim Einschlagen der Räder und geht nach Kurven nicht mehr zurück.

- Nehmen Sie die Vorderräder ab und schlagen Sie das Lenkrad ganz nach rechts bzw. links ein.
- Ziehen Sie den Faltenbalg Stück um Stück auseinander, um Risse in den Gummiwülsten zu erkennen.
- Ist die Manschette verdreht?
- Sitzt der Haltering fest auf der Manschette?
- Kontrollieren Sie den festen Sitz des Schlauchbinders der Manschette.
- Eine defekte Manschette sofort ersetzen, siehe unter »Spurstange auswechseln«.

Staubkappen und Spiel der Spurstangenköpfe prüfen

Wartung Nr. 23

Rechts und links zwischen Spurstange und Lenkhebel am Radlagergehäuse sitzt ein Gelenk. Der stählerne Kugelkopf ist von selbstschmierendem Kunststoff umhüllt und durch eine staub- sowie wasserdichte Umhüllung geschützt.

- Kontrollieren Sie die Manschetten der Spurstangengelenke auf Risse.
- Eventuelles Spiel im Gelenk wird bei auf dem Boden stehendem Wagen geprüft. Am besten geht das auf einer Grube.
- Lassen Sie einen Helfer das Lenkrad mehrmals kurz nach links bzw. rechts drehen und fühlen Sie an den Spurstangengelenken, ob sie »Luft« haben.
- Spurstangenköpfe mit defekter Manschette oder Spiel müssen umgehend ersetzt werden.

Staubkappen der Achsgelenke kontrollieren

Wartung Nr. 24

Die Gelenke rechts und links zwischen Dreieckslenker und Radlagergehäuse sind wartungsfrei. Die stählernen Kugelköpfe der Achsgelenke sitzen in einer Fett-Dauerfüllung und zusätzlich in Kunststoffschalen. Als Schutz vor Nässe und Schmutz dienen Staubkappen aus Kunststoff. Eindringender Schmutz wirkt wie Schmirgelsand im Gelenk; Feuchtigkeit läßt es mit der Zeit festrosten.

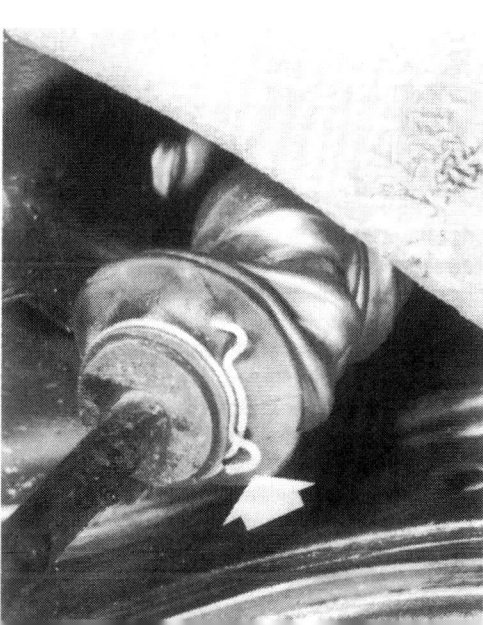
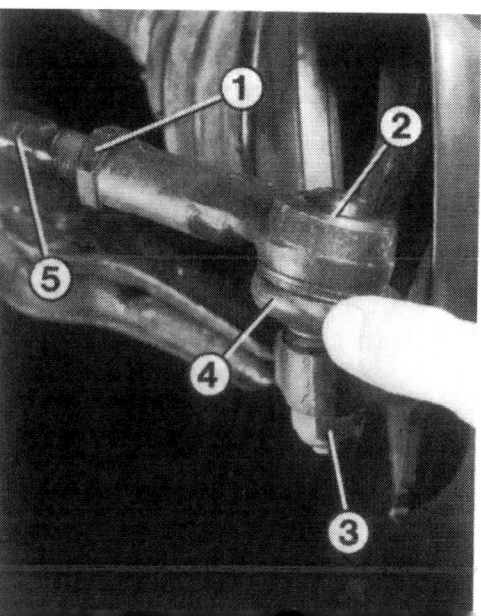

Links: Am besten können Sie die Manschetten des Lenkgetriebes bei abgenommenen Vorderrädern überprüfen. Eine verdrehte Manschette, wie hier im Bild, zurechtdrehen und festen Sitz des Schlauchbinders (Pfeil) überprüfen.
Rechts: Der Spurstangenkopf (2) ist mit einer selbstsichernden Mutter (3) mit dem Lenkhebel am Radlagergehäuse verschraubt. Die Manschette (4) muß auf Schäden kontrolliert werden. Außerdem gezeigt:
1 – Sechskant zum Aufschrauben des Spurstangenkopfes;
5 – Sechskant zum Gegenhalten der Spurstange.

Spiel der Achsgelenke kontrollieren

- Lenkung nach einer Seite voll einschlagen.
- Kappen der Achsgelenke rechts und links auf Beschädigungen kontrollieren.
- Eine schadhafte Staubkappe kann nicht einzeln ersetzt werden, das Achsgelenk muß komplett ausgetauscht werden.

Eine Prüfung, ob die Achsgelenke Spiel aufweisen, ist im Wartungsplan nicht vorgesehen. Die Kontrolle ist nach unseren Erfahrungen nur bei Wagen mit Kilometerleistungen ab 80000 erforderlich.

- Wagen aufbocken, daß das betreffende Vorderrad frei hängt.
- Rad oben und unten fassen und quer zur Fahrtrichtung daran rütteln.
- Zeigt sich »Luft«, sollten Sie das Spiel in der Werkstatt prüfen lassen.

Lenkungsspiel prüfen

Wartung Nr. 7

- Linkes Seitenfenster herunterkurbeln. Stellen Sie sich neben den Wagen.
- Durchs Fenster greifen und Lenkrad kurz hin und her drehen. Bei einem Fahrzeug mit Servolenkung soll der Motor hierzu laufen.
- Bewegt sich das linke Vorderrad aus der Geradeausstellung sofort mit? Achten Sie auf die Felge, denn der elastische Reifen kann einen Teil des Einschlags »schlucken«, ehe er sich bewegt.
- Zeigt das Lenkgetriebe Spiel, kann es nachgestellt werden.

Keilriemenspannung prüfen

Wartung Nr. 12

Die Pumpe der Servolenkung wird zusammen mit der Wasserpumpe des Kühlsystems über einen Keilriemen von der Motorkurbelwelle angetrieben. **Sollte der Keilriemen unterwegs reißen**, erkennen Sie das sofort an etwa doppelt so hohem Kraftaufwand beim Lenkraddrehen. Sie dürfen so **keinesfalls weiterfahren**, denn jetzt ist der Kühlmittelstrom ins Stocken geraten. Näheres dazu finden Sie auf Seite 54.

- Keilriemen zwischen beiden Riemenscheiben mit kräftigem Fingerdruck durchdrücken.
- Der Riemen darf nicht mehr als **5 mm** nachgeben.
- Kontrollieren Sie auch gleich, ob der Keilriemen beschädigt ist.
- Ggf. ersetzen (Keilriemengrößen auf Seite 184).

Radlagerspiel prüfen

Wartung Nr. 38

Die Räder laufen vorn auf zweireihigen Kugellagern und hinten auf Schrägkegel-Rollenlagern. Sie halten, mit Dauerfetten montiert, an der Hinterachse weitaus mehr als 100000 km durch. Die vorderen Radlager können schon wesentlich früher durch laute Laufgeräusche auf sich aufmerksam machen. Wird das Geräusch z.B. in Rechtskurven lauter, ist das linke Radlager defekt.

- Fassen Sie nacheinander die fest am Boden stehenden Räder oben und versuchen Sie, diese quer zum Wagen zu bewegen.
- Bei einwandfreien Lagern darf praktisch keine »Luft« vorhanden sein.
- Zeigen die hinteren Radlager Spiel, können sie nachgestellt werden.
- Bei Spiel an den Lagern der Vorderräder lassen Sie einen Helfer auf das Bremspedal treten und wiederholen die Kontrolle.
- Ist weiterhin Spiel vorhanden, liegt die Ursache am Achsgelenk.
- Die vorderen Radlager können nicht eingestellt werden, sondern man muß sie ersetzen.
- Bei hochgebocktem Wagen können Sie noch prüfen, ob sich die Räder leicht drehen lassen (keine Schleif- oder Mahlgeräusche?).

Stoßdämpfer prüfen

Nachlassende Dämpfwirkung wird oft unbewußt durch verändertes Fahrverhalten ausgeglichen. Eine Faustregel besagt, daß nach zwei verschlissenen Reifensätzen die Serienstoßdämpfer austauschreif sind.
Keine genaue Diagnose erhält man durch die bekannte »Schaukelmethode« im Stand, bei der man den Wagen am betreffenden Kotflügel aufschaukelt und plötzlich losläßt: Die Federbewegung müßte sofort gedämpft werden. So läßt sich aber nur ein total ausgefallener Stoßdämpfer feststellen.
Ein genaueres Bild über den Stoßdämpferzustand liefert ein spezieller Prüfstand, wie z.B. der »Shocktester« von Boge. Die Ausschwing-Bewegungen der zuvor in Schwingung versetzten Fahrzeugachse werden in einem Diagramm aufgezeichnet. Dazu darf das Stoßdämpferöl nicht zu kalt sein, sonst wird das Meßergebnis verfälscht. Anhand des Diagramms hat man einen Anhaltspunkt über die Funktionsfähigkeit der Stoßdämpfer. Solche Prüfstände haben Autoclubs im »Wandereinsatz« sowie manche Werkstätten und TÜV-Stellen.

Störungsbeistand

Stoßdämpfer

Es gibt einige untrügliche Anzeichen für nachlassende Stoßdämpferwirkung:
- **Poltergeräusche** während der Fahrt.
- **Flatternde Lenkung**, weil die Räder keinen ständigen Bodenkontakt haben.
- Die **Karosserie schwingt weiter** nach Überfahren von Unebenheiten.
- **»Schwammiges«** Verhalten in Kurven, weil die kurveninneren Räder nicht genügend auf den Boden gedrückt und die äußeren nicht stark genug entlastet werden.
- **Springende Räder**; das muß freilich ein neben- oder hinterherfahrender Begleiter beobachten.
- **Vielfach unterbrochene Bremsspur** bei Vollbremsung durch springende Räder.
- **Ungleichmäßige Abnutzung der Reifen** und erhöhter Reifenverschleiß.
- **Erhebliche Ölspuren** außen am Stoßdämpfer bis unter den Federteller des Federbeins. Geringe Leckverluste sind dagegen normal.

Die Federbein-Lagerung

Die obere Lagerung der Federbeine dient der Geräuschisolation, soll die Federwirkung erhöhen und beim Lenkeinschlag einen möglichst geringen Widerstand entgegensetzen.
Solange die Vorderräder Fahrbahnkontakt haben, sind die Federbeinlager ständig unter Last verspannt. Falls bei der Hauptuntersuchung durch DEKRA oder TÜV das Spiel der Vorderradaufhängung bei angehobenen Rädern geprüft wird, zeigt sich zwischen Federbeinlager und Kolbenstange des Stoßdämpfers Spiel. Dies ist jedoch konstruktiv bedingt und deutet nicht auf Verschleiß.

Eigenarbeiten an Lenkung und Fahrwerk

Für die Verkehrssicherheit sind Fahrwerk und Lenkung von entscheidender Bedeutung. Sie sollten daran nur schrauben, wenn Sie sich Ihrer Sache völlig sicher sind. Andernfalls gefährden Sie sich und andere.
Sollten Sie die hier genannten Werkzeuge nicht besitzen oder im Zweifel sein, ob Sie die betreffende Reparatur selbst bewerkstelligen können, gehört die Arbeit in die Werkstatt.

Vorderradaufhängung zerlegen

An den Teilen der vorderen Radaufhängung läßt sich vieles selbst aus- und einbauen. Für bestimmte Arbeiten sind allerdings Werkstattgeräte erforderlich. Beschädigte Teile der Radaufhängung dürfen nicht gerichtet oder gar geschweißt, sondern müssen grundsätzlich erneuert werden.

Fingerzeig: Die Vorderradaufhängung ist seit 8/87 in vielen Teilen überarbeitet, z. B. Radlagergehäuse, Radlager, Radnabe, Achsgelenk sowie die Antriebswellen bzw. deren äußeres Gelenk. Das muß bei der Ersatzteilbeschaffung berücksichtigt werden. Falls Sie gebrauchte Teile einbauen wollen, müssen Sie sich unbedingt davon vergewissern, daß diese für Ihren Wagen die richtigen sind.

Stabilisator ausbauen

- Wagen vorn aufbocken. Beide Räder müssen gleichmäßig ausgefedert sein.
- Je eine Schraube an den Halteschellen rechts und links am Aggregateträger losdrehen.
- An den vorderen Lagerpunkten am Aggregateträger beidseitig die Mutter der Koppelstange (Zeichnung unten) losdrehen.
- Auf beiden Seiten die Koppelstangen aus dem

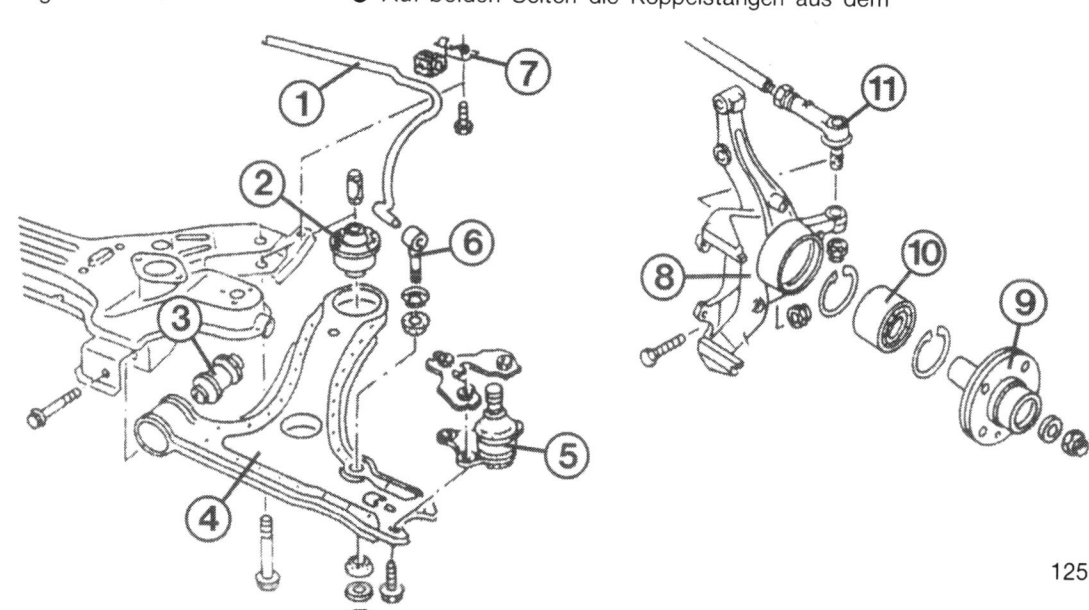

Die Vorderradaufhängung in ihren Einzelteilen:
1 – Stabilisator;
2 – hinteres Gummi/Metall-Lager;
3 – vorderes Gummi/Metall-Lager;
4 – Dreieckslenker;
5 – Achsgelenk;
6 – Koppelstange;
7 – Halteschelle;
8 – Radlagergehäuse;
9 – Radnabe;
10 – Radlager;
11 – Spurstangenkopf.

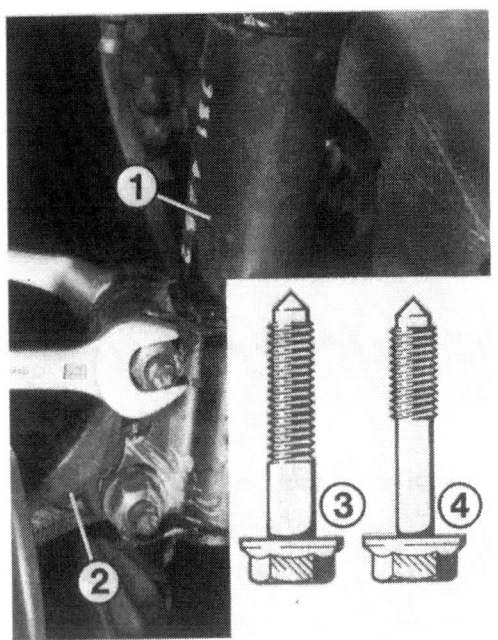
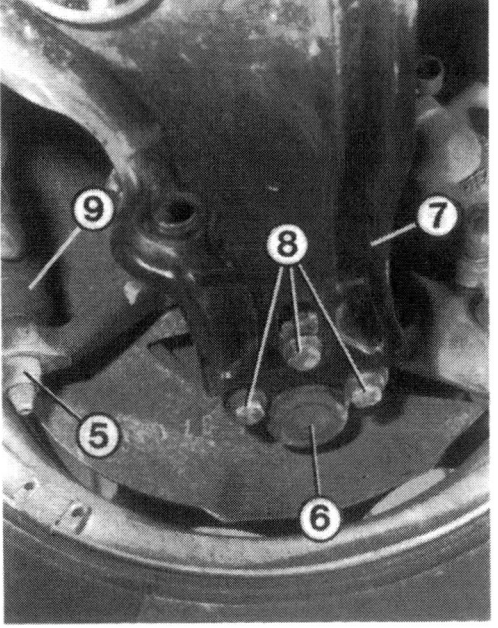

Links: Der Sturz der Vorderräder wird durch die Stellung von Federbein (1) zu Radlagergehäuse (2) bestimmt. Für die Sturzverstellung gibt es im Teilelager anstelle der Serienschraube (3) eine Schraube mit dünnerem Durchmesser (4).
Zuerst soll nur die obere Schraube ausgetauscht werden. Wenn das nicht ausreicht, die untere ebenfalls wechseln.
Rechts: Bevor das Achsgelenk (6) losgeschraubt wird, muß die Stellung der Halteschrauben (8) am Dreieckslenker (7) angezeichnet werden. Links im Bild der Spurstangenkopf (9) mit seiner selbstsichernden Mutter (5).

Aggregatträger herausziehen, Stabilisator abnehmen.
● Kontrollieren Sie den Zustand der Stabilisator-Gummilager.
● Beim **Einbau** neuer Gummis hinten am Stabilisator wird deren Einstecköffnung zum leichteren Aufschieben auf den Stabilisator mit Glyzerin bestrichen.

Achsgelenk ersetzen

● Wagen vorn aufbocken, betreffendes Vorderrad abstützen.
● Lage des Achsgelenks am Dreieckslenker anzeichnen, siehe Bild oben rechts.
● Unten am Radlagergehäuse die Verschraubung der Klemmverbindung lösen.
● Achsgelenk nach unten herausziehen.
● Unten am Dreickslenker die drei Halteschrauben des Achsgelenks losdrehen.
● Beim Einbau das Achsgelenk entsprechend der Anzeichnung am Dreieckslenker ausrichten. Ein neues Achsgelenk wird so ausgerichtet, daß es in der

Dreieckslenker ausbauen

● Stabilisator abschrauben.
● Klemmverbindung zwischen Achsgelenk und Radlagergehäuse lösen.
● Halteschrauben der Dreieckslenkerlager vorn und hinten am Aggregatträger losdrehen.
● Im hinteren Gummi/Metall-Lager die geschlitzte Blechhülse mit einer Zange herausziehen, Dreieckslenker abnehmen.

Federbein ausbauen

● Wagen vorn aufbocken, Rad abschrauben.
● Dreieckslenker unten abstützen.
● Im Motorraum die Abdeckung oben am Federbein abnehmen.
● Haltemutter SW 22 (bis 7/87) bzw. SW 21 (seit 8/87) von der Kolbenstange des Federbeins abschrauben. Dazu den Innensechskant in der Kolbenstange mit einem Steckschlüssel gegenhalten.
● Stellung der beiden Verschraubungen unten zwischen Federbein und Radlagergehäuse anzeichnen.
● Dann erst die Schrauben lösen und herausziehen.

● Die Gummiringe und die Scheiben oben und unten an der Koppelstange müssen richtig sitzen: Die angeschrägte Seite der Scheibe zeigt jeweils vom Gummiring weg, die schräg zulaufende Seite des Gummirings ist der Scheibe zugewandt.
● Die selbstsichernden Muttern durch neue ersetzen, Anzugsdrehmoment 25 Nm.

Mitte der Langlöcher im Dreieckslenker steht. Falsche Einbaulage kann einen Schaden an der Gelenkwelle bewirken.
● Das Sicherungsblech mit den drei selbstsichernden Muttern und die selbstsichernde Mutter der Klemmbefestigung zwischen Achsgelenk und Radlagergehäuse müssen erneuert werden.
● Die Schrauben des Achsgelenks mit 25 Nm festziehen.
● An der Klemmbefestigung muß der Schraubenkopf in Fahrtrichtung nach vorn zeigen, die Mutter wird mit 50 Nm angezogen.

● Gummi/Metall-Lager im Dreieckslenker auf Risse oder sonstige Beschädigungen kontrollieren.
● Die Lager können nur mit Werkstattmitteln ausgetauscht werden.
● Beim Einbau neue Blechhülse im hinteren Gummi/Metall-Lager einsetzen.
● Verschraubungen zwischen Dreieckslenker und Aggregatträger mit 130 Nm anziehen.

● Federbein abnehmen.
● Beim **Einbau** die Verschraubungen entsprechend den Anzeichnungen ausrichten.
● Neue selbstsichernde Spezialmuttern SW 18 an der Verschraubung Federbein/Radlagergehäuse mit 95 Nm anziehen (ggf. war bisher eine Schraube SW 19 verbaut, die mit 80 Nm anzuziehen war).
● Kolbenstange zum Festziehen der oberen Federbein-Haltemutter wieder gegenhalten.
● Für diese selbstsichernde Mutter gilt ein Anzugsdrehmoment von 60 Nm. Da gleichzeitig die Kolbenstange gegengehalten werden muß, hat die

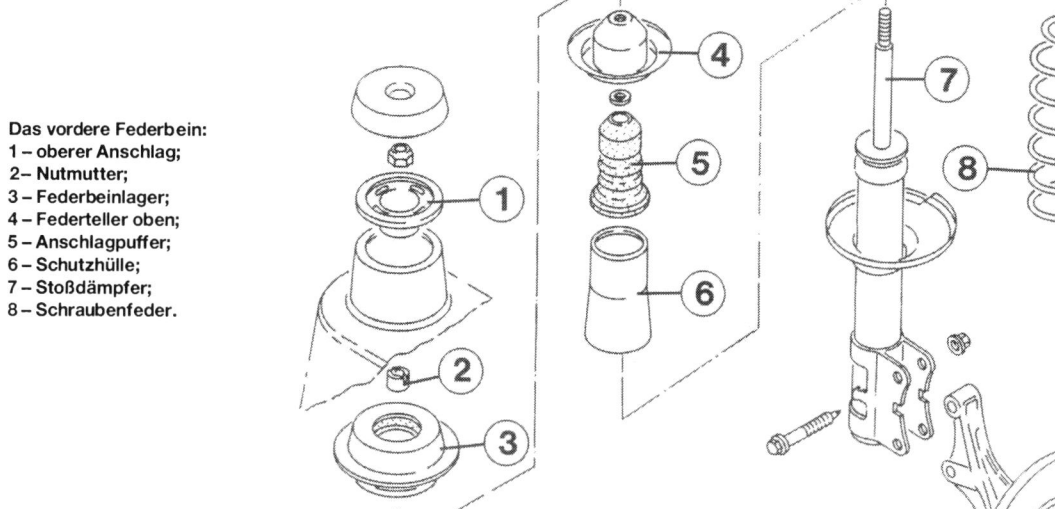

Das vordere Federbein:
1 – oberer Anschlag;
2 – Nutmutter;
3 – Federbeinlager;
4 – Federteller oben;
5 – Anschlagpuffer;
6 – Schutzhülle;
7 – Stoßdämpfer;
8 – Schraubenfeder.

Stoßdämpfer bzw. Feder ausbauen

V.A.G.-Werkstatt hierzu einen Ringschlüssel-Ansatz für den Drehmomentschlüssel.

Zu dieser Arbeit ist eine Spannvorrichtung für die Schraubenfeder zwingend erforderlich. Gebraucht werden drei Federspanner. Ohne diese besteht die Gefahr, daß die Teile durch die etwa vierfache Vorspannung der Schraubenfeder nach Lösen der zentralen Halteschraube explosionsartig auseinanderfliegen – allerhöchste Verletzungsgefahr!
Eine zusätzliche Hürde stellt die Verschraubung oben am Federbein dar. Das ist eine geschlitzte Nutmutter ohne Außensechskant. Dafür gibt es das V.A.G.-Spezialwerkzeug 524. Als Behelf kann eine besonders lange Rohrzange dienen, wenn die Nutmutter ebenfalls ersetzt wird.

- Federbein ausbauen.
- Schraubenfeder spannen.
- Nutmutter oben lösen, gleichzeitig die Kolbenstange des Stoßdämpfers gegenhalten.
- Teile abnehmen und in ihrer Reihenfolge ablegen.
- Schraubenfeder langsam entspannen.
- Anschlaggummi und Abdeckung über dem Stoßdämpfer abnehmen.

- Behelfsmäßig geht es nur mit gefühlsmäßigem Anziehen mit einem herkömmlichen Ringschlüssel.

- Beim **Zusammenbau** nach Einsetzen von Abdeckung und Gummipuffer die Schraubenfeder wieder spannen, dann Federbeinlager mit seinen Teilen montieren.
- Die Nutmutter oben am Federbeinlager soll mit 40 Nm festgedreht werden.

Arbeiten an der Lenkung

Spurstangenkopf auswechseln

Bei der Erstmontage ist der Spurstangenkopf an der rechten Spurstange getrennt angeschraubt, links ist dies nur bei einer Ersatzteil-Spurstange der Fall.
- Rad abnehmen.
- Mutter unten am Spurstangenkopf lösen.
- Spurstangenkopf mit einem Klauenabzieher nach oben aus dem Lenkhebel am Radlagergehäuse herausdrücken.
- Kontermutter an der Spurstange losdrehen, dabei den Sechskant am Gewindebolzen gegenhalten.
- Lage der Spurstangenkopf-Verschraubung anzeichnen, dann stimmt die Spur nach dem Zusammenschrauben wieder einigermaßen.

- Spurstangenkopf abschrauben und neuen bis zur Markierung eindrehen.
- Kugelbolzen des Spurstangenkopfes in den Lenkhebel hineindrücken, ggf. vorsichtig hineinklopfen.
- Neue selbstsichernde Mutter am Spurstangenkopf mit 35 Nm anziehen, Kontermutter auf der Spurstange mit 50 Nm festdrehen.
- Spur kontrollieren lassen.

Spurstange auswechseln

Die ab Werk nicht einstellbare linke Spurstange wird im Reparaturfall durch eine einstellbare Ausführung ersetzt. Bei der Servolenkung muß für diese Arbeit das Lenkgetriebe ausgebaut werden, was wir wegen der weiteren Einstellarbeiten doch der Werkstatt überlassen würden.
- Wagen vorn aufbocken, betreffendes Vorderrad abnehmen.
- Spannring der Lenkgetriebemanschette abnehmen, Manschette zurückstreifen.
- Lenkung in Mittelstellung drehen.
- Abstand von der Spurstangenkopfmitte zum Spurstangengelenk innen messen, siehe Zeichnung auf der folgenden Seite unten.
- Spurstangenkopf vom Lenkhebel trennen, wie im vorangegangenen Abschnitt beschrieben.
- Kontermutter am Spurstangengelenk lösen, Spurstange vom Lenkgetriebe abschrauben.

Ein Blick auf die in Fahrtrichtung hinten liegende Seite des Lenkgetriebes, das mit der Halteschelle (2) am Aggregateträger (4) angeschraubt ist. Links im Bild die Lenkgetriebemanschette (1). Der Schraubenschlüssel ist hier auf die Einstellschraube (3) des Lenkgetriebes angesetzt.

- Jetzt kann auch die Manschette abgezogen und ggf. ersetzt werden.
- **Links:** Spurstange auf 379 mm Länge einstellen, evtl. auf den an der alten Spurstange abgenommenen Meßwert korrigieren.
- **Rechts:** Spurstange auf den Meßwert der bisherigen Spurstange einstellen, dann stimmt die Spur nach dem Zusammenbau zumindest annähernd.
- **Beidseitig:** Kontermutter am inneren Spurstangengelenk festziehen.
- Spurstangenkopf montieren, siehe oben.
- Spur sicherheitshalber gelegentlich vermessen lassen.

Lenkgetriebe einstellen

- Wagen vorn aufbocken, Räder geradeaus stellen.
- Selbstsichernde Einstellschraube (in Fahrtrichtung hinten, siehe Bild oben) vorsichtig rund 20° hineindrehen. Das ist knapp die Hälfte einer Vierteldrehung!
- Wagen ablassen und probefahren.
- Geht die Lenkung nach Kurven nicht von selbst wieder in die Geradeausstellung zurück, Einstellschraube etwas herausdrehen.
- Bei noch vorhandenem Spiel die Schraube ein wenig hineindrehen.

Radlager ausbauen

Beim Anfahren mit voll eingeschlagenen Vorderrädern kann bei den älteren Bauserien ein Knackgeräusch auftreten. Dann verschiebt sich das Radlager geringfügig im Radlagergehäuse. Abhilfe ist durch Molypaste möglich, womit der Radlagersitz – nicht das Lager – eingestrichen werden muß. Bei den neueren Radlagern wurde dieser Mangel behoben.
Das Radlager ist mit seinem Außenring ins Radlagergehäuse eingepreßt, am inneren Lagerring ist die Radnabe eingepreßt. Ein neues Radlager darf auf keinen Fall mit dem Hammer in seinen Sitz geklopft werden, sonst ist der nächste Schaden »mit eingebaut«. Das Aus- und Einpressen sollten Sie in der Werkstatt machen lassen.

- Bundmutter der Antriebswelle lösen (Seite 119).
- Rad abbauen, Bremssattel demontieren (Seite 138) und mit angeschlossenem Bremsschlauch an der Karosserie aufhängen.

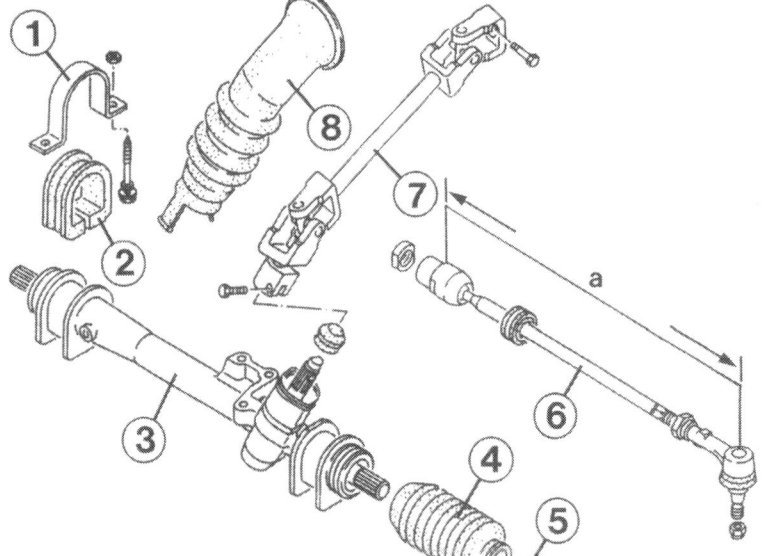

Zum Lenkgetriebe (3) gehören:
1 – Halteschelle;
2 – Gummilager;
4 – Schutzmanschette;
5 – Spannring;
6 – Spurstange;
7 – Gelenkwelle;
8 – Schutzhülle für die Gelenkwelle.
Das Maß »a« wird vor dem Einbau einer neuen Spurstange gemessen.

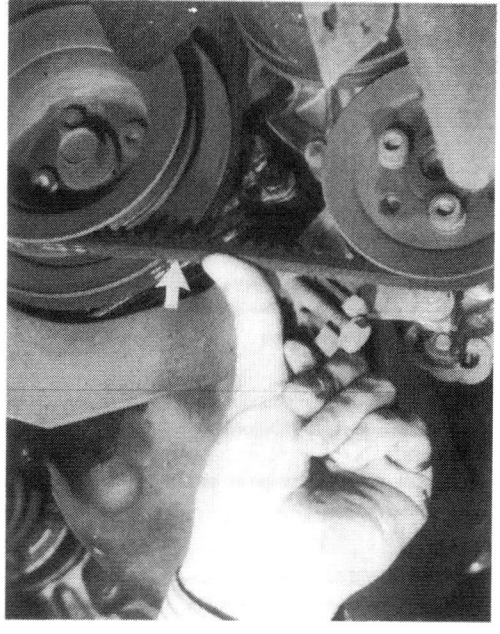
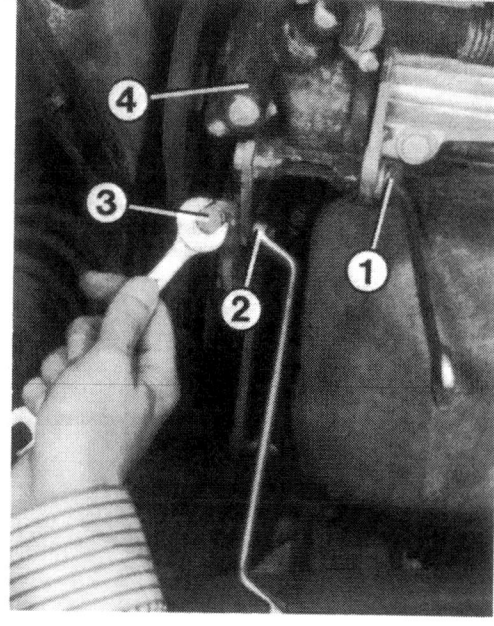

Links: Die Spannung des Servolenkungs-Keilriemens prüft man am besten von unten her. Die Riemen soll bei kräftigem Fingerdruck (Pfeil) nicht mehr als 5 mm nachgeben.
Im Bild rechts sind die Schrauben der Servopumpe (4) beziffert, die zum Riemenspannen gedreht werden müssen:
1 – vorderer Spannbügel;
2 – Spannbügel hinten;
3 – Spannschraube.

- Bremsscheibe ausbauen (Seite 139).
- Abdeckblech der Bremsscheibe abschrauben.
- Spurstangenkopf vom Radlagergehäuse trennen.
- Stellung der Verschraubungen zwischen Radlagergehäuse und Federbein anzeichnen.
- Schrauben lösen, Bauteile trennen, Radlagergehäuse abnehmen.
- Zuerst Radnabe abpressen.
- Bei einem Fahrzeug mit ABS den Rotor für den Drehzahlfühler abschrauben.
- Lagerinnenring von der Radnabe abziehen.
- Radlager-Sicherungsringe auf beiden Seiten abnehmen. Lager aus dem Gehäuse pressen.

- Sicherungsring an der Außenseite des Radlagers einsetzen, Lager bis zum Anschlag einpressen, zweiten Sicherungsring einbauen.
- Zum Einpressen der Radnabe muß der Innenring des Radlagers unterstützt werden, damit das Lager nicht überlastet wird.

Servolenkung

Keilriemen spannen

- Schraube am vorderen Schwenkbügel (siehe Bild oben rechts) lösen.
- Zwei weitere Schrauben am hinteren Bügel an der Rückseite der Servopumpe lösen.
- Spannschraube zum Riemenspannen herausdrehen.
- Anschließend Schrauben wieder festziehen.

Keilriemen ersetzen

- Servopumpe lockern, wie im vorangegangenen Abschnitt beschrieben.
- Alten Riemen abnehmen, neuen auflegen.
- Keilriemengrößen siehe Seite 184.
- Riemen spannen und nach etwa 500 km die Spannung nochmals kontrollieren.

Servolenkung auf Dichtheit prüfen

Wurde im Vorratsbehälter ein abgesunkener Flüssigkeitsstand festgestellt, muß umgehend die gesamte Lenkanlage überprüft werden. Sonst könnte während der Fahrt plötzlich die Lenkunterstützung ausfallen. Auf welche Teile Sie Ihr Augenmerk richten müssen, steht im Störungsbeistand.

Pumpe der Servolenkung ausbauen

Soll die Servopumpe lediglich wegen Montagearbeiten im Motorraum ausgebaut werden, bleiben ihre Schlauchleitungen angeschlossen, damit kein Schmutz in die Lenkhydraulik gelangt. Falls die Schläuche an der Pumpe abgenommen werden müssen, ist äußerste Sorgfalt vonnöten. Selbst kleinste Schmutzpartikel in der Flüssigkeit können Funktionsstörungen verursachen.
- Keilriemen abnehmen, wie beschrieben.
- Haltebügel vorn und hinten von der Pumpe abschrauben, Pumpe abnehmen.
- Beim Einbau neue Dichtungen an den Leitungsanschlüssen verwenden, falls diese gelöst wurden.

Störungsbeistand

Servolenkung

Am Lenkgetriebe und der Flügelpumpe der Servolenkung sind keine Reparaturarbeiten vorgesehen. Wenn die Dichtheits- und Druckprüfung in einer V.A.G.-Werkstatt einen Fehler in diesen Bauteilen zutage fördert, hilft nur der Ersatz.

Die Störung	– ihre Ursache	– ihre Abhilfe
A Flüssigkeitsstand im Behälter zu niedrig	Undichtigkeit an a) Leitungsanschlüssen b) Ventilkörper am Lenkgetriebe bzw. Abdichtung der Lenkgetriebe-Zahnstange c) Pumpe der Servolenkung	Neue Dichtringe montieren und festziehen Dichtheitsprüfung durchführen lassen, ggf. Lenkgetriebe ersetzen lassen Dichtheitsprüfung durchführen lassen, ggf. Pumpe ersetzen
B Lenkung wird mit zunehmendem Einschlag schwergängig	1 Ventil klemmt im Pumpengehäuse 2 Steuerschlitze des Ventilkörpers verschmutzt 3 Förderdruck der Servopumpe zu gering 4 Systemdruck zu gering	Pumpe austauschen Lenkgetriebe ersetzen lassen Druck messen lassen, ggf. Pumpe ersetzen Systemdruck prüfen lassen, ggf. Lenkgetriebe ersetzen lassen
C Lenkungsgeräusche	1 Flüssigkeitsstand zu niedrig 2 Keilriemen nicht genügend gespannt 3 Verschraubungen an der Saugseite nicht genügend fest	Auffüllen, Undichtigkeit erforschen Riemen spannen Festziehen

Lenkrad ausbauen

Die Lenkräder haben seit ca. 8/88 eine feinere Verzahnung als früher. Die Lenksäulenverzahnung blieb aber gleich. Zur Anpassung dient ein spezieller Adapter.

● Flexible Abdeckung in Lenkradmitte von Hand abziehen.
● Falls dies nicht möglich ist, die Abdeckung mit einem schmalen Schraubenzieher anheben.
● Lenkrad in Sperrstellung einrasten lassen.
● Lenksäulenmutter mit Stecknuß SW 24 lösen.
● Lenkschloß entriegeln und Vorderräder genau geradeaus stellen, so daß die Lenkradspeichen symmetrisch stehen.
● Mutter und Unterlegscheibe abnehmen, Lenkrad mit ruckelnden Bewegungen abziehen.

● Beim Einbau des Lenkrades auf die symmetrische Ausrichtung der Speichen achten.
● Lenkschloß einrasten lassen.
● Lenksäulenmutter mit 40 Nm anziehen.

Die Radeinstellung

Für sicheres Fahrverhalten müssen die Vorderräder in Längs- und Seitenrichtung in bestimmten Winkelstellungen stehen. Damit Sie sich unter der »Lenkgeometrie« etwas vorstellen können, hier eine Erläuterung der Begriffe:

Spur: Im Gegensatz zu vielen anderen Fahrzeugen stehen die Vorderräder im Stillstand genau parallel zueinander, die Spur ist **neutral**. Die Reibung zwischen Rad und Straße drückt das linke Rad nach links weg und das rechte nach rechts weg. Das gleichen die Kräfte des Frontantriebs wieder aus, die bestrebt sind, die Vorderräder vorn zusammenzudrücken. Beim Hineinlenken des Wagens in eine Kurve geht die neutrale Spur durch die trapezförmige Anordnung des Lenkgestänges in »Nachspur« über. Das kurveninnere Rad schwenkt stärker herum als das kurvenäußere. Dies ist auch notwendig, weil ja in einer Kurve die inneren Räder einen engeren Kreis fahren müssen als die äußeren. Das ergibt automatisch eine Unterstützung der Lenkbewegung und der Lenkkräfte.

Sturz: So nennt man die leichte Auswärtsneigung der Vorderräder – oben im Radkasten haben sie bei unserem VW einen engeren Abstand voneinander als unten am Boden. Das heißt in der Fachsprache **negativer** Sturz.

Spreizung: Sie gehört zum Sturz. Spreizung ist die geringfügige Neigung der Schwenkachse, um die beim Lenken die ganze Geschichte schwenkt. Beide Schwenkachsen haben oben einen kleineren Abstand voneinander als unten. Sturz und Spreizung verhindern zusätzlich das Flattern der Räder. Ferner erleichtern sie das Einschlagen der Räder. Und zusätzlich bewirken sie das »Rückstellmoment«, worunter man das Bestreben der Vorderräder versteht, bei oder nach Kurven selbsttätig wieder in Geradeausstellung zu gehen.

Nachlauf: Darunter versteht man die Schrägstellung der Schwenkachse in Fahrzeuglängsrichtung. Das hilft ebenfalls, den Geradeauslauf zu stabilisieren und Flattern der Vorderräder zu verhindern. Außerdem bewirkt er eine Rückstellung der Lenkung nach Kurven.

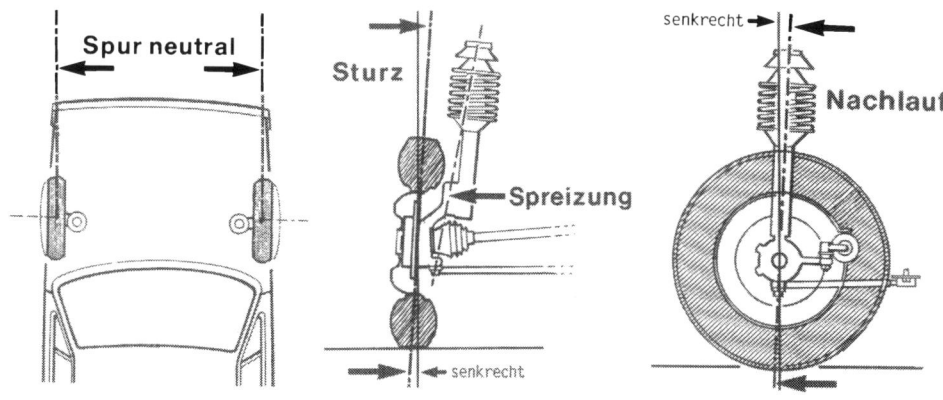

Die Zeichnungen sollen die Begriffe der Radeinstellung verdeutlichen: Bei neutraler Spur stehen die Vorderräder genau geradeaus. Negativer Sturz bedeutet, daß das betreffende Rad unten zur Fahrbahn stärker nach außen geneigt ist als oben im Radkasten. Mit Nachlauf ist die leichte Schrägstellung zwischen oberem und unterem Befestigungspunkt des Federbeins bezeichnet.

Erkennungsmerkmale für falsche Radeinstellung

Wenn Sie fehlerhafter Lenkgeometrie beim Fahren auf die Schliche kommen wollen, müssen Sie zuerst sicherstellen, daß beide Vorderreifen dieselbe Reifensorte, Profiltiefe und den vorgeschriebenen Luftdruck (siehe Seite 155) aufweisen.

○ Stehen die **Lenkradspeichen bei Geradeausfahrt symmetrisch**? Ein schiefsitzendes Lenkrad ist oft das Zeichen für falsche Spureinstellung.

○ **Unruhiger Geradeauslauf**; er ist besonders gut auf schnee- oder eisglattem Untergrund zu erkennen. Überbreite Reifen können den Geradeauslauf trotz richtiger Radeinstellung ebenfalls verschlechtern.

○ **Zieht der VW zur Seite** auf völlig ebener Fahrbahn und bei losgelassenem Lenkrad?

○ **Stellt sich die Lenkung** nach Kurven wieder **von selbst in Geradeausstellung**?

○ Schauen Sie sich die **Vorderräder** aus fünf bis zehn Meter Entfernung an – stehen sie **in Geradeausstellung symmetrisch zueinander**?

○ Ist das **Reifenprofil einseitig abgenutzt**? Bei scharfer Fahrweise ist es allerdings nicht ungewöhnlich, daß an beiden Vorderreifen die Außenkanten stärkere Verschleißspuren zeigen als innen.

○ Eine **verbeulte Felge** deutet auf eine harte Bordsteinberührung, wodurch die Geometrie der Federbein-Vorderradaufhängung leicht aus dem Winkel gerät.

○ Weitere Ursachen für fehlerhafte Stellung der Räder können verschlissene Gelenke bzw. Gummilager sein oder unsachgemäße Unfallreparaturen.

Radeinstellung messen

Zur Vermessung der Radstellung wird ein optischer Achsmeßstand verwendet. Zur Messung muß der Reifendruck stimmen, das Fahrzeug unbeladen, durchgefedert und ausgerichtet sein. Die Teile der Vorderradaufhängung und Lenkung dürfen kein zu großes Spiel aufweisen. An dieser Stelle muß noch folgendes gesagt werden:

○ Der Sturz darf nicht durch Verschieben der Achsgelenke auf den Dreieckslenkern eingestellt werden. Eingestellt wird der Winkel zwischen Radlagergehäuse und Federbein. Für größere Winkelveränderungen gibt es als Ersatzteil Schrauben mit dünneren Bolzen.

○ Bei einem Fahrzeug mit mechanischer Lenkung wird die Spur an der rechten Spurstange eingestellt. Bei Servolenkung dient die linke Spurstange zur Einstellung.

Die Einstellwerte finden Sie in der Tabelle auf der folgenden Seite.

 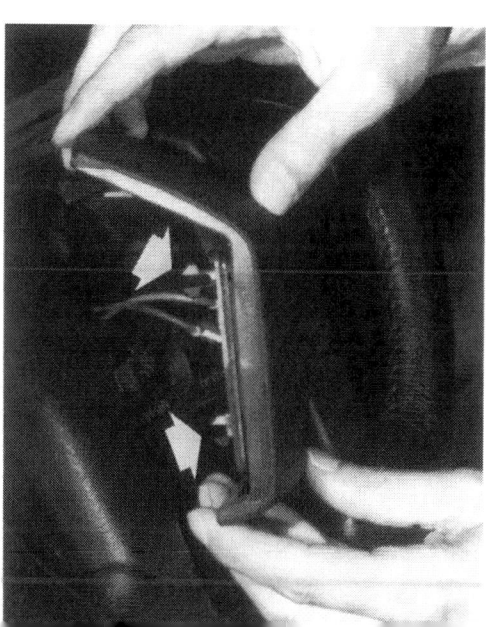

Links: Bei den meisten Lenkrad-Ausführungen muß die mittlere Abdeckung mit einem schmalen Schraubenzieher angehoben werden.
Rechts: Beim neueren Sportlenkrad rasten die Halteklammern (Pfeil) beim Abziehen der mittleren Lenkradabdeckung leicht aus.

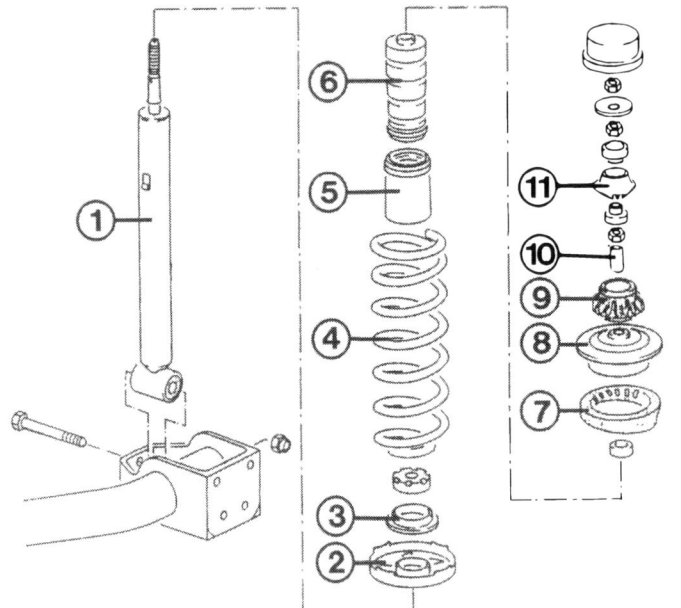

Das zerlegte hintere Federbein:
1 – Stoßdämpfer;
2 – Federteller unten;
3 – Unterlage unten;
4 – Schraubenfeder;
5 – Schutzrohr;
6 – Anschlagpuffer;
7 – Unterlage oben;
8 – Federteller oben;
9 – Lagerring unten;
10 – Distanzhülse;
11 – Lagerring oben.

	Normalausführung	Schlechtwegeausführung
Vorderachse		
Gesamtspur	0° ± 10'	0° ± 10'
Sturz in Geradeausstellung	−30' ± 20'	−25' ± 20'
Höchstzulässiger Sturzunterschied zwischen beiden Seiten	30'	30'
Spurdifferenzwinkel beim Lenkeinschlag von 20° nach links bzw. rechts	−1°20' ± 30'	−1°20' ± 30'
Nachlauf[1]	+1°30' ± 30'	+1°25' ± 30'
Höchstzulässiger Nachlaufunterschied zwischen beiden Seiten	1°	1°
Hinterachse		
Sturz[1]	−1°40' ± 20'	
Höchstzulässiger Sturzunterschied zwischen beiden Seiten	30'	
Gesamtspur[1]	+25' ± 15'	
Höchstzulässige Abweichung von der Laufrichtung	25'	

[1] Werte sind nicht einstellbar

Hinterachse zerlegen

Wurde bei der Hinterradstellung eine zu große Abweichung vom Sollwert festgestellt, muß der Achskörper komplett ausgetauscht werden (Werkstattsache). Richt- und auch Schweißarbeiten sind nicht zulässig.

Federbein ausbauen

● Beim Golf Rücksitzlehne vorklappen, seitliche Auflage für die Kofferraumabdeckung abschrauben, beim Jetta Rücksitzlehne ausbauen (Seite 260) und Hutablage abnehmen.

● Schutzkappe abnehmen.
● Mutter des Federbeins bei am Boden stehendem Fahrzeug mit einem gekröpften Ringschlüssel lösen. Kolbenstange des Stoßdämpfers gegenhalten.

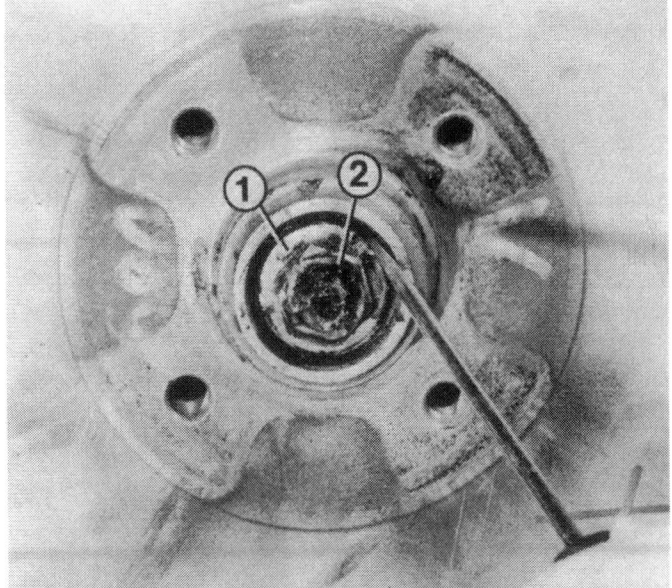

Die Druckscheibe (1) unter der Einstellmutter (2) muß sich bei richtig eingestelltem Radlagerspiel mit der Schraubenzieherklinge gerade noch verschieben lassen. Dazu darf die Klinge nicht an der Bremstrommel abgestützt sein.

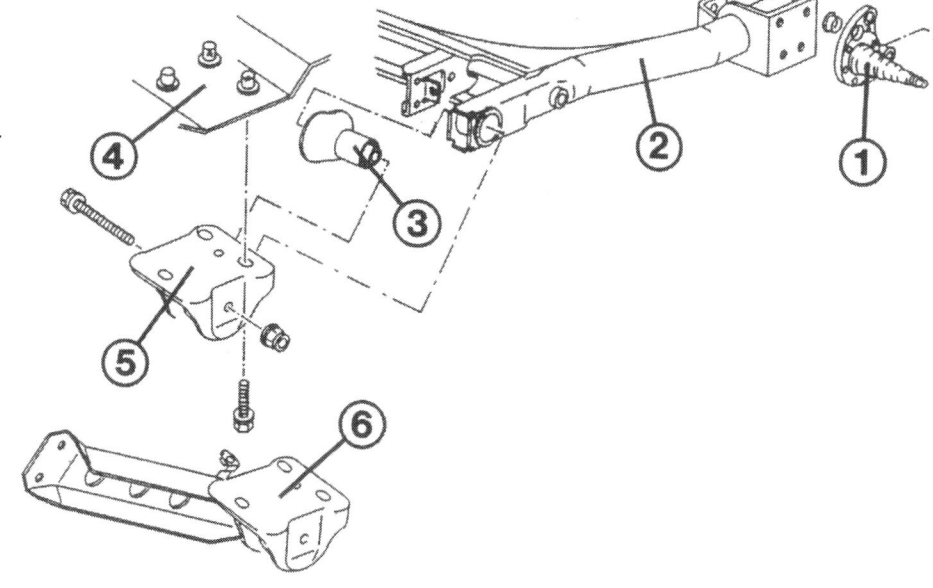

Wichtige Teile der Hinterachse sind hier gezeigt:
1 – Radzapfen;
2 – Achskörper;
3 – Gummi/Metall-Lager;
4 – Befestigungsaufnahmen im Bodenblech;
5 – Lagerbock;
6 – Lagerbock mit Aufnahme für Bremskraftregler.

- Fahrzeug hochbocken, Rad abnehmen.
- Untere Verschraubung des Federbeins losdrehen.
- Federbein aus der unteren Konsole herausnehmen, dazu den Radzapfen etwas nach unten drücken.
- Nach Abdrücken eines Sprengrings auf der Kolbenstange des Stoßdämpfers kann das Federbein jetzt ohne Werkzeug weiter zerlegt werden.

- Wagen aufbocken, Rad abnehmen.
- Bei einem VW mit hinteren Scheibenbremsen Bremssattel demontieren, siehe Seite 143.
- Nicht zu scharfen Meißel an den Abdichtwulst der Nabenkappe ansetzen und diese ein wenig nach außen treiben.
- Kräftige Schraubenzieherklinge hinter den Nabenwulst klemmen, Kappe gleichmäßig abhebeln.
- Sicherungssplint geradebiegen, aus der Kronensicherung ziehen und diese abnehmen.
- Sechskantmutter losdrehen, Druckscheibe und äußeres Radlager abnehmen.
- Bremstrommel bzw. -scheibe abnehmen (Seite 140 bzw. 144).

- Bevor das zweite Federbein ausgebaut wird, muß das eine wieder montiert werden, da sich sonst die Gummi/Metall-Lager der Hinterachse zu stark verformen.
- Untere Federbeinhalterung mit 70 Nm anziehen.
- Das Federbein sollte oben an der Karosserie erst dann festgeschraubt werden, wenn der VW wieder auf den Rädern steht. Drehmoment 15 Nm.

- Dichtring an der Innenseite der Trommel bzw. Scheibe abhebeln, inneres Radlager herausnehmen.
- Beide Radlager sauberreiben und auf Verschleiß kontrollieren.
- Laufringe der Lager in der Bremstrommel bzw. -scheibe ebenfalls kontrollieren.
- Zeigen sich hier Verschleißspuren, müssen die alten Ringe mit einem Kupferdorn herausgetrieben und neue eingepreßt werden.
- Radlager mit Mehrzweckfett einsetzen, Nabenkappe etwa zur Hälfte mit Fett füllen.
- Inneren Dichtring über Kreuz mit Kunststoffhammer einschlagen.
- Spiel der Radlager einstellen.

Radlager ausbauen

Bevor Sie an diese Arbeit gehen, müssen Sie neue Sicherungssplinte für die Kronenmutter besorgen.
- Nabenkappe und Kronensicherung abnehmen.
- Sechskantmutter SW 24 festziehen, dabei das Rad bzw. die Radnabe drehen, damit sich die Lager nicht verklemmen.
- Mutter wieder etwas lockern.
- Das Spiel ist richtig eingestellt, wenn sich die Druckscheibe hinter der Mutter mit einem Schraubenzieher unter mäßigem Fingerdruck gerade noch verschieben läßt. Die Schraubenzieherklinge dabei nicht an der Radnabe abstützen.
- Läßt sich jetzt der neue Sicherungssplint noch nicht durch die Kronensicherung einschieben, wird die Mutter ein wenig in Richtung »Zu« gedreht.
- Nabenkappe mit Kunststoffhammer eintreiben.
- Eine verbeulte Kappe muß ersetzt werden, sonst kann Feuchtigkeit ins Lager eindringen.

Radlagerspiel einstellen

- Radlager und Bremstrommel bzw. Bremssattel und -scheibe ausbauen.
- Handbremsseil aushängen, siehe Seite 144.
- Bei Trommelbremse die Bremsleitung am Bremsträgerblech abschrauben (Seite 147).
- Halteschrauben des Bremsträgers bzw. Haltebleches losdrehen; damit ist auch der Radzapfen vom Achskörper gelöst.
- **Einbau:** Die Anlagefläche für den Radzapfen und die Gewindelöcher müssen frei von Lack und Schmutz sein.
- Zum Anschrauben die sogenannte Tellerfeder unter den Schrauben so einsetzen, daß die große Auflagefläche zum Bremsträger bzw. zum Abdeckblech hin zeigt. Drehmoment 60 Nm.
- Zuletzt Bremse entlüften.
- Bei hinterer Scheibenbremse Handbremse einstellen, siehe Seite 145.

Radzapfen ausbauen

Die Bremsen

Übliche Verzögerung

Die spontane Wirkung der Bremsanlage wird vom Autofahrer als selbstverständlich angesehen. Doch dafür ist regelmäßige Wartung vonnöten, denn die Bremsen verschleißen ohne sichtbare Anzeichen.

Eigenarbeiten an der Bremse

Von der richtigen Funktion der Bremsen im VW hängt Ihr Leben ab. Das sollten Sie sich stets vor Augen halten, wenn Sie Reparaturen daran ausführen wollen. Muten Sie sich also nicht zu viel zu. Andererseits ist bei der Bedeutung der Bremsen keine Kontrolle zu viel. Auch wenn Sie regelmäßig die Werkstatt besuchen, sehen gerade in diesem speziellen Fall vier Augen mehr als zwei. Durch gezielte Kontrollen, nicht aber durch unsachgemäßige Reparaturen können Sie dazu beitragen, die Verkehrssicherheit Ihres Wagens zu erhalten und so sich selbst zu schützen. Was Sie selbst tun können, ist hier im Buch behandelt. Alle anderen Arbeiten sollten Sie der Werkstatt überlassen.

So funktionieren die Bremsen

○ Wenn Sie auf das Bremspedal treten, preßt eine mit dem Pedal verbundene Druckstange zwei hintereinanderliegende Kolben in den **Hauptbremszylinder** (im Motorraum).
○ Die Kolben übertragen die Kraft auf die dort eingeschlossene **Bremsflüssigkeit**. Der so entstehende hydraulische Druck in der Bremsflüssigkeit gelangt über Rohr- und Schlauchleitungen zu den **Radzylindern** in den **Bremssätteln** bzw. **Trommelbremsen**.
○ In diesen drücken Kolben die **Bremsklötze** gegen die **Bremsscheiben** bzw. die **Bremsbacken** gegen die **Bremstrommeln**.
○ Der Flüssigkeitsdruck gelangt an die Radbremszylinder in zwei voneinander unabhängigen Leitungssystemen, und zwar für je ein Vorderrad und das gegenüberliegende Hinterrad (diagonal aufgeteilte **Zweikreisbremse**). Falls ein Bremskreis ausfallen sollte, bleiben so ein Vorderrad und das Hinterrad auf der anderen Seite bremsfähig. Mit dem ungebremsten Vorderrad kann man noch lenken, und das ungebremste Hinterrad hält das Heck in der Spur.

Fingerzeig: **Den Ausfall eines Bremskreises erkennen Sie zum einen daran, daß Sie das Pedal fast bis zum Bodenblech durchtreten können. Zum anderen müssen Sie wesentlich stärker auf das Bremspedal treten. Außerdem wird der Anhalteweg länger.**

Die Bremsflüssigkeit

Die Flüssigkeit in den Bremsleitungen und Bremszylindern ist eine Mischung aus Glykol, Polyglykoläther und ein paar weiteren Bestandteilen. Diese gelbliche Flüssigkeit greift die Metall- und Gummiteile der Bremsanlage nicht an. Sie bleibt selbst bei –40°C noch ausreichend dünnflüssig, und sie hat trotz ihrer Dünnflüssigkeit den extrem hohen Siedepunkt von ca. 260°C.
Aber die Bremsflüssigkeit hat auch unangenehme Eigenschaften: Sie ist gegen Autolack aggressiv und im übrigen auch noch giftig. Besonders gefährlich ist aber die Tatsache, daß sie gern Wasser aufnimmt, sie ist »hygroskopisch«. Wasser – oder besser Luftfeuchtigkeit – kann tatsächlich in die Bremsflüssigkeit gelangen: Über den Ausgleichbehälter sowie durch mikroskopische Undichtigkeiten an den Bremsschläuchen und Gummimanschetten. Solche Wasseraufnahme führt nicht nur zu Korrosion an den Metallteilen der Anlage, sondern bewirkt ein rapides Absinken des Siedepunkts.
Das ist bei starker Beanspruchung der Bremsen (Paßabfahrt, evtl. noch mit Anhänger, häufige Vollbremsungen auf der Autobahn) gefährlich, weil sie sich dann sehr stark aufheizen. In der Nähe der erhitzten Bremsen können sich Dampfblasen in der Hydraulikflüssigkeit bilden. Die lassen sich zusammenpressen – das Bremspedal kann tief durchgetreten werden; manchmal tritt man sogar ins Leere! In diesem Fall kann bisweilen noch schnelles Pumpen mit dem Bremspedal helfen. Besonders gefährlich ist dieser Effekt nach dem Abstellen des Wagens nach starker Bremsbeanspruchung. Mangels Fahrtwind heizt sich die Bremsenumgebung noch stärker auf; die höchste Temperatur herrscht nach etwa 15 Minuten Standzeit. Erst nach etwa einer halben Stunde ist wieder die normale Bremsflüssigkeitstemperatur erreicht.
Vorbeugend schreibt der Wartungsplan daher den Wechsel der Bremsflüssigkeit alle zwei Jahre vor.
Bremsflüssigkeit muß der Spezifikation FMVSS 116 **DOT 4** entsprechen.

Bremsflüssigkeitsstand prüfen

Ständige Kontrolle

Bedingt durch die Scheibenbremsen sinkt der Flüssigkeitsstand auch bei völlig intakter Bremsanlage mit zunehmender Kilometerleistung. Denn die im Durchmesser verhältnismäßig großen Kolben der Scheibenbrems-Radzylinder wandern mit den verschleißenden Belägen weiter heraus, und mehr Flüssigkeit fließt nach. Ein gewisses, langsames Absinken der Bremsflüssigkeit muß also nicht unbedingt alarmierend sein.

- Links hinten im Motorraum, direkt auf dem Hauptbremszylinder, sitzt der Bremsflüssigkeitsbehälter (siehe Bilder unten).
- Im weißlich durchscheinenden Behälter soll die Bremsflüssigkeit zwischen den Markierungen »MIN« und »MAX« stehen.
- Bei einem Fahrzeug mit Antiblockier-System wird dessen Druckspeicher ebenfalls mit Bremsflüssigkeit versorgt. Damit der Speicher wirklich ganz gefüllt ist, wird vor der Kontrolle des Flüssigkeitsstandes folgendermaßen vorgegangen:
- Bei abgeschaltetem Motor Bremspedal rund 20 Mal durchtreten, bis der notwendige Pedaldruck deutlich höher wird – der Speicher ist jetzt leer.
- Zündung einschalten, die ABS-Hydraulikpumpe füllt den Speicher (so lange brennt die ABS-Kontrolleuchte).
- Erst jetzt den Stand der Bremsflüssigkeit prüfen.
- Ist der Flüssigkeitsstand auffallend gesunken, was ggf. auch durch eine Warnleuchte am Armaturenbrett angezeigt wird, muß die Bremsanlage auf undichte Stellen kontrolliert werden.

Bremsen prüfen

Ständige Kontrolle

- Zuerst eine Vollbremsung bei Schrittgeschwindigkeit.
- Am Gummiabrieb auf der Straße sehen Sie bei gleich langen Spuren, daß die Bremsen gleichmäßig ziehen. Bei einem Fahrzeug mit ABS werden Sie nur ganz geringen Gummiabrieb feststellen.
- Gleiche Prüfung mit der Handbremse.
- Für die Bremsenprüfung bei höheren Geschwindigkeiten brauchen Sie eine ebene Strecke.
- Nun aus etwa 50 km/h bei losgelassenem Lenkrad, aber mit griffbereiten Händen zuerst sanft und dann scharf bis zum Stillstand abbremsen.
- Zieht der Wagen etwa nach links, ist eine der rechten Radbremsen nicht in Ordnung. Das Auto zieht in Richtung des stärker gebremsten Rades.
- Lassen Sie den VW ein schwaches Gefälle hinunterrollen, um festzustellen, ob die Räder leichtgängig sind.
- Nach der Probefahrt kontrollieren, ob eine Felge auf der einen Wagenseite wärmer ist als auf der anderen Seite.
- Für alle Bremsenmängel siehe Störungsbeistand ab Seite 149.

Bremsanlage auf Undichtigkeiten und Beschädigungen prüfen

Wartung Nr. 21

Zur Kontrolle muß die Wagenunterseite trocken sein, damit Sie undichte Stellen erkennen können. Bremsflüssigkeit kriecht auch unter Schmutz. Feuchtdunkle Stellen oder schwarzer Schmutz lassen eine Undichtigkeit vermuten.

- Kontrollieren Sie sämtliche Anschluß- und Verbindungsstellen; auch Bremssättel und die Bremsankerplatten, hinter denen die Radbremszylinder sitzen.
- Die Bremsschläuche dürfen weder feucht noch aufgequollen oder angescheuert sein. Sonst auswechseln.
- Die Bremsleitungen sind zum Schutz gegen Rost mit einer Kunststoffschicht überzogen. Wird diese

Der Vorratsbehälter für die Bremsflüssigkeit – links bei ABS, rechts bei herkömmlicher Bremsanlage. Die Zahlen kennzeichnen:
1 – Stecker für ABS-Kontrolle;
2 – Deckel;
3 – Kabelstecker für Warnleuchte für Flüssigkeitsstand;
4 – Markierungen für Mindest- und Höchststand;
5 – Schwimmer zur Kontrolle des Flüssigkeitsstands.

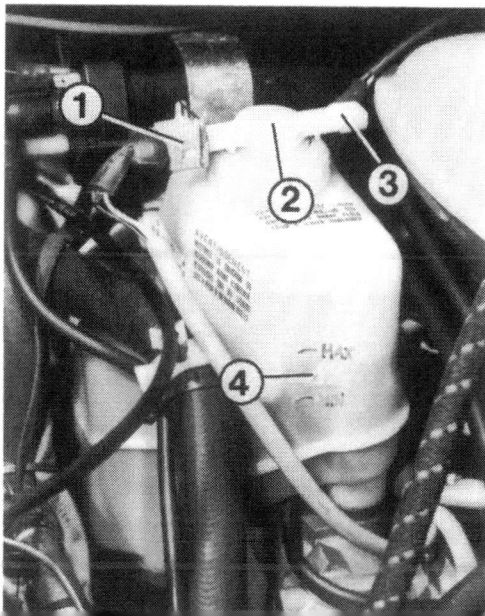
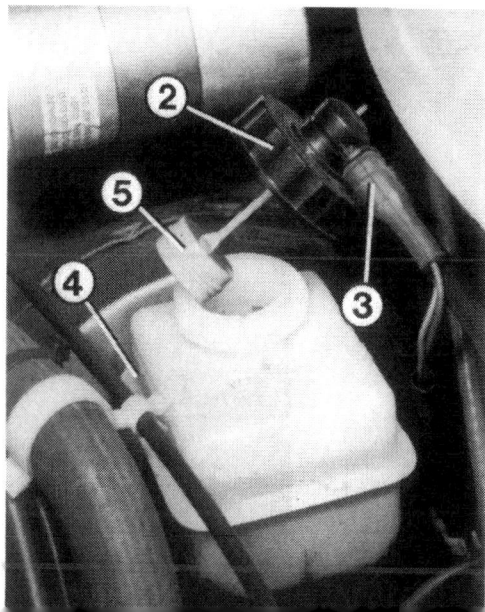

Schutzschicht beschädigt, kann es zu Rostansatz kommen.
- Die Leitungen nie mit Schraubenzieher, Schmirgelleinen oder Drahtbürste säubern, sondern Kaltreiniger nehmen.
- Ist die Schutzschicht beschädigt, soll Rostschutzgrundierung dünn aufgestrichen werden.
- Leitungen mit Rostnarben und solche, die plattgedrückt sind, müssen ersetzt werden.
- Sind Schutzkappen auf allen Entlüftungsventilen? Sie sitzen an den Bremssätteln bzw. innen an den Bremsankerblechen der Trommelbremse.
- Die Bremsdruckprobe können Sie provisorisch selbst machen: Treten Sie mit voller Kraft aufs Bremspedal.
- Es darf auch nach einigen Minuten der vollen Belastung nicht nachgeben, sonst ist eine der Manschetten im Hauptbremszylinder defekt.
- Durch die undichte Manschette sinkt der Flüssigkeitsstand im Behälter nicht, sondern die unter Druck gesetzte Flüssigkeit mogelt sich an einem Kolben des Hauptbremszylinders vorbei auf die drucklose Seite.
- Gewisse undichte Stellen an den Kolbenmanschetten lassen sich allerdings nur bei einer genauen Druckprüfung in der Werkstatt ermitteln.

Die vorderen Scheibenbremsen

Zusammen mit jedem Vorderrad dreht sich eine Stahlscheibe frei im Luftstrom. Sogenannte Bremssättel umfassen sattelförmig die Scheiben. Beim Tritt auf das Bremspedal drücken Kolben die Bremsbeläge gegen die Scheiben – es wird gebremst.

Durch den Fahrtwind werden die Scheibenbremsen ständig gekühlt. Zusätzlich sind die vorderen Bremsscheiben der Modelle mit ABS innenbelüftet: Im Umfang der Bremsscheibe sitzen große Aussparungen, die Luft wegschaufeln und so die Kühlung noch verbessern. Belagabrieb wird gleich weggeblasen, und ohne besondere Mechanik stellen sich die Scheibenbremsen selbst nach.

Alle Modelle besitzen sogenannte Faustsattelbremsen. Der Bremssattel sieht wie eine geballte Faust aus. Der Bremskolben im Zylindergehäuse drückt den inneren Belag gegen die Bremsscheibe, wodurch das Zylindergehäuse in seiner Führung herübergezogen und der Bremsklotz auf der anderen Seite ebenfalls gegen die Scheibe gepreßt wird.

Fingerzeige: Bei Regen wird die offen liegende Bremsscheibe kräftig geduscht, weshalb die Bremswirkung einen Sekundenbruchteil verspätet einsetzt. Die Feuchtigkeit zwischen Bremsscheiben und -klötzen muß erst zum Verdampfen gebracht werden.
In streusalzreichen Wintern tritt diese Erscheinung verstärkt auf, unter ungünstigen Umständen spricht die Bremse überhaupt nicht an. Die auf Bremsbelägen und -scheiben sitzende Salzschicht muß beim Bremsen erst abgeschliffen werden. Bei Fahrten in streusalzhaltigem Tauwasser die Bremsen immer wieder mal ein paar Sekunden lang warmbremsen. Regen- oder tauwassernasse Bremsen sollten Sie vor mehrtägigem Abstellen des Wagens »trockenfahren«. Es genügt, die letzten hundert Meter Wegstrecke mit dauernd leicht getretenem Bremspedal zu fahren.

Stärke der Scheibenbremsbeläge messen

Wartung Nr. 28

Die großzügig bemessenen Bremsbeläge der vorderen Scheibenbremsen halten oft bis zu 50000 km. Trotzdem darf die regelmäßige Prüfung nicht vergessen werden.

Die restliche Scheibenbrems-Belagstärke können Sie nach Abnahme des betreffenden Rades mit einem Meterstab exakt messen.

- Die **Mindestbelagstärke** beträgt **mit Trägerplatte** des Bremsbelags **7 mm**. Die Trägerplatte selbst – also das Metallstück, auf das der Belag geklebt ist – hat eine Stärke von ca. 5 mm.
- Zur flüchtigen Kontrolle mit einer Lampe durch ein Felgenloch leuchten und die Belagstärke abschätzen.
- Genauer ist die Kontrolle bei abgenommenen Rädern.
- Meterstab anlegen und messen, wie im Bild links unten gezeigt. Bremsbelag auf der Innenseite nicht vergessen!

Zustand der Bremsscheiben kontrollieren

Wartung Nr. 29

Wenn die Vorderräder zur Belagkontrolle abgenommen sind, prüft man auch den Zustand der Bremsscheiben.
- Die Scheiben dürfen keine tiefen Rillen (durch Schmutz oder zu stark abgefahrene Beläge) aufweisen. Die Riefen graben sich in neue Bremsbeläge tief ein, was deren Lebensdauer wesentlich verkürzt.
- Riefige Bremsscheiben können nachgeschliffen werden, wenn sie nicht durch lange Laufzeit auf das zulässige Mindestmaß »abgemagert« sind.
- Zu dünne Scheiben müssen paarweise ausgetauscht werden.
- Eine bläuliche Verfärbung der Bremsscheibe ist ohne Bedeutung.

Bremsscheiben	vorn unbelüftet	vorn innenbelüftet	hinten
Stärke neu	12 mm	20 mm	10 mm
Stärke mindestens	10 mm	18 mm	8 mm

Vordere Scheibenbremsbeläge erneuern

Grundsätzlich müssen rechts und links beide Beläge ausgetauscht werden. Nur Beläge mit »Allgemeiner Betriebserlaubnis« (ABE) verwenden. Die Belaghaltefedern sollen bei dieser Arbeit ebenfalls ersetzt werden. Weil die Kolben in den Bremssätteln mit zunehmendem Verschleiß der Beläge weiter herauswandern, müssen sie vor dem Einsetzen neuer, dicker Beläge zurückgedrückt werden. Hierbei wird die Bremsflüssigkeit durch die Leitungen in den Vorratsbehälter gepreßt. Haben Sie in der Zwischenzeit unnötigerweise Bremsflüssigkeit nachgefüllt, muß das Zuviel jetzt mit einer sauberen Pipette oder Spritze abgesaugt werden. Andernfalls greift die am Vorratsbehälter austretende Bremsflüssigkeit umliegende lackierte Teile im Motorraum an.

- Wagen vorn aufbocken und sichern.
- Rad abnehmen.
- Lenkung einschlagen, damit die Beläge gut zugänglich sind.
- Schrauben an der Innenseite (Bild unten) mit Innensechskantschlüssel SW 6 herausdrehen.
- Schrauben herausziehen, Bremssattelgehäuse nach oben herausschwenken.
- Haltefedern oben und unten aushängen.
- Damit das Bremssattelgehäuse nicht an seinem Bremsschlauch zerrt, wird es mit Draht am Federbein aufgehängt.
- Beläge rechts und links aus den Führungsschienen nehmen.
- Kolben im Bremssattel mit einer Schraubzwinge zurückdrücken.
- Damit der Kolben nicht verkantet oder beschädigt wird, auf den Anlagering ein kleines Brettchen legen.

Zum Belagausbau muß mit dem Innensechskant-Steckschlüssel der untere (2) und der obere Führungsbolzen (3) losgeschraubt werden. Die hier gezeigte Draht-Haltefeder (1) kam bei unseren Modellen nur zu Serienbeginn kurz zum Einsatz.

● **Einbau:** Neuen Belag innen (mit kleinerer Belagfläche) einsetzen.
● Belaghaltefedern ansetzen, dann den größeren äußeren Belag einsetzen.
● Bremssattelgehäuse nur so weit herandrücken, daß sich die Halteschrauben ansetzen lassen. Wird der Bremssattel über diese Stellung hinausgedrückt, können sich die Haltefedern verbiegen und beim Bremsen Geräusche verursachen.

● Lange Schraube oben, die kürzere unten einsetzen und jeweils mit 25 Nm anziehen.
● Nach dem Zusammenbau das **Bremspedal mehrmals treten**, bis die Beläge an den Bremsscheiben anliegen. Sonst ist keine Bremswirkung vorhanden!

<u>Fingerzeig:</u> Mit neuen Bremsbelägen sollten Sie auf den ersten 500 km nur behutsam bremsen, wenn möglich. Gewaltbremsungen gleich zu Anfang führen zu Brandstellen im Belag. Er erreicht nicht die günstigste Bremsverzögerung und verhärtet – »verglast«, wie der Fachmann sagt.
Bei pfeifenden Faustsattelbremsen können Sie auf die Belagrückenplatten geräuschdämpfende Aufkleber anbringen (Teile-Nr. 171 698 993). Das geht allerdings nur bei gebrauchten (dünneren) Belägen. Keinesfalls spezielle Schmiermittel verwenden.

Bremssattel und -kolben gängig machen

Durch Korrosion an den Gleitflächen des Bremssattels kann dieser schwergängig werden. Eine defekte Kolbenmanschette bewirkt, daß der Kolben im Bremssattel durch Schmutz und Korrosion festgeht. Beides ergibt ungleichmäßige Bremswirkung.
● Bremsbeläge ausbauen.
● Kontrollieren Sie, ob sich die Beläge in ihren Führungen leicht bewegen lassen.
● Andernfalls Führungen blank schleifen. Dabei Kolbenmanschette nicht beschädigen.
● Zur Kontrolle, ob der Kolben leichtgängig ist, eine Schraubzwinge mit zwischengelegtem Holzstück als Anschlag für den Kolben ansetzen (siehe »Scheibenbremsbeläge erneuern«), damit der Kolben nicht zu weit herausgleiten kann.
● Bremspedal von Helfer vorsichtig treten lassen. Bewegt sich der Kolben?

● Kommt der Kolben nicht heraus, so lange mit dem Bremspedal pumpen, bis sich der Kolben bewegt.
● Kolben zurückdrücken, wie unter »Scheibenbremsbeläge erneuern« beschrieben.
● Dieses Spiel so lange wiederholen, bis sich der Kolben leichtgängig bewegt.
● Seitenflächen des Kolbens mit ATE-Bremspaste bestreichen.

Bremssattel vorn ausbauen

● Rad abschrauben.
● Evtl. Bremsbeläge ausbauen.
● Halteschrauben des Bremssattels losdrehen.
● Bremssattel mit angeschraubtem Bremsschlauch so aufhängen, daß der Schlauch nicht unter Spannung steht.
● Oder Bremsschlauch abschrauben und hochbinden, damit nicht der gesamte Bremskreis ausläuft.
● Beim Einbau die Schrauben mit 25 Nm anziehen.

● Bremsanlage entlüften, falls der Bremsschlauch abgeschraubt war.
● Bei nicht abgenommenem Bremsschlauch das Pedal mehrmals treten, damit sich die Beläge an die Bremsscheibe anlegen.

Links: Hier haben wir den Bremsbelag (1) zur Seite herausgezogen und die obere Haltefeder (2) ausgehängt.
Rechts: Die Belagführung (3) muß für gute Bremsfunktion sauber und rostfrei sein. Bei eingelaufenen Bremsscheiben die Innenkante des neuen Belages (4) mit einer Feile leicht angeschrägt werden, damit der Belag sofort voll an der Scheibe anliegt.

Bremskolbenmanschette wechseln

Wurde die Bremskolbenmanschette im Bremssattel beschädigt, müssen Sie baldigst für Ersatz sorgen, sonst klemmt bald der Bremskolben aufgrund von Schmutz und Korrosion. Die Manschette gibt's nur zusammen mit dem Bremskolben-Dichtring zu kaufen. Zum Einbau beider Teile muß der Kolben im Bremssattelgehäuse herausgedrückt werden. Aus Sicherheitsgründen sollten Sie diese Arbeit in der Werkstatt durchführen lassen. Eventuell Bremssattel selbst ausbauen und zur Reparatur bringen.

Bremsscheibe vorn ersetzen

Bremsscheiben müssen grundsätzlich beidseitig erneuert werden. Einseitiger Wechsel kann ungleiche Bremswirkung zur Folge haben.

- Bremssattel abschrauben und mit Draht an der Karosserie befestigen; die Hydraulikleitung bleibt angeschlossen.
- Eine Kreuzschlitzschraube (neben Radschraubenbohrung) herausdrehen – am besten unter Verwendung von Rostlöserspray.
- Bremsscheibe von der Radnabe ziehen.
- Ist sie festgerostet, mit kräftigen Hammerschlägen nachhelfen – aber nur, wenn die Scheibe ohnehin gewechselt wird.
- Vor dem Ansetzen der neuen Bremsscheibe die Anlagefläche an der Radnabe säubern.

Die hinteren Trommelbremsen

An den hinteren Rädern besitzen die meisten Modelle sogenannte Trommelbremsen. Je zwei halbkreisförmige Beläge werden von einem oben sitzenden Radbremszylinder gegen die zylindrischen Bremstrommeln gedrückt. Diese Bauart mit einem Radzylinder für zwei Beläge nennt sich Simplexbremse.
Die Trommelbremse wirkt selbstverstärkend. Und zwar zieht sich eine Bremsbacke durch die Drehung des Rades in gewissem Maß selbsttätig an die Bremstrommel. Dadurch sind geringere Fußkräfte am Pedal notwendig. Bei Vorwärtsfahrt wirkt die vordere Bremsbacke selbstverstärkend. Sie heißt Auflauf- oder Primärbremsbacke im Gegensatz zur hinteren Ablauf- bzw. Sekundärbremsbacke.

Belagstärke der Trommelbremsen kontrollieren

Wartung Nr. 30

Da die Auflaufbacke schneller verschleißt als die hintere Ablaufbacke, wird nur vorn die Stärke gemessen.
- Wagen hinten aufbocken.
- An der Innenseite des jeweiligen Hinterrades vorn am Bremsträgerblech den Plastikstopfen abziehen.
- Mit Taschenlampe ins Schauloch leuchten, Belagstärke feststellen.
- Die Beläge sind neu 7,5 mm stark und dürfen bis auf **5 mm Reststärke** abgefahren werden – jeweils mit Belagträger gemessen.

Bremspedalweg prüfen

Wartung Nr. 3

- Drücken Sie das Bremspedal von Hand nieder.
- Der **Leerweg** soll **höchstens ⅓ des gesamten Pedalwegs** betragen.
- Bei längerem Pedalweg sind die Trommelbremsbeläge auf das Mindestmaß abgefahren und müssen erneuert werden.
- Zu langer Pedalweg kann auch durch verklemmte Bremsbeläge oder einen festgerosteten Bremssattel verursacht werden.

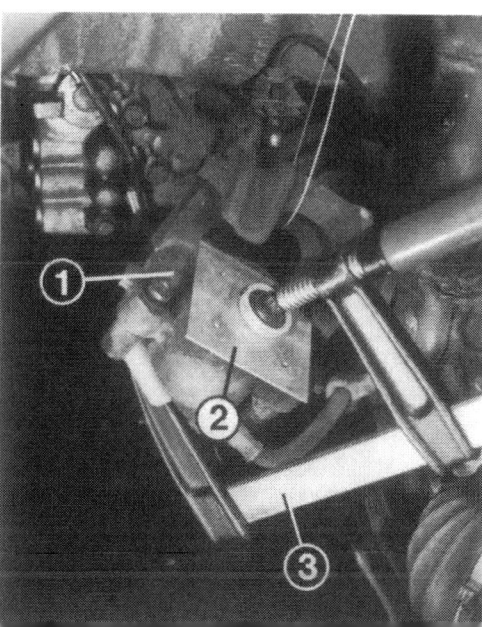

Links: Zum Zurückdrücken des Bremskolbens in das Bremssattelgehäuse (1) ist eine Schraubzwinge (3) das beste Werkzeug. Zum Schutz des Kolbens dient ein zwischengelegtes Holzbrettchen oder hier eine kleine Metallplatte (2).
Rechts: Behelfsmäßig läßt sich der Bremskolben (4) auch mit einem Schraubenzieher zurückdrücken. Das Werkzeug kann man durch eine Aussparung im Bremszylindergehäuse durchschieben.

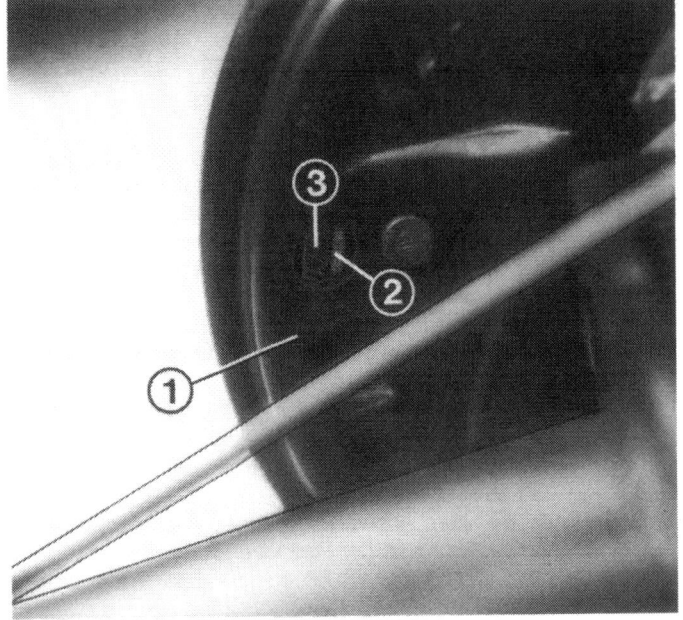

Das Schauloch zur Kontrolle der Belagstärke an den hinteren Trommelbremsen sitzt in Fahrtrichtung vorn im Bremsträgerblech (1). Bei abgezogenem Abdeckstopfen sehen Sie die Bremsbacke (2) und den darauf genieteten Belag (3).

Automatische Bremsennachstellung

Die Trommelbremsen brauchen nicht mehr nachgestellt zu werden. Allerdings bewirkt dies – anders als bei den Scheibenbremsen – eine Mechanik. Die Druckstange zwischen den Bremsbacken muß mit zunehmendem Belagverschleiß verlängert werden, damit die Beläge wieder zum Anliegen an die Trommel kommen. Das geschieht durch einen unter Federzug stehenden Keil, der mit den allmählich verschleißenden Belägen in der Druckstange nachrückt.

Bremstrommel abnehmen

- Die Bremstrommel kann auch mit angeschraubtem Rad abgenommen werden.
- In diesem Fall eine Radschraube herausdrehen.
- Wagen hinten aufbocken.
- Äußeres Radlager ausbauen (Seite 133).
- Felge oder Bremstrommel so drehen, daß ein Radschraubenloch in Fahrtrichtung vorn oben steht.
- Durch das Schraubenloch mit einem Schraubenzieher den Nachstellkeil hochdrücken – damit werden die Bremsbacken zurückgezogen.
- Bremstrommel abziehen.
- Beim Zusammenbau Radlagerspiel einstellen.
- Beläge durch einmaliges kräftiges Treten des Bremspedals zum Anliegen an der Trommel bringen. Dazu müssen die Bremstrommeln rechts und links montiert sein.

Fingerzeig: Bei einem älteren Wagen läßt sich der Nachstellkeil nicht einfach nach oben drücken. Lassen Sie von einem Helfer das Bremspedal treten (die Bremstrommel auf der anderen Seite darf nicht abgenommen sein), und schieben Sie den Keil nach oben. Bremspedal loslassen und erst jetzt den Schraubenzieher aus der Bremstrommel ziehen, sonst rutscht der Keil wieder nach unten.

Zustand der Bremstrommeln kontrollieren

- Die Schleiffläche in der Bremstrommel muß möglichst glatt sein.
- Zeigen sich tiefe Rillen oder Riefen (durch bis auf die Nieten abgefahrene Bremsbeläge), kann die Trommel ausgedreht werden.
- Neue Trommeln haben 180 mm ⌀ innen.

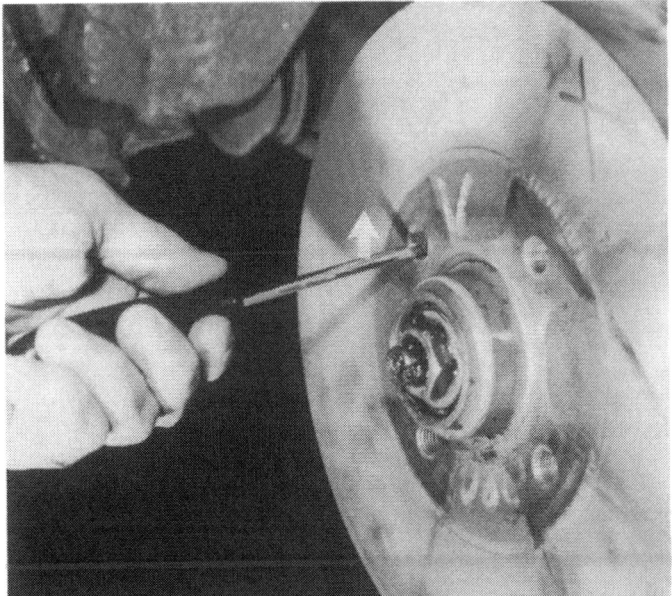

Wenn sich die hintere Bremstrommel nach Abnahme des Radlagers nicht von den Bremsbacken abziehen läßt, muß der Nachstellkeil hochgedrückt werden. Im Bild ist die Stellung des Radschraubenloches gezeigt, durch das der Schraubenzieher gesteckt wird (in Fahrtrichtung vorn!).

Die hintere Trommelbremse geöffnet:
1 – Radbremszylinder;
2 – Bremsbelag;
3 – Zugfeder mit Nachstellkeil;
4 – Rückzugfeder unten;
5 – Handbremshebel;
6 – Niederhaltefeder;
7 – Bremsbacke;
8 – Rückzugfeder oben.

● Nach dem Ausdrehen darf der Durchmesser nur 1 mm größer sein.

● Federteller der Druckfedern an den Bremsbacken mit einer Kombizange oder besser mit einem Steckschlüssel SW 10 zurückdrücken, Haltestift hinten an der Bremsankerplatte um 90° drehen und herausziehen, Federn abnehmen.
● Rückzugfeder des Nachstellkeils aushängen.
● Bremsbacken aus der unteren Abstützung und den Kolben im Radbremszylinder herausheben.
● Handbremsseil an den abgezogenen Bremsbacken aushängen.
● Rückzugfedern oben und unten abnehmen.
● Nachstellkeil aus der Druckstange ziehen.
● Anlagefeder oben aus der Druckstange aushängen. Ist das nicht ohne weiteres möglich, sollten Sie die Druckstange in einen Schraubstock spannen.
● Beim **Zusammenbau** Druckstange in Schraubstock spannen.
● Anlagefeder an der Druckstange und Bremsbacke einhängen.

● Zu weit eingelaufene Bremstrommeln sind zu ersetzen, und zwar immer beide.

● Wie die Feder richtig montiert wird, zeigt das Bild unten rechts.
● Bremsbacke auf der Druckstange einsetzen, Nachstellkeil von oben einstecken. Die »Warze« oben zeigt zur Bremsankerplatte hin.
● Bremshebel der Sekundär-Bremsbacke in die Aussparung der Druckstange einsetzen, obere Rückzugfeder einhängen.
● Zum Einhängen des Handbremsseils bei noch nicht montierten Bremsbacken Feder und Federteller auf dem Seil zurückdrücken, in dieser Stellung mit einer Zange festhalten, so daß das Handbremsseil ein Stück freiliegt.
● Bremshebel einhängen.

Bremsbacken ausbauen

Fingerzeige: Grundsätzlich müssen beide Beläge auf jeder Seite ausgewechselt werden. Für einwandfreie Bremswirkung nur Beläge mit ABE verwenden (die Original-V.A.G.-Beläge sind asbestfrei).

Links: Die Teile der Trommelbremse:
1 – Bremsträger;
2 – Handbremsseil;
3 – Anlagefeder;
4 – Druckstange;
5 – Bremsbacke;
6 – Druckfeder;
7 – untere Rückzugfeder;
8 – Haltestift;
9 – obere Rückzugfeder;
10 – Nachstellkeil;
11 – Zugfeder.
Rechts: Das umgebogene Ende (Pfeil) der Anlagefeder (3) muß nach innen zeigen, wenn sie richtig in die Druckstange (4) eingesetzt ist.

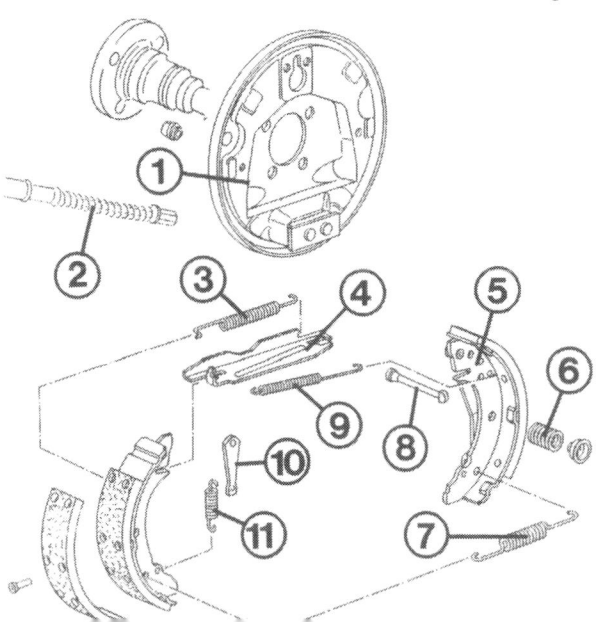

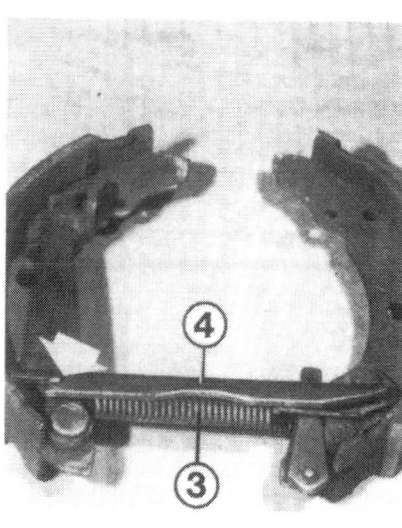

Die hinteren Bremsbeläge gibt es fertig aufgeklebt im Austausch vom V.A.G.-Teilelager.

Die hinteren Scheibenbremsen

Die GT-Modelle und bis 7/89 gebaute Fahrzeuge mit ABS besitzen auch an der Hinterachse Scheibenbremsen. Es handelt sich wie bei den Vorderrädern um Faustsättel.
Zusätzlich zur hydraulischen Betätigung durch die Fußbremse kann die hintere Scheibenbremse auch über die Seilzüge der Handbremse bedient werden. Der Bremskolben wird über einen Hebel, in den der Bremszug eingehängt ist, und eine Druckstange gegen den Belag gepreßt.

Automatische Nachstellung

Der hydraulische Teil der Scheibenbremse ist selbstnachstellend. Bei der mechanischen Betätigung durch die Handbremse ist dagegen eine spezielle Nachstellvorrichtung notwendig, welche die Druckstange nach Bedarf gewissermaßen verlängert. Die Stange würde sonst den weiter nach außen gerückten Kolben ab einem bestimmten Belagverschleiß nicht mehr erreichen.
Kernstück der Nachstellung ist ein Gewinde, auf dem sich die Druckstange mit zunehmendem Belagverschleiß immer weiter herausschraubt – die Druckvorrichtung wird also länger. Der Bremskolben darf deshalb beim Belagwechsel nicht einfach zurückgedrückt werden, sondern er wird auf dem Nachstellgewinde zurückgeschraubt. Dazu benötigt man bei den seit 8/87 eingebauten Scheibenbremsen leider das V.A.G.-Sonderwerkzeug 3131.

Beläge und Bremsscheiben kontrollieren

Wartung Nr. 28 und 29

Die Kontrolle des Belagverschleißes an den hinteren Scheibenbremsen geschieht auf gleiche Weise wie an den Vorderrädern. Bitte lesen Sie auf Seite 136 nach.
Gleichzeitig soll auch der Zustand der hinteren Bremsscheiben kontrolliert werden.

Hintere Scheibenbremsbeläge erneuern allgemein

Außer vier Scheibenbremsbelägen brauchen Sie neue selbstsichernde Schrauben, die dem V.A.G.-Reparatursatz beigelegt sind. Die alten Schrauben dürfen Sie allenfalls mit Schraubensicherungsmittel versehen nochmals verwenden.
- Betreffendes Hinterrad abschrauben.
- Halteklammer des Handbremsseilzugs abdrücken.
- Das kugelförmige Seilzugende am Hebel der Handbremsbetätigung aushängen.
- Beim Lösen der Halteschraube(n) des Bremssattelgehäuses den Führungsbolzen gegenhalten, siehe Bild unten.
- Beläge von den Führungsschienen abnehmen. Wenn sie wieder verwendet werden sollen, müssen Sie die Beläge kennzeichnen, daß sie wieder an derselben Stelle eingebaut werden. Andernfalls könnte die Bremswirkung ungleichmäßig sein.
- Führungsschienen ggf. von Korrosionsansatz säubern, neue Beläge einsetzen.
- Beim Zurückdrehen des Bremskolbens nicht mit Gewalt drücken oder die Fußbremse treten, sonst wird die Handbremsnachstellung zerstört!
- Beim Anziehen der Halteschraube(n) mit 35 Nm den Führungsbolzen gegenhalten. Keinen zu breiten Gabelschlüssel verwenden, der sonst eingeklemmt wird und das Anzugsdrehmoment verfälscht.

Zum Lösen des hinteren Bremssattels wird hier der obere Haltebolzen (1) losgeschraubt. Dazu muß der Sechskant (2) am Führungsbolzen gegengehalten werden. Position »3« bezeichnet den Handbremszug.

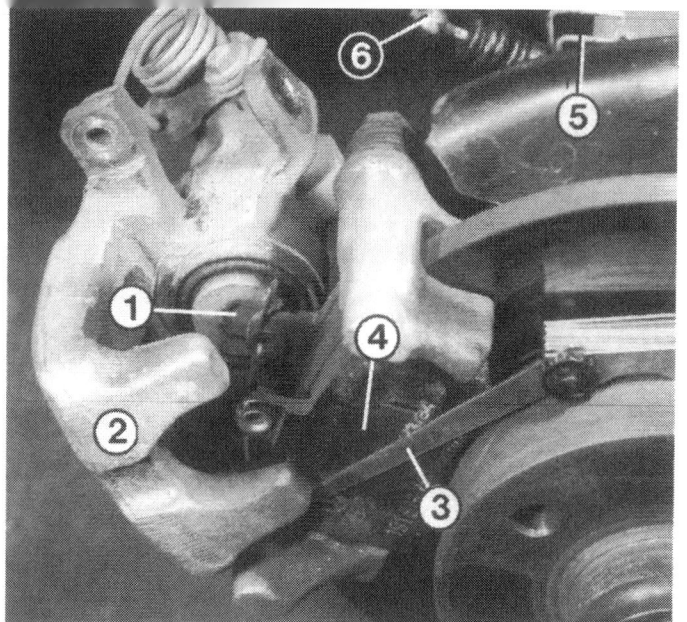

Die hintere Scheibenbremse bis 7/87:
Bei richtiger Einstellung ist der Abstand zwischen Bremssattelgehäuse (2) und Rückenplatte (4) des äußeren Belages genau 1 mm. Wir haben hier das entsprechende Fühlerblatt (3) angesetzt. Zum Korrigieren des Spieles wird der Bremskolben (1) hineingedreht. Oben im Bild sehen Sie den Handbremszug (6) und seine Halteklammer (5).

- Obere Halteschraube des Sattelgehäuses losdrehen.
- Schraube herausziehen, Bremssattelgehäuse nach hinten schwenken.
- Werden **neue Beläge** eingebaut, muß der **Bremskolben** jetzt mit einem Innensechskantschlüssel SW 12 **zurückgedreht** werden.
- **Grundeinstellung:** Kolben im Bremssattelgehäuse so weit hineindrehen, daß bei nach vorn geschwenktem Faustsattel zwischen der Rückenplatte des äußeren Bremsbelags und dem Bremssattelgehäuse ein geringer Spalt verbleibt.

- Beide Halteschrauben des Bremssattelgehäuses losdrehen.
- Schrauben herausziehen, Bremssattelgehäuse abnehmen und so an der Karosserie aufhängen, daß der Bremsschlauch nicht unter Spannung steht.
- Werden **neue Beläge** eingebaut, muß der **Bremskolben** jetzt mit dem V.A.G.-Werkzeug 3131 unter kräftigem Druck im Uhrzeigersinn **zurückgedreht** werden. Dieses Werkzeug besitzt vier Nasen,

- Bremssattelgehäuse oben und unten abschrauben, ggf. Bremsschlauch losschrauben.

- Mit einer 1-mm-Fühlerblattlehre den Spalt zwischen Belagrücken und Bremssattel messen, siehe Bild oben.
- Ggf. den Kolben noch etwas hineindrehen, daß der Abstand zwischen beiden Bauteilen genau 1 mm beträgt.
- Noch bei aufgebocktem Wagen das Bremspedal 40 Mal nicht zu kräftig durchtreten, dabei soll der Motor nicht laufen.
- Handbremsseil am Bremssattel rechts und links einhängen.
- Handbremse einstellen.

die in die entsprechenden Aussparungen im Bremssattelkolben eingreifen müssen.
- Handbremsseil befestigen.
- Nach dem Belagwechsel auf beiden Seiten **treten Sie mehrmals kräftig auf das Bremspedal**, damit die Beläge richtig an der Bremsscheibe anliegen.
- Handbremse einstellen.

- Bremsbeläge abnehmen.
- Bremsträger vom Achsträger abschrauben.

Bremssattel bis 7/87

Bremssattel ab 8/87

Bremssattel ausbauen

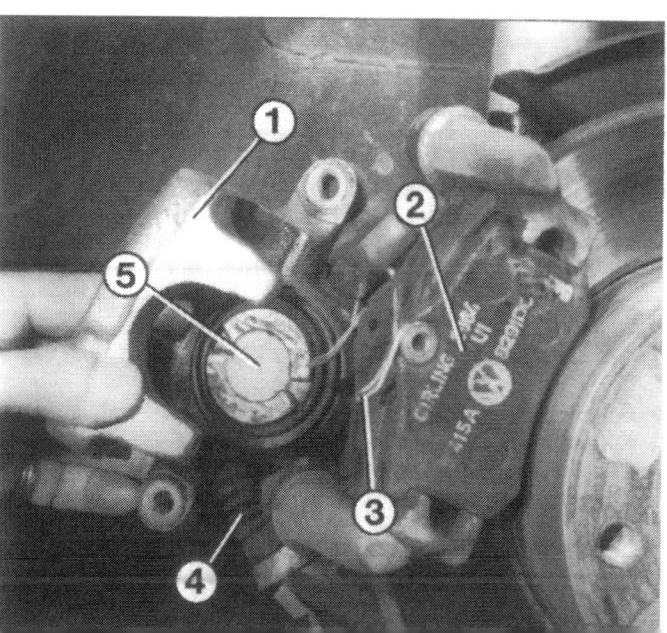

Die Scheibenbremse hinten seit 8/87:
Bei abgenommenem Bremssattelgehäuse (1) sehen Sie deutlich die Aussparungen im Bremskolben (5), in die das V.A.G.-Werkzeug 3131 zum Zurückdrehen eingesetzt werden muß. An den Bremsbelägen (2) sind die Haltefedern (3) angenietet. Position »4« bezeichnet das Handbremsseil.

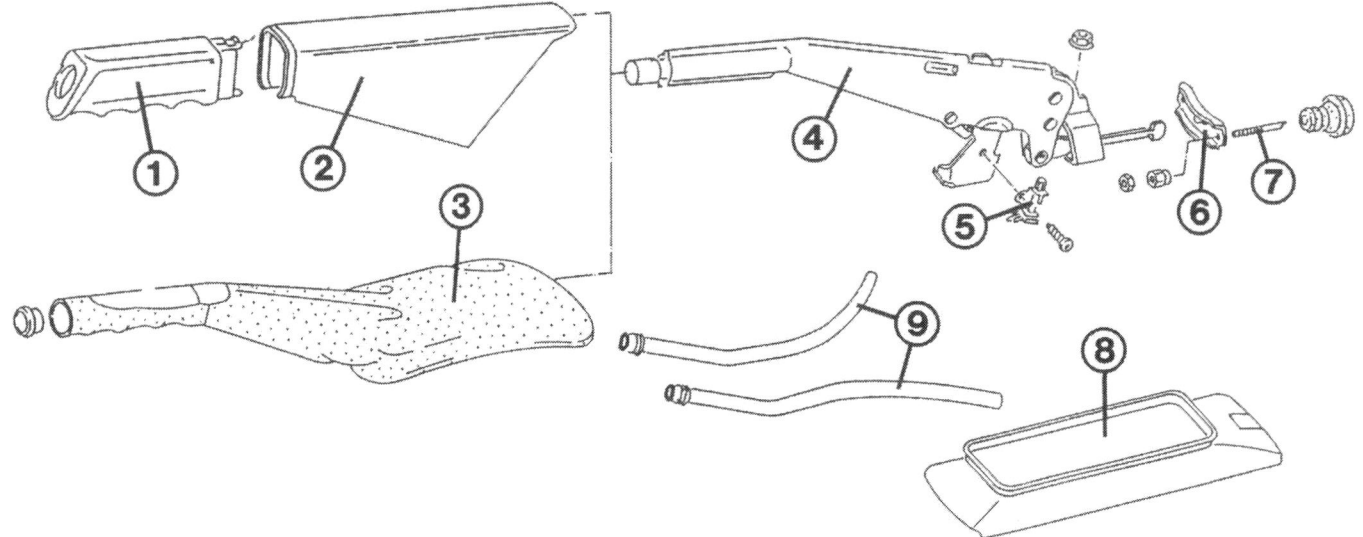

Zum Handbremshebel (4) gehören folgende Teile: 1 – Kunststoffgriff; 2 – Kunststoffabdeckung; 3 – Lederabdeckung; 5 – Kontaktschalter für Handbrems-Kontrolle; 6 – Wippe für Handbremsseile (7); 8 – Halterahmen für Lederabdeckung; 9 – Führungen für Handbremsseile.

● Beim Einbau die Schrauben des Bremsträgers mit 65 Nm festziehen.
● Beläge einbauen, Bremsanlage ggf. entlüften.

● Grundeinstellung der Hinterradbremsen durchführen (Bremse bis 7/87) und zuletzt Handbremse einstellen.

Bremskolbenmanschette auswechseln

Für das Auswechseln defekter Bremskolbenmanschetten an den hinteren Bremssätteln gilt dasselbe wie für die vorderen Sättel: Da der Bremskolben ausgebaut werden muß, sollten Sie diese Arbeit aus Sicherheitsgründen in der Werkstatt durchführen lassen.

Bremsscheibe ausbauen

● Bremssattel, Beläge und Bremsträger ausbauen, wie beschrieben.
● Äußeres Radlager ausbauen.
● Bremsscheibe abziehen.
● Beim Zusammenbau Radlagerspiel einstellen, siehe Seite 133.

● Nach dem Einbau Grundeinstellung der hinteren Scheibenbremsen durchführen (bis 7/87), zum Schluß Handbremse einstellen.

Die Handbremse

Die Übertragung der Bremskraft erfolgt hier auf mechanische Weise. Wenn Sie am Handbremshebel ziehen, werden die beiden am Ausgleichbügel (eine Art Wippe) eingehängten Bremsseile zu den Hinterrädern gespannt. Durch die Ausgleichwippe wird die Kraft beim Anziehen so gleichmäßig wie möglich an die hinteren Bremsen verteilt. Leichte Schwankungen im Reibwert der beiden Bremsseile gleicht die Wippe dabei aus.
○ Bei den Modellen mit **Trommelbremsen hinten** zieht jedes Seilzugende den Bremshebel an der hinteren Sekundärbremsbacke an. Durch diese Bewegung wird die Bremsbacke gegen die Trommel gedrückt. Gleichzeitig stützt sich der Bremshebel über die Druckstange an der vorderen Bremsbacke ab, die ebenfalls nach außen gedrückt wird – die Hinterräder werden gebremst.
○ Beim GT und bei allen Modellen mit ABS wirken die Handbremsseile auf die **Scheibenbremsen hinten** über den Betätigungshebel, die Druckstange und den Nachstellmechanismus. Mehr darüber steht auf Seite 142.

Leerweg des Handbremshebels prüfen

Wartung Nr. 4

● Die Wirkung der Handbremse soll mit folgender Hebelraste beginnen: **Bis 12/87: 3. Raste; ab 1/88: 5. Raste.**
● Bei eingerastetem nächsten Zahn sollten die Hinterräder blockiert sein.
● Ist der Hebelweg länger, weist das auf abgenutzte hintere Trommelbremsbeläge oder gedehnte Handbremsseile, weil die Handbremse bei jedem Parken kräftig angezogen wurde.
● Eine Einstellung der Handbremse ist bei der Trommelbremse nur nach Auswechseln eines Handbremsseils erforderlich.

Handbremszug wechseln

● Wagen hinten aufbocken, Handbremse lösen.
● Kunststoffabdeckung am Handbremshebel zur Seite ziehen, so daß die Haltenoppen aus der Hebelachse ausrasten können.

● Konter- und Einstellmuttern an den Bremsseilen losdrehen.
● **Trommelbremse:** Trommel abbauen, Bremsbacken abnehmen, Handbremsseil aushängen.

Die Handbremse ab 8/87. Links: Nach dem Einsetzen der neuen Scheibenbremsbeläge muß die Handbremse eingestellt werden. Die Einstellmutter im Innenraum am jeweiligen Handbremszug wird so lange verdreht, bis sich der hier gezeigte Hebel (3) gerade von seinem Anschlag (2) abhebt. Position »1« bezeichnet den Handbremszug.
Rechts: Der höchstzulässige Abstand (Pfeil) beträgt 1,5 mm (mit Fühlerblattlehre messen).

- **Scheibenbremse:** Halteklammer des Handbremsseils abdrücken.
- Bremshebel nach vorn drücken und das Seil aushängen.
- **Alle Modelle:** Halteschelle des Bremsseils lösen, Seilzug aus dem Führungsrohr an der Karosserie, dem Drahthalter an der Hinterachse und (bei Trommelbremse) aus der Bremsankerplatte herausziehen.
- Nachdem der neue Handbremszug am Handbremshebel befestigt wurde, die Eintrittstelle des Zuges ins Führungsrohr an der Karosserie mit (wasserbeständigem) Mehrzweckfett einstreichen.
- Nach dem Zusammenbau Handbremse einstellen.

Handbremse einstellen

Diese Arbeit wird bei der Trommelbremse nur nach Auswechseln des Handbremsseils ausgeführt; bei hinterer Scheibenbremse außerdem nach Austausch der Bremsbeläge, der Bremssättel oder der Bremsscheiben.

- Wagen hinten aufbocken.
- Bremspedal einmal kräftig treten.
- Abdeckung des Handbremshebels hinten rechts und links zur Seite ziehen, so daß die Haltenoppen aus der Hebelachse ausrasten können.
- Kontermuttern an den Einstellmuttern lösen.
- **Trommelbremse:** Handbremshebel bei Fahrzeugen **bis 12/87 in die 3. Raste, ab 1/88 in die 5. Raste** ziehen.
- Einstellmutter auf jeder Seite so weit hineindrehen, bis sich das entsprechende Hinterrad nur noch schwer von Hand durchdrehen läßt.
- Beim Drehen der Mutter das Gewindeteil des Handbremsseils mit einem Schraubenzieher gegenhalten, siehe Bild unten.
- **Scheibenbremse:** Handbremshebel nicht anziehen, Wagen mit eingelegtem Gang feststellen.
- Von einem Helfer am Handbremshebel die Einstellmuttern so weit anziehen lassen, bis sich an beiden Bremssätteln die im Bild oben gezeigten Hebel gerade vom Anschlag abheben.
- Abstand zwischen Hebel und Anschlag mit einer Fühlerblattlehre messen. Abstand **bis 12/87 max. 1 mm, ab 1/88 höchstens 1,5 mm**.
- **Alle:** Handbremshebel mehrmals anziehen und wieder lösen.
- Jetzt bei hinten noch aufgebocktem VW kontrollieren, ob sich beide Hinterräder weiterhin gut durchdrehen lassen.
- Einstellmuttern mit der Kontermutter sichern.

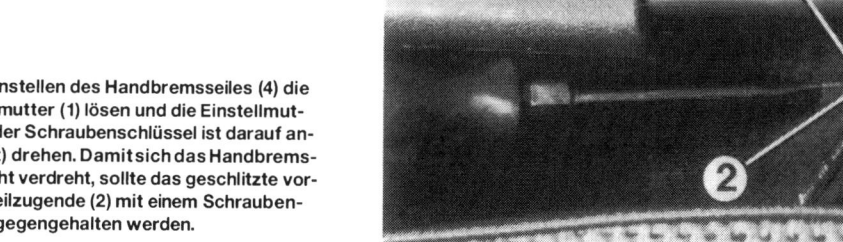

Zum Einstellen des Handbremsseiles (4) die Kontermutter (1) lösen und die Einstellmutter (3; der Schraubenschlüssel ist darauf angesetzt) drehen. Damit sich das Handbremsseil nicht verdreht, sollte das geschlitzte vordere Seilzugende (2) mit einem Schraubenzieher gegengehalten werden.

Der Bremskraftverstärker

Scheibenbremsen wirken im Gegensatz zu Trommelbremsen nicht selbstverstärkend. Es ist eine wesentlich höhere Pedalkraft vonnöten. Deshalb haben unsere Modelle einen Bremskraftverstärker, der rund 60% der Bremskraft aufbringt. Diese Hilfseinrichtung sitzt links im Motorraum hinter dem Hauptbremszylinder. Das Bremspedal ist jedoch weiterhin direkt mit den Bremskolben im Hauptbremszylinder verbunden, so daß man auch noch bei ausgefallenem Hilfsgerät bremsen kann. Der notwendige Pedaldruck muß dann allerdings mehr als verdoppelt werden!

Die Hilfskraft liefert bei der Bremsanlage ohne ABS der Unterdruck aus dem Ansaugrohr. Der Bremskraftverstärker ist über einen Schlauch mit dem Saugrohr verbunden. Beim Bremsen verschiebt der Druckunterschied zwischen dem äußeren Luftdruck und dem Unterdruck im Ansaugrohr eine große, elastische Membrane und drückt zusätzlich auf die Kolben im Hauptbremszylinder.

Wenn der Motor nicht läuft, kann der Servo auch keine (zusätzliche) Bremskraft liefern. Deswegen müssen Sie stärker aufs Pedal treten, wenn Ihr Wagen z.B. abgeschleppt wird.

Bremskraftverstärker prüfen

Wartung Nr. 6

- Bei abgestelltem Motor das Bremspedal zehnmal durchtreten und in seiner tiefsten Stellung halten.
- Motor starten. Bei einwandfrei funktionierendem Verstärker muß das Pedal noch ein Stück nachgeben (Verstärkung wird wirksam).
- Senkt sich das Pedal nicht, kommen in Betracht: Unterdruckschlauch vom Ansaugkrümmer zum Bremskraftverstärker undicht, Rückschlagventil im Unterdruckschlauch, Gummiring zwischen Hauptbremszylinder und Servogerät oder Membrane des Bremskraftverstärkers defekt.
- Zur Kontrolle des Rückschlagventils den Unterdruckschlauch am Bremsservo abnehmen.
- Durchblasen muß, Ansaugen darf nicht möglich sein.
- Das Rückschlagventil gibt es nur mit dem zugehörigen Unterdruckschlauch.
- Der Pfeil am Ventil muß in Richtung Ansaugkrümmer zeigen.
- Zum Austausch eines schadhaften Gummirings zwischen Hauptbremszylinder und Verstärker muß der Zylinder demontiert werden.
- Ein defekter Bremskraftverstärker wird komplett ersetzt. Reparieren ist nicht möglich.

Der Bremskraftregler

In Fahrtrichtung links vor der Hinterachse sitzt ein Bremskraftregler (ausgenommen die 1,6-Liter-Golf mit Schaltgetriebe). Der Regler kann den Flüssigkeitsdruck zu den hinteren Radbremszylindern reduzieren. Das geschieht je nach Beladung: Viel Druck bei vollgeladenem Wagen, wobei die Hinterachse auch beim Bremsen nur wenig entlastet wird; wenig Druck bei Ein- oder Zweimannbesatzung – hierbei hebt sich der Wagen stärker aus den Hinterfedern.

Bremskraftregler prüfen

Für eine schnelle Funktionsprüfung brauchen Sie einen Helfer. Der Wagen darf nicht aufgebockt sein.
- Treten Sie das Bremspedal kräftig durch und lassen Sie es schnell los.
- Der Hebel am Regler muß sich bewegen.
- Für eine genaue Prüfung werden Federspanner und ein Druckprüfgerät gebraucht – eine Arbeit für die V.A.G.-Werkstatt.

Arbeiten an der Bremshydraulik

Bei allen nachfolgend beschriebenen Arbeiten kommen Sie mit Bremsflüssigkeit in Kontakt. Deshalb ein paar Sicherheitshinweise:
○ Bremsflüssigkeit ist giftig, deshalb nicht mit dem Mund oder offenen Wunden in Berührung bringen.
○ Die Bremsflüssigkeit greift den Lack an. Deshalb keine bremsflüssigkeitsgetränkten Lappen oder -verschmierten Werkzeuge auf die Lackierung legen. Auch im Motorraum nach der Montage die Spuren von Bremsflüssigkeit abwaschen; aber erst, wenn sämtliche Anschlüsse fest angeschraubt sind.
○ Beim Lösen eines Bremsschlauches oder einer Bremsleitung läuft der Vorratsbehälter allmählich leer. Das läßt sich verhindern: Vor dem Öffnen der Verschraubung eine Entlüftungsschraube im betreffenden Bremskreis lösen. Entlüftungsschlauch aufstecken und in ein Gefäß halten. Nun das Bremspedal voll durchtreten und mit einer passenden Holzlatte o. ä. in dieser Stellung halten. Damit sind die Zulaufbohrungen im Hauptbremszylinder verschlossen, es kann keine Bremsflüssigkeit mehr auslaufen.
○ Zum Lösen und Anziehen der Bremsleitungen brauchen Sie einen Bremsleitungsschlüssel 10 × 11 (z.B. Hazet 05202). Er sieht aus wie ein aufgesägter Ringschlüssel. Für die Bremsschläuche genügt ein Gabelschlüssel SW 14.
○ Nach allen Arbeiten an der Bremshydraulik muß die Bremsanlage entlüftet werden. Oft genügt es, nur den Bremskreis zu entlüften, an dem gearbeitet wurde.

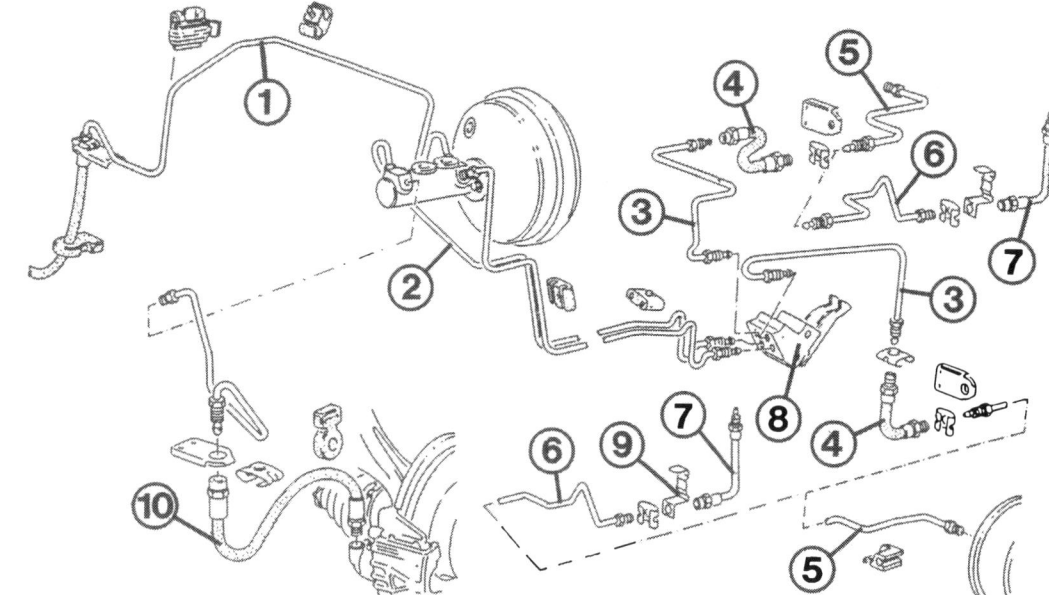

Die Hydraulikleitungen:
1 – Leitung zur Vorderradbremse;
2 – Leitung zum Bremskraftregler (8);
3 – Leitung zur Trommelbremse hinten;
4 – Bremsschlauch zur Trommelbremse hinten;
5 – Leitung zum Radbremszylinder;
6 – Leitung zur Scheibenbremse hinten;
7 – Bremsschlauch zur Scheibenbremse hinten;
9 – Halter für Bremsschlauch für Fahrzeuge mit Scheibenbremsen;
10 – Schlauch zur Vorderradbremse.

Bremsleitung ausbauen

- Überwurfmutter der Bremsleitung losdrehen. Hierzu Gegenverschraubung festhalten – z. B. an einem Bremsschlauch.
- Ist die Mutter auf der Leitung angerostet, wodurch sich diese mitdreht, muß die Leitung in jedem Fall erneuert werden. Die dünnwandigen Rohre knikken schnell ab.
- Zum Lösen der Leitungsanschlüsse kann folgender Trick weiterhelfen, wenn das betreffende Leitungsstück ohnehin ausgewechselt werden soll:
- Bremsleitung nahe der Verschraubung absägen, Überwurfmutter mit einer Sechskantnuß losdrehen.
- Muß eine neue Leitung noch etwas zurechtgebogen werden, darf dies nur in einem großen Radius geschehen. Andernfalls knickt das dünne Rohr ab.
- Innenseite des Bogens beim Biegen mit dem Daumen unterstützen.
- Evtl. vorhandene Schutzschläuche der Leitungen nicht vergessen.
- Bremsleitungen in ihren Abstandshaltern verlegen.
- Bremsanlage entlüften.

Bremsschlauch ausbauen

- Zuerst die Überwurfmutter der betreffenden Bremsleitung losdrehen. Dabei darauf achten, daß sich die Leitung nicht verdreht.
- Ist ein Bremsschlauch mit einem Blechhalter an der Karosserie befestigt, dann ist er mit einem Blechbügel gegen Hin- und Herrutschen gesichert. Beim Zusammenbau darf dieser sogenannte Schlauchhalter (siehe Bild unten) nicht vergessen werden.
- Beim Einbau den Schlauch immer zuerst an der Stelle festdrehen, an der er sein Außengewinde hat.
- Dann andere Verschraubung anziehen.
- Der Bremsschlauch darf nicht in sich verdreht sein. Zur Kontrolle dient der Farbstreifen oder Gummianguß entlang des Schlauches.
- Bremssystem entlüften.
- Nach der Reparatur prüfen, ob der Schlauch bei Federbewegungen irgendwo scheuern kann.
- Kontrolle nach längerer Fahrt wiederholen.

Radbremszylinder ausbauen

- Bremstrommel und Bremsbacken ausbauen.
- Entlüftungsventil und Bremsleitung hinten am Bremsankerblech abschrauben.
- Halteschrauben des Bremszylinders losdrehen, Radzylinder abnehmen.
- Nach dem Zusammenbau Bremsen entlüften.

Zwischen der Verbindung von Bremsschlauch (2) und Bremsleitung (4) sitzt ein Schlauchhalter (1), der beim Zusammenbau nicht vergessen werden darf. Achten Sie auch darauf, daß der Gummihalter (3) richtig sitzt.

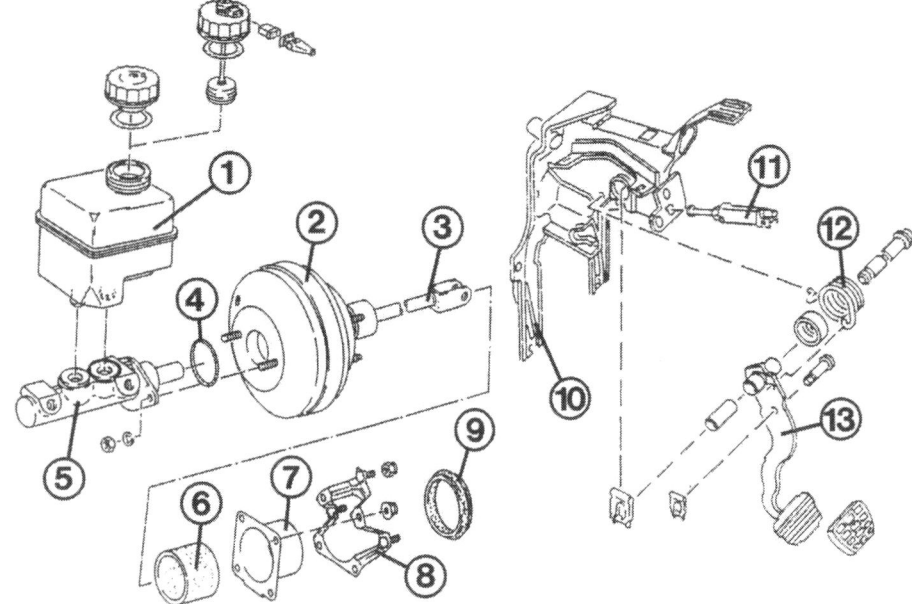

Links: Zur Baugruppe Hauptbremszylinder (5) und Bremskraftverstärker (2) gehören weiterhin:
1 – Vorratsbehälter;
3 – Gabelkopf;
4 – Dichtring;
6 – Dichtung;
7 – Zwischenstück;
8 – Lagerbock für Bremskraftverstärker;
9 – Dichtung.
Rechts: 10 – Lagerbock für Pedale;
11 – Bremslichtschalter;
12 – Drehfeder;
13 – Bremspedal.

Hauptbremszylinder ausbauen

● Bremsflüssigkeit aus dem Vorratsbehälter absaugen.
● Behälter aus dem Hauptbremszylinder herausziehen.
● Kabelstecker abnehmen.
● Sämtliche Bremsleitungen am Hauptbremszylinder abschrauben.
● Muttern der Verbindung Hauptbremszylinder/Bremskraftverstärker losdrehen, Hauptbremszylinder abnehmen.

● Beim Zusammenbau neuen Dichtring zwischen Bremskraftverstärker und Hauptbremszylinder einlegen.
● Dichtstopfen für die Anschlußstutzen des Vorratsbehälters innen mit Bremsflüssigkeit anfeuchten, bevor der Behälter aufgedrückt wird.
● Bremsanlage entlüften.

Bremskraftverstärker ausbauen

● Linkes Ablagefach ausbauen (Seite 260).
● Am Hebel des Bremspedals die Sicherungsklammer vom Haltebolzen für die Bremsdruckstange abnehmen, Bolzen herausdrücken.
● Unterdruckschlauch am Verstärker abnehmen.
● Bremsflüssigkeit absaugen und Bremsleitungen abschrauben.
● Im Fahrerfußraum die drei Muttern des Haltebocks für den Bremskraftverstärker losdrehen.

● Servogerät mit Hauptbremszylinder und Haltebock aus dem Motorraum herausnehmen.
● Hauptbremszylinder und Haltebock losschrauben.
● Beim Einbau Muttern des Haltebocks mit 20 Nm anziehen.
● Sicherungsklammer auf dem Bolzen für die Bremsdruckstange nicht vergessen.
● Bremssystem entlüften.

Bremsanlage entlüften

Nach allen Reparaturen an der Bremshydraulik muß entlüftet werden. Die Werkstatt benutzt hierzu ein Entlüftungsgerät, es geht aber genauso gut nach der althergebrachten Methode. Beachten Sie bei einem Fahrzeug mit ABS die richtige Vorgehensweise.

● Die Arbeitsreihenfolge lautet: Hinten rechts, hinten links, vorn rechts und zuletzt vorn links.
● **Bei ABS:** Zündung ausschalten, Bremspedal 20 Mal durchtreten, damit der Druck im Bremsdruckspeicher abgebaut wird.
● **Alle:** Vorratsbehälter auf dem Hauptbremszylinder mit frischer Bremsflüssigkeit auffüllen. Während des Entlüftens muß immer wieder nachgefüllt werden, sonst wird aus dem leeren Behälter wieder Luft angesaugt.
● Gummikappe vom Entlüftungsventil abnehmen, Ventilnippel sauberreiben.
● Durchsichtigen Schlauch auf den Nippel schieben, freies Schlauchende in ein teilweise mit Bremsflüssigkeit gefülltes Glas stecken.
● Entlüfterventil eine bis eineinhalb Umdrehungen lösen.
● **Alle ohne ABS, Vorderradbremsen mit ABS:** Von Helfer das Bremspedal langsam niedertreten lassen. So wird Bremsflüssigkeit und die darin eingeschlossene Luft herausgepumpt. Sie sehen die Luftbläschen im durchsichtigen Schlauch und im Glas.
● Entlüfterventil schließen – der Helfer muß das Pedal niedergetreten halten.
● Pedal langsam zurückkommen lassen.
● Das wird nun so lange wiederholt, bis keine Luft mehr kommt. Dabei müssen sich Entlüfter und Pedaltreter jeweils durch Zuruf verständigen, wann das Pedal durchgetreten und wann das Ventil wieder geschlossen ist.
● Bremspedal ganz durchgetreten halten, bis das Entlüftungsventil endgültig angezogen wurde.
● Auf gleiche Weise werden die übrigen Radbremsen entlüftet.
● **Hinterradbremsen mit ABS:** Druck durch zwanzigmaliges Pedaltreten abbauen.
● Schlauch am Entlüfterventil aufstecken, Ventil öffnen.

- Zündung einschalten, die ABS-Pumpe läuft los und pumpt die Flüssigkeit aus dem Ventil.
- Sobald keine Luftbläschen mehr in der Flüssigkeit sichtbar sind, Zündung ausschalten und Ventil schließen.
- Vorsicht, der Vorratsbehälter darf hierbei nicht leerlaufen. Außerdem darf die Pumpe nicht länger als zwei Minuten ununterbrochen laufen.
- Nach dem Entlüften Zündung so lange einschalten, bis die ABS-Pumpe abschaltet.
- Jetzt nochmals Bremsflüssigkeit auffüllen.

Bremsflüssigkeit wechseln

Wartung Nr. 40

Nicht nur die bereits erwähnte Gefahr von Dampfblasen macht den Bremsflüssigkeitswechsel erforderlich, sondern auch die vom aufgenommenem Wasser verursachte Korrosionsgefahr in den Bremszylindern und -leitungen. Außerdem soll Abrieb der Bremsmanschetten herausgepumpt werden. Gebirgsfahrer und scharfe Bremser sollten sich an das Zweijahresintervall halten, andernfalls genügt der Wechsel alle vier Jahre.
Beim Flüssigkeitswechsel geht man wie beim Entlüften vor. Gebraucht werden 2 Liter frische Bremsflüssigkeit.

- Bremsflüssigkeit aus dem Vorratsbehälter mit einer Pipette oder einer sauberen Injektionsspritze absaugen.
- Frische Bremsflüssigkeit einfüllen bzw. regelmäßig nachgießen.
- An jedem Entlüfterventil sollen 500 cm³ Bremsflüssigkeit durchgepumpt werden. Durch diese relativ hohe Menge ist gewährleistet, daß sich neue Bremsflüssigkeit nicht mit der alten vermischt hat, sondern das Bremssystem durchweg mit unverbrauchter Flüssigkeit befüllt ist.

Störungsbeistand

Bremsen

Die Störung	– ihre Ursache	– ihre Abhilfe
A Bremsen ziehen einseitig	1 Reifendruck ungleichmäßig	Korrigieren bei kalten Reifen
	2 Reifenprofil ungleich abgefahren	Reifen so untereinander auswechseln, daß auf jede Achse gleichmäßig abgenutzte Reifen kommen
	3 Beläge verschmutzt, verschmiert oder abgenutzt	Erneuern
	4 Bremsflächen der Scheiben bzw. Trommeln stark verschmutzt, verrostet oder zu stark abgenutzt	Scheiben abschleifen bzw. Trommeln ausdrehen lassen. Ggf. austauschen
	5 Belagführung im Bremssattel verschmutzt oder verrostet	Blank schleifen
	6 Festsitzender Kolben im Bremssattel	Gängig machen oder Bremssattel überholen lassen
	7 Nachstellmechanismus der Trommelbremsen nicht in Ordnung	Einbaulage der Bauteile überprüfen
	8 Festsitzender Kolben im Radbremszylinder	Gängig machen oder Bremszylinder austauschen
	9 Bremskraftregler defekt	Druckprüfung in der Werkstatt

Beim Entlüften wird die Schutzkappe (2) vom Entlüfterventil (4) abgezogen. Durchsichtigen Schlauch (1) am Ventil aufstecken. Das andere Schlauchende muß in ein mit Bremsflüssigkeit teilweise gefülltes Glasgefäß (3) reichen. Erst jetzt das Ventil öffnen.

Die Störung	– ihre Ursache	– ihre Abhilfe
B Bremse quietscht	1 Resonanzgeräusche zwischen Bremsscheibe und Belägen	Belagaufkleber anbringen, siehe Fingerzeig Seite 138
	2 Beläge verschlissen oder verhärtet (»verglast«)	Erneuern
	3 Siehe A 4–8	
	4 Neue Bremsbeläge liegen nicht plan an	Außenkanten der Beläge mit einer Feile brechen
C Bremse rubbelt, Bremspedal pulsiert	1 Bremsscheiben verschlissen, beschädigt oder Belagreste angeklebt. Seitenschlag der Bremsscheibe oder Radnabe zu groß	Scheiben abschleifen oder austauschen. Ggf. Radnaben und evtl. Radlager ersetzen
	2 Siehe A 3 und 7	
	3 Bremstrommel hat Seiten- oder Höhenschlag oder beschädigte Bremsflächen	Bremstrommeln ausdrehen lassen bzw. austauschen
D Hinterräder blockieren	1 Siehe A 7 und 9	
	2 Bremsflächen der Trommeln verrostet oder mit starken Riefen	Bremstrommeln ausdrehen lassen bzw. ersetzen
	3 Beläge gerissen oder an der Oberfläche beschädigt	Erneuern
	4 Schwache Vorderradbremswirkung, siehe A 4–6	
E Bremse wird heiß, löst sich nicht	1 Hydrauliksystem unter Vordruck. Alle Räder schwergängig:	Prüfung: Wagen aufbocken, Räder durchdrehen
	a) Kein Spiel zwischen Bremspedal (Druckstange) und Hauptbremszylinderkolben	Spiel kontrollieren
	b) Bremskraftverstärker defekt	Austauschen
	c) Hauptbremszylinder defekt	Ersetzen
	2 Ein Bremskreis unter Vordruck. Ein Vorderrad und evtl. gegenüberliegendes Hinterrad schwergängig: Ausgleichbohrung im Hauptbremszylinder verstopft	Säubern lassen
	3 Bremsmechanik klemmt. Ein oder zwei Räder einer Achse schwergängig:	
	a) Siehe A 4–8	
	b) Handbremse löst nicht	Handbremseinstellung kontrollieren bzw. Grundeinstellung der hinteren Scheibenbremsen durchführen
	4 Gummiteile gequollen durch Verwendung falscher Bremsflüssigkeit	Bremsflüssigkeit wechseln und schadhafte Teile erneuern
F Pedalweg zu groß	1 Trommelbremsbeläge abgenutzt	Erneuern
	2 Siehe A 5	
G Pedalweg zu groß, Pedal läßt sich weich und federnd durchtreten	1 Luft im Bremssystem, evtl. Flüssigkeit im Vorratsbehälter zu tief abgesunken. Ursachen:	
	a) Leck im Bremssystem	Kontrollieren, schadhafte Teile erneuern
	b) Manschette im Hauptbremszylinder undicht	Hauptbremszylinder austauschen
	2 Überhitzte Bremsflüssigkeit, Dampfblasenbildung durch zu hohen Wassergehalt der Bremsflüssigkeit	Bremsflüssigkeit wechseln
	3 Siehe A 6 und 7	
H Schlechte Bremswirkung bei hohem Pedaldruck	1 Pedalweg normal:	
	a) Beläge verölt, verbrannt oder verhärtet	Erneuern
	b) Siehe A 4 und 8	
	2 Pedalweg kurz: Bremskraftverstärker arbeitet nicht	Siehe Seite 146
	3 Pedalweg lang:	
	a) Siehe A 6	
	b) Ein Bremskreis ausgefallen durch Undichtigkeit oder Beschädigung	Kontrollieren, schadhafte Teile auswechseln

Das Antiblockiersystem

Stotternd gebremst

Auf Wunsch und gegen entsprechenden Aufpreis gibt es unsere VW-Modelle mit einem **A**nti-**B**lockier-**S**ystem (ABS) von Teves. In Verbindung mit ABS waren bis Baujahr 7/89 an den Hinterrädern generell Scheibenbremsen eingebaut.

Was ABS macht

ABS sorgt immer für eine optimale »Stotterbremsung«, so daß eine reine Blockierbremsung nicht mehr möglich ist. Die Räder drehen sich selbst bei einer Vollbremsung auf Glatteis noch etwas, damit sie das Fahrzeug in der Spur halten können.

Die wichtigsten Bauteile

Bremskreise: Das Bremssystem ist in drei Kreise aufgeteilt: Je einer für die Vorderräder und ein weiterer für beide Hinterradbremsen. Entsprechend ist der Vorratsbehälter für die Bremsflüssigkeit in drei Kammern aufgeteilt. Der Hauptbremszylinder mit zwei Arbeitskolben wirkt lediglich auf die beiden Vorderräder. Den Bremsdruck für die Hinterräder erzeugt der hydraulische Bremskraftverstärker.
Hydraulikeinheit: Sie sitzt an der gleichen Stelle, wo bei herkömmlicher Bremsanlage Hauptbremszylinder und Bremskraftverstärker ihren Platz haben. Dazu gehören der hydraulische Bremskraftverstärker mit Hauptbremszylinder; der Block der Magnetventile zum Verringern des Bremsdrucks bei Blockiergefahr; die Hydraulikpumpe mit Elektromotor, Druckspeicher, Druckschalter und Druckwarnschalter sowie der Ausgleichbehälter mit Warnschalter für den Flüssigkeitsstand.
Drehzahlfühler: Dies sind Dauermagneten, an denen ein Impulsrad (an jeder Radnabe) vorbeiläuft. Die Fühler ermitteln die Drehgeschwindigkeit der Räder.
Steuergerät: Es sitzt hinten rechts am Heckblech und verarbeitet die von den Rädern eingehenden Drehzahlsignale.

Funktion der Einzelteile

Die Hydraulikeinheit

Die Antiblockierregelung für die Vorderräder erfolgt unabhängig voneinander. Die Hinterräder werden gemeinsam geregelt, wobei dasjenige Rad die Regelung bestimmt, welches zuerst zum Blockieren neigt. Entsprechend den Befehlen vom elektronischen Steuergerät wird der Druck zu den Bremskreisen entweder konstant gehalten, verringert oder wieder aufgebaut. Höher als der Druck, den Sie über das Bremspedal erzeugen, kann der Druck aber nicht werden.
Für die Druckregelung sind sechs schnell schaltende Magnetventile zuständig – je ein Einlaß- und ein Auslaßventil pro Bremskreis. Solange Druck aufgebaut wird, sind die Magnetventile stromlos. Damit ist der Einlaß geöffnet und der Auslaß geschlossen. Zum Halten des Drucks erhält das Einlaßventil Spannung, es

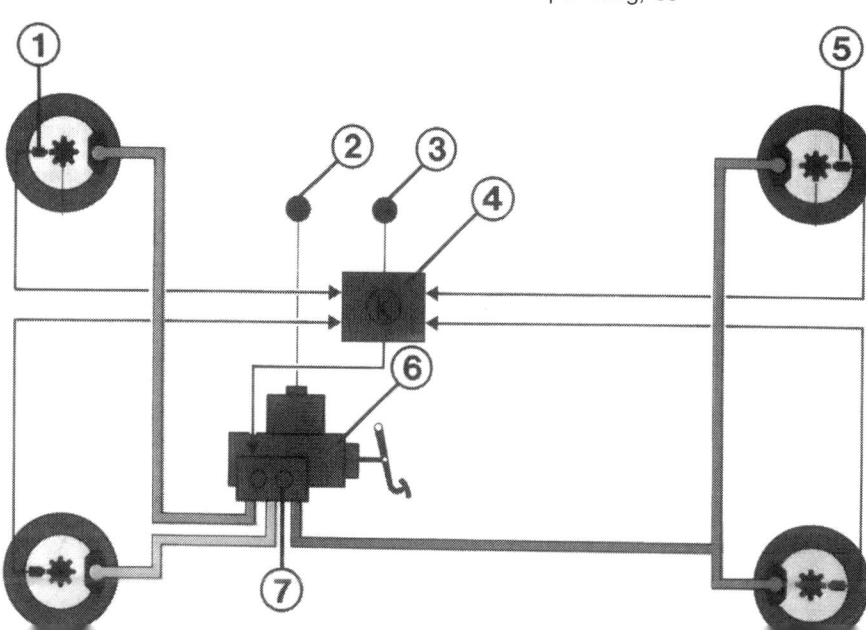

Anhand dieser Zeichnung läßt sich die Funktion des Anti-Blockier-Systems leicht verstehen. Die drei verschiedenen Bremskreise sind unterschiedlich dargestellt: rosa – links vorn; hellrot – rechts vorn; rot – hinten. Die Raddrehzahl übermitteln die Drehzahlfühler vorn (1) und hinten (5) dem Steuergerät (4). Falls ein Rad beim Bremsen zum Blockieren neigt, reduziert die Hydraulikeinheit (6) über die Magnetventile (7) im entsprechenden Bremskreis. Das Rad kann bei vermindertem Bremsdruck wieder drehen. Fehler im Bereich Bremsflüssigkeitsstand/Hydraulikeinheit meldet die rote Kontrollampe (2); ein Defekt im Steuergerät wird von der gelben Lampe (3) angezeigt.

schließt, und der Druck im blockiergefährdeten Bremskreis kann nicht mehr erhöht werden. Soll Bremsdruck abgebaut werden, werden Ein- und Auslaßventil mit Spannung versorgt. Der Einlaß bleibt geschlossen, der Auslaß öffnet für eine ganz kurze Zeitdauer. Der Bremsdruck wird in Richtung Vorratsbehälter abgeleitet, und das blockiergefährdete Rad kann wieder schneller drehen. Das Spiel von Druckaufbau, -halten und -abbau kann von neuem beginnen, bis die Blockiergefahr beseitigt ist.
Die Druckabbauphase spüren Sie am Bremspedal. Im Hauptbremszylinder öffnet das elektrische Hauptventil. Eine sogenannte Positionierungshülse wird entgegen der Pedalkraft gedrückt und mit ihr die Kolben des Hauptbremszylinders. Damit der Druck im Hauptbremszylinder jetzt nicht abfällt, wird der zuströmende Bremsdruck eingespeist. Das geschieht innerhalb von Sekundenbruchteilen – das Pedal pulsiert.

Die Drehzahlfühler

Insgesamt vier Drehzahlfühler erfassen die Drehzahlen jedes einzelnen Rades und leiten diese Information zur Steuerelektronik weiter. Damit kann das Schaltgerät seinerseits die Hydraulikeinheit ansteuern.
Die Drehzahlfühler sind in geringem Abstand zu einer Zahnscheibe – dem Rotor – montiert. Der Rotor dreht sich mit dem Rad und läßt damit die zahnförmigen Erhebungen an seinem Umfang je nach Geschwindigkeit schneller oder langsamer am Fühler vorbeilaufen. Jeder Zahn, der unter dem Fühler vorbeiwandert, induziert im Fühler einen kurzen Spannungsanstieg. Auf diese Weise wird im Fühler eine Wechselspannung erzeugt, die entsprechend der Raddrehzahl ihre Frequenz ändert. Das so entstandene Signal wird vom Schaltgerät als Drehzahlinformation verarbeitet.

Das elektronische Steuergerät

Das Steuergerät verarbeitet die Informationen von den Drehzahlfühlern. Gleichzeitig steuert es die Hydraulikeinheit so an, daß die Räder nicht blockieren. Neben der komplizierten Signalaufarbeitung enthält das Steuergerät eine doppelte Steuerlogik. Das heißt im Klartext, daß die eingehenden Signale in zwei getrennten Mikroprozessoren verarbeitet werden. Beide Logikblöcke werden durch eine Verbindungsleitung gegenseitig durch zwei sogenannte Vergleicher überwacht. Werden Fehler festgestellt, schaltet das Steuergerät das ABS aus, und die Kontrollampe im Armaturenbrett leuchtet auf.

Die Relais

Zwei Relais gehören noch zum Antiblockiersystem, undf zwar einerseits das Spannungsversorgungs-Relais für das ABS und andererseits das Relais für die Hydraulikpumpe. Die Relais sitzen zusammen mit zwei Zusatzsicherungen oben auf separaten Haltern an der Zentralelektrik.

Störungen am ABS-System

Die ABS-Kontrolleuchte im Armaturenbrett leuchtet mit dem Einschalten der Zündung für einige Sekunden auf. In der Selbstprüfphase des Steuergerätes flackert die Lampe. Anschließend muß sie verlöschen, d.h. das System ist intakt.

Störungsbeistand

ABS

	Erkennungsmerkmal	Ursache/Besonderheiten
A	Gelbe Kontrolleuchte verlöscht nach ABS–Selbstprüfung nicht (maximal 60 Sekunden ab Einschalten der Zündung)	Funktionsstörung im Antiblockiersystem, das ABS ist abgeschaltet. Die hydraulische Bremskraftverstärkung bleibt weiterhin intakt
B	Rote Kontrolleuchte für Bremsanlage im Kombiinstrument leuchtet (Handbremse ist gelöst)	Bremsflüssigkeitsstand ist abgesunken
C	Gelbe Kontrolleuchte für ABS und rote Kontrolleuchte für Bremsanlage leuchten gemeinsam	1 Bremsflüssigkeitsverlust in einem vorderen Bremskreis. Die ABS-Regelung für die Vorderräder ist abgeschaltet; der Pedalweg ist deutlich länger 2 Bremsflüssigkeitsverlust in hinteren Bremskreis. Die ABS-Regelung für die Hinterräder ist abgeschaltet. Der Pedalweg ist beinahe unverändert, aber die Fußkraft am Pedal muß wesentlich erhöht werden, da die Bremskraftverstärkung nicht funktioniert 3 Der Druck im Druckspeicher ist unter 105 bar gesunken. Nach fünf bis sechs Bremsungen fällt die Bremskraftverstärkung aus
D	Langer Pedalweg	Undichtigkeit in einem vorderen Bremskreis
E	Hoher Pedaldruck zum Bremsen erforderlich, normaler Pedalweg	1 Undichtigkeit in einem hinteren Bremskreis, keine Bremskraftverstärkung 2 Hydraulikpumpe gestört oder ausgefallen

Räder und Reifen

Rundschuh

Vier Gebilde aus Gummi, Stahldraht und Gewebe stellen die Verbindung zwischen unserem VW und der Straße her. Was Sie über die Autoreifen wissen sollten, finden Sie im folgenden Kapitel beschrieben.

Welche Reifen sind montiert?

Die zugelassenen Reifengrößen für Ihr Fahrzeug sind in den Kfz-Papieren vermerkt. Andere als die dort aufgeführten dürfen nur dann montiert werden, wenn sie vom TÜV begutachtet und anschließend in die Fahrzeugpapiere eingetragen wurden.
Folgende Reifengrößen gibt es bei unseren Modellen in Serien- bzw. Sonderausstattung:

Modell	Reifengröße	Felge	Einpreßtiefe
Golf/Jetta 51–55 kW, 62 kW mit Getriebeautomatik	175/70 R 13 82 S 185/60 R 14 82 H[1)] 185/55 R 15 81 V[1)]	5½ J × 13 6 J × 14 6 J × 15	38 mm 38 mm 35 mm
Golf/Jetta 62 kW mit Schaltgetriebe, 66 kW	175/70 R 13 82 H 185/60 R 14 82 H[1)] 185/55 R 15 81 V[1)]	5½ J × 13 6 J × 14 6 J × 15	38 mm 38 mm 35 mm

[1)] Fahrzeuge, bei denen diese Reifen und Räder noch nicht in die Kfz-Papiere eingetragen sind, müssen zur Berichtigung der Fahrzeugdaten beim TÜV vorgeführt werden

Die Reifenbezeichnung

Nach international gültigen Vereinbarungen wird die Reifengröße in Millimeter oder, wie in unserem Fall, gemischt in Millimeter und Zoll angegeben. Die Bezeichnungen 175/70 R 14 82 S, 185/60 R 14 82 H oder 185/55 R 15 81 V besagen folgendes:
175, 185: Reifenbreite in unbelastetem Zustand in mm
/70, /60, /55: Das Verhältnis von Reifenhöhe zu Reifenbreite beträgt zwischen 70 und 55 : 100
R: Kennzeichnung der Bauart als **R**adial- oder Gürtelreifen
13, 14, 15: Innendurchmesser des Reifens in Zoll (″)
81, 82: Kennzahl für die Reifen-Tragfähigkeit
Q: Zulässige Höchstgeschwindigkeit bis 160 km/h – Geschwindigkeitsklasse für herkömmliche M+S-Reifen
S: Höchstgeschwindigkeit bis 180 km/h
T: Bis 190 km/h – u. a. auch Hochgeschwindigkeits-M+S-Reifen
H: Bis 210 km/h
V: Bis 240 km/h

Fingerzeig: Die breiteren Niederquerschnittsreifen gibt es nur in höheren Geschwindigkeitsklassen, wie Sie der Tabelle oben entnehmen können.

Die Felgen

An unseren Fahrzeugen können Felgen mit folgender Bezeichnung montiert sein: 5½ J × 13 H 2 ET 38, 6 J × 14 H 2 ET 38 oder 6 J × 15 H 2 ET 35. Diese Zahlen und Buchstaben besagen:
5½, 6: Felgenmaulweite in Zoll, an der Felgenhornbasis quer zur Laufrichtung des Rades gemessen
J: Kennzeichnung der Felgenhorn-Höhe
×: Zeichen für Tiefbettfelge
13, 14, 15: Felgendurchmesser in Zoll, von Wulst zu Wulst gemessen
H 2: Zeichen für Doppelhump-Felge. Zwei höckerartige Erhebungen innen im Felgenbett verhindern, daß die Reifenwülste bei seitlicher Beanspruchung (scharfe Kurvenfahrt mit niedrigem Luftdruck) vom Felgenhorn abgleiten können
ET 35, 38: Einpreßtiefe 35 bzw. 38 mm. Dieses Maß erläutert die Zeichnung auf der folgenden Seite.
Diese Norm-Bezeichnungen geben nur die Hauptabmessungen der Felgen an, nicht aber die fahrzeugspezifischen Daten, wie Anzahl der Radbefestigungslöcher oder Lochkreisdurchmesser.

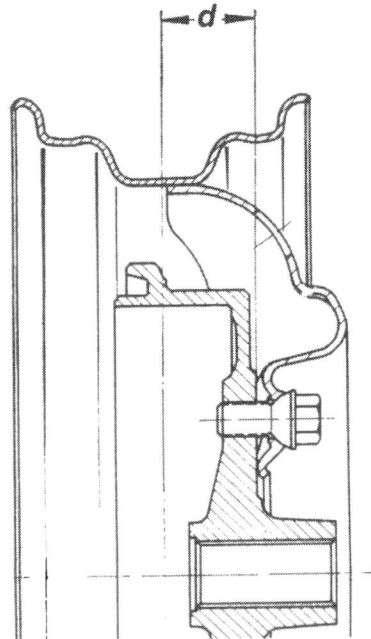
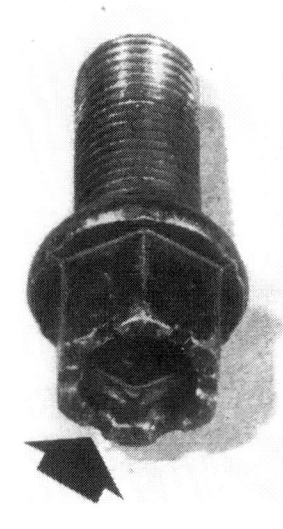

In der Zeichnung links wird die Einpreßtiefe der Felge verdeutlicht. Mit dem Maß »d« bezeichnet man den Abstand zwischen der Felgenmitte und der Anlagefläche der Felge an die Radnabe.
Rechts: Die richtigen Radschrauben für die Original-Stahl- oder Leichtmetallfelgen am Golf/Jetta II besitzen einen sogenannten Kronenkopf. Der Pfeil weist auf eine der Einkerbungen im Schraubenkopf.

Welche Felgen verwenden?

Golf und Jetta der 2. Generation rollen serienmäßig auf Felgen mit 13, 14 und 15″ Innendurchmesser. **Achtung: Die 13″-Felgen vom Vorgängermodell dürfen nur an Fahrzeugen ohne Scheibenbremsen hinten und in Verbindung mit anderen Radschrauben verwendet werden!** Hier eine Aufstellung der VW-Felgen:

Felge	Material	Teile-Nummer	Einpreßtiefe
5½ J × 13	Stahl	191 601 025 D	38 mm
5½ J × 13	Stahl	321 601 025 J	38 mm
5½ J × 13	Leichtmetall	191 601 025 H	38 mm
5½ J × 13	Leichtmetall	191 601 025 J	38 mm
5½ J × 13	Leichtmetall	321 601 025 G	38 mm
6 J × 14	Stahl	321 601 025 H	38 mm
6 J × 14	Leichtmetall	171 601 025 A/AA	38 mm
6 J × 14	Leichtmetall	171 601 025 H	38 mm
6 J × 14	Leichtmetall	191 601 025 B	38 mm
6 J × 14	Leichtmetall	191 601 025 F	38 mm
6 J × 14	Leichtmetall	321 601 025 N	38 mm
6 J × 15	Leichtmetall	165 601 025	35 mm
6 J × 15	Leichtmetall	535 601 025 B	35 mm
5½ J × 13	Stahl	171 601 025 B[1]	38 mm
5½ J × 13	Leichtmetall	171 601 025 C[1]	38 mm

[1] Felgen vom Vorgängermodell, sie dürfen nur in Verbindung mit anderen Radschrauben montiert werden

Die richtigen Radschrauben

Radschrauben und Felgen stellen eine Konstruktionseinheit dar und müssen deshalb richtig gepaart werden. Der Kegelsitz an den Befestigungslöchern der Felgen ist genau auf den Kegel der Radschrauben abgestimmt. Andere Kegelformen können den sicheren Sitz der Schraube und damit die Befestigung des Rades nicht garantieren.
Für die am Golf/Jetta II werksseitig montierten und zugelassenen Felgen (Stahl und Leichtmetall) eignet sich ausschließlich die sogenannte Kronenkopfschraube (Teile-Nr. 321 601 139 C). Sie ist erkennbar an den Einkerbungen oben am Schraubenkopf (siehe Bild oben).
Abweichend hiervon brauchen Sie für die Stahlfelgen Nr. 171 601 025 B vom Vorgängermodell 20 mm lange Schrauben mit der Teile-Nr. 321 601 139 (kleine halbkugelige Vertiefung im Schraubenkopf). In Verbindung mit den Leichtmetallfelgen 171 601 025 C von Golf/Jetta I müssen 28 mm lange Radschrauben verwendet werden mit der Teile-Nr. 321 601 139 A (Schraubenkopf mit großer ebener Vertiefung).
Nachträglich montierte Leichtmetallfelgen von anderen Herstellern als VW können besondere Schrauben erfordern: Für die entsprechende Stärke der Felgen-Anlagefläche muß die passende Radschraubenlänge verwendet werden. Eine zu kurze Radschraube hält das Rad nicht sicher an der Nabe. Eine Schraube mit zu langem Schraubengewinde ragt zu weit in die Schraubenbohrung der Radnabe und kann vor allem an der hinteren Trommelbremse Teile beschädigen.

Felgen für die Winterbereifung

Leichtmetallfelgen können unter Streusalzeinwirkung bis zur Verkehrsunsicherheit korrodieren. Schäden im Felgen-Decklack müssen deshalb möglichst bald ausgebessert werden. Noch besser ist die Anschaffung eines zweiten Reifensatzes auf den weniger empfindlichen Stahlfelgen. Reifenfachgeschäfte bieten oft Komplettsätze zu günstigen Preisen an. Geld können Sie auch sparen, wenn Sie sich gute gebrauchte Stahlfelgen der Größe 5½ J × 13 für die Winterpneus besorgen.

Für unsere Fahrzeuge sind einige Kombinationen breiterer Reifen und Felgen zulässig. Was **beim TÜV eingetragen werden muß**, zeigt die folgende Tabelle (Stand 1991):

Breite Reifen und Felgen

Reifengröße	Felgengröße	Einpreßtiefe mm	oder Felgengröße	Einpreßtiefe mm
175/70 R 13	6 J × 13	33–35		
185/65 R 13	5½ J × 13	38	6 J × 13	33–35
205/60 R 13	5½ J × 13	38	6 J × 13[1]	33–35
175/65 R 14	6 J × 14	38		
185/60 R 14	6 J × 14[2]	38		
205/55 R 14	6 J × 14	38		
185/55 R 15	5½ J × 15	38	6 J × 15[2]	33–38
195/50 R 15	5½ J × 15	38	6 J × 15[1]	33–38

Allgemein gilt: Je nach bauartbedingter Höchstgeschwindigkeit Reifen der Geschwindigkeitsklasse S, H oder V verwenden
Zwischen Räder/Reifen und Radausschnitten, Bremsteilen, Federn, Federtellern und Gelenken muß ausreichend Freigang vorhanden sein. Ggf. Radausschnitt-Kanten und Kunststoffverbreiterungen kürzen oder umlegen
Beim Anbringen von Auswuchtgewichten an der Innenseite von Leichtmetallrädern an der Vorderachse Freigang zu den Fahrwerksteilen prüfen, ggf. Klebegewichte verwenden
[1] Reifen müssen abgedeckt werden, ggf. Kotflügelverbreiterungen montieren
[2] Fahrzeuge, bei denen diese Rad/Reifen-Kombination schon in die Kfz-Papiere eingetragen ist, brauchen bei serienmäßiger Einpreßtiefe keine neue Betriebserlaubnis

Reifendruck prüfen

Fahren mit zu wenig Luftdruck bewirkt, daß der Reifen vermehrt duchgewalkt (verformt) und dabei zu heiß wird. Unter die genannten Werte (in bar Überdruck) sollte der Reifendruck keinesfalls absinken:

Ständige Kontrolle

Reifen	Beladung	Sommerreifen vorn	hinten	hinten Jetta	Winterreifen vorn	hinten	hinten Jetta	Reserverad	Notrad
175/70 R 13, 185/60 R 14	halb	2,0	1,8	1,8	2,2	2,0	2,0	2,5	4,2
	voll	2,0	2,4	2,6	2,2	2,6	2,8		
185/55 R 15	halb	2,2	2,0	2,0	–	–	–	2,7	4,2
	voll	2,2	2,6	2,8	–	–	–		

Reifenzustand kontrollieren

Die Kontrolle geht am besten bei aufgebocktem Wagen, etwa beim Ölwechsel an der Tankstelle.

Wartung Nr. 19

- Drehen Sie jedes Rad einmal komplett durch.
- Fremdkörper, wie kleine Steinchen, bohren Sie mit einem schmalen Schraubenzieher aus den Profillamellen, ohne den Reifen dabei zu beschädigen.
- Das Reifenprofil muß laut Gesetzesvorschrift seit 1992 über die gesamte Profilbreite noch **mindestens 1,6 mm** tief sein.
- Zur Verschleißkontrolle dienen in regelmäßigen Abständen quer zur Lauffläche verlaufende Erhebungen in den Profilrillen. Sie sind an der Reifenflanke durch die Buchstaben »TWI« (**T**read **W**ear **I**ndicator = Profilabnutzungsanzeiger) gekennzeichnet.
- Wenn diese Erhebungen mit den Profilrippen in gleicher Höhe stehen (= 1,6 mm Restprofiltiefe), ist der Reifentausch zwingend erforderlich.
- Das Fahrverhalten auf nasser Fahrbahn wird schon ab 3 mm Profiltiefe ganz erheblich schlechter, speziell bei breiten Reifen.

○ **An der Außenseite abgefahrene Vorderreifen** sind beim frontgetriebenen VW nichts Ungewöhnliches. Grund ist die erhöhte Belastung dieses Laufflächenbereichs bei Kurvenfahrt.
○ **Einseitig abgefahrenes Profil** kann auch auf falsche Radeinstellung hinweisen; vor allem dann, wenn lediglich ein Reifen schräg abgelaufen ist.
○ **Starke Abnutzung in der Profilmitte** deutet auf wesentlich zu hohen Luftdruck. Dieser Effekt tritt besonders deutlich an den Hinterrädern auf. Oder es wird häufig mit hoher Geschwindigkeit gefahren, wobei sich die Lauffläche durch die Fliehkraft ausbaucht.
○ Sind **beide Außenschultern** eines Reifens **stärker abgefahren als die Profilmitte**, wurde lange Zeit mit zu niedrigem Luftdruck gefahren.
○ **Gleichmäßige Auswaschungen** im Profil deuten auf einen defekten Stoßdämpfer.
○ Tritt die **ungleiche Abnutzung nur an bestimmten Stellen** auf, ist das Rad unwuchtig, oder der Reifen-Unterbau ist beschädigt.
○ Eine **einzelne Stelle im Profil mit starker Abnutzung** stammt von einer Bremsung mit blockiertem Rad – eine sogenannte Bremsplatte.

Das Reifenlaufbild

Der Radwechsel

Soll ein intaktes, am Wagen gewuchtetes Rad – etwa zu Kontrollen an der Bremse – abgenommen werden, muß zuvor die Stellung Radnabe/Rad angezeichnet werden. Sonst stimmt hinterher die Wuchtung nicht mehr.

- Handbremse anziehen und 1. oder Rückwärtsgang einlegen.
- Unterwegs Warnblinkanlage einschalten und Warndreieck aufstellen.
- Räder der anderen Wagenseite gegen Wegrollen sichern, z.B. mit Steinen oder Holzstücken.
- Radzierblende mit einem Schraubenzieher abdrücken oder von Hand abziehen.
- Bzw. mittlere Abdeckung und ggf. Radschraubenabdeckungen mit einem Schraubenzieher abdrücken.
- Oder Innenvielzahnschraube der Mittenabdeckung mit dem Winkelschraubenzieher aus dem Bordwerkzeug losdrehen.
- So vorhanden, Radschraubenschloß mit Schlüssel öffnen.
- Radschrauben jeweils knapp eine Umdrehung lockern.
- Hilft das Bordwerkzeug nicht mehr weiter, brauchen Sie einen kräftigen Radschraubenschlüssel oder ein Radkreuz mit aufgestecktem Rohrstück zur Verlängerung der Hebelkraft.
- Bordwagenheber schräg nach außen stehend an der gekennzeichneten Stelle der Karosserie-Unterkante ansetzen (siehe Bild Seite 16). Der Wagenheber muß dabei in den senkrechten Steg der Karosserie eingreifen.
- Bei weichem Untergrund Brettchen unterlegen.
- Wagen hochkurbeln.
- Radschrauben vollends herausdrehen.
- Rad abnehmen, Notrad bzw. Reserverad aufstecken.
- Schrauben über Kreuz gleichmäßig anziehen. Dabei das Rad hin- und herdrehen, damit es sich einwandfrei auf der Radnabe zentriert.
- Wagen ablassen, Schrauben nachziehen (110 Nm).
- Radzierblende bzw. Mittenabdeckung oder Radschraubenkappen montieren.
- Bei Verwendung des Notrads muß die Fahrweise angepaßt werden (siehe unten).
- Festen Sitz der Schrauben nach kurzer Fahrtstrecke prüfen.

Das Notrad

Spätestens bei einer Reifenpanne werden Sie im Kofferraum eine Überraschung erleben: Statt eines herkömmlichen Rades erwartet Sie ein schmalbrüstiges Notrad auf einer speziellen Felge. Die Größenbezeichnung lautet T 105/70 D 14 oder T 105/70 R 14 auf Felge 3½ J × 14. Nur wer beim Neukauf des VW einen Aufpreis bezahlt hat, besitzt ein herkömmliches Reserverad. Solange keine Reifenpanne auftritt, kann man das Notrad verschmerzen. Aber wenn es doch einmal gebraucht wird, gibt es manche Probleme:

○ Das Notrad ist **nur für kurzzeitigen Einsatz geeignet**. Das kann sich am Wochenende auf einer Urlaubsfahrt übel auswirken, wenn Sie noch einige hundert Kilometer vor sich haben und keinen Ersatzreifen kaufen können.

○ Mit dem Notrad darf **nicht schneller als 80 km/h** gefahren werden. Durch seinen kleineren Abrollumfang macht es mehr Umdrehungen als das herkömmliche Rad auf der anderen Seite. An der Vorderachse muß das Differential (siehe Seite 118) den Drehzahlunterschied ausgleichen, wodurch die Getriebeöltemperatur entsprechend steigt. An der Vorderachse sollten Sie keine längere Strecke mit dem Notrad zurücklegen. Besser ein intaktes Hinterrad vorn montieren und einen zusätzlichen Reifenwechsel in Kauf nehmen.

○ Die Seitenführungs- und Bremseigenschaften des schmalen Reifens sind naturgemäß nur bescheiden, vor allem bei Regen oder gar im Schnee.

○ Der Reifendruck (4,2 bar!) muß umgehend nach dem Radwechsel kontrolliert werden, denn mit zu wenig Luft im »Kinderwagenrad« wird das Fahrverhalten kriminell.

○ Durch den kleineren Raddurchmesser ist auch die Bodenfreiheit geringer; denken Sie beim Überfahren von Unebenheiten daran.

Fingerzeig: Wer z.B. für eine Urlaubsreise ein vollwertiges Ersatzrad mitnehmen will, kann auch auf Felgen des Vorgängermodells zurückgreifen (mit den zugehörigen Radschrauben).

Festen Sitz der Radschrauben kontrollieren

Wartung Nr. 31

Nach einigen Kilometern Fahrtstrecke soll nach jeder Radmontage kontrolliert werden, ob die Radschrauben richtig angezogen sind. Als Anzugsdrehmoment sind **110 Nm** vorgeschrieben. Zu starkes oder ungleichmäßiges Festschrauben kann dazu führen, daß sich die Bremsscheiben oder -trommeln verziehen. Das ergibt ungleichmäßige Bremswirkung, Bremsenschütteln und punkt- oder flächenförmigen Reifenverschleiß.

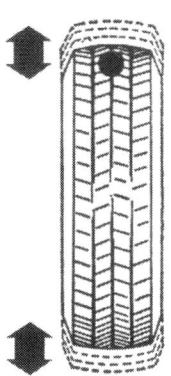
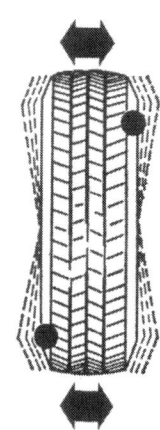

Unsere Skizze erläutert die Auswirkungen der Unwucht:

Die **statische** Unwucht erkennt man, wenn ein freihängendes, drehendes Rad immer mit der gleichen Stelle zu Boden sinkt und sich allmählich auspendelt. Folge: Das Rad hüpft während der Fahrt.

Die **dynamische** Unwucht ist durch Auspendeln des Rades nicht zu erkennen, denn sie liegt irgendwie schräg zur Radachse, so daß das schnellaufende Rad flattert und wackelt. Unausgewuchtete Räder führen zu schnellem Reifenverschleiß, unruhiger Lenkung und vorzeitiger Abnutzung der Radlager.

Rad-Unwuchten

Unwuchtige Räder spürt man durch Vibrationen im Lenkrad oder Schütteln im Vorderwagen. Beides tritt bei bestimmten Geschwindigkeiten besonders stark auf. Die Ursache liegt an ungleichmäßiger Gewichtsverteilung am Rad.
Statische Unwucht zeigt sich bereits, wenn man das Rad am hochgebockten Wagen sich frei auspendeln läßt: Der Schwerpunkt wird sich ganz von selbst nach unten begeben. Ein Rad, das nur eine statische Unwucht hat, hüpft beim Fahren.
Eine **dynamische Unwucht** kommt erst beim Rotieren des Rades zur Wirkung. Das ist der Fall, wenn die übergewichtige Stelle nicht in der Mittelebene des Rades sitzt, sondern etwas nach außen bzw. innen. Das Rad hüpft dann nicht nur, sondern es taumelt auch.

Die Räder müssen statisch und dynamisch ausgewuchtet werden. Dazu gibt es zwei Methoden:
○ Das Rad wird am Wagen ab- und an einer Auswuchtmaschine angeschraubt. Dort läuft es zur Probe, Unwuchten werden dabei angezeigt und können durch Anbringen von Bleigewichten ausgeglichen werden.
○ Zum Ausschalten letzter Unwuchten ist Feinwuchten erforderlich. Dabei werden auch Unwuchten von Radnabe und Bremsscheibe ausgeglichen. Die am Wagen anmontierten Räder werden durch einen Elektromotor mit Reibrad in die notwendige schnelle Drehung versetzt und die Restunwucht angezeigt. Das gleicht man wieder durch Bleigewichte aus.

Räder auswuchten

Fingerzeig: Die Vorderräder dürfen beim Feinwuchten nicht vom Elektromotor angetrieben werden. Die einseitige Beschleunigung ist für das Ausgleichgetriebe schädlich. Stattdessen hebt man den VW vorn an und läßt den Motor die Vorderräder im höchsten Gang auf etwa 90 km/h beschleunigen.

Neue Reifen kaufen

○ Die Mehrzahl unserer Modelle wird mit der Größe 175/70 R 13 geliefert – ein guter Kompromiß in Sachen Preis, Fahrverhalten und Lebensdauer. Die Motorvarianten bis 55 kW und das 62-kW-Triebwerk mit Getriebeautomatik kommen mit der Geschwindigkeitsklasse »S« aus. Dagegen müssen es in Verbindung mit dem 66-kW-Motor und beim schaltgetriebenen 62-kW-Modell Reifen der Kategorie »H« sein.
○ Mit der Bereifung 185/60 R 14 wurden verschiedene Sondermodelle von Golf und Jetta bestückt. Sie dienen zugegebenermaßen doch eher der Optik. Die Reifen 185/60 R 14 gibt es nicht in der Ausführung »S«.
○ In Verbindung mit 15"-Felgen kann die Reifengröße 185/55 R 15 montiert werden. Die Wahl wird wohl eher aus optischen Gründen auf diese Dimension fallen, zumal dann auch sicher Leichtmetallfelgen montiert werden. Wirklichen Nutzen bringen sie nur sehr »sportlichen« Fahrern. Die in der Anschaffung gegenüber der 13"- oder 14"-Bereifung wesentlich teureren Reifen haben keine längere Lebensdauer. Im Gegenteil: Mit breiteren Reifen wird die Aquaplaninggefahr auf regennasser Fahrbahn mit schwindender Profiltiefe immer größer. Der Reifentausch empfiehlt sich hier schon bei 3 mm Restprofil.

Breite 60er- oder 55er-Sommerreifen bzw. in H- oder V-Ausführung neigen auf Schnee und Eis schneller zum Durchdrehen als die schmäleren Pneus der S-Kategorie. Je nach Einsatzgebiet und bisheriger Sommerbereifung läßt sich die Anschaffung spezieller Winterreifen nicht immer umgehen.
○ Für alle Modelle haben Sie die Wahl zwischen den herkömmlichen M+S-Reifen, die lediglich 160 km/h schnell gefahren werden dürfen, und den teureren Hochgeschwindigkeitsreifen für 190 km/h Höchsttempo. Wer mit Q-Winterreifen fährt, muß irgendwo am Armaturenbrett einen Hinweis anbringen, der an die zulässige Höchstgeschwindigkeit von 160 km/h erinnert (gibt's beim Reifenhändler oder in der Werkstatt). Denn selbst der 51-kW-VW erreicht mehr als 160 km/h.
○ In Sachen Reifengröße raten wir bei Winterbereifung zu einer möglichst schmalen Ausführung. Demzufolge können Sie je nach Eintrag in den Fahrzeugpapieren den VW mit der Größe 155 R 13 oder 175/70 R 13 auf 5½"-Felgen ausrüsten.

Winterbereifung

Einführung in die Elektrik

Stromwirtschaft

»Elektrizität und Verzweiflung sind gleichbedeutende Begriffe« soll einmal ein geplagter Autofahrer ausgerufen haben. Wir wollen mit den folgenden Kapiteln verhindern, daß bei Ihnen Verzweiflung aufkommt.

So einfach ist Elektrik

Elektrizität kann man leider nicht sehen; das erschwert für manchen das Verständnis. Wir wollen es Ihnen anhand eines Beispiels leichter machen. Die Vorgänge um den elektrischen Strom lassen sich am einfachsten mit einer Wasserleitung erklären. Durch eine solche strömt unter einem bestimmten Druck eine gewisse Menge Wasser.
○ Man kann den Wasserdruck vergleichen mit der **Spannung**, gemessen in Volt (Abkürzung: V).
○ Die in einer bestimmten Zeit durchfließende Wassermenge entspricht dem **Strom**, der in Ampere (kurz: A) gemessen wird.
○ Multipliziert man Spannung und Strom miteinander, so erhält man die elektrische **Leistung** mit der Maßeinheit Watt (abgekürzt: W).
○ Einen anderen Wert erhalten wir, wenn wir die Spannung durch den Strom dividieren, nämlich den **Widerstand**, der in Ohm (Zeichen: Ω) gemessen wird. Wir können ihn uns als Absperrhahn in der Wasserleitung vorstellen. Bei geöffnetem Wasserhahn ist der Widerstand gleich 0, das Wasser fließt ungehindert. Wird der Hahn zugedreht, erhöht sich der Widerstand bis schließlich zum Wert unendlich (∞), wobei der Strom versiegt.
Jeder Stromverbraucher stellt einen Widerstand dar, der für seine einwandfreie Funktion mit genügend Strom beliefert werden muß. Deshalb braucht eine kleine Kontrollampe lediglich ein dünnes Kabel, der leistungsstarke Anlasser dagegen eine besonders dicke Leitung.

Minus an Masse

Strom kann nur in einem geschlossenen Kreislauf fließen. Wenn Sie zu Hause den Lichtschalter anknipsen, leuchtet das Licht auf. Genauso ist es im Auto, nur daß hier der von Batterie oder Lichtmaschine kommende Strom über den jeweiligen Stromverbraucher zurück zur Batterie oder Lichtmaschine fließt.
An die Mehrzahl der Stromverbraucher im VW sind zwei Kabel angeschlossen. Doch nur eines läßt sich bis zur Batterie bzw. bis zum Generator zurück verfolgen, wie dies auch die Stromlaufpläne ab Seite 166 zeigen. Die andere Leitung ist dagegen meist schon nach wenigen Zentimetern irgendwo am Karosserieblech festgeschraubt oder mit einer Steckerfahne eingesteckt.
Hier hat man sich zunutze gemacht, daß die Metallteile von Karosserie und Motor bzw. Getriebe ebenfalls Strom leiten können. In der Autoelektrik bezeichnet man sie mit »Masse«. Sie sorgen für die Stromrückleitung zum Minuspol der Batterie. Merksatz: **M**inus an **M**asse.
Wenn ein Stromverbraucher direkt auf Metall sitzt, braucht er nur ein einziges Anschlußkabel, aber im heutigen kunststoffreichen Automobil müssen fast immer kleine Verbindungsleitungen den Kontakt zur Fahrzeugmasse herstellen.

<u>Fingerzeig:</u> **Falls eine Glühlampe oder etwa ein Anzeigeinstrument nicht so funktioniert, wie es soll, liegt dies nicht selten an fehlender Masseverbindung. Den fehlenden Kontakt zur Fahrzeugmasse holt sich der Verbraucher auf Umwegen und stiftet so Verwirrung.**

Orientierungshilfen in der Autoelektrik

Normklemmen-Bezeichnungen

Das bunte Kabelgewirr im Auto ist eigentlich ganz gut geordnet, denn viele Einzelheiten der Kraftfahrzeug-Elektrik sind genormt. Die Zahlen an verschiedenen Bauteilen und Kabelanschlüssen sowie in den Stromlaufplänen haben in allen deutschen und in manchen ausländischen Fahrzeugen dieselbe Bedeutung:
Klemme 15 erhält nur bei eingeschalteter Zündung Strom ab Zündschloß, wobei außer der Zündspule jene Stromverbraucher versorgt werden, die nur bei Betrieb des Wagens Strom erhalten sollen. Die Kabel an den Normklemmen 15 besitzen vielfach eine schwarze Ummantelung, bisweilen auch mit farbigen Zusatzstreifen bei bestimmten Stromverbrauchern.
Klemme 30 erhält dauernd Strom vom Pluspol der Batterie bzw. bei laufendem Motor von der Lichtmaschine. Das kann bei unvorsichtigem Umgang mit Werkzeug zu Kurzschlüssen und Funkenregen führen, wenn das

Minuskabel der Batterie nicht abgenommen wurde. Diese stets stromführenden Kabel haben meist eine rote Umhüllung, ggf. mit zusätzlichen Farbstreifen.
Klemme 49 ist für die Blink- und Warnblinkanlage zuständig.
Klemme 53 versorgt die Scheibenwischeranlage in meist grün bzw. grün mit Zusatzfarben gekennzeichneten Leitungen.
Klemme 56 ist für die Stromzufuhr des Abblendlichts mit gelben und gelb/schwarzen Kabeln sowie des Fernlichts mit weißen und weiß/schwarzen Leitungen zuständig.
Klemme 58 gehört zum Standlicht vorn sowie zu den Schluß- und Kennzeichenleuchten. Die Grundfarbe der Kabelumhüllung ist grau, jeweils mit zusätzlichen Farbstreifen.
Klemme 31 ist die Masse-Klemme, mit der ein Stromverbraucher zur Fahrzeugmasse verbunden sein muß, damit der Stromkreis geschlossen ist. Die entsprechenden Kabel sind braun umhüllt.

Im VW sind die meisten Einzelkabel zu ganzen Kabelbündeln zusammengefaßt. Verlaufen sie in schwarzer Umhüllung, ist die Suche nach einem bestimmten Kabel erschwert; Orientierungshilfe bieten in diesem Fall die zahlreichen Mehrfachsteckverbindungen. In den Stromlaufplänen ab Seite 166 ist die Anzahl der Kabel pro Stecker und ihre genaue Lage verzeichnet.

Bezeichnete Steckverbinder

Die Stecker der neueren Bauserien sind fast alle durch verschiedene Einfärbung kodiert. Man sieht sofort, wo welcher Stecker hingehört. Zum anderen besitzen sie – die Zentralelektrik ausgenommen – eine Drahtsicherung, die beim Abziehen des Steckers gelöst werden muß:
- Sicherungsbügel niederdrücken.
- Stecker abziehen.
- Beim Aufstecken den Bügel nicht berühren.
- Stecker aufdrücken, bis der Sicherungsbügel einrastet.

Stecker abziehen

Elektrische Messungen

Beim Prüfen und Reparieren der Fahrzeugelektrik und -elektronik gibt es verschiedene elektrische Größen zu messen. Was im Einzelfall zu tun ist, beschreiben die verschiedenen Kapitel hier im Buch.
Damit der Meßwert richtig abgelesen werden kann, bedarf es zunächst eines genauen Meßgeräts. Welche Geräte sich eignen, sehen Sie unten.
Wie man das Meßgerät richtig anschließt, und was bei den einzelnen Messungen zu beachten ist, finden Sie in den folgenden Abschnitten erklärt.

Praktisch ist eine Prüflampe mit Nadelkontakt, mit deren Nadel einfach die Isolierung des zu prüfenden Kabels durchstochen werden kann. Die Klemme am Kabel der Lampe wird irgendwo an blankem Fahrzeugmetall, der sogenannten Masse, angeklipst. Die Lampe gibt in erster Linie Auskunft darüber, ob überhaupt Spannung anliegt. An ihrer Helligkeit kann man in etwa die Höhe der Spannung abschätzen.

Spannung messen mit Prüflampe

An elektronischen Bauteilen darf mit einer herkömmlichen Prüflampe nicht gemessen werden. Sie nimmt zu viel Leistung auf und kann so Bauteile der Elektronik beschädigen. Wer in diesem Bereich Messungen vornehmen will, sollte sich einen Spannungsprüfer mit Leuchtdioden anschaffen.

Spannung messen mit Diodenprüfer

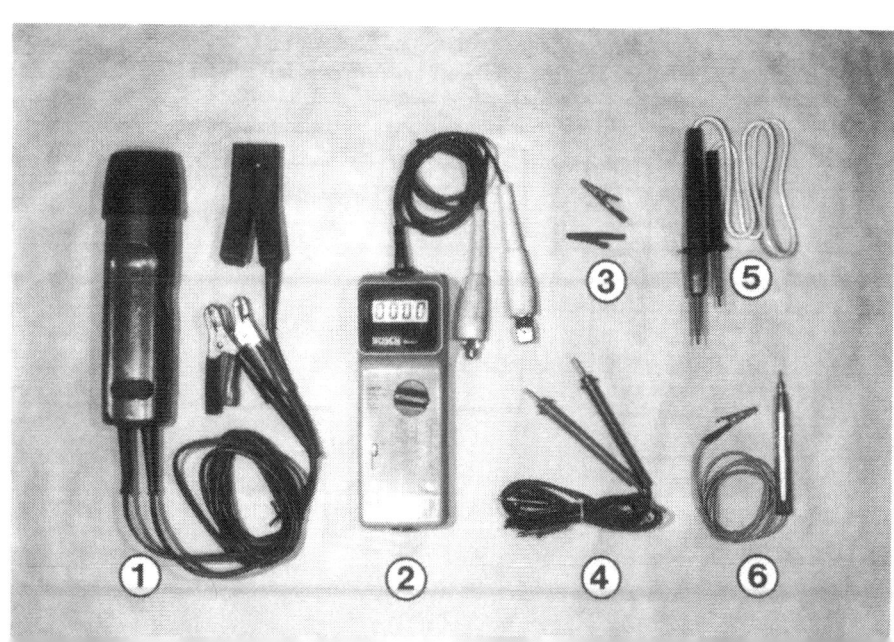

Im Bild haben wir verschiedene Meßgeräte für die Fahrzeug- und Motorelektrik abgebildet:
1 – Stroboskoplampe zur Einstellung des Zündzeitpunkts;
2 – Präzisions-Motortester mit Digitalanzeige, dazu Krokodilklemmen (3) und Meßspitzen (4);
5 – Leuchtdioden-Spannungsprüfer (auch zur Prüfung elektronischer Bauteile geeignet);
6 – herkömmliche Prüflampe (sie darf nicht bei Elektronik-Bauteilen verwendet werden).

Spannung messen mit Voltmeter

Exakter ist die Spannungsmessung mit dem Volt-Meßbereich eines Zeiger- oder Digitalmeßgeräts. Durch den sehr geringen Stromverbrauch des Instruments droht auch Elektronikteilen keine Gefahr.

○ Zum Messen der Batteriespannung (als Beispiel) wird das mit »−« gekennzeichnete Meßkabel an den Minuspol der Batterie angeschlossen. Das »+«-Kabel kommt an den Pluspol.

○ Zeigt das Instrument beispielsweise nur 10,4 Volt an, hat eine der Batteriezellen Kurzschluß. Interessant kann es auch sein, die Batteriespannung zu messen, während der Anlasser betätigt wird. Sind dann nur noch 6 Volt abzulesen, steht es mit der Batterie sicher nicht zum besten.

○ Messen einer Spannung »gegen Masse«: »+«-Kabel des Meßgeräts an einer Klemme anschließen, an der Spannung anliegt, »−«-Kabel an ein blankes Teil der Karosserie oder des Motors anklemmen. Beide sind durch dicke Kabel mit dem Minuspol der Batterie verbunden, wodurch eine exakte Messung möglich ist.

○ Häufig wird die Spannung zwischen zwei bestimmten Kontakten (etwa an einem Steuergerät) gemessen. Wie das Meßgerät anzuschließen ist und welche Spannung anliegen soll, ist in einem solchen Fall Bestandteil der Prüfvorschriften.

○ Mit dem Volt-Meßbereich kann auch geprüft werden, ob ein Massekabel in Ordnung ist: »+«-Kabel des Meßgeräts am Pluspol der Batterie anschließen, »−«-Kabel des Geräts am Ende des Massekabels anklemmen. Ist die Masseversorgung intakt, muß volle Batteriespannung angezeigt werden.

Strom messen

Ob Strom zu einem Verbraucher hin fließt, wird mit dem Amperemeter bzw. dem entsprechenden Meßbereich des Vielfachinstruments gemessen.

○ Dazu muß der Stromkreis aufgetrennt und das Meßgerät zwischen die jetzt freien Pole zwischengeschaltet werden.

○ In der Praxis sieht das so aus: Einen Steckkontakt in der Leitung zu einem Verbraucher abziehen und Meßgerät zwischen Stecker und Kontaktzunge zwischenschalten.

○ Strom wird beispielsweise gemessen, wenn der Verdacht besteht, daß ein heimlicher Stromverbraucher irgendwo im Bordnetz sitzt, der über Nacht die Batterie leersaugt. Um diese Leckstelle festzustellen, nehmen Sie das Batterie-Massekabel ab und klemmen zwischen Batteriepol und -kabel das Amperemeter. Zeigt das Instrument Stromfluß an, wird der Stromkreis ermittelt: Eine Sicherung nach der anderen herausnehmen und statt deren das Amperemeter an den Kontaktzungen im Sicherungskasten anklemmen. So können Sie erkennen, in welchem Stromkreis Verluste entstehen. Anhand der Sicherungstabellen ab Seite 162 vergleichen Sie dann, welche Verbraucher in diesen Stromkreis eingeschaltet sind und kontrollieren diese der Reihe nach durch.

○ **Niemals** versuchen, auf diese Weise den Stromverbrauch des Anlassers zu ermitteln! Der Strom ist viel zu hoch für unser kleines Meßgerät.

Widerstand messen

Die exakte Widerstandsmessung an einem Bauteil hat nur dann einen Sinn, wenn man ein genau anzeigendes Gerät besitzt. Sonst bleiben letztlich Zweifel an der Messung.

○ Mit dem Widerstandsmeßbereich läßt sich beispielsweise erkennen, welchen Innenwiderstand ein bestimmtes Bauteil hat. Die Angaben finden Sie – wo nötig – hier im Buch.

○ Die Kabel des Meßgeräts (Polung ist dabei gleichgültig) werden dazu an zwei Anschlüssen des Bauteils angeklemmt.

○ Oder es wird der Widerstand »gegen Masse« gemessen: Ein Kabel am Bauteil, das zweite an Motorblock oder Karosserie anklemmen.

○ Ferner läßt sich mit dem Widerstands-Meßbereich eines Meßinstruments prüfen, ob eine Leitung oder ein Schalter »Durchgang« hat (der Meßwert ist dann 0) oder ob der Stromweg irgendwo unterbrochen ist (dann erhalten Sie den Meßwert unendlich = ∞).

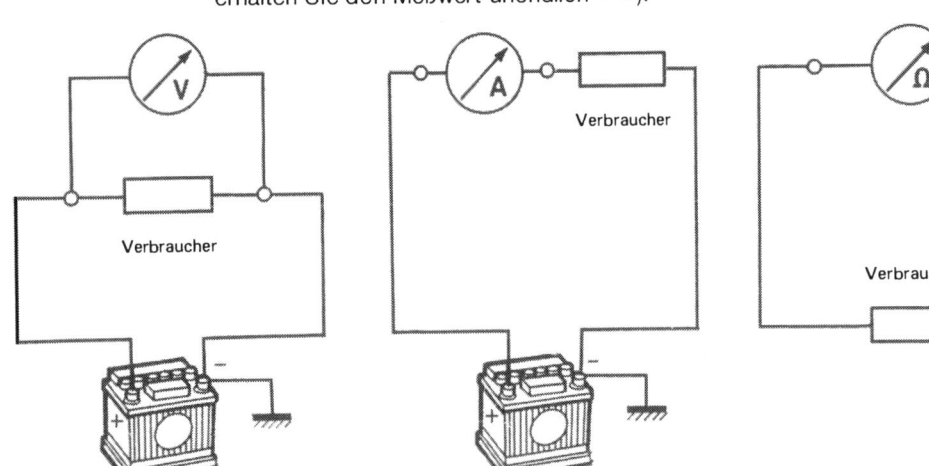

Die Zeichnungen zeigen, wie das betreffende Meßgerät für die elektrischen Größen Spannung (links), Strom (mitte) und Widerstand (rechts) angeschlossen wird. Der Kreis mit Zeiger stellt das jeweilige Meßgerät dar.

Elektrische Leitungen und Sicherungen

Auf Draht

Lassen Sie sich von dem Kabelwirrwarr und der Vielzahl von Leitungen in den nachfolgenden Stromlaufplänen keinen Schrecken einjagen. Mit Geduld und etwas Zeit zum Hineindenken finden Sie sich bald zurecht.

Die Leitungen

Der Querschnitt eines Kabels wird je nach Stromanspruch des betreffenden Verbrauchers gewählt: Ein Kontrollämpchen kommt mit 0,5-mm² Kabelstärke aus, der Anlasser braucht dagegen ein 16-mm²-Kabel. Ein zu dünnes Kabel heizt sich auf, und die Spannung fällt ab. Dann kommen statt der erwünschten 12 Volt z.B. an den Scheinwerfern vielleicht nur 10 oder 9,5 Volt an – das Licht wird trübe.

Die Zentralelektrik

Sämtliche Leitungen sind in bestimmten Leitungssträngen zusammengefaßt. Sie alle gehen von der sogenannten Zentralelektrik im Fahrerfußraum aus. Dort sitzen die Sicherungen, außerdem sind die Relais eingesteckt. Hat sich bei der Störungssuche herausgestellt, daß Kabelzuleitungen, die zuständige Sicherung bzw. das betreffende Relais keinen Schaden aufweisen, kann es an der Zentralelektrik liegen.

Typische Fehler sind Wackelkontakte oder temperaturabhängige Ausfallserscheinungen. Dann könnte eine Verbindung in der Zentralelektrik unterbrochen sein. Zur Reparatur muß die Zentralelektrik zerlegt werden – eine Arbeit, an die sich die Werkstatt verständlicherweise nicht wagt. Wer aber elektronikerfahren ist, kann zumindest versuchen, die Zentralelektrik zu öffnen und eine evtl. unterbrochene Kontaktstelle zu reparieren. Andernfalls muß ein neues Teil eingebaut werden.

Fingerzeig: Im Januar 1989 erhielt der Jetta eine neue Zentralelektrik mit geänderter Sicherungsbelegung und gleichzeitig neue Hebelschalter. Beim Golf setzte diese Änderung 8/89 ein. Erkennungsmerkmal sind die Hebelschalter mit integriertem Warnblinkschalter.

Zentralelektrik ausbauen

- Ablagefach links ausbauen, siehe Seite 260.
- **Golf bis 7/89, Jetta bis 12/88:** Halteknebel unten an der Zentralelektrik um 90° drehen und herausziehen.
- Links die Halteklammer zur Seite drücken und vom Haltebolzen der Zentralelektrik abziehen.
- Zentralelektrik nach vorn drehen und aus den seitlichen Halteösen aushängen.
- **Golf ab 8/89, Jetta ab 1/89:** Halteklammern rechts und links an der Zentralelektrik zur Seite drücken und nach Drehung abnehmen.
- Jetzt läßt sich die komplette Zentralelektrik herausklappen und ggf. aus den Haltern nehmen.
- Zum Abnehmen eines Mehrfachsteckers muß die Stecker-Verriegelung gelöst werden.
- Dazu an der in Fahrtrichtung rechten Seite in der Mitte der beiden Steckerreihen den Verriegelungshebel zur Seite ziehen.
- Erst jetzt können Sie an der Rückseite des jeweiligen Mehrfachsteckers die Kunststoffklammer herunterdrücken und den Stecker abziehen.

Die Sicherungen

Wenn an einen vorhandenen Stromkreis zusätzliche Verbraucher angeschlossen werden oder durch einen Defekt ein Kurzschluß entsteht (der nichts anderes ist als ein abnorm ansteigender Stromdurchfluß), würde der Stromkreis überlastet. Die Leitung würde warm oder zu glühen beginnen, ebenso die Wicklungen der Lichtmaschine, die Batterieflüssigkeit könnte ins Sieden geraten – wären da nicht die elektrischen Sicherungen zwischengeschaltet. Die sind sehr kurz angebunden: Wenn der Strom ein gewisses, zuträgliches Maß übersteigt, unterbrechen sie ihn einfach.

Damit der VW bei einem Defekt nicht gleich völlig ohne Strom dasteht, sind die Sicherungen auf verschiedene Stromkreise verteilt. Allerdings sind die Schaltungen zwischen Anlasser, Batterie, Lichtmaschine und Zündschloß nicht von Sicherungen überwacht. Bei einer Störung dieser Teile nützt der Blick in den Sicherungskasten also nichts. Dagegen haben die Einspritzanlage und alle übrigen elektrischen Aggregate eine eigene Absicherung.

Im VW werden sogenannte Flachstecksicherungen verwendet. In ein durchscheinendes, eingefärbtes Kunststoffteil sind zwei Flachstecker eingebettet, die durch den Schmelzfaden verbunden sind. Mit diesen Sicherungen gibt es keine Korrosionsprobleme mehr.

Sicherung auswechseln

● Soll eine Stecksicherung ausgewechselt werden, können Sie sich dazu der kleinen Kunststoffzange bedienen, die an der Zentralelektrik befestigt ist.
● Brennt die neue Sicherung sofort wieder durch, klären, ob eine zu schwache Sicherung eingesetzt wurde (siehe Sicherungstabellen).
● War das nicht der Fall, anhand der Sicherungstabelle die angeschlossenen Verbraucher ermitteln und einzeln prüfen. Dabei hilft auch der zuständige Schaltplan (folgendes Kapitel).
● Im Zweifelsfall alle Verbraucher ausstecken und nacheinander wieder anschließen. Derjenige Verbraucher, bei dem die Sicherung durchbrennt, war defekt.

Zusatz-Sicherungen

Bei bestimmten Zusatzausstattungen sitzen weitere Sicherungen in zusätzlichen Haltern oberhalb der Zentralelektrik (Bilder Seite 230/231).

Sicherungstabelle

Golf bis 7/89, Jetta bis 12/88

Nr.	Klemme	erhält Strom von	angeschlossene Stromverbraucher	A
1	30	Batterie-+ von der Zentralelektrik	Kühlerventilator über Thermoschalter und Thermoschalter Lüfternachlauf Klimaanlage (Arbeitsstrom)	30
2	30	wie Sicherung 1	Bremsleuchten über Bremslichtschalter	10
3	30	wie Sicherung 1	Innenleuchte Kofferraumleuchte Anzünder Zeituhr Radio Motor der Bidruckpumpe für Zentralverriegelung über Schalter für Zentralverriegelung	15
4	30	wie Sicherung 1	Warnblinker über Warnblinkschalter	15
5		(nur Einspritzmotoren) vom Kraftstoffpumpenrelais	Elektrische Kraftstoffpumpe Vorförderpumpe Warmlaufregler KA-Jetronic Zusatzluftschieber KA-/KE-Jetronic Einspritzventil über Vorwiderstand Monojetronic	15
6		vom Nebelscheinwerfer-Relais über Nebelscheinwerferschalter	Nebelscheinwerfer (Arbeitsstrom)	15
7	58L	über Lichtschalter Klemme 58L oder Parklichtschalter Klemme PL	Standlicht links Schlußlicht links	10
8	58R	über Lichtschalter Klemme 58R oder Parklichtschalter Klemme PR	Standlicht rechts Schlußlicht rechts	10
9	56a	bei eingeschalteter Zündung über Lichtschalter und Lichtumschalter Klemme 56a	Fernlicht rechts Fernlichtkontrolle	10
10	56a	wie Sicherung 9	Fernlicht links	10
11	X	bei eingeschalteter Zündung vom X-Kontakt-Entlastungsrelais	Frontscheibenwischermotor und Wascherpumpe über Wischerschalter Scheinwerfer-Waschanlage (Steuerstrom)	15
12	X	wie Sicherung 11	Heckscheibenwischermotor (nur Golf) Ansaugrohrbeheizung Vergaser (Arbeitsstrom) Ansaugrohrbeheizung Monojetronic über Thermoschalter Sitzbeheizung (Arbeitsstrom) Motoren für elektrische Spiegelverstellung Elektrische Fensterheber (Schaltstrom) Antiblockiersystem bis 7/88	15
13	X	wie Sicherung 11	Heizbare Heckscheibe über Schalter für heizbare Heckscheibe beheizbare Außenspiegel Sitzbeheizung (Schaltstrom)	20
14	X	wie Sicherung 11	Luftgebläse über Gebläseschalter Handschuhfachleuchte	20
15	15	bei eingeschalteter Zündung von Zündschloß Klemme 15	Rückfahrleuchten über Rückfahrlichtschalter Fahrstufenanzeige Getriebeautomatik	10
16	15	wie Sicherung 15	Signalhorn bzw. Zweiklanghörner (Arbeitsstrom)	15
17	15	wie Sicherung 15	Leerlauf-Abschaltventil Vergaser Startautomatik Vergaser über Thermoschalter Gemischkanalbeheizung Vergaser Steuergerät für Schubabschaltung über Elektro-Umschaltventil Vergaser 2 E 2 (Schaltstrom)	10

Nr.	Klemme	erhält Strom von	angeschlossene Stromverbraucher	A
17	15	wie Sicherung 15	Ansaugrohr-Beheizung Vergaser (Schaltstrom) Ventile der Kraftstoff-Verdunstungsanlage Monojetronic Steuerventil für Zündzeitpunktverstellung Monojetronic Steuergerät KE-Jetronic	10
18	15	wie Sicherung 15	Zweiklanghörner (Schaltstrom) Steuergerät für Kühlmittel-Mangelanzeige Leerlaufdrehzahl-Anhebung KA-/KE-Jetronic Beheizte Wascherdüsen Sicherheitsgurt-Warnsystem Rückhaltesystem	15
19	15	wie Sicherung 15	Richtungsblinker Bremskontrolleuchte ABS-Kontrolleuchte	10
20	58	vom Lichtschalter Klemme 58	Kennzeichenleuchten Nebelscheinwerfer (Schaltstrom) Scheinwerfer-Waschanlage	10
21	56 b	bei eingeschalteter Zündung über Lichtschalter und Lichtumschalter Klemme 56 b	Abblendlicht links Motor für Leuchtweitenregelung links	10
22	56 b	wie Sicherung 21	Abblendlicht rechts Motor für Leuchtweitenregelung rechts	10

Sicherungstabelle

Golf ab 8/89
Jetta ab 1/89

Nr.	Klemme	erhält Strom von	angeschlossene Stromverbraucher	A
1	56 b	bei eingeschalteter Zündung über Lichtschalter und Lichtumschalter Klemme 56 b	Abblendlicht links Motor für Leuchtweitenregelung links	10
2	56 b	wie Sicherung 1	Abblendlicht rechts Motor für Leuchtweitenregelung rechts	10
3	58	vom Lichtschalter Klemme 58	Kennzeichenleuchten Instrumentenbeleuchtung	10
4	X	bei eingeschalteter Zündung vom X-Kontakt-Entlastungsrelais	Heckscheibenwischermotor über Wischerschalter (nur Golf) Handschuhfachleuchte Ansaugrohr-Beheizung über Thermoschalter und Relais Monojetronic	15
5	X	wie Sicherung 4	Frontscheibenwischermotor und Waschwasserpumpe (Ansteuerung) über Wischerschalter	15
6	X	wie Sicherung 4	Luftgebläse über Gebläseschalter Klimaanlage (Schaltstrom)	20
7	58 R	über Lichtschalter Klemme 58 R oder Parklichtschalter Klemme 58 R	Standlicht rechts Schlußlicht rechts	10
8	58 L	über Lichtschalter Klemme 58 L oder Parklichtschalter Klemme 58 L	Standlicht links Schlußlicht links	10

Wenn Sie im linken Ablagefach den Kunststoffeinsatz herausziehen, können Sie mit einigen Verrenkungen einen Blick auf die Sicherungen werfen. Sie sind von links (1) nach rechts (22) durchnummeriert. Hier an der älteren Zentralelektrik ist unten Raum für drei Ersatzsicherungen (E). Rechts sitzt die Kunststoffzange (K) zum Wechsel der Sicherungen.

Nr.	Klemme	erhält Strom von	angeschlossene Stromverbraucher	A
9	X	wie Sicherung 4	Heizbare Heckscheibe über Schalter für heizbare Heckscheibe Beheizbare Außenspiegel	20
10		bei eingeschalteter Zündung vom X-Kontakt-Entlastungsrelais über Relais für Nebelscheinwerfer (nur in Verbindung mit Nebelscheinwerfern) bzw. Kabelbrücke und Schalter für Nebelscheinwerfer	Nebelscheinwerfer (Arbeitsstrom) Nebelschlußleuchte(n)	15
11	56a	bei eingeschalteter Zündung über Lichtschalter und Lichtumschalter Klemme 56a	Fernlicht links Fernlichtkontrolle	10
12	56a	wie Sicherung 11	Fernlicht rechts	10
13	15	bei eingeschalteter Zündung von Zündschloß Klemme 15	Signalhorn bzw. Zweiklanghörner (Arbeitsstrom) Kühllüfternachlauf	15
14	15	wie Sicherung 13	Rückfahrleuchten über Rückfahrlichtschalter Motoren für elektrisch einstellbare Außenspiegel Beheizte Scheibenwaschdüsen Sitzheizung Fahrstufenanzeige Getriebeautomatik Elektrische Fensterheber (Steuerstrom)	10
15	15	wie Sicherung 13	Gemischkanalbeheizung Vergaser Startautomatik über Thermoschalter 2 E 2-Vergaser Thermozeitventil für Kaltstart 2 E 2-Vergaser Ansaugrohr-Beheizung (Schaltstrom) über Thermoschalter 2 E 2-Vergaser Ventile für Kraftstoff-Verdunstungsanlage Monojetronic Steuerventil für Zündzeitpunktverstellung Monojetronic	10
16	15	wie Sicherung 13	Kombiinstrument Bremskontrolle ABS-Kontrollampe Multifunktionsanzeige Beleuchtung für Cassettenablage	15
17	15	wie Sicherung 13	Richtungsblinker	10
18		vom Kraftstoffpumpenrelais	Elektrische Kraftstoffpumpe Vorförderpumpe Einspritzventil über Vorwiderstand Monojetronic	20
19	30	Batterie-+ über die Zentralelektrik	Kühlerventilator über Thermoschalter Klimaanlage (Arbeitsstrom)	30
20	30	wie Sicherung 19	Bremsleuchten über Bremslichtschalter	10
21	30	wie Sicherung 19	Innenleuchte Kofferraumleuchte Analog-/Digitaluhr Zentralverriegelung Elektrische Antenne	30
22	30	wie Sicherung 19	Anzünder Radio	10

Zusatz-Sicherungen

Nr. im Stromlaufplan	erhält Strom von	angeschlossene Stromverbraucher	A
23	Batterie-+ über die Zentralelektrik	Klimaanlage	30
27[1]	bei eingeschaltetem Licht vom Nebelscheinwerferschalter Klemme 83b	Nebelschlußleuchte(n)	10
37	Batterie-+ über die Zentralelektrik	Motoren für elektrische Fensterheber	30
53	Batterie-+ über die Zentralelektrik	ABS-Hydraulikpumpe	30
54	Batterie-+ über die Zentralelektrik	ABS-Ventile	30

[1] nur Golf bis 7/89, Jetta bis 12/88

Die Stromlaufpläne

Strom-Landkarte

Für Arbeiten an der Autoelektrik ist es wichtiger, die elektrische Verschaltung zu erkennen, als die Lage der einzelnen Bauteile zu ersehen. Deshalb haben sich bei VW die sogenannten Stromlaufpläne durchgesetzt, aus denen sich der funktionelle Zusammenhang der verschiedenen Teile der Autoelektrik ohne große Probleme erfassen läßt.

Aufbau der Stromlaufpläne

Im Stromlaufplan ist ein Stromkreis mit dem kürzestmöglichen Kabelweg – dem Strompfad – gezeichnet ohne Rücksicht auf die Einbaulage im Fahrzeug. Bauteile mit mehreren Funktionen können auf mehrere Pfade aufgeteilt sein.

Zentralelektrik: Wie schon beschrieben, vereinigt die oben im Stromlaufplan eingezeichnete Zentralelektrik den Sicherungskasten, die Steckfelder für die zahlreichen Relais (Kennbuchstaben »J«) und die Anschlüsse der Vielfachstecker. Diese Stecker sind in alphabetischer Folge gekennzeichnet, siehe Zeichnungen unten. Die Buchstaben/Zahlen-Kombination an der unteren Leiste der Zentralelektrik gibt die Belegung der Leitungen in den Steckern an. So ist beispielsweise »C 5« der Kontakt 5 im Vielfachstecker C.

Stromverteilung: Ganz oben in der Zentralelektrik ist die Plus-Seite dargestellt. Von hier wird der Strom verteilt, der von der Batterie bzw. der Lichtmaschine kommt. An der unteren Seite zweigen die Leitungen zu den Verbrauchern ab.

Sicherungen: Mit dem Kennbuchstaben »S« und einer nachfolgenden Zahl sind die im Sicherungshalter sitzenden Sicherungen bezeichnet. Die Numerierung entspricht ihrem Platz im Halter. Außerdem ist die elektrische Belastbarkeit angegeben – z.B. 10 A Nennstrom.

Leitungen: Die elektrischen Leitungen sind mit dem Querschnitt ihrer Metallseele angegeben; »0,5« steht für 0,5 mm² Querschnitt. Außerdem sind die Kabelfarben abgekürzt wiedergegeben: Es bedeuten: bl – blau; br – braun; ge – gelb; gn – grün; gr – grau; li – lila; ro bzw. rt – rot; sw – schwarz; ws – weiß.

Steckverbindungen: Sie tragen mit Ausnahme der Vielfachstecker an der Zentralelektrik den Kennbuchstaben »T«. Aus der nachfolgenden Zahl läßt sich ablesen, um was für einen Stecker es sich handelt: »T3« bedeutet Dreifachstecker. Anhand der Erklärung zum Stromlaufplan läßt sich herauslesen, wo dieser Stecker im Fahrzeug zu finden ist.

Bauteile: Alle elektrischen Bauteile im Stromlaufplan tragen Kennbuchstaben, ggf. mit Unterscheidungsziffern. Die Bedeutung ist einheitlich für alle VW- und Audi-Modelle. So bedeuten z.B. A – Batterie, E – Handschalter, L und M – Glühlampen, V – Motoren.

Schaltzeichen: Zur Darstellung der Bauteile werden genormte Schaltzeichen verwendet, wobei alle Schalter und Kontakte in Ruhestellung gezeichnet sind.

Klemmenbezeichnungen: Zweistellige Ziffern, ggf. mit Zusatzbuchstaben im Stromlaufplan finden sich gleichlautend am entsprechenden Bauteil.

Strompfade: Unten an der Fußleiste sind die Stromlaufpläne durchnumeriert. Für jedes Bauteil ist mindestens ein eigener Strompfad vorhanden. Endet ein Strompfad mit einem quadratischen Kästchen, so gibt die Zahl im Kästchen an, wo der Strompfad weiterläuft.

Interne Verbindungen: Sie sind nicht als Kabel vorhanden, sondern als Metallschienen oder -brücken. Im Stromlaufplan sind sie als dünne Querlinien gezeichnet.

Masse: Karosserie, Motor oder Getriebe dienen in der Autoelektrik zur Rückleitung des Stromes – man spricht hier von »Masse«. Im Stromlaufplan ist sie unten als dünne Querlinie dargestellt. Kann ein elektrisches Bauteil nicht direkt mit Masse verbunden werden, stellt man die Verbindung über einen sogenannten Massepunkt her.

Die Buchstaben und Zahlen kennzeichnen die Steckfelder für die Mehrfachstecker an der Rückseite der Zentralelektrik. Links ist die ältere Version abgebildet, rechts die neuere für den Golf ab 8/89 bzw. den Jetta ab 1/89.

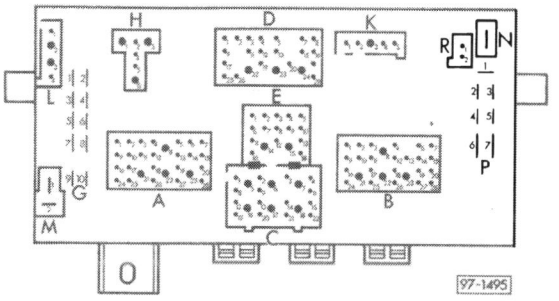
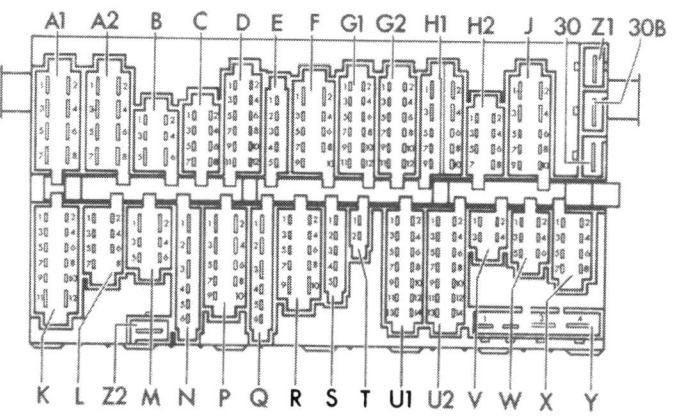

Motorelektrik 1,6-/1,8-Liter mit Vergaser 2 E 2 und TSZ

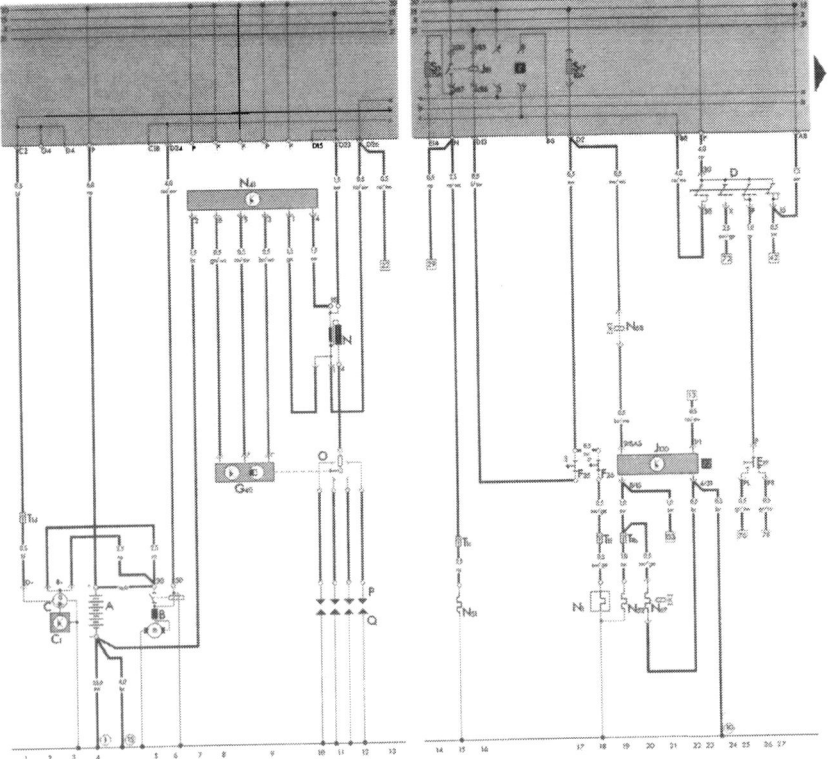

- A – Batterie
- B – Anlasser
- C – Drehstrom-Lichtmaschine
- C 1 – Spannungsregler
- D – Zünd/Anlaß-Schalter
- E 19 – Schalter für Parklicht
- F 26 – Thermoschalter für Startautomatik
- F 35 – Thermoschalter für Ansaugrohr-Beheizung
- G 40 – Hallgeber
- J 81 – Relais für Ansaugrohr-Beheizung
- J 130 – Steuergerät für Schubabschaltung
- N – Zündspule
- N 1 – Heizwiderstand für Vergaser-Startautomatik
- N 41 – TSZ-Schaltgerät
- N 51 – Heizwiderstand für Ansaugrohr-Beheizung
- N 52 – Heizwiderstand für Gemischkanal-Beheizung
- N 68 – Elektro-Umschaltventil
- N 69 – Thermozeitventil für Schubabschaltung
- O – Zündverteiler
- P – Zündkerzenstecker
- Q – Zündkerzen
- T 1b, T 1c – Steckverbindungen im Motorraum links
- T 1d – Steckverbindung im Motorraum rechts
- T 1f – Steckverbindung beim Vergaser
- 1 – Masseband der Batterie
- 10 – Massepunkt neben der Zentralelektrik
- 15 – Massepunkt im Leitungsstrang vorn

Kombiinstrument

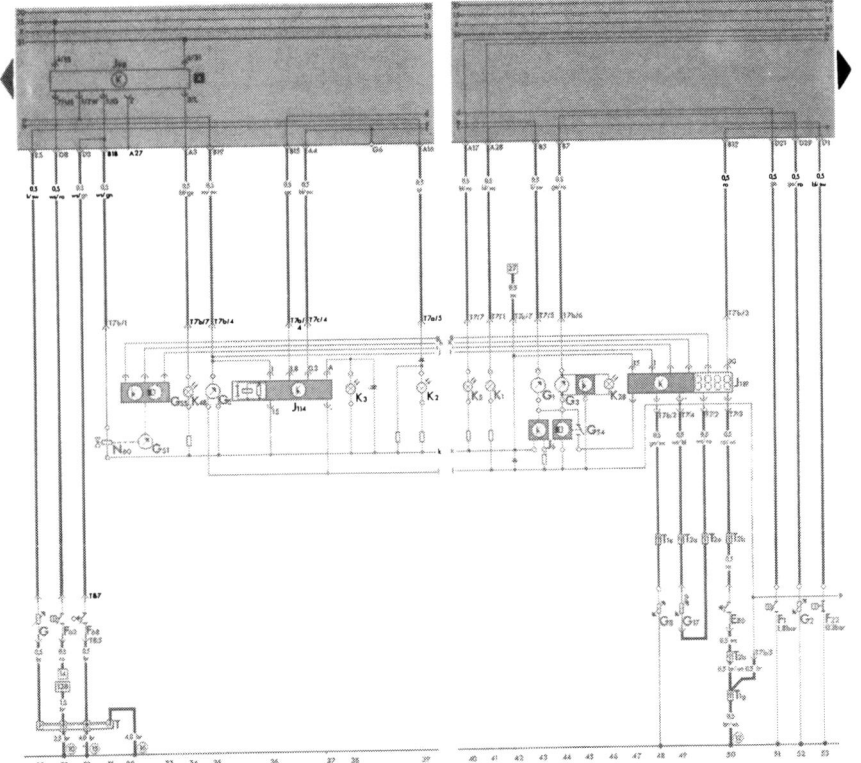

- E 86 – Taste für Multifunktionsanzeige
- F 1 – Öldruckschalter 1,8 bar
- F 22 – Öldruckschalter 0,3 bar
- F 62 – Unterdruckschalter für Schaltanzeige
- F 68 – Gangschalter für Schalt- und Verbrauchsanzeige
- G – Geber für Tankanzeige
- G 1 – Tankanzeige
- G 2 – Geber für Kühlmittel-Temperaturanzeige
- G 3 – Kühlmittel-Temperaturanzeige
- G 5 – Drehzahlmesser
- G 8 – Geber für Öltemperatur
- G 17 – Temperaturfühler für Außentemperatur
- G 51 – Verbrauchsanzeige
- G 54 – Geschwindigkeitsgeber für Multifunktionsanzeige
- G 55 – Unterdruckgeber für Multifunktionsanzeige
- J 6 – Spannungskonstanter
- J 98 – Steuergerät für Schaltanzeige
- J 114 – Steuergerät für Öldruckkontrolle
- J 119 – Multifunktionsanzeige
- K 1 – Kontrollampe für Fernlicht
- K 2 – Kontrollampe für Generator
- K 3 – Kontrollampe für Öldruck
- K 5 – Kontrollampe für Blinker
- K 28 – Kontrollampe für Kühlmittel
- K 48 – Kontrollampe für Schaltanzeige
- N 60 – Magnetventil für Verbrauchsanzeige
- T – Leitungsverteiler hinter der Zentralelektrik
- T 1e, 1g, 2a – Steckverbindungen hinter der Zentralelektrik
- T 2b – Steckverbindung hinter der Verkleidung Hebelschalter
- T 7a/, 7b/, 7c/ – Steckverbindungen am Kombiinstrument
- 10 – Massepunkt neben der Zentralelektrik
- 12 – Massepunkt am Zylinderkopfdeckel
- 15 – Massepunkt im Leitungsstrang vorn
- 16 – Massepunkt im Leitungsstrang Kombiinstrument

Zentralverriegelung, Innen- und Kofferraumleuchte, Radio, Anzünder, Lichtschalter, Lampen im Kombiinstrument

- E 1 – Lichtschalter
- E 20 – Regler für Instrumentenbeleuchtung
- F 2 – Türkontaktschalter vorn links
- F 3 – Türkontaktschalter vorn rechts
- F 5 – Schalter für Kofferraumbeleuchtung
- F 59 – Schalter für Zentralverriegelung
- J 59 – Entlastungsrelais für X-Kontakte
- L 8 – Lampe für Beleuchtung Zeituhr
- L 9 – Lampe für Beleuchtung Lichtschalter
- L 10 – Lampe für Beleuchtung Kombiinstrument
- L 16 – Lampe für Beleuchtung Heizregulierung
- L 28 – Lampe für Beleuchtung Anzünder
- L 52 – Anschluß für Beleuchtung Überblendregler
- R – Anschluß für Radio
- R 9 – Anschluß für Lautsprecher vorn links
- R 10 – Anschluß für Lautsprecher vorn rechts
- T 1h, 1k, 1n, 3a, 3h – Steckverbindungen hinter der Zentralelektrik
- T 2, 2d, 2l, 2m, 2n, 2p, 4, 32/ – Steckverbindungen hinter dem Armaturenbrett
- T 2c, 2u – Steckverbindungen im Kofferraum links
- U 1 – Anzünder
- V 37 – Motor für Pumpe der Zentralverriegelung
- W 3 – Kofferraumleuchte
- W 15 – Innenleuchte mit Abschaltverzögerung
- X – Kennzeichenleuchte
- 10 – Massepunkt neben der Zentralelektrik
- 16 – Massepunkt im Leitungsstrang Kombiinstrument
- 17 – Massepunkt im Leitungsstrang Armaturenbrett
- 18 – Massepunkt im Kofferraum links
- 20 – Quetschverbindung im Leitungsstrang Armaturenbrett

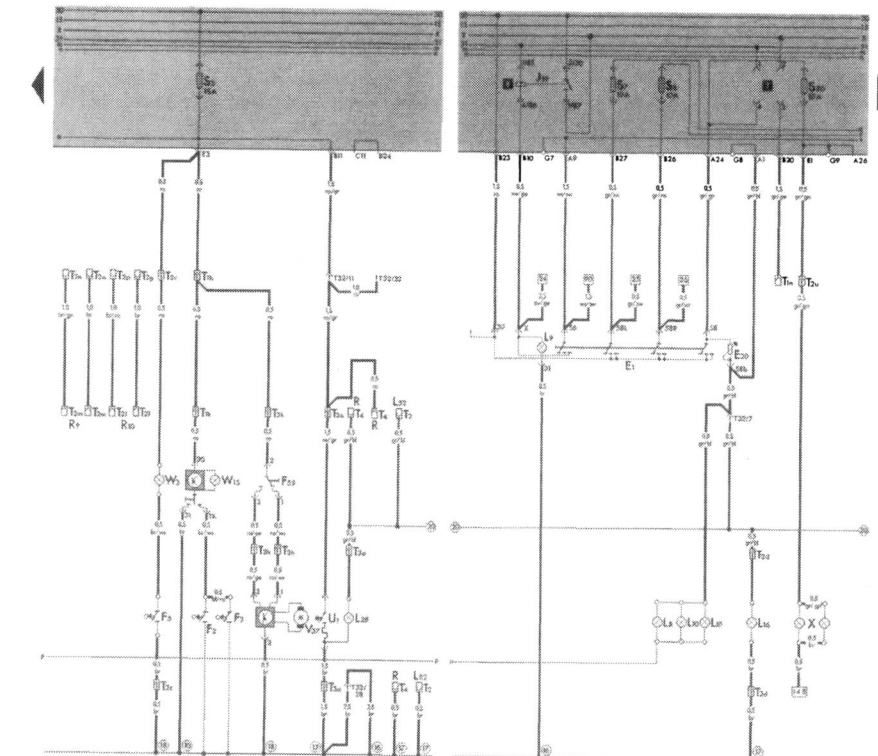

Außenbeleuchtung, Nebelscheinwerfer und -schlußleuchte, heizbare Heckscheibe

- E 4 – Lichtumschalter
- E 15 – Schalter für heizbare Heckscheibe
- E 23 – Schalter für Nebelscheinwerfer und -schlußleuchte
- K 10 – Kontrollampe für heizbare Heckscheibe
- K 17 – Kontrollampe für Nebelscheinwerfer
- L 1 – Zweifadenlampe für Scheinwerfer links
- L 2 – Zweifadenlampe für Scheinwerfer rechts
- L 20 – Lampe für Nebelschlußleuchte
- L 39 – Lampe für Beleuchtung Heizscheibenschalter
- L 40 – Lampe für Beleuchtung Nebelscheinwerferschalter
- M 1 – Lampe für Standlicht links
- M 2 – Lampe für Schlußlicht rechts
- M 3 – Lampe für Standlicht rechts
- M 4 – Lampe für Schlußlicht links
- S 27 – Einzelsicherung für Nebelschlußleuchte
- T 1i – Steckverbindung hinter der Zentralelektrik
- T 2e – Steckverbindung im Motorraum links
- T 2u – Steckverbindung im Kofferraum links
- T 32/ – Vielfachstecker hinter dem Armaturenbrett
- Z 1 – Heizwiderstand für heizbare Heckscheibe
- 15 – Massepunkt im Leitungsstrang vorn
- 17 – Massepunkt im Leitungsstrang Kombiinstrument
- 18 – Massepunkt im Kofferraum links
- 19 – Massepunkt im Kofferraum rechts
- 20 – Quetschverbindung im Leitungsstrang Armaturenbrett

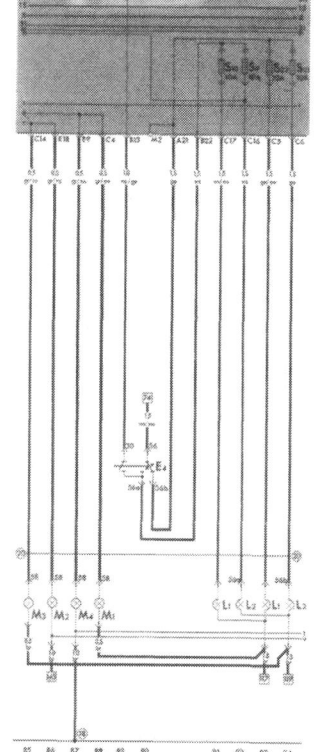
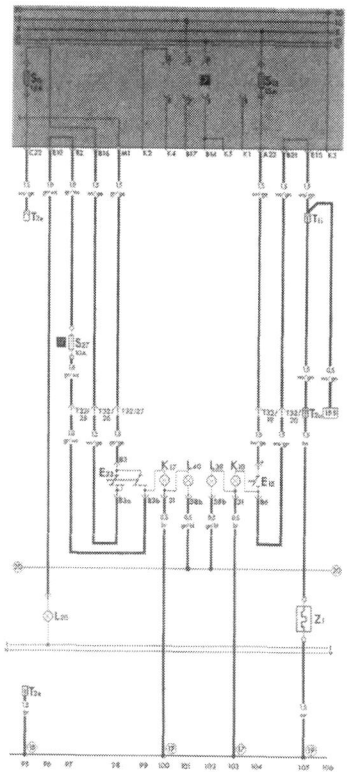

Blink- und Warnblinkanlage, Bremslicht, Luftgebläse, Rückfahrscheinwerfer, Kühlerventilator

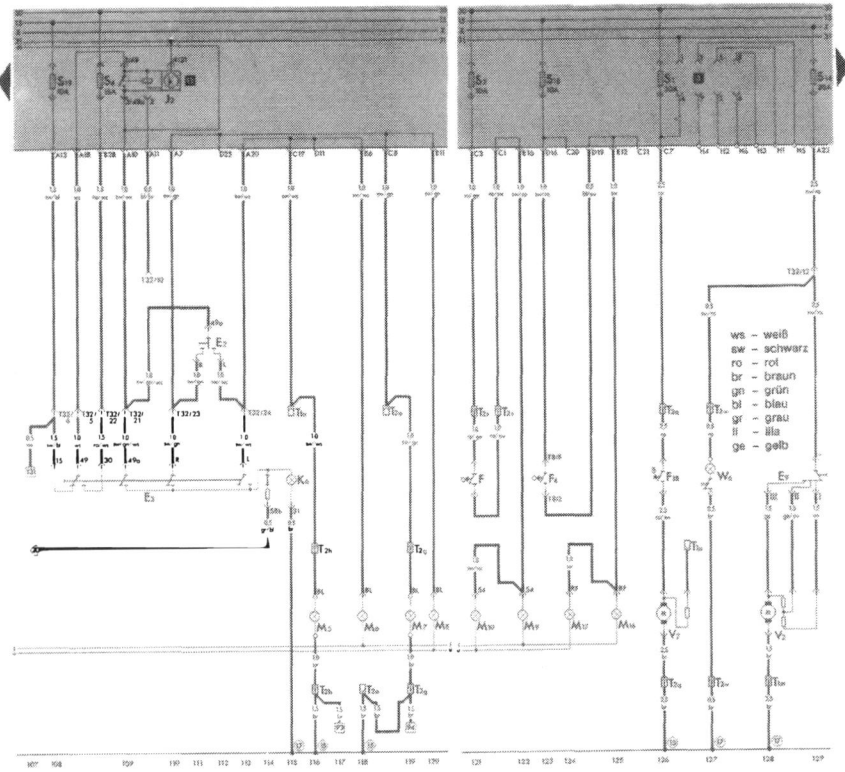

- E 2 – Blinkerschalter
- E 3 – Warnblinkschalter
- E 9 – Schalter für Luftgebläse
- F – Bremslichtschalter
- F 4 – Schalter für Rückfahrleuchten
- F 18 – Thermoschalter für Kühlerventilator
- J 2 – Blinkrelais
- K 6 – Kontrollampe für Warnblinker
- M 5 – Lampe für Blinklicht vorn links
- M 6 – Lampe für Blinklicht hinten links
- M 7 – Lampe für Blinklicht vorn rechts
- M 8 – Lampe für Blinklicht hinten rechts
- M 9 – Lampe für Bremslicht links
- M 10 – Lampe für Bremslicht rechts
- M 16 – Lampe für Rückfahrlicht links
- M 17 – Lampe für Rückfahrlicht rechts
- T 1p – Steckverbindung im Motorraum
- T 1a, 2g, 2o, 2q – Steckverbindungen im Motorraum rechts
- T 2h – Steckverbindung im Motorraum links
- T 1m, 2w, 2x, 32/ – Steckverbindungen hinter dem Armaturenbrett
- T 8/ – Steckverbindung am Getriebe
- V 2 – Motor für Luftgebläse
- V 7 – Motor für Kühlerventilator
- W 6 – Handschuhfachleuchte
- 15 – Massepunkt im Leitungsstrang vorn
- 17 – Massepunkt im Leitungsstrang Armaturenbrett
- 20 – Quetschverbindung im Leitungsstrang Armaturenbrett

ws – weiß
sw – schwarz
ro – rot
br – braun
gn – grün
bl – blau
gr – grau
li – lila
ge – gelb

Hupe, Bremskontrolle, Scheibenwischer und -wascher

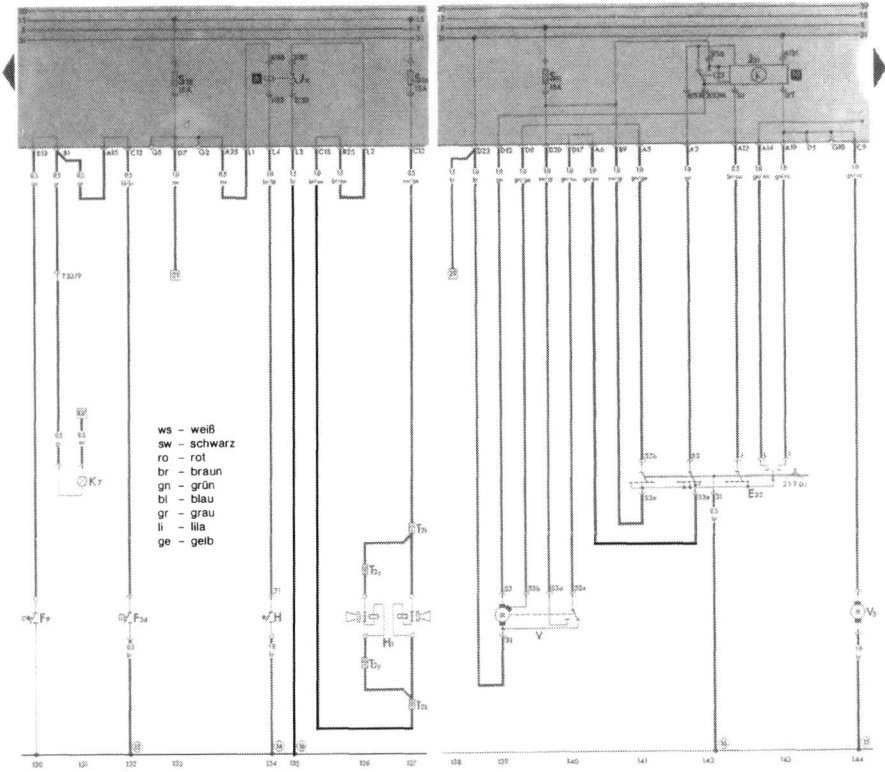

- E 22 – Schalter für Scheibenwischer
- F 9 – Schalter für Handbremskontrolle
- F 34 – Warnkontakt für Bremsflüssigkeitsstand
- H – Kontakt für Hupbetätigung
- H 1 – Zweiklanghörner
- J 4 – Relais für Zweiklanghörner
- J 31 – Relais für Wisch/Wasch/Intervallschaltung
- K 7 – Kontrollampe für Bremsanlage
- T 2k, 2y – Steckverbindungen vorn im Motorraum
- T 32/ – Steckverbindung hinter dem Armaturenbrett
- V – Motor für Scheibenwischer
- V 5 – Motor für Scheibenwascherpumpe
- 14 – Massepunkt neben der Lenksäule
- 15 – Massepunkt im Leitungsstrang vorn
- 16 – Massepunkt im Leitungsstrang Armaturenbrett

ws – weiß
sw – schwarz
ro – rot
br – braun
gn – grün
bl – blau
gr – grau
li – lila
ge – gelb

Elektrisch verstellbare und beheizbare Außenspiegel, Heckscheibenwischer und -wascher

- E 43 – Schalter für Spiegelverstellung
- E 48 – Umschalter für Spiegelverstellung
- J 30 – Relais für Heckscheibenwischer und -wascher
- N 35 – Magnetkupplung für Spiegelverstellung links
- N 42 – Magnetkupplung für Spiegelverstellung rechts
- T 1s, 6 – Steckverbindungen hinter der Zentralelektrik
- T 2f – Steckverbindung im Kofferraum links
- T 3b, 3c – Steckverbindungen hinter Türverkleidung vorn links
- T 3d, 3e – Steckverbindungen hinter Türverkleidung vorn rechts
- V 12 – Motor für Heckscheibenwischer
- V 13 – Motor für Heckscheibenwaschpumpe
- V 17 – Motor für Spiegelverstellung links
- V 25 – Motor für Spiegelverstellung rechts
- Z 4 – Heizwiderstand für Spiegelglas links
- Z 5 – Heizwiderstand für Spiegelglas rechts
- 10 – Massepunkt neben der Zentralelektrik
- 18 – Massepunkt im Kofferraum links
- 19 – Massepunkt im Kofferraum rechts

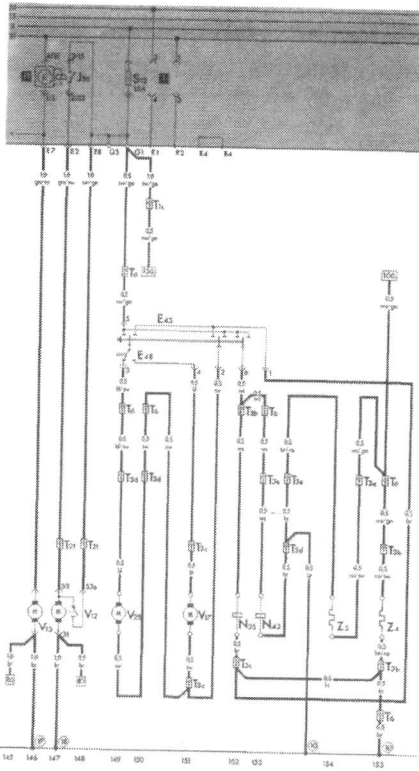

- A – Batterie
- B – Anlasser
- C – Drehstrom-Lichtmaschine
- C 1 – Spannungsregler
- D – Zünd/Anlaß-Schalter
- F 26 – Thermozeitschalter
- G 19 – Potentiometer
- G 39 – Lambda-Sonde
- G 40 – Hallgeber
- J 21 – Steuergerät KE-Jetronic-Einspritzung
- J 143 – Steuergerät für Leerlaufdrehzahl-Anhebung
- N – Zündspule
- N 10 – Temperaturfühler
- N 17 – Kaltstartventil
- N 41 – TSZ-Schaltgerät
- N 62 – Ventil für Leerlaufdrehzahl-Anhebung
- N 73 – Drucksteller
- O – Zündverteiler
- P – Zündkerzenstecker
- Q – Zündkerzen
- T 1d – Steckverbindung im Motorraum rechts
- T 1f – Steckverbindung im Motorraum bei der Lambda-Sonde
- T 2a – Steckverbindung im Motorraum bei der Zündspule
- 1 – Masseband der Batterie
- 8 – Massepunkt Kaltstartventil
- 10 – Massepunkt neben der Zentralelektrik
- 15 – Massepunkt im Leitungsstrang vorn

Motorelektrik KE-Jetronic

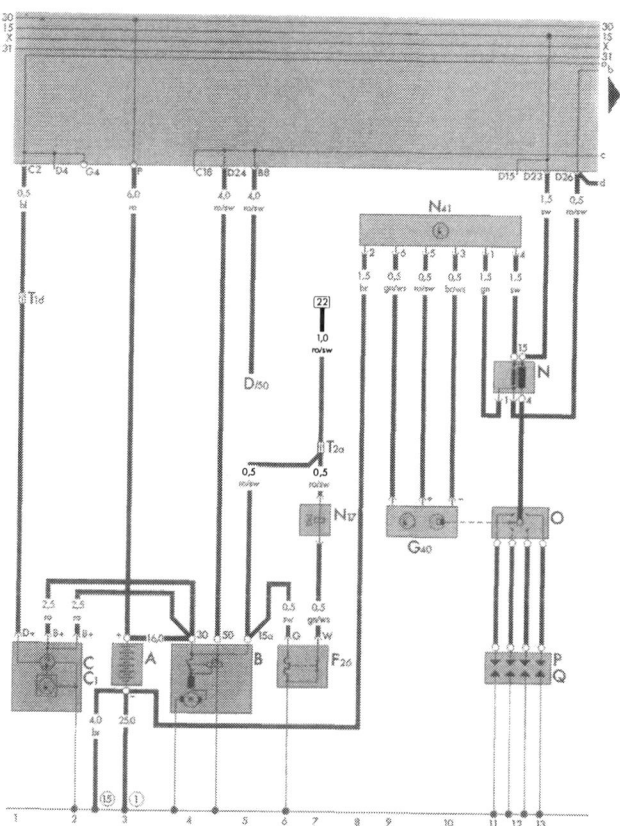

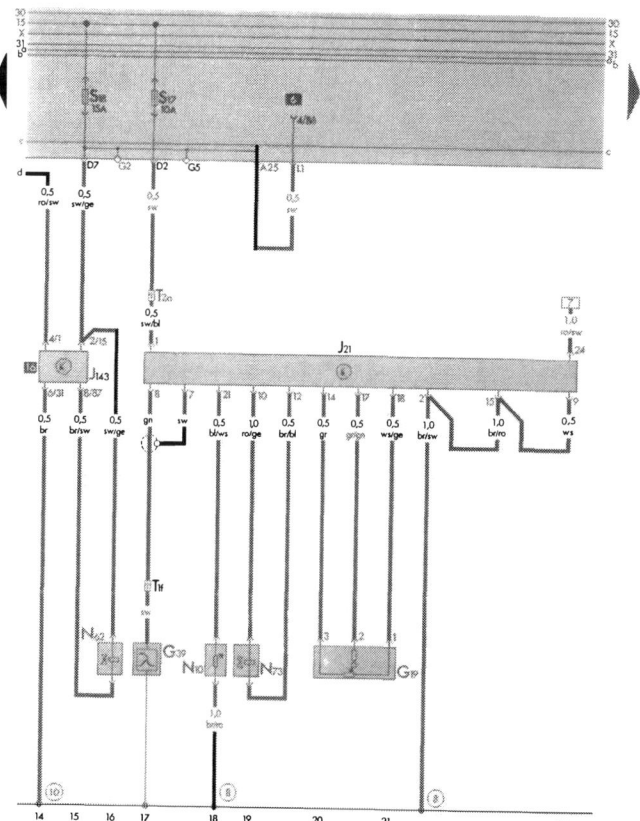

Kraftstoffversorgung KE-Jetronic, Kombiinstrument

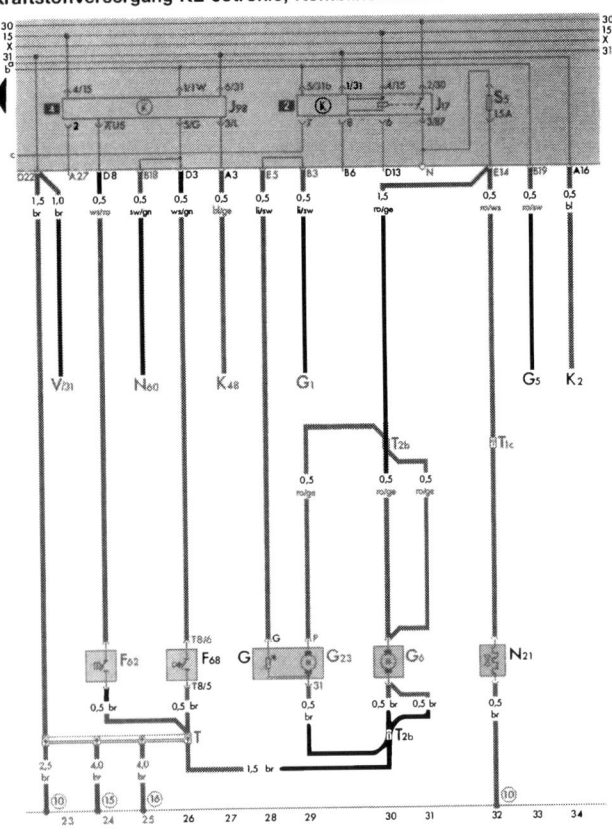

- F 62 – Unterdruckschalter für Schaltanzeige
- F 68 – Gangschalter für Schalt- und Verbrauchsanzeige
- G – Geber für Tankanzeige
- G 1 – Tankanzeige
- G 5 – Drehzahlmesser
- G 6 – Elektrische Kraftstoffpumpe
- G 23 – Elektrische Kraftstoff-Vorförderpumpe
- J 17 – Relais für Kraftstoffpumpe
- J 98 – Steuergerät für Schaltanzeige
- K 2 – Kontrollampe für Generator
- K 48 – Kontrollampe für Schaltanzeige
- N 21 – Zusatzluftschieber
- N 60 – Magnetventil für Verbrauchsanzeige
- T – Leitungsverteiler hinter der Zentralelektrik
- T 1c – Steckverbindung hinter dem Armaturenbrett
- T 2b – Steckverbindung im Kofferraum
- V – Motor für Scheibenwischer
- 10 – Massepunkt neben der Zentralelektrik
- 15 – Massepunkt im Leitungsstrang vorn
- 16 – Massepunkt im Leitunggstrang Armaturenbrett

- A – Batterie
- B – Anlasser
- C – Drehstrom-Lichtmaschine
- C 1 – Spannungsregler
- D – Zünd/Anlaß-Schalter
- G 5 – Drehzahlmesser
- G 39 – Lambda-Sonde
- G 40 – Hallgeber
- G 62 – Geber für Kühlmitteltemperatur
- G 69 – Drosselklappen-Potentiometer
- G 72 – Geber für Saugrohrtemperatur
- J 184 – Steuergerät Ecotronic-Vergaser
- K 2 – Kontrollampe für Generator
- N – Zündspule
- N 41 – TSZ-Schaltgerät

- N 97 – Drosselklappensteller
- O – Zündverteiler
- P – Zündkerzenstecker
- Q – Zündkerzen
- T 1a – Steckverbindung im Motorraum bei der Zündspule
- T 1d – Steckverbindung im Motorraum rechts
- 1 – Masseband der Batterie
- 18 – Massepunkt am Motorblock
- 82 – Masseverbindung im Leitungsstrang vorn links
- 115 – Masseverbindung im Leitungsstrang Vergaser

Motorelektrik 2 E E-Vergaser

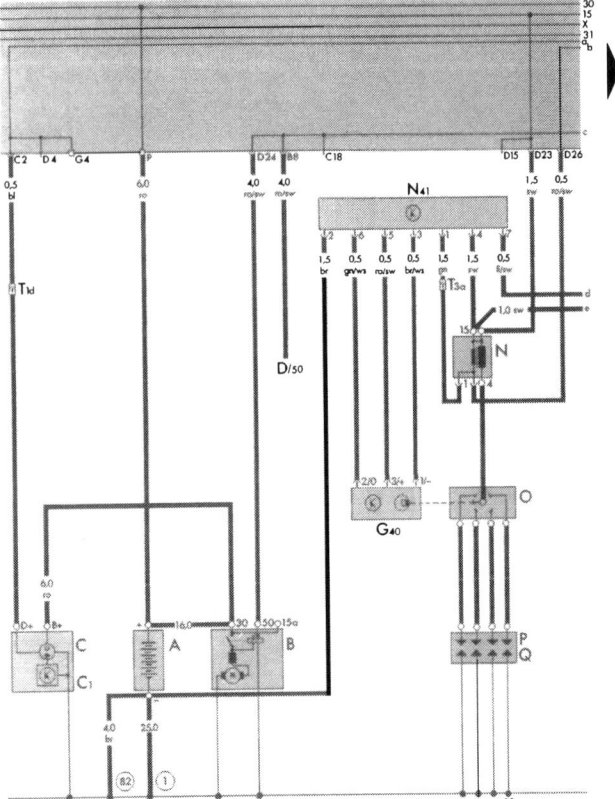

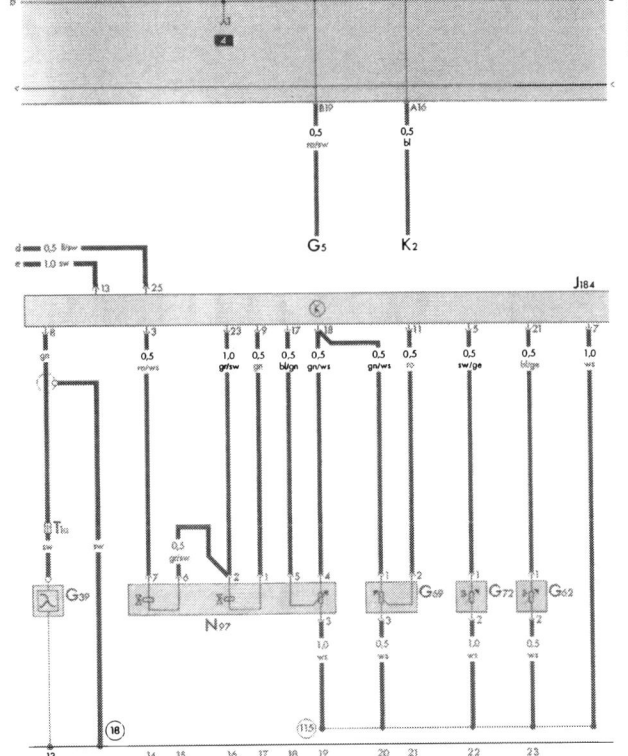

Motorelektrik 2 E E-Vergaser

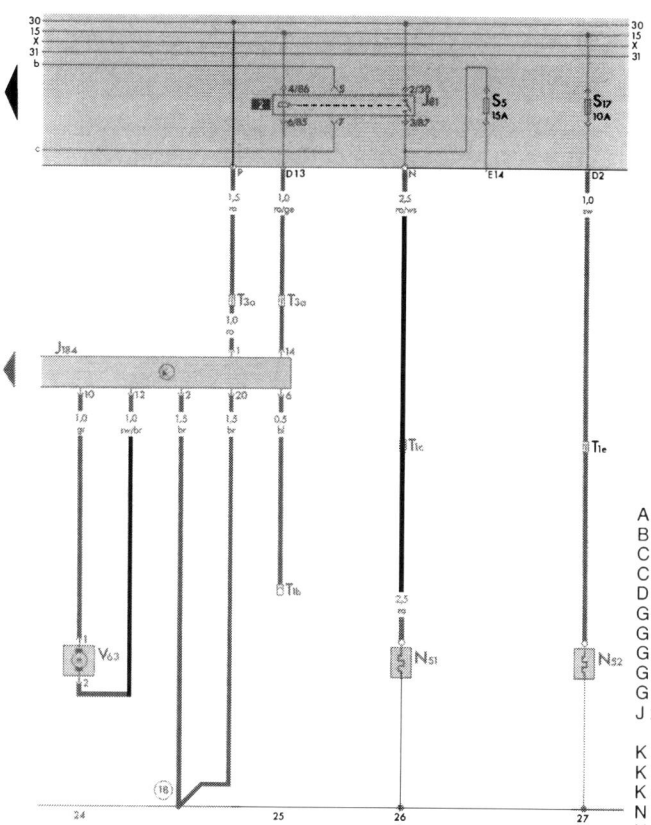

- J 81 – Relais für Ansaugrohr-Beheizung
- J 184 – Steuergerät für Vergaser
- N 51 – Heizwiderstand für Ansaugrohr-Beheizung
- N 52 – Heizwiderstand für Gemischkanal-Beheizung
- T 1b – Diagnose-Steckverbindung bei der Zündspule
- T 1c – Steckverbindung beim Vergaser
- T 1e – Steckverbindung im Motorraum links
- T 3a – Steckverbindung im Wasserfangkasten links
- V 63 – Luftklappensteller
- 18 – Massepunkt am Motorblock

- A – Batterie
- B – Anlasser
- C – Drehstrom-Lichtmaschine
- C 1 – Spannungsregler
- D – Zünd/Anlaß-Schalter
- G 39 – Lambda-Sonde
- G 40 – Hallgeber
- G 42 – Geber für Ansaugrohrtemperatur
- G 62 – Geber für Kühlmitteltemperatur
- G 69 – Drosselklappen-Potentiometer
- J 202 – Steuergerät Monojetronic-Einspritzung
- K – Kombiinstrument
- K 2 – Kontrollampe für Generator
- K 83 – Lampe für Fehlerdiagnose
- N – Zündspule
- N 30 – Einspritzventil
- N 32 – Vorwiderstand für Einspritzventil
- N 41 – TSZ-Schaltgerät
- O – Zündverteiler
- P – Zündkerzenstecker
- Q – Zündkerzen
- T 1a, 1f – Steckverbindung im Motorraum bei der Zündspule
- T 1b – Diagnose-Steckverbindung bei der Zündspule
- T 1d – Steckverbindung im Motorraum rechts
- T 2a – Steckverbindung im Motorraum hinten links
- T 3a, 4a – Steckverbindungen im Wasserfangkasten links
- T 7c – Steckverbindung am Kombiinstrument
- 1 – Masseband der Batterie
- 16 – Massepunkt am Zylinderkopfdeckel
- 82 – Masseverbindung im Leitungsstrang vorn links
- 117 – Masseverbindung im Leitungsstrang Monojetronic

Motorelektrik Monojetronic

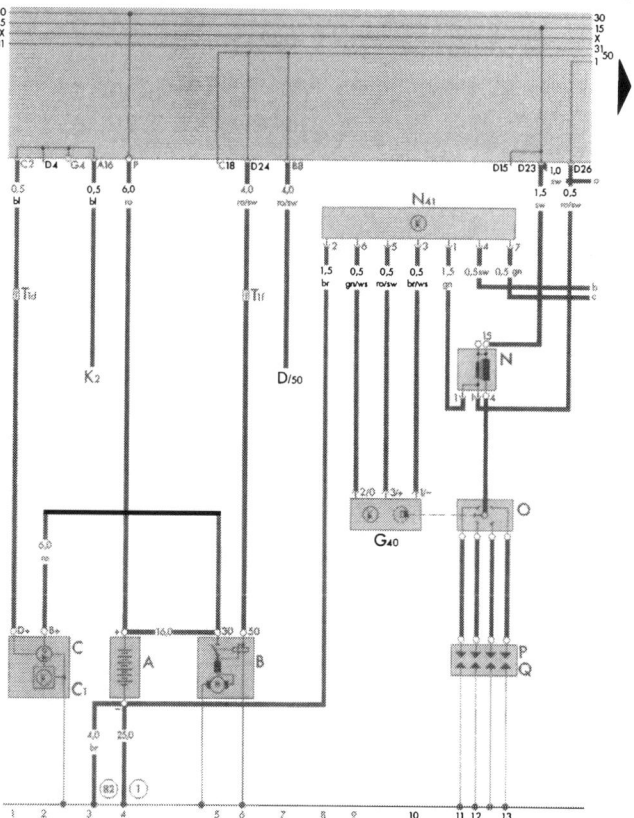

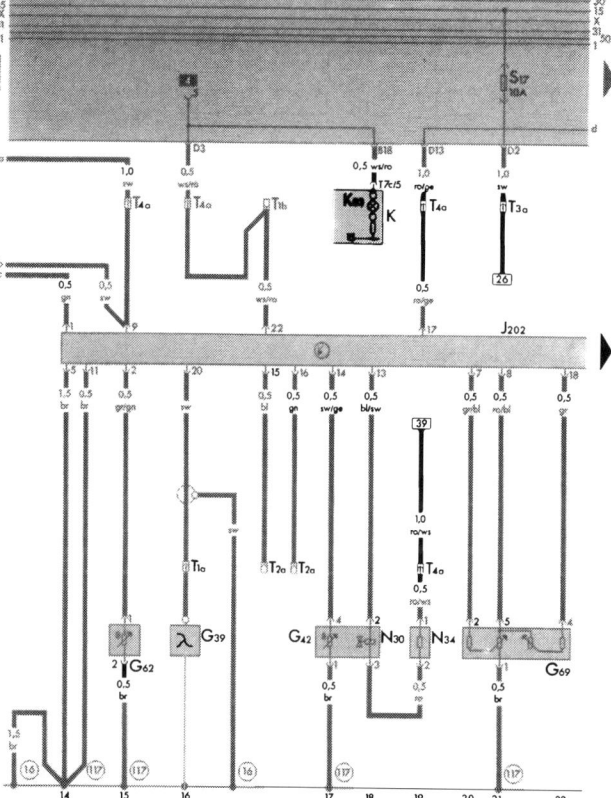

171

Motorelektrik Monojetronic-Einspritzung

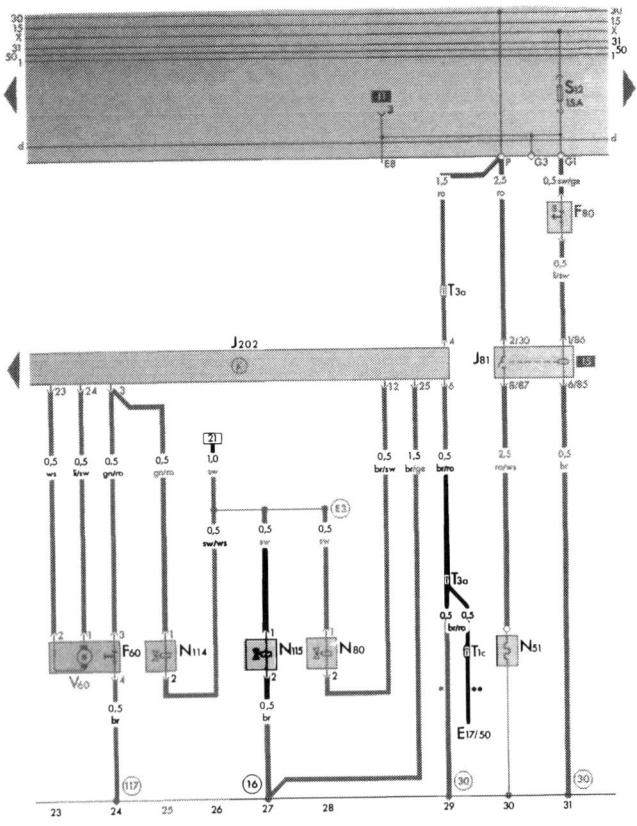

Motorelektrik (ZE ab 1/89 bzw. 8/89)

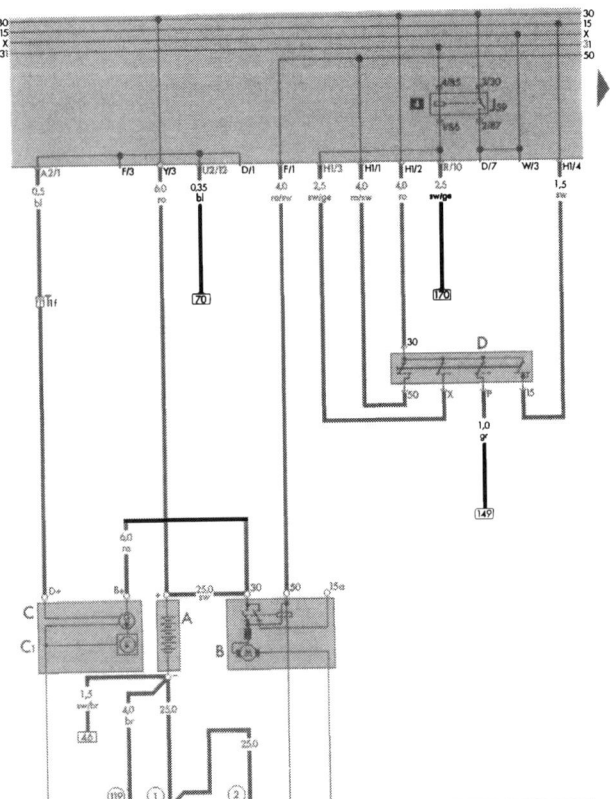

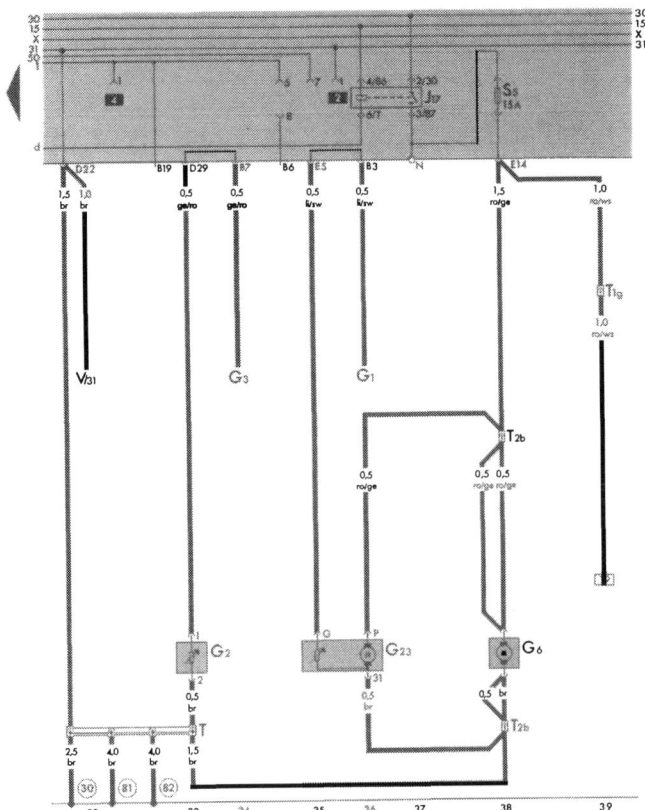

- E 17 – Schalter für Rückfahrleuchten
- F 60 – Drosselklappenschalter
- F 80 – Thermoschalter für Ansaugrohr-Beheizung
- G 1 – Tankanzeige
- G 2 – Geber für Tankanzeige
- G 3 – Temperaturanzeige
- G 6 – elektrische Kraftstoffpumpe
- G 23 – elektrische Vorförderpumpe
- J 17 – Relais für Kraftstoffpumpe
- J 81 – Relais für Ansaugrohr-Beheizung
- J 202 – Steuergerät Monojetronic-Einspritzung
- N 51 – Heizwiderstand für Ansaugrohr-Beheizung
- N 80 – Taktventil für Kraftstoff-Verdunstungsanlage
- N 114 – Steuerventil für Zündzeitpunktverstellung
- N 115 – Abschaltventil für Kraftstoff-Verdunstungsanlage
- T – Leitungsverteiler hinter der Zentralelektrik
- T 1c – Steckverbindung hinter der Konsole
- T 1g – Steckverbindung hinter der Zentralelektrik
- T 2b – Steckverbindung im Kofferraum
- T 3a – Steckverbindung im Wasserfangkasten links
- V – Motor für Scheibenwischer
- V 60 – Drosselklappensteller
- 16 – Massepunkt am Zylinderkopfdeckel
- 30 – Massepunkt neben der Zentralelektrik
- 81 – Masseverbindung im Leitungsstrang Armaturenbrett
- 82 – Masseverbindung im Leitungsstrang vorn
- 117 – Masseverbindung im Leitungsstrang Monojetronic
- E 3 – Plusverbindung im Leitungsstrang Monojetronic

- A – Batterie
- B – Anlasser
- C – Drehstrom-Lichtmaschine
- C 1 – Spannungsregler
- D – Zünd/Anlaß-Schalter
- J 59 – Entlastungsrelais für X-Kontakte
- T 1f – Steckverbindung bei der Batterie
- 1 – Masseband der Batterie
- 2 – Masseband Getriebe–Karosserie
- 119 – Masseverbindung im Leitungsstrang Scheinwerfer

Kühlerventilator, Luftgebläse (ZE ab 1/89 bzw. 8/89)

- E 9 – Schalter für Luftgebläse
- F 18 – Thermoschalter für Kühlerventilator
- F 87 – Thermoschalter für Lüfternachlauf
- J 138 – Steuergerät für Lüfternachlauf
- L 16 – Lampe für Beleuchtung Heizregulierung
- N 23 – Vorwiderstand für Luftgebläse
- S 24 – Überhitzungssicherung
- T 1n, 2a – Steckverbindung beim Scheinwerfer links
- V 2 – Motor für Luftgebläse
- V 7 – Motor für Kühlerventilator
- 119 – Masseverbindung im Leitungsstrang Scheinwerfer
- C 3 – Plusverbindung im Leitungsstrang Scheinwerfer

- A – Batterie
- G 5 – Drehzahlmesser
- G 39 – Lambda-Sonde
- G 40 – TSZ-Schaltgerät
- G 62 – Geber für Kühlmitteltemperatur
- G 69 – Drosselklappen-Potentiometer
- G 72 – Geber für Ansaugrohrtemperatur
- G 88 – Drosselklappensteller
- J 81 – Relais für Ansaugrohr-Beheizung
- J 184 – Steuergerät für Ecotronic-Vergaser
- N – Zündspule
- N 41 – TSZ-Schaltgerät
- N 51 – Heizwiderstand für Ansaugrohr-Beheizung
- N 52 – Heizwiderstand für Gemischkanal-Beheizung
- N 80 – Taktventil für Kraftstoff-Verdunstungsanlage
- N 97 – Belüftungsventil für Drosselklappensteller
- N 116 – Umschaltventil für Schwimmerkammerbelüftung
- N 117 – Entlüftungsventil für Drosselklappensteller
- N 141 – Abschaltventil für Schwimmerkammerbelüftung
- O – Zündverteiler
- P – Zündkerzenstecker
- Q – Zündkerzen
- T – Steckverbindung im Motorraum links
- T 1a – Steckverbindung bei der Zündspule
- T 1b – Diagnose-Steckverbindung bei der Zündspule
- T 3 – Steckverbindung im Wasserfangkasten links
- V 63 – Luftklappensteller
- 18 – Massepunkt am Motorblock
- 115, 123 – Masseverbindungen im Leitungsstrang Vergaser
- X 1 – Plusverbindung im Leitungsstrang Vergaser

Motorelektrik 2 E E-Vergaser (ZE ab 1/89 bzw. 8/89)

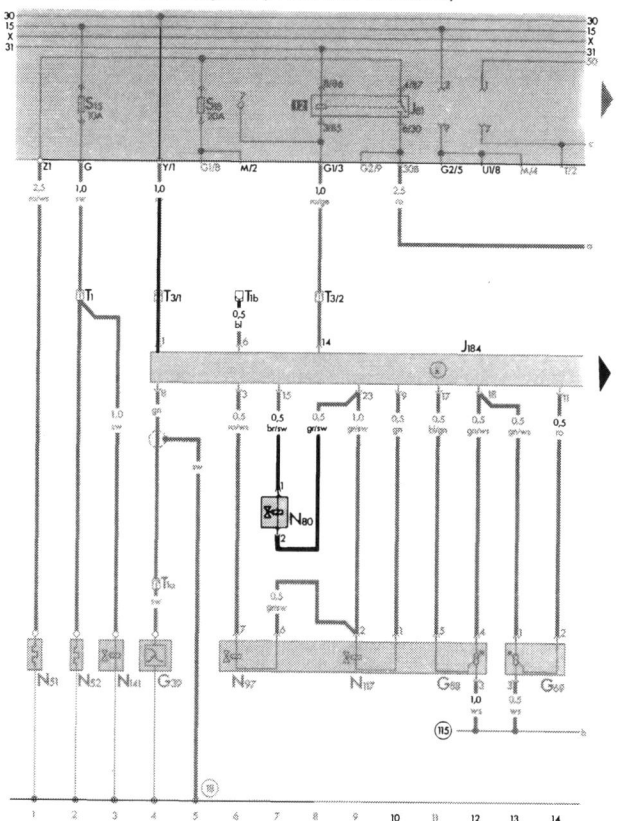
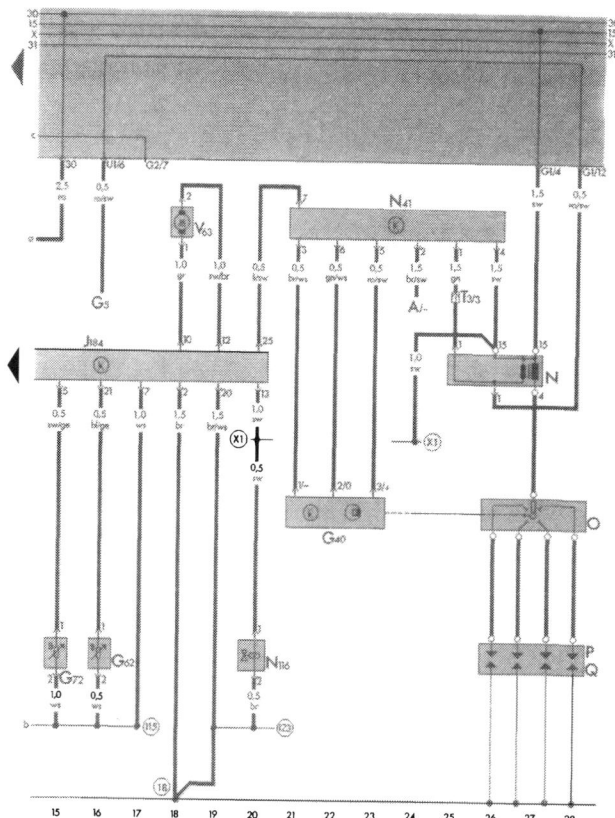

173

Kombiinstrument (ZE ab 1/89 bzw. 8/89)

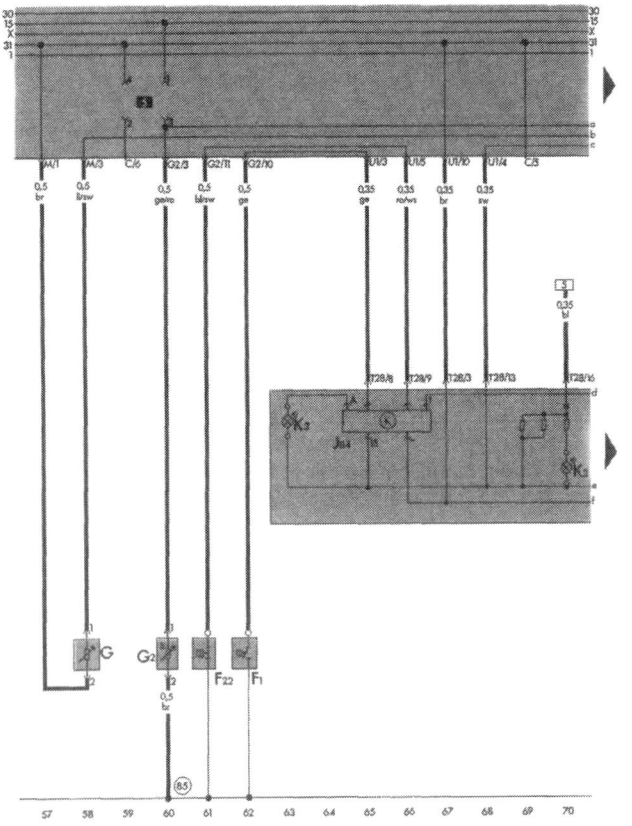
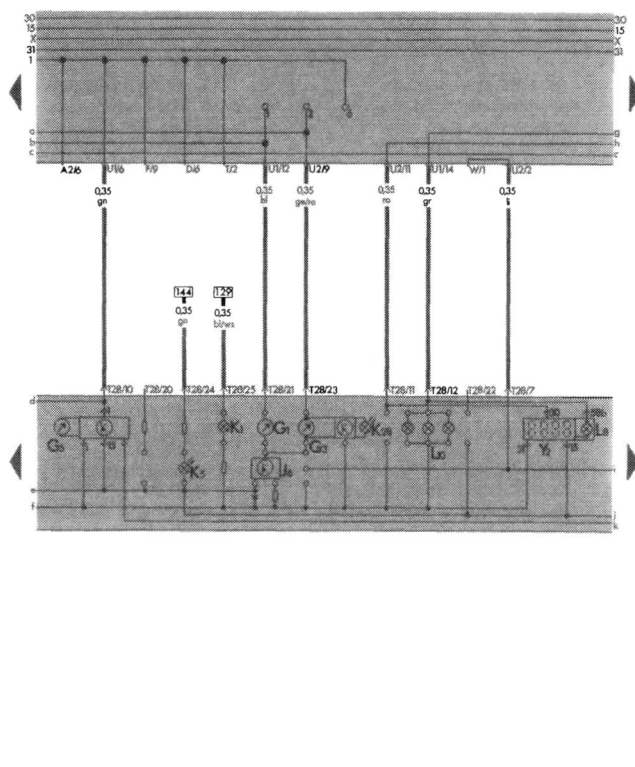

Bremskontrolle (ZE ab 1/89 bzw. 8/89)

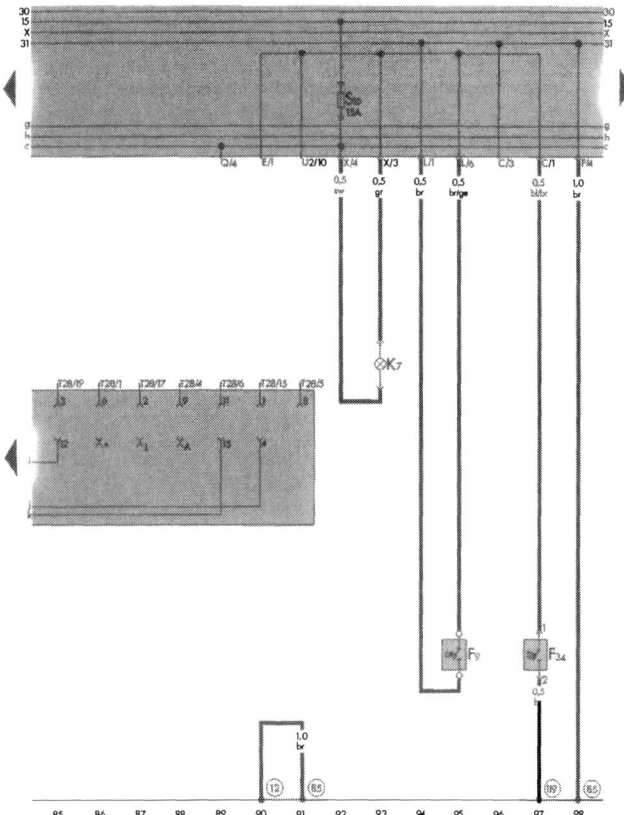

F 1 – Öldruckschalter 1,8 bar
F 22 – Öldruckschalter 0,3 bar
G – Geber für Tankanzeige
G 1 – Tankanzeige
G 2 – Geber für Kühlmittel-Temperaturanzeige
G 3 – Kühlmittel-Temperaturanzeige
G 5 – Drehzahlmesser
J 6 – Spannungskonstanter
J 114 – Steuergerät für Öldruckkontrolle
K 1 – Kontrollampe für Fernlicht
K 2 – Kontrollampe für Generator
K 3 – Kontrollampe für Öldruck
K 5 – Kontrollampe für Blinker
K 28 – Kontrollampe für Kühlmittel
L 8 – Lampe für Beleuchtung Zeituhr
L 10 – Lampe für Beleuchtung Kombiinstrument
T 28 – Steckverbindung am Kombiinstrument
Y 2 – Digitaluhr
85 – Massepunkt im Leitungsstrang Motorraum

F 9 – Schalter für Handbremskontrolle
F 34 – Warnkontakt für Bremsflüssigkeitsstand
K 7 – Lampe für Bremskontrolle
T 28 – Steckverbindung am Kombiinstrument
12 – Massepunkt im Motorraum links
85 – Masseverbindung im Leitungsstrang Motorraum
119 – Masseverbindung im Leitungsstrang Scheinwerfer

Leuchten im Innenraum, Radio, Kennzeichenleuchte (ZE ab 1/89 bzw. 8/89)

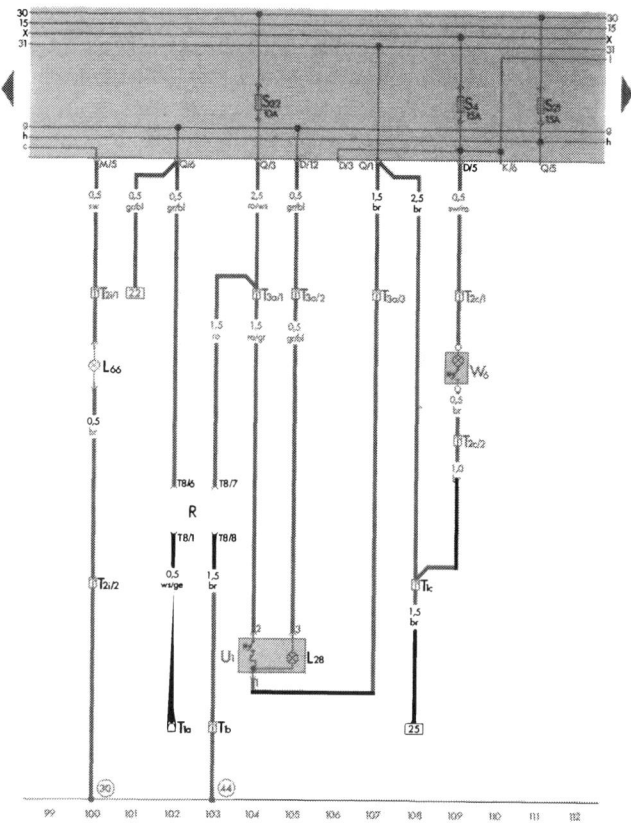

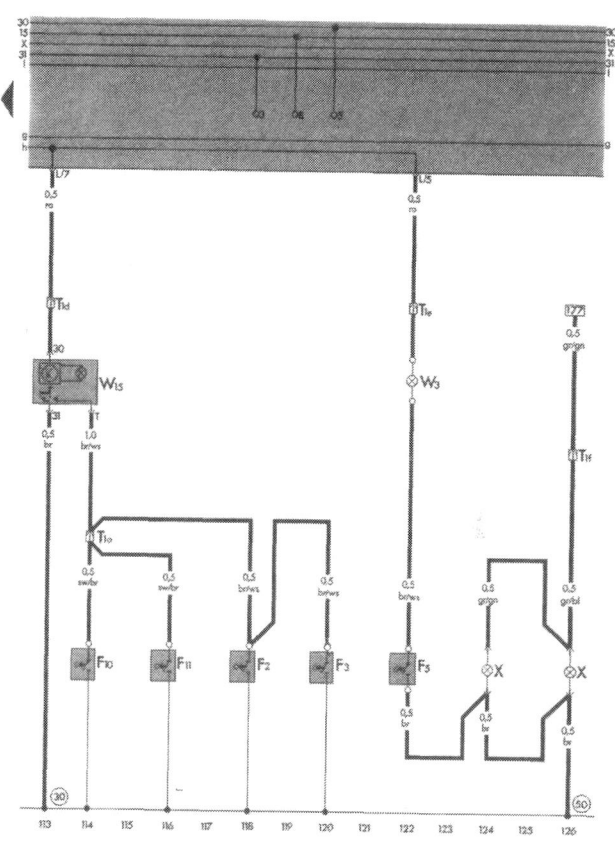

F 2 – Türkontaktschalter vorn links
F 3 – Türkontaktschalter vorn rechts
F 5 – Schalter für Kofferraumbeleuchtung
F 10 – Türkontaktschalter hinten links
F 11 – Türkontaktschalter hinten rechts
L 28 – Lampe für Beleuchtung Anzünder
L 66 – Lampe für Beleuchtung Cassettenbox
T 1a – Steckverbindung hinter dem Armaturenbrett mitte
T 1b – Steckverbindung hinter der Zentralelektrik
T 1c, 2c – Steckverbindungen hinter dem Armaturenbrett rechts
T 1d – Steckverbindung im Kofferraum vorn links
T 1e – Steckverbindung an der A-Säule links unten
T 1f, 1o – Steckverbindungen im Kofferraum hinten links
T 2i, 3a – Steckverbindungen hinter der Mittelkonsole
T 8 – Steckverbindung am Radio
U 1 – Anzünder
W 3 – Kofferraumleuchte
W 6 – Handschuhfachleuchte
W 15 – Innenleuchte mit Abschaltverzögerung
X – Kennzeichenleuchte
30 – Massepunkt neben der Zentralelektrik
44 – Massepunkt an der A-Säule links unten
50 – Massepunkt im Kofferraum links

Außenbeleuchtung (ZE ab 1/89 bzw. 8/89)

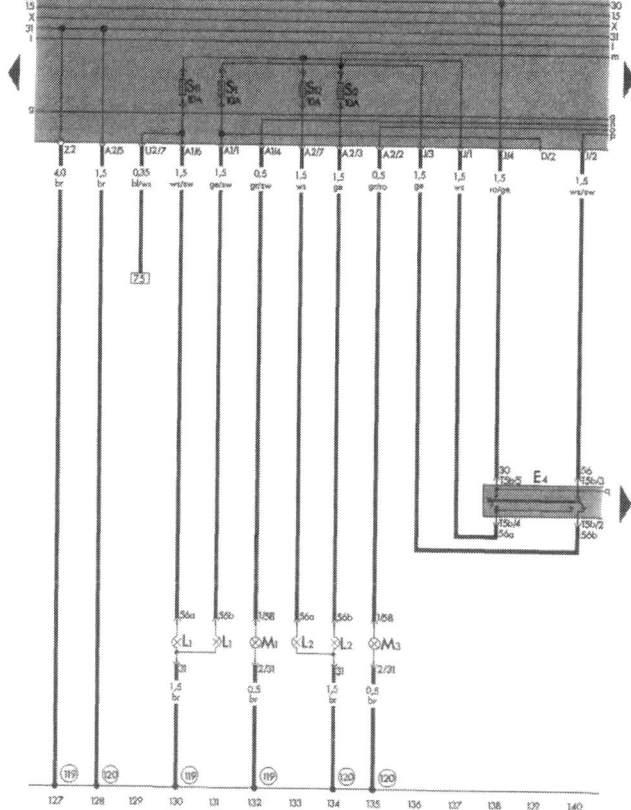

E 4 – Lichtumschalter
L 1 – Zweifadenlampe für Scheinwerfer links
L 2 – Zweifadenlampe für Scheinwerfer rechts
M 1 – Lampe für Standlicht links
M 3 – Lampe für Standlicht rechts
T 5b – Steckverbindung hinter der Verkleidung Hebelschalter
119, 120 – Masseverbindungen im Leitungsstrang Scheinwerfer

175

Blink- und Warnblinkanlage, Schlußlicht, Lichtschalter, Bremslicht (ZE ab 1/89 bzw. 8/89)

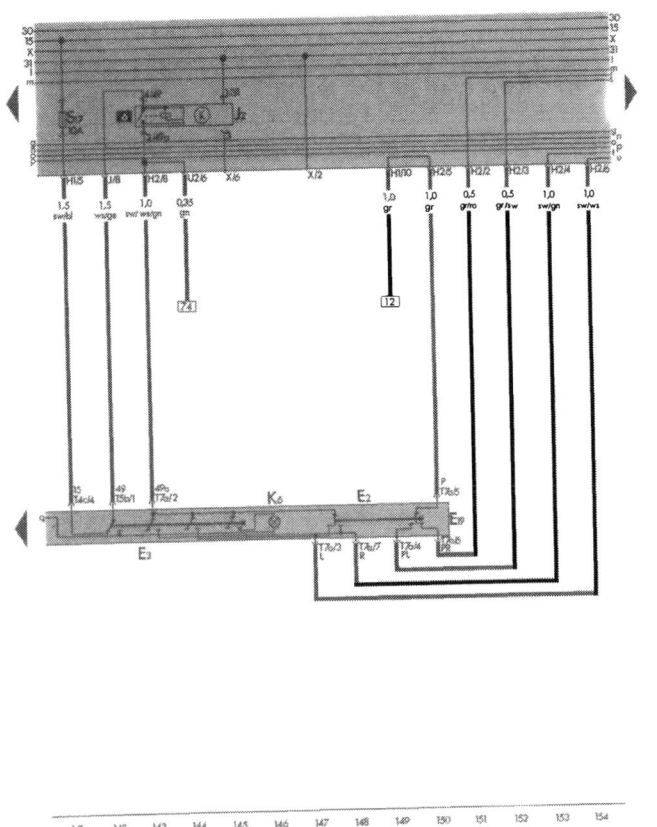

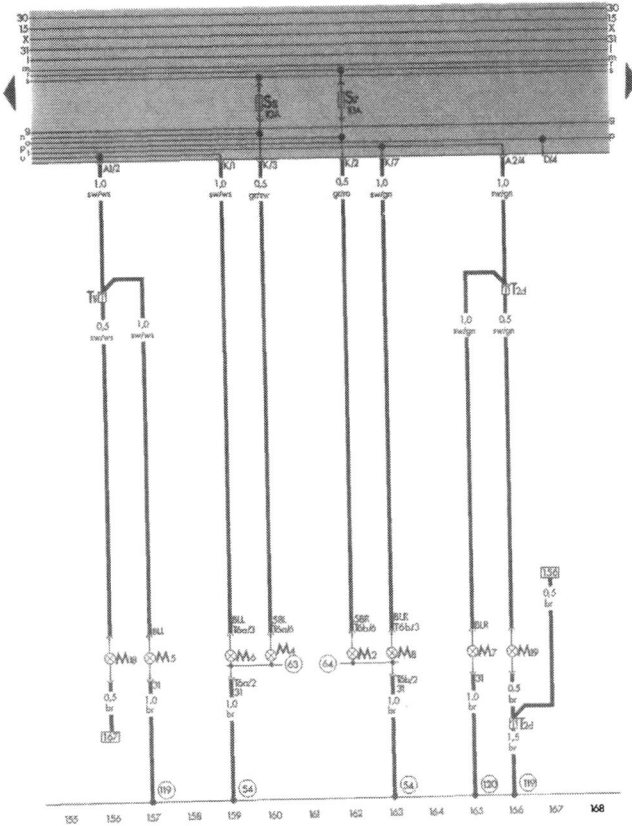

Lichtschalter, Bremslicht (ZE ab 1/89 bzw. 8/89)

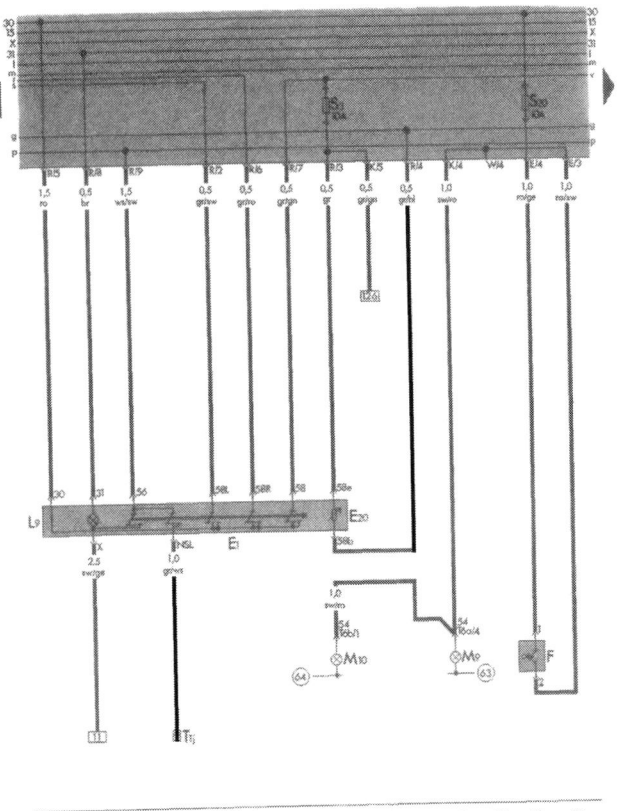

- E 1 – Lichtschalter
- E 2 – Blinkerschalter
- E 3 – Warnblinkschalter
- E 19 – Schalter für Parklicht
- E 20 – Regler für Beleuchtung Instrumente
- F – Bremslichtschalter
- J 2 – Blinkrelais
- K 6 – Kontrollampe für Warnblinker
- L 9 – Lampe für Beleuchtung Lichtschalter
- M 2 – Lampe für Schlußlicht rechts
- M 4 – Lampe für Schlußlicht links
- M 5 – Lampe für Blinklicht vorn links
- M 6 – Lampe für Blinklicht hinten links
- M 7 – Lampe für Blinklicht vorn rechts
- M 8 – Lampe für Blinklicht hinten rechts
- M 9 – Lampe für Beleuchtung Bremslicht links
- M 10 – Lampe für Beleuchtung Bremslicht rechts
- M 18 – Lampe für Seitenblinklicht links
- M 19 – Lampe für Seitenblinklicht rechts
- T 1i, 2d – Steckverbindungen hinter dem Federbein links
- T 1j – Steckverbindung auf Kontakt 3 im Relaisplatz 10
- T 4c, 5b, 7a – Steckverbindungen hinter der Verkleidung Hebelschalter
- T 6a – Steckverbindung an der Schlußleuchte links
- T 6b – Steckverbindung an der Schlußleuchte rechts
- 54 – Massepunkt am Abschlußblech hinten
- 63 – Massepunkt am Lampenträger der Schlußleuchte links
- 64 – Massepunkt am Lampenträger der Schlußleuchte rechts
- 119, 120 – Masseverbindungen im Leitungsstrang Scheinwerfer

Rückfahrleuchten, heizbare Heckscheibe, Hupe, Nebelschlußleuchte, beheizte Waschdüsen, Scheibenwischer und -wascher (ZE ab 1/89 bzw. 8/89)

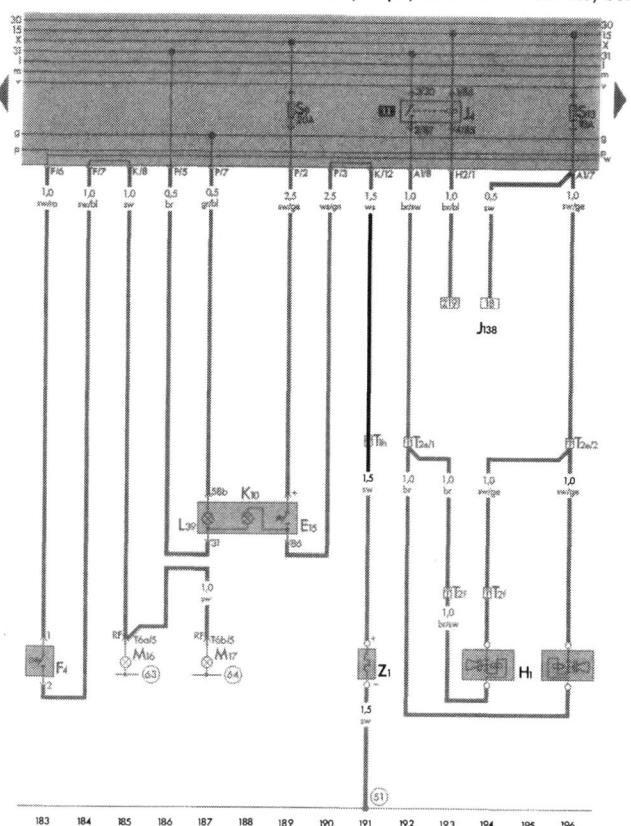

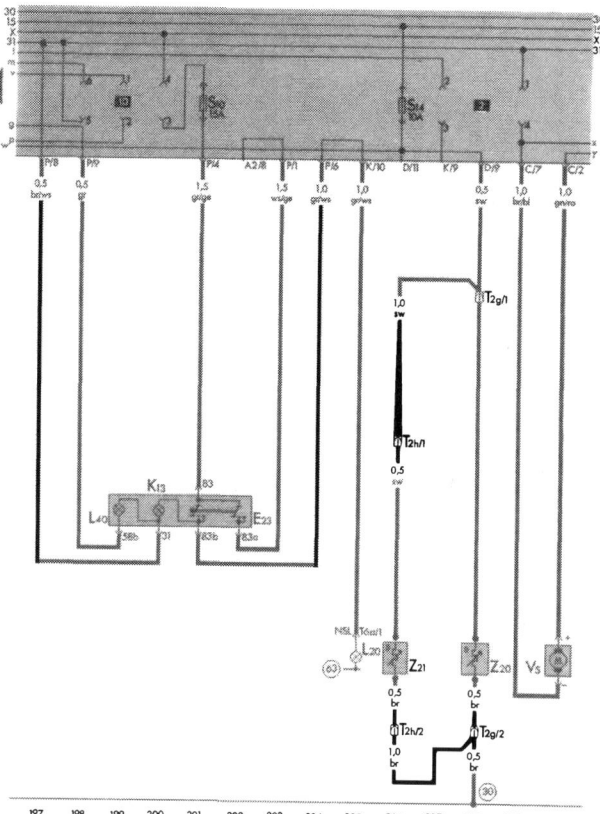

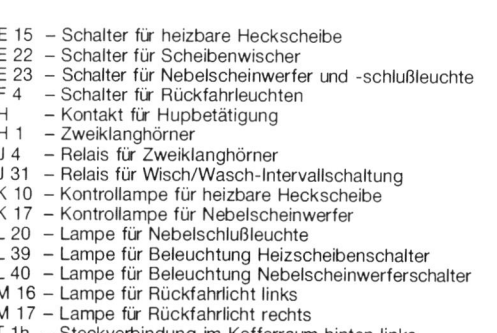

E 15 – Schalter für heizbare Heckscheibe
E 22 – Schalter für Scheibenwischer
E 23 – Schalter für Nebelscheinwerfer und -schlußleuchte
F 4 – Schalter für Rückfahrleuchten
H – Kontakt für Hupbetätigung
H 1 – Zweiklanghörner
J 4 – Relais für Zweiklanghörner
J 31 – Relais für Wisch/Wasch-Intervallschaltung
K 10 – Kontrollampe für heizbare Heckscheibe
K 17 – Kontrollampe für Nebelscheinwerfer
L 20 – Lampe für Nebelschlußleuchte
L 39 – Lampe für Beleuchtung Heizscheibenschalter
L 40 – Lampe für Beleuchtung Nebelscheinwerferschalter
M 16 – Lampe für Rückfahrlicht links
M 17 – Lampe für Rückfahrlicht rechts
T 1h – Steckverbindung im Kofferraum hinten links
T 2e, 2f – Steckverbindungen beim Scheinwerfer links
T 2g, 2h – Steckverbindungen an der Motorhaube
T 4c, 5c, 7a – Steckverbindungen hinter der Verkleidung der Hebelschalter
T 6a – Steckverbindung an der Schlußleuchte links
T 6b – Steckverbindung an der Schlußleuchte rechts
V – Motor für Scheibenwischer
V 5 – Motor für Scheibenwascherpumpe
Z 1 – Heizwiderstand für heizbare Heckscheibe
Z 20 – Heizwiderstand für Wascherdüse links
Z 21 – Heizwiderstand für Wascherdüse rechts
30 – Massepunkt neben der Zentralelektrik
50 – Massepunkt im Kofferraum rechts
63 – Massepunkt am Lampenträger der Schlußleuchte links
64 – Massepunkt am Lampenträger der Schlußleuchte rechts

Die Batterie

Polwanderung

Die Funktion der Autobatterie läßt sich ganz einfach beschreiben: Beim Entladen wird aus chemischer Energie elektrische Energie gewonnen, und beim Laden wird elektrische Energie in chemische Energie umgesetzt.

Die richtige Batterie

Beim VW sitzt die Batterie vorn links im Motorraum. Sie trägt – je nach Modell – eine der folgenden Bezeichnungen:
- 12 V/36 Ah, Typnummer 53621 (51–55-kW-Motoren)
- 12 V/45 Ah, Typnummer 54533 (62/66-kW-Motoren)
- 12 V/54 Ah, Typnummer 55415 (Sonderausstattung)
- 12 V/63 Ah, Typnummer 56316 (Sonderausstattung)

Batterie-Daten

Typnummer: Die fünfstellige Zahl dient einheitlich bei allen deutschen Batterie-Herstellern zur Kennzeichnung von Leistung, Abmessungen und Bauart. Die auf die Ziffer 5 folgende Zahl 36, 45, 54 oder 63 gibt die Batterie-Kapazität an. Die nachfolgenden beiden Ziffern kennzeichnen Konstruktionsmerkmale sowie die Ausführung.
Spannung und Kapazität: In der Angabe 12 V/45 Ah gibt die vorangestellte 12 V natürlich die Spannung an. Hinter dem Schrägstrich ist die Stromstärke in ihrer »zeitlich lieferbaren Menge« vermerkt – »Ah« steht für Amperestunden. Das ist die Nenn-Batteriekapazität. In Wirklichkeit rechnet man allerdings nur mit $2/3$ der angegebenen Kapazität; bei einer älteren Batterie lediglich mit der Hälfte.
Kälteprüfstrom: Die Zahl 175 A, 220 A, 265 A oder 300 A nennt die Stromstärke, welche die Batterie bei –18°C liefern kann.

Wie lange reichen die Reserven?

Wie lange ein Stromverbraucher mit dem Stromvorrat aus der Batterie funktionieren kann, errechnen wir anhand der Formel **Betriebszeit = Batteriekapazität x Bordnetzspannung geteilt durch Leistung des Verbrauchers**. In der Praxis sollten Sie aber nie mit der vollen Batteriekapazität, sondern nur mit $1/2$ bis $2/3$ der Nennkapazität rechnen. Es ergeben sich dann beispielsweise die folgenden Betriebszeiten:

Batterie	Parklicht	Standlicht	Warnblinkanlage
36 Ah	ca. 32 Stunden	ca. 9 Stunden	ca. 3 Stunden
45 Ah	ca. 40 Stunden	ca. 12 Stunden	ca. 3½ Stunden
54 Ah	ca. 48 Stunden	ca. 14 Stunden	ca. 4½ Stunden
63 Ah	ca. 56 Stunden	ca. 16 Stunden	ca. 5¼ Stunden

Die größten Anforderungen an die Batterie stellt der Anlasser. Daher auch der Name »Starterbatterie«. Durch Reibungsverluste frißt der Anlasser im Augenblick des Einschaltens über 3000 Watt. Zum Durchdrehen des warmen Motors braucht er nur $1/5$ dieser Leistung. Andererseits wird der Strombedarf des Anlassers höher, wenn die Temperaturen sinken und die Schmierstoffe dadurch zäher sind.

Temperatureinfluß auf die Batterie

Die Batterie hat die Eigenart, um so unwilliger auf Kälte zu reagieren, je weniger Strom sie gespeichert hat. Ein völlig leerer Akku ist so empfindlich, daß er bei Frost einfrieren und platzen kann. Randvoll geladen verträgt die Batterie die Kälte jedoch verhältnismäßig gut. Vor der kalten Jahreszeit empfiehlt sich bei einem älteren Akku die Kontrolle des Ladezustands.

Batteriesäurestand kontrollieren

Wartung Nr. 13

Die Batterieflüssigkeit besteht aus Schwefelsäure, die mit destilliertem Wasser verdünnt ist. Ein Teil dieses Wassers kann verdunsten oder wird beim Ladevorgang in Wasserstoff und Sauerstoff zersetzt.
- Ggf. Batterieabdeckung abnehmen.
- Die Batterieflüssigkeit muß mindestens bis zum unteren der beiden am Gehäuse auflackierten Striche reichen, zumindest aber die Plattenoberkanten gut bedecken.
- Bei abgesunkenem Flüssigkeitspegel Verschlußstopfen herausdrehen.
- Bei einer geladenen Batterie bis zum oberen Strich bzw. bis 15 mm über die Plattenoberkanten destilliertes Wasser auffüllen.

- In eine stark entladene Batterie nur so viel Wasser einfüllen, daß die Platten oben bedeckt sind. Beim Wiederaufladen steigt der Flüssigkeitsstand nämlich erheblich.
- Erst nach dem Laden bis zur oberen Marke nachfüllen.
- Die Wassermenge aus der Einfüllflasche muß gut dosierbar sein, sonst wird der Akku überfüllt.
- Eine überfüllte Batterie »kocht über«, die Säure tritt an den Verschlußstopfen aus und verursacht Korrosion und Säurekristalle an Batterieoberfläche und -standplatz.

Destilliertes Wasser verwenden!

In den Akku darf niemals Batteriesäure gefüllt werden, sondern nur entsalztes (ionengetauschtes) Wasser, landläufig destilliertes Wasser genannt. Leitungswasser, Regenwasser und auch abgekochtes Wasser enthält leitfähige Salze und andere Stoffe, die der Batterie schaden.

Batterie ausbauen

- Ggf. Batterieabdeckung abnehmen.
- Grundsätzlich muß an der Batterie zuerst das Minuskabel abgenommen werden, damit beim weiteren Hantieren kein Kurzschluß auftreten kann.
- Vorsicht, wenn ein Radio mit Anti-Diebstahl-Codierung eingebaut ist. Das Radio muß ausgeschaltet sein, wenn die Batterie abgeklemmt wird.
- Mutter an der Klemme des Minuskabels (gedrillte Kupferlitze) lösen, Klemme vom Batteriepol abheben.
- Pluskabel-Klemme lösen und abnehmen.

- Ein verschmutztes Batteriegehäuse mit Kaltreiniger, Wasser und einer kräftigen Bürste abwaschen.
- Oxidkristalle an den Batterieklemmen mit warmem Sodawasser abwaschen oder mit »Neutralon« von Varta behandeln.
- An den Stopfen kontrollieren, ob ihre Entlüftungsbohrungen frei sind, sonst säubern.

- Schraube der Halteleiste am Batteriefuß losdrehen, Schraube und Leiste abnehmen.
- Batterie herausheben.
- Beim Einbau zuerst das Pluskabel anschließen, dann die Minusklemme.
- Ein Vertauschen der Kabelklemmen ist nur mit Gewalt möglich, denn der Plus-Polkopf ist dicker als der Minus-Polkopf.
- Bei einem Radio mit Sicherheitscode die Code-Nummer wieder eingeben.

Kontaktpflege an der Batterie

- Batteriepolköpfe und Kabelklemmen mit Säureschutzfett (Bosch »Ft 40 v 1«) einstreichen.
- Kein Fett erhalten die Polkopfseiten und die Innenseiten der Klemmen, sonst kann es Kontaktschwierigkeiten geben.

Ladezustand der Batterie prüfen

Erscheint der Akku trotz richtigem Säurestand kraftlos, muß der Ladezustand kontrolliert werden. Auskunft darüber gibt das spezifische Gewicht der Batteriesäure. Sie brauchen für die Kontrolle einen speziellen Hebe-Säuremesser (Aräometer), den Sie sich bei der Tankstelle ausleihen können.

- Batterie-Verschlußstopfen herausdrehen.
- So viel Batteriesäure ansaugen, daß die Meßspindel frei schwimmt.
- Säuregewicht ablesen. Es bedeuten: 1,28 kg/l = Batterie voll geladen; 1,20 kg/l = halb geladen; 1,12 kg/l = entladen.

Zum Ausbau der Batterie die eventuell vorhandene Abdeckung (1) abnehmen. Dann zuerst das Minuskabel (4) und weiter das Pluskabel (2) lösen. Vorn sehen Sie die Schraube (3) der Halteleiste am Batteriefuß.

Batterie laden

Ladegerät anschließen

- Pluskabel an Batterie-Pluspol, Minuskabel an Minuspol anklemmen.
- Die Batteriekabel brauchen bei einem gewöhnlichen Ladegerät nicht abgenommen zu werden.
- Die Batteriestopfen können eingeschraubt bleiben. Das sich beim Laden bildende Gas kann durch die Entlüftungsbohrungen in den Stopfen entweichen.
- Der Ladestrom soll anfangs etwa 10% der Batteriekapazität betragen (z.B. 4,5 A beim 45-Ah-Akku) und sich während der Ladung automatisch verringern.
- Die Batterie ist voll geladen, wenn ihre Säuredichte innerhalb von zwei Stunden nicht mehr ansteigt.
- Beim Batterieladen wird das destillierte Wasser teilweise zersetzt. Es bilden sich Gasblasen aus Wasserstoff und Sauerstoff – das hochexplosive Knallgas.
- Wenn mit hohem Strom geladen wird, für gute Durchlüftung des Raumes sorgen.
- Beim Laden der Batterie in deren Nähe nicht rauchen und kein offenes Feuer verwenden.
- Auch Funken beim Ab- oder Anklemmen des Laders bzw. der Batteriekabel können das Knallgas entzünden.

Schnelladung der Batterie

Wer es eilig hat, kann seine Batterie bei Tankstelle oder Werkstatt schnelladen lassen. Nach einer Stunde ist die Batterie wieder voll. Beachten Sie:
○ Einem älteren Akku kann die Schnelladung das Leben kosten, dann muß eine ohnehin bald fällige neue Batterie her.
○ Beide Batteriekabel müssen abgenommen werden. Durch den hohen Ladestrom können die empfindlichen elektronischen Bauteile im Auto Schaden nehmen.
○ Batterie-Verschlußstopfen herausdrehen und lose in die Öffnungen stecken, da der Akku bei der Schnelladung erheblich »gast«. Bei abgenommenen Stopfen sprüht durch die aufsteigenden und zerplatzenden Gasblasen ein feiner Säurenebel aus der Batterie, der sich rundum niederschlägt. Zum Schutz der Umgebung eine Plastikfolie oder Zeitung zum Abdecken verwenden.

Start mit leerer Batterie

Starthilfekabel

Ein VW mit Getriebeautomatik und leerer Batterie kann nur mit Starthilfekabeln zum Laufen gebracht werden.

- Hilfsfahrzeug so dicht an den VW heranfahren lassen, daß die Batterien beider Wagen durch die Starthilfekabel miteinander verbunden werden können.
- Kontrollieren Sie, ob in Ihrem stromlosen Fahrzeug sämtliche Stromverbraucher abgeschaltet sind.
- Ein Kabel an beide Batterie-Pluspole anklemmen.
- Anderes Starthilfekabel zuerst am Minuspol der geladenen Fremdbatterie und dann im Motorraum des stromlosen Wagens an blanker Masse (z. B. direkt am Motor) anschließen.
- Motor des Hilfswagens mit erhöhter Drehzahl laufen lassen, damit die Lichtmaschine kräftig Spannung liefert.
- Falls der Motor nicht gleich anspringt, zwischendurch eine Abkühlungspause für den Anlasser einlegen. Hilfsmotor weiterlaufen lassen, wodurch die leere Batterie bereits etwas nachgeladen wird.
- Beim Abklemmen der Starthilfekabel zuerst die Klemme vom Minuspol der geladenen Fremdbatterie abnehmen.

Wagen anschieben

- Mit zwei Helfern läßt sich der VW bei gutem Motorzustand anschieben:
- Zündung einschalten.
- 1. Gang einlegen. In höheren Gängen wird die Lichtmaschine für kräftige Stromlieferung zu langsam durchgedreht.
- Kupplung durchtreten, Wagen anschieben lassen, bis er in Schwung ist.
- Kupplung schnell kommen lassen. Der Motor wird abrupt durchgedreht und müßte anspringen.
- Sofort Kupplung treten und Gas geben.

Wagen anschleppen

Diese Methode sollten Sie nur im Notfall anwenden, wenn keine Starthilfekabel zur Verfügung stehen. Suchen Sie sich unbedingt einen schlepperfahrenen Helfer aus, damit nicht durch Ungeschick größerer Schaden entsteht. Und denken Sie daran: Bei stehendem Motor arbeiten weder der Bremskraftverstärker noch die evtl. eingebaute Servolenkung!

- Zündung einschalten, 2. Gang einlegen und Kupplung treten.
- Der Zugwagen muß langsam anfahren.
- Bei etwa 15 km/h die Kupplung langsam kommen lassen, dabei die rechte Hand an den Handbremshebel legen.
- Ist der Motor angesprungen, Kupplung treten und Gas geben.
- Handbremse sanft ziehen, damit Sie dem Vordermann nicht ins Heck rollen.
- Schleppfahrer Hupsignal geben.
- Gang herausnehmen, Kupplung loslassen.
- Mit der Handbremse zusammen mit dem Schleppwagen sanft abbremsen.

Die Lichtmaschine

Kleinkraftwerk

In der Autofahrersprache hat sich der der Begriff Lichtmaschine für den Stromerzeuger eingebürgert, obwohl andere, mindestens ebenso wichtige Stromverbraucher ebenfalls mit elektrischer Energie gespeist werden müssen. Bei stehendem Motor besorgt dies die Batterie. Sobald der Motor läuft, tritt der Generator als Stromquelle in Aktion.

Der Drehstrom-Generator

Im VW sitzt eine Drehstrom-Lichtmaschine, vom Motor über einen Keilriemen in Schwung versetzt. Im Drehstrom-Generator gibt es nichts zu schmieren, und selbst die Schleifkohlen halten mindestens 80 000 km. Je nach Motor und eventueller Sonderausstattung sind Lichtmaschinen mit 65 oder 90 Ampere Leistung eingebaut. Bei einer maximalen Spannung von 14 Volt sind das 910 oder 1260 Watt. Zwei Drittel dieser Leistung werden bereits bei 2000 Lichtmaschinen-Umdrehungen erzeugt. Da der Generator zur Motorkurbelwelle übersetzt ist, dreht er schneller als der Motor. Bei einer Übersetzung von knapp 1 : 2 liegen die $2/3$ Leistung bereits bei etwas erhöhter Leerlaufdrehzahl an.

Fingerzeig: Die Lichtmaschine liefert 14 Volt Ladespannung im 12-V-Bordnetz, denn nur durch diesen kleinen Spannungsunterschied kann Strom zur Batterie fließen, damit diese aufgeladen wird.

Der Generator erzeugt Wechselstrom. Da die Batterie mit Gleichstrom geladen werden will, besorgen Halbleiter-Dioden die notwendige Gleichrichtung des Wechselstromes. Die Dioden sind empfindlich gegen zu hohe Spannungen. Deshalb:

Umgang und Vorsichts-Maßnahmen

○ Bei laufendem Motor darf kein Kabel zwischen Akku und Lichtmaschine gelöst bzw. wieder angeschlossen werden. Dadurch kann die Spannung schlagartig ansteigen (Spannungsspitze) und eine Diode »verheizt« werden.
○ Ohne richtig angeschlossene und intakte Batterie darf die Drehstrom-Lichtmaschine nicht laufen. Der Akku dient als Spannungsbegrenzer für den Generator, gewissermaßen als Puffer gegen Überspannungen.
○ Sämtliche Kabelanschlüsse im Verbund Lichtmaschine–Batterie–Masse müssen ganz fest sitzen. Schon ein Wackelkontakt kann zu Spannungsspitzen führen.
○ Beim Schnelladen der Batterie und beim elektrischen Schweißen an der Karosserie müssen beide Kabel vom Akku abgenommen werden.

Die Ladekontrolle

○ Die Kontrolleuchte im Kombiinstrument hat zwei Plus-Anschlüsse: Zum einen von der Klemme D+ des Generators (blaues Kabel) und zum anderen von Klemme 15 über die Mehrfachsteckverbindung der Leiterfolie hinten am Kombiinstrument vom Zündschloß kommend.

Oben die Bosch-Lichtmaschine, unten der Generator von Valeo:
1 – Lagerschild;
2 – Klauenpolläufer;
3 – Ständerwicklung;
4 – Diodenplatte;
5 – Gehäuse;
6 – Entstör-Kondensator;
7 – Spannungsregler;
8 – Abdeckung.

○ Mit Einschalten der Zündung führt Klemme 15 Spannung. Die Lichtmaschine steht aber noch, so daß der spannungslose D+-Kontakt als »Minus« wirkt. Die Kontrollampe leuchtet auf, denn zwischen dem von der Batterie versorgten Bordnetz und dem noch stehenden Generator herrscht eine Spannungsdifferenz.

○ Wird der Motor gestartet und hat die Lichtmaschine ihre Ladedrehzahl erreicht, verbindet der Spannungsregler den Stromerzeuger mit der Bordelektrik. Nun kommt Plusstrom von Klemme 15 und zusätzlich von Klemme D+. Damit besteht keine Spannungsdifferenz mehr, die Ladekontrolle verlöscht.

○ Beim Einschalten der Zündung muß die brennende Ladekontrolle – bei unserem VW in Verbindung mit einem parallel geschalteten Widerstand – die Drehstrom-Lichtmaschine »vorerregen«. Nur so kann diese schon aus niedrigen Drehzahlen heraus Strom liefern. Allerdings ist die Vorerregung nur beim ersten Anlaufen des Generators erforderlich.

Fingerzeig: Bisweilen bleibt die Ladekontrolle brennen, wenn Sie den Motor ohne Gas starten und er in niedriger Leerlaufdrehzahl läuft. Dann ist die Vorerregung des Drehstrom-Generators zu schwach, er liefert noch keinen Strom. Sobald Sie auf das Gaspedal tippen, verlöscht das rote Licht – alles ist wieder in Ordnung. Diese Erscheinung ist normal und deutet keinen Schaden an.

Der Spannungsregler

Je schneller die Lichtmaschine dreht, um so höher steigt die Spannung und damit auch der gelieferte Strom – wie beim Fahrraddynamo. Ein derartiges Auf und Ab ertragen die Stromverbraucher im Auto nicht. Deshalb begrenzt ein am Generator angeschraubter Regler die Spannung und verhindert ein Überladen der Batterie. Über die Schleifkohlen der Drehstrom-Lichtmaschine fließt nur ein geringer Strom, außerdem laufen die Kohlen auf glatten Schleifringen. Das bewirkt nur geringen Verschleiß. Die Schleifkohlen sitzen an der Innenseite des Spannungsreglers.

Spannungsregler prüfen

- Voltmeter zwischen Klemme B+ der Lichtmaschine und Masse anklemmen.
- Motor mit 2000/min drehen lassen.
- Die Regulierspannung muß **13,3–14,6 V** betragen.
- Messen Sie eine höhere Ladespannung, ist der Regler defekt und muß ausgetauscht werden.
- Zu niedrige Spannung kann evtl. an abgenutzten Schleifkohlen liegen.

Bosch-Schleifkohlen kontrollieren

- Zwei Halteschrauben am Regler lösen.
- Regler gewissermaßen herausklappen, damit die Kohlebürsten nicht hängenbleiben.
- Überstand der Schleifkohlen messen.
- Sind sie nur noch **5 mm** lang, müssen sie ersetzt werden.

Bosch-Schleifkohlen auswechseln

Die Schleifkohlen sind am Regler mit ihren Anschlußlitzen an einem Halter angelötet. Sie brauchen als Werkzeug daher einen Lötkolben.

- Anschlußlitzen auslöten, Schleifkohlen herausziehen.
- Druckfedern von den alten Kohlen abziehen.
- Federn auf die neuen Kohlen stecken.
- Anschlußlitzen anlöten.

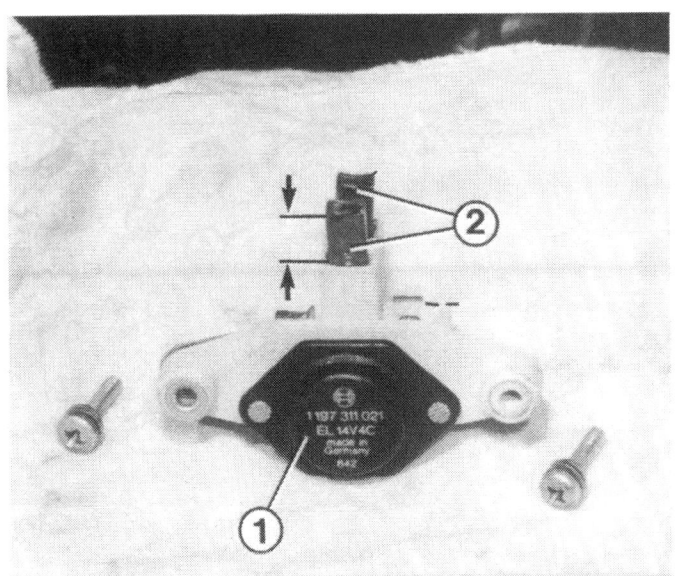

Bei ausgebautem Spannungsregler (1; hier die Ausführung von Bosch) läßt sich die Länge (Pfeile) der Schleifkohlen (2) leicht erkennen.

- Beide Halteschrauben des Reglers an der Lichtmaschinen-Rückseite herausdrehen.
- Regler und dahinter sitzenden Schleifkohlenhalter herausziehen.
- Länge der herausragenden Kohlen messen.
- Bei **5 mm** Restlänge sind die Schleifkohlen abgenutzt.
- Die Kohlen können bei der Motorola- und Valeo-Lichtmaschine nicht einzeln ausgetauscht werden, sondern nur im Verbund mit dem Spannungsregler.

Motorola- und Valeo-Schleifkohlen kontrollieren

Keilriemenzustand kontrollieren

Keilriemen müssen bei den heutigen leistungsstarken Lichtmaschinen erhebliche Kräfte übertragen. Das ist der Grund, weshalb die Spannung wesentlich strammer eingestellt wird als früher.
○ Zu geringe Riemenspannung bewirkt neben mangelhafter Leistungsübertragung auf die Lichtmaschine und die Wasserpumpe hohen Riemenschlupf, dadurch steigende Riementemperatur und frühzeitigen Flankenverschleiß.
○ Ist die Spannung so gering, daß bei scharfem Beschleunigen die Kurbelwellen-Riemenscheibe unter dem Keilriemen durchdreht, zeigen sich unregelmäßige Schleifspuren auf den Riemenflanken.
- Drehen Sie zur Kontrolle des Riemens den Motor einige Male ganz durch.
- Nur so können Sie wirklich alle Flächen des Keilriemens sehen. Oft hat der Riemen nämlich nur einen einzigen, aber tiefen Riß, der bei der Kontrolle möglicherweise genau auf der Riemenscheibe zu liegen kommt.
- Einen angerissenen oder ausgefransten Riemen umgehend ersetzen.

Wartung Nr. 11

Keilriemenspannung prüfen

Der Generator wird je nach Ausstattung zusammen mit unterschiedlichen Aggregaten angetrieben.
○ Ohne Zusatzausstattung: Kurbelwelle/Wasserpumpe/Generator
○ Mit Servolenkung: Kurbelwelle/Generator
○ Mit Klimaanlage: Klimakompressor/Generator
○ Mit Servolenkung und Klimaanlage: Klimakompressor/Generator
- Gemessen wird mit kräftigem Fingerdruck an der jeweils längsten freilaufenden Stelle des Riemens; bei einem Fahrzeug ohne Zusatzausstattung ist das zwischen Kurbelwellen-Keilriemenscheibe und Lichtmaschine.
- Bei richtiger Spannung soll sich ein gelaufener Riemen **5 mm** eindrücken lassen, ein neuer lediglich **2 mm**.
- Auch bei richtig gespanntem Riemen sollten Sie prüfen, ob die Spannschraube der Lichtmaschine und die Mutter am Schwenkbolzen gut angezogen sind.

Wartung Nr. 12

Welche Teile im folgenden Text angesprochen sind, zeigen die Abbildungen auf diesen Seiten.
- **Glatter Spannbügel:** Klemmschraube am Spannbügel des Generators sowie die Haltemutter des Schwenkbolzens lösen.
- Er wird durch die Zahnriemenschutzhaube mit einem 6-mm-Innensechskantschlüssel gegengehalten, während Sie die Mutter am anderen Ende lockern.
- Unten an der Lichtmaschine einen kräftigen

Keilriemen spannen

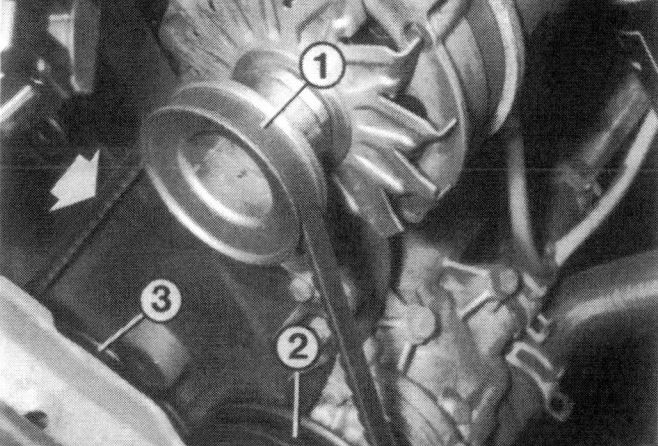

Ohne Zusatzausstattung verläuft der Keilriemen zwischen:
1 – Lichtmaschine;
2 – Wasserpumpe;
3 – Kurbelwelle.
Zum Prüfen der Riemenspannung mit kräftigem Fingerdruck (Pfeil) an der längsten freilaufenden Riemenseite messen.

Schraubenzieher oder eine stabile Stange ansetzen.
- Lichtmaschine zum Motor hin drücken.
- Gleichzeitig mit der anderen Hand die Klemmschraube anziehen.
- **Verzahnter Spannbügel:** Halteschraube des Spannbügels eine Umdrehung lösen.
- Spannschraube der Zahnmutter eine Umdrehung lockern, dabei die Mutter gegenhalten.
- Durch die Zahnriemenverkleidung den Schwenkbolzen mit Innensechskantschlüssel 6 mm lösen.
- Die Lichtmaschine muß sich durch ihr eigenes Gewicht bewegen.
- Zahnmutter mit einem Drehmomentschlüssel mit 8 Nm (bei neuem Keilriemen) bzw. 4 Nm (gelaufener Keilriemen) anziehen.
- Mutter in dieser Stellung gegenhalten und Spannschraube festziehen (35 Nm).
- Ohne Drehmomentschlüssel Zahnmutter mit Gefühl drehen und die Spannschraube anziehen.
- Schwenkbolzen mit 35 Nm und Spannbügelschraube mit 30 Nm festziehen.

Fingerzeig: Nach dem Keilriemenspannen den Motor kurz laufen lassen und die Spannung kontrollieren, ggf. nochmals spannen.

Die richtige Keilriemengröße

Folgende Riemengrößen können beim VW verwendet werden:

Keilriemen zwischen	Kurbelwelle/ Generator	Kurbelwelle/ Wasserpumpe/ Generator	Kurbelwelle/ Wasserpumpe/ Servopumpe	Kurbelwelle/ Wasserpumpe/ Klimakompressor	Generator/ Klimakompressor
Ohne Zusatzausstattung	–	9,5 × 950	–	–	–
mit Servolenkung	9,5 × 865	–	9,5 × 730	–	–
mit Klimaanlage	–	–	–	12,5 × 947	9,5 × 630
mit Servolenkung und Klimaanlage	–	–	9,5 × 730	12,5 × 947	9,5 × 630

Keilriemen abnehmen und montieren

Ein Keilriemen darf auf keinen Fall mit einem Schraubenzieher o. ä. über die Riemenscheiben »gewürgt« werden, sonst ist der nächste Riemenschaden durch Bruchstellen im Keilriemenunterbau bereits »mit eingebaut«.
- Bei einem Fahrzeug mit Servolenkung und/oder Klimaanlage zuerst den betreffenden Keilriemen abnehmen, siehe Seite 129 und 246.
- **Glatter Spannbügel:** Klemmschraube oben am Spannbügel lösen.
- **Spannbügel mit Verzahnung:** Halteschraube des Spannbügels und Spannschraube der Zahnmutter eine Umdrehung lockern – Mutter gegenhalten.
- **Alle:** Schwenkbolzen mit Innensechskantschlüssel 6 mm durch die Zahnriemenverkleidung lösen.
- Generator vom Motor weg schwenken.
- Riemen zuerst aus der Kurbelwellen- oder Wasserpumpen-Riemenscheibe herausheben.
- Nach dem Einbau eines neuen Riemens Spannung auf **2 mm Eindrücktiefe** einstellen.

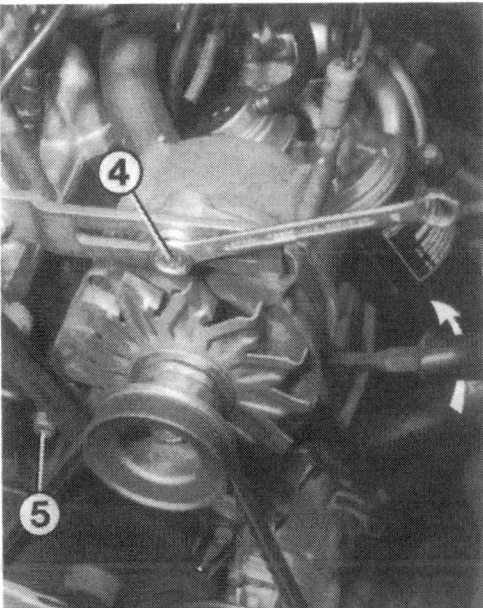

Links ist das Riemenspannen beim verzahnten Spannbügel (3) gezeigt: Zuerst muß die Spannschraube (1) gelockert werden, bevor die Zahnmutter (2) gedreht werden kann.
Rechts der glatte Spannbügel: Nach Lösen der Klemmschraube (4) und ggf. des Schwenkbolzens (5) drückt man den Generator zum Riemenspannen in Pfeilrichtung.

Generator ausbauen

- Minuskabel der Batterie abnehmen.
- Haltebügel des Lichtmaschinen-Mehrfachsteckers zur Seite drücken, Stecker abziehen, dabei nicht an den Kabeln zerren.
- Massekabel am Generatorgehäuse lösen.
- Keilriemen abnehmen.
- Bolzen am unteren Schwenkpunkt herausdrehen, dabei den Generator festhalten.

Gerissener Keilriemen

Leuchtet plötzlich während der Fahrt die rote Ladekontrolle auf und haben Sie vielleicht gehört, daß im Motorraum kurz etwas gegen das Blech schlug, ist sicher der Generator-Keilriemen gerissen. Anhalten und nachsehen! Falls ja, herrschen unterschiedliche Alarmstufen:

○ **Beim VW ohne Zusatzausstattung dürfen Sie auf keinen Fall weiterfahren!** Durch die nun nicht mehr angetriebene Wasserpumpe ist der Kühlmittelkreislauf unterbrochen. Deshalb sofort neuen Keilriemen montieren oder Wagen abschleppen lassen.

○ **Mit Servolenkung und/oder Klimaanlage können Sie weiterfahren**, wenn die Batterie ausreichend geladen ist. Die Wasserpumpe wird weiterhin angetrieben (vom Keilriemen der Servopumpe oder des Klimakompressors).

Störungsbeistand

Batterie und Lichtmaschine

Die Störung	– ihre Ursache	– ihre Abhilfe
A Rote Ladekontrolle brennt nicht beim Einschalten der Zündung	1 Batterie leer	Mit Starthilfekabeln starten oder Wagen anschleppen
	2 Batteriekabel gebrochen, Kabelklemmen lose oder oxidiert	Batteriekabel und -klemmen kontrollieren
	3 Leuchtdiode oder deren Vorwiderstand defekt	Ersetzen
	4 Kabelweg zwischen Zündschloß, Kontrollampe und Lichtmaschine unterbrochen	Stromweg mit Prüflampe kontrollieren
	5 Massekabel zwischen Lichtmaschine und Motorblock gebrochen	Kabel kontrollieren
	6 Schleifkohlen abgenutzt	Schleifkohlen erneuern
	7 Spannungsregler defekt	Regler austauschen
	8 Lichtmaschine schadhaft	Lichtmaschine instand setzen lassen
	9 Nach zu heftiger Motorwäsche: Eingedrungene Feuchtigkeit hat einen isolierenden Schmierfilm zwischen den Schleifringen und Kohlen gebildet	Lichtmaschine mit Druckluft ausblasen oder Schleifringe und Kohlen sauberreiben
B Ladekontrolle brennt oder glimmt bei laufendem Motor	1 Keilriemen lose	Riemen spannen
	2 Mangelnder Kontakt an Kabelanschlüssen oder unterbrochene Kabel	Kabelanschlüsse und Kabel prüfen
	3 Siehe A 6–8	
C Batterieoberfläche feucht	1 Batterie überfüllt	Zuviel eingefülltes destilliertes Wasser durch Überladen herausgasen. Keine Säure absaugen
	2 Batterieverschlüsse verstopft	Entlüftungslöcher säubern
	3 Siehe A 7	
D Batterie gast stark	Siehe A 7	

Fahren mit defekter Lichtmaschine

Wenn die Lichtmaschine oder ihr Regler streikt, ist die Weiterfahrt noch nicht gefährdet, denn die Batterie kann hilfreich einspringen. Bei Tag reicht der Batteriestrom noch eine ganze Weile, obwohl die Zündanlage zum Aufbau eines brauchbaren Zündfunkens eine Mindestspannung benötigt. Von der Batterie zehren weiterhin bei kaltem Vergasermotor die Ansaugrohr- und die Starterdeckelbeheizung bzw. beim Einspritzmotor die elektrische(n) Benzinpumpe(n). Zudem ist der Akku oft nur zu ⅔ geladen. Je nach Batteriekapazität reicht es aber zu mindestens fünf Stunden Fahrt. Im Winter kommt erschwerend hinzu, daß die Batterie schwächer auf der Brust ist. Außerdem brauchen Sie das Licht schon wesentlich früher. Stromsparen heißt also die Devise. Sicherheitshalber den Mehrfachstecker an der Lichtmaschine abziehen, damit sich die Batterie nicht über den defekten Generator oder Spannungsregler in kürzester Zeit entladen kann.

Der Anlasser

Kraftprotz

Ein kleiner Elektromotor mit knapp 1 kW Leistung wirft beim Zündschlüsseldreh in Zusammenarbeit mit der Zündanlage und einer gut geladenen Batterie den Motor an.

Die Bauart

Der Anlasser im VW ist ein »Schub-Schraubtrieb-Starter«. Bei ihm bewirkt der Zündschlüsseldreh in Stellung »Start« folgendes:
○ Die Klemme 50 am Zündschloß liefert Spannung an den oben auf dem Anlasser sitzenden Magnetschalter.
○ Dadurch schiebt ein Einrückhebel das Zahnritzel des Anlassers auf einem Steilgewinde der Ankerwelle in den Zahnkranz des Motor-Schwungrades.
○ Beim Eingreifen des Ritzels schaltet der Magnetschalter den vollen, von Klemme 30 kommenden Batteriestrom ein, so daß der Anlasser den Motor erst nach dem Einspuren des Ritzels kräftig durchdreht.
○ Ist der Motor angesprungen, wird das Ritzel aus dem Schwungrad wieder ausgespurt.

Anlasser ausbauen

Schaltgetriebe
● Massekabel an der Batterie abklemmen.
● Kabel am Magnetschalter abnehmen.
● Motor und Getriebe vorn in der Mitte mit einem Wagenheber abstützen, damit der Triebwerksblock beim Lösen der Anlasser-Halteschrauben nicht nach unten sackt.
● Zwei Innenvielzahn- und eine Sechskantschraube am Anlasser herausdrehen.

● Schrauben herausziehen, dabei den Anlasser festhalten.
● Beim Einbau werden die Halteschrauben durch Motorhalterung, Motorblock, Getriebegehäuse und Anlasser gesteckt.
● Anzugsdrehmoment 60 Nm.

Automatikgetriebe
Der Anlasser sitzt bei Getriebeautomatik in Fahrtrichtung hinten am Getriebegehäuse.
● Batterie-Massekabel abklemmen.
● Befestigungsschraube oben am Zwischenlager herausdrehen.
● Antriebswelle am Getriebe abschrauben.
● Muttern am Wärmeabschirmblech lösen.
● Halteschrauben unten am Zwischenlager lösen, Abschirmblech nach hinten herausziehen.
● Kabel am Anlasser abnehmen.
● Lenkung nach rechts einschlagen.
● Halter für Wärmeabschirmblech am Anlasser abschrauben.
● Antriebswelle nach hinten schwenken und hochdrücken.
● Anlasser mit der Antriebsseite nach oben schwenken und zwischen Antriebswelle und Motorblock nach unten herausziehen.
● Schrauben-Anzugsmoment 20 Nm.

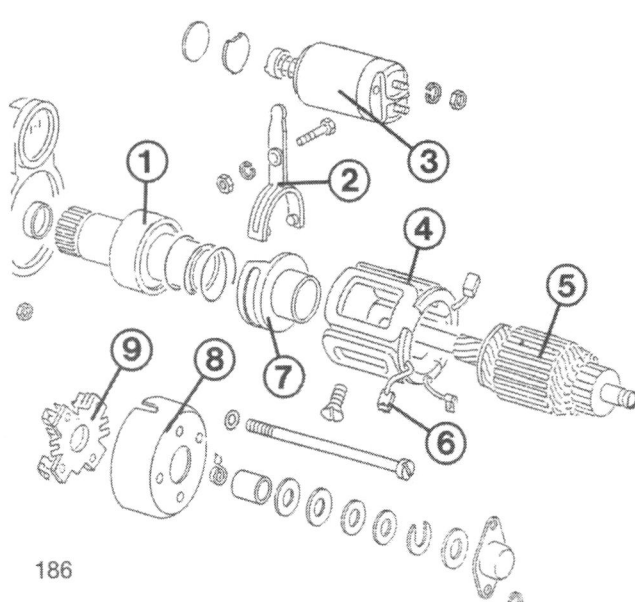 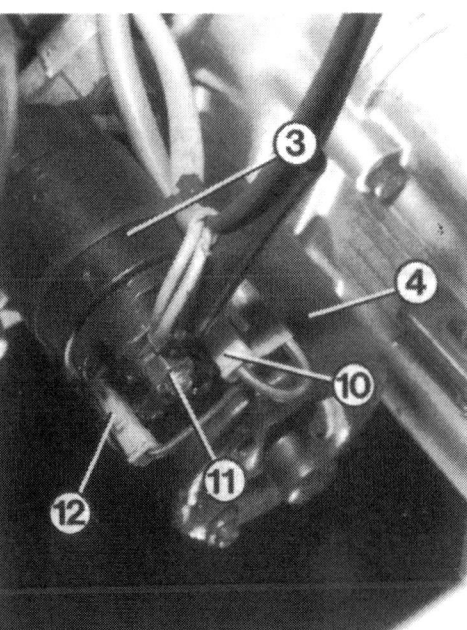

Links der Anlasser in Teilen, rechts in der Draufsicht. Es bedeuten:
1 – Ritzelgetriebe;
2 – Einrückhebel;
3 – Magnetschalter;
4 – Feldspule;
5 – Anker;
6 – Kohlebürsten;
7 – Schaltbuchse;
8 – Deckel;
9 – Halteplatte der Kohlen;
10 – Kontakt Klemme 50;
11 – Kontakt Klemme 30;
12 – Anschluß Klemme 15a (nur SZ).

Magnetschalter ausbauen

- Anlasser demontieren.
- Kabel zwischen Magnetschalter und Anlasser lösen.
- Drei Schlitzschrauben am Halteflansch des Magnetschalters lösen.
- Magnetschalter abziehen und aus dem Einrückhebel aushängen.

Anlasser-Schleifkohlen auswechseln

- Anlasser ausbauen.
- An der geschlossenen Seite des Anlassers zwei Schlitzschrauben an dem kleinen Lagerdeckel herausdrehen, Deckel abnehmen.
- Sicherungsscheibe und Einstellscheiben vom darunter liegenden Wellenstumpf abnehmen.
- Beide Muttern am Anlasser-Gehäusedeckel herausdrehen und Deckel abnehmen.
- Länge der Schleifkohlen an der Halteplatte messen – Mindestlänge: 13 mm.
- Verbrauchte Kohlen mit einer Zange zerdrücken.
- Freies Ende der Kupferlitze blank kratzen.
- Litze in die Bohrung der neuen Kohlebürste stecken, und mit einem Körner das Litzenende etwas spreizen.
- Kohle mit einem Lötkolben mit mindestens 250 Watt Leistung anlöten, dabei die Kabellitze dicht an der Kohle mit einer Flachzange halten, damit kein Lot in der Litze hochsteigt.

Störungsbeistand

Anlasser

Nicht immer wird Ihnen unser Störungsbeistand so weit helfen, daß der Anlasser den Motor zum Laufen bringt. Aber Sie können einen Schaltgetriebe-VW immer noch anschieben oder anschleppen lassen, wie auf Seite 180 beschrieben.

Die Störung	– ihre Ursache	– ihre Abhilfe
A Beim Drehen des Zündschlüssels in Startstellung dreht der Anlasser zu langsam oder gar nicht	1 Kontrollampen brennen schwach oder verlöschen a) Batterie entladen b) Kabelanschlüsse lose oder oxidiert c) Anlasser hat Masseschluß 2 Kontrollampen brennen hell, Klicken aus Richtung Anlasser a) Kohlebürsten bzw. deren Anschlüsse im Anlasser gelöst b) Kontakte im Magnetschalter verschmort c) Anlasserwicklung schadhaft 3 Kontrollampen brennen hell, keinerlei Geräusche a) Flachstecker der Klemme 50 am Magnetschalter lose b) Klemme-50-Leitung vom Zündschloß zum Magnetschalter unterbrochen	Mit Starthilfekabeln starten Kabelanschlüsse kontrollieren Anlasser überholen lassen Kurz auf den Magnetschalter klopfen. Dreht der Anlasser weiterhin nicht: Kohlebürsten überprüfen Magnetschalter ersetzen Anlasser überholen lassen Steckanschluß überprüfen Leitung mit Prüflampe kontrollieren
B Anlasser läuft, ohne den Motor durchzudrehen	1 Einrückvorrichtung klemmt 2 Verzahnung des Ritzels oder des Motorschwungrads beschädigt	Anlasser überholen lassen Wagen bei eingelegtem Gang ein Stück vorschieben. Erneut starten. Beschädigte Teile ersetzen lassen
C Magnetschalter schaltet in schneller Folge ein und aus, Anlasser läuft nicht an	Batterie stark entladen, beim Einschalten des Magnetschalters fällt die Spannung ab und er schaltet wieder ab	Batterie laden
D Anlasser läuft weiter, obwohl Zündschlüssel losgelassen wurde	1 Magnetschalter hängt und schaltet nicht ab 2 Zünd-/Anlaßschalter defekt	Zündung sofort abschalten, notfalls Batterie abklemmen. Magnetschalter ersetzen Zünd-/Anlaßschalter ersetzen
E Ritzel spurt nach Anspringen des Motors nicht aus	1 Rückstellfeder des Einrückhebels lahm oder gebrochen 2 Verzahnung des Ritzels bzw. des Motorschwungrads verschmutzt oder beschädigt	Zündung sofort abschalten. Reparieren lassen Reinigen bzw. schadhafte Teile ersetzen lassen

Die Zündanlage

Funkenregen

Ein kräftiger elektrischer Funke ist vonnöten, damit das von den Kolben angesaugte Kraftstoff/Luft-Gemisch für die gewünschte Kraftentfaltung entzündet werden kann. Das muß im richtigen Moment geschehen sowie unter allen Betriebsbedingungen.

Was die Zündung leistet

Die Zündanlage sorgt durch gezielt abgefeuerte Zündfunken für den richtigen Verbrennungsablauf im Motor. Und das geht Knall auf Fall, denn bei gemütlichen 3000 Motorumdrehungen fordert jeder Motorzylinder 25 Funken pro Sekunde. Macht bei unserem Vierzylinder 100 in der Sekunde, 6000 in der Minute, 360000 in der Stunde u.s.w.
Damit an der Zündkerze im Verbrennungsraum überhaupt ein Funke überspringen kann, muß zwischen den Zündkerzenelektroden eine Spannung von 20000–35000 Volt vorhanden sein. Die Batterie liefert aber nur eine Spannung von 12 Volt. Die Batteriespannung muß also gewaltig hochtransformiert werden. Ferner geht es beim Funkenüberschlag nicht um Zehntel- oder Hunderstel-, sondern um Tausendstelsekunden. Nur ein Minimales zu spät oder zu früh, und die Zündung und damit die Leistung des Motors ist mangelhaft.

Wann wird gezündet?

Der Funke muß im richtigen Augenblick überspringen. Am wirkungsvollsten ist die Verbrennung, wenn das Kraftstoff/Luft-Gemisch in dem Moment entzündet wird, da dieses auf engstem Raum zusammengepreßt ist. Diese höchste Verdichtung herrscht beim Viertaktmotor in jenem Augenblick, in dem der Kolben bei Beendigung des Kompressionshubs (2. Takt) von der Aufwärtsbewegung in die Abwärtsbewegung des (3.) Arbeitstakts übergehen will.
Bevor sich die Bewegungsrichtung des Kolbens umkehrt, steht er einen winzigen Sekundenbruchteil lang im höchsten Punkt in seiner Bewegungsbahn still. Diesen Punkt nennt man den »Oberen Totpunkt« (OT). Das entsprechende Gegenstück dazu – der untere Umkehrpunkt – ist der »Untere Totpunkt« (UT), der uns jedoch hier nicht interessiert.
Zurück zum richtigen Zeitpunkt für den Zündfunken: Idealer Zündzeitpunkt ist also der Moment, in dem der Kolben gerade seine Abwärtsbewegung beginnt. Die Verdichtung ist am höchsten, und der Kolben kann mit Kraft und Schwung zum Motorblock hinuntergedrückt werden.
Trotzdem wäre es falsch, den Zündzeitpunkt genau auf OT zu legen. Denn das Kraftstoff/Luft-Gemisch braucht eine gewisse Zeit (rund $1/3000$ s), bis es sich entzündet hat und den vollen Verbrennungsdruck entwickelt. Also wird der Zündzeitpunkt vorverlegt. Wir haben »Frühzündung«. Der Startschuß für den Funken erfolgt deshalb noch während der Aufwärtsbewegung des Kolbens, der Verbrennungsdruck setzt jedoch erst knapp nach dem OT ein.

Oberer Totpunkt und Frühzündung

Mit steigender Motordrehzahl muß der Zündfunke immer früher überspringen, denn – wir haben das im letzten Abschnitt schon angesprochen – das Kraftstoff/Luft-Gemisch braucht ja immer die gleiche Zeit zur Entzündung. Nur so erfolgt die Verbrennung wieder genau zur richtigen Zeit, nämlich dann, wenn der Kolben gerade wieder beginnt abwärts zu laufen.
Das Verbrennen des Kraftstoff/Luft-Gemisches hängt aber auch von dessen Zusammensetzung ab. Bei nur gering durchgetretenem Gaspedal (bei »Teillast«) ist das Gemisch in den Brennräumen weniger zündfähig; es verbrennt daher langsamer. Auch hier muß früher gezündet werden.

Verschiedene Zündsysteme

○ Zu Serienbeginn waren die 1,6-Liter Motoren im Golf/Jetta mit einer herkömmlichen **Spulenzündung** (Kurzbezeichnung: SZ) ausgerüstet.
○ Bereits bei ihrer Einführung besaßen die 1,8-Liter-Triebwerke eine kontaktlose **Transistorzündanlage** (kurz: TSZ). Bei den 1,6-Liter-Motoren kam sie ab 1/85 zum Einsatz.
Damit es in den Abschnitten dieses Kapitels zu keinen Verwechslungen kommt, finden Sie an den Überschriften einen Zusatzvermerk. »Nur SZ« steht dort, wenn es ausschließlich um die Spulenzündung geht; und »nur TSZ« bedeutet, daß hier lediglich die Transistorzündung angesprochen ist. Wo keine Verwechslung möglich ist und an Abschnitten, die beide Zündanlagen behandeln, fehlt der Zusatz.

So entsteht der Zündfunke

Das Grundprinzip der Zündung besteht darin, daß einerseits die Zündspule für die notwendige Hochspannung sorgt und andererseits der Verteiler diese Hochspannung reihum auf die Zündkerzen verteilt. Das funktioniert folgendermaßen:

○ Zunächst fließt der Batteriestrom durch die Primärwicklung der Zündspule. Diese Wicklung besteht aus wenigen Windungen eines dicken Drahts. Unter der Wirkung des Stroms baut sich um den Eisenkern in der Zündspule ein kräftiges Magnetfeld auf – unsere Zündenergie.

○ Nähert sich der Kolben in seinem Zylinder dem Punkt, da die angesaugte und verdichtete Ladung gezündet werden soll (dem Zündzeitpunkt), wird der Strom zur Zündspule unterbrochen. Das geschieht je nach Zündsystem auf unterschiedliche Weise.

○ Mit dem Ausschalten des Stroms bricht das Magnetfeld in der Zündspule zusammen. Dabei passiert folgendes: In der Sekundärwicklung aus sehr vielen Windungen eines dünnen Drahts entsteht ein Hochspannungs-Stromstoß von einigen zigtausend Volt.

○ Diese Zündspannung wird über den Verteiler derjenigen Zündkerze zugeleitet, die in der Zündfolge des Motors gerade an der Reihe ist. Das Gemisch wird entzündet, der Motor dreht weiter. Der Stromkreis wird wieder geschlossen, und das Spiel läuft von neuem ab.

Die Spulenzündung

Bei der herkömmlichen Zündanlage dient zum Ein- und Ausschalten des Stromkreises ein mechanischer Schalter. Er heißt Unterbrecher und sitzt unten im Verteilergehäuse. Das Öffnen und Schließen besorgt die vierkantige Nockenbahn der Verteilerwelle.

○ Bei geschlossenem Schalter fließt der Strom zur Zündspule.

○ Wenn eine Nocke der Verteilerwelle den Unterbrecherhammer von seinem Gegenkontakt – dem Amboß – abhebt, wird der Stromkreis unterbrochen und der Zündfunke ausgelöst.

○ Die Zündspannung von rund 20 000 Volt ist **nicht gefährlich**, weil dabei nur geringe Stromstärken auftreten.

Die Transistorzündung

Kernstück ist der »Hallgeber«, bei dem der nach seinem amerikanischen Entdecker E. H. Hall so genannte Hall-Effekt nutzbar gemacht wird. Der Hallgeber haust im Verteilergehäuse und besteht aus einem Dauermagneten und ihm gegenüberliegend dem eigentlichen Hall-IC (IC = integrierter Schaltkreis). Das Besondere an diesem IC ist die Hall-Schicht, die vom Zündungs-Schaltgerät mit Spannung versorgt wird. Anstelle der vierkantigen Nockenbahn auf der Verteilerwelle, die früher den Unterbrecherkontakt geöffnet hat, sitzt auf der Verteilerwelle ein Blendenrotor. Er besitzt vier Aussparungen.

Das ganze funktioniert ähnlich wie die Lichtschranke bei einer automatischen Tür, nur daß hier anstelle von Licht mit magnetischen Wellen gearbeitet wird. Stehen Sie vor der Tür und unterbrechen den Lichtstrahl, bleibt sie offen. Sobald Sie den Lichtstrahl freigegeben haben, erhält der Türmechanismus den Schließbefehl. Zurück zur Zündung:

○ Steht eine Rotorblende im Magnetfeld, so erhält ein kräftiger Transistor im Schaltgerät das Signal, Batteriestrom durch die Primärwicklung der Zündspule fließen zu lassen.

○ Mit der Drehung der Zündverteilerwelle verläßt die Blende den Luftspalt zwischen Hall-IC und Dauer-

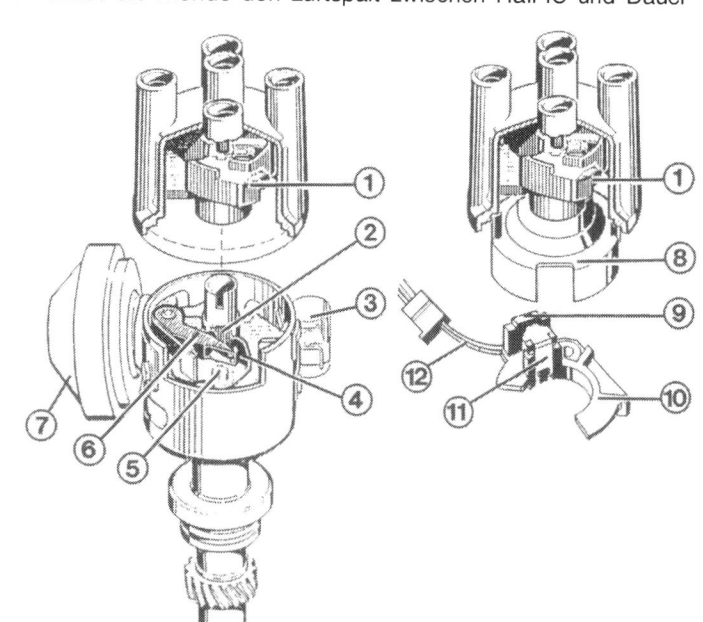

Links der Zündverteiler der herkömmlichen Spulenzündung, rechts sehen Sie den Verteiler der TSZ:
1 – Verteilerfinger;
2 – vierkantige Nockenbahn der Verteilerwelle;
3 – Kondensator;
4 – Amboß des Unterbrechers;
5 – Unterbrecher-Halteschraube;
6 – Unterbrecherhammer;
7 – Unterdruckdose der Zündzeitpunkt-Verstellung;
8 – Blendenrotor;
9 – Hall-IC;
10 – Halter;
11 – Dauermagnet;
12 – Kabelverbindung.

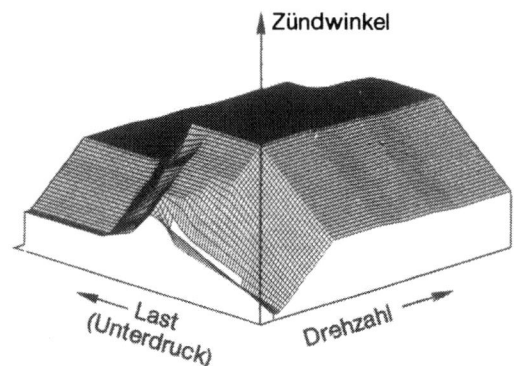

So sieht das sogenannte Zündkennfeld bei der unterdruck- und fliehkraftgesteuerten Zündzeitpunktverstellung aus. Je nach Motorbelastung und Drehzahl gilt ein bestimmter Zündzeitpunkt aus dem Kennfeld.

magnet. Dadurch kommt an das Schaltgerät der Befehl, den Strom zur Zündspule zu unterbrechen, wodurch der Zündfunke entsteht.
○ Die im Hall-IC entstandene Spannung reicht nicht aus zur Unterbrechung des Primärstroms. Das Spannungssignal wird im Schaltgerät verstärkt.
○ Die Breite der vier Rotorblenden bestimmt, wie lange der Primärstromkreis eingeschaltet wird. In dieser »Schließzeit« dreht der Motor eine bestimmte Zahl von Winkelgraden weiter – man nennt das den Schließwinkel. Die Gesamtbreite der Blende entspricht dem größtmöglichen Schließwinkel. Aber der wird nicht unbedingt ausgenutzt, sondern das Schaltgerät genehmigt der Zündspule gerade so viel Strom, wie diese benötigt. Im Extremfall (Zündung eingeschaltet, Motor läuft nicht) wird der Strom zur Zündspule ganz abgeschaltet, damit sie keinen Schaden erleiden kann.
○ Bei der Transistorzündung liegt die Zündspannung bei etwa 35000 Volt. **Gefährlich** sind aber die ebenfalls auftretenden hohen Stromstärken.

Mechanische und unterdruckgesteuerte Zündverstellung

Wir haben es eingangs dieses Kapitels schon gesagt – der Zündzeitpunkt muß auf die jeweilige Motorbelastung abgestimmt sein. Gibt man zu wenig Frühzündung, wird die Energie des Kraftstoffes nicht vollständig ausgenutzt, und der Motor kommt nicht auf volle Leistung. Wird der Zündzeitpunkt allerdings zu früh gelegt, schlägt das bereits entflammte Gemisch dem noch aufwärts strebenden Kolben entgegen, der Motor klingelt oder klopft.
Die Zündverstellung in Richtung »früh« übernehmen einerseits die (mechanische) Fliehkraftverstellung unten im Verteiler und andererseits die seitlich sitzende Unterdruckdose. Beide Einrichtungen wirken dabei teilweise gemeinsam.

Frühzündungs-Fliehkraft-Verstellung

Die Fliehkraftverstellung wirkt »innerlich« auf die zweigeteilte Verteilerwelle. Die Trägerplatte des Fliehkraftverstellers sitzt im Verteilergehäuse unter dem Blendenrotor fest auf der Verteiler-Antriebswelle.
Je schneller sich diese dreht, um so intensiver drücken die Fliehgewichte auf ihrer Trägerplatte gegen einen Mitnehmer. Dieser bewegt die eigentliche Verteilerwelle zusätzlich in ihrer Drehrichtung. Dadurch erreicht man mit ansteigender Drehzahl zunehmende Frühzündung, weil die Unterbrecherkontakte früher öffnen bzw. der Hallgeberimpuls früher ausgelöst wird. Bei abnehmender Drehzahl stellen kleine Spiralfedern die Trägerplatte wieder zurück. Die Fliehkraftverstellung bewirkt maximal 31° Frühzündung.

Frühzündungs-Unterdruck-verstellung

Die Unterdruckdose am Verteiler ist durch eine dünne Saugleitung mit Vergaser, Einspritzeinheit bzw. Drosselklappenstutzen verbunden. Oberhalb bzw. vor der Drosselklappe herrscht ein Unterdruck, der hauptsächlich von der Drosselklappenstellung abhängig ist. Bei geschlossener Drosselklappe ist der Unterdruck gleich Null. Er steigt mit zunehmender Öffnung und steigender Drehzahl unter Teillast auf einen Höchstwert, um bei voll geöffneter Drosselklappe wieder auf etwa 1/5 des Höchstwertes abzufallen.
Wenn bei nur teilweise durchgetretenem Gaspedal ein kräftiger Unterdruck herrscht, zieht dieser über die Saugleitung eine Membrane in der Unterdruckdose an. Von ihr reicht eine Zugstange in den Verteiler hinein und zieht dort die drehbare Grundplatte des Unterbrechers bzw. Hallgebers an. Hierdurch wird die Platte entgegen der Drehrichtung der Verteilerwelle gezogen, und die Zündung erfolgt so entsprechend früher. Die Unterdruckverstellung mit höchstens 15° Frühverstellung wirkt zusätzlich zur Fliehkraftverstellung.

Vorsicht beim Umgang mit der Transistorzündung

Im Motorraum des VW warnt ein Aufkleber vor den **hohen Spannungen** der TSZ, und das nicht ohne Grund: Schon an der dünnen Steuerleitung zur Zündspule können Spannungen bis zu 100 Volt mit hoher Stromstärke auftreten, ganz zu schweigen von der Zündspannung, die mit über 30000 Volt gefährlich hoch ist.
Das Berühren blanker Kontakte bei eingeschalteter Zündung kann unter ungünstigen Umständen für Herzkranke und vor allem für Träger eines Herzschrittmachers sehr gefährlich werden.

○ Deshalb sämtliche elektrischen Leitungen – auch Anschlüsse von Prüfgeräten – nur bei **ausgeschalteter Zündung** berühren oder ab- bzw. anklemmen.
○ Soll der Motor vom Anlasser lediglich durchgedreht werden ohne anzuspringen, muß die Zündung lahmgelegt werden (siehe unten).
○ Zur Motorwäsche darf der Motor nicht laufen, und die Zündung muß ausgeschaltet sein.
○ Zur Starthilfe bei leerer Batterie mit einem Schnellader darf dieser höchstens eine Minute lang angeschlossen sein und die Spannung nicht mehr als 16,5 V betragen.
○ Bei einem bestehenden oder vermuteten Defekt an der Zündanlage zum Abschleppen des Fahrzeugs den Stecker am Zündungs-Schaltgerät abziehen.
○ An Klemme 1/– der Zündspule keinen Kondensator anschließen.
○ Zündverteilerläufer nicht gegen einen beliebigen austauschen, er hat einen Widerstand von 1 kΩ und die Kennzeichnung »R1«.
○ An den dicken Zündkabeln nur Widerstände mit 1 kΩ und Kerzenstecker mit einem Widerstand von 5 kΩ verwenden.
○ Beim elektrischen Schweißen und in der Lackier-Trockenkammer gelten besondere Vorschriften.

Zündung lahmlegen

Das Schaltgerät der Transistorzündanlage erleidet unweigerlich Schaden, wenn der Motor bei abgezogenem Hauptzündkabel vom Anlasser durchgedreht wird. Deshalb
● Hauptzündkabel – bei ausgeschalteter Zündung – aus dem Zündverteilerdeckel ziehen.
● An der Messingklemme des Zündkabels die Polzange eines Starthilfekabels anklemmen.
● Andere Polzange des Starthilfekabels fest am Motorblock oder Getriebe (»Masse«) anklemmen.

Störungssuche an der Zündung

Wer einem Fehler in der Zündung auf die Spur kommen will, muß ganz systematisch vorgehen.
○ Ob überhaupt ein Zündfunken erzeugt wird, klärt man mit einer einfachen Zündspannungs-Prüfung.
○ Eine genaue Sichtprüfung der Zündanlage deckt die häufigsten Fehlerursachen auf.
○ Sitzen alle Kabelanschlüsse und Steckkontakte an Zündspule, TSZ-Schaltgerät und Verteiler sowie an der Zentralelektrik fest?
○ Ist im Mehrfachstecker am Schaltgerät eventuell ein einzelner Steckkontakt zurückgerutscht?
○ Hat sich teerartige Vergußmasse an der Zündspule herausgedrückt? Dann ist sie wahrscheinlich defekt.
○ Zeigen sich am Zündspulengehäuse Risse oder Brandspuren von überschlagenden Funken?
○ Zeigt die Verteilerkappe Schäden? Vor allem die Innenseite beachten.
○ Sind alle Teile der Zündanlage sauber und trocken? Feuchter Schmutz begünstigt Spannungsüberschläge.
○ Kontrollieren Sie zusätzlich die Haupt- oder Zündkerzenkabel auf festen Sitz und Schäden an der Isolation. Gerade die elektronische Zündanlage ist durch ihre hohen Zündspannungen empfindlich gegen Funkenüberschläge und Kriechströme.
○ Als letzte Station für den Zündfunken werden die Zündkerzen überprüft.
○ Erst jetzt Zündspule, Unterbrecher bzw. Schaltgerät und Hallgeber nacheinander durchprüfen.

Wenn der Anlasser den Motor durchdrehen, aber nicht starten soll, muß die Zündung »lahmgelegt« werden. Am besten geht das mit einem Starthilfekabel. Hauptzündkabel aus dem Verteilerdeckel ziehen, am blanken Kontakt die Kabelzange anklemmen (Pfeil rechts). Andere Kabelzange fest am Motorblock anklemmen (linker Pfeil).

Fingerzeig: Beachten Sie bei den folgenden Messungen an der Transistorzündung, daß Meß- und Prüfgeräte nur bei ausgeschalteter Zündung an- und abgeklemmt werden dürfen.

Ist Zündspannung vorhanden?

Gleich zu Anfang prüfen wir, ob die Zündanlage überhaupt Zündfunken zustandebringt:

- **Spulenzündung:** Hauptzündkabel aus der Mittelbuchse des Zündverteilers ziehen und blankes Kabelende in eine Plastik- oder Holzwäscheklammer stecken.
- Zündkabel mit 10 mm Abstand gegen den Motorblock halten, Motor von Helfer starten lassen.
- **Transistorzündung:** Einen Kerzenstecker abziehen, Zündkerze herausschrauben.
- Stecker wieder auf die Zündkerze stecken und diese so auf dem Motorblock ablegen, daß sie einwandfreien Massekontakt hat. Besser noch das Gewindeteil der Kerze mittels Starthilfekabel leitend mit dem Motor verbinden.
- Motor von Helfer durchdrehen lassen.

- **Beide Zündanlagen:** Springen kräftige Funken am Kabelende bzw. an der Kerzenelektrode über, ist Zündstrom vorhanden, doch vielleicht stimmt der Zündzeitpunkt nicht.
- Funkt nichts, versuchen Sie es mit der Kerze eines anderen Zylinders.
- Springen weiterhin keine Funken über, muß die Zündanlage komplett geprüft werden.

Stromversorgung der Zündanlage in Ordnung?

Neben einem Totalausfall der Zündanlage durch fehlende Spannung kann auch zu geringe Versorgungsspannung erhebliche Störungen bewirken. Deshalb ein Voltmeter verwenden.

- Meßgerät zwischen Klemme 15 der Zündspule und Masse anschließen.
- 8,5 Volt (SZ) bzw. 11,5 V (TSZ) müssen dort mindestens abzulesen sein.

- Messen Sie gar keine Spannung oder weniger als die genannten Werte, liegt der Fehler im Kabelweg zum Zündschloß.

Fingerzeig: Zündstörungen können bei der Spulenzündung auch von Bauteilen verursacht werden, die an Klemme 15 zusätzlich angeschlossen wurden, wie Entstörfilter, Entstörkondensatoren oder Zubehör.

Die Zündspule

Wie die Zündspule prinzipiell funktioniert, haben wir zu Beginn des Kapitels beschrieben.
○ Ihren Primärstrom erhält sie an Klemme 15.
○ Über die Primärwicklung der Zündspule gelangt die Spannung von deren Klemme 1/− zum Unterbrecher der Spulenzündung bzw. zum Schaltgerät der Transistorzündung. An Klemme 1 ist auch der Drehzahlmesser angeschlossen, siehe Seite 223.

Die im Wagen eingebaute Zündspule mit ihren Normklemmen:
1 – zum Unterbrecher bzw. zum Schaltgerät der Transistorzündung;
4 – hochgespannter Zündstrom;
15 – vom Zündschloß kommender Batteriestrom.

○ Die Zündspannung von 20 000–35 000 Volt kommt aus der mittleren Klemme 4 der Spule und wird über das Hauptzündkabel zum Verteilerdeckel weitergeleitet.
○ Die Zündspulen für Spulen- und Transistorzündung sind unterschiedlich in ihren technischen Daten – nicht verwechseln.

Fingerzeige: Beim 1,8-Liter-Motor mit ungeregeltem Katalysator (62 kW, Kennbuchstaben RH) wird seit 8/87 eine geänderte Zündspule eingebaut. Sie läßt die Verwendung herkömmlicher Mehrbereichs-Wärmewert-Zündkerzen zu (anstelle der Longlife-Kerzen mit drei Masse-Elektroden) trotz der 30000-km-Wechselintervalle. Näheres zu den Zündkerzen finden Sie ab Seite 201.
Zur Unterscheidung tragen die Zündspulen Aufkleber: Grün für die bisherige Ausführung, grau für die Version im 1,8 l/62 kW ab 8/87. Zur Zündspule mit grünem Aufkleber gehören die Longlife-Zündkerzen, bei der Spule mit grauem Aufkleber sind die Mehrbereichskerzen zwingend vorgeschrieben. Nicht vertauschen!

Der Zündspulen-Vorwiderstand
nur SZ

Bei herkömmlicher Zündanlage trägt die Zündspule die Bosch-Kennzeichnung »KW 12 V«, wobei das »W« auf den Widerstand hinweist, der dieser Zündspule vorgeschaltet werden muß. Sie ist nämlich nur auf eine Spannung von etwa 9 Volt ausgelegt, während die Bordnetzspannung zwischen 12 und 14 V liegt. Als Vorwiderstand dient ein 1280 mm langes Spezialkabel aus aufgedrilltem dünnem Draht, das vom Klemme-15-Kontakt in der Zentralelektrik zur Zündspule führt.
Wenn der Anlasser den Motor durchdreht, wobei die Bordspannung auf runde 9 V absinkt, wird der Vorwiderstand mit dem Einschalten des Starters überbrückt. Andernfalls würde die Spannung für einen kräftigen Zündfunken nicht mehr ausreichen. An Klemme 15 der Zündspule finden Sie ein schwarzes Kabel, das mit Klemme 15a des Anlassers verbunden ist. Diese Klemme ist normalerweise »tot«. Wird jedoch der Anlasser gestartet, verbindet der Magnetschalter die Klemme 15a mit Klemme 30 am Anlasser. Damit wird die beim Anlassen reduzierte Batteriespannung von rund 9 V unter Umgehung des Vorwiderstands über Klemme 15a direkt an Klemme 15 der Zündspule geleitet. Die Zündspule hat also ihre übliche Arbeitsspannung. Sobald der Anlasser abgeschaltet wird, weil der Motor läuft, wird die Klemme 15a wieder stromlos.

Zündspule und Vorwiderstand der Spulenzündung prüfen

● **Spannungsprüfung:** An Klemme 1 der Zündspule das grüne Kabel zum Unterbrecher abnehmen, damit der Stromweg über die Unterbrecherkontakte unterbrochen ist.
● Zündung einschalten.
● Voltmeter zwischen den Kontakt D 15 an der Zentralelektrik (Anschlußpunkt des weiß/violetten Widerstandskabels) und Masse schalten. Es sollten mindestens 11,5 Volt anliegen.
● Gleiche Prüfung an Klemme 15/+ der Zündspule; Meßwert etwa 8,5 Volt.
● Erhält die Zündspule keine Spannung, ist das Vorwiderstandskabel unterbrochen.
● Messen Sie an beiden Stellen dieselbe Spannung, ist das Kabel durch Kurzschluß überbrückt.
● Bei der Prüfung an Klemme 1/– der Zündspule sollten 5 Volt gemessen werden.
● Liegt keine Spannung an, ist die Primärwicklung der Zündspule unterbrochen.
● Liegt der Meßwert wesentlich höher, herrscht Kurzschlußüberbrückung in der Zündspule.
● Spule jeweils ersetzen.
● Zur **Widerstandmessung** alle Kabel an der Zündspule abziehen und Ohmmeter anschließen.
● Primärwiderstand zwischen Klemme 1/– und Klemme 15/+: 1,7–2 Ω.
● Sekundärwiderstand zwischen Klemme 1/– und dem Hochspannungsanschluß Klemme 4: 7–12 kΩ.
● Lassen die Messungen keinen Fehler erkennen, kann es am Kondensator liegen.
● Beim Anschließen der Kabel an die Zündspule das Kabel zum Unterbrecher nicht vergessen.

Scheinwerferlampe als Vorwiderstands-Ersatz
nur SZ

Falls das Vorwiderstandskabel defekt ist, dürfen Sie die Zündspule nicht einfach an die 12–14 Volt Bordspannung direkt anschließen. Die mit Überspannung betriebene Spule kann nach kurzer Zeit regelrecht explodieren! Als Notbehelf kann unterwegs aber eine Scheinwerferlampe dienen, bei der beide Lampenfäden intakt sein müssen.
● Ein Hilfskabel zwischen den Kontakt D 15 der Zentralelektrik (Anschluß des Widerstandskabels) und die Masse-Kontaktzunge der Glühlampe anschließen.
● Mit einem weiteren Kabel die beiden(!) Kontaktzungen für den Fern- und Abblendlichtfaden verbinden und das Kabel an Klemme 15/+ der Zündspule legen.
● Die somit »parallel geschalteten« Leuchtfäden haben zwar einen um 0,3 Ω höheren Widerstand als das Widerstandskabel, aber es funktioniert.

Zündspule der TSZ prüfen

● **Spannungsprüfung** zwischen Klemme 1 und Masse: Sofort nach Einschalten der Zündung liegen ca. 6,6 Volt an.
● Nach 1–2 Sekunden steigt die Spannung auf ca. 12 V an. Das ist die Sicherheitsschaltung, damit sich die Zündspule bei lang eingeschalteter Zündung nicht aufheizen kann.
● Falls an Klemme 1 sofort 12 Volt anliegen, Steckverbindungen zum Schaltgerät überprüfen.
● Zur **Widerstandsmessung** alle Leitungen an der Zündspule bei ausgeschalteter Zündung abziehen.
● Mit einem Ohmmeter mit Meßbereichen von 0–1 Ω und 1–5 kΩ Widerstand zwischen Zündspulenklemme 1/– und 15/+ messen. Sollwert: 0,52–0,76 Ω bzw. 0,6–0,8 Ω (1,8 l/62 kW ab 8/87).
● Der Meßwert zwischen Klemme 1/– und 4 (Steckbuchse des Hauptzündkabels) muß 2,4–3,5 kΩ betragen bzw. 6,9–8,5 kΩ beim 1,8 l/62 kW ab 8/87.
● Mit diesen Messungen läßt sich ein Windungsschluß in der Zündspule allerdings nicht erkennen.
● Fehlt es an der Zündspannung, obwohl das Schaltgerät und der Hallgeber in Ordnung sind, muß die Zündspule ersetzt werden.

Der Zündverteiler

Dieses Teil der Zündanlage erfüllt wesentlich mehr Funktionen, als man seinem Namen entnehmen kann.
○ Im oberen Hochspannungsteil liefert der sich drehende Verteilerfinger den hochgespannten Strom an die einzelnen Zündkerzen.
○ Im Verteilerfinger ist bei manchen Motoren ein Drehzahlbegrenzer eingebaut. Er verhindert zu hohe Motordrehzahlen.
○ Im Untergeschoß des Verteilers hat bei Spulenzündung der Unterbrecher und bei Transistorzündung der Hallgeber seinen Platz.
○ Bei der Spulenzündung sitzt außen am Verteiler der Kondensator des Unterbrechers.
○ Die Verteilerwelle ist zweigeteilt. Sie ist kombiniert mit der fliehkraftgeregelten mechanischen Zündzeitpunktverstellung.
○ Seitlich am Verteiler ist die Unterdruckdose der Unterdruck-Zündverstellung untergebracht.

Verteiler öffnen

● Blech-Halteklammern des Deckels mit einem Schraubenzieher abdrücken.
● Massekabel der evtl. vorhandenen Blechabschirmung abziehen.
● Verteilerdeckel abnehmen, die Zündkabel bleiben aufgesteckt.
● Verteilerfinger abziehen, darunterliegenden Staubschutzdeckel abnehmen.
● Beim Einbau den Staubschutzdeckel so auflegen, daß seine Haltenase in die Aussparung im Verteilergehäuserand zu liegen kommt.
● Der Verteilerfinger besitzt eine angegossene Erhebung, die in die Aussparung in der Verteilerwelle einrastet.
● Auch der Verteilerdeckel besitzt als Verdrehsicherung eine angegossene Nase, die in den Einschnitt im Verteilergehäuse einrasten muß.

Verteilerdeckel und -finger kontrollieren

● Verteilerdeckel abnehmen. Er muß innen und außen sauber sein, damit keine Strombrücke über Schmutz, Abrieb oder Feuchtigkeit den Zündstrom ableitet.
● Abbrand an den Kontakten abwischen.
● Kontaktstellen oxidiert (Grünspan)?
● Blankschleifen oder kontrollieren, ob ein falscher Verteilerfinger zu weit entfernt an den Kontakten vorbeiläuft.
● Bleistiftartige Striche im Verteilerdeckel sind

 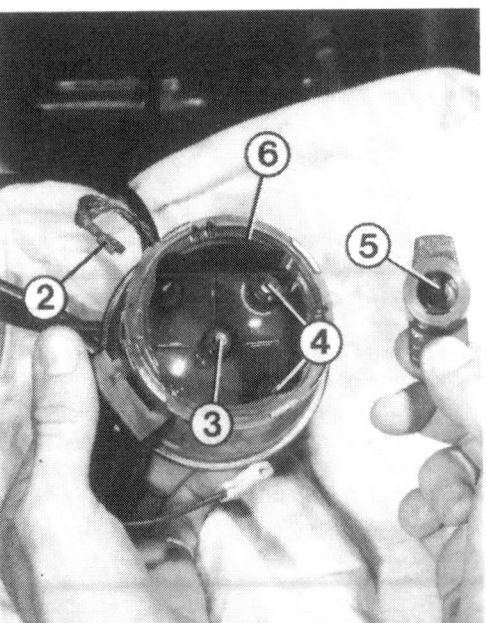

Links: Zwei Haltespangen (1) halten den Verteilerdeckel auf dem Unterteil. Bei einem Fahrzeug mit Radio ist zusätzlich ein Massekabel (2) eingesteckt.
Rechts sehen Sie am abgenommenen Verteilerdeckel (6):
2 – Massekabel;
3 – Kontaktkohle;
4 – Kontaktstifte;
5 – Rastnase des Verteilerfingers.

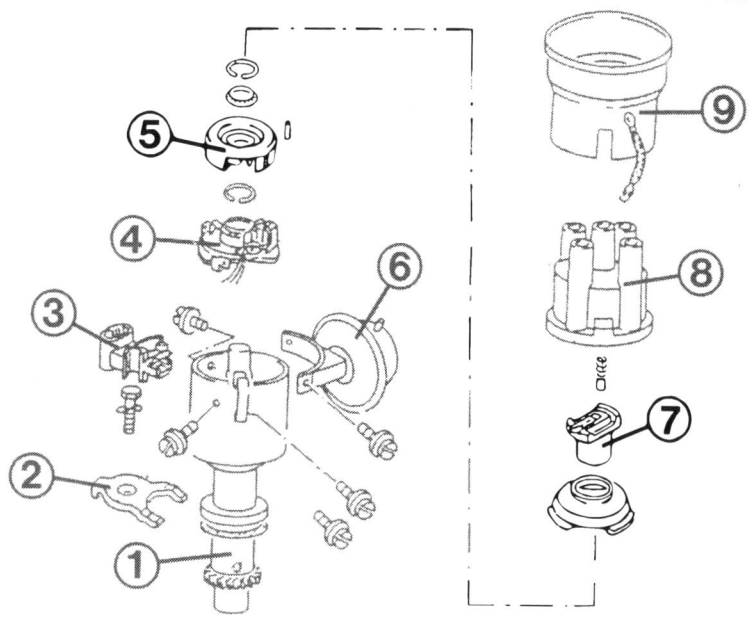

Die Einzelteile des Zündverteilers:
1 – **Verteilergehäuse**;
2 – **Halteklemme**;
3 – **Steckeranschluß**;
4 – **Hallgeber**;
5 – **Blendenrotor**;
6 – **Unterdruckdose**;
7 – **Verteilerfinger**;
8 – **Verteilerdeckel**;
9 – **Blechabschirmung** (zur Verhinderung von Störgeräuschen beim Radioempfang).

Brandspuren von Kriechströmen, die sich über Schmutz oder Feuchtigkeit einen Weg gebahnt und eingebrannt haben.

● Behelfsmäßige Abhilfe schafft hier Auskratzen mit einem Schraubenzieher oder Messer und Überstreichen mit Alleskleber, Nagellack oder im Notfall auch Lippenstift.

● Die Kontaktkohle in Deckelmitte muß glatt und glänzend sein, sich leicht einfedern lassen und ohne zu klemmen wieder zurückfedern.

● Der Verteilerfinger darf an seiner Kontaktzunge und über der Vergußmasse des Entstörwiderstands zwischen Mittenkontakt und der Zunge nicht verschmort sein.

● Widerstand zwischen Mitten- und Außenkontakt des Verteilerfingers messen: Bei Spulenzündung 4–6 kΩ; bei Transistorzündung (Kennzeichnung »R 1«) 0,6–1,4 kΩ.

● Zuletzt noch die Kontrolle, ob die Arretierung zum Aufstecken auf der Verteilerwelle abgeschert ist.

<u>Fingerzeig:</u> **Durch die hohen Zündspannungen der Transistorzündung kann es am Verteilerdeckel zu Kriechströmen bzw. Spannungsdurchschlägen zwischen den Zündkabeln und der runden Blechabschirmung kommen. Behelf unterwegs: Blechabschirmung ganz abnehmen.**

Verteiler ausbauen

● Zylinder 1 auf Zündzeitpunkt stellen (Seite 31).
● Verteilerdeckel abnehmen.
● Schraube an der Halteklemme des Verteilers losdrehen, Zündverteiler nach oben abziehen.
● Zum Einbau Motor ggf. drehen: Das »O« auf der Schwungscheibe muß gegenüber dem Pfeil im Schauloch stehen (Abbildung Seite 32 links unten).
● Gleichzeitig muß im Einsteckloch für den Zündverteiler der Aufnahmezapfen der Ölpumpenwelle parallel zur Kurbelwelle stehen.
● Die Körnermarkierung an der Rückseite des Nockenwellen-Zahnriemenrades muß in Höhe der Zylinderkopfdeckeldichtung stehen, wie im Bild auf Seite 36 unten links gezeigt.
● Verteilerwelle so drehen, daß der Verteilerfinger zur Marke im Verteilergehäuserand zeigt. Verteiler einsetzen.
● Zündung einstellen.

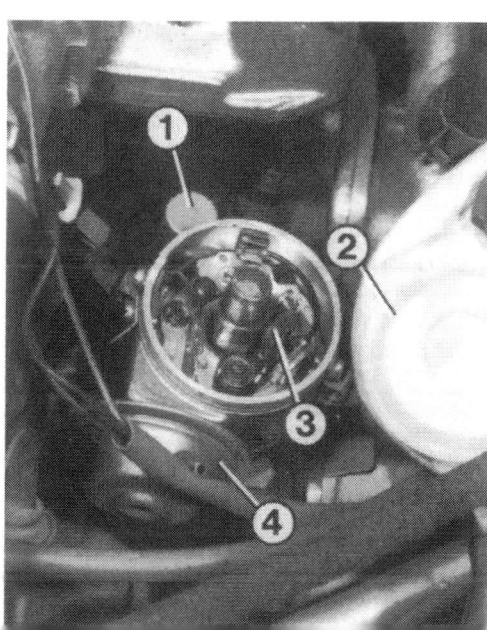 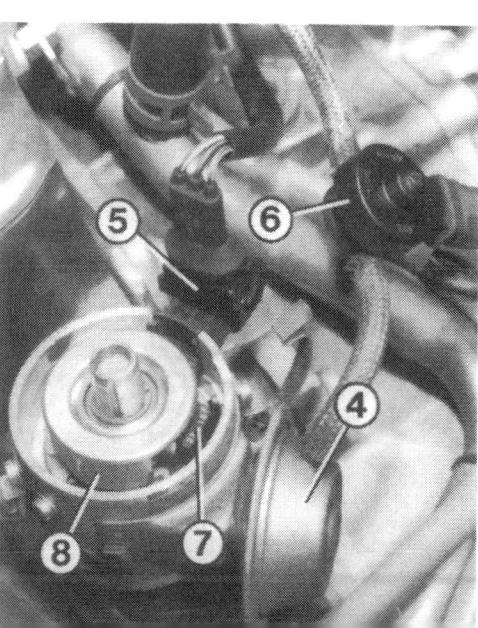

Links der Verteiler bei Spulenzündung, rechts bei Transistorzündung.
Die Zahlen kennzeichnen:
1 – Kondensator;
2 – Staubschutzdeckel;
3 – Unterbrecher;
3 – Verteilerfinger;
4 – Unterdruckdose;
5 – Dreifachstecker;
6 – Abschaltventil der Zünd-Frühverstellung;
7 – Hallgeber;
8 – Blendenrotor.

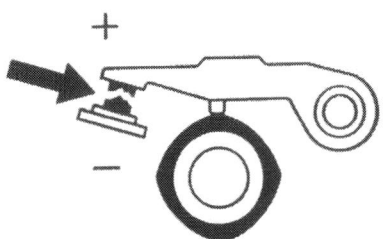

Durch Metallwanderung bildet sich mit zunehmender Laufzeit am Amboß des Unterbrecherkontakts ein Höcker und am Hammer ein entsprechender Krater. Das erschwert das Messen des Kontaktabstands bei älteren Unterbrecherkontakten.

Der Unterbrecher

nur SZ

Der Unterbrecher sitzt ziemlich zugebaut im Verteiler. Um ihn erkennen können, müssen Sie erst einmal den Verteiler öffnen. Hammer und Amboß des Unterbrechers sitzen gegen Masse isoliert auf einer gemeinsamen Halteplatte. Die Aufgabe des Unterbrechers haben wir bereits unter »So entsteht der Zündfunke« besprochen.

Der Kondensator

nur SZ

Außen am Verteiler sitzt ein silberfarbener kleiner Metallzylinder – der Kondensator. Er ist mit Klemme 1 der Zündspule verbunden. Seine Aufgabe ist es, den beim Öffnen der Unterbrecherkontakte entstehenden Funken so weit als möglich zu unterdrücken. Er ist also ein sogenannter Funkenlösch-Kondensator.

Kondensator prüfen

Schwache oder gar keine Zündfunken bzw. stark verschmorte Unterbrecherkontakte, die noch nicht lange im Betrieb sind, können vom Kondensator verursacht sein. Behelfsmäßige Prüfung:
- Verteiler öffnen.
- Motor von Helfer mit dem Anlasser durchdrehen lassen.
- Springen zwischen den Unterbrecherkontakten starke Funken über, dürfte der Kondensator defekt sein.
- Von Klemme 1 der Zündspule das grüne Kabel abziehen. Prüflampe zwischen dieses Kabel und die Klemme 1 an der Spule anklemmen.
- Motor mit dem Anlasser von Helfer durchdrehen lassen.
- Der Kondensator hat zumindest keinen Kurzschluß, wenn die Lampe jetzt regelmäßig aufleuchtet und verlöscht.
- Eine weitergehende Überprüfung des Kondensators ist für den Heimwerker nicht möglich. Allerdings lohnt sich langes Prüfen ohnehin nicht. Ein neuer Kondensator kostet nicht viel.

Unterbrecherkontakte prüfen

nur SZ
Wartung Nr. 15

Das ständige Öffnen und Schließen des Stromkreises bewirkt unvermeidbar Verschleiß an den Kontakten des Unterbrechers durch Abbrand, Verschmoren und Metallwanderung.
Der Wartungsplan sieht den Wechsel der Kontakte bei jedem Regel-Service vor. Sie halten jedoch bei intakter Zündanlage auch doppelt so lange. Deshalb wird der sparsame Heimwerker die Kontaktflächen erst einmal prüfend mustern. Dazu muß der Verteiler geöffnet werden.
Das Aussehen der Kontaktflächen des Unterbrechers bedeutet:
- **Silberartig, wie hell poliert:** Zündanlage in Ordnung.
- **Starke Höcker- und Kraterbildung an den Kontaktflächen:** Kontakte abgenutzt.
- **Grauer Überzug an den Kontaktflächen:** Oxidation durch zu geringen Kontaktabstand, zu schwache Feder oder klemmenden Unterbrecherhebel.
- **Blau angelaufen:** Zündspule oder Kondensator defekt.
- **Schwarze Verkrustungen:** Öl, Fett oder Schmutz auf die Kontakte geraten.

Unterbrecherkontakte säubern

- Verkrustete oder verschmutzte Kontakte mit einem scharfkantigen Schraubenzieher oder Taschenmesser blank schaben. Keine Feile oder Schmirgelleinen verwenden.
- Wattestäbchen in Tetrachlorkohlenstoff (als Reinigungsmittel in der Drogerie erhältlich) tauchen und die Kontakte damit abwischen.

Fehlersuche an den Unterbrecherkontakten

Wenn die Unterbrecherkontakte als Ursache für einen Zünddefekt vermutet werden, prüfen Sie folgendes:
- Halteschraube lose, so daß sich der Kontaktabstand verstellt hat?
- Isolierende Schmutz- oder Fettschicht zwischen den Kontaktflächen?
- Gleitstück am Unterbrecherhammer abgebrochen?
- Amboßwinkel abgebrochen?
- Unterbrecher mit Prüflampe auf Kurzschlußüberbrückung prüfen.
- Masseschluß des Kabels zum Unterbrecher?
- Masseband zur Unterbrecherplatte gebrochen?
- Falls keine dieser Möglichkeiten zutraf, könnte auch eine Leitung außen am Verteiler unterbrochen sein.

Sind die alten Kontakte blau angelaufen oder verschmort, genügt das Auswechseln allein nicht. Der Kondensator oder die Zündspule müssen überprüft werden.

Unterbrecherkontakte austauschen
nur SZ

- Verteiler öffnen.
- Kabelstecker des Verbindungskabels zum Unterbrecher innen am Verteiler abziehen.
- Halteschraube der Unterbrecherplatte herausnehmen, Kontaktsatz herausnehmen.
- Lagerwelle des Unterbrecherhebels mit einem Tropfen Motoröl schmieren.
- Verteilerwelle abreiben und die vierkantige Nockenbahn mit einer dünnen Schicht Bosch-Fett Ft 1 v 4 bestreichen.
- Am Unterbrechergleitstück an der zur Lagerwelle hin zeigenden Seite eine stecknadelkopfgroße Menge desselben Fettes auftragen.
- Neue Kontaktplatte so einbauen, daß der Zapfen an der Unterseite in die Bohrung der Verteilergrundplatte einrastet.
- Schließwinkel und Zündzeitpunkt einstellen.

Unterbrecher-Kontaktabstand und Schließwinkel

nur SZ

Wenn Sie den Motor bei offenem Verteiler von einem Helfer mit dem Anlasser durchdrehen lassen, können Sie beobachten, wie jede Nocke der Verteilerwelle den Unterbrecherhammer vom Amboß abhebt. Wie lange die beiden Unterbrecherkontaktflächen zwischen den einzelnen Nocken geöffnet und geschlossen sind, hängt vom Abstand der Unterbrecherkontakte ab:
○ Ist der Abstand bei voller Kontaktöffnung nur gering, bleiben die Unterbrecherkontakte bis zum nächsten Abheben verhältnismäßig lange geschlossen.
○ Bei großem Kontaktabstand werden die Kontakte dagegen schon nach relativ kurzer Zeit wieder geöffnet. Den Winkel, um den sich die Verteilerwelle mit ihren Nocken vom Beginn bis zum Ende der »Schließzeit« dreht, nennt man den Schließwinkel.

Schließwinkel prüfen

nur SZ
Wartung Nr. 16

- Schließwinkeltester anschließen.
- Motor starten und Meßwert bei Leerlaufdrehzahl ablesen – er muß **44–50°** bzw. **50–56%** betragen.
- Motordrehzahl auf 2000/min erhöhen. Der Meßwert darf sich nicht verändern, da Kontaktabstand und Schließwinkel theoretisch über den ganzen Drehzahlbereich des Motors gleich bleiben.
- Unterschiedliche Meßergebnisse weisen auf einen verschlissenen Verteiler hin.
- Zur Schließwinkelkorrektur Verteiler öffnen.
- Halteschraube der Unterbrechergrundplatte etwas lockern.
- Schraubenzieherklinge zwischen die beiden »Warzen« und die Kerbe stecken, siehe Abbildung unten.
- Motor von einem Helfer mit dem Anlasser durchdrehen lassen.
- Grundplatte des Kontaktsatzes so lange verdrehen, bis der Schließwinkel auf etwa **47°** oder **53%** eingestellt ist.
- **Neue Kontakte** auf **44°** oder **50%** einstellen, denn durch unvermeidlichen Abrieb am Gleitstück des Unterbrecherhebels wird der Schließwinkel mit der Zeit größer.
- Sicherheitshalber nochmals den Schließwinkel im Leerlauf und bei 2000/min messen.
- Nach der Korrektur des Schließwinkels muß die Zündeinstellung überprüft werden.

Zum Einstellen des Schließwinkels ist der Schraubenzieher (2) zwischen die Einstellwarzen (3) und die Kerbe (1) an der Unterbrecher-Grundplatte angesetzt. Die Halteschraube (4) muß zum Einstellen gelockert werden.

Kontaktabstand behelfsmäßig einstellen
nur SZ

Ohne Schließwinkeltester mißt man den Abstand der Unterbrecherkontakte. Das ist aber nur bei neuen, ebenen Kontakten genau. Bei älteren Unterbrecherkontakten mit Höcker- und Kraterbildung an den Kontaktflächen die Fühlerblattlehre nur an den Rand der Kontakte halten.
- Verteiler öffnen.
- Motor so drehen, daß eine Verteilerwellennocke den Unterbrecherhebel voll abhebt.
- In dieser Stellung muß sich das 0,4-mm-Fühlerblatt ohne großen Widerstand, aber auch nicht zu leicht durchschieben lassen.
- Stimmt der Abstand nicht, Halteschraube der Unterbrechergrundplatte lockern.
- Schraubenzieherklinge zwischen die Einstellwarzen und -kerbe stecken, Grundplatte so verdrehen, bis der Abstand **0,4 mm** beträgt.
- Nach dem Festziehen der Halteschraube den Abstand nochmals messen.
- Zündzeitpunkt einstellen.

Das TSZ-Schaltgerät

Auf die Funktion des Schaltgerätes der Transistorzündung sind wir bereits eingegangen. Hier zur Erinnerung:
○ Der Impuls vom Hallgeber wird umgeformt und verstärkt.
○ Der Schließwinkel wird entsprechend den Motordrehzahlen variiert.
○ Die Leistungsendstufe im Schaltgerät schaltet den Primärstromkreis zur Zündspule an und aus.

Zur Schonung der Zündspule besitzt das Schaltgerät eine Sicherheitsschaltung. Da beim Einschalten der Zündung der Stromkreis immer geschlossen ist, könnte die Spule überhitzt werden, wenn die Zündung über längere Zeit eingeschaltet bleibt. Das verhindert die Sicherheitsschaltung:
An Klemme 15 der Spule liegen 12 Volt an, an Klemme 1 dagegen nur rund 6 Volt. Es werden also etwa 6 Volt in der Spule verbraucht, wodurch sich diese aufheizen kann. Doch bereits nach 1–2 Sekunden legt das Schaltgerät an Klemme 1 ebenfalls 12 Volt Spannung. In der Spule herrscht keine Spannungsdifferenz mehr, der »Verbraucher« ist abgeschaltet.

Elektrische Verschaltung

Für die Fehlersuche ist es wichtig, die Bedeutung der Kabel an Schaltgerät und Hallgeber zu kennen.
○ Mit Einschalten der Zündung erhält das Schaltgerät Spannung von Zündschloßklemme 15 (schwarze Leitung).
○ Masse ans Schaltgerät gelangt über die braune Leitung.
○ Grün ist die Leitung der Klemme 1, über die der Unterbrechungsbefehl kommt.
○ Über das rot/schwarze Kabel kommt die Versorgungsspannung vom Schaltgerät zum Hallgeber.
○ Die braun/weiße Leitung stellt die Masseverbindung her.
○ Über das grün/weiße Kabel gelangt der Unterbrechungsimpuls vom Hallgeber zum Schaltgerät.

TSZ-Schaltgerät prüfen

Vor der Schaltgerät-Prüfung muß sichergestellt sein, daß die Zündspule in Ordnung ist.
- Kabel zur Saugrohrbeheizung und ggf. Startautomatik abziehen.
- Abdeckung über dem Wasserfangkasten abziehen.
- Gummimanschette am Mehrfachstecker des TSZ-Schaltgeräts zurückstreifen.
- **Spannungsversorgung:** Nach Herunterdrücken der Sicherungsklammer den Stecker abziehen.
- Voltmeter an den Kontakten 2 (braunes Kabel) und 4 (schwarzes Kabel) anschließen.
- Zündung einschalten. Es müssen etwa 12 Volt anliegen.

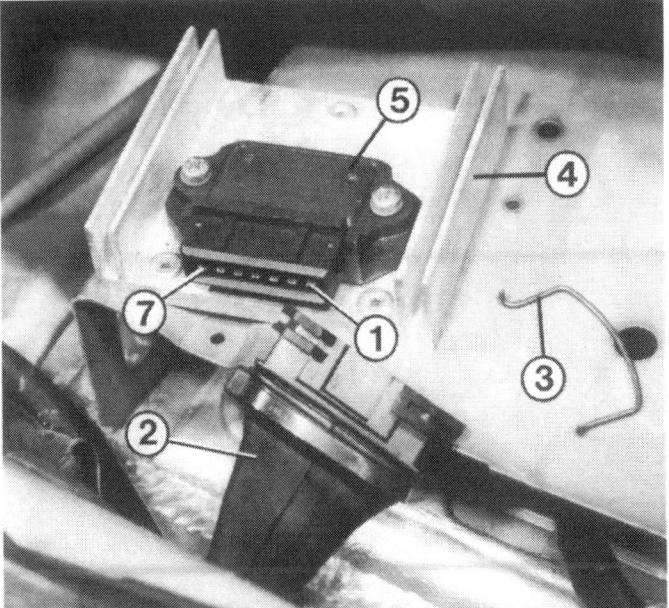

Im Wasserfangkasten sitzt das Schaltgerät (5) der Transistorzündung auf einem sogenannten Kühlkörper (4). Hier haben wir den Haltebügel (3) ausgehängt und den Mehrfachstecker (2) abgezogen, um die Steckzungen am Schaltgerät zu zeigen. Die sieben Zungen werden von rechts nach links gezählt, wie unsere Zahlen erkennen lassen.

- Zeigt sich nichts, Unterbrechung suchen.
- Zündung ausschalten. Stecker am Schaltgerät wieder aufstecken.
- **Sicherheitsschaltung:** Voltmeter zwischen Klemme 1 und Masse anschließen.
- Sofort nach Einschalten der Zündung liegen ca. 6,6 Volt an.
- Nach 1–2 Sekunden steigt die Spannung auf ca. 12 V an. Das ist die Sicherheitsschaltung, damit sich die Zündspule bei lang eingeschalteter Zündung nicht aufheizen kann.
- Falls an Klemme 1 sofort 12 Volt anliegen, Stecker am Schaltgerät wieder abziehen.
- Durchgang der folgenden Leitungen überprüfen: Klemme 1 (grün), Klemme 15 (schwarz), Masse (braun).
- War hier kein Fehler erkennbar, muß das Schaltgerät ersetzt werden.
- Da die Zündspule durch die ausgefallene Sicherheitsschaltung gelitten haben könnte, muß sie auf ausgetretene Vergußmasse überprüft werden.
- Wenn ja, Zündspule ersetzen.
- **Impulsverarbeitung:** Zündung lahmlegen, siehe Seite 191.
- Voltmeter zwischen Klemme 1 der Zündspule und Masse anschließen.
- Dreifachstecker am Zündverteiler abziehen, siehe Fingerzeig unten.
- In den mittleren Steckkontakt einen Nagel, Splint o. ä. stecken.
- Zündung einschalten, am Voltmeter werden nach 1–2 Sekunden 12 Volt angezeigt.
- Mit dem verlängerten Mittelkontakt kurz Masse berühren und Voltmeter beobachten.
- Für 1–3 Sekunden sinkt die Spannung auf rund 6 Volt ab und steigt dann wieder auf ca. 12 V an.
- Bleibt die Spannung auf 12 Volt, ist das Schaltgerät defekt.
- Sinkt die Spannung kurzfristig, aber fehlt es am Zündfunken, ist die Zündspule defekt oder das Hochspannungskabel zwischen Spule und Verteiler unterbrochen.

Fingerzeig: Der Mehrfachstecker am Zündverteiler sollte grundsätzlich nur bei aufgesetztem Verteilerdeckel abgezogen werden. Andernfalls kann sich der untere Steckanschluß aus seiner Halterung lösen. Das bewirkt, daß sich beim Wiederaufsetzen eine Kontaktzunge verschieben kann. Es fehlt am Kontakt, und der Zündfunke bleibt aus.

Hallgeber prüfen

Voraussetzung für diese Prüfung ist eine einwandfreie Zündspule und ein intaktes TSZ-Schaltgerät.
- **Unterbrechungsimpuls:** Zündung lahmlegen, siehe Seite 191.
- Schutzhülle am Mehrfachstecker des Schaltgerätes zurückstreifen. Der Stecker selbst bleibt angeschlossen.
- Voltmeter oder Spannungsprüfer (keine herkömmliche Prüflampe) zwischen den Kontakt der grün/weißen Leitung am Schaltgerät und Masse schalten.
- Zündung einschalten, Motor von Hand in Drehrichtung durchdrehen.
- Bei gedrehtem Motor liegen abwechselnd 0 Volt und mehr als 2 Volt Spannung an (normalerweise ca. 7 V).
- Zündung ausschalten.
- Kommt der Hallgeberimpuls an, aber fehlt es dennoch am Zündstrom, ist das Schaltgerät defekt.
- **Versorgungsspannung:** Dreifachstecker am Zündverteiler abziehen.
- Voltmeter zwischen die außenliegenden Kontakte im Stecker der rot/schwarzen und der braun/weißen Leitung anschließen.
- Zündung einschalten. Die Spannung muß mindestens 10 Volt betragen.
- Sind Versorgungsspannung und Masseanschluß bzw. die Leitungen in Ordnung, muß der Hallgeber ersetzt werden.

Hier wird die Versorgungsspannung des Hallgebers gemessen. An den beiden außen liegenden Kontakten des abgezogenen Dreifachsteckers (Pfeil) sind die Meßspitzen des Vielfach-Meßinstruments angeschlossen. Die gemessene Spannung von 9,8 Volt liegt knapp unter den geforderten 10 V – das liegt innerhalb der Meßtoleranz.

Fehlersuche an der Zündzeitpunktverstellung

Auf die Funktion dieser Einrichtung sind wir bereits auf Seite 190 eingegangen. Hier die Störungssuche für den Selbsthelfer.

Fliehkraft-Verstellung prüfen

- Stroboskoplampe anschließen.
- Unterdruckschlauch am Verteiler abziehen.
- Motor starten.
- Zündlichtlampe auf die Zündzeitpunktmarkierung halten (siehe unter »Zündung prüfen«).
- Die Kerbe auf der Motorschwungscheibe muß ruckfrei nach vorn auswandern und beim Zurückgehen auf Leerlaufdrehzahl sofort wieder zur Zündmarkierung zurückkommen.
- Für eine genaue Überprüfung muß die Zündverstellung anhand der Verteiler-Verstellkurven in der Werkstatt gemessen werden.

Unterdruck-Verstellung prüfen

- Zur Prüfung Schlauch von der Unterdruckdose am Verteiler abziehen und mit der Fingerspitze verschließen.
- Motor von einem Helfer starten und auf mittlerer Drehzahl (ca. 3000/min) halten lassen.
- Bei gleichmäßiger Drehzahl den Schlauch wieder an der Unterdruckdose aufstecken.
- Da nun vom Saugrohr her Luft durch den Schlauch angesaugt wird, muß die Unterdruckverstellung in diesem Teillastbereich in Aktion treten, wodurch die Motordrehzahl ohne Gaspedalveränderung sofort merklich erhöht wird.
- Falls der Motor nicht etwas schneller dreht, ist der Schlauch oder die Unterdruckdose undicht.

Die Zündkabel

Die Verbindungskabel vom Verteiler zu den Zündkerzen besitzen funktionssichere Kupferdrähte. Normalerweise bereiten die Kabel keine Probleme.

Zündkabel prüfen

- Kontrollieren Sie, ob die Kabel fest in die Buchsen des Verteilerdeckels eingesteckt sind. Sie können sich durch Erwärmung der eingeschlossenen Luft etwas herausheben und so Motorstottern verursachen.
- Die Messingklemmen dürfen nicht oxidiert sein, und sie müssen guten Kontakt zu den Kerzensteckern haben.
- Wenn der Zündfunke schon vor der Zündkerze zur Masse überspringt, hören Sie das an Knack- oder Knattergeräuschen im Motorraum.
- Nachts sehen Sie die Funken deutlich springen.

Zündkabel auswechseln

- Kaufen Sie Kupferlitzen-Zündkabel als Meterware im Autozubehörgeschäft.
- Auf die Kabelenden zum Verteiler hin müssen Messingklemmen in die Kupferlitze eingedreht werden.

Ursache kann eine Streusalzschicht auf den Kabeln sein, oder ein Kabel ist irgendwo durchgescheuert.
- Zündkabel mit Scheuer- oder Schmorstellen sollten Sie umgehend ersetzen.
- Bei Zündstörungen die Entstörstecker an der Zündspule sowie am Verteiler auf richtigen Widerstandswert messen.
- Das Ohmmeter soll 0,6–1,4 kΩ anzeigen.
- Widerstand der Zündkerzenstecker messen, Sollwert der abgeschirmten Kabel von SZ und TSZ 4–6 kΩ. Nicht abgeschirmte Kabel der SZ haben einen Widerstand von 0,2–1,4 kΩ.

- Die Entstör- und Kerzenstecker müssen auf die gleiche Weise montiert werden.

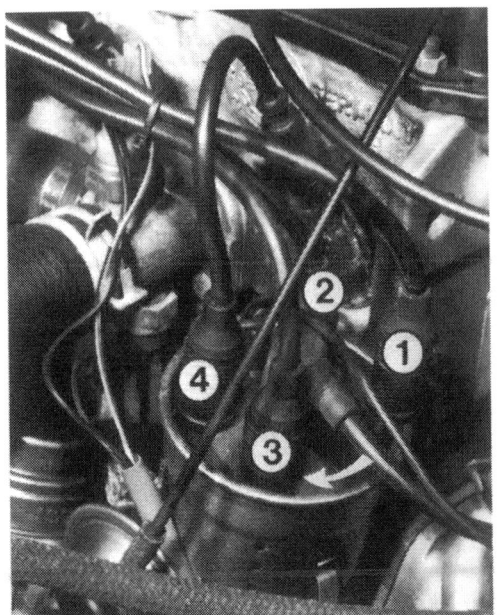 

Links: Die Zündfolge lautet 1–3–4–2. Beim Anschließen der Zündkabel müssen Sie beachten, daß der Zündverteilerfinger rechts herum dreht, wie der Pfeil andeutet.
Rechts: Wenn sich der 1. Zylinder in Zündstellung befindet, zeigt die Kontaktfläche (schwarz umrandeter Pfeil) des Verteilerfingers auf eine Kerbe (weißer Pfeil) im Gehäuserand des Verteilers.

Die Zündfolge

Für ausgewogenen Motorlauf werden die Zylinder nicht etwa in der Folge 1–2–3–4 gezündet, sondern gewissermaßen durcheinander. Entsprechend der Zündfolge sind die Zündkabel im Verteilerdeckel eingesteckt. Wenn der Verteilerfinger bei abgenommenem Verteiler- und Staubschutzdeckel auf die Kerbe im Gehäuserand zeigt (rechtes Bild links unten), steht Zylinder 1 (der in Fahrtrichtung rechts stehende) auf Zündzeitpunkt. Das ist ein Anhaltspunkt beim Aufstecken der Zündkabel.
Die Zündfolge lautet 1–3–4–2, der Verteilerfinger ist rechtsdrehend (im Uhrzeigersinn).

Zündkerzen kontrollieren

Der Wartungsplan sieht den Wechsel der herkömmlichen Kerzen alle 15 000 km vor. Longlife-Kerzen sollen 30 000 km halten. Wir raten zu einer Kontrolle in kürzeren Abständen.

Wartung Nr. 14

Zündkerzen ausbauen

- Zündkerzenstecker fassen und von den Stiften der Kerzen ziehen. Nicht an den Zündkabeln zerren.
- Zündkerzen mit dem Kerzenschlüssel herausdrehen (SW 20,8).
- Zündkerzen in der Reihenfolge der Zylinder ablegen.
- Sitzen die Kerzen sehr fest, keine Gewalt anwenden, sonst kann das Kerzengewinde im Leichtmetall-Zylinderkopf ausreißen.
- Motor heißfahren und jetzt die Kerzen herausdrehen. Vorsicht, daß Sie sich die Hände nirgends verbrennen.
- Beim Einbau keine kalten Kerzen in den warmen Zylinderkopf fest eindrehen, sie sitzen später wie eingenietet fest.
- Zündkerzen sollen mit 20 Nm festgezogen werden.
- Wenn kein Drehmomentschlüssel zur Hand ist: Kerze eindrehen, bis der Dichtring anliegt – sie läßt sich dann von Hand oder mit dem Kerzenschlüssel ohne Kraftanstrengung nicht mehr weiterdrehen.
- Eine neue Kerze jetzt mit dem Kerzenschlüssel eine knappe Viertelumdrehung (= 90°) weiter anziehen, das genügt.
- Eine gebrauchte Kerze, deren Dichtring bereits plattgedrückt ist, darf nur im Winkel von etwa 15° angedreht werden.

Zündkerzen prüfen

Die Zündkerzen sind gewissermaßen Augenzeugen der Verbrennung im Motor. Das Aussehen der Kerzenspitze (das »Kerzengesicht«) läßt erkennen, ob der Motor optimal arbeitet. Vorher sollte der VW auf der Landstraße oder Autobahn gründlich warmgefahren worden sein. Die Kontrolle nach Kurzstreckenverkehr kann zu Fehlschlüssen führen. Sehen Sie sich die Isolatorspitze mit der Mittelelektrode und die Seitenelektrode(n) an:

○ **Isolatorspitze hellgrau bis bräunlich gefärbt:** Gute Einstellung von Vergaser bzw. Einspritzanlage, der Motor läuft wirtschaftlich.

○ **Starke Ablagerungen:** Ursache können Zusätze im Motoröl oder Kraftstoff sein oder erhöhter Ölverbrauch. Evtl. Öl- bzw. Kraftstoffmarke wechseln.

○ **Schwarze rußartige Ablagerungen:** Zündkerze erreicht durch häufigen Kurzstreckenverkehr ihre Selbstreinigungs-Temperatur nicht, falscher Wärmewert, CO-Gehalt zu hoch.

○ **Isolatorspitze weißlich gefärbt:** Zündzeitpunkt zu stark in Richtung »früh« eingestellt, Zündzeitpunktverstellung funktioniert nicht, CO-Gehalt zu niedrig.

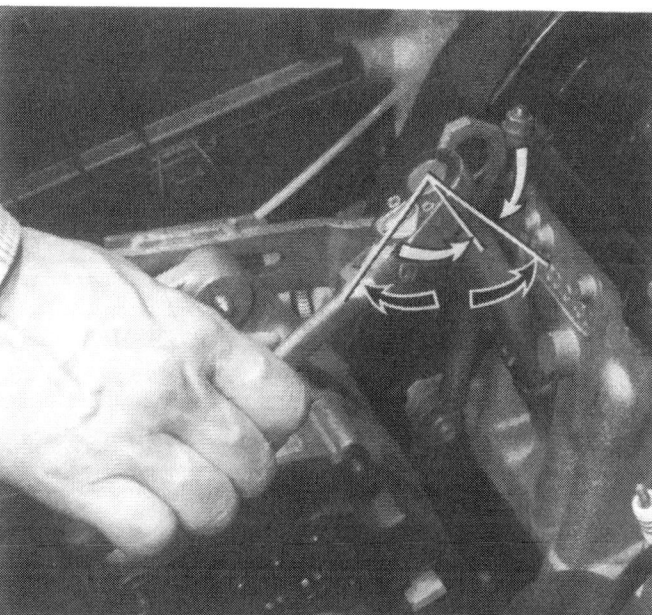

Vielfach werden die Zündkerzen mit zu viel Kraft in den Leichtmetall-Zylinderkopf eingedreht. Dann gibt's Probleme beim Losschrauben. Deshalb nach dem Eindrehen von Hand bis zum Anliegen des Dichtrings:
Neue Kerze um 90° weiterdrehen (schwarze Pfeile).
Gebrauchte Kerze um 15° weiterdrehen (weiße Pfeile).

○ **Schmelzerscheinungen an Mittel- und Seitenelektrode:** Glühzündungen durch Ablagerungen im Verbrennungsraum, überhitzte Ventile, falschen Zündzeitpunkt, defekte Zündzeitpunktverstellung oder Hitzestau durch mangelhafte Kühlung.

○ **Bruch der Isolatorspitze**, im Anfangsstadium als Haarrisse erkennbar: Klopfende Verbrennung durch minderwertigen Kraftstoff, falsche Zündeinstellung, schadhafte Zündzeitpunktverstellung, ungenügende Motorkühlung oder Gemischabmagerung durch Nebenluft.

○ **Gelblich glänzende Schicht auf der Isolatorspitze:** Benzin- und Motorölzusätze haben Ablagerungen gebildet, die sich bei abrupter voller Belastung des Motors verflüssigt haben und elektrisch leitfähig wurden – als Folge Zündaussetzer. Nach wochenlangem Kurzstreckenbetrieb den Motor nicht sofort voll belasten.

○ **Ölschicht über Elektroden und Innenraum der Kerze:** Kolbenringe, Ventilführungen oder Ventilschaftabdichtungen schadhaft.

○ Zeigt das Zündkerzengesicht keine Besonderheiten, aber leidet der Motor unter Startunwilligkeit oder Ruckeln, kann es dennoch an den Kerzen liegen. Unsichtbare Risse im Keramikisolator können beim Kaltstart durch kondensierenden Kraftstoff gefüllt werden, wodurch der Zündfunke abgeleitet wird. Auch unter Druck können Kerzen versagen, obwohl der Funke in ausgebautem Zustand überspringt.

Der Elektrodenabstand

Das Kraftstoff/Luft-Gemisch bzw. das verbrannte Altgas wirkt korrosiv auf die metallischen Zündkerzenelektroden. Und die hohe Spannung beim Funkenüberschlag sprengt kleine Metallpartikel ab, wodurch der Funkenspalt mit zunehmender Laufzeit der Zündkerzen vergrößert wird.

Für unsere Motoren sind unterschiedliche Zündkerzen-Elektrodenabstände vorgeschrieben, siehe Tabelle unten.

Bei zu großem Abstand wird eine höhere Zündspannung benötigt, und es kann zu Zündaussetzern kommen. Evtl. springt der Motor überhaupt nicht an. Deshalb bei Zündkerzen mit Einzel-Stirnelektrode diese rechtzeitig nachbiegen. Bei den 3-Elektroden-Zündkerzen kann sich der Zündfunke die jeweils kürzeste Überspringstrecke »aussuchen«. Ein Nachbiegen wird kaum erforderlich werden.

Neue Zündkerzen kaufen

Wärmewert: Zündkerzen müssen auf die im Motor auftretenden Brennraum-Temperaturen abgestimmt sein. Eine Kennzahl besagt, wieviel Hitze die Zündkerze ertragen, d.h. ableiten kann, ohne selbst zu heiß zu werden. Leitet die Kerze zu viel Wärme ab, erreicht sie nicht ihre Selbstreinigungs-Temperatur, und die Zündkerzenelektroden setzen Ruß an.

Elektroden: Beim VW werden sowohl Zündkerzen mit einzelner Stirnelektrode verwendet als auch solche mit drei Masse-Elektroden. Welche Ausführung bei Ihrem Motor erforderlich ist, steht in der Tabelle.

Einschraubgewinde: Es muß bei allen Zündkerzen für den VW 19 mm lang sein; der Gewindedurchmesser beträgt 14 mm.

Schlüsselweite: Der Sechskant zum Ansetzen des Zündkerzenschlüssels ist 20,8 mm breit.

Dichtsitz: Für sämtliche Motoren sind Kerzen mit flachem Dichtsitz vorgeschrieben. Sie besitzen einen unverlierbaren Dichtring, also keinen zusätzlichen Dichtring einlegen.

Zündkerzen-Empfehlungen

Die in der Tabelle genannten Zündkerzenfabrikate entsprechen den Empfehlungen des Volkswagen-Kundendienstes.

Motor	Kennbuchstaben	Besonderheiten	Zündkerzen Beru	Zündkerzen Bosch	Zündkerzen Champion	Elektrodenabstand mm	Elektrodenanzahl
1,6/51 kW	PN		14–8 DTU	W 8 DTC	N 9 BYC 4	0,9–1,1	3
1,6/53 kW	RF	Spulenaufkleber grau	14–8 DUO	W 8 DCO	N 9 YCX	0,7–0,9	1
1,6/53 kW	RF	Spulenaufkleber grün	14–8 DTU	W 8 DTC	N 9 BYC 4	0,9–1,1	3
1,6/55 kW	EZ	SZ	14–8 DU	W 8 DC	N 9 YC	0,6–0,8	1
1,6/55 kW	EZ	TSZ	14–7 DU	W 7 DC	N 7 YC	0,7–0,9	1
1,6/55 kW	EZ	Spulenaufkleber grau	14–8 DUO	W 8 DCO	N 9 YCX	0,7–0,8	1
1,6/55 kW	EZ	Spulenaufkleber grün	14–8 DTU	W 8 DTC	N 9 BYC 4	0,9–1,1	3
1,8/62 kW	RH	Spulenaufkleber grau	14–7 DUO	W 7 DCO	N 7 YCX	0,7–0,8	1
1,8/62 kW	RH	Spulenaufkleber grün	14–7 DTU	W 7 DTC	N 7 BYC	0,7–0,9	3
1,8/66 kW	GU	bis 7/85	14–6 DU	W 6 DCO	N 79 Y	0,8–0,9	1
1,8/66 kW	GU	ab 8/85	14–7 DTU	W 7 DTC	N 7 BYC	0,7–0,9	3
1,8/66 kW	GX		14–7 DTU	W 7 DTC	N 7 BYC	0,7–0,9	3
1,8/66 kW	RP		14–7 DTU	W 7 DTC	N 7 BYC	0,7–0,9	3

Zündzeitpunkt prüfen

Wartung Nr. 32

Der Zündzeitpunkt kann sich bei der kontaktgesteuerten Spulenzündung durch Veränderung des Unterbrecher-Schließwinkels verschieben. Bei der elektronisch gesteuerten Zündanlage geschieht dies allenfalls durch Verschleiß der Verteilerwelle. In jedem Fall kontrolliert die Werkstatt im Rahmen des »ASU-Service« (zumindest bei Wagen ohne geregelten Kat) auch die Zündeinstellung.

- Beachten Sie die Vorsichtsmaßnahmen bei Arbeiten an der Transistorzündung.
- Motor warmfahren und abschalten.
- Drehzahlmesser anschließen.
- Stroboskoplampe anschließen und ihr Auslösekabel in das Zündkabel des 1. Zylinders (der in Fahrtrichtung rechts stehende) schalten.
- Beim 66-kW-Motor mit Kennbuchstaben »GU« Unterdruckschlauch am Verteiler abziehen.
- Motor starten, im Leerlauf drehen lassen.
- Leerlaufdrehzahl ggf. nachregulieren.
- Stroboskoplampe auf die **Schaulochkante** am Getriebegehäuse (links im Motorraum) halten.
- Bei jedem Aufblitzen der Stroboskoplampe muß die **Kerbe auf der Motorschwungscheibe der angegossenen Pfeilmarke** an der Kante der Schaulochs am Getriebegehäuse gegenüberstehen (siehe Bild unten links).
- Stimmt die Einstellung nicht, Schraube der Halteklammer unten am Verteilerfuß lockern.
- Verteiler ein kleines Stück nach rechts oder links um seine eigene Achse verdrehen, bis die Kerbe der Schwungscheibe mit der Pfeilmarke fluchtet.
- Ggf. Drehzahl nachregulieren (falls möglich).
- Schraube festziehen, Zündzeitpunkt nochmals prüfen.

Zünd-Einstellwerte

Die Tabelle zeigt zur Zündeinstellung einen Prüf- und einen Einstellwert, was so zu verstehen ist: Bei der zeitsparenden Kontrolle richtet man sich nach der größeren Toleranz des Prüfwerts. Muß man ohnehin einstellen, soll das so gründlich wie möglich geschehen.

Motor	Kennbuchstaben	Zündzeitpunkt vor OT Prüfwert	Einstellwert	Prüfdrehzahl 1/min
1,6/51 kW	PN	16–20	18 ± 1	900 ± 75
1,6/53 kW	RF	16–20	18 ± 1	750 ± 50
1,6/55 kW ohne Kat	EZ	16–20	18 ± 1	750 ± 50[1]
1,8/55 kW mit Kat	EZ	14–18	16 ± 1	750–950[1]
1,8/62 kW	RH	16–20	18 ± 1	750 ± 75
1,8/66 kW ohne Kat	GU	16–20	18 ± 1	750 ± 50[1]
1,8/66 kW mit/ohne Kat[2]	GU	12–14	14 –1	750 ± 50[1]
1,8/66 kW	GX	4–8	6 ± 1	800–1000
1,8/66 kW	RP	4–8	6 ± 1	750–1000

[1] Leerlaufdrehzahl bei Motoren ohne Hydrolager vorn 950 ± 50/min [2] bei Verwendung von Super bleifrei 95 ROZ

Fingerzeig: Besitzt Ihre Zündlichtpistole ein Auslösekabel, das ins Zündkabel des 1. Zylinders gesteckt wird, müssen Sie auf einwandfreien Kontakt achten. Bei Wackelkontakten zwischen Zündkabel und Kerze kann das Schalt- bzw. Steuergerät Schaden nehmen.

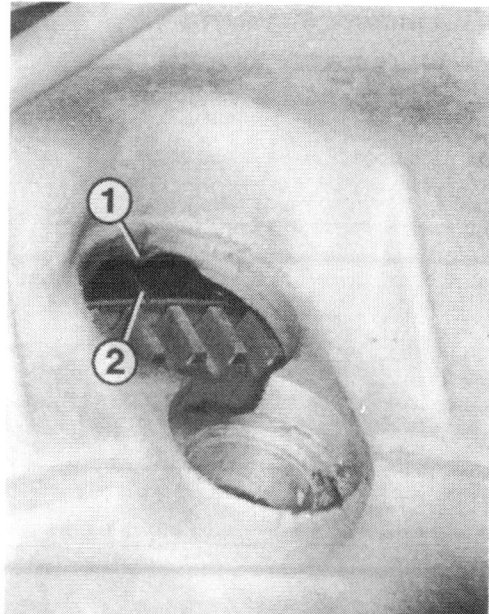 

Links: Bei richtiger Zündeinstellung muß die Kerbe (2) auf der Schwungscheibe im Blitzschein der Stroboskoplampe genau unter der Pfeilmarkierung (1) im Schauloch des Kupplungsgehäuses stehen.
Rechts: Der Zündverteiler wird unten von einer Klemme und einer Schraube (Pfeil) gehalten.

Die Beleuchtung

Belichtungszeit

Nacht und Nebel machen dem Fahrer das Leben schwer, da ist gutes Licht lebensnotwendig. Einerseits, damit Sie sehen, wohin Sie fahren und andererseits, damit andere Verkehrsteilnehmer rechtzeitig Ihren VW erkennen. Deshalb ein paar »erleuchtende« Worte.

Beleuchtung kontrollieren

Ständige Kontrolle
- Zündung einschalten und nacheinander einschalten und Funktion kontrollieren:
- Standlicht, Abblendlicht, evtl. eingebaute Nebelscheinwerfer, Fernlicht und Zusatzfernscheinwerfer.
- Blinker vorn rechts und links sowie Warnblinker.
- Rücklichter, Kennzeichenleuchten und Nebelschlußleuchte(n).
- Blinker hinten rechts und links, Warnblinker, Rückfahrleuchten.
- Zur Kontrolle der Bremsleuchten von einem Helfer das Bremspedal treten lassen.

Ersatzlampen für unterwegs

Im Ersatzlampenkasten sollten folgende Glühbirnen vorhanden sein:
- Halogen-Zweifadenlampe H4, 60/55 Watt, DIN-Form YD (Hauptscheinwerfer)
- Halogen-Einfadenlampe H3, 55 Watt, DIN-Form YC (Nebelscheinwerfer und Zusatz-Fernscheinwerfer)
- Kugellampe, 21 Watt, DIN-Form RL (Blinker vorn und hinten, Rückfahrleuchten, Nebelschlußleuchte)
- Zweifaden-Kugellampe, 21/5 Watt, DIN-Form SL (Brems- und Schlußlicht)
- Kugellampe, 5 Watt, DIN-Form G (Schlußlicht Golf)
- Kugellampe, 10 Watt, DIN-Form G (Schlußlicht Jetta)
- Röhrenlampe, 4 Watt, DIN-Form HL (Standlicht)
- Glassockellampe, 5 Watt, DIN-Form W (Kennzeichenleuchte)

Hauptscheinwerferlampen auswechseln

Die Glühlampen werden vom Motorraum her ausgebaut. Nach dem Auswechseln einer Scheinwerfer-Glühlampe (nicht der Standlichtbirne) sollte die Einstellung des betreffenden Scheinwerfers kontrolliert werden. Prüfen Sie vor dem Auswechseln einer Lampe, ob der Lichtschalter ausgeschaltet ist.
Die Glaskolben der Glühbirnen nicht mit der bloßen Hand berühren, sondern nur mit einem sauberen Lappen oder Papiertaschentuch anfassen. Handschweiß brennt sich auf den Glaskolben ein und trübt die Leuchtwirkung.
- Dreifach-Kabelstecker an der Scheinwerferrückseite mit hebelnden Bewegungen abziehen.
- Gummiabdeckkappe abnehmen.
- Federklemmen der Lampe zusammendrücken.

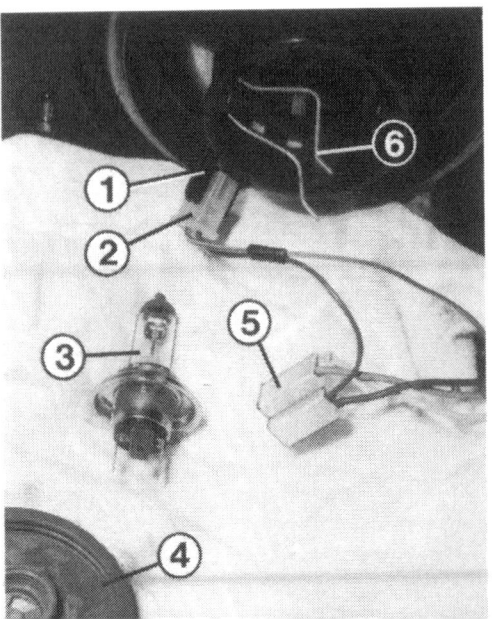
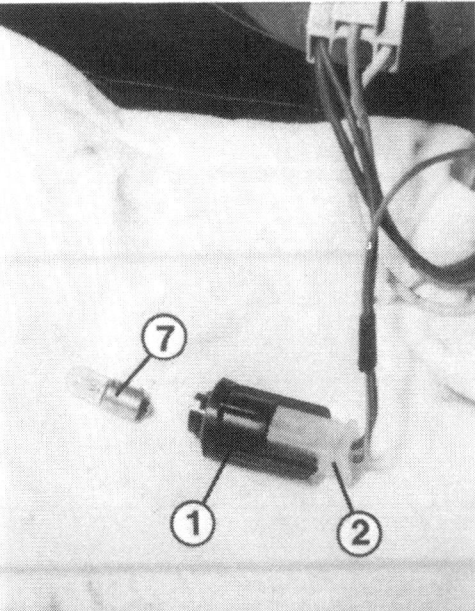

Der Lampenwechsel am Hauptscheinwerfer:
1 – Standlichtlampenfassung;
2 – Zweifachstecker;
3 – Zweifadenglühlampe;
4 – Gummiabdeckkappe;
5 – Dreifachstecker;
6 – Federklemme;
7 – Standlichtlampe.

- Klemmen aus ihren Haltern ziehen.
- Scheinwerferbirne herausziehen.
- Die neue Glühlampe muß so eingesetzt werden, daß ihre drei Stecker-Kontaktzungen ein nach unten offenes »U« bilden.

Standlichtbirne

- Standlicht-Lampenfassung (seitlich unter der Zweifadenlampe) ein wenig nach links drehen und herausnehmen.
- Röhrenlampe leicht in die Fassung drücken, drehen und herausziehen.
- Beachten Sie beim Einbau der Standlicht-Lampenfassung, daß ihre beiden Haltenasen beim Rechtsdrehen in den Reflektor richtig einrasten müssen.

Zusatzscheinwerfer

- **Im Kühlergrill:** Kabelstecker an der Scheinwerferrückseite abziehen.
- Abdeckkappe abnehmen.
- **Unter dem Stoßfänger:** Kreuzschlitzschraube unten losdrehen.
- Scheinwerfereinsatz herausnehmen.
- **Im Stoßfänger** (Golf GL und Jetta ab 8/89): VW vorn hochbocken.
- Unter die Stoßfängerabdeckung greifen, Lampenfassung nach links drehen und abnehmen.
- Kabel der Glühlampe von der Fassung abziehen.
- **Alle:** Federdrahtbügel aushaken und beiseite klappen.
- Scheinwerferlampe herausziehen.
- Beim Einsetzen der neuen Glühbirne muß der Lampensockel genau in die Aussparung im Reflektor passen – die abgeschrägte Stelle der Birnensockelplatte zeigt seitlich nach links unten.

Scheinwerfer ausbauen

Wenn das Scheinwerferglas beschädigt oder der Reflektor matt ist, muß in jedem Fall der komplette Scheinwerfer ausgetauscht werden. Streuscheibe und Scheinwerferspiegel sind miteinander verklebt und nicht einzeln lieferbar. Nach dem Einbau des neuen Scheinwerfers muß grundsätzlich dessen Einstellung überprüft werden.

Haupt-Scheinwerfer

- Kühlergrill ausbauen, siehe Seite 248.
- Glühlampen ausbauen.
- Vier Schrauben am Halterahmen des Scheinwerfers losdrehen.
- Komplette Scheinwerfereinheit abnehmen.
- Falls der Scheinwerfereinsatz vom Haltering getrennt werden soll: An der Rückseite des Halterahmens die beiden Kunststoffhalter mit einer Zange so drehen, daß sie aus dem Rahmen ausgerastet werden können.
- **Golf:** Scheinwerfer-Einstellschraube unten aus dem Halterahmen herausdrehen.
- **Alle Modelle:** Scheinwerfereinsatz abnehmen.
- Alle Halter aus den Ösen des Scheinwerfereinsatzes abziehen und im neuen einhängen.

Zusatzscheinwerfer

- **Im Kühlergrill:** Glühlampe ausbauen.
- Kühlergrill ausbauen, siehe Seite 248.
- Kunststoffhalter hinten an den Scheinwerfereinstellschrauben so drehen, daß sie sich aus den Halteösen »ausfädeln« lassen.
- Kreuzschlitzschraube des Scheinwerfereinsatzes an der Grillrückseite losdrehen.
- Scheinwerfer abnehmen.
- **Unter dem Stoßfänger:** Einsatz ausbauen, wie beim Glühlampenwechsel beschrieben, oder kom-

Die Pfeile zeigen auf die Halteschrauben des Scheinwerfereinsatzes – links beim Jetta, rechts beim Golf.

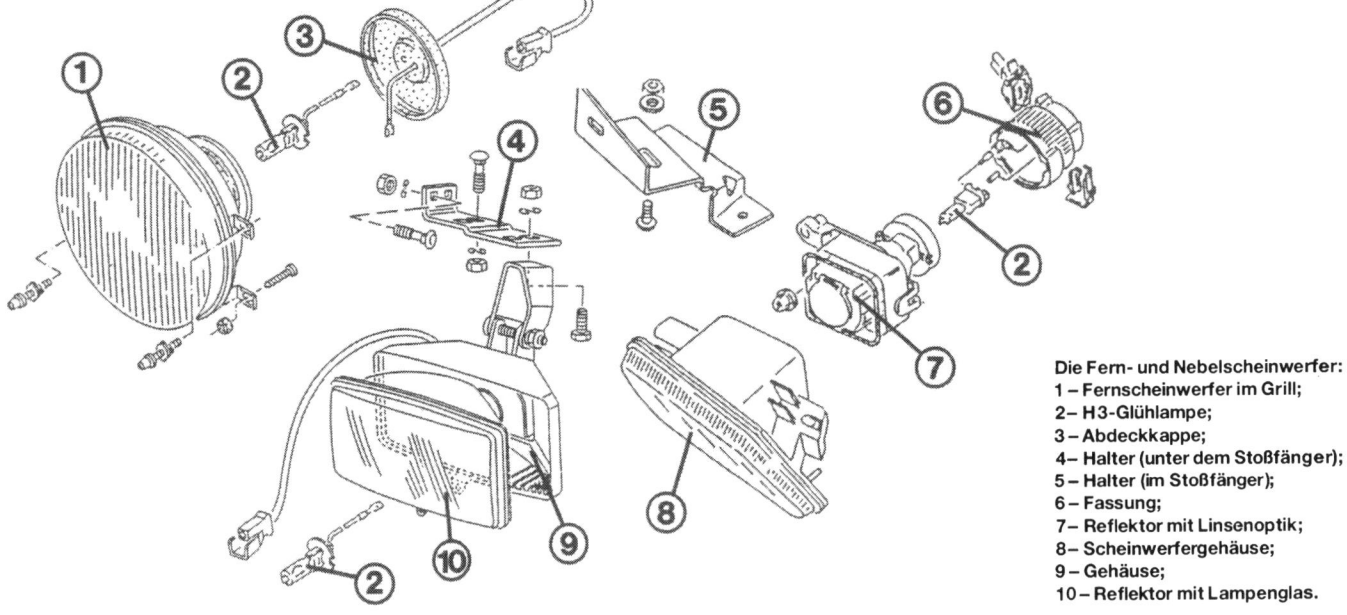

Die Fern- und Nebelscheinwerfer:
1 – Fernscheinwerfer im Grill;
2 – H3-Glühlampe;
3 – Abdeckkappe;
4 – Halter (unter dem Stoßfänger);
5 – Halter (im Stoßfänger);
6 – Fassung;
7 – Reflektor mit Linsenoptik;
8 – Scheinwerfergehäuse;
9 – Gehäuse;
10 – Reflektor mit Lampenglas.

pletten Scheinwerfer vom Stoßfängerträger abschrauben.
- **Im Stoßfänger** (Golf GL und Jetta ab 8/89): Lampenfassung abnehmen, wie beschrieben.
- Von unten her eine Schraube (zur Wagenmitte hin oberhalb des Scheinwerfers) lösen.
- Scheinwerfer seitlich herauszuziehen.

Die Nebelscheinwerfer

Nebelscheinwerfer sollten möglichst tief sitzen, damit sie den gewöhnlich nicht ganz auf dem Boden aufliegenden Nebel »unterstrahlen« können. Man montiert sie daher bei den schmalen Stoßfängern am besten unter den Stoßfänger. Achten Sie in diesem Fall darauf, daß die von Ihnen gekauften Scheinwerfer für »hängenden« Anbau vorgesehen sind. Andernfalls sitzen die Wasserablauflöcher an der falschen Seite und lassen Wasser eindringen statt ablaufen. Anders beim Golf GL und Jetta ab 8/89: In den hohen Stoßfängern sind Aufnahmefelder für Nebelscheinwerfer vorgesehen.

Golf GL und Jetta ab 8/89

Die bei diesen Modellen auf Wunsch eingebauten Nebelscheinwerfer im Stoßfänger zeichnen sich durch besonders geringe Baugröße aus. Erreicht wurde dies durch eine Sammellinse, die wie das Objektiv eines Diaprojektors arbeitet. Zwischen Linse und Reflektor sitzt noch eine Blende – also dort, wo beim Diaprojektor das Dia eingeschoben wird. Diese Blende ist für die exakte Hell/Dunkel-Grenze verantwortlich; die Nebelscheinwerfer bewirken eine besonders geringe Eigenblendung. Der speziell geformte Reflektor kann einen größeren Teil des Glühlampenlichts erfassen als ein herkömmlicher Scheinwerferreflektor. Dadurch ist die Lichtausbeute auch noch höher.

Nebelleuchten nachträglich einbauen

Aus dem V.A.G.-Teilelager sollten Sie sich folgendes besorgen:
○ Nebelscheinwerferschalter (nur bei einem Fahrzeug ohne Nebelschlußleuchte)
○ Relais

Die Scheinwerfer-Einstellschrauben an einem Golf mit Zusatzscheinwerfern im Kühlergrill. »H« steht für Höheneinstellung; mit »S« sind die Schrauben für die Seiteneinstellung bezeichnet.

Links sind die Scheinwerfer-Einstellschrauben am Jetta gezeigt. »H« steht für die Höheneinstellung, »S« für die Verstellung in seitlicher Richtung. Oben am Grill ist die Klappe (seit 8/87) über der Seiten-Einstellschraube sichtbar.
Bei den Nebelscheinwerfern mit Linsenoptik (Golf GL und Jetta ab 8/89) sitzt die Höheneinstellschraube seitlich außen am Scheinwerfer (Pfeil). Eine Seitenkorrektur ist nicht möglich.

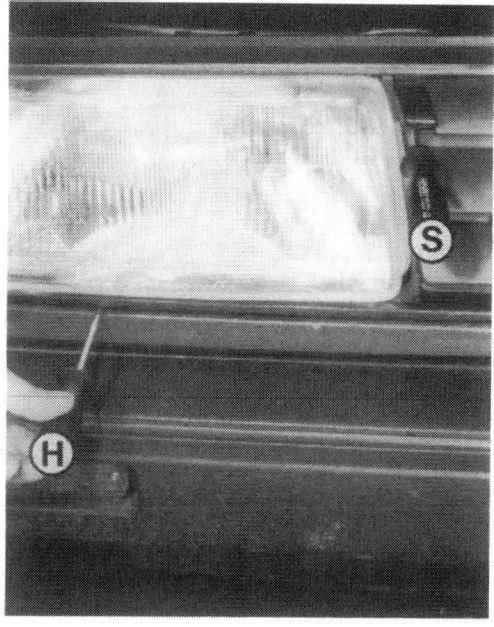

○ Für die unter dem Stoßfänger zu montierenden Nebelscheinwerfer die passenden Haltebügel (Nr. 191 941 707).
● Batterie-Massekabel abklemmen.
● Nebelscheinwerfer montieren, dazu ggf. Stoßfänger ausbauen.
● Beim Golf GL und Jetta ab 8/89 in der Stoßfängerabdeckung die Felder für die Nebelscheinwerfer mit einem scharfen Messer ausschneiden, Kanten glattschleifen.
● Kabel in den Motorraum durchführen.
● Die Verkabelung ist in manchen Wagen schon vorhanden. Die Stecker zu den Nebelleuchten finden Sie dann rechts und links am Längsträger befestigt (Kabelfarben weiß/gelb und braun). Zum Anschließen siehe auch die Stromlaufpläne.
● Falls keine Kabel vorhanden sind, an der Zentralelektrik ein Kabel mit 1,5 mm² Querschnitt anschließen. Die VW-Normfarbe ist weiß/gelb.
● Anschluß beim Golf bis 7/89, Jetta bis 12/88: Ziehen Sie am Vielfachstecker »M« den Kontakt »1« ab und verbinden Sie ihn mit Kontakt »20« im Vielfachstecker »B« (beide Kabelfarbe gr/ge).
● Golf ab 8/89, Jetta ab 1/89: Kontakt 8 am gelben Stecker »A 2«.

● Diese Leitung dann in zwei 1,5-mm²-Kabel aufteilen und zu den Scheinwerfern legen.
● Ebenso beidseitig eine Kabelverbindung zur Fahrzeugmasse herstellen.
● In der Zentralelektrik Nebelscheinwerfer-Relais einstecken (Zeichnungen Seite 230/231), ggf. Brücke oder Stecker abziehen.
● Ggf. Blinddeckel am Armaturenbrett abnehmen (Seite 228) und Schalter einsetzen.
● Bei einem Fahrzeug mit Nebelschlußleuchte ist der Schalter bereits richtig verkabelt.
● Als Kabelverbindungen eignen sich Quetschverbinder und Stecker aus dem Zubehörgeschäft.
● Batterie wieder anklemmen und Funktion prüfen.
● Bei eingeschalteter Zündung und Beleuchtung müssen die Nebelscheinwerfer bei gedrücktem Schalter brennen.
● Lichtstrahl der Nebelscheinwerfer einstellen.
● Bei fünf Meter Abstand vor der Einstellwand müssen die breit gestreuten Scheinwerferstrahlen 100 mm unterhalb des jeweiligen Scheinwerfermittelpunkts liegen.

Scheinwerfer-Einstellung kontrollieren

Wartung Nr. 33

Wenn eine Scheinwerferglühlampe, die Streuscheibe oder der Reflektor ausgewechselt wurden, muß die Einstellung des Lichtstrahls kontrolliert werden. Am genauesten geht das mit dem Meßgerät in der Werkstatt oder an der Tankstelle. Behelfsmäßig gibt es verschiedene, unterschiedlich genaue Methoden.

● Wagen möglichst im rechten Winkel in fünf Meter Abstand vor eine helle Wand stellen.
● Erneuerten Scheinwerfer in der Höhe dem unveränderten gleichstellen. Eine Seitenkorrektur ist so allerdings nicht möglich.
● Nach einer genauen Einstellung mit dem Meßgerät die Abknickpunkte (in diesen Punkten steigt der Abblend-Lichtstrahl um 15° nach oben an) an der Garagenwand anzeichnen. Dazu den VW am Garagentor abstellen.
● So läßt sich später bei gleicher Fahrzeugstellung auch die Lichtstrahl-Seitenrichtung überprüfen.

Die Einstellschrauben

Ohne Ausbau von Teilen sind die Einstellschrauben von der Scheinwerfer-Vorderseite erreichbar. Beim Jetta ab 8/87 muß lediglich eine Klappe im Kühlergrill hochgeklappt werden.
● Zum Justieren des Scheinwerferstrahls ggf. die Leuchtweitenregelung in Stellung »0« drehen.
● Zuerst wird die Höhe korrigiert, dann erfolgt die Seiteneinstellung.
● An der Höheneinstellschraube senkt Drehen im Uhrzeigersinn den Lichtstrahl nach unten.
● Drehen im Uhrzeigersinn an der Seiteneinstellschraube läßt den Lichtstrahl nach links wandern.

Lampenwechsel am vorderen Blinker. Links die Ausführung beim schmalen Stoßfänger, rechts die Version des Golf GL und Jetta ab 8/89:
1 – Gehäuse mit Fassung;
2 – Glühlampe;
3 – Blinkerglas;
4 – Kunststoff-»Mutter« (Haltedübel);
5 – Lampenfassung;
6 – Einstecköffnung für die Haltenase (7) am Blinkergehäuse (8).

● Bei den Nebelscheinwerfern unter dem Stoßfänger (bis 7/89) wird das Scheinwerfergehäuse zum Einstellen in die entsprechende Richtung gedrückt.
● Die Nebelscheinwerfer im Stoßfänger (ab 8/89) sind nur in der Höhe einstellbar. Die Einstellschraube erreichen Sie von vorn, siehe Bild oben rechts.
● Beim Drehen im Uhrzeigersinn an dieser Schraube steigt der Lichtstrahl an.

Die Leuchtweitenregelung

Seit 8/89 besitzen alle Golf und Jetta serienmäßig eine elektrische Leuchtweitenregelung.
● Drehregler links am Armaturenbrett ausbauen, wie im Instrumentenkapitel unter »Kippschalter ausbauen« beschrieben.
● Im Motorraum am betreffenden Stellmotor den Mehrfachstecker abziehen.
● Beim Golf den Motor durch einen Rechtsdreh aus dem Tragrahmen ausrasten.
● Beim linken Jetta-Scheinwerfer den Stellmotor durch Drehen nach rechts lösen, am rechten Scheinwerfer muß nach links gedreht werden.
● Scheinwerfer-Höheneinstellschraube vorn am Scheinwerfer herausdrehen.
● Jetzt können Sie den Motor aus dem Tragrahmen nach hinten abziehen.

Blinkleuchten vorn

Lampenwechsel

● **Schmale Stoßfänger:** Beide Kreuzschlitzschrauben des Blinkerglases losdrehen, Lampenglas abnehmen.
● Glühlampe ein wenig in die Fassung drücken, nach links drehen und herausziehen.
● Beim Zusammenbau auf korrekte Abdichtung zwischen Blinkerglas und Gehäuse achten, evtl. Silikonpaste an den Dichtflächen anstreichen.
● **Hohe Stoßfänger** (Golf GL und Jetta ab 8/89): Außen sitzende Kreuzschlitzschraube des Leuchtengehäuses losdrehen.
● Gehäuse außen herausziehen (z.B. mit der noch eingesteckten Schraube oder mit einem Schraubendreher) und an der Innenseite aushängen.
● Lampenfassung nach einer kleinen Linksdrehung abnehmen.
● Glühlampe ein Stück in die Fassung drücken, drehen und abnehmen.

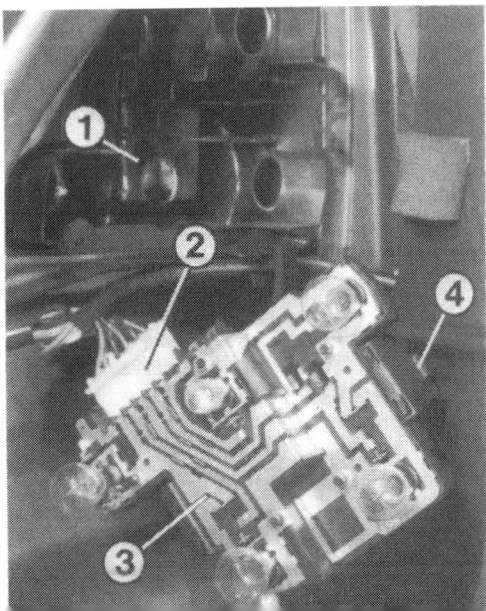 

Links die Heckleuchte:
1 – Lampenglas;
2 – Mehrfachstecker;
3 – Lampenträger;
4 – Halteklammer.
Rechts der Rückfahrlichtschalter (5), der in Fahrtrichtung vor der Tachowelle (6) sitzt.

Die Blinkleuchten der Modelle mit schmalen Stoßfängern besitzen ein separates Gehäuse.

Gehäuse ausbauen

- Lampenglas abschrauben.
- Kabel-Steckverbindungen trennen.
- Blinkergehäuse aus dem Stoßfänger ziehen.

<u>Fingerzeig:</u> Ein immer wiederkehrendes Problem sind die Kunststoff-»Muttern«, die sich beim Drehen der Schrauben von Blinkerglas bzw. -gehäuse in ihren Bohrungen im Stoßfänger mitdrehen. Folgende Abhilfen gibt es: Möglichst nicht bei Kälte die Schrauben drehen, bei wärmeren Temperaturen dehnt sich der Kunststoff etwas und klemmt besser in der Bohrung. Durch kräftigen Druck auf den Schraubendrehergriff kann man oft verhindern, daß sich das Kunststoffteil mitdreht. Wenn Sie vor dem Zusammenbau die Kunststoffmutter(n) mit Klebstoff sichern, gehen Sie dem Problem des Mitdrehens künftig aus dem Weg.

Seitenblinker

- Lampengehäuse mit den Fingernägeln oder mit einem lappenumwickelten Schraubendreher aus dem Ausschnitt im Kotflügel herausheben.
- Lampenfassung abziehen.
- 5-Watt-Glassockellampe (DIN-Form W 10) herausziehen.

Heckleuchte

Lampenwechsel

- Heckklappe bzw. Kofferraumhaube öffnen.
- Rechte und linke Kunststoff-Halteklammer des Lampenträgers nach innen drücken, Träger abnehmen.
- Das Auswechseln aller Glühbirnen geschieht gleich – Lampe ein wenig in ihre Fassung drücken, nach links drehen und herausziehen.

Ausbau

- Lampenträger abnehmen.
- An der mit ihren Reflektoren kombinierten Leuchte drei (Golf) bzw. vier (Jetta) Haltemuttern losdrehen.

Rückfahrlichtschalter

Das Aufleuchten der Rückfahrleuchten veranlaßt der Schalter oben am Getriebegehäuse, wenn er beim Einlegen des Rückwärtsgangs von der entsprechenden Schaltstange berührt wird.

- Bleibt es bei eingelegtem Rückwärtsgang hinten dunkel, kontrollieren Sie zuerst die zuständige Sicherung.
- Ist sie intakt, Stecker am Rückfahrlichtschalter abziehen und mit einem Drahtstück überbrücken.
- Leuchtet es jetzt, ist der Schalter defekt.
- Bleibt es jedoch dunkel in den Rückfahrleuchten, ist die Leitung nach hinten unterbrochen (intakte Glühbirnen vorausgesetzt).

Kennzeichenleuchten

- Beide Kreuzschlitzschrauben des Deckglases in der hinteren Klappe herausdrehen.
- Deckglas abziehen, dabei darauf achten, daß die Halteschrauben nicht verloren gehen.
- Glassockellampe aus der Kunststoffassung ziehen. Fassung nicht zu weit herausziehen, sonst kann die angeschlossene Leitung abrutschen und in der Öffnung der Heckklappe verschwinden.
- Das Deckglas läßt sich eigentlich nicht falsch aufsetzen, denn die Bohrungen für die Halteschrauben sind asymmetrisch angeordnet.

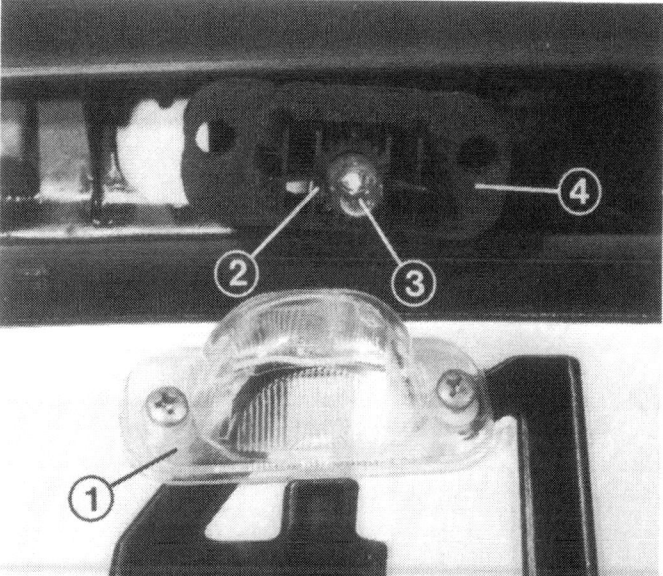

Die Kennzeichenleuchte besteht aus:
1 – Deckglas;
2 – Fassung;
3 – Glassockellampe;
4 – Dichtung.

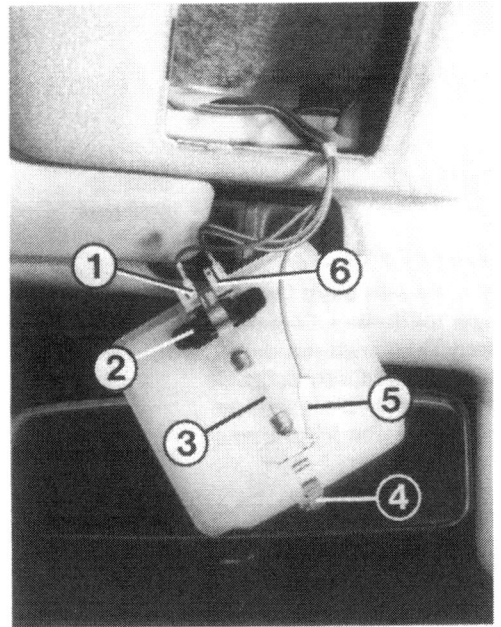

Links: An der herausgenommenen Innenleuchte sehen Sie:
1 – Massekabel;
2 – Schalter der Innenleuchte;
3 – Soffittenlampe;
4 – Metall-Haltefeder;
5 – stromzuführende Leitung;
6 – Kabel zu den Türkontaktschaltern.
Rechts: Der ausgebaute Türkontaktschalter zeigt:
1 – Anschlußleitung;
2 – Druckstift;
3 – Halteschraube;
4 – Feder.

Leuchten im Innenraum

Innenleuchte

Die Soffittenlampe (10 Watt, 41 mm lang, DIN-Form K) muß bei geöffneten Türen und entsprechender Schalterstellung brennen. Sie erhält dauernd Strom. Bei der Innenleuchte mit Abschaltverzögerung sitzt die Elektronik im Lampengehäuse. Sie läßt sich nur als komplette Leuchte nachrüsten.

● Massekabel der Batterie abklemmen oder Sicherung der Innenleuchte herausnehmen, sonst Kurzschlußgefahr.

● Mit kräftigem Fingernagel, einem breitflächigen Schraubendreher oder einem flachen Löffelstiel Lampengehäuse an der Seite mit der Metall-Haltefeder aus dem Dachausschnitt heraushebeln.

● Soffittenlampe aus ihren Haltezungen aushängen.

● Beim Einbau zuletzt die Seite der Innenleuchte mit der Haltefeder in den Dachausschnitt drücken.

Türkontaktschalter der Innenleuchte

Die Innenleuchte wird bei entsprechender Schalterstellung durch die in die Türpfosten eingeschraubten Türkontaktschalter ein- und ausgeschaltet. Sie stellen die Masseverbindung zu der ständig unter Strom stehenden Innenleuchte her und schließen damit den Stromkreis – die Lampe kann brennen. Bleibt die Innenleuchte in der entsprechenden Schalterstellung bei einer geöffneten Tür dunkel, gerät der betreffende Türkontaktschalter in Verdacht. Folgende Störungen am Schalter können sich ergeben:

○ Der Druckstift des Schalters klemmt in der Führung oder ist verbogen. Schalter ersetzen.
○ Der Kabelstecker ist am Schalter gar nicht aufgesteckt.
○ Die Kontaktfläche des Schalters ist zur Halteschraube hin oder am Steckeranschluß oxidiert. Oxidschicht mit scharfkantigem Schraubendreher wegkratzen oder mit Schleifpapier blankschleifen.

● Der Türkontaktschalter ist nur mit einer Kreuzschlitzschraube an den Türausschnitt angeschraubt.

● Zum Ausbau Schraube herausdrehen und Schalter herausziehen.

● Achten Sie darauf, daß das angeschlossene Kabel nicht in den Türpfosten hineinfällt.

● Ist das Kabel im Türpfosten verschwunden, nehmen Sie im Fußraum seitlich den Teppich ab, um das Kabel zu »angeln«.

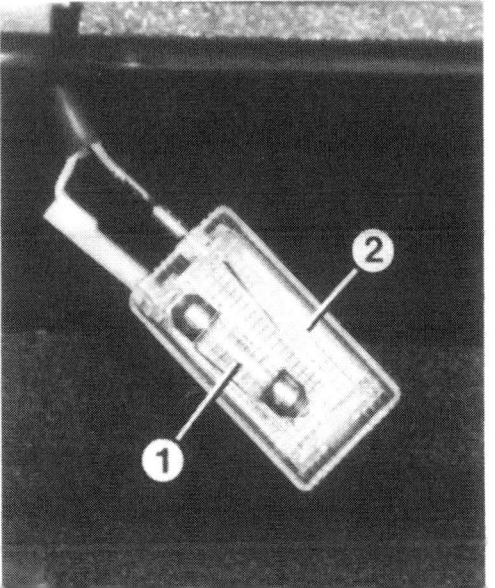

Soll die Soffittenlampe (1) in der Handschuhfachleuchte (2) bzw. der Kofferraumleuchte (3) ausgewechselt werden, wird einfach das Lampengehäuse herausgezogen.

Damit die Batterie nicht von einer versehentlich eingeschalteten Handschuhfachleuchte in die Knie gezwungen wird, erhält diese Lichtquelle nur bei eingeschalteter Zündung Spannung.
- Handschuhkasten öffnen.
- Lampengehäuse rechts oben herausziehen.
- Soffittenlampe 3 Watt, 28 mm lang, DIN-Form M aus beiden Haltezungen abnehmen.

Handschuhfachleuchte

Die Soffittenlampe wird wie bei der Innenleuchte von einem Kontaktschalter ein- und ausgeschaltet.
- Massekabel der Batterie abnehmen oder Sicherung herausnehmen. Da die Kofferraumleuchte ständig Strom erhält, könnte es sonst einen Kurzschluß geben.
- Lampengehäuse herausziehen.
- Soffittenlampe 5 Watt, 36 mm lang, DIN-Form L aus ihren Haltern herausnehmen.

Kofferraumleuchte

Sonstige Leuchten

An dieser Stelle ist lediglich die Beleuchtung der Anzeigeinstrumente behandelt. Die ebenfalls im Kombiinstrument sitzenden Kontrolleuchten finden Sie auf Seite 218 beschrieben.
- Die 1,2-Watt-Glassockellämpchen bilden mit der Fassung eine Einheit, Sie müssen sich also aus dem Teilelager eine Lampe mit Fassung besorgen.
- Für bessere Zugänglichkeit sollten Sie das Lenkrad abschrauben (Seite 130).
- Kombiinstrument komplett ausbauen, siehe Seite 216.
- Oben im Gehäuse des Kombiinstruments sitzen drei Lampenfassungen.
- Fassung nach Linksdrehen abnehmen.
- Hilfreich ist eine kleine Flachzange oder besser eine »Telefonzange«, wie sie der Elektriker besitzt.
- Fassung mit Lampe wieder ins Instrumentengehäuse einsetzen und bis zum Anschlag rechtsdrehen.

Instrumenten-Beleuchtung

Die Beleuchtung für die Symbole der Heizung und Lüftung sitzt nicht zugänglich links in der Heizhebelblende. Wenn die Symbole bei eingeschaltetem Stand- und Hauptlicht dunkel bleiben:
- Blende ausbauen (Seite 245).
- Strom- und Masseanschluß des Zweifachsteckers kontrollieren.
- Sind die Leitungen in Ordnung, dürfte die Glühlampe in der Blende defekt sein.
- Die Lampe läßt sich nicht ausbauen, die Blende muß komplett getauscht werden.

Heizhebelbeleuchtung

Für den Ascher und den Anzünder dient eine gemeinsame Leuchte, deren Fassung in der Mittelkonsole an der Halterung für den Anzünder befestigt ist.
- Mittelkonsole losschrauben (siehe Seite 261) und ein Stück herausziehen.
- Am Anzünder nach der Fassung der Glühlampe tasten, Fassung abziehen.
- Glassockellampe (1,2 Watt, DIN-Form W) herausziehen.

Ascher- und Anzünderbeleuchtung

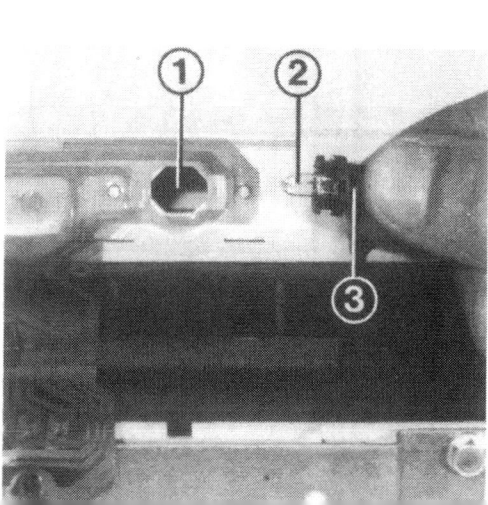
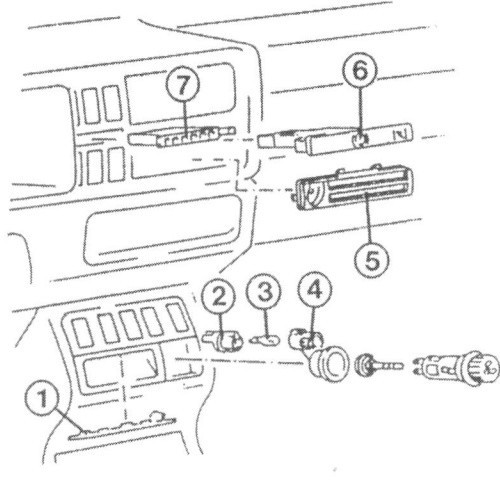

Links: Hier haben wir die Instrumentenbeleuchtung aus der Öffnung (1) im Kombiinstrument abgenommen. Die Glassockellampe (2) läßt sich nicht aus ihrer Fassung (3) abziehen.
Rechts: Die Beleuchtungsteile im Bereich Armaturenbrett:
1 – Lichtleiste für den Ascher;
2 – Fassung für Glassockellampe (3);
4 – Halter für Anzünderbeleuchtung;
5 – Heizhebelblende mit integrierter Lampe;
6 – Gehäuse der Mehrfachkontrolleuchte;
7 – Kontaktgehäuse.

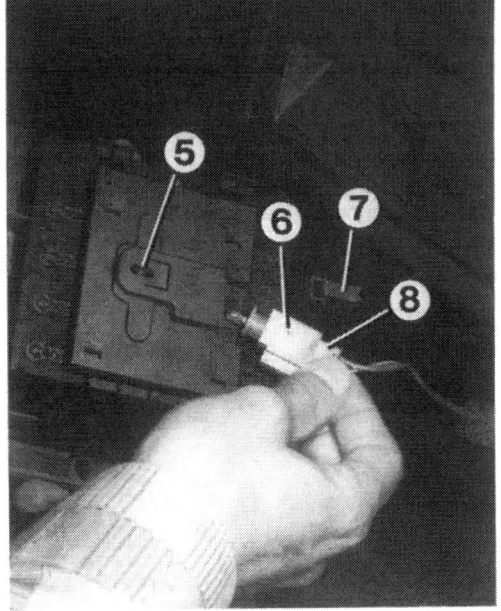

Links der Wählhebel der Getriebeautomatik:
1 – Lampenfassung;
2 – Kontaktträger, der auch die Sperrung des Anlassers in den Fahrstellungen bewirkt;
3 – Halter der Lampenfassung;
4 – Klappe mit kleinem Sichtfenster in der Fassung.
Rechts die Cassettenbox (5):
6 – Glassockellampe mit Fassung;
7 – Haltekralle der Cassettenbox;
8 – Anschlußstecker.

Fahrstufenanzeige

Zur Anzeige der Fahrstufen am Wählhebel der Getriebeautomatik dient eine 1,2-Watt-Glassockellampe, die fest in ihrer Fassung sitzt.

● Seitlich an der Wählhebelblende die Kunststoffnasen ausrasten, Blende um 90° drehen und hochziehen.

● Links am Wählhebel die Lampenfassung abziehen.

● Kabelstecker aus der Fassung ziehen.

● Die Kabel können auch gebrochen sein, dann bleibt die Fahrstufenanzeige ebenfalls dunkel.

Cassettenbox-Beleuchtung

Für die beleuchtete Belegungsanzeige der Cassettenablage dient ebenfalls eine Fassung mit fest eingesetzter Glassockellampe.

● Zum Wechseln der defekten Lampe die Cassettenbox aus der Mittelkonsole ziehen.

● Haltespange der Lampenfassung an der Box anheben, Fassung herausziehen.

● Stecker abziehen, Fassung komplett mit Lampe ersetzen.

Elektrik Getriebeautomatik Vergasermotor   **Getriebeautomatik Monojetronic-Motor**

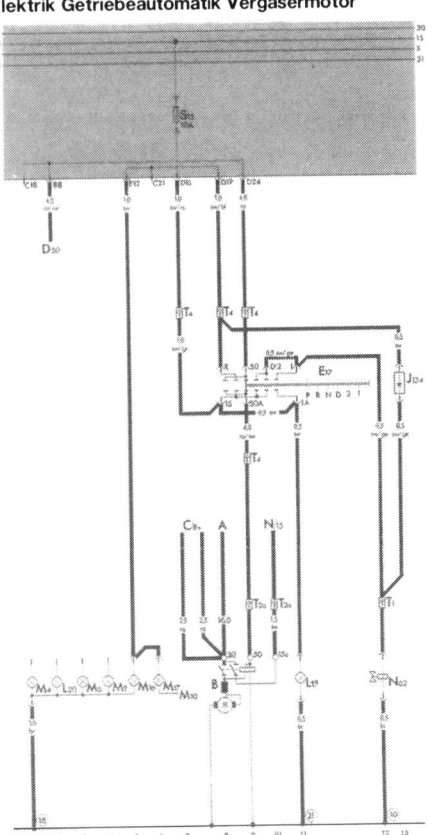
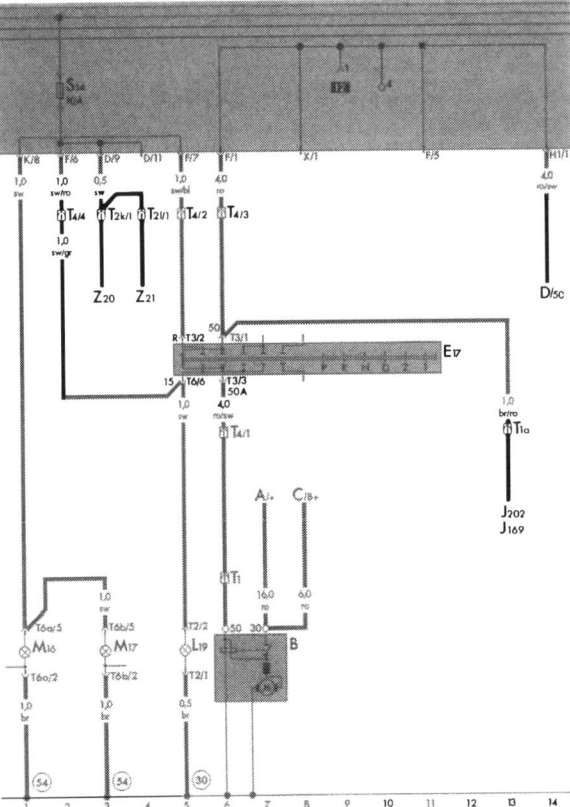

A – Batterie
B – Anlasser
C – Drehstrom-Lichtmaschine
C 1 – Spannungsregler
D – Zünd/Anlaß-Schalter
E 17 – Anlaßsperrschalter und Schalter für Rückfahrlicht
J 134 – Sperrdiode
J 202 – Steuergerät Monojetronic
L 19 – Lampe für Fahrstufenanzeige
M 16 – Lampe für Rückfahrlicht links
M 4–M 10 – Lampen für Blink-, Brems- und Schlußlicht
M 17 – Lampe für Rückfahrlicht rechts
N – Zündspule
N 62 – Leerlaufdrehzahl-Anhebungsventil
T 1–T – Steckverbindungen
10 – Massepunkt neben der Zentralelektrik
18 – Massepunkt im Kofferraum links
21 – Massepunkt am Sitzquerträger
30 – Massepunkt neben der Zentralelektrik
54 – Massepunkt am Abschlußblech hinten

Die Signaleinrichtungen

Blinken statt Winken

Bei Autos gibt es keine Sprachverwirrung. Es geht weltweit einheitlich zu mit Blinker, Bremslicht, Hupe und Lichthupe. Das ist Grund genug, diese »Sprachorgane« immer intakt zu halten.

Blink- und Warnblinkanlage prüfen

Die Warnblinkanlage muß ständig funktionieren, deshalb wird ihr Schalter direkt von Batterie-Plus (bei der neuen Zentralelektrik ohne zwischengeschaltete Sicherung) versorgt. Die Spannung für die Richtungsblinker kommt dagegen nur bei eingeschalteter Zündung über eine Sicherung von der Zündschloßklemme 15.

Ständige Kontrolle

- Drücken Sie bei ausgeschalteter Zündung auf den Schalter der Warnblinkanlage.
- Alle vier Blinkerlampen und die rote Schaltertaste leuchten im gleichen Rhythmus auf.
- Wenn Sie die Zündung jetzt einschalten, blinkt zusätzlich die grüne Blinkerkontrolle im Gegentakt.
- Warnblinker ausschalten, Zündung eingeschaltet lassen.
- Bei gedrücktem Blinkerhebel müssen eine Blinkerseite und im Gegentakt die grüne Kontrolleuchte regelmäßig aufleuchten.

Störungsbeistand

Blink- und Warnblinkanlage

	Die Störung	– ihre Ursache
A	Grüne Kontrollampe für Richtungsblinker leuchtet in ganz kurzen Intervallen auf, normaler Blinker-Rhythmus beim Warnblinken	Eine Glühlampe defekt oder ohne Kontakt
B	Blinkleuchten am Wagen brennen beim Richtungs- und Warnblinken dauernd, grüne Kontrolleuchte bleibt dunkel	Blinkrelais defekt
C	Grüne Kontrolleuchte brennt beim Richtungs- und Warnblinken dauernd, Blinkleuchten am Wagen bleiben dunkel	Blinkrelais defekt
D	Richtungsblinken funktioniert, aber kein Warnblinken	1 Sicherung defekt (nur ältere Zentralelektrik) 2 Leitung zwischen Klemme 30 der Zentralelektrik und Warnblink- bzw. Hebelschalter unterbrochen 3 Warnblink- bzw. Hebelschalter defekt 4 Unterbrechung in der Zentralelektrik
E	Warnblinken funktioniert, aber kein Richtungsblinken	1 Zuständige Sicherung defekt 2 Leitung zwischen Klemme 15 der Zentralelektrik (Ausgang Sicherung) und Warnblink- bzw. Hebelschalter unterbrochen 3 Siehe D 3 und 4
F	Kein Richtungs- und kein Warnblinken	Siehe D 3

Mit einem ausgefallenen Blinkrelais ist die Weiterfahrt nicht ganz ungefährlich. Deshalb:

Defektes Blinkrelais kurzschließen

- Blinkrelais (Abbildung nächste Seite) leicht ruckelnd aus der Zentralelektrik herausziehen.
- Kurzschlußbrücke zwischen den Klemmen 49 und 49a (am Relais markiert) herstellen. Dazu in das Relaissteckfeld in die Steckanschlüsse, die Klemme 49 und 49a gegenüber liegen, ein kurzes Drahtstück einstecken.
- Blinkrelais wieder einsetzen.
- Bei gedrücktem Blinkerhebel leuchtet jetzt eine Blinkerseite dauernd.
- Durch Ein- und Ausschalten mit dem Blinkerhebel erhalten Sie einen Blinker-Rhythmus.

Bremsleuchten prüfen

- Bei rückwärts gegen eine helle Wand geparktem VW müssen Sie zwei rote Lichtreflexionen sehen, wenn Sie auf das Bremspedal treten. Am besten im Dunkeln kontrollieren.
- Oder in einer Kolonne im Rückspiegel prüfen, ob sich in den Scheinwerfer-Reflektoren oder in der Lackierung des Hintermannes beide Bremslichter spiegeln.

Ständige Kontrolle

Der Brems-lichtschalter

Oben im Fahrerfußraum sitzt ein mechanischer Schalter am Pedalbock. Durch den Tritt auf das Bremspedal wandert ein Druckstift aus dem Schalter heraus. Die Schalterkontakte schließen, und damit wird auch der Stromkreis zu den Bremsleuchten geschlossen.

Bremslicht-schalter überprüfen

- Linkes Ablagefach ausbauen (Seite 260).
- Kabelstecker abziehen.
- Kabelanschlüsse im Stecker mit Büroklammer oder Drahtstück überbrücken.

- Brennen jetzt die Bremslichter, ist der Bremslicht-schalter defekt.

Bremslicht-schalter austauschen

- Linkes Ablagefach ausbauen (Seite 260).
- Kabelstecker abziehen.
- Bremslichtschalter eine Vierteldrehung nach links drehen und vom Pedalbock abziehen.

- Nach dem Einbau Funktion überprüfen.

Störungsbeistand

Bremslicht

Die Störung	– ihre Ursache	– ihre Abhilfe
A Eine Bremsleuchte brennt nicht	1 Glühbirne durchgebrannt	Austauschen
	2 Spannungszuleitung unterbrochen. Brennen alle übrigen Glühbirnen in derselben Heckleuchte? Falls nicht	Kabel kontrollieren
	3 Unterbrechung der Masseverbindung	Masseanschluß überprüfen
B Beide Bremslichter brennen nicht	1 Sicherung defekt	Ersetzen
	2 Bremslichtschalter defekt	Überprüfen, ggf. ersetzen
	3 Siehe A 1 und 3	
C Bremslicht brennt dauernd	1 Siehe B 2	
	2 Kabel zum Bremslichtschalter haben direkten Kontakt	Kabel kontrollieren

Hupe prüfen

Wartung Nr. 2

Bei eingeschalteter Zündung und beim Druck auf den Hupkontakt im Lenkrad muß das Horn ertönen bzw. bei »besserer« Ausstattung die Zweiklanghörner. Bei Modellen mit Zweiklanghörnern ist zur Schonung der Hupkontakte ein Relais zwischengeschaltet. Bei beiden Versionen liegt bei eingeschalteter Zündung am Signalhorn bzw. den Hörnern ständig Spannung von Klemme 15 an. Damit es hupt, wird die Verbindung zur Masse über den Hupkontakt und ggf. das Relais geschlossen. Die Schaltung ist aus den Stromlaufplänen ab Seite 166 zu ersehen.

Signalhorn kontrollieren

- Kabelstecker abziehen.
- Hupe ausbauen.

- An beiden Steckanschlüssen je ein Kabelstück aufstecken.

Die Abbildung links zeigt die Bezeichnung der Kontakte am Blinkrelais:
31 – Masse;
49 – Eingangsspannung;
49a – Ausgangsspannung im Blinkertakt;
C2 – Anschlußkontakt für Anhänger-Blinkerkontrolle (nur bei einem Fahrzeug mit Anhängevorrichtung).
Rechts: Der Bremslichtschalter (1) sitzt an einem Halteblech (2) oben am Pedalbock. Wir haben hier den Anschlußstecker (3) abgezogen.

Hier sind zwei Hupenprüfungen gezeigt.
Links: Steht das schwarz/gelbe Kabel (1) unter Spannung?
Rechts: Läßt sich durch Verdrehen der Einstellschraube (2) die Hupe wieder zum Leben erwecken?

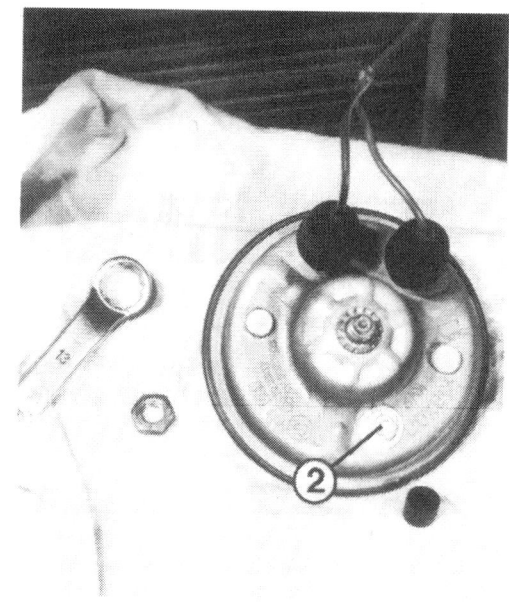

- Jeweiliges Kabelende mit dem Plus- bzw. Minuspol der Batterie verbinden.
- Bleibt es ruhig, ist das Signalhorn defekt.
- Ein krächzendes oder völlig stummes Horn läßt sich bisweilen durch Drehen der Einstellschraube an der Hupenrückseite wieder stimmen oder zu neuem Leben erwecken.

- Schraube unter der Vergußmasse freilegen.
- Nach dem Einstellen die Schraube mit Karosseriedichtmasse wieder feuchtigkeitssicher verschließen.

<u>Fingerzeig:</u> Zusätzliche Fanfaren oder Starktonhörner brauchen ein Schaltrelais. Andernfalls werden die Hupkontakte überbeansprucht, und die Hupen können nicht die volle Lautstärke abgeben. Kaufen Sie den Hupensatz gleich mit Relais. Dazu gehört auch eine Einbauanleitung mit Schaltplan.

Störungsbeistand Hupe

Die Störung	– ihre Ursache	– ihre Abhilfe
A Einzelhupe tönt nicht	1 Sicherung defekt	Ersetzen
	2 Spannungszuleitung zur Hupe (schwarz/gelbes Kabel) unterbrochen	Kabelverlauf kontrollieren, Steckkontakte an der Hupe blank kratzen
	3 Hupe defekt	Prüfen, ggf. austauschen
	4 Leitung zwischen Hupenkontakt und Hupe unterbrochen	Kabelverlauf kontrollieren
B Einzelhupe tönt dauernd bei eingeschalteter Zündung	1 Kabel vom Hupkontakt zur Hupe hat Kurzschluß zur Masse	Braun/schwarzes Kabel abziehen. Hupt es nicht mehr, Kabelverlauf kontrollieren. Unterwegs: Kabel abgezogen lassen
	2 Hupe hat inneren Kurzschluß	Hupe ersetzen. Unterwegs: Stromzuführendes schwarz/gelbes Kabel abziehen und isolieren
C Eine Hupe der Zweiklanghörner tönt nicht	Siehe A 2–4	
D Beide Hupen der Zweiklanghörner tönen nicht	1 Siehe A 1, 2 und 4	
	2 Hupenrelais defekt	Prüfen, siehe Seite 231, ggf. austauschen

Die Lichthupe

Die Fernlicht-Glühfäden und die Fernlichtkontrolle leuchten immer auf, wenn Sie den Blinkerhebel zum Lenkrad hin ziehen.
Falls die Lichthupe nicht funktioniert, obwohl die Scheinwerfer bei eingeschalteter Beleuchtung brennen:
- Mit Prüflampe kontrollieren, ob das rot/gelbe Klemme-30-Kabel zum Kombihebel unter Spannung steht.
- Falls ja, dürfte der Lichthupenkontakt im Kombischalter defekt sein. Schalterausbau siehe Seite 228.

Instrumente und Geräte

Hilfstruppe

Am Arbeitsplatz des Fahrers sind allerlei Anzeigeinstrumente, Warnlichter und Schalter versammelt, auf die wir in diesem Kapitel eingehen wollen. Weiter sollen jene Einrichtungen zur Sprache kommen, mit denen das Autofahren sicherer oder komfortabler wird.

Kontrollinstrumente und -leuchten prüfen

Wartung Nr. 1

Setzen Sie sich hinter das Lenkrad und kontrollieren Sie nacheinander:
- Läuft die Zeiger- bzw. Digitaluhr?
- Zündung einschalten. Es müssen aufleuchten oder -blinken: Ladekontrolle, Öldruckwarnleuchte, Warnleuchte für Temperatur-/Kühlmittelstand und Handbremskontrolle (bei angezogenem Hebel). Im Lichtschalter muß das Lichtsymbol erleuchtet sein.
- Mit etwas Verzögerung wandert die Tankanzeigenadel über die Skala.
- Beim VW mit Antiblockiersystem (ABS) leuchtet die Kontrollampe im Schalter bei eingeschalteter Zündung auf. Nach dem Selbst-Check verlöscht sie.
- Linken Hebelschalter betätigen – leuchtet die grüne Blinkerkontrolle bzw. die Fernlichtkontrolle?
- Brennen bei gedrücktem Schalter die Kontrollleuchten für Warnblinker, heizbare Heckscheibe und – bei eingeschaltetem Licht – Nebelscheinwerfer bzw. Nebelschlußleuchte(n)?
- Bei einem Fahrzeug mit Anhänger-Blinkerkontrolle leuchtet diese beim Warnblinken ebenfalls rhythmisch auf.
- Motor starten – arbeitet der Drehzahlmesser?
- Bei einer Probefahrt die Funktion von Tachometer, ggf. Schalt- und Verbrauchsanzeige sowie Kühlmittel-Temperaturanzeige überprüfen.

Das Kombiinstrument

Instrumentenkombination ausbauen

Wir haben zu dieser Arbeit das Lenkrad abgenommen. Das ist nicht unbedingt notwendig, aber es erleichtert die Zugänglichkeit.
- Ablagefach bzw. Radio ausbauen.
- Hebel der Luftregulierung abziehen; der Gebläseschalterknopf wird jedoch nicht abgenommen.
- Blende der Luftregulierung ausrasten und ein Stück herausziehen.
- An der Blendenrückseite die Kabelstecker abziehen.
- Sämtliche Schalter ausbauen.
- Falls möglich, sollten Sie sich durch die Radioeinbauöffnung bis zum Anschluß der Tachowelle vortasten und diese vom Kombiinstrument lösen.
- Andernfalls Ablagefach links ausbauen (Seite 260) und Welle von unten her lösen.
- Sieben Kreuzschlitzschrauben der Instrumentenblende herausdrehen, Blende abnehmen.
- Rechts und links am Kombiinstrument je eine Kreuzschlitzschraube losdrehen.
- Kombiinstrument so weit wie möglich vorziehen und an der Rückseite Mehrfachstecker sowie ggf. den Unterdruckschlauch für die Verbrauchs-/Multifunktionsanzeige abziehen, Tachowelle lösen.
- Linken Haltewinkel des Kombiinstruments zur

Die Pfeile kennzeichnen die sieben Halteschrauben der Kombiinstrument-Blende.

Links: Zum weiteren Ausbau des Kombiinstruments rechts und links je eine Halteschraube lösen. Rechts ist der Haltewinkel (1) erkennbar, an dem der Haltebolzen (2) des Instruments vorbeigedrückt werden muß.

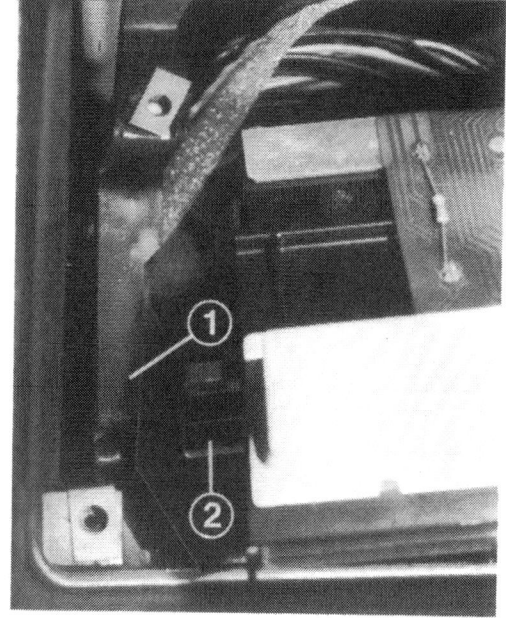

Seite drücken, siehe Bild oben rechts, so daß der Haltebolzen des Instruments nach unten herausrutschen kann.

● Kombiinstrument schräg nach vorn legen und zum Innenraum herausnehmen.

● Beim Einbau beachten, daß die Mehrfachstecker, die Tachowelle und ggf. der Unterdruckschlauch der Verbrauchsanzeige/MFA richtig aufgesteckt sind.

● Funktion vor dem endgültigen Zusammenbau prüfen!

Leiterfolie ausbauen

Zum Ausbau der Instrumente und zum Austausch einer Kontrolleuchte muß erst die Leiterfolie abgebaut werden.

● Instrumentenkombination mit dem »Gesicht« auf einen Lappen legen.

● Fassungen der Instrumenten- und der Digitaluhr-/MFA-Beleuchtung abnehmen.

● Halteschraube des Spannungskonstanters losdrehen, dessen Kühlblech abnehmen. Der Konstanter kann in der Folie eingesteckt bleiben.

● Halteschrauben der Leiterfolie losdrehen, dabei auf die evtl. vorhandene Isolierscheibe achten, die wieder an derselben Stelle montiert werden muß.

● Muttern (SW 7) an den Gewindestiften der Instrumente losdrehen. Die Muttern und deren Federringe sind unterschiedlich – nicht vertauschen.

● Ggf. zwei Kreuzschlitzschrauben am Unterdruckgeber der Multifunktionsanzeige lösen. Geber herausziehen.

● Mehrfachsteckverbindungen in der Leiterfolie vorsichtig (am Haltesteg, falls vorhanden) abheben.

● An der Zeigeruhr Halteclip vom Steckkontakt der Leiterfolie abdrücken.

● Wo vorhanden, hinten am Drehzahlmesser die Sicherungsklammer am Mehrfachstecker zur Seite drücken, siehe Bild unten rechts.

● Ggf. Hall- bzw. Induktivgeber am Tachogehäuse losschrauben.

● Folie vorsichtig aus den Kunststoffhaltestiften mit leichter Schraubenzieherhachhilfe herausheben und vollends abziehen. Nicht knicken!

● Wenn die Leiterfolie nicht komplett abgenommen werden soll, klappt man sie jetzt nach unten.

● Andernfalls Haltesteg am weißen bzw. schwarzen Steckgehäuse etwas anheben (Bild nächste Seite oben links), damit das Steckgehäuse aus den Rastnasen ausgehängt werden kann.

Links: Die Fassung (1) mit Glassockellampe für die Instrumentenbeleuchtung dient gleichzeitig als Befestigung für die Leiterfolie. Weiter wird die Folie von den Schrauben (2) des Instrumentengehäuses und den Muttern (4) an der Gewindestiften der Instrumente gehalten. Unten im Bild ist der Spannungs-Konstanter (3) mit seinem Kühlblech gezeigt. Im Bild rechts wird die Sicherungsklammer (5) des Dreifachsteckers (6) am Drehzahlmesser zur Seite gedrückt.

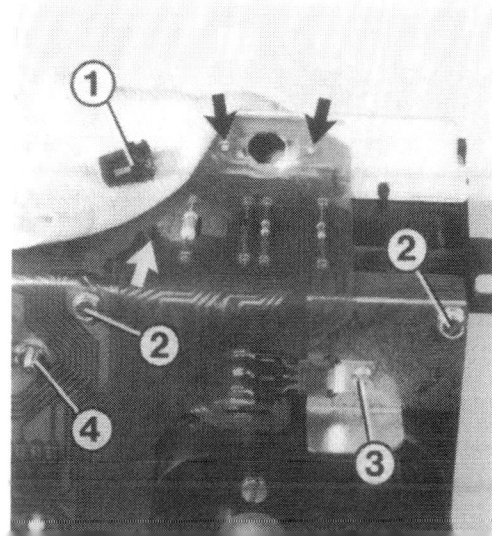

 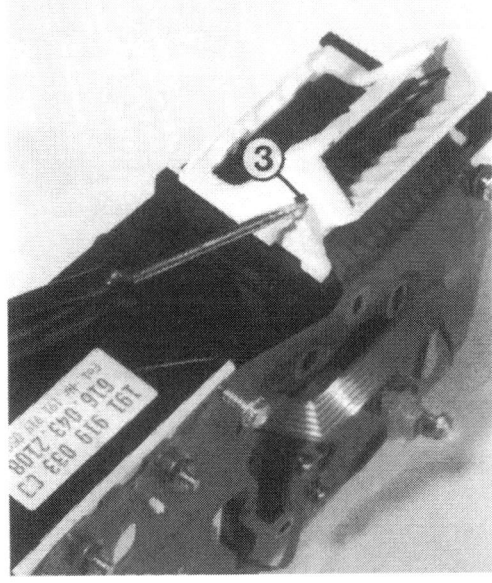

Links: Mit dem Schraubenzieher wird der Haltesteg des Steckgehäuses (2) aus den Rastnasen (1) herausgehoben.
Rechts drückt der Schraubenzieher auf eine der beiden seitlichen Haltenasen (3) des Steckgehäuses.

- Zum Abnehmen des Steckgehäuses von der Leiterfolie rechts und links seitlich im Steckgehäuse die kleinen Haltenasen mit einem Schraubenzieher zurückdrücken, siehe Bild oben rechts, dann läßt sich das Steckgehäuse abziehen.
- Beim Festschrauben der Leiterfolie darauf achten, daß an der Zeigeruhr die Anschlußfahne unter die Kontaktöse an der Uhr gelegt wird. Andernfalls verdreht sich die Leiterfolie beim Festschrauben.
- Evtl. eingebaute Messingringe unter den Federringen der Tankanzeige wieder montieren.
- Kühlblech des Spannungskonstanters nicht vergessen.

Kontrollleuchten ersetzen

Für die Kontrolleuchten im Kombiinstrument dienen Leuchtdioden. Zum Schutz gegen zu hohe Spannungen ist jeder Leuchtdiode ein eigener Widerstand vorgeschaltet. Die Leuchtdiode der Ladekontrolle besitzt noch einen zusätzlichen Widerstand von 150 Ω zur Vorerregung der Drehstrom-Lichtmaschine. Für die Fernlichtkontrolle dient eine kleine Glühlampe mit blauer Kappe, da blaue Leuchtdioden zu teuer in der Herstellung sind.

- Leiterfolie abschrauben.
- Mittleren Instrumententräger abheben. Bei einem Fahrzeug mit Multifunktionsanzeige muß hierzu gleichzeitig der Drehzahlmesser und die Leiterplatte der MFA abgenommen werden.
- In der Mitte der Diodenplatte die schwarze Diodenhalterung vorsichtig abhebeln (Bild unten links).
- Defekte Diode bzw. Glühlampe herausziehen und neue einstecken.
- Diodenanschlüsse nicht verwechseln – der Minusanschluß ist zur Diode hin etwas breiter. Die richtige Einbaulage ist auch auf der Diodenhalteplatte eingeprägt.
- Zum Wechsel der Leuchtdiode in der Schaltanzeige muß diese erst von der weißen Diodenplatte abgeschraubt werden.

Instrumente ausbauen

- Leiterfolie abschrauben.
- **Temperatur- bzw. Schalt- und Verbrauchsanzeige und Digitaluhr:** Mittleren Instrumententräger abheben. Bei einem Fahrzeug mit Multifunktionsanzeige muß gleichzeitig der Drehzahlmesser abgenommen werden.

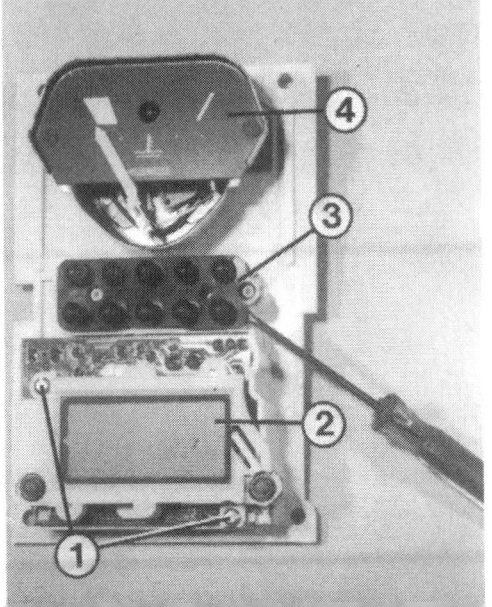 

Links: Mit einem kleinen Schraubenzieher wird die Diodenhalterung (3) abgehebelt. Die Digitaluhr (2) besitzt zwei Halteschrauben (1), die Temperaturanzeige (4) ist lediglich eingesteckt.
Rechts: Eine herausgezogene Leuchtdiode (5), die Glühlampe (6) der Fernlichtkontrolle mit ihrer blauen Kappe (7) und die Symbolzeichnung (8) zum seitenrichtigen Einbau der Leuchtdioden.

So überprüfen Sie die Funktion einer Leuchtdiode mit der 9-V-Batterie: Gerader Anschluß an Plus, gewinkelter an Minus.

- Instrument komplett vom Träger abnehmen.
- **Tank- und Temperaturanzeige rechts:** Eine Halteschraube des unteren Instrumententrägers losdrehen.
- Mittlere Instrumente ausbauen.
- Tachometergehäuse herausnehmen.
- Leiterfolie abnehmen.
- Rechts sitzende Tank- bzw. Temperaturanzeige ausbauen.
- **Drehzahlmesser:** Erst mittleren Instrumententräger, dann Tourenzähler abnehmen. Bei einem Fahrzeug mit Multifunktionsanzeige wird der Drehzahl-
- Tachometer ausbauen.
- Im Tachometergehäuse sitzt die Leiterplatte des Steuergeräts.
- Je nach Ausführung eine Schraube lösen und drei

Zur Ermittlung der Geschwindigkeit/Fahrtstrecke kann hinten am Tachometer ein Geber sitzen. In Verbindung mit einem VW-Radio mit geschwindigkeitsabhängiger Lautstärkeregelung ist dies bei einem VW ohne MFA ein Induktivgeber. Bei der Multifunktionsanzeige wird ein Hallgeber verwendet.
- Sicherungsklammern am Geber zurückdrücken, Deckel am Geber aufklappen.

- Träger etwas nach unten ziehen und komplett mit Instrument(en) abnehmen.

- Schraube(n) am Tachowellenanschluß losdrehen, Tachometer herausziehen.

messer zusammen mit dem mittleren Instrumententräger abgenommen.
- Zwei Schrauben des Drehzahlmessers am Träger lösen.
- **Zeigeruhr:** Uhr abnehmen.

Kunststoffklammern ausrasten oder vier Plastikklammern ausrasten.

- Drei Haltespangen am Hall-/Induktivgeber anheben, Leiterfolie darunter herausziehen.

Tachometer ausbauen

Drehzahlmesser bzw. Zeigeruhr ausbauen

Steuergerät der Öldruckkontrolle ausbauen

Hallgeber bzw. Induktivgeber ausbauen

Links: Bei abgeschraubtem Tachometer (1) wird das Steuergerät (2) für die dynamische Öldruckkontrolle sichtbar sowie die entsprechenden Kunststoff-Halteklammern (3).
Im rechten Bild sehen Sie den Halteclip (4) für die Plus-Zuleitung der Zeigeruhr und die Anschlußfahne (5), die nicht verdreht sein darf.

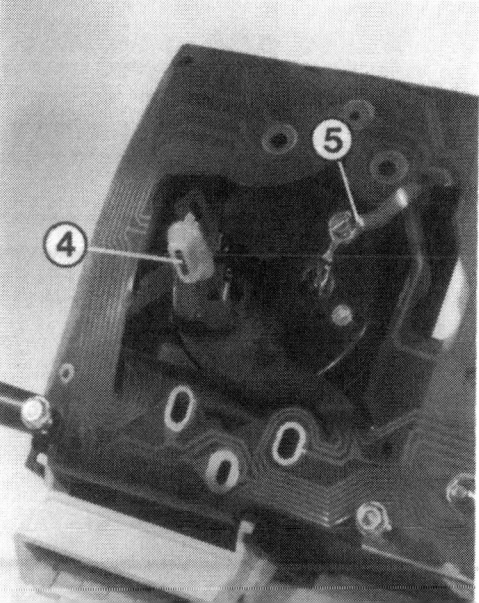

Der Hall- bzw. Induktionsgeber (3) hinten am Tachometergehäuse kann von der Leiterfolie gelöst werden. Dazu die Kunststoffklammern (1) ausrasten. Dann die Haltespangen (2) anheben, daß die Folie darunter herausrutschen kann.

Fingerzeig: Für die Instrumente im Armaturenbrett gibt es Reparaturmöglichkeiten. Die Instrumente von MotoMeter werden von der Firma Imag, Gutenbergstraße 27, 70736 Fellbach-Schmiden repariert. VDO unterhält eigene Werkstätten, Anschriften erhalten Sie von der VDO Adolf Schindling AG, Postfach 6140, 65824 Schwalbach.

Tachometer

Dieser Geschwindigkeitsmesser zeigt das Fahrtempo gewissermaßen auf elektrischem Weg an, nämlich durch Erzeugung von Wirbelströmen, die eine Aluminiumtrommel rund um die Zeigerachse gegen den Widerstand einer Spiralfeder verdrehen.

Der Tachometer kann nicht die genaue Entfernung oder Geschwindigkeit messen, sondern er »zählt« die Umdrehungen des Tachowellenantriebs am Getriebegehäuse und setzt sie in Kilometerangaben um. Nach wieviel Tachowellenumdrehungen ein Kilometer auf der Straße zurückgelegt wurde, hängt von der Reifengröße und der Achsübersetzung ab. Die entsprechende Tachometerantriebs-Anpassung wird mit der »Weg-Drehzahl« gekennzeichnet. Die lautet für unsere Modelle 950.

Störungen am Tachometer

○ Eine zitternde Tachonadel weist gewöhnlich darauf hin, daß die Tachowelle einen Knick hat und bald brechen wird.
○ Bei einem Fahrzeug mit hoher Laufleistung kann auch der Tachoantrieb im Getriebe verschlissen sein.
○ Ist ausschließlich der Kilometerzähler ausgefallen, kann die schwenkbare Antriebsschnecke aus der Kilometerzählerachse abgerutscht sein.

Tachowelle ausbauen

● Ablagefach bzw. Radio ausbauen.
● Mit schlanker Hand durch den Ausschnitt fassen und die Kunststoff-Halteklammern an der Tachorückseite ausrasten; das geht bisweilen leichter, wenn man die Wellensicherung etwas dreht.
● Tachowelle im Motorraum abschrauben.

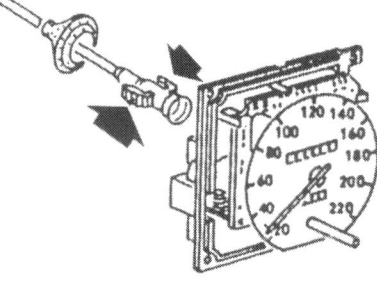

Links: Ein Sicherungsring hält das Antriebsritzel (3) an der Tachowelle. Darüber das Halteblech (2) der Welle. Davor sitzt der Rückfahrlichtschalter (1) im Getriebe. Rechts die Klemmbefestigung (Pfeile) oben an der Tachowelle.

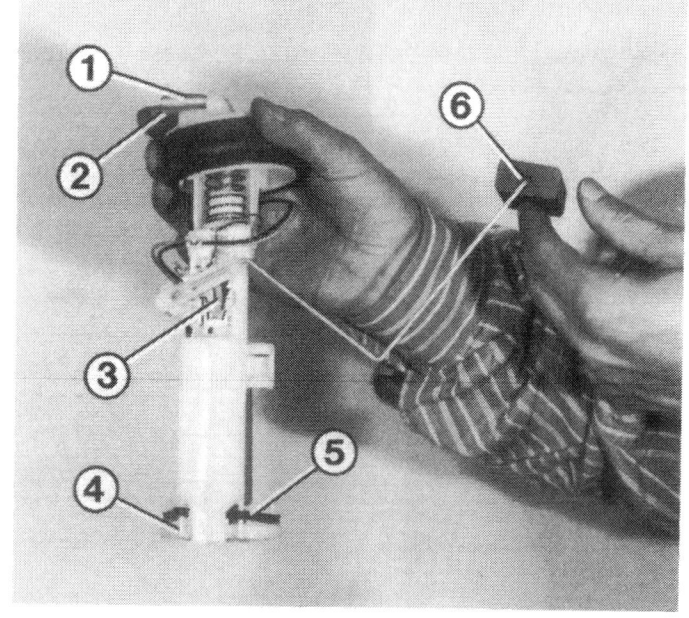

Der Tankgeber mit seinen Schlauchstutzen.
Hier gezeigt:
1 – Anschluß zum Motor;
2 – Anschluß für die Rücklaufleitung;
3 – veränderlicher Widerstand;
4 – Ansaugsieb;
5 – Dichtung;
6 – Schwimmer.

● Beim Schaltgetriebe die Sechskantschraube am Halteblech, am Automatikgetriebe die Sechskantmutter losdrehen.
● Dichtstopfen zwischen Motorraum und Wasserfangkasten herausdrücken.
● Dichtstopfen zwischen Wasserfangkasten und Innenraum ebenfalls herausdrücken.
● Welle aus ihrem Halter im Motorraum aushängen.
● Tachowelle zum Motorraum hin herausziehen.
● Beim Einbau darf die Tachowelle nicht stark gebogen oder gar geknickt werden, sonst ist sie bald wieder defekt.
● Dichtstopfen wieder feuchtigkeitssicher eindrücken, ggf. etwas Silikonfett verwenden, daß die Gummis besser hineinrutschen.

Kraftstoffanzeige

Die Tankuhr ist im Prinzip nichts anderes als ein Voltmeter. Mit Einschalten der Zündung erhält das Anzeigegerät im Kombiinstrument Spannung. Den Stromkreis zur Masse schließt ein veränderlicher Widerstand im Tankgeber. Dieser Geber im Kraftstofftank besteht aus einem Schwimmer und eben diesem elektrischen Widerstand. Je nach Stromdurchfluß wird das Bimetall im Anzeigeinstrument mehr oder weniger stark beheizt, und die daran befestigte Zeigernadel schlägt entsprechend aus.
Steht der Schwimmer bei vollem Tank in seiner höchsten Stellung, ist der Widerstand am Tankgeber überbrückt, das Anzeige-Bimetall wird voll beheizt und läßt den Zeiger voll ausschlagen. Mit abnehmendem Tankinhalt sinkt der Schwimmer, der dadurch höhere Widerstand hemmt den Stromdurchfluß zum Bimetall, die Nadel zeigt weniger an.

Als Ursache für fehlerhafte Anzeige kommen in Frage:
○ Zu hoher oder zu niedriger Stand bei **gleichzeitig** falscher Temperaturanzeige: Spannungskonstanter defekt.
○ Fehlerhafte oder keine Anzeige des Tankinhalts bei richtiger Temperaturanzeige: Schwimmerarm verbogen bzw. Tankgeber oder Anzeigeinstrument defekt.

Störungsmöglichkeiten

● Bei falscher Anzeige durch verbogenen Schwimmerarm Tankgeber ausbauen (Seite 61).
● Biegen des Schwimmerarms nach oben verringert die Anzeige, Biegen nach unten ergibt einen höheren Anzeigewert.

Tankgeber einstellen

● Freilegen, wie auf Seite 61 beschrieben, Kabelstecker abziehen.
● Im Stecker den Anschluß des violett/schwarzen Kabels mit einem Kabelstück zum Kontakt des braunen Kabels überbrücken.
● Zündung kurz einschalten – wandert der Zeiger auf »Voll«, ist der Tankgeber defekt.
● Bewegt sich der Zeiger nicht, ist entweder das violett/schwarze Kabel zum Kombiinstrument unterbrochen, die Leiterfolie oder das Anzeigeinstrument defekt.
● Prüfung des Anzeigeinstruments, wie unter »Anzeigegerät prüfen« beschrieben.

Tankgeber prüfen

Kühlmittel-Temperaturanzeige

Die Anzeige für die Kühlmitteltemperatur funktioniert ähnlich wie die Tankanzeige. Plusstrom erhält das Instrument bei eingeschalteter Zündung, die Masseverbindung stellt der Temperaturfühler im Wasserstutzen

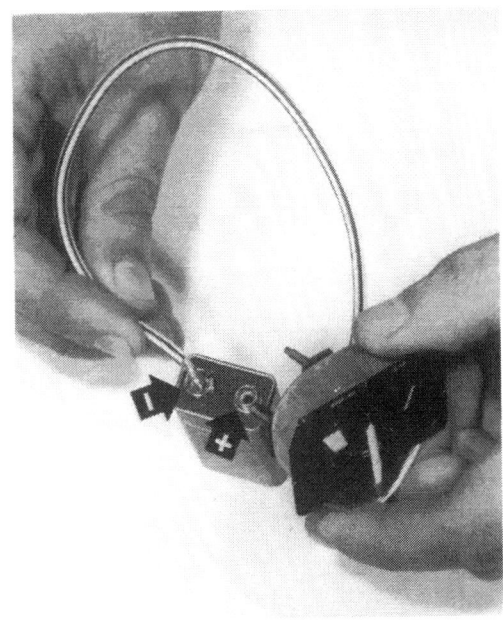

Links: Hier wird die Temperaturanzeige mit der 9-Volt-Batterie geprüft. Ein Gewindestift des Instruments ist an den Pluspol gedrückt, den zweiten Gewindestift haben wir mit einem Kabel zum Minuspol hin verlängert.
Rechts: Die Zahlen kennzeichnen die Numerierung der Kontaktstifte am Kombiinstrument ab 8/89.

vorn am Zylinderkopf her. Dieser Fühler ist ein veränderlicher Widerstand. Mit zunehmender Erwärmung gibt er den Stromdurchfluß weiter frei, so daß das Bimetall im Instrument stärker beheizt wird und die Nadel weiter ansteigt.
Bei zu hoher Kühlmitteltemperatur wird zusätzlich eine rotblinkende Leuchtdiode eingeschaltet.

Kühlmittel-Mangelanzeige

Abgesunkener Kühlmittelstand wird bei manchen Modellen ebenfalls von der rotblinkenden Temperaturwarnleuchte angezeigt. Im Kühlmittel-Ausgleichbehälter sitzt dazu ein Kontaktschalter mit zwei Elektroden. Ein Steuergerät an der Zentralelektrik erzeugt einen Wechselstrom. Der Stromkreis ist durch die Kühlflüssigkeit geschlossen. Mit abgesunkenem Niveau stehen die Elektroden frei, der Stromkreis wird unterbrochen, und der Schalter öffnet seine Kontakte. Dadurch schaltet das Steuergerät die Warnleuchte in der Temperaturanzeige ein.
Damit die Kontrolle nicht bei schwappender Flüssigkeit in Kurven aufleuchtet, muß der Stromkreis mindestens acht Sekunden lang unterbrochen sein.

Störungsmöglichkeiten

○ Fehlerhafte Anzeige der Kühlmitteltemperatur bei **gleichzeitig** ungenauer Benzinstandsanzeige lassen auf einen schadhaften Spannungskonstanter schließen.
○ Keine Anzeige kann ihre Ursache im Temperaturfühler oder Instrument haben.
○ Richtige Anzeige und gleichzeitig blinkendes Warnlicht kann am Schalter der Kühlmittel-Mangelanzeige im Ausgleichbehälter oder dem Steuergerät liegen.

Prüfanleitung

● **Temperaturfühler prüfen:** Bis 4/88 gelb/rotes Kabel am Temperaturfühler abziehen und fest mit Masse verbinden. Ab 4/88: Schwarzen Kabelstecker am Temperaturfühler unten im Kühlwasserstutzen abziehen und Kontakte durch ein Kabelstück verbinden.
● Zündung kurz einschalten – schlägt die Anzeigenadel aus, ist der Temperaturfühler defekt.
● **Anzeigegerät prüfen:** Kombiinstrument ausbauen, Mehrfachstecker abziehen.
● Am besten eignet sich für die Überprüfung eine geladene Blockbatterie von 9 Volt, denn das entspricht in etwa der Betriebsspannung für das Anzeigeinstrument.
● Batteriepole an die Gewindestifte hinten am Kombiinstrument halten, ggf. mit Kabelstück.
● Die Anzeigenadel muß ausschlagen; wenn nicht, Pole vertauschen.
● Regt sich weiterhin nichts, Instrument ersetzen.
● Zur Prüfung der Leiterfolie am Anschluß des Mehrfachsteckers (bis 7/89: rechter Stecker) den Steckkontakt des schwarzen Kabels (= Klemme 15) mit dem Pluspol einer 12-Volt-Batterie verbinden.
● Kontakt des violett/schwarzen Kabels (Tankanzeige) bzw. der gelb/roten Leitung (Temperaturanzeige) an den Minuspol anschließen.
● Rührt sich die Anzeigenadel nicht, ist die Leiterfolie unterbrochen.
● Wandert die Nadel in ihre höchste Stellung, liegt der Fehler in der Kabelzuleitung.
● **Leuchtdiode prüfen:** Hierzu wieder die 9-Volt-Batterie anschließen: Bis 7/89 dünnen Stift an »–«, dickeren Gewindestift an »+«. Ab 8/89: »–« an Kontakt 25, »+« an Kontakt 21.
● Jetzt muß die Leuchtdiode blinken.
● Die rotblinkende Leuchtdiode in der Kühlmittelanzeige bis 7/89 kann nicht ausgebaut werden, sondern muß gemeinsam mit dem Instrument getauscht werden.
● **Schalter für Kühlmittelmangel prüfen:** Kabelstecker abziehen, Ohmmeter an den Schalterkontakten anschließen.

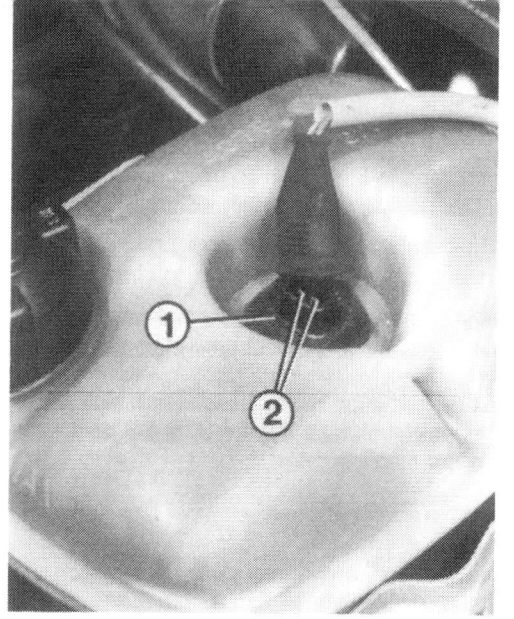

Links: Zur Störungssuche am Kontaktschalter (1) der Kühlmittel-Mangelanzeige schließt man an den Schalterkontakten (2) ein Ohmmeter an.
Rechts: Der Spannungskonstanter ist hier von seinem Kühlblech losgeschraubt; der Pfeil zeigt auf seine Halteschraube. Wir haben den Massekontakt (31) sowie den Spannungs-Eingang (E+) und -Ausgang (A+) bezeichnet.

- Solange die Elektroden in die Flüssigkeit reichen, ist der Widerstand 0 Ω.
- Wasser mit dem Frostschutzprüfer absaugen, der Widerstand strebt gegen ∞ Ω.
- Damit ist der Schalter in Ordnung, und der Fehler dürfte am Steuergerät liegen.

Spannungskonstanter

Er ist auf einem Kühlblech am Tachometergehäuse angeschraubt, siehe Bild oben rechts. Er muß die Anzeigen mit absolut gleichmäßiger Spannung versorgen. Andernfalls lassen Spannungsschwankungen die Zeigernadeln pendeln.
Wenn beide Geräte »verrückt spielen« oder gar nichts anzeigen, liegt es sicher am Konstanter.

Spannungskonstanter prüfen

- **Versorgungsspannung:** Kombiinstrument ausbauen.
- Stecker am Kombiinstrument wieder aufstecken.
- Zündung einschalten.
- Voltmeter zwischen »Eingang Klemme 15« und Masse (siehe Bild oben rechts) anschließen.
- Hier müssen rund 12 Volt anliegen.
- Wenn nicht, Leitungsunterbrechung suchen.
- **Ausgangsspannung:** Zwischen mittlerem »–«-Kontakt und dem »Ausgang Plus« die Spannung messen.
- Sollwert: Zwischen 9,5 und 10,5 Volt.
- Wenn nicht, ist die Leiterfolie unterbrochen oder der Spannungskonstanter defekt.

Drehzahlmesser

Wie oft die Kurbelwelle im Motor in der Minute rotiert, zeigt der Drehzahlmesser (je nach Modell und Kundenwunsch) an. Er erhält von der Zündanlage die Zündimpulse übermittelt. Sie werden von der Elektronik im Instrument summiert und aufbereitet an das Meßwerk des Zeigerinstruments weitergegeben.

Links: Der Temperaturfühler (1) für die Kühlflüssigkeit sitzt bei den älteren Motoren in einem Schlauchstutzen in Fahrtrichtung links am Zylinderkopf.
Rechts: Bei der neueren Ausführung steckt der Fühler (2) für die Temperaturanzeige unten im Schlauchstutzen in Fahrtrichtung vorn.

Bei Störungen gilt es, die entsprechenden Leitungen zu überprüfen. Auch in der Leiterfolie des Kombiinstruments kann ein Fehler stecken. Der Drehzahlmesser läßt sich mit Eigenmitteln nicht reparieren.

Die Zeituhr

In manchen Versionen ist serienmäßig eine große Zeigeruhr im Kombiinstrument eingebaut. In Verbindung mit einem Drehzahlmesser sitzt eine Digitaluhr in der Instrumentenmitte. Beide Uhren sind quarzgesteuert und gehen ausgesprochen exakt.

Läuft die Digital- oder Zeigeruhr überhaupt nicht, beschränkt sich die Fehlersuche auf die zuständige Sicherung oder das stromzuführende Kabel. Eine Reparatur ist bei der Digitaluhr überhaupt nicht und bei der Zeigeruhr nur in der Spezialwerkstatt möglich.

Multifunktionsanzeige (MFA)

Die Flüssigkristallanzeige beim GT kann mehr anzeigen als lediglich die Uhrzeit. Dabei gibt es einen Einzelfahrt- sowie einen Gesamtfahrt-Speicher. In Einzelfahrt-Stellung (1) werden alle erfaßten Daten zwei Stunden nach Abschalten der Zündung gelöscht. In Gesamtfahrt-Stellung (2) kann eine beliebige Zahl von Fahrten gespeichert werden, jedoch auch nur bis zu bestimmten Grenzwerten.

Die Meßwerte für Fahrzeit, Fahrstrecke, Durchschnittsgeschwindigkeit, Durchschnittsverbrauch, Motoröltemperatur und Außentemperatur liefern folgende Bauteile:

○ Schwingquarz der Zeituhr.
○ Geschwindigkeitsgeber hinten am Tachometer. Das ist ein Hallgeber, der die Umdrehungen des Tachoantriebs erfaßt.
○ Unterdruckgeber hinten am Instrumentengehäuse, dem der vom Motor erzeugte Unterdruck übermittelt wird, was er in elektrische Signale umwandelt.
○ Öltemperaturfühler am Ölfilterflansch. Die Funktion ist gleich wie bei der Anzeige für die Kühlmitteltemperatur: Der Geber ändert seinen Widerstand mit der Temperatur.
○ Außentemperaturfühler im linken Vorderkotflügel hinter der Abdeckung des Stoßfängers. Er arbeitet ebenfalls mit Widerstandsänderung.

Störungssuche Es kann passieren, daß die MFA unsinnige Werte liefert oder beim Druck auf die Schaltertaste Meßwerte verspätet oder gar nicht anzeigt.

● Dann Masseband der Batterie abnehmen und wieder anklemmen.
● Dies gilt besonders dann, wenn zuvor Arbeiten an der elektrischen Anlage durchgeführt wurden.
● Stimmt die Anzeige für Fahrstrecke, Durchschnittsgeschwindigkeit oder Durchschnittsverbrauch nicht, kann der Geschwindigkeitsgeber defekt sein.
● Falls möglich, mit einem anderen Geber gegenprüfen.
● Lag es nicht am Geber, ist die MFA schadhaft.
● Weitergehende Störungsbeseitigung ist dem Heimwerker nicht mehr möglich. Jetzt muß die V.A.G.-Werkstatt nach einem Fehlersuchprogramm vorgehen.

Blinkerkontrolle

Die Blinkerkontrolle ist einerseits an Klemme 49a des Blinkrelais angeschlossen und erhält von dort die Blinkimpulse. Auf der anderen Seite hängt sie über den Mehrfachstecker an Klemme 15, die aber nur bei eingeschalteter Zündung Spannung liefert. Ist diese Klemme abgeschaltet, reagiert die Blinkerkontrolle nicht auf die Impulse der Warnblinkschaltung. Kommt dagegen bei eingeschalteter Zündung Spannung von Klemme 15, ist in der Pause zwischen den Blinkimpulsen der Stromkreis über den »toten« (= Minus-) Relaiskontakt geschlossen, und die Kontrolleuchte blinkt im Gegentakt auf.

Fernlichtkontrolle

Nur bei eingeschaltetem Fernlicht oder beim Lichthupen erhält die Fernlichtkontrolle Spannung. Ob die Lichtfäden in den Scheinwerfern tatsächlich brennen, kann sie aber nicht anzeigen.

Ladekontrolle

Bei laufendem Motor darf die Ladekontrolle weder schwach noch hell leuchten. Bleibt sie beim Einschalten der Zündung dunkel, ist das ebenfalls ein Fehler. Näheres zur Störungssuche finden Sie im »Störungsbeistand Batterie und Lichtmaschine« auf Seite 185.

Der Öldruckschalter mit Schaltdruck 0,3 bar (1) sitzt an der in Fahrtrichtung linken Stirnseite des Zylinderkopfes (Bild links), den 1,8-bar-Schalter (2) finden Sie am Ölfilterflansch (rechte Abbildung).

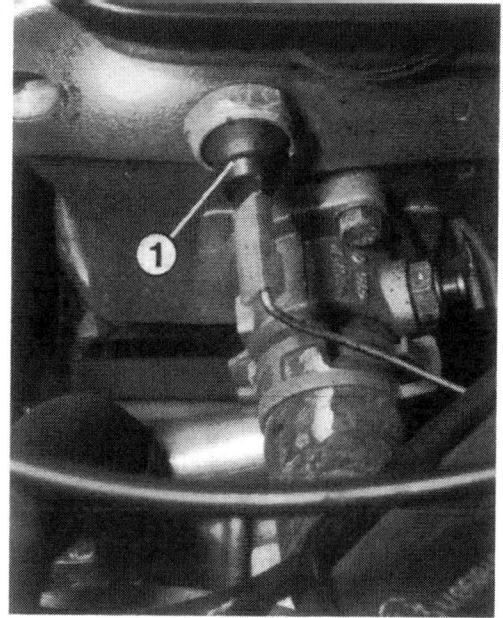 

Motor-Fehlerlampe

Beim 66-kW-Motor mit Monojetronic (siehe Seite 89) brennt die Fehlerlampe während der Fahrt, wenn ein Defekt aufgetreten ist, der zu Schäden am Motor führen kann. Das Steuergerät der Einspritzung »merkt sich« im sogenannten Fehlerspeicher einmal aufgetretene Fehler und teilt sie bei Abfrage über einen Blinkcode mit (Fehlerlampe blinkt in bestimmtem Rhythmus).
Zur Eigenkontrolle leuchtet die Lampe bei eingeschalteter Zündung und verlöscht bei laufendem Motor.

Öldruckkontrolle

Der Motoröldruck wird von zwei Druckschaltern sowie einem Steuergerät mit Warnsummer überwacht. Das Steuergerät sitzt im Gehäuse des Tachometers. So funktioniert es:
○ Solange der Öldruck bei stehendem Motor noch unter 0,3 bar liegt, hält der **0,3-bar-Öldruckschalter** seine Kontakte geschlossen. Bei eingeschalteter Zündung ist über das Steuergerät die Verbindung zur Masse hergestellt, die Kontrolleuchte im Armaturenbrett blinkt. Sobald der Motor gestartet wird und der Öldruck ansteigt, öffnet der Schalter seine Kontakte, die Masseverbindung über das Steuergerät wird unterbochen – die Kontrolle verlöscht.
○ Der **zweite Öldruckschalter** mit einem Schaltdruck von **1,8 bar** ist ebenfalls mit dem Steuergerät verbunden. Sinkt der Motoröldruck unter 1,8 bar, öffnet er seine Kontakte, wodurch die Masseverbindung zum Steuergerät unterbrochen wird. Das Steuergerät leitet diesen Impuls aber nur dann zur Kontrolleuchte weiter, wenn der **Öldruck länger als eine Sekunde unter 1,8 bar** fällt und die **Motordrehzahl über 2100/min** liegt. Dann läßt das Steuergerät die Öldruckkontrolle blinken und gibt zusätzlich einen Warnton von sich.

Zur Unterscheidung besitzen die Isolierstücke der Öldruckschalter unterschiedliche Farben:
○ **Braun** ist die Isolierung am **0,3-bar-Schalter**.
○ **Weiß** eingefärbt ist der **1,8-bar-Schalter**.
○ Der 0,3-bar-Schalter ist an der linken Motorstirnseite im Zylinderkopf eingeschraubt, den 1,8-bar-Schalter finden Sie vorn am Ölfilterflansch (siehe Bilder oben).

Die Öldruckschalter

● **Blinkt die Warnlampe** (evtl. mit zusätzlichem Warnton) **bei laufendem Motor, müssen Sie sofort anhalten und den Motor abstellen!**
● Ölstand kontrollieren. Falls in Ordnung:
● Blau/schwarzes Kabel am 0,3-bar-Öldruckschalter abziehen und frei hängen lassen.
● Zündung einschalten; blinkt die Kontrolle weiterhin, hat die Zuleitung Masseschluß – das ist ungefährlich für den Motor.
● Gelbe Leitung am 1,8-bar-Öldruckschalter abziehen und an Masse halten.
● Zündung einschalten; blinkt die Kontrolle weiter, liegt der Defekt am Steuergerät oder seinen Zuleitungen – auch das ist ungefährlich für den Motor.
● Zeigen sich andere als die beschriebenen Effekte, besteht der Verdacht, daß die Ölversorgung im Motor unterbrochen ist. Wagen abschleppen lassen!
● Möglicherweise ist ein Öldruckschalter schadhaft. Bisweilen funktioniert er wieder, wenn man an seiner Steckzunge wackelt.
● **Bleibt die Öldruckkontrolle** nach Einschalten der Zündung **dunkel**:
● Blau/schwarze Leitung am 0,3-bar-Öldruckschalter abziehen und gegen Masse halten.
● Zündung einschalten; blinkt die Kontrolle jetzt, ist der Öldruckschalter defekt.
● Bleibt es dunkel, ist die Zuleitung bzw. die Leiterfolie, die Leuchtdiode oder das Steuergerät schadhaft.

Störungssuche

Steuergerät prüfen
- Gelbes Kabel am 1,8-bar-Öldruckschalter abziehen. Nicht gegen Masse halten.
- Motor starten und langsam hochdrehen. Ab etwa 2200/min muß die Kontrolle blinken und der Warnsummer ertönen. Wenn nicht, ist das Steuergerät defekt – ersetzen.
- Gleiche Prüfung mit aufgestecktem Kabel.
- Blinkt die Kontrolle und ertönt der Summer ab einer Drehzahl von etwa 2200/min, ist der 1,8-bar-Öldruckschalter defekt.
- Motor im Leerlauf drehen lassen, Kabel am 1,8-bar-Schalter abziehen und frei hängen lassen.
- Werden nun Kontrolle und Summer aktiv, ist die Zuleitung von Klemme 1 der Zündspule (die Drehzahlinformation) und dem Steuergerät unterbrochen.

Öldruckschalter austauschen
- Kaufen Sie den richtigen Schalter, als Unterscheidungsmerkmal dient die Farbe des Isoliermaterials, siehe Vorseite.
- Schalter mit Dichtring einbauen.
- Das Anzugsdrehmoment beträgt lediglich 25 Nm.

Die Mehrfachkontrolleuchte

In diesem Leuchtengehäuse zwischen den Kippschaltern sind eine oder mehrere Kontrollampen zusammengefaßt. Wenn eine der darin sitzenden Glassockel-Glühlampen ausfällt, kann sie nicht einfach herausgezogen und ersetzt werden. Besitzt Ihr Fahrzeug lediglich die Bremskontrolle, liefert das Ersatzteillager nur eine komplette neue Leuchte, obwohl sich die Lampenfassung abnehmen läßt, siehe Bild unten rechts. Bei einem VW mit mehreren Kontrolleuchten wird die sogenannte Platine mit den Steckerfahnen und den fest darin sitzenden Glühlampen als ganzes Bauteil ersetzt.

Mehrfach-Kontrolleuchte ausbauen
- In der unteren Schalterreihe rechts vom Kombiinstrument Blinddeckel oder Schalter ausbauen.
- Mit einem Finger durch die Öffnung fassen und an der Rückseite der Mehrfachkontrolleuchte oben und unten je zwei Haltenasen ausrasten.
- Gehäuse herausziehen, Stecker abziehen.

ABS-Kontrolleuchte

Bei Fahrzeugen mit Anti-Blockier-System (ABS) brennt diese Kontrolleuchte zur Funktionskontrolle beim Einschalten der Zündung und während des Selbst-Checks des ABS. Nach spätestens 60 Sekunden muß die orangefarbene Leuchte verlöschen.
Brennt die Kontrolle während der Fahrt, liegt ein Defekt im ABS-Bremssystem vor. In die Werkstatt fahren und kontrollieren lassen (siehe auch Seite 152). Leuchtet beim Einschalten der Zündung gar nichts, muß die Platine komplett ersetzt werden.

Anhänger-Blinkerkontrolle

Sie blinkt rhythmisch mit, wenn bei angeschlossener Anhängerbeleuchtung die betreffende Blinkleuchte am Anhänger funktioniert. Ist am Anhänger (oder am Zugwagen) eine Blinkleuchte defekt, bleibt die Kontrolle beim jeweiligen Richtungsblinken dunkel.
Bei eingeschalteter Warnblinkanlage und angeschlossener Anhängerbeleuchtung kann die Kontrolle den Ausfall einer Hänger-Blinkleuchte nicht anzeigen – sie blinkt immer mit.

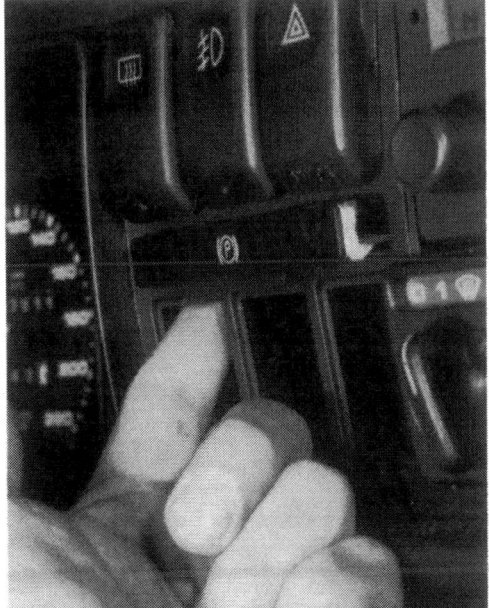
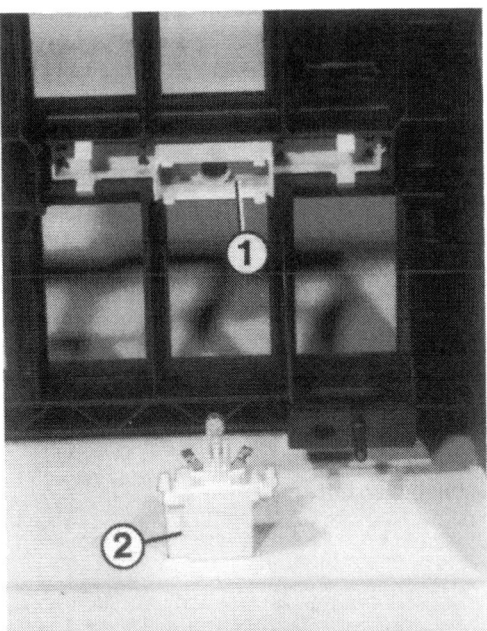

Links: So wird durch die unteren Schalterausschnitte die Mehrfachkontrolleuchte ausgerastet. Rechts: Die Lampenfassung (1) läßt sich aus dem Leuchtengehäuse (2) ausrasten, aber die Glassockellampe sitzt fest in der Fassung.

Hier ist das Herausziehen eines Kippschalters gezeigt. Außerdem sehen Sie:
1 – ausgebauter Blinddeckel;
2 – herausgezogener Schalter;
3 – Mehrfachstecker.

Bremskontrolle

Diese Kontrolleuchte warnt vor angezogener Handbremse und ggf. zusätzlich vor abgesunkenem Flüssigkeitsstand. Dazu sitzt am Handbremshebel ein Kontaktschalter, der bei angezogener Handbremse das rote Licht aufleuchten läßt. Bei entsprechender Ausstattung besitzt der Verschlußdeckel auf dem Ausgleichbehälter für die Bremsflüssigkeit einen Schwimmer und einen Kontaktschalter, der bei abgesunkenem Niveau im Behälter den Stromkreis zur Lampe schließt.

Störungen an der Bremskontrolle

- Wenn die Warnleuchte überhaupt nicht brennt, ist vermutlich die Glühlampe defekt.
- Verlöscht die Kontrolle nicht, überprüfen Sie, ob der gelöste Handbremshebel den Stift im Kontaktschalter nach unten drückt.
- Wenn nicht, den Kontaktschalter lösen und seitlich versetzen.
- Bei einem Fahrzeug mit Anzeige für den Flüssigkeitsstand muß das Niveau im Behälter geprüft werden.
- Fehlt Bremsflüssigkeit, siehe Seite 135.
- War kein Fehler zu entdecken, muß der Kabelverlauf zur Kontrolleuchte überprüft werden.

Warnblink-Kontrolleuchte

Diese Kontrolleuchte im Druckschalter leuchtet bei eingeschalteter Warnblinkanlage im Gleichtakt mit den vier Blinkleuchten auf. Spannung kommt von Klemme 30 des linken Kombischalters. Ein Wechsel der Glühlampe ist nicht möglich.

Die Schalter

Wenn ein elektrisches Gerät im VW eingeschaltet werden soll, muß der betreffende Schalter gedrückt oder ausgelöst werden. Auf die indirekt betätigten Schalter (z. B. Öldruckschalter) sind wir bereits eingegangen. Im folgenden kommen nun die handbetätigten Schalter zur Sprache.

Kippschalter

○ Im Lichtschalter glimmt das Scheinwerfersymbol beim Einschalten der Zündung.
○ Bei eingeschalteter Beleuchtung sind die Symbole in den übrigen Kippschaltern schwach erleuchtet. Die Schalter für heizbare Heckscheibe und Nebelschlußleuchte besitzen gelbe Leuchtenfenster, die anzeigen, wenn der entsprechende Stromverbraucher eingeschaltet ist.
○ Die transparent-rote Taste im Warnblinkschalter am Armaturenbrett ist bei eingeschaltetem Licht schwach erleuchtet. Erst wenn Sie den Warnblinkschalter drücken, wird der Widerstand an der Lampe überbrückt, und sie leuchtet hell im Blinker-Rhythmus.
○ Schaltersymbol-Beleuchtung und Kontrolleuchten sind in die Schalter integriert. Ein Wechsel dieser Glühlampen ist nicht vorgesehen.

Kippschalter ausbauen

- Massekabel der Batterie abnehmen.
- Schalter in Stellung »Ein« drücken.
- Unten den Schalter leicht anheben und herausziehen.
- Schalter in Stellung »Aus« drücken und jetzt oben herausziehen.
- Beim Herausziehen des Schalters kann es vorkommen, daß sich der hinten aufgesteckte Mehr-

fachstecker in der Blende des Kombiinstruments etwas verhakt. Dennoch gefühlvoll ziehen und nicht reißen.

● Am herausgezogenen Schalter rechts und links die langen Kunststoff-Halteklammern zur Seite drücken und Stecker vom Schalter trennen.

Fingerzeig: Der Schalter der heizbaren Heckscheibe wird meist so vom Lenkradkranz verdeckt, daß man die Kontrolleuchte nicht sieht und die Scheibenheizung unnötig lange eingeschaltet läßt. Abhilfe: Heizscheibenschalter nach rechts versetzen.

Kippschalter nachträglich einbauen

● Betreffenden Blinddeckel unten anheben und herausziehen.
● Kabel mit passenden Steckern verlegen.
● Schalter in den freigewordenen Ausschnitt einsetzen.

Hebelschalter

Obschon sie zu den meistgebrauchten Schaltern im Auto gehören, hat man mit den Hebelschaltern kaum Probleme. Wichtig zu wissen ist, daß Lichtumschaltung und Lichthupe zwar mit dem Blinkerschalter betätigt werden, der eigentliche Schalter aber im Scheibenwischerschalter sitzt. Bei einem Defekt der Lichtumschaltung und Lichthupe muß der Scheibenwischerschalter komplett ersetzt werden, der Umschalter läßt sich nicht abbauen.
Zur Störungssuche an den Hebelschaltern genügt es, die mit zwei Kreuzschlitzschrauben befestigte Verkleidung unter der Lenksäule abzunehmen.

Fingerzeig: Bei einem älteren Fahrzeug kann es vorkommen, daß der Lichtumschalter klemmt. Bevor Sie den Hebelschalter austauschen, sollten Sie versuchen, das Umschalterteil durch Auftragen von Silikonpaste wieder gängig zu machen.

Hebelschalter ausbauen

● Lenkrad ausbauen, siehe Seite 130.
● Lenksäulenverkleidung unten abschrauben.
● Drei Schlitzschrauben in der Schalterkombination herausdrehen, siehe Bild unten.
● Mehrfachstecker an den Schaltern abziehen.
● Schalterkombination komplett abnehmen.
● Zum Trennen der Schalter diese leicht verkanten, damit die Nase des linken Schalters aus dem Lichtumschalter ausrastet.

Drehschalter

Für das Luftgebläse dient ein Drehschalter. Alles was mit dem Gebläse zu tun hat, finden Sie im folgenden Kapitel »Heizung und Lüftung«. Hier geht es um einen anderen Drehschalter.

Zünd/Anlaß-Schalter

Dieses landläufig als Zündschloß bezeichnete Teil dient nicht nur dazu, dem Besitzer des Zündschlüssels den Motorstart zu ermöglichen, sondern sperrt nach Abziehen des Zündschlüssels und nach einer kurzen Lenkraddrehung auch die Lenkung. Demgemäß nennt man es auch Lenk-/Zündschloß.

Zum Ausbau der Hebelschalterkombination (2) müssen drei Schlitzschrauben (1) gelöst und die Mehrfachstecker abgezogen werden. Unten sehen Sie den Schleifkontakt (3) der Hupbetätigung.

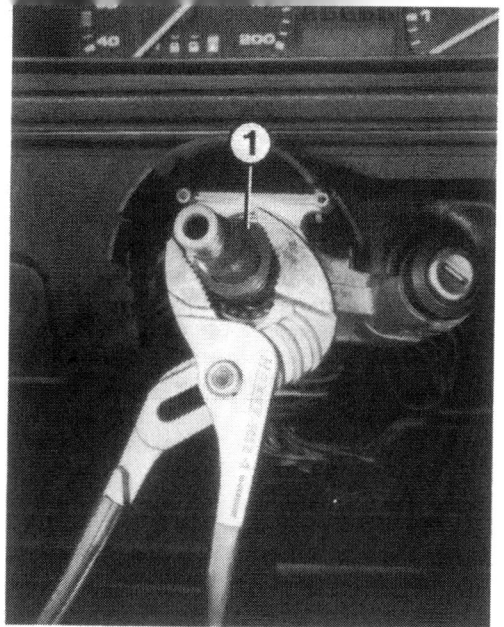 

Links der Ausbau der Klemmscheibe (1) mit einer Zange. Rechts der Einbau der neuen Scheibe. Sie wird mit einem passenden Ringschlüssel auf die Lenksäule (2) geklopft.

Während das Schloßteil nur in seltenen Fällen seinen Geist aufgibt, kann der in einem Kunststoffteil eingegossene Schaltkontaktsatz (also der eigentliche Schalter) des Zündschlosses eher die Ursache für eine Störung sein. Ob er defekt ist, können Sie nach Abschrauben der unteren Lenksäulenverkleidung prüfen.

Das Schloßteil des Zündschlosses auszubauen ist Werkstattarbeit. Dazu muß an einer genau definierten Stelle an der Schalteraufnahme ein Loch gebohrt werden. Durch dieses Loch kann dann die Haltefeder des Schließzylinders zurückgedrückt werden.

Das Schaltteil unten am Schloß kann die Ursache von Störungen sein, wenn die Kontakte bei einem älteren Fahrzeug abgenutzt sind.

Zünd/Anlaß-Schalter ausbauen

- Hebelschalter ausbauen.
- Stecker vom Zünd/Anlaß-Schalter abziehen.
- Klemmscheibe auf der Lenksäule mit einer Rohrzange drehen und herunterziehen.
- Druckfeder und Kontaktring abnehmen.
- Innensechskantschraube links am Klemmstück des Zündschloßgehäuses herausdrehen, Gehäuse von der Lenksäule abziehen.
- An der Rückseite des Zündschloßgehäuses die Schraube des Zünd/Anlaß-Schalters losdrehen, Schalter herausziehen.
- Bis 7/84: Bei einem Fahrzeug mit zweigeteilter Lenksäule zum Einbau das linke Ablagefach abnehmen (Seite 260). Die Lenksäule muß mit einer Zange oder Schraubzwinge gegen Herausrutschen gesichert werden.
- Beachten Sie beim Einbau, daß der Betätigungsstift des Schloßteils richtig in das Gegenstück am Schalter einrastet.
- Kontaktring und Feder bis zum Anschlag aufschieben.
- Neue Klemmscheibe aufdrücken (Bild oben).
- Klemmschraube am Zündschloßgehäuse mit 10 Nm festziehen.

Fahren mit defektem Zünd/Anlaß-Schalter

Sind die Kontakte im Zünd/Anlaß-Schalter so abgenutzt, daß sich beim Zündschlüsseldreh nichts mehr regt, können Sie dennoch den Motor starten. Voraussetzung ist, daß am roten Kabel des Zündschloß-Mehrfachsteckers Spannung anliegt.

Das Schaltteil (3) des Zünd/Anlaß-Schalters wird von einer Kreuzschlitzschraube (1) im Zündschloßgehäuse (2) gehalten.

- Lenksäulenverkleidung unten abschrauben, Mehrfachstecker abziehen.
- Mit einem isolierten Kabelstück oder einer Büroklammer die Steckbuchsen des dicken roten und des schwarzen Kabels miteinander verbinden. Damit ist die Zündung eingeschaltet; die Ladekontrolle brennt, die Öldruckkontrolle blinkt.
- VW anschieben lassen.
- Oder mit einem mindestens 4 mm² starken, isolierten Kabelstück eine Kurzschlußbrücke zwischen dem roten und der Steckerbuchse des rot/schwarzen Kabels der Klemme 50 herstellen. Damit wird der Anlasser gestartet.
- Sobald der Motor angesprungen ist, diese Kabelbrücke wieder wegziehen.
- Der Mehrfachstecker bleibt abgezogen. Damit während der Fahrt kein Kurzschluß entstehen kann, muß er isoliert werden.
- Zum Abstellen des Motors die Verbindung zwischen dem roten und schwarzen Kabel abziehen.

Schalterprüfung

- Mit einer Prüflampe mit Nadelkontakt können Sie die Kabelisolierung durchstechen und feststellen, welche Kabel Spannung führen.
- Suchen Sie den für Ihren VW passenden Stromlaufplan ab Seite 166 heraus.
- Zuerst wird geprüft, ob der Schalter überhaupt Spannung geliefert bekommt; hierzu ggf. die Zündung oder die Beleuchtung einschalten.
- Dann wird kontrolliert, ob der Schalter in entsprechender Stellung die Spannung weiterleitet. Als Beispiel der Zünd/Anlaß-Schalter:
- Am roten Klemme-30-Kabel muß ständig Batteriestrom anliegen.
- Die graue Klemme-P-Leitung steht in »Ruhestellung« des Zündschlosses unter Spannung und wird beim Zündschlüsseldreh stromlos.
- Das schwarz/gelbe Klemme-X-Kabel steht ausschließlich in Schlüsselstellung »Zündung ein« unter Strom.
- Das schwarze Kabel der Klemme 15 erhält Spannung in Stellung »Zündung ein« und »Anlassen«.
- Die rot/schwarze Leitung von Klemme 50 für den Startbefehl an den Anlasser steht nur in Stellung »Anlassen« unter Spannung.
- Entsprechend werden anhand des Stromlaufplans auch andere Schalter geprüft.

Relais und Steuergeräte

Zur Bordelektrik gehören einige Relais und Steuergeräte, die in der Zentralelektrik oder auf separaten Adaptern eingesteckt sind.

○ Ein einfaches **Schaltrelais** wird für leistungsstarke Stromverbraucher verwendet. Leitet man den Strom auf langen Kabelwegen über den dazugehörigen Schalter, gibt es Spannungsverlust. Außerdem werden die Schalterkontakte durch den hohen Stromfluß stark beansprucht. Bei einer Relaisschaltung benutzt man den Schalter nur für den geringen Schaltstrom, womit nicht der Verbraucher direkt, sondern dessen Relais eingeschaltet wird.

○ Bestimmte Relais können zusätzliche Funktionen auslösen. So schaltet das Blinkrelais die Blinkimpulse, das Relais der Wisch-/Wasch-Intervallschaltung steuert den Intervallbetrieb und den Trockenlauf der Scheibenwischer nach dem Scheibenwaschen.

○ **Steuergeräte** besitzen mehr oder minder umfangreiche elektronische Schaltungen für bestimmte Funktionen. Als Beispiele seien hier das Steuergerät für die Kühlmittelmangelanzeige bzw. für die Schubabschaltung beim 2 E 2-Vergaser genannt.

Im Bild gezeigt ist die ältere Zentralelektrik: Die Produktions-Steuernummern auf den Relais kennzeichnen diese folgendermaßen:
1 – Ansaugrohr-Beheizung (auch 80);
17 – Entlastungsrelais für X-Kontakte (auch 18);
19 – Wisch/Wasch-Intervallschaltung;
21 – Blinkrelais (bei Anhängevorrichtung 22);
61 – Steuergerät für Schubabschaltung des 2 E 2-Vergasers.

Die Relais und Steuergeräte bei der älteren Zentralelektrik:
2 – Ansaugrohr-Beheizung oder Kraftstoffpumpe; 3 – Gurtwarnsystem; 5 – Klimaanlage; 6 – Zweiklanghorn; 7 – Nebelscheinwerfer; 8 – Entlastung X-Kontakte; 10 – Wisch/Wasch/Intervall; 11 – Heckwischer; 12 – Blinkanlage; 14 – Hydraulikpumpe ABS oder Leerlaufdrehzahl-Anhebung oder Lüfternachlauf; 15 – Ansaugrohr-Beheizung oder ABS oder Getriebeautomatik oder Scheinwerfer-Waschanlage; 16 – Nebelscheinwerfer; 17 – Sicherung Nebelschlußleuchte, Klimaanlage, ABS; 18 – Kühlmittel-Mangelanzeige; 19 – Fensterheber; 20 – heizbarer Fahrersitz; 21 – heizbarer Beifahrersitz; 22 – Getriebeautomatik oder Schubabschaltung; 23 – Sicherung Fensterheber oder ABS.
Bei der neueren Zentralelektrik gilt: 1 – Klimaanlage; 2 – Heckwischer; 3 – Schubabschaltung; 4 – Entlastung X-Kontakte; 5 – Kühlmittelmangelanzeige; 6 – Blinkanlage; 7 – Scheinwerfer-Waschanlage; 8 – Wisch/Wasch/Intervall; 9 – Gurtwarnsystem; 10 – Nebelscheinwerfer oder Zweiklanghorn bzw. Steckbrücke; 12 – Ansaugrohr-Beheizung oder Kraftstoffpumpe; 13 – Lüfternachlauf oder Leerlaufdrehzahl-Anhebung; 14 – Anlaßsperre oder Ansaugrohr-Beheizung; 15 – Hydraulikpumpe ABS; 16 – ABS; 19 – Getriebeautomatik; 21 – Fensterheber; 22 – ABS; 23 – Sicherung Klimaanlage; 24 – Sicherung Fensterheber. Rest nicht belegt.

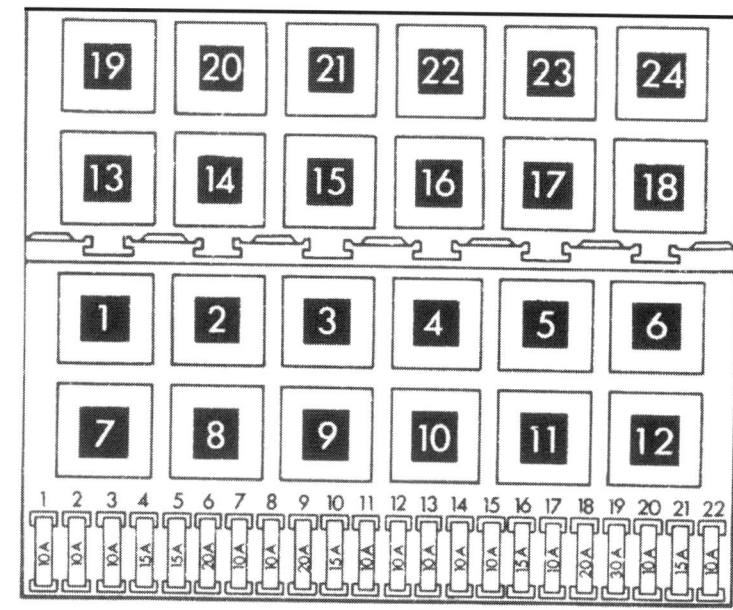

Relais-Funktion

○ Beim Einschalten des betreffenden Verbrauchers wird im Schaltrelais durch den an Klemme 86 ankommenden »Schaltstrom« der Schaltstromkreis zu Klemme 85 geschlossen.
○ Dadurch zieht eine Magnetspule einen kräftigen Kontakt gegen Federdruck an und schließt so den Stromkreis für den »Arbeitsstrom«.
○ Der Arbeitsstrom wird zur Vermeidung von Spannungsabfall auf kurzem Weg direkt an Klemme 30 des Relais herangeführt und von dort – bei geschlossenen Schalterkontakten – über Klemme 87 an den Stromverbraucher weitergeleitet.

Relais-Störungssuche

● Klemme 30 muß immer Spannung führen. Zur Kontrolle Relais ein Stück herausziehen und mit Prüflampennadel Klemme 30 antippen.
● Relais abziehen, Klemme 86 mit Batterie-Plus und Klemme 85 mit Masse verbinden. Die Magnetspule muß den Relaiskontakt deutlich hörbar anziehen, sonst ist das Relais defekt.
● Das **Relais für Zweiklanghörner** wird aufgrund der anderen Verschaltung folgendermaßen geprüft:
● Relais ein Stück herausziehen. An Klemme 86 muß bei eingeschalteter Zündung Spannung anliegen.

● Beim Druck auf den Hupkontakt muß die Magnetspule den Relaiskontakt deutlich hörbar anziehen und die Masseverbindung zu den Hupen schließen. Klemme 30 ist abweichend von der üblichen Schaltung hier mit Masse verbunden.
● Relais abziehen, mit einem kräftigen, isolierten Draht Steckbuchsen der Klemme 87 und 30 im Relaissitz überbrücken.
● Zündung einschalten. Hupt es jetzt, ist das Relais defekt, wenn sämtliche Leitungsverbindungen überprüft und für gut befunden wurden.

Behelf bei defektem Relais

● Relais aus dem Steckfeld abziehen.
● Klemme 30 und 87 im Relaissteckfeld mit einer Büroklammer oder einem kurzen Drahtstück überbrücken.
● So erhält der betreffende Verbraucher Dauerstrom.
● Zum Abschalten die Kurzschlußbrücke abziehen, da der betreffende Schalter ja überbrückt ist.

Hier die neue Zentralelektrik mit zahlreichen Relais und Steuergeräten. Die Produktions-Steuernummern kennzeichnen sie:
18 – Entlastungsrelais für X-Kontakte;
19 – Wisch/Wasch-Intervallschaltung;
21 – Blinkrelais (22 bei Anhängevorrichtung);
30 – Digifant-Einspritzung (nicht bei unseren Motoren);
31 – Lüfternachlauf;
42 – Kühlmittel-Mangelanzeige (auch 43);
53 – Nebelscheinwerfer oder Zweiklanghörner;
72 – Heckscheibenwischer;
78 – ABS-Hydraulikpumpe;
79 – ABS;
80 – Ansaugrohr-Beheizung;
83 – Freilaufsperre (nur syncro);
90 – Kraftstoffpumpennachlauf (nicht bei unseren Motoren).

Anzünder

Der elektrische Anzünder erhält Dauerstrom über die zuständige Sicherung. Falls der Anzünder trotz intakter Sicherung nicht funktioniert, ist der Heizwendeleinsatz locker oder durchgebrannt.

Heizbare Heckscheibe

Das Feld mit den aufgedampften Leiterbahnen muß bei beschlagener oder vereister Scheibe über die gesamte Fläche freie Sicht schaffen.

Störungssuche
- Zuständige Sicherung kontrollieren.
- Festen Sitz der Kabelstecker an der heizbaren Heckscheibe kontrollieren.
- Schalter ausbauen und prüfen.
- Funktion des Relais prüfen.
- War bisher kein Fehler zu finden, Leitungsverlauf kontrollieren, auch die Masseverbindung. Besonders gefährdet sind die Kabel im Bereich des Heckklappenausschnitts, wo sie bei jedem Öffnen und Schließen geknickt werden.
- Sind Heizfäden beschädigt und dadurch unterbrochen, hilft Leitsilberlack. Dieser wird z.B. von Doduco, Postfach 480, 7530 Pforzheim hergestellt und ist im Autozubehörhandel erhältlich.

Scheibenwischer und -wascher prüfen

Ständige Kontrolle
- Zündung einschalten.
- Laufen die Scheibenwischer in beiden Geschwindigkeiten und gehen sie beim Ausschalten in die Parkstellung zurück?
- Funktioniert die Wischintervallschaltung und die Wisch/Wasch-Automatik?
- Spritzt Wasser aus den Wascherdüsen?
- Arbeiten Heckwischer und -wascher beim Golf?

Scheibenwischerarm ausbauen
- Abdeckkappe vom Wischerarm mit einem flachen Schraubenzieher abhebeln und hochklappen.
- Haltemutter lösen und mit der Federscheibe abnehmen.
- Wischerarm von der Welle abziehen.
- Falls dies nicht ohne weiteres möglich ist, Wischerarm durch Hin- und Herbewegen von der Verzahnung der Wischerwelle »losruckeln«.
- Beim Einbau die Wischerarme nicht verwechseln, der rechte ist länger als der linke. Wischerarm so montieren, daß die Mitte des Scheibenwischerblatts folgenden Abstand von der Scheibenunterkante hat: Wischer links 55 mm, Wischer rechts 59 mm.
- Beim Golf-Heckwischer lautet das Maß zwischen Wischerblattspitze unten und Fensterdichtung 15 mm.

Wischerblatt abnehmen
- Wischerarm abklappen.
- Arretierungsfeder des Wischerblatts zusammendrücken, bis ihre Kerbe aus der Öffnung des Wischerarms austritt.
- Scheibenwischerblatt nach unten drücken und aus dem Arm herausschwenken.
- Beim Einsetzen des Wischerblatts darauf achten, daß die Kerbe in der Arretierungsfeder der Aussparung im Wischerarm gegenübersteht und dort einrasten kann.

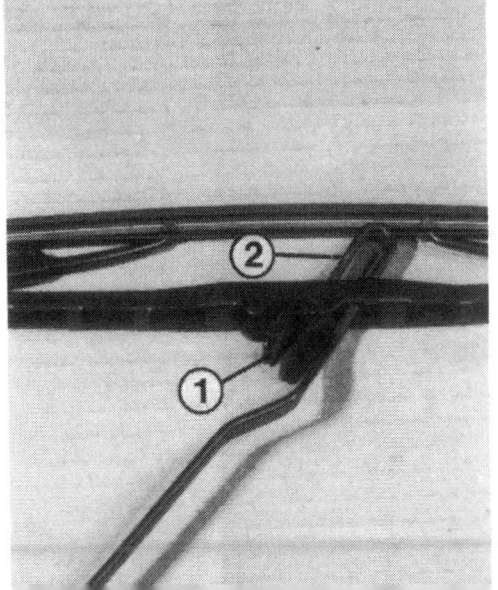 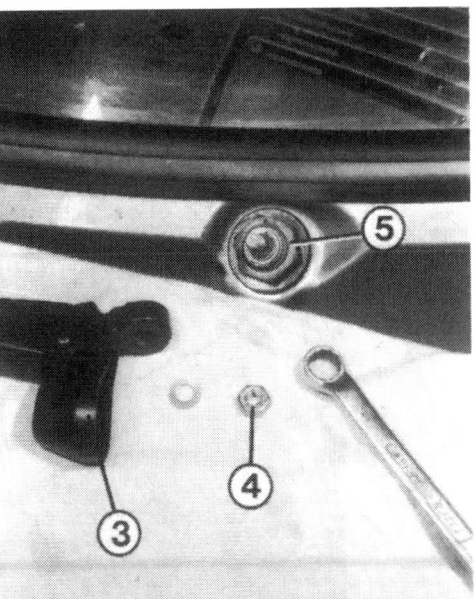

Links: Die Arretierungsfeder (1) des Wischerblatts muß zusammengedrückt werden, damit ihre Haltenocke aus der Aussparung (2) im Wischerarm ausrasten kann.
Rechts: Der Wischerarm mit abgeklappter Abdeckkappe (3), Haltemutter (4) und Haltemutter der Wischerachse (5).

Scheibenwischergummi wechseln

- Wischerblatt abnehmen.
- Die Wischerlippe besitzt an einer Seite Aussparungen zum Einhängen der Wischerblatt-Halteklammern. Die entsprechenden Erhebungen im Gummi mit dem Fingernagel oder einem kleinen Schraubenzieher zurückdrücken, damit die Halteklammern ausgerastet werden können.
- Wischergummi mit den seitlichen Metallstreifen herausziehen.
- Neues Wischergummi in die unteren Halteklammern des Wischerblatts einhängen.
- Metallstreifen rechts und links einschieben und die Haltenasen der Streifen in die Aussparungen im Gummi einsetzen.
- Gummierhebungen zum Einrasten der Halteklammern wieder zurückdrücken.

Störungsbeistand

Scheibenwischerblätter

Die Störung	– ihre Ursache	– ihre Abhilfe
A Wasser und Schmutz werden gleichmäßig über das Wischfeld verteilt	1 Scheibe durch Lackpflegemittel, ölartige Rückstände oder Insektenleichen verschmutzt	Scheibe reinigen, siehe Fingerzeig Seite 238
	2 Wischergummi verschlissen	Austauschen
	3 Wischerarm am Anlenkpunkt des Wischerblattes nicht parallel zur Windschutzscheibe	Wischerarmende nachbiegen
B Im Wischfeld bleiben feine Wasserstreifen stehen	Siehe A 2	
C Im Wischfeld bleiben feine Wassertropfen zurück	Neigungswinkel des Wischergummis zu flach	Wischergummi austauschen
D Im Wischfeld bleibt ein breiter Wasserfilm zurück	Ungleiche Druckverteilung durch verbogene oder defekte Anpreßfeder im Wischerblatt	Wischerblatt austauschen
E Im Wischfeld bleiben einige Wasserfelder zurück	1 Anpreßdruck des Wischerarms zu gering	Anpreßdruck überprüfen, Gelenk und Feder leicht einölen, ggf. Wischerarm ersetzen
	2 Scheibenwischerantrieb verschlissen	Kontrollieren, defekte Teile ersetzen
	3 Wischerarm lose auf seiner Achse	Festschrauben
	4 Wischerarm verbogen	Nachbiegen
	5 Wischerblatt verbogen	Austauschen
F Im Wischfeld bleiben oben am Rand Wasserfelder zurück	1 Siehe E 1	
	2 Siehe D	
G Wischerblatt rattert	Zu viel Spiel in der Verbindung von Wischerarm und Wischerblatt bzw. dem Kunststoff-Verbindungsteil	Wischerblatt, -arm oder Verbindungsteil austauschen

Der Scheibenwischermotor

Der Motor des Scheibenwischers wird über das Entlastungsrelais für die X-Kontakte versorgt. Die Kabelklemmen am Scheibenwischermotor haben folgende Bedeutung:
○ Klemme 53 erhält Spannung für die erste Wischergeschwindigkeit.
○ Klemme 53a liefert Plusstrom für die Wischer-Endabstellung.
○ Klemme 53b führt die Spannung für die zweite Wischergeschwindigkeit.
○ Über Klemme 53e wird der Wischermotor beim Zurücklaufen nach dem Abschalten abgebremst, damit die Wischer nicht über ihre Parkstellung hinauslaufen.
Wenn sich die Scheibenwischer beim Abschalten nicht in Parkstellung befinden, erhält ihr Motor über einen Schleifkontakt von Klemme 53a so lange Spannung, bis die Wischer in Ruhestellung gelaufen sind.

Fingerzeig: Bei eingeschalteter Zündung dürfen die Wischerblätter nicht außerhalb ihrer Parkstellung blockiert sein – etwa durch Schnee oder weil sie angefroren sind. Klemme 53a liefert dann nämlich ununterbrochen Spannung. Da der Wischermotor durch die festhängenden Wischerblätter aber nicht drehen kann, brennt er nach einer gewissen Zeit durch. In einem solchen Fall die Wischerblätter abheben, damit sie in ihre Endstellung laufen können.

Wischermotor oder Zuleitung defekt?

Zur Klärung, ob der Wischermotor oder die Zuleitung bzw. der Schalter defekt ist, hilft Ihnen folgende Prüfung:
- Mehrfachstecker am Wischermotor abziehen.
- Nun werden zwei Hilfskabel gelegt: Eines vom Pluspol der Batterie zu Klemme 53 oder 53b (Anschlüsse des schwarz/grauen oder grün/gelben Kabels).
- Das zweite Kabel wird vom Minuspol der Batterie zu Klemme 31 am Scheibenwischermotor gelegt (dahin, wo das braune Kabel steckte).
- Der Scheibenwischer muß jetzt je nach benutzter Klemme auf Stufe I oder II laufen. Wenn nicht, ist er defekt.
- Läuft er jetzt, liegt der Fehler im Schalter bzw. der Zuleitung.

Wischermotor ausbauen

- Scheibenwischerarme abbauen.
- Haltemuttern SW 22 der Wischerachsen losdrehen und mit Abdeckungen sowie Scheiben abnehmen.
- Motorhaube öffnen, Abdeckung über dem Wasserfangkasten abnehmen.
- Sicherungsklammer am Mehrfachstecker des Wischermotors ausrasten, Stecker abziehen.
- Halteschraube vorn am Wischerrahmen losdrehen.
- Linke Antriebsstange vom Wischerlager aushängen, wie im linken Bild rechts unten gezeigt.
- Motor mit Rahmen leicht drehen und in Fahrtrichtung links zuerst herausnehmen.
- Zweite Antriebsstange abhebeln.
- Scheibenwischermotor vom Rahmen losschrauben.
- Einen neuen Wischermotor vor dem Einbau am Mehrfachstecker anschließen und mehrere Minuten lang laufen lassen. Beim Abschalten bleibt er in der Wischerparkstellung stehen.
- Kurbelhebel aufsetzen, wie im rechten Bild rechts unten gezeigt.
- Gelenke beim Einbau mit MoS_2-Fett schmieren.

Störungsbeistand

Scheibenwischer

Die Störung	– ihre Ursache	– ihre Abhilfe
A Scheibenwischer laufen nicht	1 Sicherung defekt	Austauschen
	2 Entlastungsrelais defekt	Relais prüfen
	3 Wischerantriebskurbel lose	Festschrauben
	4 Schwarz/graues Stromzufuhrkabel vom Sicherungskasten zum Wischerschalter unterbrochen	Leitung überprüfen
	5 Masseleitung zum Wischermotor unterbrochen	Leitung überprüfen
	6 Wischermotor durchgebrannt	Austauschen
B Scheibenwischer laufen nicht in Stufe I	1 Klemme 53 am Wischermotor defekt	Motor austauschen
	2 Klemmen 53a/53 im Wischerschalter unterbrochen	Schalter austauschen
C Scheibenwischer laufen nicht in Stufe II	1 Leitung Klemme 53b vom Wischerschalter zum Motor unterbrochen	Leitung überprüfen
	2 Klemmen 53a/53b im Wischerschalter unterbrochen	Schalter austauschen
	3 Klemme 53b am Wischermotor defekt	Motor austauschen
D Scheibenwischer laufen nur in Stufe II	Leitung Klemme 53 vom Wischerschalter zum Motor unterbrochen	Leitung überprüfen
E Keine Wischerrückstellung	1 Leitung Klemme 53e zwischen Wischerschalter und Motor unterbrochen	Leitung kontrollieren
	2 Wischermotor defekt	Mit Prüflampe kontrollieren: Zwischen Klemme 53a und Masse muß Lampe dauernd brennen. Zwischen Klemme 53e und Masse muß Lampe kurz vor Erreichen der Parkstellung verlöschen. Bei Gegenprüfung zwischen Klemme 53e und Batterie-Plus muß Lampe kurz vor Erreichen der Parkstellung aufleuchten. Wenn nicht, Motor austauschen
F Scheibenwischer laufen nicht im Intervallbetrieb	1 Wisch-Wasch-Relais defekt	Austauschen
	2 Leitung Klemme J zwischen Wischerschalter und Motor unterbrochen	Leitung überprüfen
	3 Kontakt J im Wischerschalter defekt	Schalter austauschen

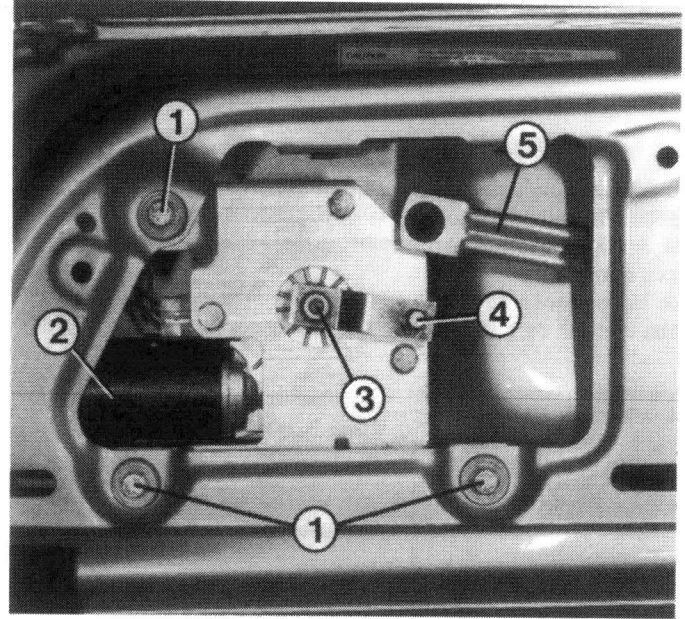

Der Heckscheibenwischermotor (2) mit seinen Halteschrauben (2). Zum Aufstecken der Antriebsstange (5) muß der Kurbelhebel (4) in der hier gezeigten Stellung am Wischergetriebe (3) angeschraubt sein.

Die Störung	– ihre Ursache	– ihre Abhilfe
G Intervallbetrieb läßt sich nicht ausschalten	1 Siehe E 1	
	2 Siehe F 1	
	3 Kontakt J oder T im Wischerschalter öffnet nicht	Schalter austauschen
	4 Kurzschluß der Leitung Klemme J oder T zum Wischerschalter	Leitung instand setzen
H Scheibenwischer wischen nach Wascherbetätigung nicht trocken	1 Leitung Klemme T zwischen Wischerschalter und Wisch-Wasch-Relais unterbrochen	Leitung überprüfen
	2 Siehe F 1	
I Scheibenwischer bleiben nach dem Abschalten nicht oder nur kurz in Park-Stellung stehen	Mangelhafter Kontakt am Schleifkontakt im Wischermotor	Motorabdeckung abschrauben, Kontakte blankschleifen. Ggf. Motor austauschen

Heckscheibenwischer

Der Wischer für die Heckscheibe des Golf wird beim Schalterdruck über ein Relais für einige Wischerbewegungen mit Spannung versorgt. Damit ist seit 1/85 gleichzeitig der Heckwischer-Intervallbetrieb eingeschaltet. Abgeschaltet wird das Intervallwischen durch nochmaligen Druck auf den Schalter. Klemme 53 liefert den Strom für den Wischermotor, Klemme 53a dient der Wischerrückstellung.
Bei längerem Schalterdruck läuft die Wascherpumpe los (seit 1/86 die vordere Pumpe, früher eine eigene Pumpe im Kofferraum), und mit einer gewissen Verzögerung tritt das Wasser an der Spritzdüse aus.

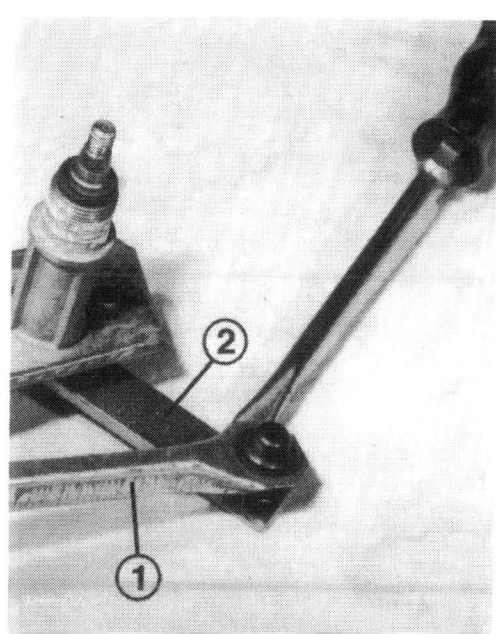 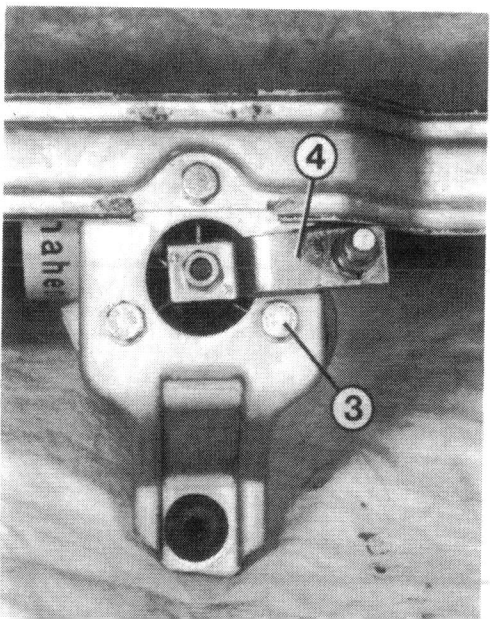

Links: So wird mit dem Schraubenzieher das Gelenk zwischen Antriebsstange (1) und Hebel (2) der Wischerachse getrennt.
Rechts: Der Kurbelhebel (4) des Scheibenwischermotors muß so angeschraubt werden, daß die rechte Halteschraube (3) knapp freiliegt, wie hier gezeigt.

Heckwischer-motor ausbauen

- Verkleidung der Heckklappe abnehmen, siehe Seite 260.
- Antriebsstange vom Kurbelhebel des Wischermotors abdrücken.
- Halterahmen des Heckwischermotors losschrauben und mit dem Wischermotor herausnehmen.
- Mehrfachstecker abziehen.
- Motor vom Halterahmen abschrauben.
- Beim Einbau eines neuen Motors diesen wie beim Frontwischermotor in Parkstellung laufen lassen.
- Kurbelhebel so festschrauben, wie im Bild oben auf der Vorseite gezeigt.

Störungsbeistand

Heckscheibenwischer

Die Störung	– ihre Ursache	– ihre Abhilfe
A Heckscheibenwischer läuft nicht	1 Sicherung defekt	Ersetzen
	2 Heckwischerrelais defekt	Relais prüfen
	3 Leitungen zum Heckwischerrelais unterbrochen	Leitungen instand setzen
	4 Leitungen zum Wischermotor unterbrochen	Leitungen überprüfen, speziell zwischen Heckklappe und deren Ausschnitt in der Karosserie, ggf. instand setzen
	5 Wischermotor defekt	Austauschen
B Heckscheibenwischer läuft dauernd	1 Anschlußleitungen zum Wischermotor vertauscht	Grün/schwarze Leitung an Klemme 53, schwarz/grüne bzw. schwarz/graue Leitung an Klemme 53a anschließen
	2 Siehe A 2	

Scheibenwaschwasser auffüllen

Ständige Kontrolle

Abgasrückstände, Öldunst und Silikon aus Lackpflegemitteln setzen sich hartnäckig aufs Glas. In der warmen Jahreszeit empfiehlt sich ein Reinigungszusatz zum Waschwasser; im Winter Gefrierschutz und Reinigungsmittel.
Die Wascherpumpe vorn im Motorraum versorgt beim Golf seit 1/86 auch die Heckscheibenwaschanlage. Dazu läuft die Pumpe je nach Schalterdruck einmal vorwärts und das andere Mal rückwärts.

- Erst Zusatzmittel und anschließend Wasser einfüllen, damit sich die Flüssigkeiten im Wascherbehälter gut vermischen.
- Bei einem VW ohne beheizte Wascherdüsen können diese bei tiefem Frost doch einfrieren.
- Zur Vorbeugung empfiehlt sich hier die Zumischung von ⅓ Brennspiritus, der allerdings aufdringlich riecht.

Wascherdüse ausbauen

Verstopfungen einer Wascherdüse lassen sich manchmal trotz Durchbohren mit einem dünnen Draht nicht mehr beseitigen. Dann muß eine neue her.
- Motorhaube bzw. Heckklappe öffnen.
- Heckklappenabdeckung innen abnehmen.
- Schlauch von der Wascherdüse abziehen.
- An der Unterseite der Düse die Halteklemme zusammendrücken, Düse herausziehen.

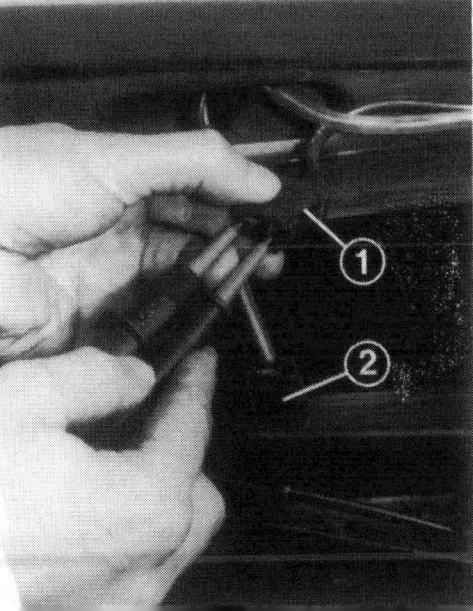

Links: Zum Ausbau einer Scheibenwascherdüse muß deren Halteklemme (Pfeil) zusammengedrückt werden. Jetzt kann die Düse aus dem Motorhaubenblech ausgerastet werden. Im Bild rechts wird am stromzuführenden Doppelstecker (1) der Düsenbeheizung geprüft, ob Spannung anliegt. Position »2« bezeichnet den Stecker an der Wascherdüse.

Die Zeichnungen verdeutlichen, wie die Spritzdüsen der Scheibenwaschanlage eingestellt werden sollen. Die angegebenen Maße lauten für die einstrahligen Wascherdüsen bis 7/87:
a – 345 mm;
b – 300 mm;
c – 320 mm;
d – 420 mm.
Für die zweistrahligen Düsen seit 8/87 gelten folgende Maße:
a – 440 mm;
b – 210 mm;
c – 440 mm;
d – 490 mm;
e – 360 mm;
f – 210 mm;
g – 320 mm;
h – 490 mm.

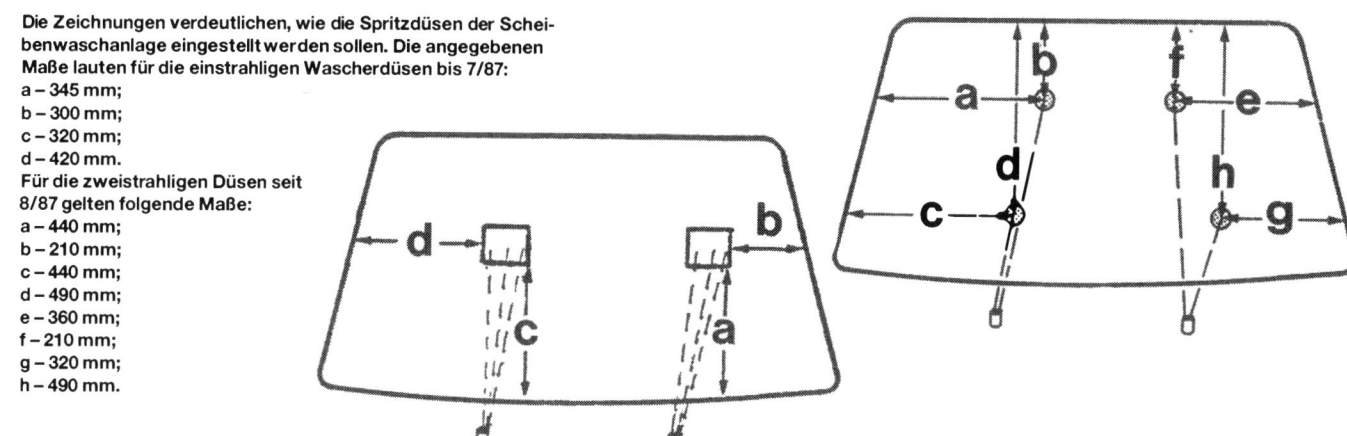

Wascherdüse einstellen

- Dünne Nadel in die Spritzdüse stecken und die kugelförmige Düse entsprechend in der Richtung drehen.
- Wie der Spritzstrahl der vorderen Wascherdüsen eingestellt werden soll, sehen Sie oben.
- Die hintere Düse soll so eingestellt werden, daß der Wasserstrahl in der Mitte des Wischerfeldes auftrifft.

Elektrisch beheizte Waschwasserdüsen

Trotz Frostschutzbeimischung kann das Scheibenwaschwasser durch den kalten Fahrtwind in den Spritzdüsen einfrieren. Dagegen hilft die gegen Aufpreis lieferbare Düsenbeheizung.
Direkt vor den Düsen sitzt ein Metallgehäuse mit einem temperaturabhängigen Heizwiderstand. Mit dem Einschalten der Zündung erhält dieser Widerstand Spannung. Durch einen anfangs hohen Stromfluß (0,5–0,7 A) werden die Düsen schnell aufgetaut. Zum Halten der Temperatur fällt der Strom nach der Aufheizphase auf rund 200 mA ab. Wenn die Außentemperaturen unter –15°C fallen, wird der Temperatur-Haltestrom auf 320 mA erhöht.

Störungssuche

Wenn die Wascherdüsenbeheizung nicht funktioniert, kontrollieren Sie folgendes:
- Bei geöffneter Motorhaube Steckverbindung zur Düse trennen.
- Mit Spannungsprüfer bei eingeschalteter Zündung kontrollieren, ob Spannung anliegt bzw. die Masseverbindung intakt ist.
- Wenn nicht, Leitungsunterbrechung suchen.
- Fehlt es nicht an der Stromversorgung, muß die Düse ersetzt werden.

Störungsbeistand Scheibenwaschanlage

Die Störung	– ihre Ursache	– ihre Abhilfe
A Wasser spritzt nicht beim Zug am Wischerhebel	1 Wascherbehälter leer	Auffüllen
	2 Spritzdüsen verstopft	Schlauch abziehen, Düse ausbauen. Mit Druckluft durchblasen oder dünnem Draht durchstoßen. Evtl. Schlauch ebenfalls durchblasen
	3 Im Winter: a) Waschwasser eingefroren	Höhere Frostschutzkonzentration verwenden
	b) Düsenbeheizung funktioniert nicht	Spannungsversorgung und Leitungen überprüfen, ggf. Düse ersetzen
	4 Wascherpumpe defekt	Stromversorgung bei eingeschalteter Zündung und gezogenem bzw. gedrücktem Hebel kontrollieren, ggf. austauschen
	5 Klemmen 53a/T im Wischerschalter unterbrochen	Schalter austauschen
B Einseitiger Spritzstrahl	Siehe A 3	
C Spritzstrahl zu hoch oder zu tief	Spritzdüse falsch eingestellt	Spritzdüse einstellen

Fingerzeig: Wenn das Sichtfeld auf der Windschutzscheibe trotz Reinigungszusatz im Waschwasser schlierig bleibt, hilft das altbekannte Messingputzmittel »Sidol« (nicht Sidol Spezial) weiter. Es wird mit einem Lappen aufgetragen und muß antrocknen, ehe der weiße Staub mit einem sauberen Lappen abgerieben wird. Damit werden Öl-, Lackpflegemittel- und sonstige Rückstände zuverlässig entfernt.

Scheinwerfer-Waschanlage

Bei eingeschalteter Beleuchtung erhält eine zweite Pumpe des Waschwasserbehälters beim Zug am Wisch-/Wasch-Hebel über ein zwischengeschaltetes Relais ihren Arbeitsstrom. Sie pumpt das Wasser zu den vier Spritzdüsen vorn am Stoßfänger. In die Leitung ist ein Stauventil eingesetzt, damit das Wasser sofort an den Düsen austritt.

Zur Störungssuche gehen Sie gleich vor wie bei der normalen Waschanlage. Zusätzlich wird das Relais der Scheinwerfer-Waschanlage überprüft.

Läßt die Reinigungswirkung zu wünschen übrig, müssen die Spritzstrahlen mit einer kräftigen Nadel eingestellt werden, VW verwendet das Sonderwerkzeug 3019.

Elektrische Spiegel-Verstellung

Wenn sich mehrere Fahrer ein Auto teilen, lernt man diese Einrichtung bald zu schätzen, besonders auf der rechten Seite. Außerdem werden die Spiegelflächen bei eingeschalteter Heckscheibenheizung beheizt. Ausbau und Wechsel des Spiegelglases finden Sie auf Seite 255 beschrieben.

Störungssuche

- **Spiegelverstellung:** Falls sich nichts regt, kontrollieren Sie die zuständige Sicherung.
- Bei den folgenden Prüfungen muß die Zündung eingeschaltet sein.
- Spiegelschalter aus der Türverkleidung herausziehen.
- Schalter anhand des entsprechenden Stromlaufplans überprüfen.
- Ist der Schalter in Ordnung, prüfen Sie den Elektromotor der Spiegelverstellung.
- Dazu die spannungsführende Klemme-15-Leitung am Schalter mit dem Kontakt des blauen Kabels (Spiegelmotor links) bzw. des blau/schwarzen Kabels (Motor rechts) verbinden.
- Regt sich der Spiegel jetzt?
- Wenn ja, ist die Kabelführung vom Schalter zum Spiegelmotor unterbrochen.
- Falls nicht, dürfte der Elektromotor defekt sein. Den gibt es leider nicht einzeln zu kaufen, sondern nur mit dem kompletten Spiegelgehäuse.
- Man kann das Spiegelglas aber immer noch durch Drücken von Hand verstellen.
- Bei ausgefallener **Spiegelbeheizung** prüfen Sie den Stromweg vom Heizscheibenschalter aus.

Die Zentralverriegelung

Sämtliche Türen, die Kofferraum-/Heckklappe sowie der Tankdeckel lassen sich durch den Schlüsseldreh am Fahrertürschloß ent- bzw. verriegeln. Das geschieht durch ein Steuerelement in der Tür. Das Steuerelement gibt der sogenannten Bi-Druckpumpe, die von einem Elektromotor angetrieben wird, den elektrischen Schaltimpuls. Beim Schlüsseldreh in Richtung »Auf« erzeugt die Pumpe Überdruck, wodurch die verschiedenen Steuerelemente im Auto die jeweilige Verriegelung freigeben. Jetzt schaltet ein Ventil in der Pumpe um, so daß sie beim Zuschließen Unterdruck erzeugt, und die Steuerelemente verriegeln.

Der pneumatische (Unterdruck-)Teil der Zentralverriegelung besteht aus der Bi-Druckpumpe, den Steuerelementen, Rohrleitungen, Schläuchen sowie T- und Y-förmigen Verbindungsteilen, wie in der Zeichnung rechts oben gezeigt.

Zentralverriegelung prüfen

- **Verriegelung:** Fahrertürfenster nach unten kurbeln bzw. herunterfahren.
- Türen, Kofferraum-/Heckklappe und Tankdeckel müssen geschlossen sein.
- Sicherungsknopf an der Fahrertür herunterdrücken.
- Sämtliche Türsicherungsknöpfe müssen nach unten gehen.
- Prüfen Sie die einwandfreie Schließung an sämtlichen Türen, Kofferraum-/Heckklappe und Tankdeckel.
- Anlage entriegeln durch Hochziehen des Fahrertür-Sicherungsknopfes.
- **Funktion:** Nach etwa zwei Sekunden sollten alle Schlösser verriegelt sein.
- Läuft die Pumpe länger als fünf Sekunden, ist die Anlage undicht – in diesem Fall darf die Bi-Druckpumpe höchstens 35 Sekunden lang laufen, dann muß sie abschalten.
- **Aussperrsicherung:** Fahrertür öffnen und Schloß durch Schlüsseldreh verriegeln.
- Die übrigen Türen und Klappen müssen verriegelt werden.
- Fahrertür schließen, sie darf jetzt nicht in Schließ-Stellung einrasten.

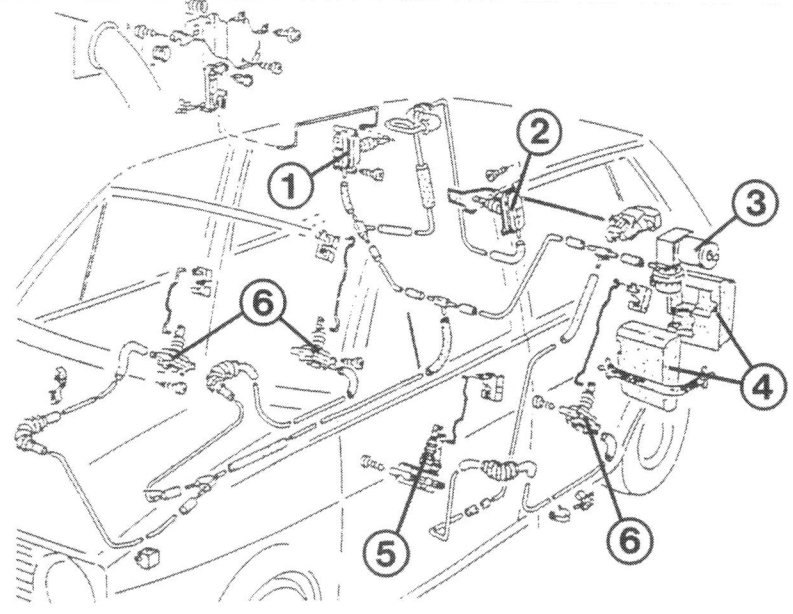

Ein Blick auf die Einzelteile der Zentralverriegelung. Die Bi-Druckpumpe (3) erhält den elektrischen Schaltimpuls vom Steuerelement (5) an der Fahrertür. Jetzt werden durch Über- oder Unterdruck die Steuerelemente an den Türen (6), an der Heckklappe (2) und am Tankdeckel (1) betätigt. Die von einem Elektromotor angetriebene Pumpe sitzt in einem geräuschdämpfenden Halter (4).

Fingerzeig: Sollte die Zentralverriegelung einmal ausfallen, können Türen und Gepäckraumdeckel auch herkömmlich per Schlüssel geöffnet und verriegelt werden. Ebenso lassen sich die Türverriegelungsknöpfe von Hand betätigen. Das Entriegeln der Tankklappe erfordert mehr Aufwand: Hinten am Steuerelement den Verriegelungsbügel in Fahrtrichtung nach hinten ziehen, ggf. Kofferraumverkleidung zur Seite klappen.

Störungssuche an der Elektrik

- Falls die Pumpe beim Schlüsseldreh überhaupt nicht läuft, zuständige Sicherung kontrollieren.
- Halteband der Pumpe unter der linken Heckleuchte (Golf) bzw. links im Kofferraum (Jetta) aushängen.
- Dämpfungsgummi auseinanderklappen, Pumpe herausnehmen.
- Mehrfachstecker von der Pumpe abziehen.
- **Steuerelement Fahrertür prüfen:** Im Stecker zwischen dem Kontakt der rot/gelben und der braunen Leitung eine Prüflampe anschließen.
- Die Prüflampe muß brennen, wenn die Tür mit dem Schlüssel entriegelt wird. Dann ist der Öffner-Kontakt des Steuerelements in Ordnung.
- Bleibt die Lampe dunkel, kann der Öffner-Kontakt für die Fahrertür defekt oder die Kabelzuleitung unterbrochen sein.
- Prüflampe jetzt an den Kontakten der braunen und der schwarz/weißen Leitung anklemmen.
- Tür mit dem Schlüssel verschließen.
- Leuchtet die Prüflampe, ist der Schließer-Kontakt des Steuerelements in Ordnung.
- Bleibt die Lampe dunkel, ist das Steuerelement defekt – sofern es nicht an einer Kabelunterbrechung liegt.
- **Bi-Druckpumpe prüfen:** Ist die Stromversorgung der Pumpe über die Steuerelemente gesichert (wie geprüft), bleibt als Schadensursache nur noch die Bi-Druckpumpe übrig. Auswechseln.

Störungssuche an der Pneumatik

Zur Überprüfung einer undichten Zentralverriegelung muß die Anlage der Reihe nach durchgeprüft werden. Die Kunststoffleitungen lassen sich mit einer Flachzange oder Schlauchklemme nicht beschädigungsfrei zusammendrücken. Besser ist es, die starren Schläuche an den entsprechenden Kupplungsstücken abzuziehen und

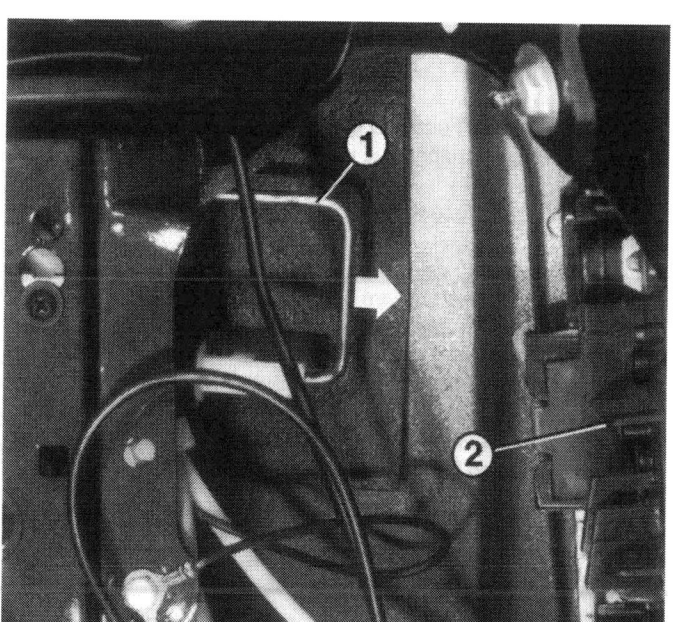

Auch bei streikender Zentralverriegelung kommen Sie an den Tankeinfüllstutzen. Nachdem die Kofferraumverkleidung abgenommen wurde, ziehen Sie den Verriegelungsbügel (1) zur Tankklappe in Fahrtrichtung nach hinten (Pfeil). Rechts im Bild die rechte Heckleuchte (2).

mit kegelförmigen Korkstücken luftdicht zu verschließen. Wo die Bauteile und Schläuche sitzen, zeigt die Zeichnung auf der Vorseite.
Läuft bei den nachfolgenden Prüfschritten beim Betätigen der Zentralverriegelung die Bi-Druckpumpe **kürzer als 5 Sekunden**, ist das betreffende **Bauteil in Ordnung**. Dann Schläuche wieder anschließen. Läuft die Pumpe **länger als fünf Sekunden**, ist das Steuerelement oder die betreffende Schlauchleitung **undicht**. Defektes Teil austauschen.

- Rücksitzbank umklappen oder ausbauen (Seite 260).
- Kofferraummatte zurückschlagen, damit Sie an das bzw. die Verbindungs-T-Stücke der Schlauchleitungen zwischen Rücksitzlehne und Radkasten herankommen.
- Bi-Druckpumpe ausbauen.
- **Bi-Druckpumpe:** Schlauch direkt an der Pumpe verschließen. Türschloß betätigen.
- **Steuerelemente:** Sehen Sie sich die Zeichnung an. Es darf nur dasjenige Steuerelement mit der Bi-Druckpumpe verbunden sein, das gerade geprüft wird. Hier zwei Beispiele:
- **Tür rechts vorn:** Am T-Stück hinten rechts im Gepäckraum die nach rechts oben führende Unterdruckleitung abklemmen.
- Abdeckleiste am Einstieg der rechten Vordertür abnehmen, Teppichboden im Bereich der Druckschlauchverlegung anheben.
- Ggf. am Y-förmigen Verbindungsstück die Leitung zur hinteren rechten Tür abklemmen.
- Sämtliche Anschlüsse dicht verschließen, Türschloß betätigen.
- **Tankklappe:** Am T-Stück rechts unten im Kofferraum den Anschluß zu den rechten Türen verschließen.
- Gepäckraumverkleidung rechts abnehmen. Am T-Stück oben den Schlauch zur hinteren Klappe abklemmen.
- Schlauch dicht schließen, Türschloß betätigen.
- Entsprechend werden die übrigen Steuerelemente geprüft.
- **Weitere Störungsmöglichkeiten:** Die Betätigungsstange zwischen Schaltelement und Schloß ist ausgehängt.
- Die Verbindungsstange kann auch verbogen sein und so für die Unterdruckbetätigung zu schwer laufen.

Die elektrischen Fensterheber

Die elektrischen Fensterheber arbeiten nur bei eingeschalteter Zündung. In der Schalterleiste der Mittelkonsole sitzt außerdem ein Sicherheitsschalter, womit sich die Schalter in den hinteren Türen totstellen lassen. Das ist wichtig, wenn kleine oder große Mitfahrer das »Spielzeug« Fensterheber entdeckt haben.
Zusätzlich ist in die Elektromotoren eine Sicherung eingebaut. Läuft die Scheibe an ihren oberen oder unteren Anschlag, nimmt der Motor mehr Strom auf. Dadurch erwärmt sich ein Bimetallschalter im Motor und unterbricht nach kurzer Zeit den Stromkreis.

Störungen

Die Motoren der elektrischen Fensterheber werden auf gleiche Weise ausgebaut wie die mechanischen Heber, siehe Seite 254. Eine Reparatur des Elektromotors ist nicht vorgesehen.

- Wenn sich keine Fensterscheibe mehr rührt, Sicherung in der Halteleiste und Thermosicherung im Zusatzhalter an der Zentralelektrik (siehe Seite 230/231) überprüfen.
- Bei intakter Sicherung als nächstes das Relais der Fensterheber in der Zentralelektrik kontrollieren.
- War hier kein Fehler zu entdecken, muß der Kabelverlauf anhand des betreffenden Stromlaufplanes überprüft werden.
- Arbeitet nur ein Fensterheber nicht, bauen Sie den betreffenden Schalter aus und überprüfen ihn.
- Ist der Schalter in Ordnung, betreffende Türverkleidung abnehmen (Seite 252).
- Kabelstecker am Fensterhebermotor abziehen und mit Prüflampe kontrollieren, ob beim Betätigen des Fensterhebers auch Spannung anliegt bzw. die Masseleitung in Ordnung ist.
- War bis jetzt kein Fehler zu erkennen, ist der Fensterhebermotor defekt.
- Schlechter Lauf einer Scheibe dürfte an falscher Einstellung der Fensterführung liegen.

Behelf unterwegs

Mit streikendem Fensterheber brauchen Sie trotzdem nicht mit offenem Fenster durch Wind und Wetter zu fahren:

- Ist der Schalter defekt, überbrücken Sie mit einem isolierten Kabelstück am abgezogenen Mehrfachstecker die verschiedenen Kontakte so lange, bis die Scheibe nach oben läuft.
- Geht das nicht, bauen Sie den Schalter eines anderen Fensters aus bzw. stecken die Anschlußkabel auf einen zweiten, intakten um.
- Mit dem intakten Schalter das Fenster schließen.
- Bei unterbrochener Zuleitung zum Elektromotor Steckverbinder trennen, ein Hilfskabel vom Batterie-Pluspol und ein zweites von Masse zum Elektromotor legen und Scheibe nach oben laufen lassen.
- Ist der Hebermotor blockiert, können Sie bei abgenommener Türverkleidung das Fenster vom Fensterheber abbauen, siehe Seite 254.
- Scheibe jetzt nach oben schieben und in dieser Stellung mit starkem Klebeband (z.B. Packband) oder einem Holzkeil fixieren.

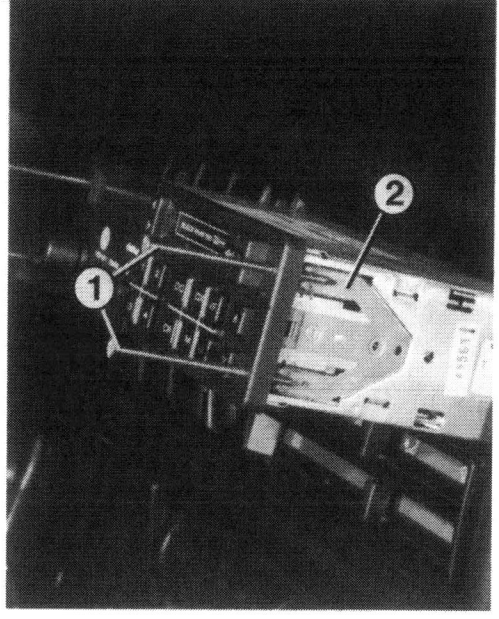

Links: Die seitlichen Halteklammern (2) eines neuen Radios werden durch Einschieben eines speziellen Bügels oder ganz einfach mit passenden Nägeln (1) zurückgedrückt.
Rechts die alte Radiogeneration:
3 – Blende;
4 – Halteklammern;
5 – Radio-Halteklammer, die in Pfeilrichtung herausgezogen werden muß;
6 – Knöpfe, Distanzstücke usw.

In unseren folgenden Beschreibungen gehen wir lediglich auf die Einbauweise wie ab Werk ein.

Radio ausbauen

- Bei Radios mit Anti-Diebstahl-Codierung sicherstellen, daß die Code-Nummer vorliegt.
- Batterie abklemmen.
- Rahmen abziehen, Entriegelungsbügel (bisweilen bei Radio-Einbausätzen mit dabei) in die vier Bohrungen seitlich an der Frontblende stecken und Radio aus dem Armaturenbrett ziehen.
- Oder vier passende Nägel oder Drahtstifte in die Bohrungen schieben und damit die Haltefedern entriegeln (siehe Bild oben links).
- Radio herausziehen.
- Kabel- und Antennenstecker abziehen.
- Beim Einbau darauf achten, daß der Haltestift hinten am Radio in die dafür vorgesehene Öse im Armaturenbrett eingeführt wird. Radio dazu absolut waagrecht halten.
- Radio jetzt ein wenig in die Montageöffnung drücken, damit die Haltefedern einrasten können.
- Bei Radios mit Anti-Diebstahl-Codierung Code-Nummer nach Bedienungsanleitung eingeben.
- Beachten Sie, daß sich das VW-Radio nach dem dritten Versuch mit der falschen Code-Nummer nicht mehr in Betrieb nehmen läßt.
- Dann muß die Stromversorgung des Radios für mindestens 10 Sekunden unterbrochen werden. Jetzt haben Sie nochmals drei Versuche »frei«.
- Danach ist Schluß, weil sich ein Elektronik-Bauteil im Radio selbst zerstört.
- Jetzt muß das Radio bei VW repariert werden.

<u>Fingerzeige:</u> Der Anti-Diebstahl-Code muß bei jeder Unterbrechung der Stromversorgung neu eingegeben werden – nach Abklemmen der Batterie, Auswechseln der Radiosicherung oder Trennen der Radio-Stromversorgung.
Stromversorgung nie bei laufendem Radio trennen. Es kann Schwierigkeiten bei der Wiedereingabe des Anti-Diebstahl-Codes geben.

Radio ausbauen »alte« Bauart

- Knöpfe abziehen, Umschalter bzw. Distanzstück abnehmen.
- Die kleinen Halteklammern der Radioblende an den Gewindegängen unter den Radioknöpfen mit einem kleinen Schraubenzieher oder einer Nadel zur Seite schieben, Blende abnehmen.
- Radio-Halteklammer an einer Seite des Radios mit einem Schraubenzieher ein Stück nach innen ziehen (Bild oben rechts), Radio ein wenig herausziehen.
- Halteklammer an der gegenüberliegenden Seite nach innen ziehen, Radio herausziehen. Aufpassen, daß die andere Klammer nicht wieder einrastet.
- Sämtliche Kabelstecker am Radio abziehen.
- Beim Einbau der Radioblende deren hinten eingeprägten Hinweis »Oben« beachten.

Radio nachträglich einbauen

Leitungen für den Radioanschluß sind bereits vorhanden: Bis 7/87 in einem Vierfachstecker, seit 8/87 in einem Achtfachstecker. Die Kabelfarben bedeuten: Rot – Plus, braun – Masse, grau/blau bzw. blau – Radio-Skalenbeleuchtung, schwarz Steueranschluß für eine Motorantenne oder elektronisch verstärkte Antenne. Die Leitung für die Skalenbeleuchtung darf nicht als Masseanschluß verwendet werden, sonst gibt es Kurzschluß beim Einschalten der Außenbeleuchtung. Für »Fremd«-Radios gibt es im V.A.G.-Zubehörprogramm passende Adapter für die speziellen VW-Anschlüsse.

- Besorgen Sie sich einen für den VW abgestimmten Einbausatz.
- Blende der Radio-Einbauöffnung abziehen oder Ablagefach oberhalb der Heizhebel in der Mitte oben

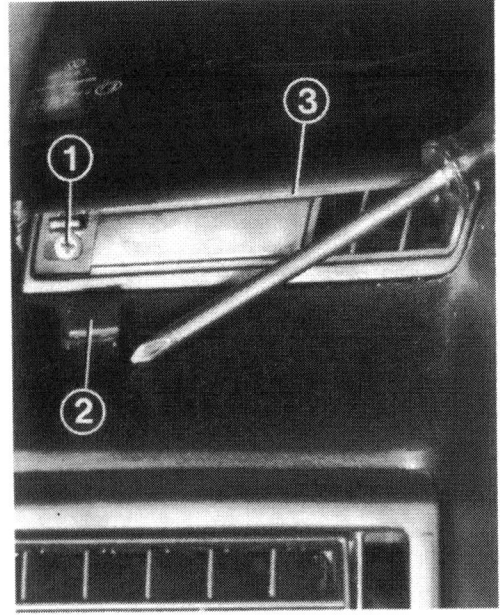
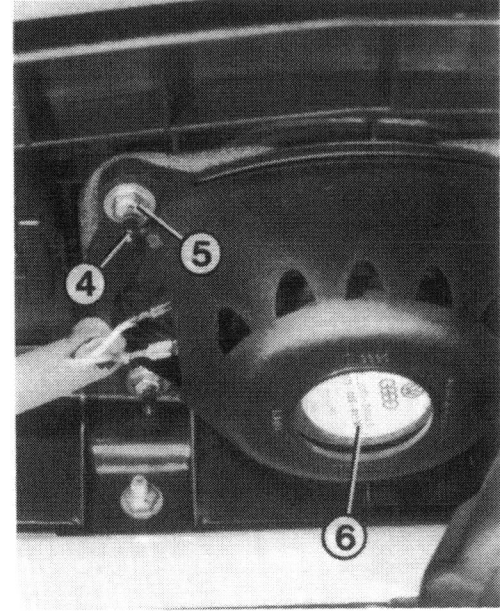

Links: Die vordere Lautsprecherabdeckung (3) wird von einer Kreuzschlitzschraube (1) gehalten, die unter einer Abdeckung (2) sitzt.
Rechts: Der hier gezeigte hintere Golf-Lautsprecher (6) ist mit Blechmuttern (5) auf den Kunststoffbolzen (4) befestigt.

und unten zusammendrücken und herausnehmen.
- Einbausatz am Radio befestigen.
- Radiogehäuse und Haltedorn mit Schaumstoffstreifen umkleben, das verhindert mögliche Klappergeräusche.
- Massekabel der Batterie abnehmen.
- Radio anschließen.
- Antenne einbauen.
- Entstörmittel nach Radio-Einbauanweisung montieren.
- Lautsprecher provisorisch am Radio anschließen.

Lautsprecher ausbauen

- **Lautsprecher vorn:** Ablagefach links und rechts unten abschrauben (Seite 260).
- Kombiinstrument ausbauen.
- Abdeckung (siehe Bild oben links) an den Lautsprecherblenden mit einem schmalen Schraubenzieher abdrücken.
- Darunter sitzende Kreuzschlitzschraube losdrehen, Blende an der Außenseite anheben und innen aus dem Armaturenbrett aushängen.
- Lautsprecher losschrauben.
- **Hecklautsprecher Golf:** An den seitlichen Auflagen für die Gepäckraumabdeckung Blechmuttern von den Kunststoffbolzen losschrauben.

Antenne einbauen

- Radhausschale im linken Vorderkotflügel abschrauben (siehe Seite 250).
- Abdeckstopfen oben im Kotflügel herausdrücken.
- Antenne von unten in die Kotflügelbohrung einsetzen. Achten Sie darauf, daß die Massekralle am Antennenfuß guten Massekontakt hat, evtl. das Blech an der Kotflügelunterseite an dieser Stelle etwas blank kratzen. Der Massekontakt ist für gute Empfangsqualität äußerst wichtig.
- Blanke Stellen mit Kontaktfett oder Silikon-Dichtmasse vor Korrosion schützen.
- Überwurfmutter der Antenne leicht anschrauben.
- Kombiinstrument ausbauen.
- Motorhaube öffnen, ggf. Abdeckung über dem Schaltgerät der Transistorzündung abnehmen.
- Gummistopfen zwischen Wasserkasten und Innenraum herausdrücken.

- Massekabel der Batterie anklemmen, Radio zur Probe einschalten.
- Lautsprecher einbauen.
- Beim Jetta sind die Öffnungen in der Abdeckung bereits vorhanden.
- Entsprechende Löcher in die Abdeckung schneiden.
- Kabel zu den hinteren Lautsprechern unter dem Teppichboden nach vorn verlegen, dazu Teppich seitlich abnehmen, siehe Seite 261.
- Radio endgültig montieren.

- **Hecklautsprecher Jetta:** Vom Kofferraum aus das Lautsprechergehäuse fassen und nach oben drücken.
- Die Lautsprecher werden nur von Blechklammern gehalten.
- **Tür-Lautsprecher:** Unten an der Lautsprecherblende im Türablagekasten eine Kreuzschlitzschraube herausdrehen.
- Blende herausklappen.
- Blechmuttern von den Kunststoffbolzen losdrehen.

- Antennenkabel durch das seitliche Ablaufloch im Wasserkasten nach oben führen und mit einem Halteclip sichern.
- Verlegen Sie das Kabel so, daß es nicht mit dem Scheibenwischergestänge in Berührung kommen kann.
- Kabel durch die Gummitülle neben der Tachowelle zum Innenraum durchschieben.
- Hinter dem Armaturenbrett die Antennenleitung möglichst in Schaumstoff verlegen und schwingungssicher befestigen. Dabei auf ausreichenden Abstand zu den Heizungs/Lüftungs-Zügen achten.
- Antennenfuß im Vorderkotflügel zusätzlich mit einem Haltewinkel befestigen.

Heizung und Lüftung

Laue Lüfte

Außenluft tritt an der Hinterkante der Motorhaube ein und wird vom Fahrtwind oder zusätzlich vom Gebläse in den Innenraum gedrückt. Beim Einschalten der Heizung öffnet eine Klappe dem Luftstrom den Weg durch den Heizkörper, der wie ein kleiner Kühler aussieht. Die durchströmende Frischluft erwärmt sich dann an den Heizkörperlamellen.

Heizung und Belüftung prüfen

- Heizhebel bei warmgefahrenem Motor ganz nach rechts schieben – strömt Warmluft aus?
- Funktioniert die Luftverteilung nach oben und unten?
- Heizhebel zurückschieben – nach kurzer Zeit darf nur noch kalte Luft aus den Öffnungen strömen, sonst schließt die Warmluftklappe nicht richtig.
- Strömt aus allen Öffnungen Warm- oder Kaltluft?
- Läuft das Gebläse in sämtlichen Stufen?

Das Luftgebläse

Der Gebläsemotor läuft in drei Geschwindigkeiten, die durch vorgeschaltete Widerstände bzw. direkten Stromfluß erreicht werden.

Die Geschwindigkeitsstufen werden durch Zuschalten verschieden großer Widerstände (bzw. durch Hintereinanderschalten derselben) erreicht. Die Widerstände sind in die Plus-Zuleitung zum Gebläsemotor eingeschaltet. Die Masseverbindung ist konstant, während der Pluskontakt »verbessert« bzw. »verschlechtert« wird.

Fingerzeig: Das Luftgebläse saugt die Außenluft im Wasserfangkasten an. Über dem Ansaugstutzen ist ein Gitter angebracht. Trotzdem können kleine Blättchen ins Gebläse gelangen und störende Geräusche verursachen. Abhilfe: Kunststoffklammer am Gitter abziehen, Gitter abnehmen und von oben versuchen, den oder die Fremdkörper herauszunehmen. Geht das nicht, Gebläse ausbauen.

Störungssuche Gebläsemotor

- Wenn das Gebläse **in keiner Schalterstellung** rauscht, kontrollieren Sie zuerst die zuständige Sicherung.
- Laufen trotz intakter Sicherung auch die Scheibenwischer nicht, liegt es am X-Kontakt-Entlastungsrelais, siehe Seite 231.
- Bei intaktem Relais Drehschalter des Gebläses überprüfen (Seite 230).
- Gebläsemotor freilegen.
- Liegt es nicht am Schalter, legen Sie ein ausreichend langes Kabel vom Batterie-Pluspol an den Anschluß der gelben Leitung des Gebläsemotors.
- Ist der Gebläsemotor intakt, muß er sich jetzt mit voller Geschwindigkeit drehen. Wenn nicht, auswechseln.
- Läuft das Gebläse **nur in voller Geschwindigkeit**, dürfte die Überhitzungssicherung auf der Trägerplatte der Vorwiderstände (Bild unten rechts) durchgebrannt sein.
- Dreht das Lüfterrad **nicht in allen Geschwindig-**

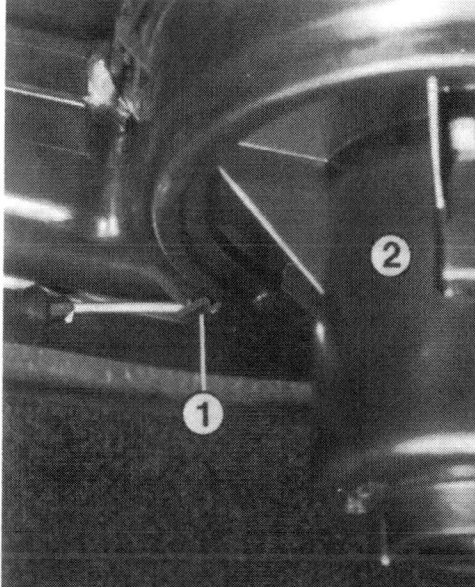
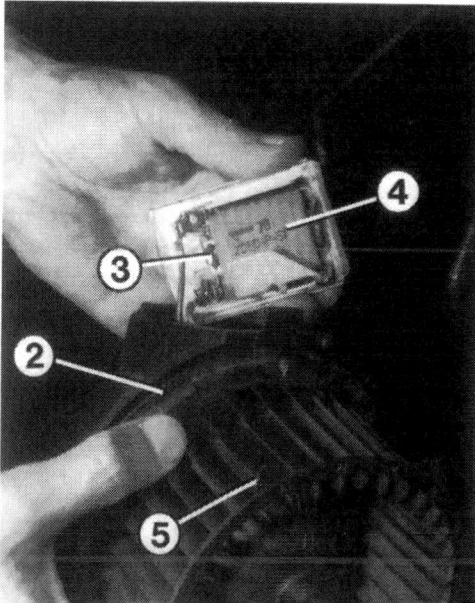

Links: Zum Ausbau des Gebläses (2) muß die Halteklammer (1) mit einem Schraubenzieher ausgerastet werden.
Rechts: Nach Ausbau des Gebläses (2) kann die Widerstandsplatte (4) aus dem Gebläsegehäuse gerastet werden. Position »3« zeigt die eingelötete Überhitzungssicherung. Die Blechklammer (5) auf einer der Gebläseschaufeln dient als Auswuchtgewicht.

keiten, ist möglicherweise einer der Vorwiderstände defekt.
● Anschlußplatte am Ventilatormotor aus ihrem Halter ausrasten.
● Ohmmeter zwischen dem Kontakt des gelben Kabels und dem zum Lüfterrad hin zeigenden Anschluß am Widerstand anklemmen.

● Meßwert ca. 3,3 Ω – Anschlußplatte in Ordnung; Meßwert ∞ Ω – Platte defekt.
● Gleiche Prüfung am anderen Anschluß am Widerstand: Meßwert ca. 0,8 Ω – Anschlußplatte in Ordnung; Wert ∞ Ω – Platte defekt.
● Anschlußplatte komplett austauschen.

Gebläse ausbauen
● Ablagefach rechts abschrauben (Seite 260).
● Ggf. Isoliermatte abschrauben bzw. Halteknopf unten am Gebläse abdrücken oder mit einem Schraubenzieher abhebeln.
● Mehrfachstecker abziehen.

● Halteklammer mit einem Schraubenzieher leicht anheben und Gebläse im Uhrzeigersinn drehen, dann kann es nach unten abgenommen werden.

Gebläseschalter ausbauen
● Heizhebelblende abnehmen, wie unter »Heizbetätigung ausbauen« beschrieben.
● Mehrfachstecker an der Schalterrückseite abziehen.

● Schalterteil aus der Blende ausrasten.

Heizungs-/Lüftungsgehäuse

Diese »Zentrale« für die Kalt- und Warmluftverteilung sitzt unter dem Armaturenbrett, wie in der Zeichnung unten gezeigt.

Heizungs-/Lüftungsgehäuse ausbauen
● Kühlflüssigkeit teilweise ablassen (Seite 52).
● Im Motorraum an der Trennwand zum Innenraum die Schlauchschellen der beiden Wasserschläuche zum Heizkörper abnehmen.
● Ablagefach links und rechts sowie mittlere Abdeckung bzw. Mittelkonsole demontieren.
● Am Luftverteilergehäuse die Luftschläuche nach rechts und links sowie zu den mittleren Luftdüsen abziehen.
● Nach Herausdrehen je einer Mutter rechts und links Gehäuse abnehmen.
● Fußraum-Ausströmer abschrauben.
● Zwei Kreuzschlitzschrauben des nach oben führenden Ausströmers herausdrehen, Ausströmer aus dem Heizungs-/Lüftungsgehäuse ziehen.
● Betätigungszüge am Gehäuse abnehmen.
● Mehrfachstecker am Gebläse abziehen.
● Im Motorraum an der Trennwand zum Innenraum drei Sechskantmuttern herausdrehen, mit denen das gesamte Heizungs-/Lüftungs-Bauteil befestigt ist.
● Ganzes Bauteil mit der richtigen Mischung von Gefühl und Gewalt herausziehen.
● Falls es sich am Armaturenbrett verhakt, müssen vier Halteschrauben des Armaturenbretts gelöst werden. Sie sitzen jeweils rechts und links ganz außen bzw. unterhalb des Kombiinstruments.
● Falls das Gehäuse etwa zum Austausch einer Klappenlagerung zerlegt werden soll, müssen die in Gehäusemitte sitzenden Klammern abgedrückt und die Kunststoffnasen aus den entsprechenden Ösen ausgerastet werden.
● Beim Einbau darauf achten, daß sämtliche Dichtungen sauber anliegen.
● Betätigungszüge einstellen, falls notwendig.

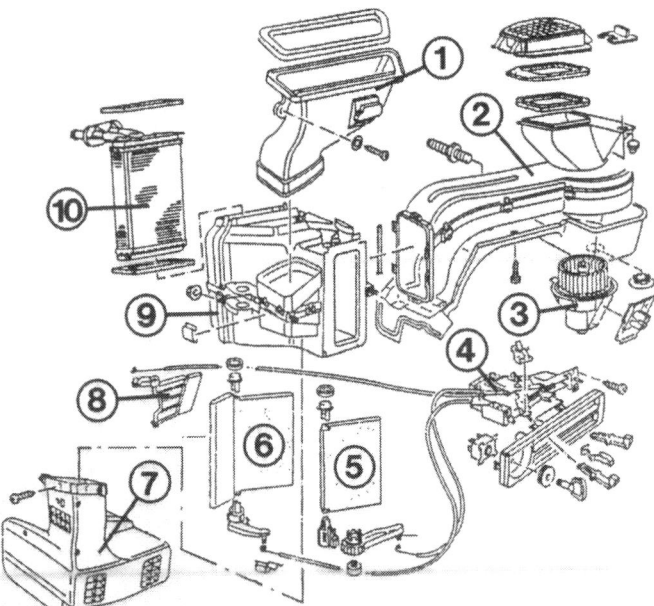

Zur Heizung und Luftführung gehören:
1 – Zwischenstück zur Windschutzscheibe;
2 – Luftzufuhrkanal;
3 – Luftgebläse;
4 – Heizbetätigung;
5 – Zentralklappe;
6 – Temperaturklappe;
7 – Fußraumausströmer;
8 – Steuerklappe »Oben/unten«;
9 – Heizungs-/Lüftungsgehäuse;
10 – Wärmetauscher.

Fingerzeig: Die Klappe zur Windschutzscheibe läßt auch bei ganz nach rechts geschobenem Einstellhebel noch einen kleinen Luftanteil am Fußraumausströmer austreten. Wenn Sie das stört, können Sie an der Klappe (Nr. 8 in der Zeichnung links) einen abdichtenden Schaumstoffstreifen der Größe 20 × 20 × 90 zur Klappenachse hin ankleben. An die Klappe gelangen Sie bei ausgebautem linken Ablagefach und Fußraumausströmer.

Heizkörper ausbauen

- Heizungs-/Lüftungsgehäuse ausbauen.
- Haltenasen des Heizkörpers oben ausrasten.
- Heizkörper herausziehen.

Heizbetätigung ausbauen

- Ablagefach oder Abdeckung herausziehen bzw. Radio ausbauen (Seite 240 bzw. 261).
- Hebel der Heizregulierung abziehen, der Griff des Gebläseschalters bleibt aufgesteckt.
- Haltezungen der Blende ausrasten. Nicht mit Gewalt oder scharfem Werkzeug hantieren (der Kunststoff bricht leicht aus), sondern durch die Radioeinbauöffnung fassen und die Blende zum Innenraum herausdrücken.
- Falls Sie jetzt nicht genügend Bewegungsfreiheit haben, Blende des Kombiinstruments abschrauben, siehe Seite 216.
- Drei Halteschrauben rechts und links an der Heizungsregulierung losdrehen.
- Überstand der Seilzughüllen zu den Halteklammern markieren, z. B. mit Klebestreifen.
- Halteklammern der Züge abdrücken.
- Beim Einbau Funktion der Klappen im Heizungs-/Lüftungsgehäuse kontrollieren.

Betätigungszug ausbauen

- Heizbetätigung ausbauen.
- Ablagefach rechts und mittlere Abdeckung bzw. Mittelkonsole ausbauen.
- Wenn Sie an den Hebel der Klappe zur Windschutzscheibe heran müssen, wird das linke Ablagefach ausgebaut.
- Halteklammer des betreffenden Zuges abdrücken, Zugöse aushängen.
- Jetzt den Zug an der Heizbetätigung aushängen.
- Beim Einbau erst den Zug oben an der Heizbetätigung einhängen und die Hülle mit der Klammer sichern.
- Heizbetätigung festschrauben und Zug einstellen.

Betätigungszüge einstellen

○ Zur Zentralklappe führt ein langer schwarzer Zug.
○ Die Steuerklappe »Oben/Unten« besitzt einen kurzen schwarzen Betätigungszug.
○ An der Temperaturklappe ist ein blauer Zug eingehängt.

- Nach den gleichen Vorarbeiten wie im vorangegangenen Abschnitt Klammern an den Bowdenzügen abnehmen.
- Oberen Hebel ganz nach rechts in Stellung »Defrost« schieben.
- Jetzt verschieben Sie den Zug so weit, bis die Klappe ohne Spannung am Gehäuse anliegt.
- Bowdenzug mit seiner Klammer befestigen.
- Beide Hebel bis zum Anschlag nach links schieben.
- Kontrollieren Sie, ob die Klappe nun auf der anderen Seite anliegt. Wenn nicht, Klappe vorsichtig gegen das Gehäuse drücken.
- Am Heizungs-/Lüftungsgehäuse den betreffenden Hebel der beiden anderen Klappen vom entsprechenden Widerlager bis zum Anschlag wegdrücken.
- Zughülle in Anschlagstellung festklemmen.
- Funktion prüfen: Die Klappen müssen hörbar ihren Anschlag erreichen, wenn die Hebel hin- und herbewegt werden.

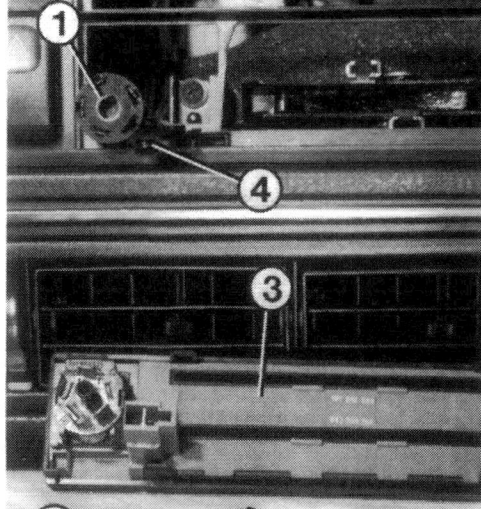
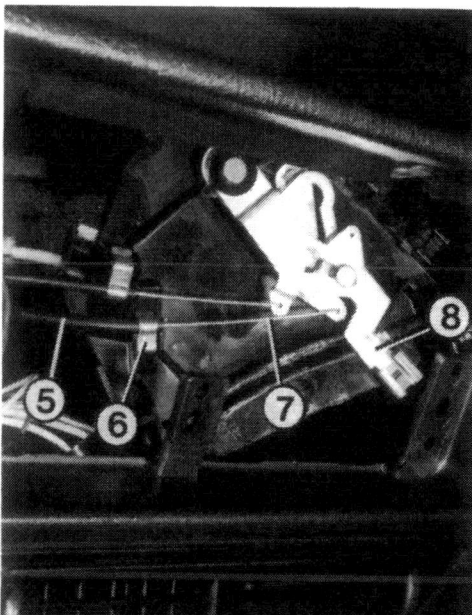

Links die Heizbetätigung:
1 – Mehrfachstecker des Drehschalters;
2 – Griffe;
3 – Heizhebelblende;
4 – Zweifachstecker für die Beleuchtung der Heizbetätigung.
Rechts: Die Zughülle (5) ist mit einer Klammer (6) befestigt, die Drahtseele (7) im Hebel (8) eingehängt.

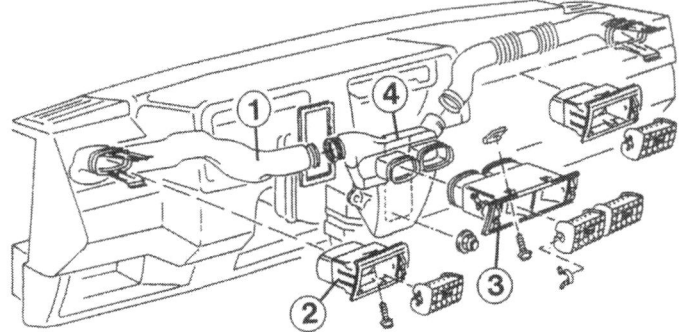

Die Frischluftwege:
1 – **Luftverteilergehäuse;**
2 – **seitliche Lüftungsdüse;**
3 – **mittlere Doppel-Lüftungsdüse;**
4 – **Luftverteilergehäuse.**

Luftdüsen ausbauen

● Ausströmgitter in Richtung »oben« drehen und an der Oberseite die Halteschraube (zwei bei den Mittelausströmern) losdrehen.
● Gitter jetzt nach unten drehen und die Haltenasen unten ausrasten.
● Wenn Sie an die Schrauben so nicht herankommen, können Sie die Ausströmgitter aus ihren Halteachsen ausrasten.
● Das Einsetzen eines Ausströmgitters ist allerdings eine erhebliche Geduldsprobe, da die ineinander gesteckten Kunststoffteile gelegentlich auseinanderfallen.

● Je nach Lage der auszubauenden Düse Ablagefach links oder rechts bzw. Mittelabdeckung bzw. -konsole ausbauen, siehe Seite 260.
● Schlauch hinten an der Luftdüse abziehen.
● Ausströmdüse herausziehen bzw. von hinten herausdrücken.
● Beim Einbau auf richtigen Sitz des Luftführungsschlauches achten; er läßt sich oft nur sehr schwer aufschieben.

Störungsbeistand

Heizung

Die Störung	– ihre Ursache	– ihre Abhilfe
A Heizleistung ungenügend	1 Heizungszug gerissen	Kontrollieren bzw. auswechseln
	2 Laubstückchen haben sich vor den Wärmetauscher gelegt	Gebläse ausbauen, Wärmetauscher mit Staubsauger reinigen
	3 Kühlerthermostat schließt nicht völlig, aufgeheiztes Kühlmittel strömt zu früh in den Kühler	Thermostat säubern, ggf. austauschen
B Heizung läßt sich nicht abstellen	Siehe A 1	
C Heizung fällt plötzlich während der Fahrt aus	Wärmetauscher durch Kühlwasserverlust leergelaufen	Sofort anhalten, sonst besteht Gefahr für die Zylinderkopfdichtung! Undichtigkeit beheben und Kühlsystem auffüllen

Die Klimaanlage

Ähnlich wie zu Hause im Kühlschrank wird ein gasförmiges Kältemittel durch einen Kompressor verdichtet. Letzterer wird von der Motor-Kurbelwelle über einen Keilriemen angetrieben. Beim Verdichten verflüssigt sich das Kältemittel und gelangt in den Verdampfer unter dem Armaturenbrett. Der sieht aus wie ein Kühler. Darin verdampft das Kältemittel und kann hierdurch Wärme aufnehmen. Die durch den Verdampfer geführte Luft strömt abgekühlt in den Innenraum. Über einen Kondensator neben dem Wasserkühler im Motorraum gelangt das Kältemittel wieder zurück zum Kompressor. Zur verstärkten Kondensierung läuft der Kühlerventilator dauernd.

Keilriemenspannung prüfen

Wartung Nr. 12

Für den Kompressor der Klimaanlage sind zwei Keilriemen zuständig. Der erste verbindet Kurbelwelle, Wasserpumpe und Klimakompressor, der zweite Kompressor und Lichtmaschine. Bei kräftigem Fingerdruck sollen sich beide Riemen **5–10 mm** tief eindrücken lassen. Gespannt wird durch Schwenken des Kompressors bzw. des Generators.
Die richtige Keilriemenlänge ist in der Tabelle auf Seite 184 aufgeführt.

Fingerzeig: Selbsthilfe ist an der Klimaanlage – mit Ausnahme der Kontrolle der Keilriemen – nicht möglich. Auch von den V.A.G.-Werkstätten versteht sich nicht jede auf die Reparatur der Anlage. Deshalb bei Defekten einen Betrieb mit speziell geschulten Fachkräften erfragen und aufsuchen.

Die Karosserieteile

Formfragen

Von dem uns umgebenden Blechgehäuse werden geringes Gewicht, Verwindungssteifigkeit, hohe Formfestigkeit der Fahrgastzelle und energievernichtende »Knautschzonen« an Bug und Heck verlangt. Bestimmte Stellen können daher aus dünner gefertigtem Blech bestehen, tragende Teile erfordern dickere Blechstärken.

Die Motorhaube

Haube ausbauen

- An den hinteren Ecken der Haube Lappen auflegen, daß die evtl. abrutschende Haube nicht auf Blech oder Lack aufsitzt.
- Rechts und links je zwei Halteschrauben an den Scharnieren losdrehen, Haube abnehmen.
- Die Scharniere der Motorhaube sitzen jeweils auf einem Bolzen und sind mit einer Spannklammer gesichert.
- Beim Einbau das evtl. vorhandene Masseband links wieder mit anschrauben.

Motorhaube einstellen

Bei geschlossener Motorhaube muß der Abstand zu beiden Kotflügeln und zum Windlauf unterhalb der Windschutzscheibe rundum annähernd gleich sein. In der Höhe soll die Haube den Kotflügeln entsprechen.
- Zur Einstellung in **Längsrichtung** werden die Schrauben zwischen Scharnier und Haube gelöst.
- Haubendeckel verschieben. Damit hierbei kein Lack verkratzt wird, evtl. an den Ecken zum Windlauf Lappen unterlegen.
- In **Seitenrichtung** läßt sich der Sitz der Haube allenfalls durch Biegen der Scharniere korrigieren.
- Hilft das nicht, muß der Sitz der Kotflügel korrigiert werden.
- Gummipuffer vorn am Querträger so weit hinein- bzw. herausdrehen, bis die Haube in geschlossenem Zustand in gleicher Höhe mit den Kotflügeln steht.

Haubenverschluß einstellen

Funktioniert die Haubenverriegelung nicht einwandfrei, kann der Schließdorn an der Haubenvorderkante in der Höhe verstellt werden. Der Hauben-Entriegelungszug ist nicht einstellbar.
- Bei seitlich versetztem Schließdorn dessen Grundplatte lockern und entsprechend zur Seite verschieben.
- Falsche Schließdornhöhe wird durch Verdrehen des Dorns korrigiert.
- Kontermutter lösen.
- Diese festhalten und mit dem Schraubenzieher den Dorn hinein- oder herausdrehen.

Haubenzug auswechseln

- Kühlergrill ausbauen.
- Entriegelungshebel des Haubenschlosses zur Seite drücken, damit sich das kugelförmige Zugende aushängen läßt.
- Entriegelungsgriff im Fahrerfußraum losschrauben.
- Haubenzug aus seinen Haltern aushängen und in den Innenraum ziehen.
- Beim Einbau den Zug so verlegen, daß er nicht unter Spannung steht.
- Der Zug kann nicht eingestellt werden.

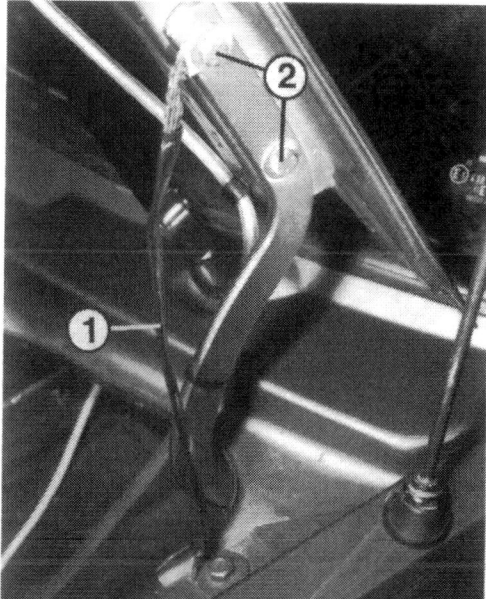 

Links das Motorhaubenscharnier mit den beiden Halteschrauben (2) und das Masseband (1) für die Radioentstörung. Rechts: Das kugelförmige Ende des Haubenzuges (4) wird in die Aussparung am Haubenschloß (3) eingehängt.

Die Wagenfront

Kühlergrill ausbauen
- Motorhaube öffnen.
- Beim Grill mit Doppelscheinwerfern zwei Kreuzschlitzschrauben vorn oben herausdrehen.
- Oben am Kühlergrill die vier Haltenasen mit einem Schraubenzieher nach unten drücken, zwei weitere von der Scheinwerfer-Rückseite her lösen, gleichzeitig den Grill ein Stück herausziehen.

Frontspoiler ausbauen
- **Schmale Stoßfänger:** Sechskantschrauben des Frontspoilers herausdrehen.
- Spoiler abnehmen.
- **Golf GL und Jetta ab 8/89:** Kleine Abdeckkappe in Spoilermitte abdrücken.

Frontblech ausbauen
- Stoßfänger ausbauen.
- Steckverbindungen zu den Scheinwerfern und der Hupe trennen.
- Haltewinkel des Kühlers oben losdrehen, Kühler abziehen und gegen Herunterfallen sichern.
- Kühlergrill ausbauen, unteres Luftgitter ausclipsen, Haubenzug aushängen.
- Grill unten aus dem Karosserieblech aushängen.
- Die in Wagenfarbe lackierte Blende ist unten am Grill eingeclipst.
- Zum Ausbau des unteren Luftgitters in der Mitte unter der Kennzeichenfläche des Stoßfängers eine Sechskantschraube herausdrehen.
- Haltenasen des Luftgitters aushängen.
- Kunststoff-Haltezungen der einen Spoilerhälfte unten an der Stoßfängerabdeckung vorsichtig ausrasten.
- Andere Spoilerhälfte auf die gleiche Weise abnehmen.
- Spoiler und unteres Bugblech abschrauben.
- Acht Halteschrauben des Frontbleches herausdrehen, davon sitzen je zwei oben neben den Kotflügeln, unten je zwei unterhalb der Scheinwerfer.
- Frontblech komplett mit den Scheinwerfern abnehmen.

Die Stoßfänger

Ausbau
Der vordere Stoßfänger ist mit seinen Haltern am Längsträger angeschraubt. Je zwei Schrauben am Halter dienen gleichzeitig zur Befestigung des Aggregateträgers am Längsträger. Da ohne die Schrauben der Stoßfängerhalter der Aggregateträger statt an sechs nur noch an zwei Punkten befestigt ist, **darf der VW ohne vorderen Stoßfänger nicht gefahren werden**.

- **Vorn:** Steckverbindungen zu den vorderen Blinkern und ggf. zu den Nebelscheinwerfern im Motorkern bzw. unten am Längsträger trennen.
- Beim Stoßfänger des Golf GL und Jetta ab 8/89 rechts und links die Luftleitteile von der Radhausschale losschrauben.
- Je zwei M-10-Schrauben unten an den Längsträgern losdrehen. Auf keinen Fall darf die zwischen den großen Schrauben sitzende kleinere Schraube gelöst werden. Sie hält den Motorträger.
- **Hinten:** Je zwei M-10-Schrauben von unten her rechts und links aus dem Längsträger herausdrehen.
- **Vorn und hinten:** Stoßfänger waagrecht abziehen; die seitlichen Teile gleiten aus ihren Haltern.
- Stoßfängerhalter abschrauben, falls erforderlich.
- Beim Einbau die Dichtungen oben am vorderen Stoßfänger nicht vergessen.
- Achten Sie beim Einschieben des Stoßfängers darauf, daß die seitlichen Teile des Stoßfängers in ihre Halter an der Karosserie eingeschoben werden.
- Zum Festschrauben des Stoßfängers müssen wieder die Rippschrauben verwendet werden. Sie besitzen am Sechskantkopf eine feste Scheibe mit geriffelter Fläche.
- Nur diese Schrauben mit 82 Nm festgezogen garantieren den festen Halt des Stoßfängers.

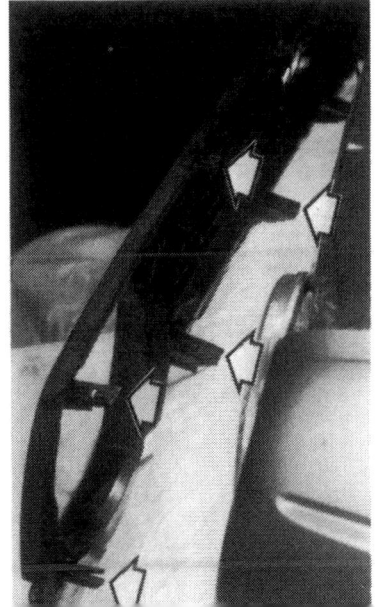
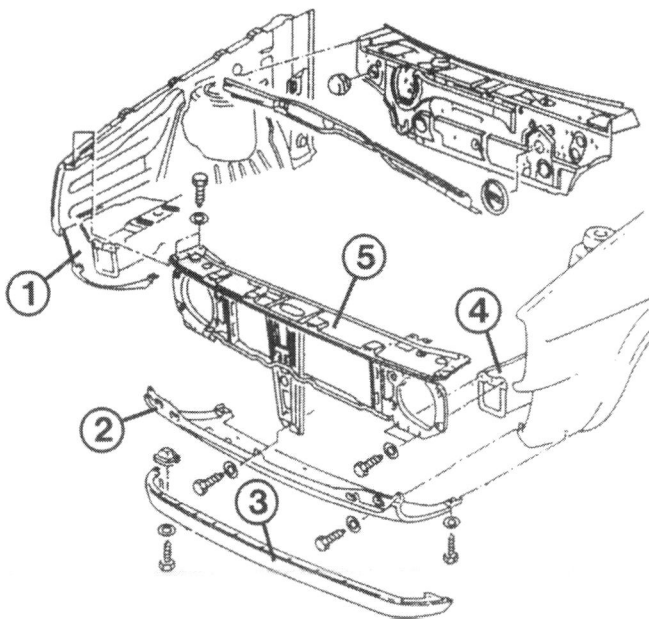

Im Foto links sind die Haltenasen (Pfeile) des Kühlergrills gezeigt.
Die Zeichnung verdeutlicht, wie das Frontblech (5) an Kotflügel (1) und Längsträger (4) angeschraubt ist. Weiter bedeuten:
2 – unteres Bugblech;
3 – Frontspoiler.

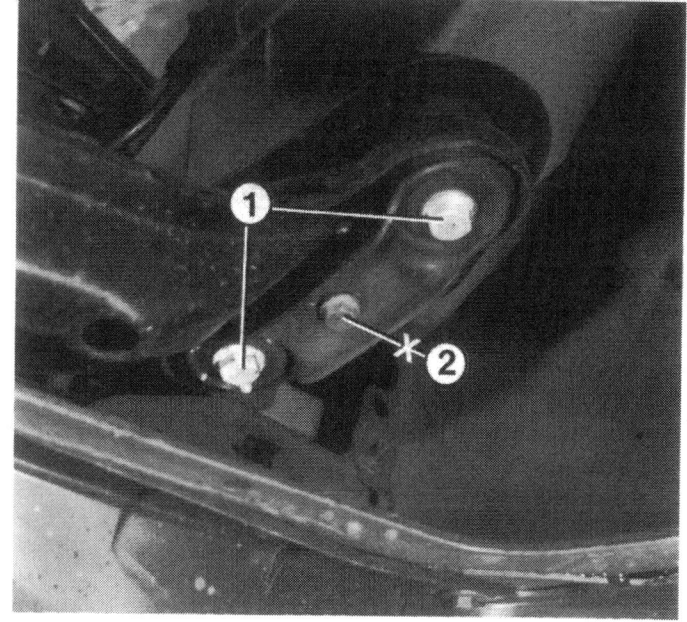

Ein Blick auf die Wagenunterseite. Die Halteschrauben (1) des Stoßfängers sehen Sie hier deutlich. Sie dürfen keinesfalls mit der Halteschraube (2) des Motorträgers verwechselt werden!

Kunststoffabdeckung auswechseln

Wenn lediglich die Kunststoffabdeckung beschädigt ist, kann sie alleine ersetzt werden. Ist dagegen auch der eigentliche Stoßfänger deformiert, gibt es als Ersatz nur das komplette Teil.
- Stoßfänger abbauen.
- Beim Stoßfänger des Golf GL und Jetta ab 8/89 an der Rückseite des Trägers Sicherungsclips abziehen; vorn 4, hinten 8.
- Alte Abdeckung abhebeln.
- Zur Montage der neuen Kunststoffhülle benutzt die Werkstatt eine Presse und ein Spezialwerkzeug. Behelfsmäßig geht es doch recht schwierig.
- Besitzt Ihr Fahrzeug eine Scheinwerfer-Waschanlage, müssen vor dem Aufpressen der Abdeckung die Bohrungen für die Waschdüse eingearbeitet und die Haltemutter vormontiert werden.
- Zum behelfsmäßigen Aufpressen den Kunststoff der Stoßfängerabdeckung mit einem Haarfön oder Heizlüfter erwärmen.
- Von der Stoßfängermitte beginnend müssen sämtliche Haltenasen der Abdeckung in die entsprechenden Öffnungen im Stahlträger einrasten.
- Beim Stoßfänger des Golf GL und Jetta ab 8/89 Sicherungsclips für die Abdeckung im Träger einstecken.
- Die Stoßfängerabdeckung wird erst nach dem Aufpressen auf den Stahlträger lackiert.

Stoßfänger pflegen

Die Kunststoffflächen der Stoßfänger werden mit zunehmendem Alter oft unansehnlich. Das zu verhindern oder den Prozeß hinauszuzögern, kann durch Pflege gelingen.
○ Nach der Wagenwäsche mit Reinigungszusätzen die Stoßfänger mit klarem Wasser nachspülen und abledern.
○ Unbedingt vermeiden, daß Verdünnung, Kraftstoff oder Kaltreiniger (bei der Motorwäsche) auf die Kunststofffläche gerät. Wenn doch, mit klarem Wasser nachspülen.
○ Kunststoff-Reiniger (z.B. Armor All, Caramba KST 100, Liqui-Moly Schaum-Glanz) schaffen bei leicht angegrauten Stoßfängern eine fast neuwertige Oberfläche, wenn das Teil vorher gründlich gereinigt wurde. Allerdings hält die Freude nur begrenzte Zeit.
○ Bei total verwitterter Oberfläche hilft nur noch lackieren.

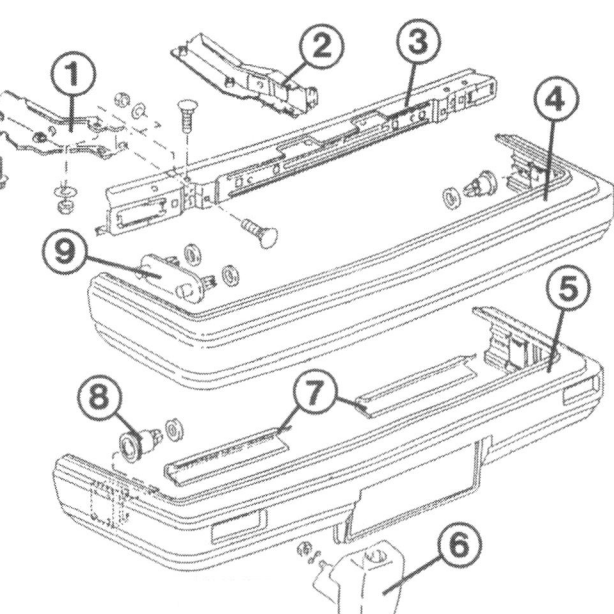

Einzelteile des hinteren und vorderen Stoßfängers:
1 – Stoßfängerträger hinten;
2 – Stoßfängerträger vorn;
3 – Stoßfänger;
4 – Abdeckung hinten;
5 – Abdeckung vorn;
6 – Stoßfängerhorn mit Spritzdüse für Scheinwerfer-Waschanlage;
7 – Dichtungen;
8 – kurzer Halter für Abdeckung;
9 – langer Halter für hintere Stoßfängerabdeckung (nur Jetta).

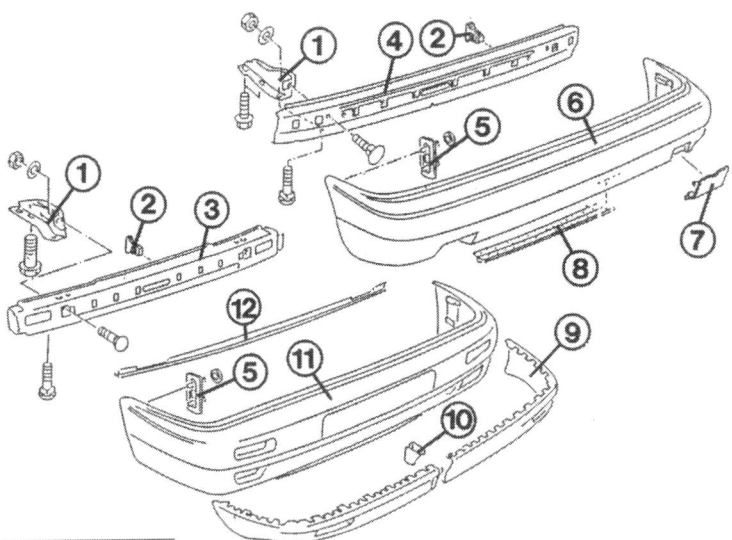

Der vordere und hintere Stoßfänger des Golf GL und Jetta seit 8/89:
1 – Stoßfängerträger;
2 – Sicherungsclip;
3 – Stoßfänger vorn;
4 – Stoßfänger hinten;
5 – Halter für Abdeckung;
6 – Abdeckung hinten;
7 – Abdeckkappe für Abschleppöse;
8 – Abdichtung für Golf-Stoßfänger;
9 – Frontspoiler;
10 – Abdeckkappe;
11 – Abdeckung vorn;
12 – Abdichtung.

Die Kotflügel

Radhausschale ausbauen
- Betreffendes Vorderrad abnehmen.
- Entlang des Radausschnitts und innen im Radkasten acht Sechskantschrauben herausdrehen.
- Radhausschale abnehmen.

Kotflügel ausbauen
- Stoßfänger abschrauben.
- Frontspoiler und Bugblech seitlich lösen.
- Radhausschale abnehmen.
- Unterbodenschutz an den Trennfugen erwärmen, damit er sich mit einem scharfen Messer anschließend durchtrennen läßt. Sie brauchen eine Gas-Lötlampe oder einen leistungsstarken Heißluftfön.
- Köpfe der Halteschrauben an der Scharniersäule aus der Unterbodenschutzschicht freilegen.
- Bei geöffneter Motorhaube rund um den Kotflügel neun Sechskant-Blechschrauben herausdrehen: In der Motorhauben-Anlagekante, vorn unten am Kotflügel, innen zum Türpfosten hin und hinten unten am Schwellerblech, siehe Zeichnung unten.
- Kotflügel nach vorn und dann zur Seite abziehen.
- Zwischen Karosserie und Kotflügel sitzen an der Motorhauben-Anlagekante und zur Tür hin Zinkplättchen unter den Schrauben.
- Falls diese Plättchen fehlen, muß beim Einbau an deren Stelle Karosseriedichtband aufgedrückt werden. Für die jeweilige Schraube ein entsprechend großes Loch durch das Dichtband stechen.
- Nach dem Anbau des Kotflügels in die Fugen zwischen Karosserie und Kotflügel Acryldichtmasse auftragen und mit dem Pinsel sauber verstreichen.
- Die Spalte zwischen Kotflügel und Motorhauben-Ablagekante werden mit Konservierungswachs satt eingesprüht.

Radlaufabdeckungen ausbauen
- Köpfe der Spreizniete abbohren.
- Von der Außenseite her den Dorn des Niets mit einem feinen Durchschlag oder Nagel nach innen durchtreiben.
- Der jetzt ohne Spannung sitzende Niet kann abgehebelt werden.
- Abdeckung (ggf. mit ihrem Halteclip) abziehen.
- Beim Einbau beginnen Sie mit dem Festnieten oben in der Mitte der Verbreiterung und gehen wechselweise rechts und links nach unten.

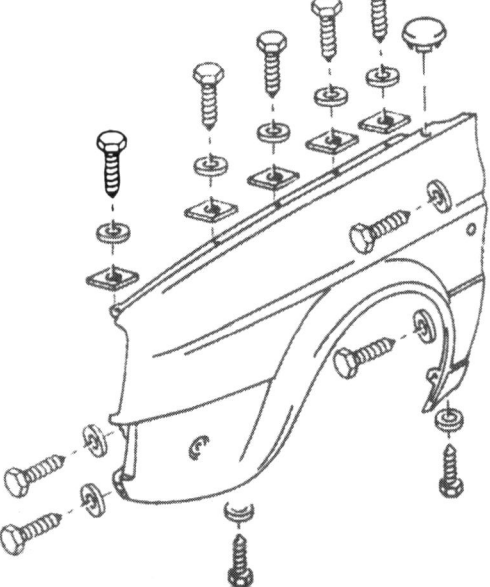

Links: In der Zeichnung sehen Sie sämtliche Schrauben, mit denen der Kotflügel angeschraubt ist; also auch die Schrauben von Bugblech und Spoiler.
Rechts: Der schwarze Pfeil zeigt auf eine der Kotflügel-Halteschrauben, die erst vom Unterbodenschutz freigelegt werden müssen.

In der Zeichnung oben sind die geklebten Schutzleisten (1) bis 7/87 gezeigt. Unten haben wir die neueren Leisten abgebildet:
2 – Halteclip mit Tülle;
3 – Zierleiste;
4 – Schutzleiste;
5 – Dichtung.

Die Schutzleisten

- **Bis 7/87:** Die Seitenleisten sind aufgeklebt und können nicht wiederverwendet werden.
- Zum Abnehmen müssen die Leisten mit einem Heißluftfön erwärmt werden.
- Leiste vorsichtig abziehen.
- Reste der Klebemasse sollten Sie mit einem Holzspachtel und Heißluft entfernen. Zu viel Wärme schadet allerdings dem Lack.
- Zum Anbringen einer neuen Leiste Lackfläche mit Reinigungsbenzin sauberreiben.
- Schutzfolie von der Leiste abziehen.
- Leiste und Klebefläche auf dem Lack mit dem Heißluftfön auf etwa 60°C anwärmen.
- Leiste anheften, evtl. Sitz noch korrigieren.
- Leiste kräftig andrücken, speziell an den Enden.
- **Seit 8/87:** Die Leisten werden von Clips im Blech gehalten.
- Zum Ausbau die Leiste vorsichtig abziehen. Dabei reißen die Clips bisweilen ab. Sie müssen dann beim Einbau ersetzt werden.
- Kontrollieren Sie vor dem Einbau, ob die Tüllen für die Clips im Karosserieblech eingesteckt sind.

Die Türen

Tür ausbauen

- Bei geöffneter Tür die Schaumstoffabdeckung am Türfeststeller abziehen.
- Klemmscheibe unten vom Bolzen des Türfeststellers abdrücken, Bolzen nach oben herausnehmen.
- Bei einem Fahrzeug mit elektrischer Spiegelverstellung, Zentralverriegelung o. ä. muß zum Trennen der Kabelsteckverbindungen bzw. der Unterdruckleitungen in der Tür deren Verkleidung abgenommen werden, siehe übernächsten Abschnitt.
- Am oberen und unteren Scharnier je eine Sechskantschraube losdrehen, Tür mit ihren Scharnieren abnehmen.

Tür einpassen

Zur Einstellung einer Tür muß der VW mit allen Vieren waagrecht auf dem Boden stehen. Bei aufgebocktem Fahrzeug kann sich die Karosserie etwas verwinden, so daß die Türjustierung anschließend nicht stimmt.

Die Radlauf- und Schwellerabdeckungen mit ihren Befestigungsteilen (oben die Ausführung für schmale, unten für hohe Stoßfänger):
1 – unteres Luftgitter;
2 – Radlaufabdeckung vorn;
3 – Kunststofftülle;
4 – Abdeckung hinten;
5 – Kunststoff-Spreizniet;
6 – nicht eingebaut;
7 – Niet;
8 – Halteleiste;
9 – selbstklebender Halter;
10 – Radlaufabdeckung hinten;
11 – Klappe für Wagenheber-Aufnahme;
12 – Schwellerabdeckung;
13 – Abdeckung vorn.

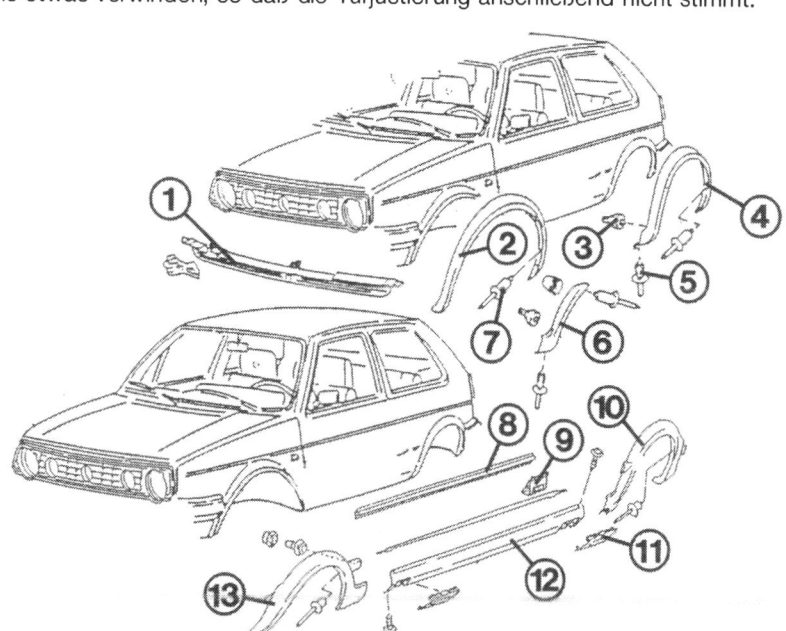

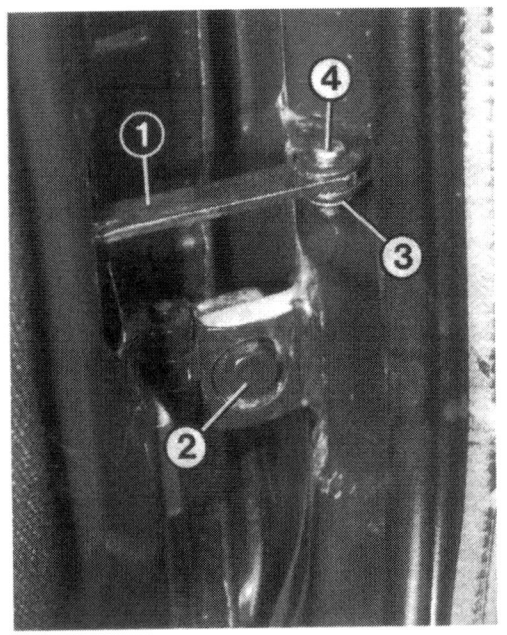 

Links der Türfeststeller (1) mit seinem Haltebolzen (4) und der unten sitzenden Klemmscheibe (3). Bei »besserer« Ausstattung ist dieser Anlenkpunkt mit Schaumstoff abgedeckt. Unten eine Türhalteschraube (2). Im Bild rechts sehen Sie den Schließbolzen (5).

● Schließbolzen, in den das Türschloß einrastet, ein wenig lockern.
● Tür mit ihren Scharnieren nur so fest anschrauben, daß sie sich noch nach allen Seiten verschieben läßt.
● Tür in den Türausschnitt drücken und so ausrichten, daß das Türblech flächenglatt mit dem benachbarten Karosserieblech abschließt und mit rundum gleichmäßigem Spalt im Türausschnitt sitzt.
● Prüfen Sie vom Wageninnern aus, ob die Tür gleichmäßig an ihrer Gummidichtung anliegt.
● Bei richtigem Sitz Scharnierschrauben anziehen.
● Öffnertaste im äußeren Türgriff anziehen und das Türschloß bei leicht angehobener Tür in den Schließbolzen einrasten lassen.
● Öffnertaste loslassen, wieder anziehen und Tür leicht angehoben öffnen.
● Schließbolzen in dieser Stellung festziehen.
● Sitz der Tür kontrollieren, ggf. nachjustieren.

Türverkleidung ausbauen

Diese Arbeit haben wir aus dem Kapitel »Innenraum« vorgezogen, da sie für die weiteren Zerlegungsschritte an der Tür wichtig ist.
● Am Haltegriff die Blende abdrücken oder mit einem schmalen Schraubenzieher abhebeln.
● Darunter sitzende Kreuzschlitzschrauben losdrehen. Griff abziehen.
● Umrandung am Türinnengriff nach hinten drücken und abziehen.
● Abdeckung der Fensterkurbel abdrücken und wegnehmen.
● Darunter sitzende Kreuzschlitzschraube losdrehen und Kurbel abnehmen.
● Verriegelungsknopf herausdrehen.
● Knopf vom Schalter der Außenspiegelverstellung abziehen bzw. bei elektrischer Spiegelverstellung Schalter herausziehen und Kabelstecker abziehen.
● Rundum die Halteschrauben der Türverkleidung (bisweilen unter eingesteckten Abdeckungen) losdrehen: Jeweils zwei an der Vorder- bzw. Hinterkante an der jeweiligen Verkleidung.
● Jetzt können Sie die Verkleidung oben aus der Türschachtabdichtung herausziehen und aus ihren unteren Halteklammern herausnehmen.
● Die geräuschdämpfende Schutzmatte hinter der

Hier die Fahrer-Türverkleidung:
1 – Abdeckung des Zuggriffes (2);
3 – abgezogene Umrandung des Türinnengriffes;
4 – Verkleidung der Fensterkurbel;
5 – Knopf der Spiegelverstellung.

Die Schutzmatte (1) hinter der Türverkleidung wird von Clips (2) gehalten. Der Bolzen (3) wird mit dem Hammer in den Clip eingeklopft und spreizt ihn wie einen Dübel.

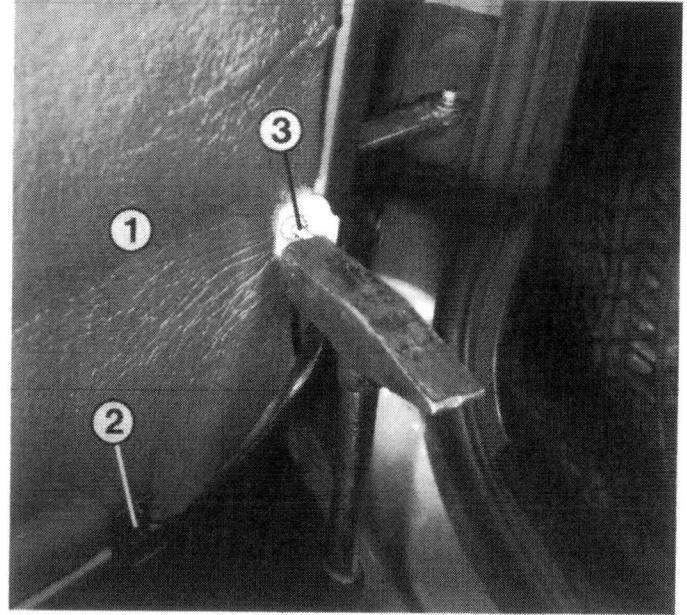

Verkleidung darf nicht beschädigt sein, andernfalls kann Feuchtigkeit eindringen und die Rückseite der Türverkleidung aufweichen.
● Die Schaumstoffmatte wird von rundum sitzenden Clips gehalten und ist zusätzlich angeklebt.
● Zum Abnehmen den kleinen Bolzen im Clip mit einem dünnen Schraubenzieher, Nagel o. ä. durchdrücken, Clip abnehmen.
● Betätigungsstange vom Türinnengriff zum Türschloß aushängen.
● Matte abnehmen, aus dem Türkasten die Bolzen der Clips herausfischen und in die Clips stecken.

● Die Halteklammern unten können mit einem Schraubenzieher abgehebelt werden.
● Die Schale des Türinnengriffes ist mit Haltenasen im Türblech befestigt.
● Zum Einbau der Halteklammern bzw. der Clips der Schaumstoffmatte den Bolzen in das Kunststoffteil hineintreiben, wie im Bild oben gezeigt.
● Beim Aufsetzen des Knopfes für die elektrische Spiegelbetätigung darauf achten, daß die Markierung im Knopf auf das »L« oder »R« im Schalter zeigt.

Türschloß ausbauen

Das Türschloß am hinteren Türkastenrand sehen Sie im Bild unten rechts. Dort sind auch die hier im Text genannten Teile bezeichnet.
● Beide Innensechskantschrauben des Türschlosses lösen.
● Schloß verriegeln und ein Stück herausziehen.
● Durch die Öffnung unten im Türschloß einen Schraubenzieher stecken, wodurch die Welle des Betätigungshebels blockiert wird.

● Nur so kann die Verbindungsstange zum inneren Türgriff ausgehängt werden.
● Sicherungshebel oben aus der Hülse ziehen.
● Beim Wiedereinbau muß die Schloßfalle in verriegelter Stellung stehen.

● Kreuzschlitzschraube im Türkastenrand (Bilder unten) herausdrehen.
● Zierabdeckung abhebeln.

● Kreuzschlitzschraube vorn im Türgriff herausdrehen, Griff abnehmen.

Türgriff ausbauen

Links die Türgriff-Halteschraube (1) und Zierblende (2). Rechts das Türschloß:
3 – Halteschraube des Türaußengriffes, auf die links der Schraubenzieher (Pfeil) angesetzt ist;
4 – Türschloß-Halteschrauben;
5 – Betätigungshebel (vom Schraubenzieher – Pfeil – blockiert);
6 – Verbindungsstange;
7 – Sicherungshebel.

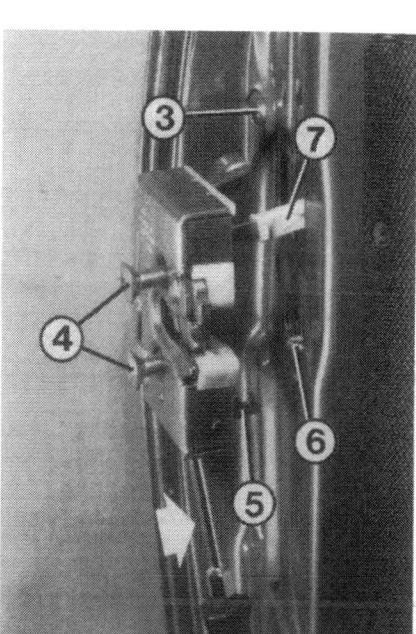

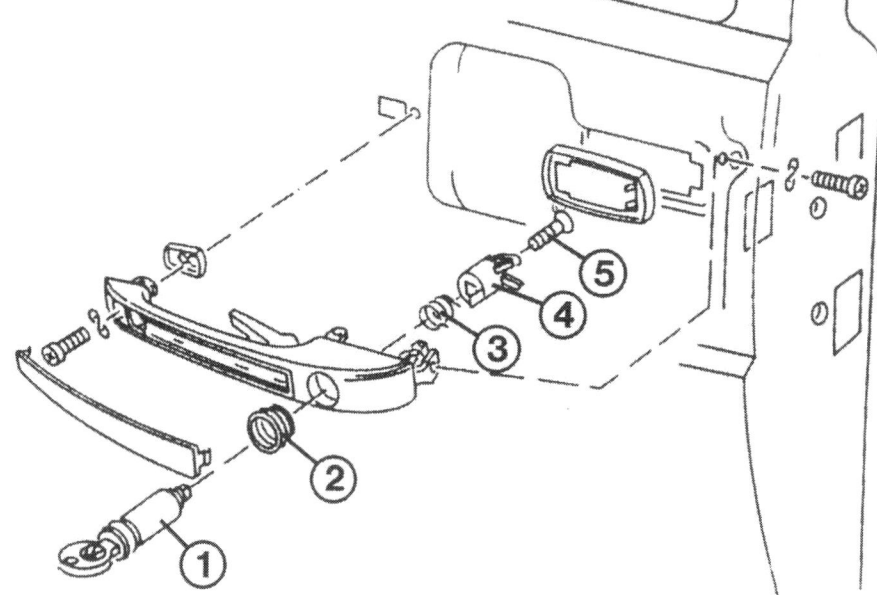

Zum Schließzylinder (1) gehören:
2 – Dichtring;
3 – Drehfeder;
4 – Mitnehmer;
5 – Halteschraube.

Schließzylinder ausbauen

● Schlüssel in den Schließzylinder stecken, damit beim Herausziehen des Zylinders die Schließplatten und Federn nicht herausfallen.
● Kreuzschlitzschraube am hinteren Ende des Schließzylinders herausdrehen.
● Mitnehmer und Drehfeder abnehmen, dabei deren Lage für den Wiedereinbau merken.
● Schließzylinder aus der Türgriff-Vorderseite herausziehen.
● Neuen Schließzylinder mit Rostlöser-Isolierspray schmieren.

Türfenster ausbauen

● Türverkleidung abnehmen.
● Türscheibe herunterkurbeln.
● Fensterschachtabdeckung innen und außen abnehmen.
● Bis 7/87 Halteschrauben der Fensterführungsschiene unten (Bild unten) und oben (unter der Gummidichtung) herausdrehen.
● Schiene schräg nach unten in den Türkasten schieben.
● Türscheibe unten am Fensterheber abschrauben, hochschieben und aus dem Türkasten herausnehmen.
● Falls nötig, läßt sich bei abgenommener Fensterführungsschiene auch das Dreiecksfenster (bis 7/87) abziehen, wenn die Gummidichtung im Bereich der Schräge am Fenster gelöst wird.

Fensterheber ausbauen

● Die Ausbauweise ist gleich bei manueller und elektrischer Betätigung.
● Türverkleidung abnehmen.
● Türfenster nach unten fahren.
● Scheibe vom Fensterheber abschrauben, ein Stück hochziehen und auf zwei entsprechend hohe Klötze setzen, damit sie nicht herunterfallen kann.
● Fensterheberschiene und Kurbeltrieb des Fensterhebers abschrauben, siehe Bild unten.
● Ggf. Kabelstecker zum Fensterhebermotor trennen.
● Fensterheber zum unteren Ausschnitt in der Tür herausnehmen.

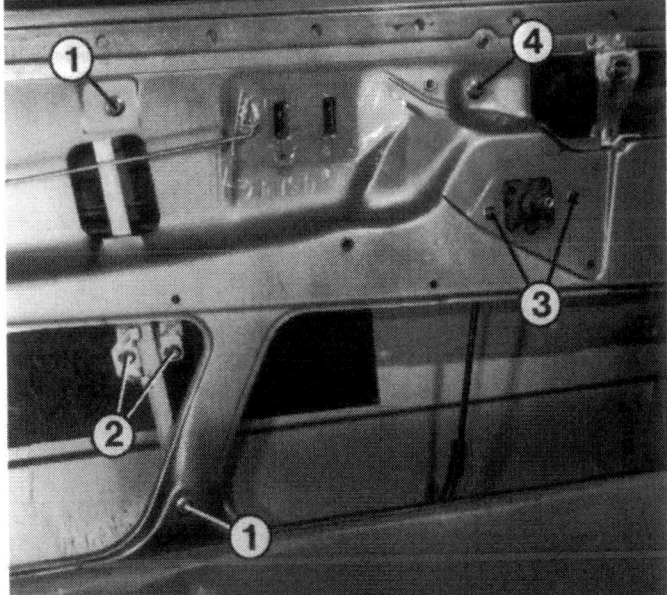

Die Tür mit abgenommener Verkleidung. Gezeigt sind die Halteschrauben folgender Bauteile:
1 – Fensterheberschiene;
2 – Türfenster;
3 – Fensterheber-Kurbeltrieb;
4 – Fensterführung unten.

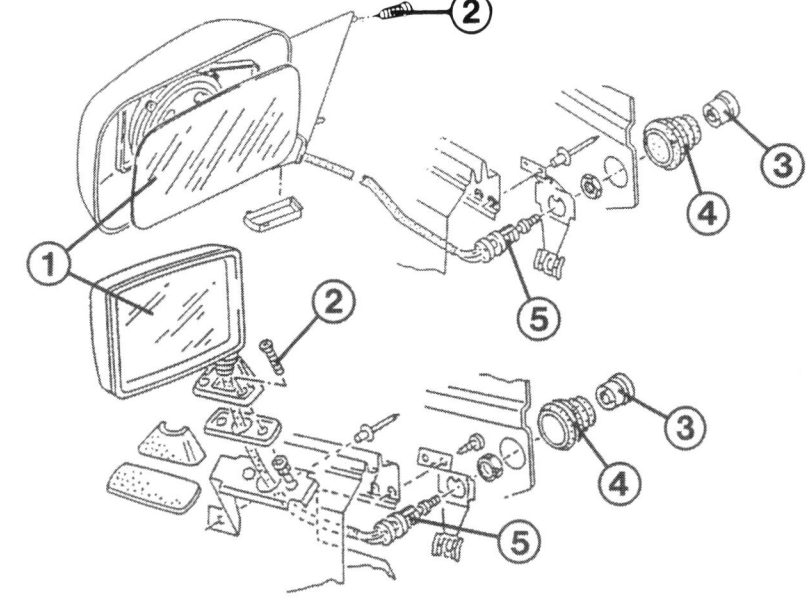

Die Außenspiegel (1) bis 7/87 (unten) bzw. ab 8/87 (oben):
2 – Halteschraube;
3 – Verstellknopf;
4 – Manschette;
5 – Betätigungszug.

- Türverkleidung abnehmen, Schutzfolie teilweise abziehen.
- Zwei Kreuzschlitzschrauben des Steuerelements losdrehen.
- Druckschlauch abziehen, Verbindungsstange am Steuerelement abnehmen.

Steuerelemente der Zentralverriegelung ausbauen

Außenspiegel

- Bei mechanischer oder elektrischer Spiegelverstellung Türverkleidung abnehmen.
- Bei mechanischer Verstellung Matte hinter der Verkleidung im Bereich des Verstellknopfes abziehen.
- Haltemutter der Spiegelbetätigung losdrehen und letztere aus ihrem Halter herausziehen.

- Bei elektrischer Verstellung Kabelstecker trennen.
- Kunststoffabdeckung außen am Spiegelfuß (bis 7/87) bzw. im Wageninnern (seit 8/87) abziehen.
- Zwei Kreuzschlitzschrauben des Spiegels losdrehen.
- Spiegel mit seiner Betätigung herausziehen.

Spiegel ausbauen

- Arbeitshandschuhe anziehen, falls es Bruch gibt.
- **Bis 7/87:** Haltering des Spiegelglases ausrasten. Dazu muß man den Ring mit einem von unten ins Spiegelhäuse eingeschobenen Schraubenzieher im Gegenuhrzeigersinn drehen, siehe Bild unten.
- Spiegelglas abnehmen, ggf. die Kabel der Spiegelbeheizung abziehen.
- Beim Zusammenbau Haltering am Spiegelglas bis zum Anschlag im Uhrzeigersinn drehen.
- Spiegelglas ins Gehäuse einsetzen und mit dem unten angesetzten Schraubenzieher den Ring in Haltestellung drehen.
- **Ab 8/87:** Von unten eine breite Spachtel oder ein Kunststoffplättchen hinter das Spiegelglas stecken und das Glas heraushebeln.
- Wenn nötig, gleiches oben wiederholen.
- Beim Einbau Spiegelglas in die Führungszapfen einsetzen und festdrücken, bis es einrastet.
- Auf die Mitte des Glases drücken und wieder Handschuhe tragen.

Spiegelglas ersetzen

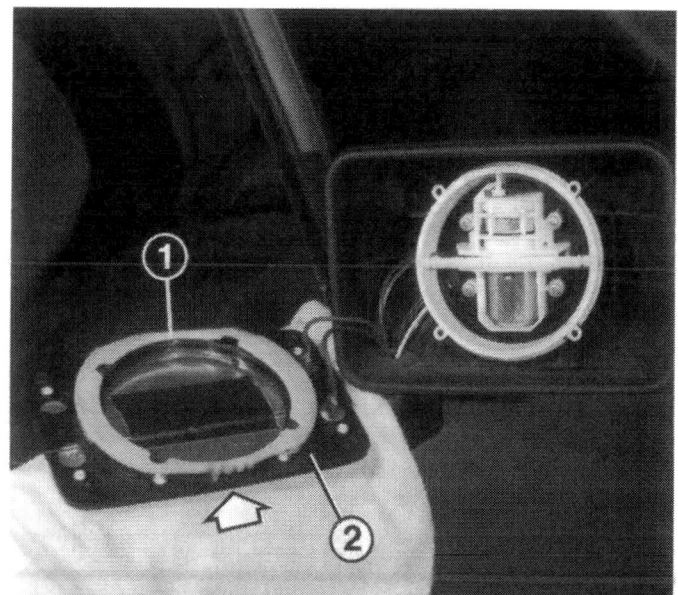

Zum Zerlegen des Außenspiegels bis 7/87 muß der Haltering (1) von unten (Pfeil) entriegelt werden. Dann läßt sich das Spiegelglas (2) abnehmen.

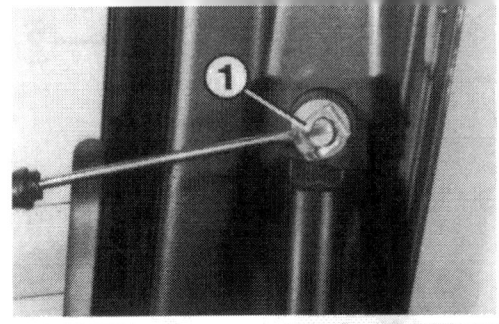
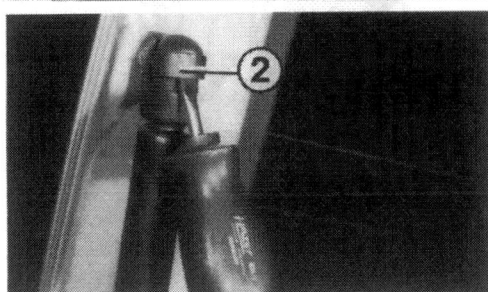

Links: Das Heckklappenscharnier mit seinen Schrauben.
Rechts oben: Hier ist die ältere Ausführung der Klammer (1) des Haltebolzens gezeigt.
Rechts unten die neuere Sicherungsklammer (2).

Die Heckklappe

Golf-Klappe ausbauen
- Kabelverbindungen und Schlauchleitungen zur Heckklappe trennen.
- U-förmige Klammer an einem Haltebolzen des Gasdruckhebers abziehen, Heber aushängen.
- Oder runde Klammer ein Stück herausziehen, Kugelkopf vom Kugelbolzen abdrücken.
- Je zwei Halteschrauben der Heckklappenscharniere herausdrehen, Klappe abnehmen.

Heckspoiler ausbauen
- Abdeckkappen abdrücken.
- Sechskantmuttern losdrehen.
- Beim Einbau müssen die Dichtungen sauber in den Scheibenbohrungen sitzen.
- An die äußeren Gewindebolzen des Spoilers gehört jeweils eine Unterlegscheibe.

Fingerzeig: Der Spoiler oben an der Heckklappe des Golf GT ist im Heckfensterglas festgeschraubt. Wer einen Spoiler nachträglich montieren will, sollte einen aus dem Zubehörprogramm aussuchen, der lediglich mit Klammern an der Heckklappe befestigt wird.

Jetta-Klappe ausbauen
- Bei geöffneter Klappe rechts und links je zwei Schrauben losdrehen.
- Klappe von den Scharnieren abnehmen.

Heckspoiler ausbauen
- An der Unterseite der Kofferraumklappe insgesamt sechs Muttern losdrehen.
- An den äußeren Enden sitzt je ein Halter innen im Kofferraumdeckel, hinter den noch ein Stopfen gesteckt ist.
- Zum nachträglichen Einbau müssen nach genauer Anzeichnung Löcher in den Kofferraumdeckel gebohrt werden.

Der Rastbolzen (2) der hinteren Klappe (links beim Golf, rechts beim Jetta) wird von Innensechskant- (1) bzw. Kreuzschlitzschrauben (3) gehalten.

Die Gummipuffer in der Heckklappe bzw. vorn am Frontblech lassen sich heraus- bzw. hineindrehen. So kann man die Heckklappe oder die Motorhaube paßgenau einstellen.

Heckklappe einstellen

- Bei klappernder oder schlecht schließender hinterer Klappe die Schrauben des Rastbolzens (Bilder links unten) ein wenig lockern.
- Bolzen verschieben und festschrauben.
- Sitz und Klapperfreiheit der hinteren Klappe kontrollieren, ggf. nachjustieren.
- Ggf. durch Herausdrehen der Gummipuffer an der Klappe genauen Sitz einstellen.

Heckklappendichtung

Wenn Staub oder Feuchtigkeit eindringt, obgleich die hintere Klappe einwandfrei in ihrem Ausschnitt sitzt, kann es an der Gummidichtung liegen. Ist die spröde oder eingerissen:
- Gummiumrandung abziehen.
- Neue Dichtung mit einem Kunststoffhammer aufschlagen. Die Gummiumrandung muß rundum gleichmäßig hoch sitzen.
- Zur Pflege der Dichtung eignet sich Glyzerin oder ein Gummipflegemittel.

Heckklappenschloß ausbauen

- Beim Golf Verkleidung der Heckklappe abnehmen.
- Schloß von der Heckklappe losschrauben und herausziehen, Verbindungsstange zum Schloß aushängen.
- Zum Ausbau des Schließzylinders Heckklappengriff abschrauben.
- Dazu an der Außenseite des Griffes beim Golf vier und beim Jetta zwei Kreuzschlitzschrauben herausdrehen.
- Innen an der Heckklappe zwei Haltenasen des Schließteils zusammendrücken und dieses nach außen schieben.
- An der Schloßrückseite muß bei eingestecktem Schlüssel die Sicherungsklammer abgehebelt werden, dann Schließzylinder herausziehen.
- Zum Ausbau der Drucktaste den größeren Sicherungsring abhebeln.
- Beim Einbau den Dichtring zwischen Schloßteil bzw. Handgriff und dem Distanzring nicht vergessen.

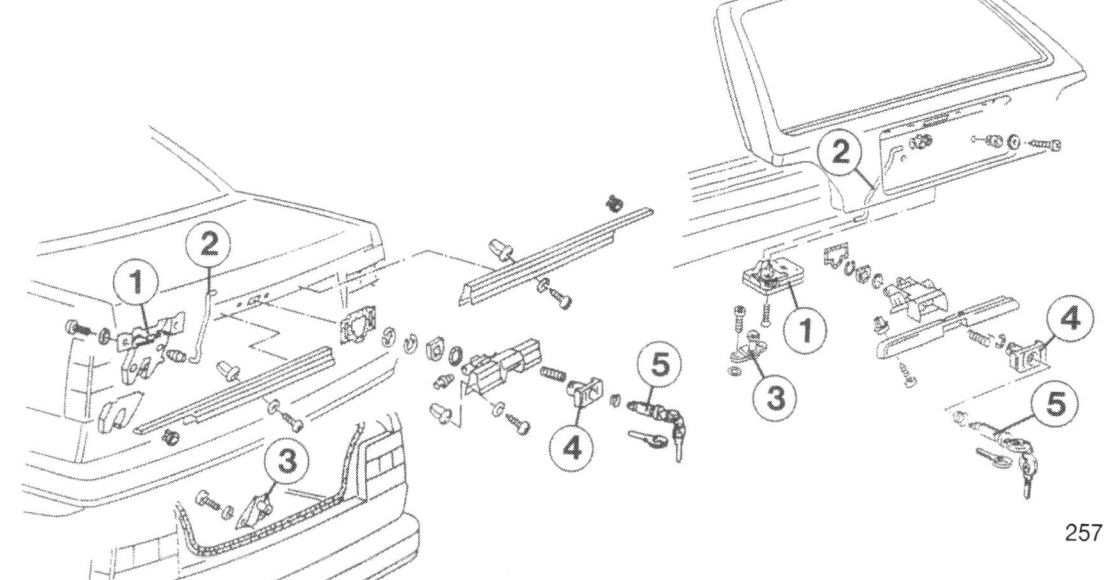

Das Heckklappenschloß beim Jetta (links) und beim Golf (rechts). Die Zahlen kennzeichnen:
1 – Schloßteil;
2 – Zugstange;
3 – Rastbolzen;
4 – Drucktaste;
5 – Schließzylinder.

Das Schiebedach

Dieses Fenster zum Himmel erfordert für problemlose Funktion eine exakte Einstellung. Das kann man nach entsprechender Anleitung auch als Heimwerker, aber die hierzu notwendigen Beschreibungen würden den Rahmen dieses Buches sprengen.

Undichtes Schiebedach

Ein undichtes Schiebedach hat seine Ursache in verstopften Ablaufrohren, von denen je eines an jeder der vier Ecken des Schiebedachkastens angeschlossen ist. Denn eindringen darf das Wasser, doch ablaufen muß es können.
○ Bei undichtem Schiebedach deshalb alle vier Ablaufschläuche durchstoßen.
○ Die hinteren beiden Ablauföffnungen sind auch bei zurückgefahrenem Schiebedach kaum zu erreichen.
○ Die Ablaufschläuche vorn enden in Höhe des oberen Scharniers der Vordertür ins Radhaus (nur bei ausgebauter Radhausschale sichtbar). Diese Schläuche werden vom Schiebedachausschnitt her durchstoßen.
○ Die hinteren beiden Schläuche enden unter den Seitenwangen des Stoßfängers. Diese Schläuche durchstößt man von der Unterseite her. Dazu muß der Stoßfänger ausgebaut werden.
○ Zum Reinigen eignet sich die Spirale einer alten Tachometerwelle.

Die Scheiben

In unseren Modellen sind grundsätzlich Windschutzscheiben aus Verbundglas eingebaut, die im Fall einer Beschädigung nicht in tausende von Krümeln zerfallen, sondern an der Schadensstelle mehr oder minder große Risse zeigen. Solche Scheiben tragen die Beschriftung »Sigla«, »Sekurit Verbund«, »Nordlamex« oder »Laminated«.

Der eigenhändige Einbau einer Verbundglasscheibe ist problematisch. Man muß mit der Scheibe wie mit einem rohen Ei umgehen. Kräftiges Klopfen beim Einsetzen der Scheibe bewirkt leicht eine Verspannung, wodurch sie reißen kann. Wir empfehlen dringend, den Einbau einer Verbundglas-Windschutzscheibe einer Werkstatt zu überlassen.

Relativ unempfindlich ist dagegen das Einschichtglas der festen hinteren Scheiben bzw. der Heckklappe – erkennbar an der Bezeichnung »Sekurit«, »Delodur« oder »Sicursiv«.

Scheibe ausbauen

Zum Aus- und Einbau einer Scheibe brauchen Sie unbedingt einen Helfer, damit es keinen Bruch gibt.
● Bei einer **Verbundglas-Scheibe**, die wieder verwendet werden soll, die Dichtung mit einem scharfen Messer zerschneiden.
● Dichtungsrest abziehen, Scheibe gemeinsam mit einem Helfer abnehmen.
● Bei **Einschichtglas** mit einem Holz- oder Kunststoffspachtel die möglicherweise angeklebte Scheibendichtung rundum vorsichtig abheben.
● Im Wageninnern mit den Füßen gegen die Scheibe drücken. Dabei nicht ruckartig gegen das Glas treten, sondern kraftvoll drücken. Beginnen Sie an einer der oberen Ecken.
● Sobald sich die Scheibe mit der Dichtung aus ihrem Rahmen ein klein wenig löst, an der Stelle daneben drücken.
● Außen muß der Helfer die gelöste Scheibe auffangen (sie löst sich oft blitzschnell) und abnehmen.

Zierrahmen einsetzen

Der Aluminiumrahmen in der Fensterdichtung der besser ausgestatteten Modelle muß vor dem Scheibeneinbau eingesetzt werden.
● Gummidichtung über die Scheibe ziehen.
● In den Schlitz für den Zierrahmen ein ca. 3 mm starkes Autoelektrikkabel einlegen.
● Das geht am besten mit einem stabilen Metallröhrchen, durch das man das Kabel durchführt.
● Mit dem Röhrchen den Gummischlitz öffnen, Kabel einlegen.
● An der Stelle, wo sich die Kabelenden treffen, beginnen Sie mit dem Einsetzen des Zierrahmens.
● Kabel herausziehen und den Rahmen in den sich öffnenden Schlitz drücken.
● Bevor der Zierrahmen ganz eingesetzt ist, an einem Ende das Abdeckstück aufschieben.
● Zuletzt Abdeckstück über die Trennfugen schieben.

Scheibe einbauen

Für den Scheibeneinbau brauchen Sie eine kräftige Schnur oder ein nicht zu dünnes Autoelektrikkabel. Außerdem sollten Sie die nach innen zeigende Dichtlippe mit Silikonspray einsprühen. Die Schnur oder das Kabel gleitet dann leichter, und das Silikon bewirkt eine zusätzliche Abdichtung.
Die bisherige Dichtung kann wiederverwendet werden, wenn sie nicht eingerissen ist.

Ein Überblick der Korrosionsschutzmaßnahmen an der Golf-Karosserie:
1 – zäh-elastischer Dispersionslack auf dem Bugblech;
2 – Klarwachsschicht in der Tunnelwölbung;
3 – PVC-Steinschlagschutz an den Türschwellern und am Gepäckraumboden;
4 – Wachsbitumenschicht am Wagenboden;
5 – Kunststoff-Radhausschalen zusätzlich zum PVC-Steinschlagschutz;
6 – Sprühwachsschicht im Motorraum und auf den Triebwerksteilen.

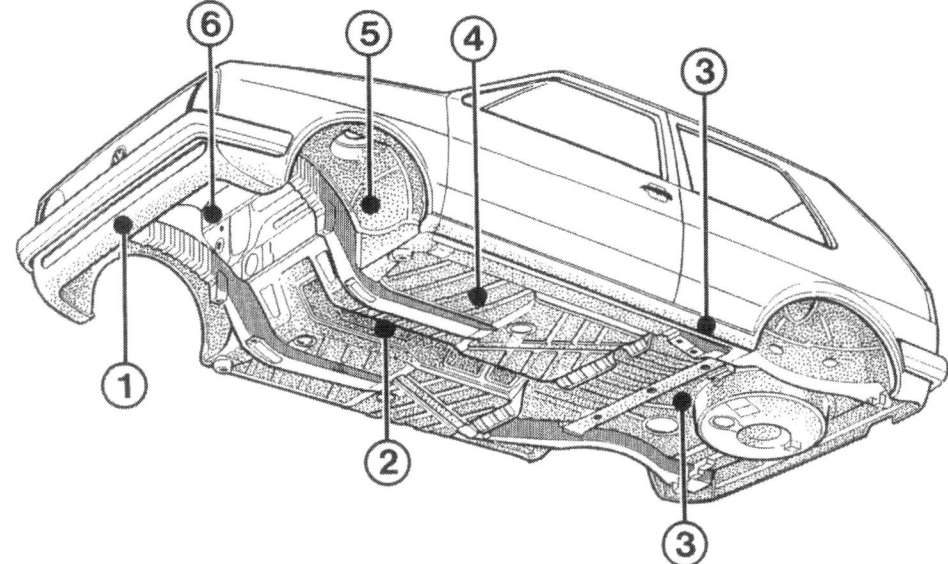

- Scheibenausschnitt in der Karosserie sauberreiben.
- Dichtung auf die Scheibe aufziehen.
- Kabel oder Schnur in die innere Dichtlippe einlegen, wobei sich die Enden unten in Scheibenmitte überlappen müssen.
- Scheibe mit Dichtung am Fensterausschnitt ansetzen und ausrichten.
- Ein Schnur- oder Kabelende fassen und zum Innenraum hin ziehen. Dadurch wird die Gummilippe über die Kante im Fensterausschnitt gezogen.
- Wenn Sie in Scheibenmitte angelangt sind, wird von der anderen Seite her das Kabel oder die Schnur herausgezogen.
- An der Stelle, wo die Dichtung über den Fensterausschnitt gezogen wird, sollte der Helfer mit der flachen Hand von außen gegen die Scheibe klopfen, damit sie sich sauber »setzt«.
- Beim Einbau einer Verbundglas-Windschutzscheibe darf nicht stark geklopft werden, sonst kann es Verspannungen und einen Riß im Glas geben.

Unterbodenschutz kontrollieren

Die Schutzschicht der Wagenunterseite muß sorgsam überprüft und ggf. nachgearbeitet werden.
- Unterboden gründlich waschen.
- Gesamte Unterseite mit einer hellen Lampe ableuchten und auf schadhafte Stellen untersuchen.
- Beschädigte Stellen im Unterbodenschutz mit Spachtel, Schaber und Drahtbürste bis aufs blanke Blech freilegen.
- Rostansätze möglichst blank schleifen.
- Gesäuberte Fläche mit Rostprimer bestreichen.
- Ebene oder größere Flächen werden mit streichbarem Material behandelt.
- Für schwer zugängliche Fugen und Ecken ist eine Sprühdose mit Unterbodenschutz günstiger.

Wartung Nr. 27

Fingerzeig: Zur Nachbehandlung des Unterbodenschutzes dürfen nur bestimmte Materialien verwendet werden. Ungeeignete Mittel greifen den serienmäßigen Unterbodenschutz an. Kein Risiko gehen Sie mit den V.A.G.-eigenen Produkten ein.

Keine Schweißnaht ist so dicht, daß nicht Wasser eindringen kann. Aus diesem Grund sind in allen Hohlprofilen im Wagen Wasserablauflöcher angebracht. Sind diese durch Schmutz oder Unterbodenschutz verstopft, kann eindringendes Wasser nicht mehr ablaufen, sondern fördert den Rostfraß von innen heraus. Besonders gefährdet sind die Längsversteifungen der Karosserie.
- Löcher regelmäßig mit einem Pfeifenreiniger durchstoßen.
- Beim Schiebedach zusätzlich die Wasserabläufe der Dachöffnung kontrollieren.

Wasserablauflöcher reinigen

Der Innenraum

Gute Stube

Manche Reparatur erfordert Vorarbeiten im Wageninnern. Das haben wir hier in einem eigenen Kapitel zusammengefaßt.

Die Sitze

Vordersitz ausbauen
- Sitz nach vorn schieben. Abdeckung der inneren Sitzschiene hochziehen und nach hinten abnehmen.
- Vorn am Haltebock in Sitzmitte die Sicherungsschraube losdrehen, wie im Bild unten bereits geschehen.
- Sitz nach hinten schieben und herausnehmen.
- Vor dem Wiedereinbau kontrollieren, ob die sogenannten Gleitstücke außen auf den Sitzstützen sowie vorn in der Mitte unbeschädigt sind. Andernfalls wackelt der Sitz.

Rücksitz ausbauen
- **Golf-Bank:** An der Vorderkante der Bank die Abdeckungen von den Scharnieren abhebeln.
- Halteschrauben losdrehen, Bank nach vorn klappen und herausnehmen.
- **Golf-Lehne** nach vorn klappen.
- Halteschrauben der Lehnenlagerung außen lösen.
- Bei geteiltem Rücksitz außerdem das kurze Halteseil an der linken Lehne aushängen, dazu den Stopfen herausdrücken.
- **Jetta-Bank:** Vorn an der Unterkante der Sitzbank rechts und links oberhalb der Abdeckungen im Bodenteppich die Arretierungen nach hinten drücken.
- Sitzbank hochziehen und herausnehmen.
- **Jetta-Lehne:** Bei einem Fahrzeug mit Skisack dessen Halterahmen losschrauben.
- Im Kofferraum die oberen Haltespangen aus den Haltenasen ausrasten, während ein Helfer im Innenraum die Sitzlehne hochzieht.
- Beim Einbau darauf achten, daß alle vier Spangen in der Kofferraumtrennwand eingerastet sind.

Kopfstützen ausbauen
- **Vordersitze:** Arretierklammern unter den Abdeckrosetten mit einem kleinen Schraubenzieher herausdrücken oder -ziehen.
- Kopfstütze abnehmen.
- Zum Wiedereinbau jede Federklammer so einstecken, daß ihre gerade Seite zu den Einfräsungen in den Metallstäben der Kopfstütze zeigt.
- **Rücksitz:** Beim Golf erst die Rücksitzlehne etwas vorklappen.
- Drucktaste an der Abdeckrosette eindrücken. Kopfstütze abnehmen.

Armaturenbrett

Ablagefächer ausbauen
- **Links bzw. rechts:** Je fünf Kreuzschlitzschrauben herausdrehen, siehe Zeichnung rechts oben.
- Ablagefach herausziehen.
- Auch die **übrigen Ablagen** am Armaturenbrett und die mittlere Abdeckung bei »einfacherer« Ausstattung sind lediglich angeschraubt.

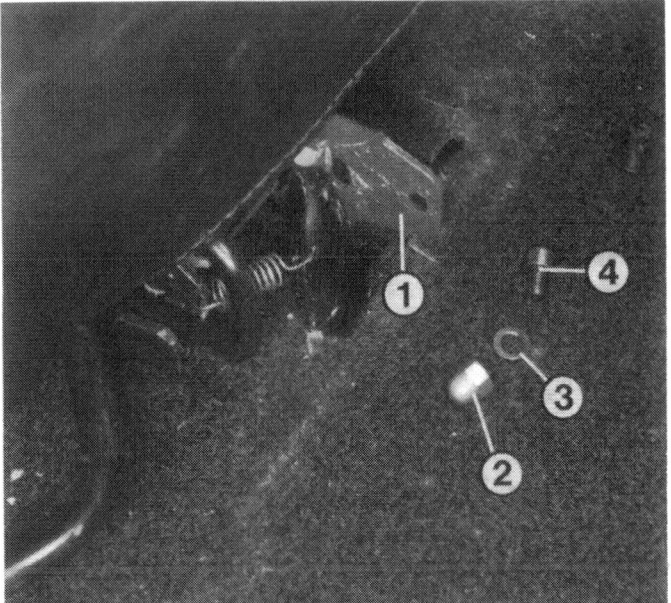

Zur Sicherung der Vordersitze sitzt vorn an der mittleren Schiene (1) eine Innensechskantschraube (4) mit Hutmutter (2) und Unterlegscheibe (3).

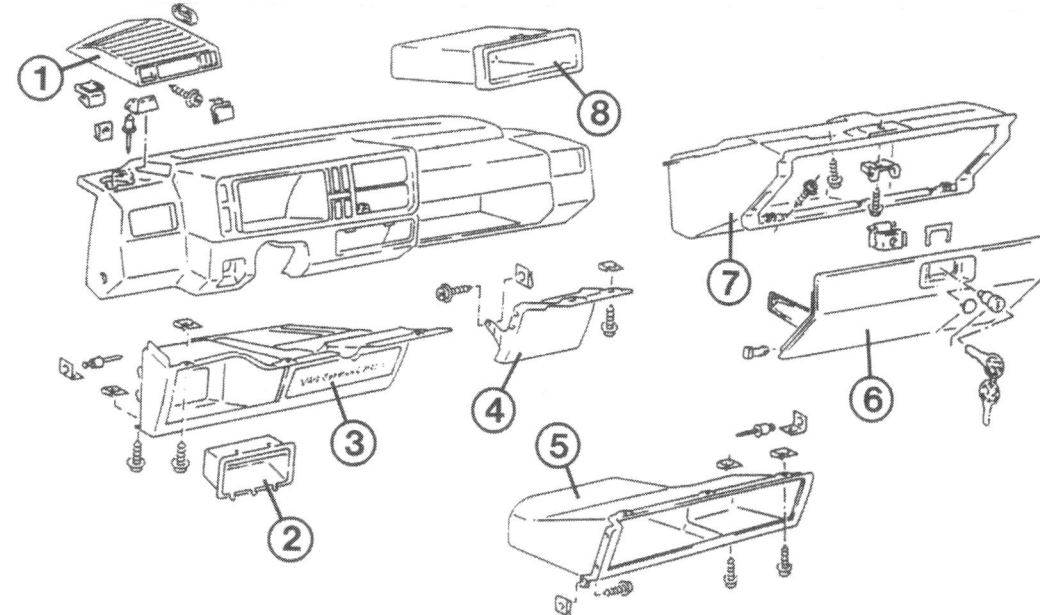

Die Anbauteile am Armaturenbrett:
1 – Lautsprecherabdeckung;
2 – herausnehmbarer Einsatz zum Sicherungskasten;
3 – Ablagefach links;
4 – mittlere Abdeckung (Fahrzeuge ohne Mittelkonsole);
5 – Ablagefach rechts;
6 – Handschuhfachdeckel;
7 – Handschuhfach;
8 – Ablagefach in der Radio-Einbauöffnung.

Mittelablage bzw. -konsole ausbauen

● Schalthebelknopf losdrehen, Schalthebelmanschette abziehen.
● Bei der Mittelkonsole Blende ausrasten.
● Bei Getriebeautomatik die Blende ebenfalls ausrasten und zum Abnehmen vom Wählhebel um 90° drehen.
● Eine Kreuzschlitzschraube herausdrehen, siehe Bild unten.
● Ablage bzw. Konsole ein wenig nach hinten ziehen und aus den Halterungen aushängen.
● Elektrische Steckverbindungen abziehen.

Ascher

● Bei sämtlichen Modellen werden die Ascher lediglich von Blechklammern gehalten.
● Bei einem Fahrzeug ohne mittlere Luftausströmer ist der Ascherhalter mit zwei Kreuzschlitzschrauben im Armaturenbrett befestigt.

Die Verkleidungen

Verkleidungen ausbauen

Auf die Türverkleidungen sind wir bereits im Karosseriekapitel eingegangen.
● **Hintere Seitenverkleidungen Zweitürer:** Rücksitz ausbauen.
● Türdichtung im Bereich der Seitenverkleidung abziehen. Darunter werden zwei Kreuzschlitzschrauben sichtbar – herausdrehen.
● Zwei Halteclips aus der Seitenverkleidung herausdrücken.
● Verkleidung hochziehen, damit sie sich aus den Halteklammern oben an der Fensterbrüstung löst, und abnehmen.
● Die **Verkleidungen im Kofferraum** sind eingehängt, angeklammert, eingeclipst bzw. mit Spreizclips befestigt.
● Zum Ausbau eines Spreizclips den Kunststoffbolzen mit einem feinen Nagel durchdrücken, Clip abnehmen und den Bolzen gleich wieder einstecken.
● **Bodenteppich:** Ggf. Sitze, Mittelkonsole und Handbremsabdeckung ausbauen.
● Einstiegleisten an den Türen abhebeln.
● Der Teppich ist mit mehreren Stopfen befestigt. Direkt unter der Rücksitzbank müssen noch eine bzw. zwei Abdeckungen abgenommen werden.

Die Mittelablage ist vorn mit einer Kreuzschlitzschraube (1) befestigt und steckt hinten in Haltestiften.

Der Dachhimmel

In unseren VW-Modellen ist ein sogenannter Fertighimmel eingebaut. Er besteht aus einem formsteifen Teil, das im Dach lediglich eingeclipst ist.

Himmel ausbauen

- Innenspiegel mit kräftigem Ruck abziehen.
- Innenleuchte ausbauen, siehe Seite 209.
- Sonnenblenden und deren Halter losschrauben, Halter zum Abnehmen um 90° drehen.
- Umlenkbeschläge der Sicherheitsgurte vorn und hinten abschrauben, vorher Abdeckkappen abdrücken. Merken Sie sich die Einbaulage der Abstandshülse für den Wiedereinbau.
- An den Haltegriffen je zwei Abdeckungen heraushebeln bzw. vorn links die Kunststoffkappen aus dem Himmel herausdrücken.
- Darunter sitzende Kreuzschlitzschrauben herausdrehen.
- Verkleidungen der vorderen Dachsäulen oben losschrauben und unten ausclipsen.
- An den mittleren Säulen die Türdichtung im Bereich der oberen Verkleidungen ein Stück abziehen.
- Beim **Zweitürer** je zwei Kreuzschlitzschrauben der Verkleidungen herausdrehen.
- Beim **Viertürer** unten je eine Kreuzschlitzschraube lösen und die Blende nach unten aus ihrem Halteclip herausziehen.
- **Alle Modelle:** An den Verkleidungen der hinteren Dachsäulen ggf. je eine Kreuzschlitzschraube herausdrehen, die unter einer Abdeckkappe sitzt.
- Verkleidungen aus den Clips abziehen.
- Abschlußleiste hinten am Himmel abziehen, beim Golf hierzu die Heckklappe öffnen.
- Sämtliche Kunststoffclips aus dem Dachhimmel herausdrücken; Vorsicht, daß der Himmel nicht beschädigt wird.
- **Golf:** Himmel nach hinten zur geöffneten Heckklappe herausnehmen.
- **Jetta:** Lehnen der Vordersitze so flach wie möglich stellen und den Himmel durch die Beifahrertür herausnehmen.

Die Sicherheitsgurte

Gurte prüfen

Zeigen die Gurte einen der nachfolgend genannten Mängel, sollten sie ausgewechselt werden, damit sie im Notfall wirklich schützen können:
- Welliges Gurtband
- Ausgefranste Kanten
- Aufgeriebenes Gewebe
- Angerissene Nähte
- Wenn ein »lahmer« Automatikgurt öfter zwischen Tür und Karosserie eingeklemmt wurde, verliert er mit der Zeit an Festigkeit

Gurtumlenkung verlegen

Wenn Ihnen der angelegte Gurt zu hoch oder zu tief über den Oberkörper läuft, können Sie bei einem Fahrzeug bis Baujahr 2/86 einen speziellen Umlenkbeschlag einbauen. Damit verläuft der Gurt 50 mm tiefer bzw. höher. Der Einbausatz trägt die V.A.G.-Teilenummer 191 857 800. Seit 2/86 werden die Viertürer serienmäßig mit einer Gurthöhenverstellung geliefert, die es für den Zweitürer gegen Mehrpreis gibt.

Diese Höhenverstellung läßt sich in ein Fahrzeug ab Fahrgestell-Nr. 16/19 G 054 900 auch nachrüsten. Außer dem Umbausatz benötigen Sie eine neue Verkleidung für die B-Säule.

Nach dem Einbau ist sowohl bei der geänderten Gurtumlenkung wie bei der nachträglich eingebauten Höhenverstellung eine TÜV-Abnahme erforderlich.

Defektsuche mit System

Störungsdienst

Dreht der Anlasser den Motor durch?

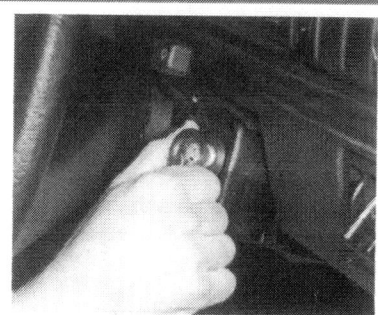

Tut er's nicht oder nur unwillig, lesen Sie bitte auf der folgenden Seite weiter unter »Fehlerquelle Elektrik«. Wird der Motor dagegen flott durchgedreht, müssen zur weiteren Eingrenzung zwei der folgenden drei Fragen (je nach Motor) der Reihe nach beantwortet werden.

Funken an den Zündkerzen?

Einen Kerzenstecker abziehen, Zündkerze herausschrauben, in den Kerzenstecker hineinstecken und auf blankem Motorblockmetall ablegen. Von einem Helfer den Anlasser durchdrehen lassen. **Wichtig: Bei einem VW mit TSZ Zündkabel und Kerze nicht berühren**, siehe Seite 190. Springen Funken über?
Wenn ja, nächste bzw. übernächste Frage abklären. Falls nicht, auf der folgenden Seite weiterlesen unter »Fehlerquelle Zündung«.

Wird der Vergaser mit Kraftstoff versorgt?

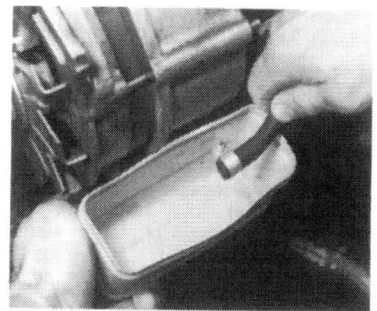

Benzinschlauch am Vergaser abnehmen, in einen Behälter (z. B. Kappe der Warndreieck-Hülle) halten und von Helfer den Anlasser betätigen lassen.
Spritzt Benzin in den Behälter, ist die Kraftstoffversorgung intakt. Der Vergaser könnte gestört sein. Kommt kein Benzin, lesen Sie bitte auf der folgenden Seite weiter unter »Fehlerquelle Kraftstoffversorgung«.

Wird die Einspritzanlage mit Kraftstoff versorgt?

Mono-Jetronic: Kraftstoffzulaufschlauch losschrauben und in ein Gefäß halten. Von Helfer den Anlasser kurz durchdrehen lassen. **KA-/KE-Jetronic:** Benzinleitung am Kaltstartventil vorsichtig lockern. Evtl. kurz Anlasser betätigen. Gefäß darunterhalten (Kappe der Warndreieck-Hülle).
Alle: Spritzt Benzin heraus, läuft die Kraftstoffpumpe. Wenn nicht, lesen Sie bitte unter »Fehlerquelle Kraftstoffversorgung« weiter. Bleibt die Einspritzung als Fehlerquelle. Oder die Kraftstoffpumpen laufen, bringen aber zu wenig Druck.

Zuerst die Sichtprüfung

○ Ist ein Kabelstecker an Teilen der Zündanlage, am Vergaser bzw. an einem Teil der Einspritzanlage locker?
○ Kontrollieren Sie den festen Sitz der Zündkabel am Verteiler und an den Kerzensteckern (die Transistorzündung darf auf keinen Fall eingeschaltet sein!).
○ Sämtliche Unterdruckschläuche im Motorraum auf ihren entsprechenden Stutzen aufgesteckt?
○ Kondenswasser am und im Verteilerdeckel? Alle Teile der Zündanlage müssen trocken sein.
○ Benzingeruch im Motorraum? Ist ein Kraftstoffschlauch undicht oder hat er sich gar gelockert?

Fehlerquelle Elektrik

○ Kontrollampen brennen überhaupt nicht: Batterie ist völlig entladen oder Batterieklemmen lose.
○ Kontrollampen verlöschen beim Schlüsseldreh: Batterie stark entladen oder altersschwach oder Anlasser hat Kurzschluß.
○ Kontrollampen werden beim Schlüsseldreh geringfügig dunkler: Magnetschalter klemmt bzw. defekt oder Anlasser defekt.
○ Kontrollampen brennen hell: Klemme-50-Kontakt im Zündschloß defekt, Klemme-50-Leitung am Magnetschalter lose oder Magnetschalter defekt.

Fehlerquelle Zündung

○ Alle Steckanschlüsse im Bereich Zündspule, Zündverteiler, Schaltgerät der Zündung bzw. Steuergerät der Einspritzung richtig aufgesteckt?
○ Risse im Zündspulengehäuse, Brandspuren von Funkenüberschlägen?
○ Verteilerdeckel abnehmen. Sind Kriechstromspuren an seiner Innenseite sichtbar? Federt die Kontaktkohle in der Deckelmitte einwandfrei? Grünspan an den Kontaktstiften?
○ Als letztes hilft nur die Durchprüfung der Zündanlage, siehe Seite 191.

Fehlerquelle Kraftstoffversorgung

○ Kein Benzin im Tank – das ist nicht so abwegig, wie Sie vielleicht denken. Wagen aufschaukeln und horchen, ob es im Tank plätschert.
○ Benzinpumpe arbeitet nicht bzw. elektrische Kraftstoffpumpen defekt.
○ Benzinfilter verstopft.
○ Bei intaktem Kraftstoffnachschub gerät – z.B. bei ständigen Startproblemen – der Vergaser bzw. die Einspritzanlage in Verdacht.

Verzeichnis der Störungsbeistände im Buch

Über das Buch verteilt finden Sie Störungsbeistände zu den einzelnen Bauteilen. Hier die Zusammenstellung:

	Seite		Seite		Seite
○ Anlasser	187	○ Heizbare Waschdüsen	237	○ Relais	231
○ Ansaugluft-Vorwärmung	68	○ Heizung	246	○ Schalter	230
○ Ansaugrohr-Beheizung	69	○ Hupe(n)	215	○ Scheibenwaschanlage	237
○ Antiblockiersystem (ABS)	152	○ KA-/KE-Jetronic-Einspritzung	108	○ Scheibenwischer	234
○ Antriebswellen	119	○ Kompressionsdruck	31	○ Scheibenwischerblätter	233
○ Batterie	185	○ Kraftstoff	59	○ Servolenkung	129
○ Benzin-Einspritzung	91, 108	○ Kraftstoffanzeige	221	○ Stoßdämpfer	125
○ Benzinpumpe	64	○ Kühlerventilator	56	○ Tachometer	220
○ Blinker und Warnblinker	213	○ Kühlsystem	57	○ Tank-Be- und Entlüftung	62
○ Bremsen	149	○ Kupplung	113	○ Temperaturanzeige	222
○ Bremskontrolle	227	○ Lichtmaschine	185	○ Thermostat	53
○ Bremsleuchten	214	○ Luftgebläse	243	○ Vergaser 2 E 2	75
○ Elektrische Außenspiegel	239	○ Monojetronic-Einspritzung	91	○ Vergaser 2 E E	78
○ Elektrische Benzinpumpen	64	○ Motorundichtigkeiten	29	○ Unterbrecherkontakte	196
○ Elektrische Fensterheber	240	○ Multifunktionsanzeige (MFA)	224	○ Zentralverriegelung	239
○ Getriebeautomatik	117	○ Öldruckkontrolle	225	○ Zündanlage	191
○ Getriebegeräusche	114	○ Ölverbrauch	18	○ Zündkerzen	201
○ Heckscheibenwischer	236	○ Radeinstellung	131	○ Zündzeitpunktverstellung	200
○ Heizbare Heckscheibe	232	○ Reifenlaufbild	155	○ Zylinderkopfdichtung	37

Technische Daten

Abgezählt

Beinahe alle Angaben über ein Auto lassen sich in irgendeiner Form in Zahlen wiedergeben – die »Technischen Daten«. Dazu gehören auch die Kurzbeschreibung von Motor, Fahrwerk und Elektrik.

Da die Fahrzeug-Identifizierungsnummer nicht nur für die Zulassungsbehörde von Interesse ist, sondern auch für die Ersatzteilbeschaffung, wollen wir sie hier kurz aufschlüsseln. Die Zahlen/Buchstaben-Kombination bedeutet:

WVW ZZZ 19 Z F W 076894
① ② ③ ② ④ ⑤ ⑥

① = Welt-Herstellerzeichen: WVW = VW AG Pkw, 1 VW = Volkswagen of America Pkw
② = Füllzeichen
③ = Zweistellige Typkurzbezeichnung: 16 = Jetta bis 7/88, 19 = Golf bis 7/88, 1G = Golf/Jetta ab 8/88
④ = Modelljahr (gewöhnlich vom 1. 8. bis 31. 7. des darauffolgenden Jahres):
  E = 1984, F = 1985, G = 1986, H = 1987, J = 1988, K = 1989, L = 1990, M = 1991
⑤ = Produktionsstätten innerhalb des VW-Konzerns: B = Brüssel, W = Wolfsburg, V = Westmoreland USA
⑥ = Laufende Numerierung, jedes Modelljahr mit 000001 beginnend

Motor

Typ		1,6/51 kW US-Kat	1,6/53 kW Euro-Kat	1,6/55 kW	1,8/62 kW Euro-Kat	1,8/66 kW	1,8/66 kW US-Kat	1,8/66 kW US-Kat
Bauzeit		ab 8/86	ab 4/86	ab 8/83	ab 9/86	ab 8/83	1/84–3/88	ab 3/88
Kennbuchstaben		PN	RF	EZ	RH	GU	GX	RP
Bauart		Quer eingebauter wassergekühlter Vierzylinder-Viertaktmotor in Reihenbauweise						
Bohrung	mm	81	81	81	81	81	81	81
Hub	mm	77,4	77,4	77,4	86,4	86,4	86,4	86,4
Hubraum effektiv	cm³	1595	1595	1595	1781	1781	1781	1781
Verdichtung		9,0:1	9,0:1	9,0:1	10,0:1	10,0:1	9,0:1	9,0:1
Höchstleistung nach DIN	kW/PS	51/70	53/72	55/75	62/84	66/90	66/90	66/90
bei	1/min	5200	5200	5000	5000	5200	5250	5250
Höchstes Drehmoment	Nm	118	120	125	142	145	137	142
bei	1/min	2700	2700	2500	3000	3300	3000	3000
Ventilsteuerung		durch eine obenliegende Nockenwelle über						
		Hydrostößel	Hydrostößel	Hydrostößel[1]	Hydrostößel	Hydrostößel[1]	Hydrostößel	Hydrostößel
Ventilspiel bei handwarmem Zylinderkopf								
Einlaß	mm	–	–	0,20–0,30[2]	–	0,20–0,30[2]	–	–
Auslaß	mm	–	–	0,40–0,50	–	0,40–0,50	–	–
Steuerzeiten								
Einlaß öffnet vor/nach OT		0°	0°	3° n./5° v.[3]	2° v.	3° v./1° v.[3]	0°	2° n.
Einlaß schließt nach UT		22°	22°	19°/41°	34°	33°/37°	40°	38°
Auslaß öffnet vor UT		28°	28°	27°/41°	44°	41°/42°	40°	40°
Auslaß schließt vor/nach OT		6° v.	6° v.	5° n./3° v.	8° v.	5° n./2° n.	0°	4° v.
Kompressionsdruck	bar	9–12	9–12	9–12	10–13	10–13	9–12	9–12
Mindestwert	bar	7	7	7	7,5	7,5	7	7

[1] Motoren bis Baujahr 7/85 mit Tassenstößeln und Einstellplättchen
[2] Nur bei Motoren mit Tassenstößeln bis 7/85
[3] Steuerzeiten für Motoren bis 7/85 mit Tassenstößeln

Schmiersystem

Typ		Druckumlaufschmierung mit Wechselfilter im Ölhauptstrom
Ölpumpe		Zahnradpumpe
Öldruck bei 2000/min	bar	2

Kühlsystem

Art	Wasserumlaufkühlung mit Flügelradpumpe, Thermostat, Leichtmetallkühler, temperaturgeschalteter Elektroventilator	
Antrieb der Wasserpumpe	Keilriemen	
Thermostat öffnet bei °C	85	Doppel-Thermoschalter des Kühlers
voll geöffnet bei °C		Stufe I schaltet ein bei °C 92–97
Kühlsystem-Verschlußdeckel	105	Stufe I schaltet aus bei °C 91–84
Überdruckventil öffnet bei bar	1,2–1,35	Stufe II schaltet ein bei °C 99–105
Unterdruckventil öffnet bei bar	0,06–0,1	Stufe II schaltet aus bei °C 98–91
Einfach-Thermoschalter des Kühlers		
schaltet ein bei °C	92–97	
schaltet aus bei °C	91–84	

Kraftstoffanlage Vergaser

Motor	1,6/51 kW	1,6/53 kW	1,6/55 kW	1,8/62 kW	1,8/66 kW
Kennbuchstaben	PN	RF	EZ	RH	GU
Benzinpumpe	Mechanisch von Nockenwelle angetrieben				
Kraftstoffbedarf	Siehe Tabelle Seite 59				
Gemischaufbereitung	Register-Vergaser	Register-Vergaser	Register-Vergaser	Register-Vergaser	Register-Vergaser
Hersteller	Pierburg	Pierburg	Pierburg	Pierburg	Pierburg
Typ	2 E E	2 E 2	2 E 2	2 E 2	2 E 2
Lufttrichter Stufe I/II	22/26	22/26	22/26	22/26	22/26
Hauptdüse Stufe I/II	x 105/x 110	x102,5/x127,5	x110[1]/x127,5	x102,5/x125	x105/x120
Luftkorrekturdüse Stufe I/II	110/105	80/105	105/105	105/100	105/100
Leerlaufdüse	45	42,5	42,5	42,5	42,5
Einspritzmenge cm³/Hub	–	1,0 ± 0,15	1,0 ± 0,15	1,2 ± 0,2	1,1 ± 0,15
Luftklappen-Spaltmaß Stellung I/II mm	–	2,5 ± 0,15/5,0 ± 0,15 (1,9 ± 0,15/5,3 ± 0,15)	2,3 ± 0,15/5,8 ± 0,15 (2,7 ± 0,15/5,8 ± 0,15)	2,3 ± 0,2/4,7 ± 0,15	2,3 ± 0,15/4,7 ± 0,15
Kaltleerlaufdrehzahl 1/min	–	3000 ± 200	3000 ± 200	3000 ± 200	3000 ± 200
Leerlaufdrehzahl 1/min	900 ± 75	750 ± 50	750 ± 50[2]	750 ± 75	750 ± 50[2]
CO-Gehalt Vol.%	0,6 ± 0,4	1,0–0,5	1,0 ± 0,5[3]	1,5 ± 0,5	1,0 ± 0,5[4]

[1] mit Getriebeautomatik ab 1/85: x107,5/x127,5
[2] bis 12/84: 950 ± 50/min
[3] CO-Wert mit nachgerüstetem Katalysator: 1,0–0,5 Vol.%
[4] CO-Wert mit nachgerüstetem Katalysator: 0–1,5 Vol.%
Werte in Klammern für Fahrzeuge mit Getriebeautomatik

Kraftstoffanlage Einspritzung

Motor	1,8/66 kW	1,8/66 kW	1,8/66 kW
Kennbuchstaben	GX	GX	RP
Benzinpumpe	Elektrisch am Wagenboden mit Vorförderpumpe im Tank		
Kraftstoffbedarf	Siehe Tabelle Seite 59		
Gemischaufbereitung	Elektronisch gesteuerte Vierpunkt-Einspritzung	Elektronisch gesteuerte Vierpunkt-Einspritzung	Elektronisch gesteuerte Zentraleinspritzung
Hersteller und Typ	Bosch KE-Jetronic	Bosch KA-Jetronic	Bosch Monojetronic
Kraftstoffdruck im Leerlauf bar	–	–	0,8–1,2
Systemdruck bar	5,4 ± 0,2	5,05 ± 0,35	–
Steuerdruck Motor kalt Temperatur des Warmlaufreglers 20°C bar	–	1,2 ± 0,2	–
25°C bar	–	1,45 ± 0,25	–
30°C bar	–	1,6 ± 0,3	–
Steuerdruck Motor warm nach 2½–5 min bar	–	3,6 ± 0,2	–
Differenzdruck bar	5,05 ± 0,35	–	–
Haltedruck nach 5 min bar	–	–	mind. 0,5
nach 10 min bar	mind. 2,6	mind. 2,6	–
nach 20 min	mind. 2,4	mind. 2,4	–
Drehzahlbegrenzung 1/min	6700 ± 200	6700 ± 200	6300
Leerlaufdrehzahl 1/min	900 ± 30	900 ± 30	750–950[1]
CO-Gehalt Vol.%	0,3–1,2	0,3–1,2	0,2–1,2[1]

[1] nicht einstellbar

Kraftübertragung

Schaltgetriebe mit Motor Kennbuchstaben	1,6/53 und 55 kW RF, EZ	1,6/51 und 53 kW PN, RF	1,6/51, 55 kW, 1,8/62, 66 kW PN, EZ, RH, GU, GX, RP	1,8/66 kW GU, GX, RP	1,8/62 und 66 kW RH, RP
Kupplung	Einscheiben-Trockenkupplung mit Membranfeder				
Mitnehmerscheibe Ø mm	190	190	200[1]	210	210
Getriebekennzeichen	4R	4S	4T, 8A[2], ATH	AEN	AUG
Zähnezahlen/Übersetzungen					
1. Gang	38:11 = 3,455	38:11 = 3,455	38:11 = 3,455	38:11 = 3,455	38:11 = 3,455
2. Gang	35:18 = 1,944	35:18 = 1,944	35:18 = 1,944	36:17 = 2,118	36:17 = 2,118
3. Gang	36:28 = 1,286	36:28 = 1,286	36:28 = 1,286	39:27 = 1,444	35:18 = 1,944
4. Gang	30:33 = 0,909	30:33 = 0,909	30:33 = 0,909	35:31 = 1,129	39:27 = 1,444
5. Gang	–	38:51 = 0,745	38:51 = 0,745	42:47 = 0,894	42:47 = 0,894
Rückwärtsgang	38:12 = 3,167	38:12 = 3,167	38:12 = 3,167	38:12 = 3,167	38:12 = 3,167
Achsantrieb	66:18 = 3,667	67:17 = 3,941	66:18 = 3,667	66:18 = 3,667	66:18 = 3,667
Tachoantrieb	15: 7 = 2,143	16: 7 = 2,286	15: 7 = 2,143	15: 7 = 2,143	15: 7 = 2,143

[1] 1,8/62 und 66 kW bis 7/89: 200 mm, ab 8/89: 210 mm   [2] mit Schalt- und Verbrauchsanzeige

Getriebeautomatik mit Motor Kennbuchstaben	1,6/53 und 55 kW RF, EZ	1,6/55 kW EZ	1,8/62 und 66 kW RH, GU	1,8/66 kW GX, RP
Getriebekennzeichen	TK	TKA	TJA	TJ
Übersetzungen				
1. Fahrbereich	2,71	2,71	2,71	2,71
2. Fahrbereich	1,50	1,50	1,50	1,50
3. Fahrbereich	1,00	1,00	1,00	1,00
Rückwärtsgang	2,43	2,43	2,43	2,43
Achsantrieb	75:22 = 3,409	75:22 = 3,409	78:25 = 3,120	78:25 = 3,120

Fahrwerk

Vorderradaufhängung	Einzelradaufhängung mit unteren Dreiecks-Querlenkern, Federbeinen und Drehstab-Stabilisator (ausgenommen Golf 1,6 l)
Lenkung	Zahnstangenlenkung; auf Wunsch mit Servounterstützung
Gesamtübersetzung	20,8; Servolenkung 17,5
Lenkradumdrehungen von Anschlag zu Anschlag	3,83; Servolenkung: 3,16
Vorderachseinstellung	Siehe Tabelle Seite 132
Hinterradaufhängung	Verbundlenkerachse mit Längslenkern, Federbeinen und spurkorrigierenden Lagern
Hinterachseinstellung	Siehe Tabelle Seite 132
Reifen und Felgen	Siehe Seite 153

Bremsanlage

Fußbremse	Zweikreis-Anlage mit diagonal aufgeteilten Bremskreisen, Unterdruck-Bremskraftverstärker
Bremse vorn	Einkolben-Faustsattel-Scheibenbremse mit automatischer Nachstellung, bei Golf GT innenbelüftete Bremsscheiben
Bremsscheibe Ø mm	239
Scheibenstärke neu mm	12 (unbelüftet); 20 (innenbelüftet)
mind. mm	10 (unbelüftet); 18 (innenbelüftet)
Bremsbelagstärke neu mm	14 (unbelüftete Bremsscheiben); 10 (innenbelüftete Bremsscheiben), jeweils ohne Trägerplatte
mind. mm	2 ohne Trägerplatte
Fußbremse hinten	Simplex-Innenbacken-Trommelbremse mit automatischer Nachstellung, Bremskraftregler (ausgenommen 1,6-Liter-Golf mit Schaltgetriebe)
Bremstrommel Ø neu mm	180
höchstens mm	181
Bremsbelagstärke neu mm	5 ohne Bremsbacke
mindestens mm	2,5 ohne Bremsbacke
Fußbremse hinten GT und bei ABS bis 7/89	Einkolben-Faustsattel-Scheibenbremse mit automatischer Nachstellung
Bremsscheibe Ø mm	226
Scheibenstärke neu mm	10
mind. mm	8
Bremsbelagstärke neu mm	10 ohne Trägerplatte
mind. mm	2 ohne Trägerplatte
Handbremse	Mechanisch über zwei Seilzüge auf die Hinterräder wirkend
Antiblockiersystem	Teves-Dreikreis-Anlage mit elektronischer Steuerung und hydraulischer Bremskraftverstärkung

Elektrische Anlage

Bordspannung	12 V
Batterie	36, 45, 54 bzw. 63 Ah
Generator	65, 75 oder 90 A (je nach Ausstattung)
Keilriemen	Siehe Tabelle Seite 184
Zündanlage 1,6 l bis 12/84	Spulenzündung mit Unterbrecherkontakten
Schließwinkel	44–50°/50–56%
Zündanlage 1,6 l ab 1/85, 1,8 l	Transistorzündung mit Hallgeber (TSZ-h)
Zündkerzen	Siehe Tabelle Seite 202
Zündzeitpunkt	Siehe Tabelle Seite 203
Glühlampen	Siehe Seite 204

Füllmengen

Motor-Ölwanne	Siehe Tabelle Seite 20	Achsantrieb bei Getriebeautomatik	0,75 l
Kühlsystem	6,0–6,5 l	Scheibenwaschanlage	4,2 l
Kraftstofftank	55 l	Scheibenwaschanlage mit	
Vierganggetriebe	2,2 l	Scheinwerfer-Reinigungsanlage	9,2 l
Fünfganggetriebe	2,0 l	Heckscheibenwaschanlage[1]	1,5 l
Getriebeautomatik	6,0 l		
bei ATF-Wechsel	3,0 l		

[1] nur Golf bis Baujahr 12/85

Gewichte

		Golf Zweitürer			Golf Viertürer		
		51 kW	53/55 kW	62/66 kW	51 kW	53/55 kW	62/66 kW
Leergewicht[1]	kg	880	870	890–920	900	890	900–940
Zuläss. Gesamtgewicht[1]	kg	1400	1400	1400–1430	1400	1400	1400–1430
Anhängelast							
ohne Bremse	kg	470	470	470	470	470	470
mit Bremse							
bis 12% Steigung	kg	1000	1000	1200	1000	1000	1200
bis 10% Steigung	kg	1200	1200	1200	1200	1200	1200
Stützlast höchstens	kg	50	50	50	50	50	50
Dachlast höchstens	kg	75	75	75	75	75	75
		Jetta Zweitürer			Jetta Viertürer		
		51 kW	53/55 kW	62/66 kW	51 kW	53/55 kW	62/66 kW
Leergewicht[1]	kg	910–930	900–930	910–960	930–955	920–955	930–985
Zuläss. Gesamtgewicht[1]	kg	1440–1450	1440–1450	1440–1470	1450	1450	1440–1470
Anhängelast							
ohne Bremse	kg	470	470	470	470	470	470
mit Bremse							
bis 12% Steigung	kg	1000	1000	1200	1000	1000	1200
bis 10% Steigung	kg	1200	1200	1200	1200	1200	1200
Stützlast höchstens	kg	50	50	50	50	50	50
Dachlast höchstens	kg	75	75	75	75	75	75

[1] Die für Ihr Fahrzeug geltenden Gewichte entnehmen Sie bitte Ihren Fahrzeugpapieren

Stichwortverzeichnis

Register

	Seite
Abgase	47
Abgasmessung	84, 97, 106
Abgas-Untersuchung (AU)	86
Ablagefächer	260
Achsgelenk	123, 126
Aktivkohlebehälter	62
Altöl	20
Anhängelasten	268
Anhänger-Blinkerkontrolle	226
Anlasser	186
Ansaugluft-Vorwärmung	68
Ansaugrohr-Beheizung	69
Anschieben und Anschleppen	180
Antenne	242
Anti-Blockier-System (ABS)	151
Antriebswellen	118
Anzünder	211, 232
Armaturenbrett	261
Ascher	211, 261
Aufbocken des Wagens	16
Ausgleichbehälter	49
Ausgleichgetriebe	22, 118
Auspuffanlage	44
Ausrücklager	109, 113
Außenspiegel	238, 255
Automatic Transmission Fluid (ATF)	22
Automatikgetriebe	22, 116
Automatische Kupplungsnachstellung	110
Automatische Zündverstellung	190, 200
Batterie	178
Batterie-Ladezustand	179
Batterie-Säurestand	178
Beleuchtung	204
Benzin siehe unter Kraftstoff	
Bereifung	153
Beschleunigungsklingeln	59
Beschleunigungspumpe	70
Betriebstemperatur	28, 53
Bleifreier Kraftstoff	58
Blinkanlage	213
Blinkerhebel	228
Blinkerkontrolle	213, 224, 226
Blinkleuchten	208
Blinkrelais	213
Bosch KA-/KE-Jetronic	98
Bremsanlage	134
Bremsbeläge	136, 139, 142
Bremsflüssigkeit	134, 149
Bremskontrolleuchte	227
Bremskraftregler	146
Bremskraftverstärker	146, 148
Bremsleitungen	135, 147
Bremsleuchten	209, 213
Bremslichtschalter	214
Bremspedalweg	139
Bremssattel	136, 142
Bremsscheiben	137, 142
Bremsschläuche	135, 147
Bremstrommel	139

	Seite
CO-Messung	84, 97, 106
Dachhimmel	262
Defektsuche	263
Destilliertes Wasser	179
Differential	22, 118
Digitaluhr	224
Diode	181
Drehmomentwandler	116
Drehschalter	228, 244
Drehstrom-Lichtmaschine	181
Drehzahlen	30
Drehzahlmesser	223
Drosselklappe	70, 89, 98
Druckregler	89
Drucksteller	99
Druckverlusttest	31
Düsen im Vergaser	70
Ecotronic	76
Eigendiagnose	78, 80, 91
Einbereichsöl	19
Einfahren	29
Einpreßtiefe (ET)	153
Einspritzanlage	89, 91
Einspritzventile	89, 99, 105
Elektrische Fensterheber	240
Elektrische Leitungen	161
Elektrische Messungen	159
Elektrische Schaltpläne	165
Elektrische Spiegelverstellung	238
Elektrodenabstand der Zündkerzen	202
Elektroventilator	55
Ersatzlampen	204
Fahren mit defekter Lichtmaschine	185
Fahrwerk	121
Faustsattelbremse	136, 142
Federbein	122
Fehlerspeicher	79, 91
Felgen	153
Fenster	254, 258
Fernlichtkontrolle	224
Filter der Kraftstoffanlage	66
Fliehkraft-Zündverstellung	190, 200
Frontblech	248
Frostschutz	50, 236
Gaszug	88
Gebläse	243
Gefrierschutzmittel	50, 236
Gelenkwellen	118
Gemischkanal-Beheizung	70, 75
Gemischregler	98
Generator	181
Getriebe	114
Getriebeautomatik	22, 116
Getriebeöl	22
Glühlampen	204, 208
Gürtelreifen	153

	Seite
Hallgeber	189, 199, 219
Handbremse	144
Handschuhfachleuchte	211
Haubenschloß	24, 247
Haubenzug	24, 248
Hauptbremszylinder	134, 148
Hebelschalter	228
Heckklappe	256
Heckklappenschloß	257
Heckleuchten	209
Heckscheibenwischer	235
Heizbare Heckscheibe	232
Heizhebel-Beleuchtung	211
Heizung	243
Hinterachse	122, 132
Hochdrehzahlklopfen	59
Hupe	214
Hydraulikeinheit	151
Hydrostößel	26, 39
Innenleuchte	210
Inspektions-Service	15
Instrumente	216, 218
Instrumenten-Beleuchtung	211
KA-/KE-Jetronic	98
Kaltstart	71, 77, 90, 100
Kaltstartventil	99
Kapazität der Batterie	178
Karosserie	247
Katalysator	47
Keilriemen	54, 124, 129, 183, 246
Kennzeichenbeleuchtung	210
Kippschalter	227
Klemmenbezeichnungen	158
Klimaanlage	246
Klingeln und Klopfen	59
Kofferraumleuchte	211
Kolben	25
Kombiinstrument	216
Kompressionsdruck	30
Kondensator	196
Kontrollampen	216, 218
Kopfstützen	260
Kotflügel	250
Kraftstoff	58
Kraftstoffanzeige	61, 221
Kraftstoffilter	66
Kraftstoff im Ausland	58
Kraftstoffleitungen	63
Kraftstoffpumpe	64
Kraftstoffqualität	58
Kraftstofftank	60
Kraftstoff-Verdunstungsanlage	62
Kühler	51
Kühlergrill	248
Kühlerventilator	55
Kühlflüssigkeit	49
Kühlmittel-Mangelanzeige	222
Kühlmittel-Temperaturanzeige	221

	Seite
Kühlsystem	49
Kühlsystem-Verschlußdeckel	52
Kupplung	109
Kupplungspedalspiel	111
Kupplungsseilzug	24, 111
Kurbelgehäuse-Entlüftung	28
Kurbelwelle	25
Ladekontrolle	181, 224
Lagerschaden	41
Lambdasonde	47
Lampen	204, 208
Lautsprecher	242
Leerlauf	72, 78, 84, 97, 106
Leerlauf-Anhebungsventil	100, 104
Leiterfolie	217
Lenk/Anlaß-Schloß	228
Lenkrad	130
Lenkrollradius	121
Lenkung	121, 127
Lenkungsspiel	124
Leuchtdiode (LED)	218
Lichthupe	215
Lichtmaschine	181
Lichtschalter	227
Lüfternachlauf	55
Luftdruck der Reifen	155
Luftfilter	70
Luftgebläse	243
Luftklappe	70
Luftmengenmesser	98
Magnetschalter	186
Masse	158
Mehrbereichsöl	19
Mitnehmerscheibe	109
Mittelkonsole	261
Motorausbau	41
Motor-Fehlerlampe	225
Motorhaube	247
Motorhaubenzug	24, 248
Motor-Lebensdauer	29
Motor-Oktanzahl (MOZ)	58
Motoröl siehe unter Öl	
Motorschaden	36
Motorschmierung	27
Multifunktionsanzeige (MFA)	224
M+S-Reifen	157
Nachlauf	130
Nebelscheinwerfer	206
Nockenwelle	26, 38
Normalbenzin	58
Normklemmenbezeichnungen	158
Notrad	156
Oberer Totpunkt (OT)	31, 188
Öldruckkontrolle	28, 225
Ölfilter	20
Ölmeßstab	17
Ölpumpe	28
Ölspezifikationen	18, 22
Öltemperaturen	28
Ölverbrauch	18
Ölviskosität	19
Ölwechsel	19
Oktanwerte	58

	Seite
Primärstromkreis	188
Prüfgeräte	159
Pulldown	71, 74
Radeinstellung	130
Radialreifen	153
Radio	241
Radlager	124, 128, 132
Radschrauben	154
Radwechsel	156
Regel-Service	15
Regler der Lichtmaschine	182
Reifenbezeichnungen	153
Reifendruckwerte	155
Reifengrößen	153
Relais	230
Research-Oktanzahl (ROZ)	58
Rückfahrleuchten	209
Rückleuchten	209
Rückspiegel	238, 255
SAE-Klassen	19
Schalter	227
Schaltgetriebe	21, 114
Schaltpläne	165
Schaltpunkte	117
Scharniere	24, 247, 252, 256
Scheiben	258
Scheibenbremsen	136, 141
Scheibenwaschanlage	232, 236
Scheibenwischer	232
Scheinwerfer	204
Scheinwerfereinstellung	207
Scheinwerfer-Waschanlage	238
Schiebedach	24, 258
Schleifkohlen	182, 187
Schließwinkel	197
Schließzylinder	24, 254
Schlösser	247, 253, 257
Schlußleuchten	209
Schmiersystem	27
Schubabschaltung	72, 78, 90
Schutzleisten	251
Sekundärspannung	188
Servolenkung	23, 121, 129
Sicherheitsgurte	262
Sicherungen	161
Signalhorn	214
Sitze	260
Spannungskonstanter	223
Spannungsregler	182
Spoiler	248, 256
Spreizung, Spur und Sturz	130
Spulenzündung (SZ)	189
Spurstangenkopf	123, 127
Stabilisator	121, 125
Standlicht	205
Startautomatik	73
Start mit leerer Batterie	180
Starterklappe	70
Starthilfekabel	180
Stauscheibe	98
Steuergeräte	76, 89, 99, 230
Steuerzeiten	27, 35
Störungsbeistände	264
Stoßdämpfer	123, 127, 132
Stoßfänger	249

	Seite
Stroboskoplampe	157, 202
Stromlaufpläne	165
Superkraftstoff	58
Synchronisierung	114
Tachometer	220
Tank	60
Tankanzeige	61, 221
Tank-Be- und Entlüftung	62
Tankgeber	61
Tassenstößel	26, 39
Temperaturanzeige	221
Temperaturfühler	83, 96, 105, 221
Thermostat	53
Totpunkt	31, 188
Transistorzündung (TSZ)	189
Trommelbremsen	139
Türen	251
Türkontaktschalter	210
Türschlösser	253
Türverkleidung	252
Unterbodenschutz	259
Unterbrecher	196
Unterbrecherkontakte	196
Unterdruck-Zündverstellung	190, 200
Unwucht der Räder	157
Ventilator	55
Ventile	26
Ventilspiel	32
Ventilsteuerung	26
Verdichtung	58
Vergaser	70
Verkleidungen	261
Verteiler	23, 194
Viskosität	19
Vorderradaufhängung	121, 125
Vorwärmung der Ansaugluft	68
Vorwiderstand	193, 243
Wagenheber	16
Wärmetauscher	245
Wärmewert	202
Warnblinkanlage	213
Wartungsplan	hinten auf der inneren Umschlagseite
Wasserablauflöcher	258
Wasserpumpe	54
Winterreifen	157
Zähflüssigkeit	19
Zahnriemen	27, 34
Zeituhr	224
Zentralelektrik	161
Zentralverriegelung	238, 255
Zündkabel	200
Zündkerzen	201
Zündschloß	228
Zündspule	188, 192
Zündspulen-Vorwiderstand	193
Zündzeitpunktverstellung	190, 200
Zündverteiler	23, 194
Zündzeitpunkt	188, 202
Zweikreisbremse	134
Zylinderkopf	26, 38
Zylinderkopfdichtung	27, 37